舟 山 群 岛 特 有 草 本 植 物 图 志

马玉心　崔大练　编著

中国纺织出版社有限公司

内 容 提 要

　　本书属于植物学基础领域研究，是舟山海岛特有草本植物的专项研究，是作者在亲自观察并查阅了相关资料基础上写成。与以往出版的植物志的不同之处在于突出了学名解读、学名考证的解读，便于更多读者阅读。在查阅大量资料的基础上，总结了每个物种的研究进展，为科研工作者提供基础资料。读者对象为植物学科研工作者、高校教师学生、对植物感兴趣的普通读者。

图书在版编目（CIP）数据

　　舟山群岛特有草本植物图志 / 马玉心，崔大练编著
. -- 北京：中国纺织出版社有限公司，2019.11（2021.7 重印）
　　ISBN 978-7-5180-6808-1

　　Ⅰ. ①舟… Ⅱ. ①马… ②崔… Ⅲ. ①草本植物—舟山—图集 Ⅳ. ①Q949.408-64

　　中国版本图书馆 CIP 数据核字（2019）第 227706 号

责任编辑：赵晓红　　责任校对：高　涵　　责任印制：储志伟

中国纺织出版社有限公司出版发行
地址：北京市朝阳区百子湾东里 A407 号楼　邮政编码：100124
销售电话：010—67004422　传真：010—87155801
http://www.c-textilep.com
中国纺织出版社天猫旗舰店
官方微博 http://weibo.com/2119887771
北京虎彩文化传播有限公司　各地新华书店经销
2019 年 11 月第 1 版 2021 年 7 月第 2 次印刷
开本：710×1000　1/16　印张：34.25
字数：546 千字　定价：98.00 元

序　言

　　舟山群岛位于长江口以南，浙江东北部，与宁波市隔海相望，地理位置介于东经 121°30′～123°25′，北纬 29°32′～31°04′之间，海岸线曲折蜿蜒，大小岛屿星罗棋布，为我国最大的群岛。地史较为年轻，是武夷山系沿西南东北走向，经浙西南的仙霞岭、浙东的天台山在东海的延伸，在第三纪浙东地层沉降时才与大陆分离，历经数千年海洋性气候的作用，在植物区系性质上已与大陆形成一定差异。20 世纪 60 年代，Mac Arthur 和 Wilson 提出的岛屿生物地理学理论阐明了岛屿的物种数目与面积的关系，并认为新物种的迁入和原来物种的绝灭是趋于达到动态的平衡，这就是平衡的理论。虽然物种多样性不及其他区域丰富，但在我国沿海岛屿生态系统中具有代表性，是浙江省中国日本植物区系成分的集中分布所在，又是独特的海滨植物群落的主要分布区。其中也分布着一些富有特色的珍稀濒危植物，第一批国家重点保护野生植物名录所列的舟山群岛的野生保护植物，也反映出海岛生态系统独特性的重要价值。

　　由于长期的人类活动以及对植物资源的掠夺性开发利用，森林遭到破坏，生态环境日趋恶化，边缘小岛更为突出，许多植物失去赖以生存的环境条件，导致一些主要分布在海岛上的植物濒临灭绝。植物资源的保护利用，尤其是珍稀濒危植物的保护已引起重视。目前，全国海岛调查是继全国海岸带调查后的又一项大规模的全国性综合调查，其中植被调查又是海岛调查的核心。它关系到国家对岛屿资源的了解与掌握，也是建立岛屿资料档案的核心内容，所以搞清岛屿的特有植物分布特征对于全国岛屿调查具有重要意义。但是，目前关于舟山群岛特有树种的资料研究不多。前人曾经做过舟山群岛区系的研究，做过舟山群岛各个岛屿区系成分的比较研究，研究过舟山群岛特有植物的分布规律，但对每一物种的详细描述未见报道。基于此，决定编写这部《舟山群岛特有草本植物图志》。希望此书的出版能为保护海岛濒危植物提供参考，也为进一步开发海岛资源提供基础资料。

　　关于植物志的编写往往形成一定的传统的格式与套路，不外乎是形态描述、产地特征、图片结构特征、应用特征等。为了使植物志更具有阅读性及接近读者，本书增加了每一物种的历史文化特征。考虑到大多数年轻分类学者对学名分析学习的需要，增加了拉丁学名属名及种加词的词义解释。并且对物种的命名人的研究历史做了介绍，一方面是丰富了分类学者对物种命名历史的认识，同时也增加了对植物分类学家的了解及分类学历史的掌握。学名考证往往是植物志不可缺少的一部分。由于水平的差异，学名考证的多少是有差异的。但是在研究学名考证时往往对出处的文献看不懂，这些文献往往都是拉丁文的缩写完成，对于初学者来说是有一定困难的。为了更好地帮助初学者学习学名考证，本植物志的编写对于文献的出处都翻译了中文，便于中国读者的阅读。本书的另一特色在于，增加了每一物种的研究历史及研究进展，并且增加了该物种研究的参考文献，目的在于为研究岛屿特有植物提供基础资料。本书的照片多数为笔者亲自拍摄，有些照片是繁殖器官的解剖图，有望为植物学教学及科研提供帮助。笔者前期已经出版了《舟山特有木本植物图志》，其体系与本书相近。本书在以下几个方面做了调整：①命名人的简历更加详细，而且强调了命名人的科学贡献，如发表著作、发表物种等。②学名考证部分更加详细，均按照《中国植物志》的学名考证部分逐条解释。③增加了研究历史部分。④研究展望部分更加详尽，均收录了当今的最新研究成果。

2008 年，笔者从东北牡丹江师范学院来到舟山工作，2016 年开始本书的编写工作，历时 4 年。由于原先在东北工作，对南方植物了解不多，虽然基础知识差距不大，但是植物区系的地域差异很大，所以研究舟山地区的植被有一定困难。考虑到教学的需要，决定编写本教材，几年来得到多位同行的帮助，在此深表感谢，特别致谢舟山市林科所所长王国明及老师高浩杰的帮助，笔者由此了解了很多物种。温州大学教师丁炳杨也帮助鉴定了很多物种，在编写过程中，浙江海洋大学硕士生导师崔大练采集了大量标本，并协助植物的拍照，在此一并表示衷心的感谢。

由于时间仓促，编写过程中难免有不当之处，望同行及读者提出宝贵意见。

本书适用范围主要是高等院校的教学参考，可作为大学生野外实习的参考书籍，以及研究海岛特有植物的科研参考书籍。

马玉心

2019.10

目　录

一、全缘贯众

（一）学名解释

Cyrtomium falcatum（L. f.）Presl，属名：Cyrtomium，kyrtoma，曲线的，弯曲的。贯众属（蕨类）。Falcatum，镰刀形的，镰刀状的。命名人见拟漆姑草。

学名考证：*Cyrtomium falcatum*（L. f.）Presl, Tent. Pterid. 86. 1836; Moore, Ind. Fil. 83. 277. 1857. 1861; C. Chr. in Amer. Fern Journ. 20（2）: 47. 1930; Ching, Fil. Sin. 3: Pl. 127. 1935 et Bull. Chin. Bot. Soc. 2（2）: 95. 1936; Tagawa in Acta Phytotax.Geobot. 3（2）: 59. f. 1（1–5）. 1934 et Col. Ill. Jap. Pterid. 84. pl. 28. f. 162. 1959; H. Ito, Fil. Jap. Ill. t. 319. 1944; 傅书遐，中国主要植物图说·蕨类植物门 193. 图 259. 1957; Kurata in Sci. Rep. Yokosuke City Meus. 8: 32. 1964; Shing in Acto Phytotax. Sinica Addit. I: 13. 1965; Ic. Corm. Sin. 1: 229. f. 457. 1972; W. C. Shieh in H. L. Li et al. Fl. Taiwan 1: 396. 1975; 江苏植物志，上：127. 图 67. 1977; Nakaike, N. Fl. Jap. Pterid. 353. f. 353a. 1982; 李建秀，山东植物志，上：127. 图 67. 1990; C. F. Zhang, Fl. Zhejiang 1: 211. f. 1–222. 1993. —Polypodium falcatum L. f. Sp. Pl. Suppl. 446. 1781.—Aspidium falcatum（L. f.）Sw. in Schrad. Journ. Bot. 1800（1）: 31. 1801.—Dryopteris falcata O. Ktze. Rev. Gen. Pl. 2: 812. 1891.—Polystichum falcatum Diels in Engl. u Prantl, Pflanzenfam.1（4）: 194. 1899.—Phanerophlebia falcata Cop. Gen. Fil. 111. 1947.—Cyrtomium yiangshanense Ching et Y. C. Lang, 江苏植物志，上：59. 466. 图 85. 1977.

J. et C.Presl 1836 年在刊物 *Tentamen pteridographiae* 上重新组合了物种 Cyrtomium falcatum（L. f.）Presl，早在 1781 年，林奈的儿子（L.f.）在著作 *Species plantarum supplementum* 上发表了物种 Polypodium falcatum L. f. 归于水龙骨属。1836 年 presl 重新组合到 Cyrtomium 贯众属中。大卫摩尔（1808—1879，苏格兰植物学家）于 1857 年、1861 年在著作 *Index Filicum*（蕨类属志索引，近代丹麦植物学家 Carl Christensen 著）记载了该物种。

Carl Frederik Albert Christensen（1872—1942）是丹麦系统植物学家蕨类植物的专家，并出版了世界蕨类植物指数 Filicum 的目录。1930 年在著作《美国蕨类杂志》（*American Fern Journal*）记载了该物种。秦仁昌 1935 年在著作《中国蕨类植物名录》（*Filicum Sinicum*）记载了该物种。而且 1936 年在刊物《中国植物学会公报》（*Bulletin of Chinese Botanical Society*）上也记载了该物种。日本植物学家 Tagawa, Motozi1934 年在刊物 *Acta phytotaxonomica et Geobotanica* 记载了该物种。而且于 1959 年在刊物《日本蕨类植物彩色图鉴》（*Coloured illustrations of Japanese Pteridoplita*）记载了该物种。日本植物学家伊藤弘 1944 年在刊物 *Filicum Japan* 也记载了该物种。傅书遐在《中国主要植物图说：蕨类植物门》（1957）中也记载了该物种。日本植物学家 Satoru Kurata,S.1964 年在刊物 *Science Report yokosuke City Meus.* 也记载了该物种。邢公侠 1965 年在刊物《植物分类学报》（*Acta Phytotaxonomica Sinica*）记载了该物种。谢万权（台湾蕨类专家）1975 年在李惠林（台湾植物学专家）所著的《台湾植物志》上也记载了该物种。《江苏植物志》上 1977 年记载了该物种。日本植物学家中池敏之 1982 年在刊物《日本蕨类植物新区系》（*New Flora of Japan Pteridophyta*）记载了该物种。李建秀于 1990 年在《山东植物志》上也记载了该物种。张朝芳（浙江蕨类植物专家）1993 年在《浙江植物志》上也记载了该物种。

Olof Peter Swartz（1760—1818）瑞典植物学家和分类学家（著名蕨类专家）1801 年在德国医生、植物学家和真菌学家 Schrader, Heinrich Adolph 所创刊物《施拉德植物学报》（*Schrad. Journal Botanica*）上组合的名称 Aspidium falcatum（L. f.）Sw.（绵马属）。

德国植物学家 O. Ktze1891 年在刊物 *Revue General de Botanique* 所发表物种 Dryopteris falcata O. Ktze.（鳞毛蕨属）（依据：优先律原则）。

德国植物学家 Diels, Friedrich Ludwig Emil1899 年在 Engler,A & prantl,K. 刊物 *Die naturlichen pflanzenfamiloon* 发表的 Polystichum falcatum Diels 为异名（耳蕨属）（依据：优先律原则）。

美国植物学家和农业学家 Edwin Bingham Copeland（1873—1964）1947 年在刊物 *Genera Filicum* 发表物种 Phanerophlebia falcata Cop. 为异名。

秦仁昌和 Y. C. Lang 1977 在《江苏植物志》所记载的物种 Cyrtomium yiangshanense Ching et Y. C. Lang（阴山贯众，同物异名，描述相同）。

（二）分类历史及文化

全缘贯中属，国家二级保护植物是世界上最受欢迎的观赏蕨类植物。原产于朝鲜半岛、日本和日本海的独岛，它是独岛上唯一的蕨类植物岛。已经鉴定出三种 Cyrtomium falcatum 细胞型：性二倍体、无融合生殖三倍体和有性四倍体。基于细胞学证据和地理分布，Matsumoto（Ann. Tsukuba Bot. Gard. 22: 70. 2003）将这个物种分为三个亚种："subsp. falcatum" "subsp. littorale" and "subsp. australe"（《中国植物志》）

在荷兰，全缘贯众是一种在园艺中很受欢迎的观赏性蕨类植物。它是常见的在西欧作为室内植物和在温暖地区作为花园植物种植。这个物种土生土长在古热带地区，分布于非洲东南部、中国和日本。它由北美和欧洲引进，随后在当地归化。物种在西欧，冬季气温在 −7℃ 至 −12℃ 的地区，耐寒性很强。这个地区大致包括葡萄牙（包括亚速尔群岛），西班牙西北部，沿海地区的不列颠群岛、法国西海岸、比利时和荷兰。

（三）形态特征

全缘贯众的形态特征如图 1-1 所示。

a 植株；b 叶片；c 孢子囊群；d 孢子囊

图 1-1　全缘贯众

植株高 30 ～ 40 cm。根茎直立，密被披针形棕色鳞片。叶簇生，叶柄长 15 ～ 27 cm，基部直径 3 ～ 4 mm，禾秆色，腹面有浅纵沟，下部密生卵形棕色，有时中间带黑棕色鳞片，鳞片边缘呈流苏状，向上秃净；叶片宽披针形，长

22 ~ 35 cm，宽 12 ~ 15 cm，先端急尖，基部略变狭，奇数一回羽状；侧生羽片 5 ~ 14 对，互生，平伸或略斜向上，有短柄，偏斜的卵形或卵状披针形，常向上弯，中部的长 6 ~ 10 cm，宽 2.5 ~ 3 cm，先端长渐尖或成尾状，基部偏斜圆楔形，上侧圆形下侧宽楔形或弧形，边缘全缘常成波状；具羽状脉，小脉结成 3 ~ 4 行网眼，腹面不明显，背面微凸起；顶生羽片卵状披针形，二叉或三叉状，长 4.5 ~ 8 cm，宽 2 ~ 4 cm。叶为革质，两面光滑；叶轴腹面有浅纵沟，有披针形边缘有齿的棕色鳞片或秃净。孢子囊群遍布羽片背面；囊群盖圆形，盾状，边缘有小齿缺。

（四）分布

产于山东、辽宁、江苏、浙江、福建、台湾、广东。印度、韩国、日本、太平洋岛屿（波利尼西亚）、欧洲、夏威夷、北美、留尼汪、南非也有分布。

（五）生境及习性

沿海和低地森林；海平面到海拔 500 m 之间。抗性强，管理粗放，几乎可在任何环境中生长，对光照、土质、土壤等没有特别的要求。全缘贯众可以适应多种环境，在烈日曝晒、阴凉潮湿、海潮风吹袭、土壤干旱贫瘠等恶劣环境下，均可生长良好，但喜欢生长在湿润的石缝腐殖土中，主根粗大，须根发达。对土壤酸碱度要求不严格，适应性强，忌积水、排水不良。对日照长短不敏感。盆栽适宜选择土质疏松、排水良好的沙质土壤（丛磊，2009）。

（六）繁殖方法

（1）组织培养。李世国（2008）研究指出，以蕨类植物全缘贯众根茎、叶片和叶柄为外植体诱导愈伤组织，选取诱导率最高的根茎愈伤组织为材料诱导分化形成幼叶，继续培养成生根试管苗，建立起全缘贯众的无性系结果表明，$1/2MS +NH_4H_2PO_4$（100mg·L^{-1}）+BA（0.5mg·L^{-1}）+2,4-D（1.2mg·L^{-1}）+NAA（1.2mg·L^{-1}）是诱导根茎愈伤组织的最佳培养基；愈伤组织分化形成幼叶的最佳培养基是 1/2MS+BA（0.2mg·L^{-1}）+NAA（0.1mg·L^{-1}）；试管苗生根培养的最佳培养基是 1/3MS+IAA（0.6mg·L^{-1}）。

（2）孢子繁殖。丛磊（2009）研究指出，通常常用孢子繁殖，也可分株，但繁殖系数低。一般选择在春季萌发前，将其地下根茎分成数段，上盆后置阴湿处，待长出新根后，采收撒播在消过毒的沙质草炭土中，上面覆盖玻璃保湿，约 50 ~ 60d 左右出现配子体。后期适时分栽，并加强水肥管理，以促进其加快生长。

（七）应用价值

（1）观赏价值及园林应用。全缘贯众为常绿蕨类植物，枝叶伸展、大方美观、叶色亮绿，适应力强，耐盐碱，是北方海滨沙地及岩石重要的绿化植物资源。耐阴能力强，可大量应用于城市大型生态林建设，可做绿地路边、林下、林缘的地被植物。可用于建造蕨类专类园、药草园、岩石园，也可用于贫瘠、甚至有大量废土废渣环境的绿化，应用前景广泛（丛磊，2009）。

（2）药用价值。全年可以采集，采后洗净，去须根与叶柄，晒干。化学成分含贯众苷（cyrtomin），黄芪苷（astragalin）等。性味微苦、涩，性寒。有驱虫，止血，解热的功能，用于治疗外伤出血，驱虫等（丛磊，2009）。

（八）研究进展

（1）药用及抑菌研究进展。宋磊 2008 年研究了全缘贯众的抑菌特性，结果如表 1-1 所示。

表1-1　全缘贯众的抑菌特性

植物名称 Plant names	提取液 Exteact liquids	抑菌率（%）Antin icrobial ratio			植物名称 Plant names	提取液 Exteact liquids	平均抑菌圈直径（mm）Average inhibition zone diameter	
		大肠杆菌 Escherichia coli	金黄色葡萄球菌 Staphylococcus aureus	酿酒酵母 Saccharomyces cerevisiae			腊状芽孢杆菌 Bacillus cereus	枯草芽孢杆菌 Bacillus subtilis
贯众 C. fortunei	水提液	12.5	74.2	71.2	贯众 C. fortunei	水提液	6.125	8.195
	醇提液	14.7	61.8	65.4		醇提液	7.973	7.783

注：引自宋磊 2008（几种鳞毛蕨科药用蕨类植物的抑菌特性分析）。

（2）叶绿体基因与遗传多样性。Gurusamy Raman2016 分析表明，发现基因 trnV-GAC 和 trnV-GAU 存在于其中 C. falcatum 的 cp 基因组，而缺乏 trnP-GGG 和 rpl21。而且，cp 基因组的 Cyrtomium devexiscapulae 和 Adiantum capillus-veneris 缺乏 trnP-GGG 和 rpl21，表明这些是在被子植物 cp 基因组中不保守。删除 trnR-UCG，trnR-CCG 和 trnSeC 在 C.falcatum 和其他 eupolypod 蕨类植物的 cp 基因组中表明这些基因仅限于此树蕨，非核心软壳孢子虫和基底蕨类植物。C.falcatum cp 基因组也编码 ndhF 和 rps7，GUG 起始密码子只在 polypod 蕨类植物中保守，它共

有两个与其他蕨类植物的显著倒位，包括 trnD–GUC 区域的微小倒置和 trnG–trnT 区域的近似 3kb 反转。木贼属植物被发现是 Psilotales–Ophioglossales 的姐妹分支，具有 100% 的引导（BS）值。其 100% BS 也强烈支持 Pteridaceae 和 eupolypods 之间的关系，但是贝叶斯分子钟分析表明，C.falcatum 在古近纪中期多样化，可能已经从欧亚大陆搬到了独岛。

（3）生活史特征。Toshiyuki Sato1984 指出，日本的一部分 Cyrtomium falcatum 长度和可育叶片的羽片数量随着维度变化向北部减少。在北海道西南部，通常是矮小的肥沃叶子和配子体观察到在海边的悬崖上一起生长。估计小叶和矮叶的发育年龄，脉数（NV：分枝在每个孢子体上计数叶子中脉的数量）在孢子体叶片在简单的耳廓阶段，范围在 0～25NV 之间。孢子体的肥力似乎发芽后 5 年多才能实现。配子体也是在该时间位置观察到与孢子体数量几乎相等。配子体和孢子体的数量随着发育阶段的进展而减少。在 Okushiri Isl 的同一地点，具有轻微的湿度梯度，配子体在较干燥的悬崖上占主导地位，而孢子体则占主导地位潮湿的洞穴。自然北界的 Cyrtomium falcatum 种群在北海道，似乎具有世代交替的生活史特征。

参考文献

[1] 李世国，佟少明. 全缘贯众的组织培养及无性系建立 [J]. 河南大学学报（自然科学版），2008, 38（2）: 181–184.

[2] 丛磊，李源，孙吉翠. 全缘贯众的生物学特性及利用价值 [J]. 河北林业科技，2009（3）: 94.

[3] 宋磊，姜德全，李新国，等. 几种鳞毛蕨科药用蕨类植物的抑菌特性分析 [J]. 武汉植物学研究，2008, 26（1）: 104–107.

[4] RAMANG, SHOIKS, PARKS. Phylogenetic Relationships of the Fern Cyrtomium falcatum （Dryopteridaceae）from Dokdo Island Based on Chloroplast Genome Sequencing[J]. Genes, 2016（7）: 115.

[5] SATO T. Life History Characteristic of Cyrtomium falcatum around the Natural Northern Boundary in Hokkaido, with Reference to the Alternation of Generations[J]. Bot. Mag. Tokyo, 1984（97）: 1–12.

二、盐地碱蓬

（一）学名解释

盐地碱蓬 *Suaeda salsa*（L.）Pall.，属名：*Suaeda*，植物原名，阿拉伯文，suada，苏打，指植物含碱。碱蓬属。种加词，salsa 有盐的。命名人 Pall.=Peter Simon Pallas，比德·西蒙·帕拉斯（1741—1811）是一位在俄罗斯工作的普鲁士动物学家和植物学家（1767—1810）。帕拉斯出生于柏林，是外科教授西蒙帕拉斯的儿子。他曾与私人导师一起学习并对自然历史感兴趣，后来就读于哈雷大学和哥廷根大学。1760 年，他搬到莱顿大学，并在 19 岁时通过了博士学位。帕拉斯在整个荷兰和伦敦旅行，提高了他的医疗和外科知识。然后，他在海牙定居，他的新动物分类系统得到了乔治·库维尔的称赞。帕拉斯写的《动物学杂烩》（*Miscellanea Zoologica*）（1766），其中包括他在荷兰博物馆藏品中发现的几种新科学脊椎动物的描述。当他的父亲将他召回柏林时，他计划前往南部非洲和东印度群岛。在那里，他开始研究他的 Spicilegia Zoologic（1767—1780）。1767 年，帕拉斯受俄罗斯凯瑟琳二世的邀请，成为圣彼得堡科学院的教授，1768—1774 年，他带领一支考察队远征俄罗斯中部省份，主要有波沃尔日耶、乌拉尔、西西伯利亚、阿勒泰和外贝加尔，收集了学院保存的大量自然历史标本。他探索了里海、乌拉尔和阿尔泰山脉以及阿穆尔河上游，向东延伸至贝加尔湖。帕拉斯派往圣彼得堡的定期报道被收集并出版为《俄罗斯帝国各省之旅》（3 卷，1771—1776）（*Reise durch verschiedene Provinzen des Russischen Reichs*）。它们涉及广泛的主题，包括地质学和矿物学，关于土著人及其宗教的报告，以及新植物和动物的描述。1776 年，帕拉斯当选为瑞典皇家科学院的外籍成员。帕拉斯定居在圣彼得堡，成为凯瑟琳二世的最爱，并向大公亚历山大和康斯坦丁教授自然历史。他获得了其他自然学家收集的植物，以编辑俄罗斯植物群，并开始研究俄罗斯和亚洲的动物学。他还出版了在高加索地区旅行的相关报道。皇后购买了帕拉斯的大型自然历史收藏品，价格为 2 000 卢布，比他的要价高出 500 多卢布，并允许他保留它们。在此期间，帕拉斯计划并帮助了莫洛夫斯基探险队，该探险队于 1787 年 10 月被取消。在 1793 年至 1794 年，帕拉斯率领探险队第二次远征俄罗斯南部，前往克里米亚和黑海，由他的女儿和他的新婚妻子（他的第一任妻子于 1782 年去世）、仆人和军人护送陪同。1793 年 2 月，他们前往萨拉托夫，然后下游到察里津。他们向东探索这个国家，并于 8 月沿着里海沿岸进入高加索山脉。9 月，他们前往克里米亚，在辛菲罗波尔过冬。帕拉斯于 1794 年初在东南部探险，并于 7 月前往第聂伯河谷，于 9 月抵达圣彼得堡。帕拉斯在他的 *P.S.Pallas Bemer kungen auf einer Reiseindie Südlichen Statt Halters Chaftendes Russischen Reichs*（1799—1801）中描述了他的旅程。凯瑟琳二世在辛菲罗波尔给了他一个大房子，帕拉斯一直住在那里，直到他的第二任妻子于 1810 年去世，然后得到皇帝亚历山大允许他离开俄罗斯的许可，返回柏林，于次年去世。

1772 年，帕拉斯在克拉斯诺亚尔斯克附近发现了一块 680kg 的金属块，帕拉斯安排将它运往圣彼得堡。随后对金属的分析表明它是一种新型的石铁陨石，这种新型陨石在他去世之后被称为 pallasite。陨石本身被命名为 Krasnojarsk 或 Pallas Iron。

帕拉斯描述了几种动物，他的姓氏包括在他们的俗名中，包括：帕拉斯的玻璃蜥蜴、帕拉斯的毒蛇、帕拉斯的猫、帕拉斯的长舌蝙蝠、帕拉斯的管鼻蝙蝠、帕拉斯的松鼠、帕拉斯的叶莺、帕拉斯的鸬鹚、帕拉斯的鱼鹰、帕拉斯的海鸥、帕拉斯的沙砾、帕拉斯的朱雀、以及帕拉斯的蚱蜢鸣鸟。此外，他对其他人描述的动物的科学名称感到荣幸，包括：Dagestani 的龟（*Testudo graeca pallasi*），Pallas 的鼠兔（*Ochotona pallasi*），Pallas 的芦苇（*Emberiza pallasi*）和太平洋鲱鱼（*Clupeapallasii*）。柏林和 Castrop-Rauxel 的街道被命名为 Pallasstraße。伏尔加格勒州的帕拉索夫卡（Pallasovka）以他的名字命名，他的纪念碑就在那里。

小行星以他的名字命名：21087 Petsimpallas。

学名考证：*Suaeda salsa*（L.）Pall. Illustr. 46. 1803; Bunge in Bull. Ac. Sci. St. Petersb. 25: 360. 1879 et in Act. Hort. Petrop. 6: 428. 1880; Forb. et Hemsl. in Journ. Linn. Soc. Bot. 26: 330.1889—1902; 北研丛刊 2（2）: 18. 1933; Iljin in Fl. URSS 6: 191. 1936. p. p; Crobov, Pl. Asiae Centr. 2: 77.1966.—*Chenopodium salsum* Linnaeus, Sp. Pl. 1: 221. 1753; —S. heteroptera Kitag. in Rep. First Sci. Exped. Manch. Sect. 4, 4: 79. 1936 et Lineam. Fl. Mansh. 193. 1939; 东北草本植物志 2: 72. 1959. —S. ussuriensis Iljin in Act. Inst. Bot. Ac. Sc. 1（2）: 125. 1936.

帕拉斯于 1803 年在刊物 *Illustrationes plantarum imperfecte vel nondum cognitarum*

第 46 卷上发表了该物种，其实林奈早在 1753 年《植物种志》中就发表了该物种，不过当时林奈将其归入藜属，帕拉斯是将其重新组合，原来的名字 Chenopodium salsum Linnaeus 作为基本异名。Bunge 于 1879 年在《圣彼得堡科学学会杂志》(*Bulletin de l'Academie Imperiale des Sciences de Saint-Petersbourg*) 记载了该物种，同时在 1880 年于刊物《圣彼得堡园艺学报》(*Acta Horti Peteopolitani*) 记载了该物种。Forbes, Francis Blackwell 和 Hemsley, William Botting 在 1889—1902 年在刊物《林业学会植物学杂志》(*Journal of Linnean Society Botany*) 上记载了该物种。1933 年，《北研丛刊》第 2 期上也记载了该物种。Iljin, Modest Mikha ĭ lovich 于 1936 年在《苏联植物志》(*Flora of URSS*) 第 6 卷上记载了该物种。植物学家 Crobov 于 1966 年在刊物《中亚植物》(*Plantae Asiae Centralis*) 第二卷中记载了该物种。

北川政夫 1936 年在其著作《满洲里第一次科学考察报告》(*Report First Sciences Expedition Manchuria*) 第 4 卷中发表了该物种，但名称为 S. heteroptera Kitag.，根据优先律原则，在此定为异名。而且北川在 1939 年在其著作《*Lineamenta Florae Manshuricae*》(满洲植物考) 中也记载了 S. heteroptera Kitag. 同样作为异名。1959 年《东北草本植物志》第 2 卷所记载的物种 S. heteroptera Kitag. 也作为异名。

俄罗斯植物学家 Modeste Mikhailovich Iljin1936 年在其著作中发表了 *Acta Instituti Botanici Academiae Scientiarum URPSS*，记述了 S. ussuriensis Iljin 作为异名。

别名：翅碱蓬（东北草本植物志）黄须菜、（河北）碱葱、（内蒙古）盐蒿子、海英菜

英文名称：Saline Seepweed

（二）分类历史及文化

盐地碱蓬以孕育出一片片火红的壮美景观而闻名，一般生于海滨、荒漠低处的盐碱荒土上，是一种典型的盐碱地指示植物。在不知不觉间染"红"了近半个中国，形成了壮美的红色景观。有中国最壮美的"红地毯"景观。海滩又被称为"红海滩"，成为当地一种令人震撼的景观。我国碱蓬资源丰富，共有碱蓬属植物21 种和一个变种，但能形成壮美的"红地毯"景观的，则只有盐地碱蓬。盐地碱蓬株形美观，有"翡翠珊瑚"的雅称。盐地碱蓬所属的藜科植物很多是红色，其营造的美景壮观程度远胜于北京人钟爱的红叶。如果说香山红叶像是受万众宠爱、呵护的"温室花朵"，那么盐地碱蓬这样的藜科植物更像是野蛮生长的"草根英雄"了。

（三）形态特征

盐地碱蓬的形态特征如图 2-1 所示。

一年生草本，高 20 ～ 80 cm，绿色或紫红色。茎直立，圆柱状，黄褐色，有微条棱，无毛；分枝多集中于茎的上部，细瘦，开散或斜升。叶条形，半圆柱状，通常长 1 ～ 2.5 cm，宽 1 ～ 2 mm，先端尖或微钝，无柄，枝上部的叶较短。团伞花序通常含 3 ～ 5 花，腋生，在分枝上排列成有间断的穗状花序；小苞片卵形，几全缘；花两性，有时兼有雌性；花被半球形，底面平；裂片卵形，稍肉质，具膜质边缘，先端钝，果背面稍增厚，有时在基部延伸出三角形或狭翅状突出物；花药卵形或矩圆形，长 0.3 ～ 0.4 mm；柱头 2，有乳头，通常带黑褐色，花柱不明显。胞果包于花被内；果皮膜质，果实成熟后常常破裂而露出种子。种子横生，双凸镜形或歪卵形，直径 0.8 ～ 1.5 mm，黑色，有光泽，周边钝，表面具不清晰的网点纹。花果期 7—10 月。

a 植株；b 花及花序；c 枝条及侧芽

图 2-1　盐地碱蓬

（四）分布

产于东北、内蒙古、河北、山西、陕西北部、宁夏、甘肃北部及西部、青海、新疆及山东、江苏、浙江的沿海地区，分布于欧洲及亚洲。集中分布于舟山普陀山附近岛屿，其它岛屿也有零星分布。

（五）生境及习性

生于盐碱土，在海滩、堤岸、盐田旁湿地及湖边常形成单种群落。有时与碱蓬或南方碱蓬混生。盐地碱蓬生育期为 185 天左右，4 月中旬出苗，5 月下旬分枝，7 月下旬抽穗，9 月上旬开花。花期 9—10 月。花后 8～10 天结果。春季萌发后，由于盐碱土增温慢，幼苗生长极缓。进入分枝期的 5 月中旬，地温回升加快，营养生长急剧增加，日平均增长 1cm 左右。这个生长高峰期一直维持 30～50 天，株体增长 40～50cm，直至开花初期止。进入开花期以后，转入生殖生长为主，株体生长再次缓慢下来，一直延续到籽粒成熟为止，大约 60～70 天。这个阶段的主要发育特点是株体含水量递减，干物量递增（谷奉天，1999）。

（六）繁殖方法

（1）种子繁殖。碱蓬可四季播种，在播前用 500 mg/LKMnO$_4$ 溶液浸种 20 min 后，换清水浸种 4h；或播前浸种 6～8 h。播种量为 11.25 kg/hm^2 左右；或播种量为 15～18 kg/hm^2；或种子间距 2～3 cm。秋冬季一般播种至出苗 15～20 天；春季一般 10～15 天后出苗。当幼苗有 6 片真叶时及时疏苗，株距 5～6 cm，同时拔除杂草，间苗后 2～3 天喷 1 次 0.3% 尿素溶液。王晓玲等认为，播种后一般 5 天左右小苗出齐，定苗后苗距 25～30 cm，以利分枝生长。花期还应追施少量的磷、钾肥，以利提高产量和防止植株倒伏。钱兵等认为，割梢 2～3 天后，可用 0.2% 尿素水泼浇畦面，以蓄肥增强侧枝的萌发。采收一般以 85%～90% 种皮变黑为准，过早部分种子不成熟，过晚种子易脱落。或当嫩梢长到 20～25 cm 时为最适采收期。采收时留 2～3 片真叶割梢，侧枝萌发生长后，可连续采收，一般 1 次播种可连续采收 3～4 茬。碱蓬再生能力比较强，采后 2～3 天浇薄粪水或施尿素 150 kg/hm^2，促进再生分枝，可循环采收（王晓玲，2003；钱兵，2000；来文国，2003）。

（2）组织培养。周鑫（2008）研究表明，盐地碱蓬的叶片在培养基 MS+2,4-D 2 mg/L+6-BA 1 mg/L 和光照培养条件下，诱导和继代培养的愈伤组织无论在颜色、质地还是在生长速度上效果最好。韩国良 2012 指出，原生质体分离的最佳条件是甘露醇 0.7 mol/L、纤维素酶 3.0%、离析酶 1.0% 和果胶酶 0.2%。赵术珍（2008）研究指出，以盐地碱蓬茎尖为外植体，在附加 1.0 mg·L^{-1}6-BA 和 0.5 mg·L^{-1}IAA 的 MS 培养基上培养 30 天可诱导出不定芽，不定芽的诱导频率达到 100% 以上，每个外植体的平均出芽数达到 3.63，60 天后形成丛生芽。不定芽转至 MS 培养基中培养 10 天生根形成完整植株。赵术珍等 2006 以幼嫩花序为外植体，建立了快速而高效的离体培养体系。在附加 1.0,mg·L^{-1}6-BA 和 0.4 mg·L^{-1} IAA 的 MS 培养基上培养 25 天可诱导出不定芽，诱导频率达到 82.1%；不定芽在此培养基上可快速扩增和长期继代培养。

（七）应用价值

（1）食用价值。碱蓬生长在荒野滩涂，远离污染，生长过程中没有使用化肥和农药，其嫩茎叶营养成分丰富，味道鲜美，是备受青睐的无污染绿色食品，主要作为蔬菜食用。试验分析发现，碱蓬茎叶营养成分完整齐全，除富含脂肪、蛋白质外，矿物质、微量元素和维生素的含量也很丰富。其鲜嫩茎叶中蛋白质含量占干物质的 40%，与大豆相当；含有丰富的氨基酸，每 100 g 鲜梢部分含有胡萝卜素 1.75 mg、VB$_2$ 0.10 mg、VC$_{78}$ mg；还含有其他微量元素，如钙、磷、铁、锌、硒等，其中许多指标都高于螺旋藻。碱蓬中钙、磷、铁与核黄素含量都高于菠菜、番茄及胡萝卜等蔬菜；维生素 C 含量高于或相当于一般蔬菜；维生素 B$_2$ 含量为一般蔬菜的 5 ～ 8 倍；含 Se 量较一般食物高 10 倍左右。对野生盐地碱蓬的分析发现，碱蓬汁中含有 9 种人体必需的微量元素，其中钙、镁、锌、铁、镍含量丰富。碱蓬籽油具有较高的营养保健价值，是一种高级食用油。盐地碱蓬籽含油量 20.12%；盐地碱蓬籽油碘值 176.4 g/100 g，酸值（KOH）1.84 mg/g，皂化值（KOH）194.6 mg/g；从碱蓬籽油检出 7 种脂肪酸，不饱和脂肪酸占 90.65%，其中亚油酸 68.74%，油酸占 13.93%，亚麻酸占 4.17%（李洪山，2010）；其色素可以作为食用色素，从干燥的盐地碱蓬中提取的碱蓬色素属天然食用色素，色泽鲜艳明亮，着色效果好，王长泉（2006）从盐地碱蓬中分离得到了甜菜红素（Betacyanias）；段迪（2008）等报道了盐地碱蓬中含有抗氧化剂成分甜菜红素、维生素 C、类胡萝卜素；石红旗（2005）等报道了水溶性色素—花青素。盐地碱蓬可以制作植物盐，其过程是取新鲜碱蓬的茎、叶等根以上部位，压榨取汁，剩余固体部分加水提取一次，合并两次的液体，加入碱性蛋白酶、中性蛋白酶、菠萝蛋白酶或木瓜蛋白酶中的单一酶或复合酶，进行酶解，然后加热煮沸冷却降温到 70 ～ 75 ℃时，加入食品级活性炭脱色，之后过滤出去活性炭，得到清液，用半透膜法或絮凝方法脱去重金属离子，在温度 60 ～ 70 ℃真空度 0.8 ～ 0.9 MPa 条件下浓缩结晶，制得碱蓬植物盐（刘素华，2016）。

（2）药用价值。据《本草纲目拾遗》介绍，性质：咸凉无毒；功用：清热、消积。有研究表明，碱蓬提取物的甲酯化产物对急性炎症有明显的抑制作用，其幼苗的分离提取物也对机体具有增强非特异性免疫功能的作用。医学研究发现，碱蓬属植物种子油，富含人体生长发育所必需的脂肪酸、亚油酸和亚麻酸，且不饱和脂肪酸含量高，具有降糖、降压、扩张血管、防治心脏病和增强人体免疫力等药用效能，适用于预防心血管系统疾病，对老年人、高血压病人具有保健作用。内服：煎汤，6～9克。其化学成分：6个化合物，分别鉴定为β-谷甾醇、胡萝卜苷、没食子酸、槲皮素、槲皮素-3-O-β-D-吡喃葡萄糖苷和苯甲醇-β-D-吡喃糖苷（张泽生，2012）。含有大量黄酮，提取的精制黄酮粉末得率超过5%，经纯化后精制黄酮粉末中黄酮类化合物含量很高，因此盐地碱蓬是获取黄酮类化合物的良好材料，有很好的开发前景。提取的黄酮类化合物体外去除超氧阴离子实验表明，其有较强的清除氧自由基的能力，1mg精制黄酮粉相当于36.28个类SOD活性单位；盐地碱蓬中提取的黄酮类化合物对猪油也有一定的抗氧化作用（高健，2005）。

（3）饲用价值。茎叶脆嫩，全生育期都保持绿色或紫红色，茎叶总光合面积大，全株都可进行光合作用，纯盐地碱蓬群落光能利用率可达0.3%～0.4%，干物质积累快。其分枝期具有一定的再生能力。采食和刈割后，腋芽萌发再生分枝。由于气温升高，水热条件适宜，再生枝生长较快，总长可达20～30cm，生物产量较高。6月下旬以后，转入生殖生长，再生力显著降低。7月以后，进入开花结实期，已完全失去再生能力。盐地碱蓬适口性差，一般不作放牧草地用，多留待秋末种子成熟后，采集籽实和部分枝叶作为代用饲料。当受雪淋洗，含盐量下降之后，也可在冬春放牧羊群。还利用盐地碱蓬—蒿属型草地作为割草草地，开花期刈割晒干，用作羊群越冬补充饲料（邓琳，2007）。侯瑛倩等人（2014）研究发现，盐地碱蓬中蛋白质含量高于玉米和高粱等常用的能量饲料，且其籽实和叶片营养价值高，是非常难得的饲料资源。唐少刚（2007）研究表明，盐地碱蓬作为饲料添加剂可以显著提高肉仔鸡的日增重和饲料利用率，且对肉仔鸡的发病率和死亡率无显著影响。盐生植物盐地碱蓬因其丰富的营养物质和较高的营养价值成为盐渍化土地一种具有较大发展潜力的饲料资源，但其对矿物质元素的富集增加了禽畜饲喂后体内的矿物质缺乏或过多，以及矿物质含量不平衡的风险。孙海霞等人（2013）在对绵羊采食盐地碱蓬后其消化代谢、饮水、排泄和生长等方面研究的基础上，通过分析盐地碱蓬干草饲喂水平对羔羊肌肉及器官组织中矿物质元素的影响，发现短期饲喂盐地碱蓬干草对羔羊组织中矿物质元素无明显的不利影响，但长期饲喂动物可能存在铁过量和钙、铜缺乏的风险。

（4）生态价值。盐地碱蓬作为盐生植物，在盐地土壤中种植后对土壤起到积极的修复作用，能够增加土壤养分含量，改善土壤肥度，降低土壤中重金属镉含量。有利于自然生态环境的恢复，而且成本低、来源广，不会造成二次污染。因此，种植盐地碱蓬用于大面积生态环境修复具有重要的现实意义。

（八）研究进展

（1）生物学及形态学研究进展。魏春芬（2016）研究了不同生境下 2 种表型盐地碱蓬形态结构，指出绿色表型的盐地碱蓬主要通过保水、吸水和储水的结构耐受低盐和干旱胁迫；而紫红色表型盐地碱蓬的叶高度肉质化，茎维管组织更加发达，气孔密度变小，分泌组织出现，这些特征使其更好地抵御高盐和水浸的影响。章英才（2001）指出不同盐浓度环境中的盐地碱蓬，在叶外部形态及内部结构方面表现出显著的性状差异。孙稚颖（2014）对碱蓬与盐地碱蓬的形态解剖学做了对比。崔洋洋（2008）对盐地碱蓬的生药学进行了研究。张峰（2013）对盐地碱蓬的核型进行了分析，指出盐地碱蓬的染色体数目 $2n=18$，核型公式为 $K(2n)=18=16m+2sm$。盐地碱蓬的核型属 1A 型。宋百敏（2002）研究了盐地碱蓬花粉形态及其在分类上的贡献，指出花粉粒外部形态成球形，大小在 $15.4 \sim 24.0 \mu m$ 之间，具散萌发孔，萌发孔数量在 $46 \sim 65$ 之间，萌发孔直径为 $3.1 \sim 5.4 \mu m$；花粉粒表面光滑，其上散布许多颗粒状小突起，萌发孔上亦有数目不等的小突起。以上数值在不同种间有较明显的差异，在盐地碱蓬不同生态变式间也有差异，但差异较小。

（2）化学成分研究进展。夏艳秋（2016）研究了盐地碱蓬花粉化学成分，指出盐地碱蓬花粉含有较高的灰分和蛋白质，适量的脂肪与碳水化合物，维生素以脂溶性维生素为主；共检测出 18 种氨基酸，各种氨基酸及必需氨基酸种类齐全、含量丰富，必需氨基酸占总氨基酸的 34.35%；不饱和脂肪酸占总脂肪酸的 94.02%，亚油酸占不饱和脂肪酸的 90.12%；矿物质种类较多，共检测出 26 种矿物元素，微量元素占矿物质总量的 4.60%；多糖和黄酮分别为 7.85 mg/g 和 90.45 mg/g。盐地碱蓬花粉是很好的食物营养来源，可应用于食品、药品和保健品的开发。张泽生（2012）研究了化学成分，李洪山（2010）研究了种子油的化学成分，段迪（2008）等研究了盐地碱蓬色素的化学成分能，王长泉（2006）、石红旗（2005）等也分别报道了其色素成分。

（3）生理学研究进展。①耐盐性及抗盐性进展。史功伟（2009）研究指出，各处理盐分浓度下，潮间带生境盐地碱蓬叶片的最大光化学效率、实际光化学效率和地上部分生物量均低于盐碱地生境盐地碱蓬。高盐浓度下，潮间带生境盐地碱蓬叶片 Na^+ 和 Cl^- 含量低于盐碱地生境盐地碱蓬。段慧荣（2016）研究指出，SsHAK2 可能参与盐地碱蓬 K^+ 吸收及转运过程，在根和叶中发挥不同的功能。刘晓雪（2011）克隆了 SsDREB 基因，该基因受高盐和干旱诱导。李艳艳（2006）的研究表明，盐胁迫下 H 和 c 亚基基因上调及 $V-H^+-ATPase$ 活性的增加为 Na^+ 区隔化到液泡中提供了质子驱动力。王萍萍（2002）等从盐地碱蓬中分别克隆了肌

醇 –1– 磷酸合成酶基因（INPS）和 Δ1– 二氢吡咯 –5– 羧酸合成酶基因（SsP5CS）。②植物抗性研究进展。李劲松（2018）模拟干旱和盐碱胁迫对碱蓬、盐地碱蓬种子萌发的影响，在种子萌发阶段，碱蓬种子的抗旱、抗碱能力低于盐地碱蓬；在幼苗形成阶段，碱蓬胚的抗盐性小于盐地碱蓬，但对轻度碱胁迫的抗性高于盐地碱蓬。刘冉冉（2017）研究了不同生境盐地碱蓬对氮饥饿的响应，指出低氮条件下潮间带生境盐地碱蓬具有较高的 NO_3^{-1} 储存能力，在环境持续氮素缺乏时具有较高的 NO–3–N 再利用能力，能更好地维持氮代谢以及光合性能。说明潮间带生境盐地碱蓬能更好地适应低氮生境。

（4）盐地碱蓬光合研究进展。尹海龙（2014）研究了不同盐度环境下盐地碱蓬幼苗光合生理生态特征，指出轻度与中度盐环境下，盐地碱蓬幼苗叶片光合色素含量无显著差异，而高度盐环境下显著下降，且叶绿素的下降是由叶绿素 a 含量的降低造成的；高光强（PAR>1400 μ mol · m^{-2}s^{-1}）下，随着盐度的增加，净光合速率下降，这是由气孔限制因素引起的。在轻度和中度盐环境下，盐地碱蓬幼苗对光具有较强的适应能力；重度盐环境下最大光合速率（Amax）、光饱和点（LSP）、光补偿点（LCP）明显降低，暗呼吸速率（Rd）明显增大，此时盐地碱蓬幼苗对强光的适应能力降低，而且将能量通过暗呼吸消耗掉。阮圆（2008）对不同自然盐渍生境下盐地碱蓬叶片色素积累及光合特性进行研究后指出，海边生境的盐地碱蓬叶片中甜菜红素的含量显著高于内地生境条件下的，而叶绿素 a、叶绿素 b 的含量显著低于内地生境条件下的内地生境盐地碱蓬功能叶片净光合速率，Fv/Fm，YPS II 均显著高于海边生境的功能叶片。高奔（2010）研究表明，200 mmolL^{-1}NaCl 对两种生境盐地碱蓬地上部分及根系的有机干重无显著影响，说明两种生境盐地碱蓬均具有较强的抗盐性；NaCl 处理显著降低了两种生境盐地碱蓬叶片的光合放氧速率；各浓度 NaCl 处理下，盐碱地生境盐地碱蓬叶片的光合放氧速率均高于潮间带生境的，潮间带生境盐地碱蓬叶片中叶绿素 a 与叶绿素 b 的比值均高于盐碱地生境的；各浓度 NaCl 处理下，潮间带生境盐地碱蓬叶片中的 Cl$^-$ 含量均低于盐碱地生境的；与叶片中情况相反，高盐处理下，潮间带生境盐地碱蓬根中的 Cl$^-$ 含量均高于盐碱地生境的。

参考文献

[1] 周东生，王奇志，王鸣，等.盐地碱蓬化学成分及其开发利用的研究进展 [J]. 中国野生植物资源，2011，30（1）：6-9.

[2] 高健.盐地碱蓬中黄酮类物质的提取及抗氧化性研究 [J].盐城工学院学报（自然科学版）.2005，18（2）：55-57.

[3] WANG Changquan, ZHAO Jiqiang, CHEN Min,et al.Identification of Betacyanin and Effectsof Environmental FactorsonIts Accumulationin Halophyte Suaedasalsa[J]. Journalof Plant Physiolo-gyand Molecular Biology, 2006, 32（2）: 195-201.

[4] 刘素华, 刘清岱, 刘好鑫, 尹金珠, 王胜, 张泽生. 植物盐及其研究进展 [J]. 中国食品添加剂, 2016（4）: 195-199.

[5] 邓琳. 河三角洲优势饲用植物及其利用—盐地碱蓬·地肤 [J]. 安徽农业科学.2007, 35（24）: 7469-7470.

[6] 李洪山, 范艳霞. 盐地碱蓬籽油的提取及特性分析 [J]. 中国油脂, 2010（1）: 74-76.

[7] 侯瑛倩, 吴振, 冯佳时, 等. 高粱配合啤酒酵母替代玉米在猪料中的应用 [J]. 北方牧业, 2014（17）: 29.

[8] 唐少刚. 黄须菜对肉仔鸡生长性能的影响 [J]. 中国饲料, 2007（10）: 32-33.

[9] 孙海霞, 伏晓晓, 王敏玲, 等. 碱蓬干草饲喂水平对羔羊肌肉及器官组织中矿物元素的影响研究 [J]. 草业学报, 2013（4）: 346-350.

[10] 周嘉倩, 魏月, 苑宁, 等. 我国盐地碱蓬的研究现状及展望 [J]. 农产品加工, 2017（8）: 61-67.

[11] 王晓玲, 李春胜, 房春波, 等. 碱蓬的用途与种植技术 [J]. 特种经济动物, 2003（12）: 25-26.

[12] 钱兵, 顾克余, 赫明涛, 等. 盐地碱蓬的生态生物学特性及栽培技术 [J]. 中国野生植物资源, 2000, 19（6）: 62-66.

[13] 来文国, 裘劼人, 阮松林, 等. 菜用盐地碱蓬的特性及设施栽培技术要点简介 [J]. 杭州农业与科技, 2003（3）: 40-41.

[14] 顾寅钰, 衣葵花, 肖连明, 等. 盐地碱蓬生理特性及栽培研究进展 [J]. 现代农业科技, 2016（24）: 75-79.

[15] 周鑫, 李兴林, 崔兴华, 等. 盐地碱蓬愈伤组织的诱导及其脯氨酸含量的变化 [J]. 中国草地学报, 2008, 30（6）: 49-52.

[16] 韩国良, 杨剑超, 隋娜. 盐地碱蓬愈伤组织原生质体的分离纯化 [J]. 山东农业科学 2012, 44（12）: 24-27.

[17] 赵术珍, 高叶, 王宝山. 真盐生植物盐地碱蓬茎尖组织培养和植株再生 [J]. 山东师范大学学报（自然科学版）, 2008, 3（4）: 96-99.

[18] 赵术珍, 阮圆, 王宝山. 盐地碱蓬幼嫩花序的组织培养及植株再生 [J]. 植物学通报, 2006, 23（1）: 52-55.

[19] 魏春芬，崔洋洋，周凤琴.不同生境下2种表型盐地碱蓬形态结构研究[J].中国海洋药物，2016，35（3）：57-60.

[20] 章英才，张晋宁.两种不同盐浓度环境中盐地碱蓬叶的形态结构特征研究[J].宁夏大学学报（自然科学版），2001，22（1）：70-76.

[21] 孙稚颖.山东碱蓬属两种植物形态解剖学研究[J].食品与药品，2014，16（1）：9-12.

[22] 崔洋洋.碱蓬与盐地碱蓬的生药学研究[D].济南：山东中医药大学，2008.

[23] 张峰，姚燕.盐地碱蓬的染色体核型分析[J].山东科学，2013，26（1）：53-55.

[24] 宋百敏，宗美娟，刘月良.碱蓬和盐地碱蓬花粉形态研究及其在分类上的贡献[J].山东林业科技，2002（2）：1-4.

[25] 张泽生，王丽，杨建波，等.盐地碱蓬的化学成分研究[J].天然产物研究与开发，2012（24）：775-776，813

[26] 段迪，杨青，李涛，等.紫红色表型盐地碱蓬叶片营养成分分析[J].山东师范大学学报（自然科学版），2008，23（3）：118-120.

[27] WANG Chang Quan, ZHAO Ji Qiang,CHEN Min, et al. Identification of Betacyanin and Effects of Environmental Factors on Its Accumulation in Halophyte Suaeda salsa[J]. Journal of Plant Physiology and Molecular Biology 2006, 32（2）：195-201

[28] 石红旗，姜伟，衣丹，等.盐地碱蓬共轭亚油酸的制备及结构分析[J].食品科学，2005，26（5）：80-84.

[29] 史功伟，宋杰，高奔，等.不同生境盐地碱蓬出苗及幼苗抗盐性比较[J].生态学报，2009，29（1）：138-143.

[30] 段慧荣，王锁民.盐地碱蓬高亲和性K^+转运蛋白基因SsHAK2的克隆与表达模式分析[J].草业学报，2016，25（2）：114-123.

[31] 王萍萍，马长乐，曹子谊，等.植物生理与分子生物学学报，2002，28（3）：175-180.

[32] 王萍萍，马长乐，赵可夫，等.山东师范大学学报（自然科学版），2002，17（3）：59-62.

[33] 李劲松，郭凯，李晓光，等.模拟干旱和盐碱胁迫对碱蓬、盐地碱蓬种子萌发的影响[J].中国生态农业学报，2018，26（7）：1011-1018.

[34] 刘冉冉，时伟伟，张晓东，等.不同生境盐地碱蓬对氮饥饿的响应[J].生态学报，2017，37（6）：1881-1887.

[35] 尹海龙, 田长彦 . 不同盐度环境下盐地碱蓬幼苗光合生理生态特征 [J]. 干旱区研究 , 2014, 31（5）: 850–855.

[36] 阮圆等 . 不同自然盐渍生境下盐地碱蓬叶片色素积累及光合特性的研究 [J]. 山东师范大学学报（自然科学版）, 2008, 23（1）: 115–117.

[37] 高奔, 宋杰, 刘金萍, 等 . 盐胁迫对不同生境盐地碱蓬光合及离子积累的影响 [J]. 植物生态学报 , 2010, 34（6）: 671–677.

三、南方碱蓬

（一）学名解释

Suaeda australis（R.Br.）Moq.，属名：Suaeda，植物原名，碱蓬属，藜科。种加词：australis，南方的。命名人，Moq.=Alfred Moquin-Tandon 克里斯汀·贺拉斯·本尼迪克特·阿尔弗雷德·莫昆·坦登（1804—1863）是法国博物学家和医生。1829—1833 年，取得医学博士学位，莫昆·坦登在马赛雅典任动物学教授，1833 年被任命为图卢兹的植物学教授和植物园主任。他同时也是一位杰出的文学家。1850 年，法国政府派他到科西嘉岛研究该岛的植物群，在科西嘉岛进行了一次植物学考察。继阿齐尔·理查德之后，他担任巴黎"历史自然医学院"的主席，负责该学院植物的种植。1853 年，他移居巴黎，后来成为植物园和科学院院长。他的书包括与菲利普·巴克·韦伯和萨宾·贝特洛合著的《加那利群岛历史》（*L'Histoire Naturelle des Iles Canaries*）（1835—1844），他的专长之一是苋科（苋科）方面的研究。出版的医学著作，也包括 *Essai sur les dedoubles ou multiplements d'organes dans les vegetaux*（蒙彼利埃，1826 年）。他的 *Chenopodeaum, Monographica Enumeratio*（巴黎，1840 年）对所有来自澳大利亚学生都很有价值。他是《植物元素》（巴黎，1841 年）、《巴西波利盖列斯》（与圣希拉尔合著）和同一植物家族的其他作品的作者。与同一作者合作完成了一部关于卡帕里达科的著作。他是一位著名的鸟类学家和贝壳学家，同时也是一位植物学家，1853 年他成为巴黎研究所的成员。纪念他的植物名称：Atrlplex moquiniana，Webb。

学名考证：*Suaeda australis*（R. Br.）Moq. in Ann. Sci. Nat. 23: 318. 1831 et Chenop. Enum. 129. 1840; Benth. Fl. Hongk. 283. 1861; Hance in Journ. Linn. Soc. Bot. 13: 119. 1873; Forb. et Hemsl. in Journ. Linn. Soc. Bot. 26: 328. 1891; Lecomte in Fl. Gen. Indo-Chine 5: 8. 1910–31; Merr. in Lingnan. Sci. Journ. 5: 72. 1937; Black, Fl. South Austr. 2:

316. f. 444. 1963; 海南植物志 1: 395. f. 208. 1964.—Chenopodium australe R. Br. Prodr. Fl. Nov. Holl. 407. 1810.

Alfred Moquin-Tandon 于 1831 年在著作 *Annales des sciences naturelles.Botanique végétale* 中发表了该物种，而且同一作者 1840 年在著作 *Chenopodium Monographys Enumeration* 中也记载了该物种。英国植物学家 Bentham, George1861 年在刊物《香港植物志》（*Flora Hongkongensis*）也沿用了此名称。英国植物学家 Hance1873 年在《林奈学会植物研究》（*The Journal of the Linnean Society of London .Botany*）也记载了该物种。英国园丁和植物学家 James Forbes（botanist）（1773—1861）和英国植物学家 William Botting Hemsley（1843—1924）1891 年在著作 *The Journal of the Linnean society Botany ,London* 也记载了该物种。法国药剂师和植物学家 Charles Joseph Marie Pitard 1910 年在著作 *Flore générale de L'Indo-Chine* 也沿用了此名称。美国植物学家和分类学家 Elmer Drew Merrill1937 年在刊物《岭南科技期刊》（*Lingnan Science Journal*）也沿用了此名称。《海南植物志》（1964）也沿用了此名称。穆勒也是德裔，毕业于基尔（Kiel）大学，1861 年他被选为伦敦皇家学会会士，并获得皇家奖章。1963 年在《南澳大利亚植物志》（*Flora of South Australia*）也记载了该物种。

苏格兰植物学家和古植物学家 Robert Brown1810 年在著作 *Prodromus Florae Novae Hollandiae et Insulae Van-Diemen* 中发表名称 Chenopodium australe R. Br. 为异名。

英文名称：Southern Seepweed

（二）形态特征

南方碱蓬的形态特征如图 3-1 所示。

小灌木，高 20 ～ 50cm。茎多分枝，下部长生有不定根，灰褐色至淡黄色，通常有明显的残留叶痕。叶条形，半圆柱状，长 1 ～ 2.5 cm，宽 2 ～ 3 mm，粉绿色或带紫红色，先端急尖或钝，基部渐狭，具关节，劲直或微弯，通常斜伸，枝上部的叶（苞）较短，狭卵形至椭圆形，上面平，下面凸。团伞花序含 1 ～ 5 花，腋生；花两性；花被顶基略扁，稍肉质，绿色或带紫红色，5 深裂，裂片卵状矩圆形，无脉，边缘近膜质，果时增厚，不具附属物；花药宽卵形，长约 0.5 mm；柱头 2，近锥形，不外弯，黄褐色至黑褐色，有乳头突起，花柱不明显；胞果扁，圆形，果皮膜质，易与种子分离。种子双凸镜状，直径约 1 mm，黑褐色，有光泽，表面有微点纹。花果期 7—11 月。

产于广东、广西、福建、台湾、江苏。分布于大洋洲及日本南部、东南亚、澳大利亚。产浙江慈溪、镇海、定海、普陀。浙江新纪录种。

a、b、c 植株；d 幼苗；e 花

图 3-1 南方碱蓬

（三）生境及习性

生于海滩沙地、盐田堤埂，红树林边缘等处，常成片群生或与盐地碱蓬混生。

（四）繁殖方法

叶小齐（2012）研究了杭州湾 4 种植物盐胁迫下种子萌发能力与分布的关系，指出各物种生境土壤含盐量顺序是南方碱蓬＞碱蓬＞芦苇＞野艾蒿；土壤 pH 值为芦苇＞野艾蒿＞南方碱蓬和碱蓬；土壤含水率为碱蓬＞芦苇＞南方碱蓬＞野艾蒿。氯化钠溶液处理对 4 种种子萌发率都有显著影响，萌发率随盐分质量浓度增加而下降；同一盐分质量浓度下，萌发率高低顺序依次是碱蓬＞南方碱蓬＞芦苇＞野艾蒿。复水后氯化钠溶液处理的种子萌发率都显著提高，但不同物种萌发率高低顺序和复水前相同。相关分析表明，土壤含盐量和不同种子在 $20g \cdot L^{-1}$ 氯化钠胁迫下的萌发率是显著相关的。这些结果表明，土壤含盐量是限制上述 4 种种子萌发的重要因素，4 种植物的分布是和它们各自生境的盐分高低条件和种子在盐分胁迫条件下的萌发能力相关的。

（五）分布

产于广东、广西、福建、台湾、江苏。分布于大洋洲及日本南部、东南亚、澳大利亚。产浙江慈溪、镇海、定海、普陀。浙江新纪录种。

（六）应用价值

（1）药用价值。药用全草，叶与种子具有抗氧化活性。南方碱蓬多分布于福建省沿海滩涂沼泽地，常形成小片纯群落。在《本草纲目》中尚未找到药用记载，但现代研究表明，其全株含黄酮类化合物。泉州一带南方碱蓬根、茎、叶总黄酮最佳提取条件，根为 50 倍料重 45% 乙醇液在 80 ℃ 条件下提取 30 min，含量为（1.50±0.20）%；茎为 30 倍料重 60% 乙醇液在 80 ℃ 条件下提取 50 min，含量为（0.94±0.24）%；叶为 30 倍料重 75% 乙醇液在 80 ℃ 条件下提取 30 min，含量为（6.35±0.45）%。碱水 pH 值对叶总黄酮提取率影响显著，最佳工艺条件为 pH13 微波功率 600 W 液料比 70 微波处理时间 9 min 提取次数 1 次，提取率为 4.87%。叶总黄酮 0.1 mg/mL 对羟基自由基清除率为 90% 以上。种子水提物得率 18.490%，其中总黄酮含量 2.74%；水提物 20 mg/mL 对羟基自由基清除率为 79.50%，半效应浓度为 0.53 mg/mL；水提物 200 mg/mL 对二苯代苦肼自由基清除率为 92.44%，其半效应浓度为 57.56 mg/mL（刘小芬，等，2016）。

抗菌活性的研究：Hye-Ran Kim 研究表明，其抗菌活性具有浓度的依赖性，对革兰氏阴性菌及阳性菌均有一定的抗菌活性。

（2）生态应用价值。林石狮（2013）研究了多彩红树林景观营造——彩叶乡土红树林植物海漆和南方碱蓬的调研与应用，指出应用海漆 Excoecaria agallocha 和南方碱蓬 Suaeda australis 形成生物多样性高、群落层次分明的显著彩色生态景观带，有效缓解红树林造林中"品种单一化"和"景观一致化"问题。真红树植物海漆在每年 4—6 月形成群落顶层的红叶景观，南方碱蓬可常年保持红色至深红色，营造底层色块。这两种抗性强、易于管理的速生植物可应用至国内所有红树林自然分布区域。

（七）研究进展

（1）南方碱蓬的生态分布。胡慧娟（2001）指出，二叶红薯、南方碱蓬和番杏是盐碱土的指示种，主要分布于中潮带及潮上带，也就是中区及外区。

（2）南方碱蓬总黄酮含量的提取。黄晓昆（2006）研究表明，总黄酮的优化提取条件，根为 50 倍原料重的 45% 乙醇溶液在 80 ℃ 条件下提取 30 min，含量为（1.50±0.20）%；茎为30倍原料重的60%乙醇溶液在80℃条件下提取50min，含量为（0.94±0.24）%；叶为30倍原料重的75%乙醇溶液在80℃条件下提取30min，含量为（6.35±0.45）%。

（3）对于重金属的富集能力研究。Li YH（2006）研究指出，为了研究泉州湾湿地重金属污染的分布，泉州湾湿地三个采样点沉积物中多种重金属（Cu,Zn,Cd,Ph,Cr,Hg）的总浓度和化学分配。他们对 Suaeda australis 的可用性进行了分析。地质累积指数（I-geo）值显示，三个采样点的沉积物可能都被认为是 Pb 和 Zn 的中度污染，并且所有沉积物都可能被镉严重污染。分配分析显示，三个位点的测量重金属在较低浓度下与可交换部分结合。大量测量的金属与可还原和可氧化的部分结合，并且高比例测量的重金属分布在沉积物样品的残余部分中。从沉积物中提取的每个化学相中的 Cd 浓度均高于自然全球背景水平，其毒性应进一步研究。碱蓬（Suaeda australis）对测量的重金属具有不同的积累能力。对于根和茎，通过生物累积因子（BA。F）评估的测量重金属的生物累积能力遵循降序顺序为 Cu>Cr>Zn>Cd,Pb,Hg。在叶中，表现出对 Hg 更强的生物累积能力。碱蓬（Suaeda australis）根中的重金属浓度呈正相关。

（4）分类学研究。Jeom Sook Lee（2007）研究表明，分子和营养特征表明这些植物现在归类为 S. australis，来自韩国，应该被命名为 S. maritima（L.）Dumont。

（5）耐盐机理。SP Robinson1985 指出，在添加 $0 \sim 600$ mM NaCl 的营养液中水培生长 S. australis 的幼苗。在没有添加 NaCl 的情况下植物生长很差，并且基于新鲜或干重，在 $50 \sim 150$ mM NaCl 下发生最佳生长。尽管植物即使在 600 mM NaCl 下也继续生长，但较高浓度的 NaCl 会降低生长。叶片液体的渗透势随着盐度的增加而降低，这主要是叶片中 NaCl 积累的结果。叶片 K^+ 浓度随着盐度的增加而降低，而 Na^+ 和 Cl^- 均以组织水为基础分别达到 800 mM 和 500 mM。通过机械破碎叶子分离完整的叶绿体，并在两步 Percoll 梯度上纯化叶绿体。调节分离介质的渗透势，以便在每种情况下与叶汁均等渗。叶绿体通常完整超过 90%，表现出 CO_2 依赖性氧气释放速率为 70-130 μmol（mg 叶绿素）$^{-1}$ h^{-1}。叶绿体中 K^+ 的浓度随着增加而降低。

参考文献

[1] 叶小齐, 吴明, 王琦, 等. 杭州湾4种植物盐胁迫下种子萌发能力与分布的关系 [J]. 浙江农林大学学报, 2012, 29（5）: 739-743.

[2] 刘小芬. 福建省野生沙生药用植物资源与研究进展 [J]. 中国野生植物资源, 2016, 35（5）: 39-40.

[3] 胡慧娟, 张娆挺, 陈剑榕. 福建闽江口外海岸植物生态, 海洋学报, 2001, 23（5）: 111–115.

[4] 林石狮, 叶有华, 孙延军, 等. 多彩红树林景观营造——彩叶乡土红树林植物海漆和南方碱蓬的调研与应用 [J]. 生物学通报, 2013, 48（1）: 10–12.

[5] KIM H R, PARKG N, JUNG B K, et al. Antibacterial Activity of Suaeda australis in Halophyte. [J]. Korean Oil Chemists′ Soc., 2016（2）: 278–285.

[6] 黄晓昆, 朱加元, 黄晓冬, 等. 南方碱蓬根茎叶总黄酮提取与含量测定 [J]. 亚热带植物科学, 2006, 35（4）: 35–38.

[7] LI Yuhong, YAN Chongliu, YUAN Jianjun, et al. Partitioning of heavy metals in the surface sediments of Quanzhou Bay wetland and its availability to Suaeda australis[J]. AGRIS, 2006, 18（2）: 334–340.

[8] LEE J S, DONG S P, IHM B S, et al. Taxonomic Reappraisal on Suaeda australis （Chenopodiaceae）in Korea based on the Morphological and Molecular Characteristics[J]. Journalof PlantBiology, 2007, 50（6）: 605–614.

[9] ROBINSON S P, DOWNTON W J. Potassium, Sodium and Chloride Ion Concentration in Leaves and Isolated Chloroplasts of the Halophyte Suaeda australis R. Br[J]. Functional Plant Biology, 1985, 1（1）: 471–479.

四、平卧碱蓬

（一）学名解释

Suaeda prostrata Pall. 属名：Suaeda，植物原名，碱蓬属，藜科。种加词：prostrata，平卧的。命名人：Pall.（见盐地碱蓬）。

学名考证：Suaeda prostrata Pall. Ill. Pl. 55. t. 47. 1803; Iljin in Fl. URSS 6: 194. t. 9. f. 6. 1936; Grubov, Pl. Asiae Centr.2: 77. 1966.—Schoberia maritima C.A.Mey. in Ledeb. Fl. Alt.1: 400.1829.—Suaeda maritima. a. vulgaris Moq. Chenop. Monogr. Enum. 128. 1840.—Chenopodina maritima a. vulgaris Moq. in DC. Prodr. 13（2）: 161. 1849.—Suaeda maritima auct. non Dum.: Bunge in Act. Hort. Petrop. 6（2）: 429. 1880; Forbes et Hemsl. in Journ. Linn. Soc. Bot. 26: 329. 1891.—S. heterophylla auct. non Bunge: Грубв, Консп. Фл. М Н Р 120. 1955.

俄罗斯植物学家 Peter Simon Pallas 于 1803 年在著作 *Illustrated Plantarum* 发表了该物种。俄罗斯植物学家 Modest Mikhaĭlovich 于 1936 年在《苏联植物志》（*Flora of URSS*）沿用了此名称。俄罗斯植物学家 Valery Ivanovich Grubov（ВалерийИвановичГрубов）1966 年在著作 *Plantae Asiae Centralis* 也沿用了此名称。

俄罗斯植物学家 Carl Antonovic von Meyer（1795—1855）于 1829 年在著作 *Ledebour,C.F.von Icones* 中发表物种：Schoberia maritima C. A. Mey. 为异名。

法国植物学家 Alfred Moquin-Tandon 于 1840 年在著作 *Chenopodearum Monographica Enumeratio* 发表物种：Suaeda maritima. a. vulgaris Moq. 为异名。

法国植物学家 Alfred Moquin-Tandon 于 1849 年在著作 *Prodromus systematis naturalis regni vegetabilis* 发表物种 Chenopodina maritima a. vulgaris Moq. 为异名。

俄罗斯植物学家 Alexander Georg von Bunge 于 1880 年在刊物 *Acta Horti Petropolitani* 所描述物种：Suaeda maritima Dum. 为错误鉴定。美国植物学家

舟山群岛特有草本植物图志

Francis Blackwell Forbes 和英国植物学家 William Botting Hemsley 于 1891 年在刊物《林奈学会植物学杂志》（*The Journal of the Linnean Society of London . Botany*）也沿用了此名称。

俄罗斯植物学家 Грубв 在刊物 *Консп. Фл. МНР* 所描述 S. heterophylla Bunge 为错误鉴定。

（注：Suaeda maritima. a. vulgaris Moq. 的含义：名称中的"a"为"var."第一届世界植物命名大会规定，在此以前的名称变种可以使用 a,b 等序号，代替 var.）

英文名称：Prostrate Seepweed

（二）形态特征

平卧碱蓬的形态特征如图 4-1 所示。

a 植株；b 枝条；c 胞果；d 花；e 幼苗；f 种子

图 4-1　平卧碱蓬

一年生草本，高 20～50 cm，无毛。茎平卧或斜升，基部有分枝并稍木质化，具微条棱，上部的分枝近平展并几等长。叶条形，半圆柱状，灰绿色，长 5～15 mm，宽 1～1.5 mm，先端急尖或微钝，基部稍收缩并稍压扁；侧枝上的叶较短，等长或稍长于花被。团伞花序 2 至数花，腋生；花两性，花被绿色，稍肉质，5 深裂，果时花被裂片增厚呈兜状，基部向外延伸出不规则的翅状或舌状突起；花药宽矩圆形或近圆形，长约 0.2 mm，花丝稍外伸；柱头 2，黑褐色，花柱不明显。胞果顶基扁；果皮膜质，淡黄褐色。种子双凸镜形或扁卵形，直径 1.2～1.5 mm，黑色，表面具清晰的蜂窝状点纹，稍有光泽。花果期 7—10 月。

（三）分布

产于内蒙古、河北、江苏北部、山西、陕西北部、宁夏、甘肃西部、新疆北部。分布于西伯利亚、中亚、东欧、俄罗斯、欧洲部分、亚洲西南部。浙江仅见于岱山（东）、普陀山等地。此种为浙江新纪录种。

（四）生境及习性

生于重盐碱地、强盐碱性的地方。

五、碱蓬

（一）学名解释

Suaeda glauca（Bunge）Bunge，属名：Suaeda. 植物原名：碱蓬属，藜科。种加词：glauca，光滑的。命名人：Bunge= Alexander Georg von Bunge，沙皇俄国德国植物学家。最为人所知的是他进入亚洲，特别是西伯利亚的科学考察。邦奇出生在一个属于沙皇俄国德国少数民族的家庭。他的父亲安德烈亚斯·西奥多是乔治·弗里德里希·邦奇的儿子，他是一位药剂师，于18世纪从东普鲁士移民到俄罗斯。他在多尔帕特大学学习医学，后来在喀山担任植物学教授。1835年，他回到多尔帕特，在那里他教授植物学课程，直到1867年。在这里，他通过信函及发表在 *Linnaea* 期刊上的文章，与哈雷大学的植物学家 Diederich Franz Leonhard von Schlechtendal 保持联系。并经常交换植物标本。直到1881年，他一直留在多尔帕特，并对爱沙尼亚植物群进行调查。1826年，他与 Carl Friedrich von Ledebour 和 Carl Anton von Meyer 一起开始了对柯尔克孜草原和阿尔泰山脉进行了重要科学考察。1830—1831年，随俄国的中国教会调查团来中国，从乌兰巴托经锡林郭勒盟、张家口到北京，沿途采集植物标本。通过这项研究对蒙古植物进行了广泛的研究，1831年发表《在中国北部采集的植物名录》，列入被子植物95科420种，并发现一些新分类群，如新属诸葛菜属 Orychophragmus Bunge（十字花科）、文冠果属 Xanthoceras Bunge（无患子科）、独根草属 Oresitrophe Bunge（虎耳草科）、蚂蚱腿子属 Myripnois Bunge（菊科）、泥胡菜属 Hemistepta Bunge（菊科）、杭子梢属 Campylotropis Bunge（豆科）、蓝雪花属 Ceratostigma Bunge（白花丹科）、斑种草属 Botkriospermum Bunge（紫草科）、莸属 Caryopteris Bunge（马鞭草科）、松蒿属 Phtheirospermum Bunge（玄参科）、知母属 Anemarrhena Bunge（百合科）。在中国进行调查后，他返回阿尔泰山脉，在那里他对该地区东部进行了研究（1832年）。1857—1858年，他参加了对呼罗珊和阿富汗的科学考察。

著名的白皮松是邦奇在北京发现并命名的。他是生理学家 Gustav von Bunge（1844—1920）和 Alexander von Bunge（1851—1930）的父亲，他不但是植物学家，也是探险家和动物学家。

学名考证：Suaeda glauca（Bunge）Bunge in Bull. Acad. Sci. St. Petersb. 25: 362. 1879 et Mel. Biol. Acad. Sci. St. Petersb. 10: 293. 1879；Franch. Pl. David. 1: 251. 1884；Forb. et Hemsl. in Journ. Linn. Soc. Bot. 26: 328. 1891；中国北部植物图志 4: 89. t. 35. f. 1–10. 1935；Iljin in Fl. URSS 6: 178. t. 9. f. la–c. 1936；江苏南部种子植物手册 246. 1959.—Schoberia glauca Bunge in Mem. Sav. Etrang. Acad. Sci. St. Petersb. 2: 102. 1833.—S. stanntonii Moq. Chenop. Monogr. Enum. 131. 1840.—Chenopodina glauca Moq. in DC. Prodr. 13（2）: 162. 1849.—Suaeda asparagoides Makino in Tokyo Bot. Mag. 8: 382. 1894.

Alexander Georgvon Bunge1879 年在著作 *Bulletin de I'Académie des Sciences de I'Union des Républiques Sovietiques Socialistes.Leningiad* 上组合了物种 Suaeda glauca（Bunge）Bunge。

Alexander Georg von Bunge1833 年在 *Mémires présentés à I'Académie imperial des sciences de Saint-Petersbourg par divers savans et dans les assemblées* 曾经发表过 Schoberia glauca Bunge 后，1978 年经过考证认为是 Suaeda 属，重新组合为 Suaeda glauca（Bunge）Bunge。

Alexander Georg von Bunge 在 1879 年在刊物 *Mélanges botaniques tires du Bulletin de I'Académie imperial des sciences de St.Pétersbourg* 上也记载了该植物名称。法国植物学家 Adrien René Franchet 于 1884 年在著作 *Plantae Davidianae* 中记载了该物种。英国园丁和植物学家 James Forbes（botanist）（1773—1861）和英国植物学家 William Botting Hemsley（1843—1924）于 1891 年在著作 *The Journal of the Linnean society Botany ,London* 中也中记载了该物种。《中国北部植物图志》（1935）也记载了该物种。苏联植物学家 Modeste Mikhailovich Iljin（1936）年在《苏联植物志》上也记载了该物种。《江苏南部种子植物手册》（1959）也记载了该物种。

法国博物学家和医生 Alfred Moquin Tandon 1840 年在著作 *Chenopodium Monographys Enumeration* 发表名称 S. stanntonii Moq. 为异名。

法国博物学家和医生 Alfred Moquin-Tandon 1849 年在 DC. 的著作 *Prodromus Systematis Naturalis Regni Vegetabilis* 发表名称 Chenopodina glauca Moq. 为异名。

Makino1894 年在著作《东京植物学杂志》（*The Botanical Magazine,Tokyo*）发表名称 Suaeda asparagoides Makino. 为异名。

英文名称：Common Seepweed

（二）研究历史

《中国植物志》记录了中国碱蓬属（Suaeda）植物共有 20 种和 1 变种（中国科学院中国植物志编辑委员会，1979）。该属植物全部是盐生植物，具有重要的生态和经济价值。其中的盐地碱蓬 S.salsa（L.）Pall. 和碱蓬 S. glauca（Bunge）Bunge，已被中国科学院海洋研究所于 20 世纪成功筛选为盐生作物，从而形成了以盐生作物为栽培对象的新兴盐碱农业产业和盐碱环境生态修复产业。

高碱蓬 S. altissima（L.）Pall. 与碱蓬 S. glauca（Bunge）Bunge 的区别：高碱蓬 S. altissima（L.）Pall. 种子直立，直径不超过 1.5 mm；花被果时不呈星状，而碱蓬 S. glauca（Bunge）Bunge 则种子横生或斜生，直径约 2 mm；花被果时呈五角星状（中国科学院中国植物志编辑委员会，1979）。但碱蓬 S. glauca（Bunge）Bunge 的果实并非只有五角星状，其种子也有小于 2 mm 和 1.5 mm 的。从《中国高等植物》的碱蓬 S. glauca（Bunge）Bunge 分类图可以清楚看到不同形态的碱蓬被果，其中有五角星形，也有与《中国植物志》的高碱蓬 S. altissima（L.）Pall. 相似的被果（傅立国，等，2000）。因此，笔者认为应将高碱蓬 S. altissima（L.）Pall. 并入碱蓬 S. glauca（Bunge）Bunge。由于 S. altissima（L.）Pall.（1803）命名在 S. glauca（Bunge）Bunge（1879）之前，故保留 S. altissima（L.）Pall. 作为拉丁种名，而中文名"碱蓬"600 年前即被朱橚《救荒本草》（1406）所记载，既是世界最早的关于碱蓬植物的文献，也为我国人民所熟知，其中文名称应予保留。因此修订为碱蓬（《中国植物志》）图版 24: 1–4 Suaeda altissima（L.）Pall. Ill.Pl.49.t.42.1803. 本种的异名：Suaeda glauca（Bunge）Bunge1879；Schoberia glauca Bunge 1833；Suaeda stanntoniiMoq.1840；Chenopodina glauca Moq.1849；Suaedaasparagoides Makino 1894；Chenopodium altissimum L. Sp. 1753；Schoberta leiosperma C. A.Mey. 1829（邢军武，2018）。

（三）形态特征

碱蓬的形态特征如图 5-1 所示。

一年生草本，高可达 1 m。茎直立，粗壮，圆柱状，浅绿色，有条棱，上部多分枝；枝细长，上升或斜伸。叶丝状条形，半圆柱状，通常长 1.5 ～ 5 cm，宽约 1.5 mm，灰绿色，光滑无毛，稍向上弯曲，先端微尖，基部稍收缩。花两性兼有雌性，单生或 2 ～ 5 朵团集，大多着生于叶的近基部处；两性花花被杯状，长 1 ～ 1.5 mm，黄绿色；雌花花被近球形，直径约 0.7 mm，较肥厚，灰绿色；花被裂片呈卵状三角形，先端钝，果时增厚，使花被略呈五角星状，干后变黑色；雄蕊5，花药宽卵形至矩圆形，长约0.9 mm；柱头2，黑褐色，稍外弯。胞果包在花被内，果皮膜质。种子横生或斜生，双凸镜形，黑色，直径约2 mm，周边钝或锐，表面具清晰的颗粒状点纹，稍有光泽；胚乳很少。花果期7—9月。

a 植株；b 秋季花果枝；c 夏季枝条

图 5-1 碱蓬

（四）分布

产于黑龙江、内蒙古、河北、山东、江苏、浙江、河南、山西、陕西、宁夏、甘肃、青海、新疆南部。分布于蒙古、西伯利亚及远东、朝鲜、日本。

（五）生境及习性

生于海滨、荒地、渠岸、田边等含盐碱的土壤上。它可以容忍暂时干旱，种子的休眠期很短，在适当的条件下，它可以迅速发芽。碱性湖泊周围和盐碱点零散分布或群集生长，Suaeda glauca Bge 可以形成单优群落，还与其他盐生植物群落伴生（X.H. Wang，2014）。

（六）繁殖方法

（1）种子繁殖。杜兴臣（2009）研究认为，碱蓬栽培有以下环节：①整地。一般的盐碱土均可进行栽培，沙土或沙壤土最好，播前半个月扣棚或温室增加地温，每公顷施腐熟有机肥 3000 kg。②碱蓬四季均可以播种。播种量 15 ～ 20 kg/hm²，采用条播方式进行播种，用锄尖开 12 cm 深的浅沟，行距 5 cm，用细沙或细土拌种进行均匀撒播，用扫帚轻扫即可，然后浇一遍透水，再覆地膜，以利保墒出苗。3 ～ 4 天幼苗出土后即撤去地膜。③生长期管理。当幼苗有 5 ～ 6 片真叶时进行疏苗，株距 3 ～ 4 cm 左右即可，同时拔除杂草；碱蓬耐旱不耐涝，在栽培管理过程中要避免浇水过多而涝根，只要保持土壤表层两指深内见湿即可。

赵楠（2012）研究了碱胁迫对碱蓬种子萌发的影响，指出随着碱性盐浓度的升高，碱蓬种子的成苗率、发芽指数和幼苗生物量均有不同程度降低，在 Na 浓度相同的情况下，Na_2CO_3 对碱蓬种子萌发及幼苗生长的抑制作用大于 $NaHCO_3$。

李劲松（2018）研究了模拟干旱和盐碱胁迫对碱蓬、盐地碱蓬种子萌发的影响，指出：①低渗处理（−0.46 MPa）对碱蓬、盐地碱蓬种子的萌发无显著影响；高渗处理（−1.38 MPa、−1.84 MPa）抑制碱蓬、盐地碱蓬种子的萌发。②当溶液渗透势相等时，NaCl 处理下碱蓬种子的萌发率显著大于 PEG、Na_2CO_3 处理；而等渗 PEG、NaCl、Na_2CO_3 处理对盐地碱蓬种子萌发率的影响无显著差异。③ PEG、NaCl、Na_2CO_3 处理组碱蓬、盐地碱蓬种子的最终萌发率与对照无显著差异。④在幼苗形成阶段，PEG、Na_2CO_3 处理对碱蓬、盐地碱蓬胚的抑制作用显著大于等渗 NaCl 处理。⑤碱蓬、盐地碱蓬胚的生长对 NaCl、Na_2CO_3 胁迫的响应存在差异，−0.92 MPa NaCl 处理抑制碱蓬胚的生长，却对盐地碱蓬产生促进作用；−0.46 MPaNa_2CO_3 处理对碱蓬胚的抑制作用小于盐地碱蓬。

（2）组织培养研究。王兴安（2001）研究认为，幼苗的下胚轴接种在 MS 加不同浓度 NAA2,4−D6− BA 和 IAA 的培养基上，愈伤组织诱导频率为 94.64% ～ 100%。愈伤组织转移到以 6−BA 为主的分化培养基上，不定芽分化频率为 25.25% ～ 60%。不定芽转入 IBA 生根培养基后，10 天左右生根，得到再生植株。

（七）应用价值

（1）放牧价值。H.W. Liu（2015）研究了压碎种子对瘤胃微生物菌群，瘤胃发酵，甲烷排放和羊羔生长性能的影响，表明添加 SG 种子似乎是通过减少甲烷菌和原生动物种群来减少羔羊甲烷排放的可行方法。SG 种子含有大约 244 g/DMkg 粗脂肪和 887 g UFA/kg 总脂肪酸。因此，SG 种子似乎是有效的氢受体和参与产甲烷作用的微生物抑制剂。以前的研究发现，SG 种子改善了绵羊的生长性能和肉质。

孙海霞（2013）研究了碱蓬干草饲喂水平对羔羊肌肉及器官组织中矿物元素的影响，表明日粮中添加碱蓬对肌肉组织中钙含量有显著的影响（$P<0.05$），随着碱蓬含量的增加，羊肉中钙含量显著地减少，铁含量随碱蓬增加有提高的趋势，而且接近显著的水平，铜含量表现降低的趋势，但统计差异不显著肝中铁和铜的含量变化也表现出与肌肉组织相似的趋势添加碱蓬对心和肾组织中的各种矿物元素无显著的影响。因此，短期饲喂碱蓬干草对羔羊组织中矿物元素无明显的不利影响，但长期饲喂应关注动物发生铁过量和钙、铜缺乏的风险。

（2）药用价值。叶子作为传统的广泛应用药用植物治疗腹泻、发烧、消化不良（Xin Hong Wang，2016）。已被用于中国民间医学治疗发烧和消除停滞食物（Ren Bo An，2008）。不饱和脂肪酸对降糖降压、改善心脑血管疾病、增强人的免疫力、防止细胞老化、预防癌变等方面具有良好的效用（邱磊，1996）。

（3）土壤改良作用。作为盐生植物，S.glauca 不仅耐盐，还可以去除大量来自环境的钠（Kong and Zheng，2015）。减少排放中 Na^+ 的绝对量，在防止土壤盐渍化方面起着重要作用。张蛟（2018）研究种植碱蓬和秸秆覆盖对沿海滩涂极重度盐土盐分动态与脱盐效果表明：①滩涂裸地表层土壤盐分具有显著的季节性变化特征，表现为在 6—8 月盐分降低至最低值（8.69 g·kg⁻¹），9—12 月呈现积盐作用，最大值为 26.66 g·kg⁻¹；表层土壤盐分变化比亚表层更剧烈，而且亚表层盐分变化相对于表层具有一定的滞后性。②相关分析表明，滩涂裸地表层盐分变化与采样前 15 天的累积降雨量及蒸降比具有显著的线性关系；多因子及互作逐步分析表明，降雨量增加可以显著促进脱盐作用，大气温度升高可加剧盐分积累，降雨量和大气温度的互作效应增加会对盐分累积产生正效应。③种植碱蓬处理没有显著改变土壤盐分的季节性变化规律，但降低了表层土壤盐分。④ SM-A（15 t·hm⁻²）和 SM-2A（30 t·hm⁻²）条件下，土壤脱盐率与覆盖处理天数回归拟合符合 Logistic 曲线，且经过雨季覆盖处理 90～100 天后，表层土壤脱盐率均可达到 95.0% 以上，覆盖处理 120 天后，亚表层土壤脱盐率均可达到 92.0% 以上，之后表层和亚表层土壤盐分分别在 0.60 g·kg⁻¹ 和 1.00 g·kg⁻¹ 以下波动，综合考虑脱盐效果和经济投入，在梅雨季节前（4—5 月）采用 15t·hm⁻² 秸秆覆盖，可能是未来滩涂极重度盐土进行快速脱盐和改良的重要措施。

（4）油料作物。于海芹（2005）研究发现，碱蓬种子富含人类生长发育所必需的各种脂肪酸、亚油酸和亚麻酸，其含油量可达 24，虽然较一般油料作物如花生、油菜籽要低，但不饱和脂肪酸的含量很高，可占油脂含量的 80% 以上，具有很高的营养价值和保健价值。

（5）保健蔬菜。碱蓬的营养成分全面而丰富，其茎叶蛋白质含量占干物质的40%左右，且水溶性好，与大豆相仿；碱蓬植物的种子含油量高达35%以上，出油量达28%以上，其不饱和脂肪酸和必需脂肪酸分别占脂肪酸总量的90%和80%左右，具有极好的营养保健价值。另外，碱蓬茎叶中含有大量的人体所必需的氨基酸、维生素、胡萝卜素和Ca、P、Fe、Cu、Zn、Mn、Se等微量元素，是一种优质的特色保健蔬菜（杜兴臣，2009）。由于碱蓬植株美观，有"翡翠珊瑚"之称，亦可作为观赏植物栽培。

（八）研究进展

（1）化学成分研究。邱萍（2015）研究表明，从碱蓬的乙酸乙酯部位中分离得到10个化合物，分别鉴定为正二十四烷酸、β-amyrin-n-nonylether、β-谷甾醇、β-胡萝卜苷、槲皮素、木犀草素、木犀草素-7-O-β-D-葡萄糖苷、异鼠李素、东莨菪内酯、豆甾醇。

Xin Hong Wang（2016）研究了从碱蓬中提取没食子酸，传统方法获得没食子酸获得最大量的没食子酸（6.30 mg·g^{-1}）。1-己基-3-甲基咪唑鎓氯化物的存在使没食子酸的EE增加至8.90 mg·g^{-1}。这可以根据离子液体与没食子酸之间的分子相互作用来解释。离子液体的使用涉及比常规有机挥发性溶剂更强的没食子酸提取能力。没食子酸广泛用于饮料、化妆品、食品和食品中医药作为功能性产品，高抗氧化活性和清除自由基的能力在代谢过程中产生，从而防止癌症，心血管疾病、慢性病等。

X.H. WANG（2014）研究了碱蓬的槲皮素提取工艺，指出最优参数为固液比1∶10（g/mL），萃取温度60℃，乙醇浓度72.69%。在最佳条件下，验证实验结果为0.782 mg/g，与模型结果接近，表明该模型合理可靠。以离子液体为溶剂的增强提取实验表明，槲皮素提取率最高的离子液体为[Bmim]Br，浓度为0.5 mol/L，固液比为1∶15，槲皮素的最高产率达到1.076 mg/g以下。

X.H. Wang（2014）研究了碱蓬总酚提取及抗氧化活性测定，最佳提取结果表明，最高提取总酚含量为2 624.29 ug g^{-1}，微波时间为68.34 min，液固比为62.33 mL g^{-1}。所提出的微波辅助提取是一种有效的提取方法，与标准VC/BHT相比提取时间短，效率显著提高。抗氧化能力的测定包含对1,1-二苯基-2-苦基肼基自由基（DPPH）、羟基自由基（OH）、超氧自由基（O^{2-}）和过氧化氢（H$_2$O$_2$）的潜在自由基清除活性。研究表明，Suaeda glauca Bge叶具有较强的抗自由基活性，可能正在考虑应用抗氧化性。

X.H. Wang（2014）研究了碱蓬种子、叶子中微金属含量的测定。Suaeda

glauca Bge 中选择的有毒微量金属（Cu,Pb,Cd 和 Cr）和常量营养素（Na,Mg 和 Ca）的含量为采用常规浸泡法，超声波辅助萃取法，微波辅助萃取法和酸消解法四种方法提取，然后用火焰原子吸收分光光度计（FAAS）进行分析。比较结果表明，前三种方法释放的金属含量大致相等，但低于酸性消化方法，从 Suaeda glauca Bge 叶和种子中提取全部金属。青枯病叶片和种子中金属含量均呈不同程度的变化，呈现出类似的趋势：Na>Cu>Ca>Mg>Cd>Pb>Cr，但叶片中金属含量较高。除了 Na 和 Ca 之外，Suaeda glauca Bge 被发现是一种良好的铜过敏植物。

Qizhi Wang（2018）从碱蓬中分离出一种新的异黄酮，6,2- 二羟基 -5,7- 二甲氧基异黄酮 6, 2'-dihydroxy-5,7-dimethoxyisoavanone。

（2）药理学研究。Ren-Bo An 2008 研究了提取保肝物质的提取，生物测定指导的 Suaeda glauca 的 MeOH 提取物分馏得到四种酚类化合物，① 3,5- 二 -O- 咖啡酰奎宁甲酯 methyl 3,5-di-O-caffeoyl quinate。② 3,5- 二 -O- 咖啡酰奎尼酸 3,5-di-O-caffeoyl quinic acid。③异鼠李素 3-O-D- 半乳糖苷 isorhamnetin 3-O-D-galactoside。④槲皮素 3-O-D- 半乳糖苷 quercetin 3-O-D-galactoside。化合物 1 和 2 对人肝脏来源的 Hep G2 细胞中的他克林诱导的细胞毒性具有保肝作用，EC50 值分别为 72.7 ± 6.2 和 117.2 ± 10.5M。作为阳性对照的水飞蓟显示 EC50 值为 82.4 ± 4.1 M。

具有保护作用的天然产品中的成分对他克林诱导的肝毒性有重要意义。

（3）耐盐性研究。Y. Kong（2017）研究了碱蓬钠摄取率与植物大小及驯化的关系，调查了钠摄取率（mmol Na$^+$ 植物 $^{-1}$ d^{-1}）的时间变化及其与植物大小的关系（即主茎长度）和在 6,8 或 10 mM NaCl 营养液中生长的 S. glauca 的盐驯化。在 23 天盐处理期间，钠摄取率随时间以 5 ～ 7 天的间隔逐渐增加进展并与植物大小的发展呈现出正的指数关系。在盐处理的第一周（0 ～ 7 天）期间，大型植物的每周平均钠摄取率高于较小的植物。在盐处理的最后一周（18 ～ 23 天）期间，非盐驯化的植物在其植物大小没有显著差异时，表现出与盐驯化植物相似的钠摄取率（每周平均）。这些结果表明，在最大的植物大小（即作为多叶蔬菜收获前 1 周），S. glauca 达到最大吸收率水平，受植物大小的影响大于盐驯化按周规模。

Hangxia Jin2016 对耐盐性基因组转录进行分析：Illumina HiSeq 2500 用于测序来自盐处理和对照样品的 cDNA 文库，每次处理重复 3 次。从头组装 6 个转录组确定了 75 445 个 unigenes。共注册了 23 901（31.68%）个 unigenes。与来自 3 个盐处理和 3 个无盐样品的转录组相比，231 个差异检测到表达基因（DEGs）（包括 130 个上调基因和 101 个下调基因），195 个 unigenes 被功能注释。基于 Gene Ontology（GO），直系同源群（COG）和京都基因百科全书基因组（KEGG）对

DEGs 的分类，应更加注意与信号转导，转运蛋白，细胞壁和生长，防御代谢相关的转录本和转录因子参与耐盐性。

Chunwu Yang（2008）研究了碱蓬耐盐碱机制——无机离子平衡理论：表明碱胁迫明显抑制了 S. glauca 的生长。Na^+ 和 K^+ 的浓度在两种压力下都是随着盐度的增加而增加，表明吸收之间没有竞争性抑制 Na^+ 和 K^+。渗透调节盐胁迫机制类似于芽中的碱胁迫。共享的渗透调节物质基本是有机酸，甜菜碱和无机离子（由 Na^+ 主导）。在另一方面，在两种压力下控制离子平衡的机制是不同的。在盐胁迫下，S. glauca 积累有机酸和无机物阴离子维持细胞内离子平衡，但无机离子的阴离子贡献是大于有机酸。然而碱压力下无机阴离子的浓度压力明显低于盐胁迫强度相同的强度，提示碱压力可能会抑制阴离子的吸收，如 NO_3^- 和 $H_2PO_4^-$。在碱胁迫下，有机酸是维持离子平衡的主要因素。有机酸对阴离子的贡献是 74.1%，而无机阴离子只有 25.9%。S. glauca 增强了有机物的合成酸，以草酸为主，以弥补无机阴离子短缺。

一些报告已经清楚地表明了碱性盐（$NaHCO_3$ 和 Na_2CO_3）很多对植物的破坏性比中性盐（NaCland Na_2SO_4）更强。

（4）基因克隆研究进展。陈明娜（2009）研究了碱蓬基因克隆，采 cDNA 末端快速扩增（RACE）技术，首次获得碱蓬（Suaeda glauca）中含 PEPCase 基因完整编码区的 eDNA 序列，长度为 3 038 bp。获得的序列采用生物信息学方法和系统进化方法进行分析。结果表明，获得的 cDNA 序列包含 2 898 bp 的完整开放阅读框，编码的 966 个氨基酸序列合有两个 PEPCase 活性位点以及 6 种其他的活性位点；预测蛋白质的相对分子质量为 109 785.3，等电点为 5.51，属于不稳定的亲水性蛋白；含量相对较多的氨基酸是 Leu，Glu，Arg，Asp，Ser，不舍 Pyl 和 Sec；不包含跨膜结构和信号肽序列，推断为非分泌性蛋白；二级结构以 a 螺旋为主，三级结构为紧密球状结构；分析结果还表明获得的碱蓬 PEPCase 基因应该属于 C3 型。

金杭霞 2015 研究了碱蓬 PEAMT 基因的克隆及表达，克隆碱蓬的耐逆相关基因——磷酸乙醇胺甲基转移酶（PEAMT）的编码基因，分析 PEAMT 基因调控机制，通过降落 PCR 法获得碱蓬 PEAMT 基因全长 cDNA，命名为 *SgPEAMT*，生物信息学软件分析其序列特点，荧光定量 PCR 检测其表达特性。序列分析表明 *SgPEAMT* 基因开放阅读框为 1 485 bp。编码 494 个氨基酸，推测其为亲水性蛋白。保守结构域分析表明，SgPEAMT 含有 2 个独立的 S- 腺苷甲硫氨酸依赖性甲基转移酶的保守结构域，每个结构域合有 4 个基序。系统进化树分析确认，与同属的碱蓬属植物亲缘关系最近。实时荧光定量 PCR 分析显示，盐胁迫或 ABA 胁迫下碱蓬根、茎、叶中 *SgPEAMT* 基因的表达上调，特别是叶中表达量最高。研究结果表明，*SgPEAMT* 基因受 NaCl 和 ABA 诱导表达，预示 *SgPEAMT* 基因可能在碱蓬对盐胁迫的反应中起重要作用，是一种参与碱蓬耐盐反应的有效耐逆基因，为植物基因工程提供有效的耐逆基因。

马清（2009）做了盐生植物碱蓬 Actin 基因片段的克隆及序列分析，指出根据已知植物 Aefin 基因的保守序列设计一对简并性引物，采用 RT-PCR 的方法扩增 Acfin 基因片段，使用分子生物学软件进行序列分析。结果：获得一段大小为598bp 的基因片段，编码 198 个氨基酸；该序列与其他 Aefin 基因核苷酸序列的同源性均在 80% 以上，与氨基酸序列的同源性达 93% 以上。结论：克隆的基因为 Acfin 基因片段，将其命名为 SgACr。

金杭霞（2016）研究了 SgPSCS 基因克隆和生物信息学分析，利用同源克隆的方法，获得了碱蓬 P5CS 基因全长 ORF，命名为 SgP5CS。SgP5CS ORF 全长2151bp，生物信息学软件预测其编码 716 个氨基酸组成的多肽，相对分子量为77431.8u，等电点为 5.71，为稳定的亲水性蛋白，无跨膜结构域。ClustalX 多重序列比对发现，SgP5CS 编码的氨基酸序列与盐角草 P5CS 相似性为 93%，与盐角草 P5CS 的亲缘关系最近，其次是甜菜。脯氨酸是生物体内重要的渗透调节剂，而 $\Delta'-$ 吡咯啉 $-5-$ 羧酸合成酶则是植物合成脯氨酸的关键酶之一，SgP5CS 的克隆将为进一步的功能分析奠定基础。

赵秀娟（2011）研究了 NaCl 胁迫下碱蓬基因组 MSAP 分析，采用甲基化敏感扩增多态性（MSAP）技术检测 NaCl 胁迫下碱蓬基因组 DNA 甲基化的变化，结果显示，碱蓬基因组 DNA 全甲基化比率与 NaCl 处理浓度存在一定的剂量效应关系（$R=-0.92$）；利用 18 种组合的引物，检测不同 NaCl 浓度处理下碱蓬基因组时共发现 147 个甲基化位点。

（5）花粉形态学研究进展。宋百敏（2002）研究表明，花粉粒外部形态成球形；大小在 $15.4 \sim 24.0 \mu m$ 之间；具散萌发孔，萌发孔数量在 $46 \sim 65$ 之间，萌发孔直径为 $3.1 \sim 5.4 \mu m$；花粉粒表面光滑，其上散布许多颗粒状小突起，萌发孔上亦有数目不等的小突起。

（6）光合作用研究。彭益全（2012）研究表明：①低盐（100 mmol/L NaCl）显著提高碱蓬幼苗的干重（DW）株高和地上部 WC；中盐（400 mmol/L NaCl）胁迫下，碱蓬株高地上部 DW 和 WC 无显著变化；高盐（800 mmol/L NaCl）下，植物 DW 和含水量均明显降低。②低盐对 Chl 含量没有明显影响，随着盐度的增加，其 Chl 含量显著下降，低盐明显提高碱蓬叶片的 Car 含量。随着盐度的增加，Car 含量显著下降；随着 NaCl 浓度增加，Chl a/Chl b 均逐渐上升，但是随着盐度的增加，碱蓬叶片 Chl/Car 呈先降低后升高的趋势。③100 mmol/L NaCl 处理显著提高碱蓬的 PnGs 和 Tr，随着盐度的进一步增加，Pn、Tr、Gs 均显著下降；随着盐度的增加，碱蓬 c_i 逐渐显著下降。④碱蓬生物量与 Tr、Pn 地上部 WC、Car 含量根 WC、Gs 根冠比株高 Chl 含量 ci 有极显著的正相关，而与 Chl/CarLs 呈极显著负相关，与 wUE 显著负相关。

参考文献

[1] 邱萍，王奇志，印敏，等. 碱蓬乙酸乙酯部位化学成分研究. 中药材，2015, 38（4）: 751-753.

[2] LIU H W, XIONG B H, LI K, et al. Effects of Suaeda Glauca Crushed Seed on Rumen Microbial Populations, Ruminal Fermentation, Methane Emission, and Growth Performance in Ujumqin Lambs[J]. Animal Feed Science and Technology 2015（210）: 104-113.

[3] AN R B, SOHN D H, JEONG G S, et al. In Vitro Hepatoprotective Compounds from Suaeda Glauca[J]. Arch Pharm Res Vol 31, 2008（5）: 594-597.

[4] WANG X H, DAI J T, WANG J P, et al. Enhancement Extraction of Quercetin from Suaeda glauca Bge. Using Ionic Liquids as Solvent[J]. Asian Journal of Chemistry, 2014（4）: 1111-1115.

[5] WANG X H, DAI J T, WANG J P, et al. Optimization Process of Total Phenol from Suaeda glauca Bge Leaf by Response Surface Methodology and Free Radical Scavenging Activity of Extrac[J]. Asian Journal of Chemistry, 2014（4）: 1215-1220.

[6] WANG X H, GU Y L, WEN F J, et al. Assessment and Analysis of Different Extraction Approaches for Trace Metal Content in Suaeda glauca Bge Leaf and Seed[J]. Asian Journal of Chemistry, 2014（16）: 5259-5262.

[7] KONG Y. ZHENG Y B. Variation of Sodium Uptake Rate in Suaeda Glauca （Bunge）and Its Relation to Plant Size and Salt Acclimatio[J]. Can. J. Plant Sci., 2017（97）: 466-472.

[8] JIN Huangxia, DONG Dekun, YANG Qinghua, et al. Salt-Responsive Transcriptome Profiling of Suaeda glauca via RNA Sequencing[J]. journal.pone. 2016（3）: 1-14.

[9] 张蛟，崔士友，冯芝祥. 种植碱蓬和秸秆覆盖对沿海滩涂极重度盐土盐分动态与脱盐效果的影响 [J]. 应用生态学报，2018, 29（5）: 1686-1694.

[10] WANG Qizhi, QIU Ping, GUAN Fuqin, et al. A New Isoflavane From Suaeda glauca[J]. Chemistry of Natural Compounds, 2018（1）: 38-41.

[11] YANG Chunwu, SHI Decheng, WANG Deli. Comparative Effects of Salt and Alkali

Stresses on Growth, Osmotic Adjustment and Ionic Balance of An Alkali-resistant Halophyte Suaeda Glauca（Bge.）[J]. Plant Growth Regul, 2008（56）：179-190.

[12] 邢军武 . 中国碱蓬属植物修订 [J]. 海洋与湖沼 , 2018,49（6）：1375-1379.

[13] 陈明娜 , 杨庆利 , 禹山林 , 等 . 碱蓬 PEPCase 基因的克隆与分析 [J]. 海洋科学 , 2009, 33（6）：67-72.

[14] 于海芹 , 张天柱 , 魏春雁 , 等 .3 种碱蓬属植物种子含油量及其脂肪酸组成研究 [J]. 西北植物学报 , 2005, 25（10）：2077-2082.

[15] 邱磊 , 姜远英 . 多不饱和脂肪酸的药理研究进展 [J]. 药学实践杂志 , 1996, 14（2）：77-80.

[16] 金杭霞 , 董德坤 , 杨清华 , 等 . 碱蓬 PEAMT 基因的克隆及表达分析 [J]. 中国农学通报 , 2015.31（9）：178-183.

[17] 马清 , 周向睿 , 伍国强 , 等 . 盐生植物碱蓬 Actin 基因片段的克隆及序列分析 [J]. 生物技术 , 2009, 19（1）：1-3.

[18] 金杭霞 , 董德坤 , 王伟 , 等 . SgPSCS 基因克隆和生物信息学分析 [J]. 浙江农业学报 , 2016, 28（3）：395-399.

[19] 赵秀娟 , 韩雅楠 , 蔡禄 . NaCl 胁迫下碱蓬基因组 MSAP 分析 [J]. 湖北农业科学 , 2011, 50（18）：3856-3858.

[20] 杜兴臣 , 李培樱 , 关法春 . 碱蓬保护地设施高效栽培技术 [J]. 吉林农业科学 2009, 34（1）：52-53.

[21] 赵楠 , 芦艳 , 左进城 , 等 . 碱胁迫对碱蓬种子萌发的影响 [J]. 北方园艺 , 012（01）：45-47.

[22] 王兴安 , 马宗琪 , 侯元同 , 等 . 碱蓬下胚轴试管再生植株的研究下 [J]. 曲阜师范大学学报 , 2001, 27（1）：76-78.

[23] 宋百敏 , 宗美娟 , 刘月良 . 碱蓬和盐地碱蓬花粉形态研究及其在分类上的贡献 [J]. 山东林业科技 , 2009（2）：1-4.

[24] 彭益全 , 谢檀 , 周峰 , 等 . 碱蓬和三角叶滨藜幼苗生长、光合特性对不同盐度的响应 [J]. 草业学报 , 2012, 21（6）：64-74.

[25] 李劲松 , 郭凯 , 李晓光 , 等 . 模拟干旱和盐碱胁迫对碱蓬、盐地碱蓬种子萌发的影响 [J]. 中国生态农业学报 , 2018, 26（7）：1011-1018.

[26] 孙海霞 , 伏晓晓 , 王敏玲 , 等 . 碱蓬干草饲喂水平对羔羊肌肉及器官组织中矿物元素的影响研究 [J]. 草业学报 , 2013, 22（4）：346-350.

六、狭叶尖头叶藜

（一）学名解释

Chenopodium acuminatum Willd. subsp. virgatum（Thunb.）Kitam.，　属名：Chenopodium，Chen，鹅，Podion，小足。藜属，藜科。种加词：acuminatum，具有渐尖的，渐尖形的。亚种加词：virgatum，多纤细而绿色枝条，多枝条的，帚形的。命名人：Kitam.（见普陀狗娃花），Willd.（见海滨山黧豆）；基本异名命名人：Thunb.（见矮生苔草）。

学名考证：*Chenopodium acuminatum* Willd. subsp. virgatum（Thunb.）Kitam. in Act. Phytotax. Geobot. 20: 206. 1962.—C. virgatum Thunb. in Nov. Act. Reg. Soc. Sci. Upsal. 143. 1815.—C. acuminatum Willd. var. virgatum auct. non Moq.：海南植物志 1: 397. 1964.—C. vachelii Hook. et Arn. Bot. Beech. Voy. 269. 1838.

北村四郎于 1962 年在刊物 *Acta Phytotaxonomica et Geobotanica* 组合了该物种。1815 年，瑞典博物学家 Carl Peter Thunberg 在刊物 *Nova acta Regiae Societatis scientiarum Upsaliensis* 上发表了物种 Chenopodium virgatum Thunb.。该种与原变种是有区别的，北村四郎认为应当为原变种的地理亚种，所以将名称重新组合 Chenopodium acuminatum Willd. subsp. virgatum（Thunb.）Kitam.。海南植物志 1: 397. 1964 所描述的 C. acuminatum Willd. var. Virgatum 为错误鉴定，非 Moq. 所描述的物种。Hooker,W.J. et G.A.Walker-Arnott1838 年在刊物 *The botany of Captain Beechey's voyage* 所发表物种 Chenopodium vachelii Hook. et Arn. 为异名。

（注：subsp. 表示亚种，与原亚种虽形态形似，但是植株形态表现为"多纤细而绿色枝条，多枝条的，帚形的"，亚种的形成多数为地理分布所形成的生态分布类型，但是也具有稳定遗传的形状。）

别名：绿珠藜腺毛变种；腺毛绿珠藜；圆叶藜；细叶藜；变叶藜

英文名称：Narrow-leaved goosefoot

（二）分类历史及文化

本亚种与原亚种的区别在于叶较狭小，狭卵形、矩圆形乃至披针形，长度显著大于宽度。1838，年 Hook. et Arn. 根据琉球的标本在 Bot. Beechey's Voy. 269 发表的 C. vachelii，描述叶为宽椭圆形（ovalis）；1849 年，Moq. 将其降为尖头叶藜的变种 C. acuminatum Willd. var. vachelii。1861 年，Benth. Fl. Hong-kong. 286 将其并入尖头叶藜。Iljin 在 Fl. URSS. 6: 59, 1936 又承认 C. vachelii Hook. et Arn.，认为该种分布达苏联远东，但描写叶为披针形至条状披针形（苏联科学院植物研究所的标本与该书记载相符），显然 Iljin 的 C. vachelii 和 Hook. et Arn. 的 C. vachelii 概念不同。我们原则上同意 Benth. 的意见，但从尖头叶藜的两个亚种在我国分布的情况看，应列为 subsp. virgatum（Thunb.）Kitam. 的异名。

（三）形态特征

狭叶尖头叶藜的形态特征如图 6-1 所示。

a 植株；b 叶片；c 花；d 根系；e 花序

图 6-1　狭叶尖头叶藜

一年生草本，高 20 ～ 80 cm。茎直立，具条棱及绿色色条，有时色条带紫红色，多分枝；枝斜升，较细瘦。叶片宽卵形至卵形，茎上部的叶片有时呈卵状披针形，长 2 ～ 4 cm，宽 1 ～ 3 m，先端急尖或短渐尖，有一短尖头，基部宽楔形、圆形或近截形，上面无粉，浅绿色，下面有粉，灰白色，全缘并具半透明的环边；叶柄长 1.5 ～ 2.5 cm。花两性，团伞花序于枝上部排列成紧密的或有间断的穗状或穗状圆锥状花序，花序轴（或仅在花间）具圆柱状毛束；花被扁球形，5 深裂，裂片宽卵形，边缘膜质，并有红色或黄色粉粒，果时背面大多增厚并彼此合成五角星形；雄蕊 5，花药长约 0.5 mm。胞果顶基扁，圆形或卵形。种子横生，直径约 1 mm，黑色，有光泽，表面略具点纹。花期 6—7 月，果期 8—9 月。

（四）分布

产于河北、辽宁、江苏、浙江、福建、台湾、广东（包括西沙群岛）、广西。日本也有分布。

（五）生境及习性

生于海滨、湖边、荒地等处。

（六）应用价值

全草可药用。用于风寒头痛，四肢胀痛。虽然正统验方中对其药用功能记录较少，但各地民间偏方中常用，多用于治疗头疼脑热、祛风止痛等。往往配蒲公英或新塔花一起使用。理化成分分析显示其含有丰富的植物活性皂苷，不仅有研究开发植物型洗护品的价值，且有良好的抗皮肤皲裂、保湿、促进皮肤表皮细胞增殖愈合的作用。

七、刺沙蓬

（一）学名解释

Salsola ruthenica Iljin，属名：Salsola，Sal，盐的缩小形。猪毛菜属，藜科。种加词：ruthenica，俄罗斯的。命名人：Iljin=Modest Mikhaĭlovich Iljin（1889—1967），俄罗斯植物学家（Iljinia 藜科戈壁藜属是纪念 M.M.Iljin）。

学名考证：*Salsola ruthenica* Iljin in Сорн. Раст. СССР.2: 137. f. 127.1934 et in Fl. URSS 6: 212. t. 11. f. 1.1936；Kitag. Lineam. Fl. Mansh.192.1939；东北草本植物志 2: 74. f. 69.1959.—Salsola kali auct. non L: 中国北部植物图志 4: 91. t. 36. 1935.—S.dichracantha Kitag. in Rep. First Sci. Exped. Manch. Sect. 4,2: 124. f.16.1935.—S.pestifer auct. non A. Nelson: 中国高等植物图鉴 1: 596. f. 1192.1972.

1934 年，Modest Mikhaĭlovich Iljin 在刊物《苏联植物志》上发表了该物种。1936 年，《苏联植物志》上又记载了该物种。1939 年，北川政夫在《满洲植物考》上记载了该物种。1959 年，《东北草本植物志》也记载了该物种。

《中国北部植物图志》1935 年所记载的名称 Salsola kali L，为错误鉴定。

《中国高等植物图鉴》1972 年所记载的名称 S. pestifer A. Nelson，为错误鉴定。

北川政夫 1935 年在杂志《满洲里第一次科学考察报告》*Report First Sciences Expedition Manchuria* 第四卷发表物种 *S. dichracantha* Kitag 为异名。

（*Salsola tragus* Linnaeus, Cent. Pl. 2: 13. 1756.）Salsola australis R. Brown; S. dichracantha Kitagawa; S.iberica（Sennen & Pau）Botschantzev ex Czerepanov; S. kali Linnaeus var. angustifolia Fenzl; S. kali var. pseudotragus G.Beck; S. kali subsp. ruthenica Soó; S. kali var. tenuifolia Tausch; S. kali var. tragus（Linnaeus）Moquin-Tandon; S.pestifer A. Nelson; S. ruthenica Iljin, nom. illeg. superfl.; S.ruthenica var. filifolia A. J. Li; S. tragus subsp. iberica Sennen & Pau.（引自 Flora of China）

（注：t.=tomus，卷，引证文献时用；f.=figura，插图，图。"Salsola ruthenica Iljin in Copн. Раст. CCCP.2: 137. f. 127.1934 et in Fl. URSS 6: 212. t. 11. f. 1.1936"此句的"et"表示"Fl. URSS 6: 212. t. 11. f. 1.1936"为同一作者 Iljin 所记载。)

别名：刺蓬、苲蓬棵

英文名称：Russianthistle

（二）分类历史及文化

在目前的范围内，Salsola ruthenica（Salsola tragus）仍然是一个非常多态的物种，可能由几个不同的物种组成种族（亚种甚至分离种）。在同种异体酶的研究中，一些北美和欧亚代表的 DNA 标记 S.tragus 还表明有几种神秘的遗传不同的种群。S.tragus 中已经认识到几种变种形式，但是它们主要是很少或没有分类价值的形态变异。

（三）形态特征

刺沙蓬的形态特征如图 7-1 所示。

a 植株；b ～ e 花及果实

图 7-1　刺沙蓬

一年生草本，高 30 ～ 100 cm；茎直立，自基部分枝，茎、枝生短硬毛或近于无毛，有白色或紫红色条纹。叶片半圆柱形或圆柱形，无毛或有短硬毛，长 1.5 ～ 4 cm，宽 1 ～ 1.5 mm，顶端有刺状尖，基部扩展，扩展处的边缘为膜质。花序穗状，生于枝条的上部；苞片长卵形，顶端有刺状尖，基部边缘膜质，比小苞片长；小苞片卵形，顶端有刺状尖；花被片长卵形，膜质，无毛，背面有 1 条脉；花被片果时变硬，自背面中部生翅；翅 3 个，较大，肾形或倒卵形，膜质，无色或淡紫红色，有数条粗壮而稀疏的脉，两个较狭窄，花被果时（包括翅）直径 7 ～ 10 mm；花被片在翅以上部分近革质，顶端为薄膜质，向中央聚集，包覆果实；柱头丝状，长为花柱的 3 ～ 4 倍。种子横生，直径约 2 mm。花期 8—9 月，果期 9—10 月。

（四）分布

产于甘肃、河北、黑龙江、江苏、吉林、辽宁、内蒙古、宁夏、青海、陕西、山东、山西、新疆、西藏。现在广泛分布非洲、亚洲、澳大利亚、欧洲、北美洲。

（五）生境及习性

沙丘、沙地、戈壁沙漠中的岩石地以及山谷、海岸。

（六）应用价值

药用：药用全草。性凉，味苦。平肝降压。主治高血压、头痛、眩晕（韩占江，2015）。

（七）研究进展

（1）细胞壁成分研究。鲁作民（1995）年研究指出，用交叉极化（CP）—魔角旋转（MAS）技术得到刺沙蓬种子的一系列核磁共振碳—13（^{13}C NMR）波谱，发现其细胞壁主要是半乳甘露聚糖。刺沙蓬种子中含有一定的蛋白质和少量酪氨酸或苯丙氨酸，如表 7-1 所示（鲁作民，1995）。

（2）植物构件形态与生物量间的异速生长关系研究。谢然（2015）分析了植物构件形态特征、生物量分配以及它们之间的异速生长关系，结果表明，具有最大的根冠比（R/S），居中。构件形态与生物量间均呈显著正相关，表现出强烈的协同变化趋势。R/S 与绝大部分指标间呈显著负相关，表明随个体增大地下生物量分配比例逐渐减小。各构件形态、地上及地下生物量间大部分呈指数 <1.0 的异速生长关系。

表7-1　刺沙蓬种子多聚糖和蛋白质的CP MAS ^{13}C NMR 研究

化学位移 （Chemical Shift）	残基 （Residue）	碳原子 （Carbon Atom）
19.3	Rhamnose, oil	C_6, CH_3
56.6	pectic Methoxyl	OCH_3, C_6
74.3	β-α-galactosyl	C_2, C_3, c_5
	β-D-mannosyl	C_4
106.3	α-D-galactosyl	C_1
	β-D-mannosyl	
130.8	Tyrosine	C_4
156.1	Tyrosine	C_4
175.8	Protein	CO—NH

（3）光合作用研究。张景光（2002）研究指出，刺沙蓬的光合速率、蒸腾速率和气孔导度均呈"双峰型"，光合速率、蒸腾速率在9：00有一个峰值，而后在11：00有一个谷值，13：00至15：00出现一天中的最高峰值；而其气孔导度在早7：00是一天中的最高峰值，而后在13：00有一个谷值，其次高峰出现在15：00至17：00，与蒸腾作用的日变化表现出密切的相关性。刺沙蓬出现了明显的蒸腾午休现象，这可能是由于刺沙蓬的叶为肉质叶，它对周围环境变化的反应更灵敏，其调控机制变得活跃了，利用蒸腾午休来降低植物水分散失的效率，保证叶片相对稳定的含水量。在早7：00时随着气温的升高，刺沙蓬的光合速率逐渐增高。

（4）种群分布格局研究。郭树江（2011）研究指出，刺沙蓬为绿洲－荒漠过渡带优势种种群伴生种。各种群均呈聚集分布格局，但聚集程度有一定差异性。物种多样性、丰富度随绿洲－荒漠梯度而呈规律性变化，总体表现为减小趋势。该区域生境和沙丘类型是绿洲－荒漠过渡带物种多样性及种群分布格局的决定性因素。绿洲－荒漠过渡带种群的数量特征变化：刺沙蓬的综合优势比为20.86，重要值为5.07。绿洲－荒漠过渡带优势种种群的分布格局如表7-2所示。

表7-2 刺沙蓬种群分布格局

植物种	扩散系数 C（方差均值比）	t 检验	负二项参数 K	平均拥挤度 m^*	丛生指标 I	聚快性指标 P_I	Green 指数 G_I	Cassie 指标 C_A	扩散性指数
刺沙蓬	110.70**	222.76	0.04	114.15	100.70	25.66	7.16	24.66	25.66

（5）发芽率的研究。刘志民（2004）研究了科尔沁沙地 31 种一年生植物萌发特性比较，指出刺沙蓬种子 1～3 天开始发芽，发芽持续期超过 21 天，就萌发类型上讲属于缓萌型。刘会良（2012）研究了其种子萌发策略，刺沙蓬主要分布在轻度盐渍化戈壁或干燥的砾石戈壁，这类植物种子萌发率低，萌发持续时间和平均萌发时间长，是低萌型植物类型，属于下注萌发策略，此策略能够保证植物在土壤含水量较低的生境和难以预测的降水条件下的生存。刺沙蓬种子萌发参数如表 7-3 所示。

表7-3 刺沙蓬种子萌发参数

序号	物种	属	生活型	萌发率 /%	种子大小 /mg	开始时间 /d	持续时间 /d	平均萌发时间 /d	生境
25	刺沙蓬（*Salsola ruthenica Iljin*）	猪毛菜属	AH	4 ± 0.82	271.46 ± 4.11	1	6	2.63 ± 1.34	砾石戈壁

（6）根际土壤养分状况研究。李从娟（2011）研究了干旱区植物根际土壤养分状况的对比，指出可以通过根系调节降低根际土壤 pH。有机质含量在根际显著聚集，刺沙蓬根际聚集率为 110.27%。全氮含量在刺沙蓬根际中亏缺显著，亏缺率达 24.54%。有效氮在根际和非根际中的含量与全氮相反，刺沙蓬根际中聚集率为 178.16%。有效磷含量在刺沙蓬根际中出现了显著亏缺。

（7）pH 值对根系形态及活力的影响。李从娟（2010）研究指出，随着培养溶液 pH 值的增大，植物体地上部分和地下部分的生长受到不同程度影响，刺沙蓬的鲜重均表现为逐渐降低趋势，从根冠比的结果可以看出，碱胁迫对地上部分的影响大于对根系的影响；根系活力随着 pH 值的增大其变化也不尽相同，刺沙蓬随着 pH 值的增大，其根系活力呈先增大后减小的趋势。不同 pH 值对刺沙蓬的影响如表 7-4 所示。

表7-4　不同pH值对刺沙蓬地上部分和根系生物量及根系形态特征的影响

植物种	pH值	根系		地上部分		植物种	pH值	主根长 / cm	总根长 /cm	表面积 / cm²	直径 / cm
		鲜重 /g	干重 /g	鲜重 /g	干重 /g						
刺沙蓬 S.ruthenica	7	1.468a	0.049a	7.217a	0.616a	刺沙蓬 S.ruthenica	7	25.38a	2596.72a	264.91a	0.113a
	8	0.998b	0.054a	5.634b	0.589a		8	20.32b	1485.31b	152.22b	0.114a
	9	0.555c	0.049a	2.424c	0.364a		9	15.04c	850.6.c	131.73c	0.108a

（8）Catherine Borger 研究了种子活力，指出平均种子活力范围从 40% 到 2%（植物刚采集成熟）。附着种子与释放种子的活力水平相同，但附着种子处于休眠状态的比例较高。表 7-5 说明了 100 个散种和 100 个附着种的 3 个重复的平均种子活力如表 7-5 所示。

表7-5　100个散种和100个附着种的平均种子活力（3个重复）

Population	Seed type	Field seed		UWA seed	
		Total viable seed	Dormant seed	Total viable seed	Dormant seed
Morawa	Attached	43.67	4.00	77.00	5.33
Lake Grace	Attached	15.33	13.67	2.33	1.67
Merredin	Attached	1.33	1.33	26.00	10.00
Morawa	Loose	39.33	4.00	91.33	0.67
Lake Grace	Loose	9.33	8.00	3.33	0.67
Merredin	Loose	1.33	1.33	10.67	2.00
LSD（P=0.05）		4.94	4.17	4.94	4.17

参考文献

[1] 鲁作民. 沙漠植物种子细胞壁结构 CP MAS ^{13}C NMR 研究 [J]. 波普学杂志，1995，12（2）：173-177.

[2] 韩占江，焦培培，黄文娟，等. 塔里木盆地分布的藜科野生药用植物简介 [J]. 黑龙江农业科学，2015（2）：175-176.

[3] 谢然，陶冶，常顺利. 四种一年生荒漠植物构件形态与生物量间的异速生长关系 [J]. 生态学杂志，2015，34（3）：648-655.

[4] 张景光，周海燕，王新平，等. 沙坡头地区一年生植物的生理生态特性研究 [J]. 中国沙漠，2002，22（4）：350-353.

[5] 刘志民，李雪华，李荣平，等. 科尔沁沙地31种一年生植物萌发特性比较研究 [J]. 生态学报，2011，24（3）：648-652.

[6] 刘会良, 宋明方, 段士民, 等. 古尔班通古特沙漠南缘 32 种藜科植物种子萌发策略初探 [J]. 中国沙漠, 2012, 32（2）: 413–420.

[7] 李从娟, 马健, 李彦, 等. pH 对 3 种生活型植物根系形态及活力的影响 [J]. 干旱区研究, 2010, 27（6）: 915–920.

[8] BORGER C, SCOTT J K, WALSH M, et al. Seed Viability and Dormancy in Roly Poly（Salsola tragus L.）Populations[J]. Fifteenth Australian Weeds Conference, 2006, 1（1）: 148–150.

八、无翅猪毛菜

（一）学名解释

Salsola komarovii Iljin, Sal, 盐 的 缩 小 型。猪 毛 菜 属，藜 科。种 加 词：komarovii=Vladimir Leontyevich Komarov, ВладимирЛеонтьевичКомаров（1869—1945）是俄罗斯植物学家。他还是《美国植物志》的高级编辑。他于1936年至1945年担任苏联科学院院长。科马罗夫植物研究所及其在圣彼得堡的相关科马罗夫植物园以他的名字命名。

彼得堡大学的科马洛夫是一位在我国东北，尤其是今东北三省进行过长期植物学考察和收集大量标本的学者，他是一名很勤奋且有才华的植物学家。在1892—1893年他还是学生的时候，就曾到中亚的撒马尔罕北面泽拉夫尚河流域等一些地方为彼得堡植物园采集植物。他还在中亚的其他一些地方做过考察，并获得了俄国地理学会的勋章。1895年，他到黑龙江流域及其北部的布里亚山区采集植物。1896年，他以植物学家的身份随一个俄国考察团到我国东北黑龙江一带进行综合考察，和他同行的还有动物学家科夫斯基。他们从海参崴出发，先到绥芬河附近的波克罗夫卡，然后进入东北绥芬河的原始森林区，在那一带收集植物标本。之后，去了三岔口（东宁），接着沿绥芬河谷旅行，过穆棱河往西南到牡丹江流域的一些地方考察、收集植物标本，又沿着牡丹江南行到宁古塔。他们发现那些地方分布着大量橡树林、山杨林，还有一些类型的鼠李桦木和椴树。再往西南方向到毕尔腾湖（镜泊湖）考察收集。从那里继续南下来到鄂摩和索罗，接着向西穿过老爷岭到达吉林，进入松花江盆地做调查收集，然后返回鄂摩，再往东南去了鄂多哩。从那里到其东南面的布尔哈图河流和图们江两岸采集。接着顺江而上到珲春，再回到海参崴。1897年，科马洛夫从海参崴出发到朝鲜北部，沿图们江到会宁，再到茂山等地方采集植物标本。后来，他又到鸭绿江畔考察收集，接着进入长白山，再到通化县，然后沿大道往西到新宾堡，经兴京到永陵。在那里采集过后，继续往西北到沈阳。从沈阳又沿清河向东北的开原方向进发，在将到开原时，沿其东北的辉发河至松花江，再溯江到吉林。从那里再经鄂多哩、珲春回到俄国。科马洛夫在我国上述地方共采集植物标本 6 000 号 1 300 个种。他分别于 1901—1902 年、1903—1904 年、1905—1907 年，刊行了他编写的三册《满洲植物志》（*Flora Manchuriae*），书中比较全面地记述了我国东北分布的各类植物，研究了不少带有典型中国特色的植物属、种，是一部有较高学术价值和有影响力的著作。

命名人：Iljin（见刺沙蓬部分）。

学名考证：Salsola komarovii Iljin in Journ. Bot. URSS 18: 276. 1933 et in Fl. URSS 6: 221. t. 12. f. 8a–b. 1936; Kitag. Lineam. Fl. Mansh. 192. 1939; Ohwi, Fl. Jap. 480. 1956; 东北草本植物志 2. 75. f. 71. 1959; 中国高等植物图鉴 1: 597. f. 1194. 1972.—Salsola soda auct. non L.: Forb. et Hemsl. in Journ. Linn. Soc. Bot. 26: 330. 1891; Kom. in Act. Hort. Petrop. 20: 163. 1903; 中国北部植物图志 4: 93. t. 37. 1935.

俄罗斯植物学家 Modest Mikhaĭlovich Iljin1933 年在《苏联植物学研究杂志》（*Journal of the Botanical, URSS*）上发表了物种 Salsola komarovii Iljin，1936 年在著作《苏联植物志第六卷》上也记载了该物种。日本植物分类学家北川正夫 1939 年在著作《满洲植物考》（*lineamenta florae manshuricae*）上记载了该物种。日本分类学家大井次三郎 1956 年在著作《日本植物志》（*Flora of Japan*）上也记载了该物种。《东北草本植物志》（1959）与《中国高等植物图鉴》（1972）也都记载了该物种。

英国园丁和植物学家 James Forbes（botanist）（1773—1861）和英国植物学家 William Botting Hemsley（1843—1924）1891 年在著作 *The Journal of the Linnean society Botany ,London* 所描述的物种 Salsola soda L. 为错误鉴定。《中国北部植物图志》（1935）同样沿用了此错误名称。苏联植物学家科马洛夫 1903 年在著作 *Acta Horti Ptropolitani* 中也沿用了此错误名称。

英文名称：Komarov Russianthistle

（二）形态特征

无翅猪毛菜形态特征如图 8-1 所示。

一年生草本，高 20 ～ 50 cm；茎直立，自基部分枝；枝互生，伸展，茎、枝无毛，黄绿色，有白色或紫红色条纹。叶互生，叶片半圆柱形，平展或微向上斜伸，长 2 ～ 5 cm，宽 2 ～ 3 mm，顶端有小短尖，基部扩展，稍下延，扩展处边缘为膜质。花序穗状，生于枝条的上部；苞片条形，顶端有小短尖，长于小苞片；

a 植株；b 枝条；c 花及花序；d 幼苗；e 种子发芽；f 茎

图 8-1　无翅猪毛菜

小苞片长卵形，顶端有小短尖，基部边缘膜质，长于花被，果时苞片和小苞片增厚，紧贴花被；花被片卵状矩圆形，膜质，无毛，顶端尖，果时变硬，革质，自背面的中上部生篦齿状突起；花被片在突起以上部分，内折成截形的面，顶端为膜质，聚集成短的圆锥体，花被的外形呈杯状；柱头丝状，长为花柱的 3～4 倍；花柱极短。胞果倒卵形，直径 2～2.5 mm。花期 7—8 月，果期 8—9 月。

（三）分布

产于东北、河北、山东、江苏及浙江北部。朝鲜、日本及俄罗斯远东地区也有。

（四）生境及习性

生于海滨、河滩砂质土壤。

（五）繁殖方法

Kiyotoshi Takeno（1991）研究了无翅猪毛菜 Salsola komarovii Iljin（Chenopodiaceae）两种二形果实的种子萌发行为。当测试果实时，长翅型的发芽率远高于短翅型。如果从果实中除去木质化的花被，两种类型的种子以较高的百分比发芽，并且两种类型之间的发芽率差异减小。花被的提取物抑制种子萌发。通过酶联免疫吸附试验检测到花被提取物中的脱落酸，其在短翅型中的水平高于长翅型。当果实在室温下储存并且用果实测试发芽时，两种类型的萌发性在收获后一年丢失。然而，当测试种子时，短翅型甚至在收获后两年发芽；短翅型的萌发期比长翅型的萌发期长一年。无论是否存在花被，任何一种种子发芽都不需要光照射。在发芽的最佳温度或抗盐度的强度中观察到两种类型之间没有明显差异。

Hiroyasu Yamaguch（1990）研究认为，观察到 Salsola komarovii Iljin 两种不同类型的分散单位。一种是具有深褐色木质化花被片的果实，其具翅膀的果实和绿色的种子翅膀和绿色的种子很容易从母株（长翅型）落下。另一种具有浅棕色木质化的花被片，具有短翅膀和黄色种子并附着母株（短翅型）。这种水果类型的差异独立于水果的成熟。

短翅果实中的种子比长翅果实中的种子休眠时间更长。长翅型种子的发芽比率明显较高。通过降低温度可以有效地终止长翅果实，短翅果实的种子冷却效果非常弱。结论是从这些观察结果可以看出，在异果实的果实中存在二态性。在水分胁迫下生长的植物大多产生短翅水果，在充分浇水条件下种植的果实都有两种类型的果实。外源施用脱落酸（ABA）倾向于产生短翅果，表明异种花产生至少部分受 ABA 调控。无翅猪毛菜果实形态如图 8-2 所示。

（六）应用价值

郭凯（2013）研究认为，无翅猪毛菜是一种重要蔬菜资源，含有大量淀粉、蛋白质、维生素成分。

a 两种不同类型是无翅猪毛菜果实；b 由长翅果无翅猪毛菜所产生的果实；c 由短翅果无翅猪毛菜所产生
果实。From: Hiroyasu Yamaguch 1990

图 8-2　无翅猪毛菜果实形态

（七）研究现状

（1）异常次生结构。辛华（2000）指出，无翅猪毛菜根周皮以内的大部分结构为异常生长产生的异常结构，正常维管组织位于根的中央，无髓，异常维管组织呈同心环状排列，每一环中韧皮部在外，木质部在内，根近周皮处有通气道存在，木质部细胞中有单宁物质存在，植物的根中在正常维管组织外产生了环状排列的异常维管组织。这种结构特征对于生长在极为贫瘠环境中的植物有重要的生态学意义，即使外侧的组织破坏死亡，内侧的异常维管组织仍能起到物质运输的作用。根异常生长产生发达的木质部，可以将大量的水分运输到地上的茎和叶中，这种植物具有肉质化的茎或叶，其中的贮水组织起到贮水作用并能降低盐的浓度。肉质化的茎和叶可能与根中发达的木质部有关。无翅猪毛菜茎异常次生结构如图 8-3 所示。

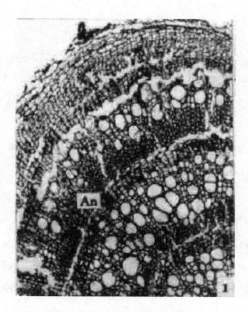

图 8-3　无翅猪毛菜茎异常次生结构

（引自辛华 2000：山东滨海盐生植物根结构的比较研究）

（2）耐盐植物分布与土壤化学因子相关关系。尹德洁（2018）研究指出，天津滨海新区耐盐植物生活型主要为草本植物；潮上带湿地耐盐植物丰富程度远大于潮间带湿地；群落类型分为 4 类，分别是无翅猪毛菜 – 砂引草 + 盐地碱蓬群落、芦苇 – 碱蓬 + 狗尾草群落、稗 + 碱蓬 – 酸模叶蓼群落和扁秆藨草 + 狭叶香蒲 – 碱蓬群落；重要值排名前 10 的植物依次为：芦苇、碱蓬、无翅猪毛菜、扁秆藨草、盐地碱蓬、砂引草、地肤、狗尾草、长芒稗、光头稗。群落类型 A 重要值最大：无翅猪毛菜 – 砂引草 + 盐地碱蓬群落的重要值最大。群落中无翅猪毛菜和砂引草占绝对优势，同时伴生盐地碱蓬。其他植物还有地肤、芦苇、柽柳、筛草。主要分布在东疆沙滩，立地类型主要是潮间带湿地。

（3）生态位研究。邓永利（2013）研究指出，狗尾草和猪毛菜的生态位宽度最大，说明它们对旱生和干扰严重的环境适应能力较强。由此可见，Shannon 生态位宽度指数较好地反映了植被在自然恢复群落上的分布特性；无翅猪毛菜与沙蓬之间的 Pianka 重叠指数最大，且生态位宽度相近，这是由于它们对资源环境的利用比较相似。

参考文献

[1] 郭凯, 许征宇, 曲乐, 等. 黄河三角洲高等抗盐植物资源 [J]. 安徽农业科学, 2013, 41（25）: 10463-10466.

[2] 辛华, 曹玉芳, 周启河, 等. 山东滨海盐生植物根结构的比较研究 [J]. 西北农业大学学报, 2000, 28（5）: 49-53.

[3] 尹德洁, 荆瑞, 关海燕, 等. 天津滨海新区湿地耐盐植物分布与土壤化学因子的相关关系 [J]. 北京林业大学学报, 2018, 40（8）: 103-114.

[4] 邓永利, 张峰, 刘莹, 等. 万家寨引黄工程北干线沿线植被优势种群生态位 [J]. 生态学杂志, 2013, 32（9）: 2263-2267.

[5] TAKENO K, YAMAGUCHI H. Diversity in Seed Germination Behavior in Relation to Heterocarpy in Salsola komarovii Iljin[J]. Bot. Maq. Tokyo, 1991（104）: 207-215.

[6] YAMAGUCHI H, ICTTIHARAK, TAKENO K, et al. Diversities in Morphological Characteristics and Seed Germination Behavior in Fruits of Salsola komarovii Iljin[J]. Bot. Maq. Tokyo, 1990（103）: 177 190.

九、灰绿藜

（一）学名解释

Chenopodium glaucum L.，属名：Chen，鹅。Podion，小足。藜属，藜科。种加词：glaucum，光滑的。命名人：见盐角草部分。

学名考证：Chenopodium glaucum L. Sp. Pl. 220. 1753; Moq. in DC. Prodr. 13（2）: 72. 1849; Maxim. Prim. Fl. Amur. 223. 1859; Franch. Pl. David. 248. 1884; Hook. f. Fl. Brit. Ind. 5: 4. 1886; 中国北部植物图志 4: 53. t. 17. f. 1-4. 1935; Iljin in Fl. URSS 6: 52. t. 3. f. 6. 1936; 江苏南部种子植物手册 244. f. 382. 1959; 东北草本植物志 2: 93. f. 91. 1959; 中国高等植物图鉴 1: 578. f. 1155. 1972.—Blitum glaucum Koch, Syn. ed. 1, 608. 1837.

林奈于 1753 年在《植物种志》发表了该物种。法国博物学家 Alfred Moquin-Tandon 于 1849 年在 DC. 的著作《自然生殖系统》（*Prodromus systematis naturalis regni vegetabilis*）沿用了该物种名称。俄罗斯植物学家 Carl Johann Maximowicz 在著作《阿穆尔地区原生植被》（*Primitiae Florae Amurensis*）沿用了该名称。Adrien RenéFranchet 于 1884 年在著作 *Plantae Davidianae* 沿用了此名称。英国植物学家 John Gilbert Baker1886 在著作 *Flora of British India* 也沿用了此名称。《中国北部植物图志》1935 也沿用了此名称。《江苏南部种子植物手册》（1959）《东北草本植物志 2》（1959）《中国高等植物图鉴》（1972）也都沿用了此名称。俄罗斯植物学家 Modest Mikhaĭlovich Iljin 在《苏联植物志》（1936）上也沿用了此名称。

德 国 植 物 学 家 Johann Friedrich Wilhelm Koch（1759—1831）1837 年 在 *Synopsis of the Flora of the Mongolian Peopte's Republic* 上发表物种 Blitum glaucum Koch 为异名。

英文名称：Oakleaf Goosefoot

（二）形态特征

灰绿藜形态特征如图9-1所示。

一年生草本，高 20～40 cm。茎平卧或外倾，具条棱及绿色或紫红色色条。叶片矩圆状卵形至披针形，长 2～4 cm，宽 6～20 mm，肥厚，先端急尖或钝，基部渐狭，边缘具缺刻状牙齿，上面无粉，平滑，下面有粉而呈灰白色，稍带紫红色；中脉明显，黄绿色；叶柄长 5～10 mm。花两性兼有雌性，通常数花聚成团伞花序，再于分枝上排列成有间断而通常短于叶的穗状或圆锥状花序；花被裂片 3～4，浅绿色，稍肥厚，通常无粉，狭矩圆形或倒卵状披针形，长不及 1 mm，先端通常钝；雄蕊 1～2，花丝不伸出花被，花药球形；柱头2，极短。胞果顶端露出于花被外，果皮膜质，黄白色。种子扁球形，直径 0.75 mm，横生、斜生及直立，暗褐色或红褐色，边缘钝，表面有细点纹。花果期 5—10 月。

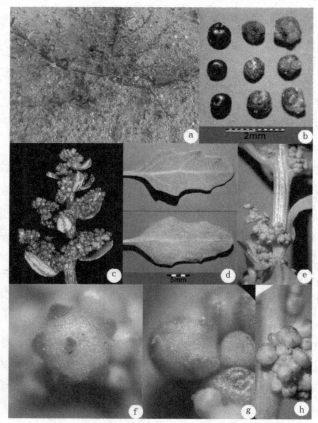

a 植株；b 种子；c 花序；d 叶片；e 果序；f～h 胞果

图9-1　灰绿藜

（三）应用价值

（1）饲料价值。邹新平（2015）研究了晾晒和添加剂对灰绿藜青贮发酵品质和营养成分的影响，添加蔗糖或甲酸，灰绿藜青贮中水溶性碳水化合物和乳酸含量极显著增加；乙酸、氨态氮含量和pH极显著降低。晾晒使灰绿藜青贮干物质含量、水溶性碳水化合物、灰分和pH升高；同时降低青贮中的硝酸盐、氨态氮和乙酸含量。添加蔗糖或甲酸和晾晒对灰绿藜青贮中粗蛋白、中性洗涤纤维、酸性洗涤纤维含量及干物质回收率无显著影响。添加蔗糖或甲酸能改善灰绿藜青贮发酵品质尤其是晾晒后青贮。

（2）食用价值。其嫩茎叶可供炒食、凉拌、做馅或做汤，亦可制成干菜食用。在中国历史上，多有咏藜佳句传世："寄语故山友，慎无厌藜羹"（苏轼）、"三年国子师，肠肚集藜苋"（韩愈）、"藜羹自美何待糁"（陆游）。常丽新（2006）研究了不同包装方式对野菜灰绿藜低温贮存品质的影响，在低温贮存条件下，与开口处理相比较，密封处理和打孔处理能有效降低贮存期间灰绿藜的失重率，延缓VC、可溶性糖、可溶性蛋白质的损失，但对硝酸盐和亚硝酸盐的影响不大；密封处理与打孔处理相比，密封处理能更好地降低灰绿藜低温贮存期间的失重率和可溶性糖的损失，而打孔处理能更好地降低可溶性蛋白质的损失。

蒋刚强（2009）以灰绿藜茎和叶为材料，研究不同种类、不同浓度的植物生长调节剂对灰绿藜愈伤组织诱导和继代、不定芽分化及再生植株生根与移栽的影响。结果显示NAA、2,4-D、IAA在单独使用时，一定浓度范围内均有愈伤组织产生，利用不同的外植体，最佳的诱导组合培养基分别是茎为MS+NAA 4.0 mg/L+6-BA 0.5 mg/L，叶为MS+2,4-D 4.0 mg/L+6-BA 0.2 mg/L，光照有利于愈伤组织的诱导。在优化灰绿藜愈伤组织继代培养条件时，发现5.0 mg/L的抗坏血酸（VC）对于灰绿藜愈伤组织的褐变有良好的抑制作用，继代培养基中较好的组合为MS+2,4-D 0.5 mg/L+6-BA 0.5 mg/L。愈伤组织不定芽分化培养基为MS+6-BA 2.0 mg/L+NAA 0.05 mg/L，根分化的培养基为1/2MS+NAA 0.2 mg/L。

（四）繁殖方法

陈莎莎（2010）研究表明：①灰绿藜种子萌发的温度范围较广，在15～45℃范围内均有50%以上的种子可以正常萌发，其对高温的耐受力较强，对光不敏感。②在一定浓度的聚乙二醇（PEG 6000）范围内（≤25%），PEG引起的渗透胁迫对灰绿藜种子萌发的抑制作用较小，但随着PEG浓度的加大其成苗率逐渐下降。③灰绿藜种子在萌发时有较高的耐盐性，NaCl 和 KCl 浓度达到 400 mmol L^{-1} 时种子的萌发率仍在 90% 以上；盐对灰绿藜种子萌发的抑制作用主要表现为种子萌发时间的延迟；低浓度的 NaCl 和 KCl 对灰绿藜幼苗生长均有促进作用，子叶生长状态明显改善，胚轴的生长也受到促进。

段德玉（2004）研究了盐分和水分胁迫对盐生植物灰绿藜种子萌发的影响，指出灰绿藜种子的萌发率与处理溶液的浓度或渗透势之间有显著的负相关关系；在低浓度盐溶液（2.9 g·L^{-1}）中灰绿藜种子的萌发率高于对照；NaCl 溶液对灰绿藜种子萌发的抑制作用大于复合盐溶液。渗透势为 −0.2 MPa 和 −0.5 MPa 时，PEG 6000 溶液对灰绿藜种子萌发的抑制作用小于等渗 NaCl 溶液，而在较高渗透势溶液中则正好相反。用渗透势 ≤ −1.8 MPa 的 PEG 6000 溶液及所有浓度的 NaCl 和复合盐溶液处理的种子复水后相对萌发率都达到了 90% 以上，说明一定程度的盐分和水分胁迫对灰绿藜种子萌发潜力并没有很大的影响，并且萌发恢复率随处理盐浓度或 PEG 6000 溶液渗透势（≤ −1.4 MPa）的增加而增加。

（五）研究进展

（1）解剖学研究。发现中生环境灰绿藜叶片较薄，有明显的栅栏与海绵组织分化；叶绿体呈椭圆形，基粒片层较发达且普遍含有淀粉粒。与对照相比，生长于高海拔湖滨盐碱湿地的灰绿藜叶为等面叶，叶片厚，角质层厚，栅栏组织发达，气室明显，具表皮毛；线粒体较多，但嵴不发达，叶绿体呈扁船形沿着壁的边缘排列，叶绿体的基粒片层不发达且普遍含有脂质球，一些细胞中常出现大量的多层膜结构。研究结果表明，2 种生态型灰绿藜的形态结构已发生了深刻的变异，湖滨灰绿藜表现出适应区域的寒旱化的明显特征。灰绿藜的解剖结果如图 9-2 所示。

田大栓（2018）研究了氮磷供应量及比例对灰绿藜种子性状的影响，结果发现氮磷供应量对种子氮浓度、磷浓度和萌发率影响的相对贡献（15% ～ 24%）大于氮磷比例（3% ～ 7%），而种子大小只受氮磷比例的影响。同时，氮磷供应量和比例之间的交互作用显著影响种子氮浓度和磷浓度。同等氮磷比例情况下，低量养分供应提高种子氮浓度、磷浓度和萌发率。氮磷比例只有在养分匮乏的环境中才会对种子大小和萌发率产生显著影响。

黄迎新（2015）研究了灰绿藜形态性状与繁殖性状的异速关系，结果表明，灰绿藜形态性状与繁殖性状之间存在显著的异速生长关系，随着灰绿藜个体大小的增大，单个枝条的大小增速更快，并且将更多的资源分配到灰绿藜的繁殖生长。但灰绿藜的花序密度与个体大小之间具有显著的权衡关系：灰绿藜越小，花序密度越高。光照处理引起植物的繁殖性状发生了变化，但是这些变化主要是由在光照梯度下的个体大小不同造成的，繁殖策略（异速生长）未发生改变。而营养及萌发时间处理对灰绿藜的形态性状与繁殖性状间的异速关系产生了影响。营养变化对不同性状间的异速关系无一致影响，而萌发时间则具有显著的影响，晚萌发的灰绿藜将更多的资源投入繁殖生长。

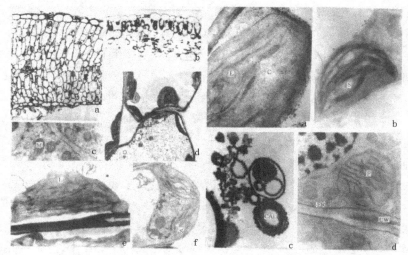

左图 a 盐碱湿地灰绿藜叶横切 ×132；b 对照，中生灰绿藜叶横切 ×132；c 盐碱湿地灰绿藜示叶肉细胞中线粒体大量聚集 ×20 000；d 盐碱湿地灰绿藜示叶绿体呈扁船形，分布于细胞壁边缘 ×4 000；e 盐碱湿地灰绿藜示叶肉细胞中含有大量质脂球 ×17 000；f 对照，示叶绿体呈椭圆形，较大 ×10 000。右图 a 盐碱湿地灰绿藜示类囊体膨胀 ×50 000；b 对照，示叶绿体基粒片层及淀粉粒 ×20 000；c 盐碱湿地灰绿藜示复合膜状结构 ×17 000；d 对照，示质体、线粒体、内质网 ×25 000

图 9-2　灰绿藜的解剖结构

（2）化学成分。王桃云（2013）研究了灰绿藜叶总黄酮提取及抗氧化活性，结果表明，以质量分数 3% $AlCl_3$ 在 273.5 nm 测定的灰绿藜叶总黄酮含量的方法是最合适的。该法的稳定性、重复性、精确度、回收率均较好，其 RSD 分别为 1.42%、1.83%、0.86% 和 0.60%。微波提取灰绿藜叶黄酮的最佳提取条件为：乙醇体积分数 57%，液料比 20:1，微波功率 500 W，微波时间 7.8 min，在该工艺条件下，灰绿藜叶黄酮得率为 3.292%。灰绿藜叶黄酮对·OH 及 O^{-2}· 具有较好的清除作用。

（3）胁迫生理研究进展。徐保红（2008）研究了盐胁迫下灰绿藜中水分、粗蛋白、脯氨酸含量的变化。灰绿藜根中水分含量的变化趋势呈先升高后下降的趋势，在 300 mmol/L 胁迫下其含水量达到最高 67.82%；在茎、叶、全草中呈先下降后升高又下降的趋势。粗蛋白含量在根中两降两升，在茎、叶、全草中呈先升高后下降又升高的趋势，在 NaCl 浓度为 200 mmol/L 时均达到最大值，分别为 3.4738%、2.3791%、3.9132% 和 3.0968%。各部位中脯氨酸含量变化均呈先升高后下降又升高的趋势，且在 NaCl 浓度为 500 mmol/L 时均达到最高值，分别为 254.33μg/g、180.83μg/g、197.27μg/g、222.71μg/g。

王璐（2015）研究了藜科植物藜与灰绿藜耐盐性的比较，①藜和灰绿藜种子萌发及早期幼苗生长均受低浓度 NaCl（50、100 mmol·L^{-1}）的促进，较高浓度 NaCl（>200 mmol·L^{-1}）则产生抑制效应，且藜受到的影响较灰绿藜更显著。②长期盐胁迫下，两种植物的成株生长表型与对照无显著差异，显示二者均能维持正常生长。与灰绿藜相比，藜中氧自由基（$O_2^{-·}$）、过氧化氢（H_2O_2）及丙二醛（MDA）含量极显著升高，表明其受到严重的氧化损伤。藜中 4 种抗氧化酶的活性除了过氧化氢酶（CAT）无明显变化外，均随盐浓度升高而增加，而灰绿藜中仅抗坏血酸过氧化物酶（APX）活性在高盐浓度下显著升高，但仍显著低于藜，显示抗氧化酶在藜应对盐胁迫产生的氧化毒害中发挥了积极作用；藜中 3 种抗氧化剂的含量除抗坏血酸（AsA）显著升高外均无明显变化，三者总体水平均明显低于灰绿藜，暗示抗氧化剂能有效应对灰绿藜受到的盐胁迫。

陈莎莎（2010）研究了盐生植物灰绿藜对 NaCl 和 NaHCO^3 胁迫的生理响应。①在 0～300 mmol/L，NaCl 对植株生长的抑制作用较小，300 mmol/L NaHCO$_3$ 对植株生长产生了一定程度的抑制。② 150 和 300 mmol/L NaCl 和 NaHCO$_3$ 处理后植株叶片丙二醛含量均显著增加；叶片超氧化物歧化酶（SOD）、过氧化氢酶（CAT）、过氧化物酶（POD）活力均无显著变化；抗氧化剂 ASA 显著升高。③随盐碱处理浓度增加，叶片脯氨酸（Pro）、甜菜碱（BADH）、可溶性糖含量显著升高，其中脯氨酸在较高浓度 NaCl 处理下升高幅度显著高于相同浓度的 NaHCO$_3$。

Shasha Chen（2012）研究表明 NaCl 胁迫高浓度（≥ 300 mM）更严重延缓和推迟 C 的种子萌发。然而，NaHCO$_3$ 胁迫对胚根和下胚轴伸长的抑制作用即使在较低浓度下也大于 NaCl 应力。C. glaucum 的相对含水量（RWC）即使在最高的盐或碱胁迫下仍然很高。渗透物没有明显增加（脯氨酸，在较低浓度的 NaCl 和 NaHCO$_3$ 胁迫下检测到可溶性糖，甜菜碱）。Na$^+$ 含量和 Na$^+$/K$^+$ 比值增加而 K$^+$ 含量在两种胁迫下均下降，这种变化 NaHCO$_3$ 下的程度高于 NaCl 胁迫下的程度。而且，幼苗暴露于较低浓度的 NaHCO$_3$ 产生较高水平的活性氧（ROS,O^{2+},H_2O_2），同时抗氧化酶 [超氧化物歧化酶（SOD），过氧化物酶）显著增加（POX）] 活性和非酶抗氧化剂 [类胡萝卜素（Car），抗坏血酸（AsA）] 含量为在用较低浓度的 NaHCO$_3$ 处理的幼苗中检测到。结果表明具有破坏性碱胁迫对 C 幼苗生长，离子平衡及抗氧化系统的影响灰烬比中性盐胁迫下的效果更严重。不同的 pH 环境可能是它们之间存在显著差异的关键原因。

Deyu Duan（2004）研究了各种盐（Na_2SO_4，Na_2CO_3，$MgSO_4$，NaCl，MgC_{12}）、土壤提取物和聚乙二醇对灰绿藜种子萌发的影响。在蒸馏水中获得的发芽率为最大值。发芽率随着盐度的增加而下降。盐溶液对萌发的抑制依次为 $MgCl_2 > Na_2SO_4 > Na_2CO_3 > NaCl >$ 土壤提取物 $> MgSO_4$。萌发率也随着渗透势的降低而降低 PEG 治疗。NaCl 中的种子发芽率低于等渗 PEG 溶液中的种子发芽率（在渗透势低于 –0.5MPa）。未经发芽的种子在各种盐处理时转移到蒸馏水中完全成为可回收状态，即具有萌发能力，表明盐度对种子的离子效应很小。因此，萌发抑制似乎是渗透的。

（4）光合生理研究进展。冯立田（1998）研究了盐胁迫下灰绿藜叶片光合特性与叶绿体离子调节，NaCl 处理后，灰绿藜整个叶片内 Na^+ 和 Cl^- 积累，但叶绿体内仅少量增加，叶绿体与叶片的 K^+ 浓度都降低，NaCl 导致灰绿藜叶片的渗透势和水势降低，但膨压稍增大。NaCl 处理后，灰绿藜叶片净光合速率、气孔导度、蒸腾速率、细胞间隙 CO_2 浓度都下降，气孔限制值和水分利用效率增大。杜社妮（2010）研究了灰绿藜光合日变化及其与环境因子相关性，灰绿藜的 Pn、Tr 和 Gs 的日变化均为典型的"双峰"曲线，峰值和低谷出现的时间一致，峰值约出现在 12：00 和 14：00，约 13：00 处于"低谷"；环境因子的日变化均为"单峰"曲线。灰绿藜的 Pn、Tr 和 Gs 与 PAR、Ta 呈极显著的正相关（$P<0.01$），与 RH 呈显著的负相关（$P<0.05$），与 Ca 的负相关关系不显著，并且三者之间有极显著的相关性（$P<0.01$）。池永宽（2014）研究了贵州石漠化地区灰绿藜和鹅肠菜光合日动态，灰绿藜和鹅肠菜的净光合速率（Pn）日均值分别为 9.06、4.25 $\mu molCO_2$ $m^{-2} \cdot s^{-1}$；蒸腾速率（Tr）日均值分别为 3.47、3.23 mmol H_2O $m^{-2} \cdot s^{-1}$；水分利用效率（WUE）日均值分别为 2.06、1.23 μmol $CO_2 \cdot mmol^{-1}$。从试验结果的日均值来看，灰绿藜表现出高 Pn、高 Tr 和高 WUE 的特点；鹅肠菜表现出低 Pn、低 Tr 和低 WUE 的特点。

参考文献

[1] 蒋刚强，曾幼玲，张富春．灰绿藜幼嫩花序的组织培养及植株再生 [J]. 武汉植物学研究，2007, 25（4）：413–416.

[2] 蒋刚强，曾幼玲，张富春．灰绿藜的组织培养与快速繁殖 [J]. 植物生理学通讯，2007, 43（2）：328.

[3] 蒋刚强，黄玲，窦辉．灰绿藜愈伤组织的诱导·继代及植株再生研究 [J]. 安徽农业科学，2009, 37（29）：14184–14187.

[4] 黄志伟,彭敏,陈桂琛,等.青海湖盐碱湿地灰绿藜叶的形态解剖学研究[J].西北植物学报,2001,21(6):1199-1203.

[5] 陈莎莎,姚世响,袁军文,等.新疆荒漠地区盐生植物灰绿藜种子的萌发特性及其对生境的适应性[J].植物生理学通讯,2010,46(1):75-79.

[6] 段德玉,刘小京,冯凤莲,等.盐分和水分胁迫对盐生植物灰绿藜种子萌发的影响[J].植物资源与环境学报,2004,13(1):7-11.

[7] 田大栓.氮磷供应量及比例对灰绿藜种子性状的影响[J].植物生态学报,2018,42(9):963-970.

[8] 王桃云,刘佳,郭伟强,等.灰绿藜叶总黄酮提取及抗氧化活性[J].精细化工,2013,30(5):518-523,560.

[9] 黄迎新,宋彦涛,范高华,等.灰绿藜形态性状与繁殖性状的异速关系[J].草地学报,2015,23(5):905-913.

[10] 徐保红,杨洁,吴娜,等.盐胁迫下灰绿藜中三种成分含量的变化[J].生物技术,2008,18(1):66-68.

[11] 王璐,蔡明,兰海燕.藜科植物藜与灰绿藜耐盐性的比较[J].植物生理学报,2015,51(11):1846-1854.

[12] 陈莎莎,姚世响,袁军文,等.盐生植物灰绿藜对 NaCl 和 NaHCO$_3$ 胁迫的生理响应[J].新疆农业科学,2010,47(5):882-887.

[13] 冯立田,卢元芳.盐胁迫下灰绿藜叶片光合特性与叶绿体离子调节的研究[J].曲阜师范大学学报,1998,24(3):57-61.

[14] 杜社妮,白岗栓,梁银丽.灰藜光合日变化及其与环境因子相关性的研究[J].吉林农业大学学报,2010,32(1):1-4.

[15] 池永宽,熊康宁,王元素,等.贵州石漠化地区灰绿藜和鹅肠菜光合日动态[J].草业科学,2014,31(11):2119-2124.

[16] 邹新平,张琳,陶更,等.晾晒和添加剂对灰绿藜青贮发酵品质和营养成分的影响[J].草地学报,2015,23(3):601-606.

[17] 常丽新,石亮,安金杰,等.不同包装方式对野菜灰绿藜低温贮存品质的影响[J].食品科技,2006(6):130-132.

[18] CHEN Shasha, XING Jiaia, LAN Haiyan. Comparative Effects of Neutral Salt and Alkaline Salt Stress on Seed Germination, Early Seedling Growth and Physiological Response of A Halophyte Species Chenopodium Glaucum[J]. African Journal of

Biotechnology Vol. ,2012 11（40）: 9572-9581.

[19] DNAN Deyu, LIU Xiaojing, KHAN M A, et al. Effects of Salt and Water Stress on The Germination of Chenopodium Glaucum L.[J]. SEE. Pak. J. Bot., 2004, 36（4）: 793-800.

九、灰绿藜

十、盐角草

（一）学名解释

Salicornia europaea L.，属名：Salicornia,Sal, 盐。Cornu, 角。盐角草属，海蓬子属。种加词：europaea，欧洲的。命名人：L.=Carl von Linné（林奈），他被称为"现代分类之父"，是瑞典动物学家、植物学家、冒险家、生物学家，首先构想出定义生物属种的原则，并创造出统一的生物命名系统。他的许多著作都是拉丁文。林奈出生于瑞典南部斯莫兰的乡村。他在乌普萨拉大学接受了大部分高等教育，并于 1730 年开始在那里进行植物学讲座。他于 1735—1738 年间在国外生活，在荷兰研究并出版了 *Systema Naturae*，然后他回到瑞典，成为乌普萨拉的医学和植物学教授。19 世纪 40 年代，他被派往瑞典进行多次旅行，以寻找植物和动物并对其进行分类。18 世纪 50—60 年代，他继续收集和分类动物、植物和矿物，同时出版了几卷著作。他是欧洲最受好评的科学家之一。约翰·沃尔夫冈·冯·歌德写道："除了莎士比亚和斯宾诺莎之外，我知道的生活中不会再有比他更高的人。"瑞典作家奥古斯特斯特林堡写道："林奈实际上是一位恰好成为自然主义者的诗人。"林奈被称为"植物学家之王"和"北方普林尼"。他也被认为是现代生态学的创始人之一。

幼时的林奈受到父亲的影响，十分喜爱植物，他曾说："这花园与母乳一起激发了我对植物不可抑制的热爱。"八岁时他得到"小植物学家"的别名。林奈经常将所看到的不认识的植物拿来询问父亲，他父亲也一一详尽地告知。有时林奈问过父亲以后不能全部记住而出现重复提问的现象，对此，其父则以"不答复问过的问题"来督促林奈加强记忆，使他的记忆力自幼就得到了良好的锻炼，他所认识的植物种类也越来越多。在小学和中学，林奈的学业不突出，只是对树木花草有异乎寻常的爱好。他把时间和精力大部分用于到野外去采集植物标本及阅读植物学著作。

1727 年起，林奈先后进入龙得大学和乌普萨拉大学学习。在大学期间，林奈系统地学习了博物学及采制生物标本的知识和方法。他充分利用大学的图书馆和植物园进行植物学的学习。1732 年，林奈随一个探险队来到瑞典北部拉帕兰地区进行野外考察。在这块荒凉地带，他发现了 100 多种新植物，收集了不少宝贵的资料，调查结果发表在他的《拉帕兰植物志》中。

1735 年，林奈周游欧洲各国，并在荷兰取得了医学博士学位。在欧洲各国他结识了一些著名的植物学家，得到了国内所没有的一些植物标本。在国外的 3 年是林奈一生中最重要的时期，是他学术思想成熟、初露锋芒的阶段。例如，他的《自然系统》就是在 1735 年出版的。在此书中，林奈首先提出了以植物的生殖器官进行分类的方法。1738 年林奈回到故乡，在母校乌普萨拉大学任教，著书立说，直到 1778 年去世。从 1741 年起，他担任植物学教授，潜心研究动植物分类学，在此后的二十余年里，共发表了 180 多种科学论著，特别是 1753 年发表的《植物种志》一书，是他历时七年的心血结晶，在这部著作中共收集了 5 938 种植物，用他新创立的"双名命名法"对植物进行统一命名。

林奈能取得这些成就，缘于他对植物的特殊感情和好学精神，具有丰富的经历以及有利的学习、深造条件等，还在于他重视前人的工作，虚心取人之长并加以发展。例如，1729 年林奈读到法国植物学家维朗特著的《花草的结构》一书时受到启发，他根据植物的雌蕊和雄蕊的数目进行植物分类。再如，古希腊时的亚里士多德建立的动、植物命名法规已经具有双名制的萌芽，只是到了林奈才将双名制完善和推广。

18 世纪生物学的进步和林奈的贡献密不可分。瑞典政府为纪念这位杰出的科学家，先后建立了林奈博物馆、林奈植物园等，并于 1917 年成立了瑞典林奈学会。林奈是近代生物学，特别是植物分类学的奠基人。2007 年为纪念林奈诞辰300 周年，瑞典政府将 2007 年定为"林奈年"，活动主题为"创新、求知、科学"，旨在激发青少年对自然科学的兴趣，同时缅怀这位伟大的科学家。

林奈的主要著作有《自然系统》（*Systema Naturae*）、1737 年出版的《植物属志》、1753 年出版的《植物种志》（*Species Plantarum*）。林奈的最大功绩是把前人的全部动植物知识系统化，摒弃了人为的按时间顺序的分类法，选择了自然分类方法。他创造性地提出双名命名法，包括了 8 800 多个种，可以说达到了"无所不包"的程度，被人们称为万有分类法，这一伟大成就使林奈成为 18 世纪最杰出的科学家之一。

文献来源及考证：*Salicornia europaea* L. Sp. Pl. 3. 1753; Ohwi, Fl. Jap. 479.1956; Груб. Опред. Раст. Монг.3: 249. t. 26. f. 7.1960; Grubov, Pl. Asiae Centr.2: 67.1966;

中国高等植物图鉴 1: 592. f. 1183.1972.—S.herbacea L. Sp. Pl. ed. 2, 5. 1762; Kom. in Act. Hort. Petrop.22: 162.1903; 中国北部植物图志 4.45.t. 13. f. 1–3.1935; Iljin in Fl.URSS6: 172. t. 8. f. 5a–d. 1936; Kitag.Lineam. Fl. Mansh.192.1939; 东北草本植物志 2: 68. f. 62.1959.

　　林奈于 1753 年将盐角草发表于其代表作《植物种志》第三卷上。日本植物分类学家大井次三郎于 1965 年在其著作 *Flora of Japan* 中记载了该物种。Груб.1960 在其著作 *Опред. Раст. Монг.* 中记载了该物种。俄罗斯植物分类学家 Grubov, Valery Ivanovich1966 在其著作《亚洲中部植物》（ *Plantae Asiae centralis* ）记载了该物种。1972 年《中国高等植物图鉴》1 卷记载了该物种。

　　其实，林奈在其《植物种志》（1762）第二卷中记载的物种 S. herbacea L. 也是这个物种，但是根据优先律原则，只能依据 1753 年发表的 Salicornia europaea L. 为正确发表，S. herbacea L. 作为异名发表。俄罗斯分类学家科马洛夫 Komarov, Vladimir Leontjevich（Leontevich） 于 1903 年 在 其 著 作 *Acta Horti Peteopolitani* 上也记载了 S. herbacea L.，同样作为异名处理。1935 年《中国北部植物图志》4 卷中记载的 S. herbacea L. 也作为异名处理。苏联学者 Iljin, Modest Mikhaĭlovich1936 年在其著作《苏联植物志》（ *Flora of URSS* ）第六卷中记载的 S. herbacea L. 作为异名处理。日本分类学家北川正夫 1939 年在其著作《满洲植物考》（ *lineamenta florae manshuricae* ）中记载的 S. herbacea L. 也作为异名处理。1959 年《东北草本植物志》第 2 卷记载的 S. herbacea L. 作为异名处理。

　　别名：海蓬子（种子植物名称）；欧洲海蓬子

　　英文名称：Marshfire Glasswort

（二）分类历史及文化

　　盐角草为世界上最耐盐的植物。一般来说，土壤里的含盐量在 0.5% 以下，可以种普通的庄稼；在 0.5%～1.0% 时，只有少数耐盐性强的作物，如棉花、苜蓿、番茄、西瓜、甜菜等才能生长；含盐量超过 1% 以上的土壤，农作物就很难生长，只有少数耐盐性特别强的野生植物能够生长。盐角草能生长在含盐量高达 0.5%～6.5% 的高浓度潮湿盐沼中。这种植物在我国西北和华北的盐土中很多，如罗布泊、柴达木盆地等地在厚厚的盐层上仍然可以生长盐角草。盐角草是不长叶子的肉质植物，茎的表面薄而光滑，气孔裸露出来。植物体内含水量可达 92%，所含的灰分可达鲜重的 4%，干重的 45%。这些灰分是工业上有用的原料。在盐角草茎的细胞内有叫"盐泡"的特殊细胞，可以吸收含有盐碱的水分而对其身体不产生危害，所以盐角草能生长在高浓度潮湿盐沼中。盐角草这种植物像它的名字一样，非常咸。但这种咸不是像盐一样又苦又咸，而是带有一点甜味的咸。一般吃咸的东西以后会口渴，但盐角草里的盐即使吃很多也不会让人觉得渴。盐角草是在盐多的海水里生长的地球上唯一的植物，也是最重的植物。盐角草吸收土里渗透的海水后，进行光合作用，通过茎和枝只蒸发水分，留下人体缺乏的各种矿物质成分和微量元素以及酶作为营养成分。

我国野生盐角草的单株产籽量和产油量均显著高于国外进口的盐角草。生长在我国广大地区的野生盐角草可以作为生物柴油原料植物进行深入研究和利用。生物柴油是典型的"绿色能源"，大力发展生物柴油对经济可持续发展、推进能源替代、减轻环境压力、控制城市大气污染具有重要的战略意义。

阿拉伯联合酋长国的一个科学家小组已在提高耐盐植物盐角草的收获潜力方面取得了重大突破。盐角草在食品、牧草和生物燃料生产中都有所应用。国际生物盐水农业中心（ICBA）的科学家们通过一个海水养殖系统获得了盐角草种子的大丰收，每公顷（1 公顷 =10 000 平方米）的单产量达到了 3 吨，这是盐角草在阿联酋的环境条件下首次得到如此高的单产量。国际生物盐水农业中心的盐生植物农艺师 Dionysia Angeliki Lyra 博士称，研究团队非常高兴地看到其多年来的研究工作取得了丰硕的成果。

（三）形态特征

盐角草的形态特征如图 10-1 所示。

一年生草本，高 10 ～ 35 cm。茎直立，多分枝；枝肉质，苍绿色。叶不发育，鳞片状，长约 1.5 mm，顶端锐尖，基部连合成鞘状，边缘膜质。花序穗状，长 1 ～ 5 cm，有短柄；花腋生，每一苞片内有 3 朵花，集成一簇，陷入花序轴内，中间的花较大，位于上部，两侧的花较小，位于下部；花被肉质，倒圆锥状，上部扁平呈菱形；雄蕊伸出于花被之外；花药矩圆形；子房卵形；柱头 2，钻状，有乳头状小突起。果皮膜质；种子矩圆状卵形，

a ～ c 群落及植株；d 幼苗；e 花序

图 10-1　盐角草

种皮近革质，有钩状刺毛，直径约 1.5 mm。花果期 6—8 月。

（四）分布

产于辽宁、河北、山西、陕西、宁夏、甘肃、内蒙古、青海、新疆、山东和江苏北部。朝鲜、日本、俄罗斯、印度、欧洲、非洲和北美。在日本，Salicornia europaea L. 见于北海道地区的能取湖、厚岸湖等北方冷凉地区，我们称之为冷凉型盐角草。而 Salicornia herbacea L. 则见于濑户内海地区，主要在冈山的牛窗、香川县 Kizawa 流域等南部温热地区，称之为温热型盐角草。日本分类学家 Makino 曾将日本境内所有的盐角草类型统称为 Salicornia herbacea L.，日文名称 "アッケシソウ"。但我们发现，在日本近年出版的一些植物志类书籍中，其境内的盐角草已被划归为 Salicornia europaea L.，即冷凉型盐角草类。也有人认为 S.europaea 和 S.herbacea 只是两个适应于不同温度条件的生态型，前者主要分布在冷凉地域，后者则主要分布在纬度较低的盐碱湿地。据《中国植物志》载，中国境内只有 Salicornia europaea 一个种分布，且其分布南缘在江苏苏北沿海。而《浙江植物志》记载，在普陀、慈溪也有分布。在北美洲则还有 Salicornia biggelowii(闭氏盐角草) 等种，现已经在我国华北地区引种成功。

（五）生境及习性

盐角草生于盐碱地、盐湖旁及海边。在 3% 和 5% NaCl 盐水灌溉区生长最快，并可以在 3 倍于海水盐分浓度的环境生长，是地球上迄今为止报道的最耐盐的植物种之一，其耐盐渍能力显著强于首蓿。盐角草摄收后所蓄积的盐分主要集中在主茎的中上部，并且主要集聚在茎节间皮层的大薄壁细胞中；茎节部则有高浓度 Cl^- 存在；在茎横截面上的薄壁组织中表现出由外层至内层逐渐积累的现象；由于茎部维管束在节部的不连续性，盐分在节部有显著的积累，相反，茎基部和根部盐分很少积累；除茎部体表有少量盐晶泌出外，绝大多数积存于体内，地上部干重中灰分占 30% ～ 50%，属超积累型盐生植物。盐角草密度越大，个体生物量越小；生物量较大时密度相对较小，但盖度增大。从土壤水分含量综合比较，显示在一定范围内，土壤越干旱密度越大，说明密度与土壤含水量呈负相关。此外，从土壤容重比较，容重大的地区植株密度也较大。盐角草单株生物量增大的情况下，株高、冠根比、分枝数都增大。在土壤含水率较低的样方内单株鲜重最小；而水分充足样方内的单株鲜重较大，可见水分对生物量的显著作用。已有研究发现盐角草具有明显的种子异型性，且花序中央花产生的种子总是比两个边花产生的种子大，边花的种子比中央花种子更不耐盐且多休眠（Konig，1960；Dalby，1962）。A、B型种子为"进攻型"种子，当温度适宜时，会快速大量萌发；C型种子为"守旧型"种子，具有休眠现象，受到外界的激发后才能萌发，可作为后备力量替补因外界环境波动所造成的死亡个体。将水分除去，充分燃烧后收集剩余灰烬，分析成分，干重中竟有45%是各种盐分，而普通的植物只有不超过干重15%的盐分。伴生种为芦苇、海三棱藨草、各种碱蓬等。盐角草的异型种子如图10-2所示。

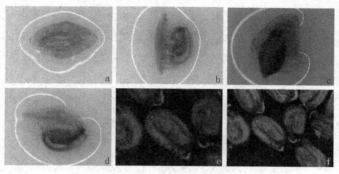

a、b A型种子；c、d B型种子；e、f C型种子

图10-2　盐角草的异型种子

（引自魏梦浩2015：新疆艾丁湖盐角草生物学特征及其异型种子的特性）

（六）繁殖方法

（1）组织培养。史秀玲（2007）研究了盐角草体外再生体系及floral-dip转化系统的建立，指出以完整的成熟种子为起始培养材料，在添TDZ 0.1 mg/L与NAA 1 mg/L的MS培养基上，暗培养三周后在下胚轴处形成愈伤组织，形成愈伤的平均频率为99%。愈伤组织在含TDZ 0.1 mg/L与NAA 1 mg/L的培养基上培养3～4周后分化出芽，分化频率约26.7%。采用2,4-D短时处理法结合添加NaCl，经过6～8周的培养获得了丛生芽，提高了再生频率。分化芽3周后转入含IBA 0.5 mg/L、KN 0.1 mg/L与0.05%活性炭的1/2 MS培养基，3周后生根形成完整植株。

（2）人工种植。王玉珍（2007）研究指出，选择生长健壮的植株，在10月采集胞果，时间不能过晚，如果过晚采集，种子容易脱落。种子采集后，晒干贮藏。可以在当年播种，也可以在翌年春天播种。在沿海滩涂选择适宜的土地，经整地后播入野生盐角草优良种子，如果有果皮包被，种子播种量为10 g/m²左右；如果去掉果皮，播种量为5 g/m²左右。由于种子细小，为防止撒种过多，可掺入细沙。播种10天左右种子开始萌发，20天左右幼苗基本出齐。由于沿海滩涂土壤比较湿润，基本不用浇水，地势高的地方，可以适当用海水浇灌。待幼苗长至15 cm

左右，开始间苗，间除的嫩苗作为新鲜蔬菜和深加工蔬菜原料。苗期施用以氮肥为主的肥料 1～2 次，使幼苗苗壮生长。开花后，可适当施磷钾肥，促使开花结果，提高结实率。

张跃林（2006）研究了大棚栽培方法，选择地势较高，含盐量较高，排水良好，光照条件好的盐碱地建育苗大棚。盐角草的育苗时间为 1 月中旬，电热线加温制钵育苗播种前浇足底水精细播种，每钵 2～3 粒种子，覆土要均匀，一般 5 mm 厚为宜，覆盖地膜加小棚保湿、保温，最外层覆盖大棚膜，出苗前日夜通电加温，出苗后床温保持在 25 ℃左右。苗期管理主要是温度的调控、拔草、间苗、分株假植。盐角草移栽时间为 2 月中下旬，一般在幼苗苗龄 30 天左右，1～6 片真叶时移栽。移栽前要施足基肥，每 667 m² 扩施进口复合肥 25 kg、人畜粪 750 kg，整平畦面后盖好地膜，按行距 60 cm、株距 35 cm 在畦面上打孔移栽，栽后浇足活棵水，一般以海水为主，若不方便可浇 1% 的盐水，盖严地膜，架小拱棚，大棚封棚保温。移栽前一周无需通风透气，主要是保温保湿，促活棵。活棵后保持棚内温度不低于 25 ℃，气温高于 25 ℃时及时揭膜通风，直到 4 月下旬，气温稳定在 12 ℃以上，进行 3～4 天炼苗后揭膜进行露天栽培。9 月下旬覆大棚膜保湿，一般 8 月初进入初花期，开花期保持棚温 18～20 ℃。一般重施基肥，开花期每 667 m² 扩施尿素 7.5 kg。盐角草对水的要求特别敏感，活棵后 10～15 天必须浇一次海水或 1% 的盐水。多层覆盖对光照有一定的影响，在生长期间结合温度调控，及时揭膜通风换气，促使盐角草正常生长。

（七）应用价值

（1）生态改良价值。通过引种盐地先锋植物，应用生物排盐、增大绿色覆盖、防止盐分表聚、培肥地力等生物办法进行改良，是改良内陆盐渍土的有效措施。基于显著的摄盐能力和集积特征，盐角草可作为生物工程措施的重要手段之一，可广泛用于盐碱地的综合改良。充分挖掘和利用真盐生植物的蓄盐特性，可以应用于土壤和水体盐分淡化处理，这对于建立小海岛生活自支持生态系统具有非常重要的意义，在国防和远海渔业中具有十分重要的意义。

（2）药用价值。盐角草含有的酶可分解脂肪和蛋白质，分解和排出宿便以及粘在血管、脏器、血液和细胞组织上的多余脂肪。研究表明，丰富的矿物质、酶、纤维质和生物碱成分、盐等对癌症、鼻窦炎、关节炎、高血压、低血压、腰痛、肥胖症、痔疮、糖尿病、甲状腺炎、哮喘和支气管炎都有显著效果。以研究为基础开发的高级保健食品，特别是盐角草具有的"增强免疫力功能"，已经得到了研究的证实，利用这一研究结果进行的新药开发也在积极地进行着。盐角草含有一种成分，这种成分可以促进人体的细胞再生，而且可以有效地降低体内的重金属含量的，简单来说就是排毒和促进新陈代谢。盐角草可以从根本上抗衰老，是一种非常天然的抗衰老的药剂。

盐角草虽然功效非常神奇，但是这种植物属于有毒植物，不能吃太多，不然会引起上吐下泻和中毒。

（3）食用价值。盐角草中富含VC，还含有18种氨基酸，是有益人体的绿色保健食品。种子成熟后，可榨油，油质富含亚油酸，是食用与药用化工的高级原料。方法：盐角草150 g，肥牛片200 g，金针菇100 g，芥兰60 g。美极鲜酱油、湿淀粉各20 g，清鸡汤200 g，盐15 g，鸡粉、鱼露、葱丝、姜丝、红椒丝各10 g，色拉油300 g。盐角草洗净，入沸水中大火余1分钟，取出用凉水冲凉，入清水中浸泡6小时后取出；芥兰洗净削去老皮，切成片厚0.2 cm的片；金针菇洗净入沸水中大火余3分钟，取出用清水过凉；肥牛片加盐5 g、湿淀粉15 g。用肥牛片分别包裹金针菇6 g、盐角草15 g卷成卷，封口处用5 g湿淀粉粘口。锅内放色拉油，烧至五成热时入肥牛卷小火滑2分钟，取出后逐一摆入煲里；芥兰片入沸水中加2 g盐大火余1分钟，取出过凉，间隔地摆在肥牛卷之间。锅里放清鸡汤，加美极鲜酱油、鱼露大火烧开后放入盐8 g、鸡粉调味，出锅浇在肥牛卷上，撒上葱丝、姜丝、红椒丝后不加盖儿小火炖3分钟至汤沸，上桌即可。

（4）饲用价值。大部分牛羊都是吃盐角草的，因为盐角草可以帮助它们排便，而且可以提供足够的营养物质，是一种营养价值很高的植物。植株蛋白质组成良好，饲喂试验表明可显著改善肉类品质，可作为普通饲料作物无法正常生长的盐碱地区和沿海滩涂地区潜在的饲料作物资源。

（5）科研材料价值。基于其显著的摄盐能力和集积特征，盐角草可作为生物工程措施的重要手段之一，广泛用于盐碱地的综合改良；盐角草是一种重要的耐盐基因供体，可广泛应用于各种农作物和生态工程植物的耐盐性遗传工程改良工作。所以，应该对盐角草耐盐分子机理和开发利用开展深入研究。在合适的基因工程技术支持下，以各种转基因技术（包括远缘花粉诱变技术、花粉管通道法）为桥梁，有望将盐角草的耐盐基因植入其它植物如水稻、玉米、小麦、大麦中，以大幅度提高这些大田作物的耐盐能力和生态适应能力，为开发利用盐碱地资源提供物质基础。

（6）化工原料及保健护肤品。盐角草种子脂类含量高且组成好，盐角草嫩枝和嫩茎鲜美多汁，种子含油量达30%，其中不饱和脂肪酸含量十分丰富，亚油酸含量占70%，是一种优良的盐土油料作物。盐角草植株含有大量灰分，可作为提炼钠盐等化学品的原料。

因为盐角草消炎的功能非常好，所以现在很多保健品和护肤品都添加了盐角草成分，它可以有效地消炎，不管是内服还是外用都有很好的效果。另外，盐角草还有一定的防老化的作用，可用于制作抗衰老的药剂和护肤品，市场上已经开发出盐角草洗手液。目前，"一种新盐角草皂苷及其制备方法和用途"已经成功申请专利。

（7）海水淡化。盐角草在实验条件下，100 hm³ 盐角草每年的除盐能力达316.3 kg，因而可考虑用作海水淡化工程生物。

（八）研究进展

（1）转基因方面研究进展。郝晓燕（2017）研究发现，克隆得到一个与耐盐有关的基因，命名为 SePsaH，属于光系统 I（PSI）家族 H 亚基成员，其开放阅读框（ORF）为 438 bp，基因编码 145 个氨基酸，预测蛋白分子量为 15.3 kD，等电点 9.84，是亲水性蛋白；系统进化树分析表明其与菠菜亲缘关系较近，通过对该蛋白保守性分析发现其含有 4 个保守性结构域。

马金彪（2015）研究发现，从盐生植物盐角草中克隆 SeHKT1 基因，该基因 cDNA 序列含有 1 个 1 761 bp 的完整 ORF，编码 550 个氨基酸，Blast 分析表明该蛋白与毕氏海蓬子 SbHKT1 蛋白亲缘关系较近。qRT-PCR 分析表明 SeHKT1 基因在 NaCl 处理下地上部和地下部均诱导上调表达，主要在盐角草根部表达，在地上部表达相对较低，200 mmol/L NaCl 处理 6 小时后在根部表达量达到最高，随后逐渐降低；在钾饥饿条件下，该基因在根部和地上部的相对表达量均高于对照。以上分析说明 SeHKT1 不仅能响应 NaCl 胁迫，还能在缺钾条件下提高表达，发挥高亲和钾离子载体功能。

李金耀 2003 研究发现，克隆盐角草 orf 25 基因，与甜菜线粒体同源性高达 98%，与烟草线粒体同源性达到 95%，与小麦同源性为 92%，与玉米同源性为 88%，表明 orf 25 基因在植物中是高度保守的一种基因，同时说明野生植物盐角草中也存在与农作物相似的雄性不育相关基因。

吴晓朦 2014 研究了盐胁迫下盐角草 Na⁺/H⁺ 转运基因表达分析，得到五个基因 SeNHX1、SeNHX3、SeNHX4、SeNHX5 和 SeNhaD，SeNHX4 的表达量非常低，在地下部几乎检测不到；SeNhaD 在地上部的表达量是地下部的两倍左右，说明 NhaD 主要在盐角草地上部发挥作用；SeNHX1、SeNHX3 和 SeNHX5 的表达量明显高于其他两个基因，对盐角草的耐盐机制起到更大的作用，并且 SeNHX1 和 SeNHX5 受盐分诱导表达，表达量与盐浓度呈正相关，可能在盐角草耐盐调控网络中发挥重要作用。

胡艳梅 2010 研究了盐角草甜菜碱合成相关基因的共表达提高转基因烟草的耐

盐性，共表达 SePEAMT 和 SeCMO 能有效提高烟草甜菜碱表达量从而提高烟草的耐盐性。

（2）化学成分研究进展。王相云（2011）研究指出，从盐角草全草中分离得到 5 个化合物，分别鉴定为丁香树脂酚葡萄糖苷（1）、淫羊藿苷 B2（2）、erythro−1−（4−O−β−D−glucopyranosyl−3,5−dimethyoxyphenyl）−2−syringaresinoxyl−propane−1,3−diol（3）、长花马先蒿苷 B（4）、6−甲氧基色原酮−7−O−β−D−葡萄糖苷（5）。

贾恢先（1988）测定了盐角草的基本营养物质成分。赵梦丹（2011）研究表明盐角草的总黄酮得率 25.172 mg/g。李银芳（2007）研究了种子油化学成分，指出虽然盐角草种子的含油率不高，但酸价和皂化值低且碘价高，并富含维生素 E。人体必需的脂肪酸占总脂肪酸的比值高，人体必需的氨基酸均高于 FAO/WHO 推荐标准，也高于常见主食和优良牧草苜蓿的含量。具有作为家畜配合饲料和人们生活保健用油的前景。

（3）生态学研究进展。王建良（2017）研究表明，随着盐角草植株密度的减小，其植株高度和地上生物量呈逐渐减小的趋势（$P<0.05$），盐角草在样地 I 和 III 中呈不同尺度的聚集分布，聚集尺度由较小尺度向小尺度过渡，在样地 II 中所有尺度上呈聚集分布。

（4）盐角草耐盐机理的研究进展。聂玲玲（2012）研究表明，盐角草吸收利用氮素的能力强，对氮素的浓度耐受范围宽，3 种氮形态都可作为氮源满足其生长需要，但有效促进生长的效果存在差异，总体顺序从高到低依次为硝态氮、铵态氮和尿素。包灵（2017）研究指出盐角草的生长是需盐的，200～400 mmol/L NaCl 浓度对其生长是顺境，无盐或高盐（> 400 mmol/L）环境对其生长是逆境。郑青松（2008）研究离子吸收分配与其高盐适应的关系表明，盐角草幼苗的生长既需要 Na^+，也需要 Cl^-，300～400 mmol/L NaCl 为其生长的最适浓度，盐角草对高盐的适应性主要在于植株维持 K^+ 稳态的能力很强，其 Na^+、K^+ 吸收和 K^+/Na^+ 选择性相关的耐盐机制与非盐生植物显然不同，推断盐生植物盐角草很可能具有各自独立的 Na^+、K^+ 吸收载体或通道系统。

（5）色素研究。俞群娣（2008）研究表明该红色素对光稳定性比较好，在50～60℃范围内比较稳定。抗氧化性较好，但抗还原能力很弱。大多数金属离子对色素的稳定性影响不大，K^+ 会破坏色素的稳定性，而 Fe^{3+}、Mg^{2+} 对色素也有些影响。因此，生产及使用过程中应避免这些因素的干扰。常用食品添加剂对色素稳定性影响不大，抗坏血酸、柠檬酸、苯甲酸钠还有轻微的辅色作用。

参考文献

[1] 张科，张道远，王雷，等. 自然生境下盐角草的生物学特征及其影响因子 [J]. 干旱区地理，2007, 30（6）: 833-838.

[2] 史秀玲. 盐角草体外再生体系（Salicornia europaea L.）及 floral-dip 转化系统的建立 [D]. 北京：中国科学院研究生院，2007.

[3] 王玉珍. 盐碱地盐角草的人工种植技术 [J]. 特种经济动植物，2007（5）: 32.

[4] 张跃林. 海蓬子大棚栽培技术 [J]. 上海蔬菜.2006（5）: 12-13.

[5] KONIG D. Beitrage zur Kenntnis der Deutschen Salicornien[J]. Mitt Florist—Soziol. Arbeitsgem,1960（8）: 5-58.

[6] DALBY D H. Chromosome Number, Morphology and Breeding Behaviors in The British Salicorniae[J]. Watsonia, 1962（5）: 150-162.

[7] 魏梦浩. 新疆艾丁湖盐角草生物学特征及其异型种子的特性 [D]. 乌鲁木齐：新疆农业大学，2015.

[8] 赵惠明. 盐生植物盐角草的资源特点及开发利用 [J]. 科技通报.2004, 20（2）: 167-171.

[9] 郝晓燕，李建平，足木热木·吐尔逊，等. 盐角草 PsaH 基因的克隆及生物信息学分析 [J]. 新疆农业科学，2017, 54（9）: 1613-1620.

[10] 马金彪，张大勇，张梅茹，等. 盐角草高亲和钾离子转运蛋白 SeHKT1 基因的克隆及表达分析 [J]. 生物技术通报，2015, 31（11）: 159-165.

[11] 李金耀，张富春，马纪，等. 单引物方法克隆盐角草 orf 25 基因 [J]. 生物工程学报，2003, 19（1）: 120-123.

[12] 吴晓朦，马雪梅，马金彪，等. 盐胁迫下盐角草 Na^+/H^+ 转运基因表达分析 [J]. 生物学杂志，2014, 31（5）: 60-70.

[13] 胡艳梅，苏乔，祖勇，等. 盐角草甜菜碱合成相关基因的共表达提高转基因烟草的耐盐性 [J]. 中国农学通报，2010,26（9）: 55-59.

[14] 王相云，冯煦，王鸣，等. 盐角草化学成分研究 [J]. 中药材，2011, 34（1）: 67-69.

[15] 贾恢先，赵曼容. 西北盐生草甸上几种主要牧草的化学成分分析 [J]. 中国草原，1988（3）: 57-60.

[16] 王建良，赵成章，张伟涛，等. 秦王川湿地盐角草和盐地碱蓬种群的空间格局及

其关联性 [J]. 生态学杂志, 2017, 36（9）: 2494-2500.

[17] 赵梦丹, 王仁雷, 周峰, 等. 盐角草总黄酮提取工艺优化 [J]. 食品科学, 2011, 32（16）: 85.

[18] 聂玲玲, 冯娟娟, 吕素莲, 等. 真盐生植物盐角草对不同氮形态的响应 [J]. 生态学报, 2012, 32（18）: 5703-5712.

[19] 包灵, 黄俊华, 杨文英, 等. NaCl 胁迫对盐角草不同阶段生长和水分生理的影响 [J]. 山东农业科学, 2017, 49（6）: 48-53.

[20] 郑青松, 华春, 董鲜, 等. 盐角草幼苗对盐离子胁迫生理响应的特性研究（简报）[J]. 草业学报, 2008, 17（6）: 164-168.

[21] 李银芳, 夏训诚, 刘兆松, 等. 盐角草种子的油脂成分与营养评价 [J]. 干旱区研究, 2007, 24（1）: 34-36.

十一、番杏

（一）学名解释

Tetragonia tetragonioides（Pall.）Kuntze.，属名：由"Tetra 四个"与"gonia 关节"两部分组成。膝，角番杏科，番杏属。种加词：tetragonioides，像四棱形的。命名人：Kuntze=Carl Ernst Otto Kuntze（1843—1907），德国植物学家，出生于莱比锡。在他早期的职业生涯中，发表了一篇名为《莱比锡袖珍动物志》（*Pocket Fauna of Leipzig*）的刊物。1863—1866 年间，他在柏林作为一个商人经商，并在中欧和意大利旅行。1868—1873 年，他拥有自己的精油工厂，收入颇丰，并达到了舒适的生活标准。1874—1876 年间，由于经费充足，他走遍了世界各地：加勒比海、美国、日本、中国、东南亚、阿拉伯半岛和埃及。这些旅行的纪实及见闻被发表在 1881 年《环游世界》（*Around the World*）上。1876—1878 年，他在柏林和莱比锡学习自然科学，并在弗莱堡获得了博士学位，还撰写了金鸡纳属的专著。他在世界航行中编辑了柏林和英国皇家植物园 Kew Gardens 的植物系列（图书），包括 7 700 个标本，这些标本目前已存在纽约植物园的植物标本室中。该出版物震惊了植物学界，因为 Kuntze 完全修改了分类学。他的三卷论文《植物园的修订版》（*Revisio Generum Plantarum*）（1891）被广泛拒绝或故意忽略。1886 年，他访问了俄罗斯近东，并在 1887—1888 年间在加那利群岛度过。这两次旅行的结果成为他主要作品 *Revisio Generum Plantarum* 的一部分。19 世纪 90 年代初，他前往南美洲，1894 年，他访问了南部非洲国家以及德国殖民地。在生命的最后几年，Kuntze 搬到了意大利。尽管他表示他只是在努力运用标准分类方法，但他关于植物命名法的革命性思想使植物命名规则之间产生了竞争性的分歧，这种创新性的分类思想成为现代国际藻类、真菌和植物命名法的前身。1905 年，第二届国际植物命名大会上不同观点爆发了冲突，在争论中由于他对自己观点的不妥协，意味着大部分学术界的大

门，尤其是欧洲的大门，对他都是关闭的。Kuntze 的著作重点强调了以前植物命名法的不足之处。一群美国植物学家制定了另一套规则（罗切斯特法典），他们在 1892 年提出这些规则作为国际规则的替代。这种分裂直到 1930 年才得到解决。

学名考证：Tetragonia tetragonioides（Pall.）Kuntze, Rev. Gen. 264. 1891; Backer in Steenis, Fl. Males. ser. 1. 4（3）：275. 1951; 中国高等植物图鉴 1: 615. 图 1230. 1972; 台湾植物志 2: 311. pl. 308. 1976.—Demidovia tetragonioides Pall., Enum. Pl. 150.tab. 1. 1781.—T. expansa Murr. in Comm. Goett. 6: 13. 1783; Fiori, Icon. Fl. Ital. fig. 1051. 1921; 江苏植物志 下册 135. 图 940. 1982.

Carl Ernst Otto Kuntze1891 年在刊物 *Revised Genera Plantarum* 重新组合了该植物名称：Tetragonia tetragonioides（Pall.）Kuntze。早在 1781 年 Peter Simon Pallas 在刊物 *Enumeratio Plantarum Japonicarum* 发表了该物种，不过将该物种定位到 Demidovia 中，经 Kuntze 重新考证后加以重新组合。

荷兰植物学家 Cornelis Andries B. Backer 1951 年在刊物 *Flora Malesiana* 上记载了该物种。《中国高等植物图鉴》（1972）与《台湾植物志》（1976）均记载了该物种。

德国植物学家 Johann Andreas Murray 1783 年在刊物 *Commentationes Societatis Regiae Scientiarum Gottingensis Recentiores* 发表物种 T. expansa Murr. 为异名。意大利植物学家 Adriano Fiori 1921 年在刊物《意大利植物志》（*Icones flora italia*）也记载了该异名。《江苏植物志》（1982），也记载了该异名。

别名："番杏"的称谓最早见于琉球中山人吴继志于清乾隆四十七年（1782年）编著的《质问本草》。法国菠菜、新西兰菠菜、洋菠菜、澳洲菠菜、夏菠菜、滨莴苣、白番苋等。日本人称蔓菜。

英文名称：Common Tetragonia；New-Zealand Spinach

（二）分类历史及文化

番杏与菠菜的区别：番杏是番杏科一年生或多年生蔓草本植物，而菠菜是藜科一、二年生草本植物。菠菜的茎是短缩茎，而番杏是蔓生。番杏性喜温暖，遇霜而枯，是喜温类蔬菜，而菠菜能耐 -20℃，在北方露地能越冬，是耐寒类蔬菜。菠菜叶薄而大，番杏叶小而厚，菠菜食用部分为基生叶或花茎，而番杏食用部分是嫩尖。番杏生长强壮，整个生长期病虫害很少，是天然的无公害蔬菜，一次栽培可以连续收获，春季播种 50 天后可以收获直到下霜为止，栽培非常容易。

（三）形态特征

番杏的形态特征如图 11-1 所示。

一年生肉质草本，无毛，表皮细胞内有针状结晶体，呈颗粒状凸起。茎初直立，后平卧上升，高 40～60 cm，肥粗，淡绿色，从基部分枝。叶片卵状菱形或卵状三角形，长 4～10 cm，宽 2.5～5.5 cm，边缘波状；叶柄肥粗，长 5～25 mm。花单生或 2～3 朵簇生叶腋；花梗长 2 mm；花被筒长 2～3 mm，裂片 3～5，常 4，内面黄绿色；雄蕊 4～13。坚果陀螺形，长约 5 mm，具钝棱，有 4～5 角，附有宿存花被，具数颗种子。花果期 8—10 月。

a 植株；b 雄蕊；c 花及花序；d 花解剖；e 子房横切；f 果实顶端（示宿存花萼）；g 种子

图 11-1　番杏

（四）分布

分布于江苏、福建、台湾、广东、云南。日本和亚洲南部、大洋洲及南美洲也有分布。浙江分布于东部海域，如舟山普陀山、椒江大陈岛、瑞安北麂岛等。舟山群岛各个岛屿均有分布。

近代，人们先后在大洋洲的新西兰和澳大利亚、美洲的智利及亚洲东南部等环太平洋地区发现过野生番杏的种群。因此，有人把上述环太平洋地区视为番杏的原产地。大约在清朝初年，番杏从东南亚地区经由海上传入中国，而后又在中国福建等东南沿海地区逸为野生植物。18世纪番杏传到欧洲，19世纪英、法等国开始将其作为蔬菜进行栽培。20世纪中期以前，番杏又多次从欧美引入中国，1946年在南京引种栽培，现在中国已初步形成了一定的生产规模。

（五）生境及习性

生于海滨草地，岩石旁，云南有栽培。喜温暖，耐炎热，抗干旱，耐盐碱，喜湿怕涝，耐低温但不耐霜冻，生长发育适宜温度为20～25℃，对光照条件要求不严格，在强光、弱光下均生长良好。适于各种土壤栽培，但是根系再生能力弱。夏季高温多雨、植株过密易造成烂茎而死。夏季干旱、强光时叶片变硬、卷曲，食用不佳。小苗期干旱、强光可诱发病毒，光照弱、湿度大时茎叶柔嫩，易倒伏。植物体中含有大量的草酸盐 A. Jeena Pearl。

（六）繁殖方法

（1）组织培养技术。王文星2002研究表明，以顶芽和茎尖为培养材料，基本培养基为MS。①芽分化培养基：MS+6–BA1.0mg·L^{-1}+NAA0.1+3.0% 蔗糖。②诱导愈伤组织与分化培养基：MS+6–BA1.0+2,4–D0.5+3.0% 蔗糖。③生根培养基：MS+NAA0.1+1.5% 蔗糖。④继代培养基：MS。以上各培养基均加0.7% 琼脂，pH5.8。培养温度25℃左右。日光灯照明，每天光照10小时，光照度1 000～1 500 lx。

（2）种子繁殖。播前准备如下。①浸种，将番杏种子放入45～50℃温水浸种24小时。②催芽，在20～25℃湿润条件下进行催芽，待大部分种子开始膨胀微裂时播种。

播种过程如下。①露地直播可4—5月随时播种，但提早播种更能发挥效益，育苗可在3月中旬。②用种量。育苗1.5千克/亩，直播2～3千克/亩（1亩≈667平方米）。生产商一般采取育苗方式，既可以节省种子，又能提前播种，提高成活率。③确定株行距，按株行距40 cm×40 cm，每穴播种4～5粒，定苗时每穴留1～2株健壮苗即可。

定植及定植后管理如下。①4月中下旬定植。定植前进行土壤消毒（0.2%高锰酸钾或30%土菌消水剂1000倍液，或30% TY乳油800倍液，喷淋营养土，充分拌匀）并施足基肥。②栽培密度。120 cm宽的畦定植两行，株距30 cm；150 cm宽的畦定植双行，株距40 cm；每亩定苗3 000～4 000株。

田间管理如下。①水分。定植浇透水，缓苗后应见干见湿，注意不要过湿，夏季注意防涝。②肥料。番杏为一次栽培多次采收，且极易分枝，在施足基肥的条件下，视生长情况叶面喷施氮钾含量高的水溶性生物有机肥，每次采收后要补施一次。③中耕除草。结合间苗进行一次中耕除草，植株封行后随时拔除杂草，保证通风透光。④适度整枝。适当打掉一部分侧枝，或稀疏畦间茎蔓，有利于通风透气和采光。

（七）应用价值

（1）食用价值。可作蔬菜，含丰富的铁、钙、维生素 A 和各种维生素 B；茎肉质、半蔓生。采其嫩茎尖和嫩叶为特菜，可炒食、凉拌或做汤，还可与粳米煮成番杏粥，具有清热解毒、祛风消肿、凉血利尿等功效，是宾馆、饭店以及家庭餐桌上的高档菜肴。

番杏营养情况如下，每 100 g 食用部分含蛋白质 1.5 g，脂肪 0.2 g、VA 4 400 mg、VB_1 0.04 mg，VB_2 0.13 mg，VC 30 mg，Ca 58 mg，P 28 mg，Fe 0.8 mg。还含有抗菌素物质番杏素，对酵母菌属有抗菌作用。其中，VA 的含量属上等，VC 含量属中等，番杏的营养在蔬菜中为中上水平。番杏的营养不如菠菜，但番杏在栽培上更容易，基本能周年供应，能满足人们四季的需要。

（2）药用价值。番杏全株可入药，味甘微性辛，性平，清热解毒，祛风消肿，治肠炎、败血症、疔疮红肿、风热目赤。①治胃癌、食管癌、子宫颈癌方法：鲜番杏 150 g、菱茎（鲜草或带壳的菱角）200 g（干品 100 g）、薏苡仁（干）50 g、决明子 20 g，水煎服，每日 1 剂（《本草推陈》）。②治疗疮红肿：鲜白番杏叶一握，洗净，和少量的冷饭、食盐共捣烂贴患处，日换 2 次；并可治刀伤出血后红肿（《福建民间草药》）。③治眼风火赤肿：白番杏鲜叶，洗净，用银针密刺细孔，加入乳汁少许，炖半小时，敷贴眼部，日换三四次（《福建民间草药》）。④治毒蛇咬伤：鲜番杏适量，捣烂绞汁服半杯，以渣敷伤口（《食物中药与便方》）。

Bo-Jeong Pyun 研究认为番杏可治疗多囊卵巢综合征（PCOS）。他研究了 TTK 提取物在体外和体内对雄激素生产和类固醇生成酶的调节作用。通过 ERK-CREB 信号传导途径抑制雄激素的生物合成。

化学成分：含 β-胡萝卜素，草酸，氯化钾，丰富的铁、钙及维生素番杏 A、B，磷脂酸胆碱，磷脂酸乙醇胺，磷脂酰丝氨酸，磷脂酰肌醇，番杏素，1-O-β-D-吡喃葡萄糖基-2-N-2'-羟基棕榈油酰鞘氨-4,8-二烯醇等。另外，还分离出甾醇-β-D-葡萄糖甙的混合物。

（八）研究进展

（1）番杏光合特性研究进展。吕桂云（2008）研究表明，番杏的光饱和点在$1800\mu mol \cdot m^{-2} \cdot s^{-1}$左右，光补偿点为$67\mu mol \cdot m^{-2} \cdot s^{-1}$；光合作用的适宜温度范围为$30 \sim 35℃$，最适温度为$35℃$；二氧化碳的饱和点范围为$1\,800 \sim 2\,000\mu mol/mol$，二氧化碳的补偿点为$61\mu mol/mol$。

贺林（2012）研究了盐胁迫对光合作用的影响，指出番杏叶片净光合速率、气孔导度和蒸腾速率均随盐度的增加而降低，气孔限制值则相反；高盐通过影响番杏光合系统Ⅱ反应中心的关闭程度、光化学反应吸收光的比例和电子传递速率来抑制叶片光合速率，从而降低其生长速率。

（2）耐盐特性的研究。贺林（2012）研究指出，番杏生长的适宜盐度范围为$0 \sim 400 mmol \cdot L^{-1}$，受抑制盐度为$600 mmol \cdot L^{-1}$，说明番杏是一种耐盐性较高的盐生植物。

BASIM S.（2010）研究检验了盐的差异在新西兰菠菜和水菠菜（Ipomoea aquatica L.）之间的耐受机制。两株植物都暴露在外，通过每天用0,50,100和200 mM NaCl溶液灌溉盐胁迫14天。水菠菜的生长是随着盐度的增加而逐渐减缓，而新西兰菠菜则随着盐度的增加而增加盐度，表明新西兰菠菜是嗜盐的。叶水势（LWP）和渗透势（OP）为随盐度增加逐渐减少；新西兰菠菜中LWP和OP的减少量高于水菠菜。新西兰菠菜在叶子中积累了更多的Na^+。光合速率（Pn）和蒸腾作用两种物种的比率（Tr）随着盐度的增加而降低，但新西兰菠菜的Pn和Tr都得以维持。

国外也用番杏进行土壤改良的研究，实验结果表明，Tetragonia tetragonioides和Portulaca oleracea可以作为土壤盐去除物种，因此建议作物轮作，以便减少土壤盐分，以避免盐渍化，保持农业系统的可持续性（Jose Beltrao，2012）。

M.A. Neves研究表明番杏是很好的盐碱土改良植物，①高生物量生产潜力。②其间的几次收获年（夏季和冬季）。③矿物质含量高。④作为叶菜类作物的园艺重要性。⑤易于繁殖（种子繁殖）和简便的作物管理。⑥耐受干旱和炎热的条件。⑦土壤侵蚀控制。研究结果表明，补充高钙水平的植物比低钙水平的植物具有更长的茎，在高盐度水平下积累更多量的钙并且呈现类似的叶干物质。番杏具有很高的钠和氯叶积累能力。

G. Bekmirzaev指出番杏是最好的除盐物种，是一种强大的环境清洁工具，可以保持景观和农业区域的可持续性。在干旱气候和全球变暖环境下，控制盐度的清洁和环境安全程序可以与传统技术相结合，有助于提高其可持续性。M.A. Neves

（2006）指出，番杏是土壤除盐能力最强的物种之一，高盐浓度没有减少其植物鲜重，但干物质含量减少，植物生物量变化分配重定向到叶子。植物在盐水条件下减少种子产量表明生殖系统比营养系统更容易受到盐度的影响。

（3）番杏 Actin 基因研究。叶玉妍（2018）研究表明，研究克隆所得的基因序列为番杏 Actin 基因片段，大小为 598 bp，编码 198 个氨基酸；该序列与登录在 NCBI 上的其他植物的 Actin 基因的核苷酸序列的同源性最大可达 86% 以上，编码蛋白的氨基酸序列同源性在 88% 以上。

Kyoung Su Choi（2018）研究了叶绿体基因组，叶绿体基因组是为研究石竹目植物的系统发育和进化提供信息。叶绿体基因组长度为 149 506 bp，包括一对 24 769 bp 的反向重复序列（IR），用于分离大型单拷贝（LSC）区域为 82 780 bp，小单拷贝（SSC）区域为 17 188 bp。对比分析叶绿体基因组显示，石竹目（Caryphyllales）的物种已失去许多基因，特别是在番杏和核心石竹目中未发现 rpl2 内含子和 infA 基因缺乏 rpl2 内含子。使用 16 个中的 55 个基因进行系统发育分析完整的叶绿体基因组，发现石竹目分为两个分支：核心石竹目和非核心石竹目。目前的研究表明，大多数基因都是纯化的选择。

（4）多酚及抗氧化活性研究。张玉洁 2016 研究指出，番杏多酚为淡绿色粉末，番杏多酚在各个评价方法中的抗氧化能力均随其浓度的增加而增强，且纯化物质的抗氧化活性均高于粗提物的活性，部分活性能够超过茶多酚的活性，与 VC 的抗氧化活性接近。Richard C. Cambie 等在 2003 年、Hwang Kyung-A 等在 2011 年，均提出番杏中富含抗氧化物质。

（5）抗菌作用研究。Tereza Neubauerová（2015）研究了从番杏中提取抗菌肽用于抑菌的研究，结果表明检测到两种具有抗真菌活性的蛋白质 NP24 和 TPM-1。

参考文献

[1] 王文星，付钰，周志勇，等 . 番杏的组织培养与植株再生 [J]. 植物生理学报，2002,38（5）：456.

[2] 吕桂云，高志奎，王梅，等 . 番杏光合特性的研究 [J]. 北方园艺，2008（4）：4-6.

[3] 贺林，王文卿，林光辉 . 盐分对滨海湿地植物番杏生长和光合特征的影响 [J]. 生态学杂志，2012, 31（12）：3044-3049.

[4] 叶玉妍，梁海峰，杨礼香 . 番杏 Actin 基因片段的克隆及生物信息学分析 [J]. 生物资源 2018, 40（5）：405-411.

[5] 徐文峰 .HPLC 法联测番杏中 VC，VB2 和 VPP 的不确定度评定 [J]. 湖北农业科学，2010, 49（2）：443-446.

[6] 徐忠明. 番杏实用栽培技术及营养医疗和食用价值 [J]. 江西园艺 .1999（6）: 29.

[7] 张玉洁. 番杏多酚的提取纯化及抗氧化活性研究 [D]. 长春 : 吉林大学 , 2016.

[8] CAMBIE K C, FERGUSON L R. Potential Functional Foods in The Traditional Maori Diet[J]. Mutation Research, 2003（523）: 109–117.

[9] HWANG KYUNG–A, HWANG YU–JIN, PARK DONG–SIK, et al. In Vitro Investigation of Antioxidant and Anti–Apoptotic Activities of Korean Wild Edible Vegetable Extracts and Their Correlation with Apoptotic Gene Expression in HepG2 Cells [J]. Food Chemistry, 2011,（125）: 483–487.

[10] PYUN Bo–jeong, YANG Hyun, LEE Hye won. Tetragonia Tetragonioides Regulates Androgen Production in Polycystic Ovary Syndrome[J]. Korea institute of Oriental Medicine, 2018.

[11] CHOI Kyoung Su, KWAK Myounghai, LEE Byoungyoon, et al. Complete Chloroplast Genome of Tetragonia Tetragonioides: Molecular Phylogenetic Relationships and Evolution in Caryophyllales[J]. PLOS ONE, 2018（6）: 22.

[12] YOUSIF B S, NGUYEN N T, FUKUDA Y, et al. Effect of Salinity on Growth, Mineral Composition,Photosynthesis and Water Relations of Two Vegetable Crops; New Zealand Spinach （Tetragonia tetragonioides） and Water Spinach （Ipomoea aquatica）[J]. International Journal of Agriculture & Biology Full Length Article, 2010, 12(2): 1–10.

[13] NEUBAUEROV A T, DOLEILKOVA I, KRALOVA M, et al. Antibacterial Effect of Compounds of Peptide Nature Contained in Aqueous Extract of Brassica Napus Solanum Lycopersicum And Tetragonia Tetragonioides Leaves[J]. J Microbiol Biotech Food Sci，2015 : 4（5）427–433.

[14] G, BELTRAO I, NEVES M A. Effects of Salt Removal Species in Lettuce Rotation[J]. Recent Researches in Environment, Energy Systems and Sustainability, 2012,（143）: 68–73.

[15] BEN–ASHER J, BELTRAO J, AKSOY U, et. al. Controlling and Simulating The Use of Salt Removing Species[J]. International Journal of Energy and Environment 3, 2012(6): 360–368.

[16] NEVES M A, MIGUEL M G, MARQUES C, et al. Tetragonia Tetragonioides – A Potential Salt Removing Species. Response to The Combined Effects of Salts and Calcium. Proc. of the 3rd IASME/WSEAS Int. Conf. on Energy, Environment, Ecosystems and Sustainable Development[J]. Agios Nikolaos, Greece, 2007（7）: 24–26.

[17] NEVES M A, MIGUEL M G, MARQUES C, et al. The Combined Effects of Salts and Calcium on Growth and Mineral Accumulation of Tetragonia Tetragonioides – A Salt Removing Species[J]. WAEAS Transactions on Environment and Development, 2008, 1（4）: 1–5.

[18] B Gulom, BELTRAO J, NEVES, et al. Climatical changes effects on the potential capacity of salt removing species[J]. Intertional Jouenai of Geology, 2011, 3（5）: 79–85.

[19] MIRZA H, NAHAR K, ALAM M M, et al. Potential Use of Halophytes to Remediate Saline Soils[J]. BioMed Research International, 2014, 7（6）1–8.

[20] NEVES, MIGUEL M, MARQUES C, et al. Using Tetragonia Tetragonioides （Pallas） Kuntze to Reclaim Salinized Agricultural Lands [J]. Ecosystems & Sustainable Development, 2006（18）: 393–396.

十二、拟漆姑草

（一）学名解释

Spergularia salina J. et C. Presl, 属名：Spergularia,Spergula 大爪草属，+-aris，属于……的，石竹科。种加词：salina, 有盐分的，碱的。命名人：J. et C. Presl,C. Presl=Carl Borivoj Presl（1794—1852），他一生都住在布拉格，并且是布拉格大学的植物学教授。他于 1817 年前往西西里岛，并与他的哥哥在 1819 年发表了题为 "Floračechica: indicatis medicinalibus,oeconomicis technologicisque plantis" 的 "Flora bohemica"。他的哥哥 Jan Svatopluk Presl 也是一位著名的植物学家，捷克植物学会的 *Preslia* 期刊以他们的名字命名。他花了将近 15 年的时间完成了 *Reliquiae Haenkeanae*（1825—1835 年出版），这是一部基于 Thaddaeus Haenke 在美洲收集的植物标本的作品。C.B.Presl 的经典著作为《蕨类植物分类的尝试》（*Tentamen Pteri dographi ae*）。这是蕨类植物分类系统研究的一大进步，提出了水龙骨科的捷克斯洛伐克普莱氏（Presl）系统。1836 年，C.B.Presl 提出了第一个蕨类植物分类系统，按当时的分类等级的概念把真蕨类分为 2 亚目 13 族 117 属。

学名考证：*Spergularia salina* J. et C. Presl, Fl. Cechica 95. 1819; Gorschk. in Kom. Fl. USSR 6: 561. tab. 33. fig. 4. 1936; Hand.–Mazz. in Oesterr. Bot. Zeitschr. 88: 302. 1939; 秦岭植物志 1（2）：208. 图 178. 1974; 东北草本植物志 3: 3. 图版 1. 图 6.–11. 1975; 内蒙古植物志 2: 159. 图版 85. 图 6–10. 1978.—Arenaria rubra L. β. marina L. , Sp. Pl. 423. 1753.—Spergularia marina（L.）Griseb. , Spicil. Fl. Rumel. 1: 213. 1843; Ohwi, Fl. Jap. 489. 1956; P. Monnier et A. Rattev in Tutin et al. Fl. Europ. 1: 155. 1964; 中国高等植物图鉴 1: 621. 图 1241. 1972.

J. Presl et C. Presl 1819 年在著作 *Flora Cechica* 发表了该物种。Gorschk. 1936 年在科马洛夫所著的《苏联植物志》也记载了该物种。奥地利植物学家、小说家恩里卡·冯·汉德尔 - 马泽蒂的堂兄 Heinrich von Handel–Mazzetti 1939 年在刊物

Oesterreichische Botanische Zeitschrift. Wien und Leipzig 记载了该物种。《秦岭植物志》（1974）、《东北草本植物志》（1975）、《内蒙古植物志》（1978）都记载了该物种。

1753年林奈的《植物种志》中记载的名称 Arenaria rubra L. β. marina L. 为异名。德国植物学家兼植物地理学家奥古斯特·格里瑟巴赫1843年在 *Spicil. Fl. Rumel.* 发表的 Spergularia marina（L.）Griseb. 为异名。大井次三郎1956年在《日本植物志》所记载的 Spergularia marina（L.）Griseb. 为异名。《中国高等植物图鉴》（1972）所记载的 Spergularia marina（L.）Griseb. 同样为异名。Monnier et A. Rattev 在莱斯特大学植物学教授与 Thomas Gaskell Tutin, FRS 所著的 *Flora Europaea*（欧洲植物志，欧洲植物区系）所记载的 Spergularia marina（L.）Griseb. 也为异名。

别名：拟漆姑（《东北植物检索表》）、牛漆姑草（《中国种子植物科属词典》）

英文名称：Saltmarsh Sandspurry

（二）分类历史

该物种最初由 Carl Linnaeus 于1753年描述为 *Arenaria rubra var. marina*，后来被视为不同属的完整物种，包括 Arenaria 和 Spergula。植物清单接受了截至2016年8月在 *Spergularia* 的安置。该物种于1819年被 J.Presl 和 C.Presl 置于 *Spergularia* 属中，他们认为这些物种是新物种（*S. salina*），但是一些作者以前将 Linnaeus 的品种提升到物种等级，尽管该物种在1819年后被转移到 *Spergularia*，但最早的这些物种带来了命名优先权。拟漆姑草是一种盐生植物，一年生草本，原产于加利福尼亚州，在北美及其他地区也有发现。这个植物群落包含了有史以来最大的种子库，包括开花植物群落。每株植物生产约5 000粒种子。它可以产生许多蒴果，每个蒴果在整个生长季节含有大约55粒种子。

马玉心等发现了拟漆姑草的一个变种，表现为闭锁花，花瓣数量明显减少，一般1～2枚，雄蕊数量也明显减少，一般1～2枚，生于海滨强盐碱地区、堤坝、海岸等处。

（三）形态特征

拟漆姑草的形态特征如图12-1所示。

一年生草本，高10～30 cm。茎丛生，铺散，多分枝，上部密被柔毛。叶片线形，长5～30 mm，宽1～1.5 mm，顶端钝，具凸尖，近平滑或疏生柔毛；托叶宽三角形，长1.5～2 mm，膜质。花集生于茎顶或叶腋，成总状聚伞花序，果时下垂；花梗稍短于萼，果时稍伸长，密被腺柔毛；萼片卵状长圆形，长3.5 mm，宽 1.5～1.8 mm，外面被腺柔毛，具白色宽膜质边缘；花瓣淡粉紫色或白色，卵状长圆形或椭圆状卵形，长约 2 mm，顶端钝；雄蕊 5；子房卵形。蒴果卵形，长5～6 mm，3 瓣裂；种子近三角形，略扁，长 0.5～0.7 mm，表面有乳头状凸起，多数种子无翅，部分种子具翅。花期 5—7 月，果期 6—9 月。

a 植株；b 花；c 花解剖；d 雄蕊花瓣状；e 种子；f 雄蕊；g 子房

图 12-1　拟漆姑草

（四）分布

产于黑龙江、吉林、辽宁、内蒙古、河北、陕西、宁夏、甘肃、青海、新疆、山东、江苏、浙江、河南、四川、云南（洱源）。欧洲、亚洲和非洲北部也有。模式标本采自欧洲。舟山各个岛屿均有分布。

（五）生境及习性

生于海拔 400～2 800 米的沙质轻度盐地、盐化草甸以及河边、湖畔、水边等湿润处。植株多为肉质化。植株比漆姑草高许多，易于识别。

（六）繁殖方式

CHRISTY T.（2004）研究认为，Spergularia marina 具有主要的生理休眠。有条件的休眠发生于 12 月至次年 5 月和 6—11 月的非休眠期。春天，田间萌发开始时温度较低，盐度较低，因温度过高而在夏季停止发芽要求。Spergularia marina 对发芽有轻微的要求。如果种子被埋藏在藻类中或被芦苇轻微抑制，它们将休眠直到受到足够的光照才发芽。

（七）应用价值

（1）食用价值。Fatih Karadeniz（2014）指出，几十年来，Spergularia marina 是一种在韩国很受欢迎的当地食品，被认为营养丰富，富含氨基酸、维生素和矿物质。在这项研究中，评估了拟漆姑草对 3T3-L1 成纤维细胞成脂分化以及 MC3T3-E1 前成骨细胞和 C2C12 成肌细胞的成骨细胞分化的影响。拟漆姑草对抗脂肪形成作用，是通过测量脂质积累和脂肪形成分化标志物表达评估。Spergularia marina 处理显著降低了脂质积聚并显著降低过氧化物酶体增殖物激活受体 γ，CCAAT/ 增强子结合蛋白 α 和固醇调节元件结合蛋白 1c 的基因水平。此外，Spergularia marina 增强成骨细胞分化，如碱性磷酸酶活性和成骨细胞生成指标水平升高，即增加骨形态发生蛋白质，骨钙素和 I 型胶原蛋白。总之，Spergularia marina 可能是功能性食品成分的来源，可以改善骨质疏松和肥胖。

（2）药用价值。口服提取物（25 mg/kg 和 50 mg/kg）。以结扎模型提供了在坐骨神经中的作用，确认其具有抗神经病理性疼痛特性。通过化学和热伤害感受模型证实雄性小鼠中棉花颗粒重量的显著降低证实了该提取物（50 mg/kg）具有抗炎作用。通过棉球诱导的肉芽肿模型也证实其提取物在雄性小鼠的抗炎作用。拟漆姑草属滨海水醇提取物（12.5，25 mg/kg 和 50 mg/kg），以口服强饲法可以减少了喂饲时间和试验动物爪子舔的数量。但该提取物未显示任何显著的镇痛作用。

A.Miri（2016）指出 Spergularia marina（L.）Griseb 是一种来自 spergularia 属（Caryophyllaceae）的物种。这个属具有一些药用作用，如抗糖尿病、抗氧化和利尿作用。人们一直试图通过自然资源缓解和治疗疾病。自由基和氧化剂会导致心血管疾病、肺部疾病和类风湿性关节炎，合成抗氧化剂具有毒性作用，科学家们正试图从植物等自然资源中寻找新的抗氧化剂。如今，植物被认为是治疗不同疾病的重要资源，因此已经研究了很多植物来制造新药。

（八）研究进展

（1）耐盐性研究进展。Johnm Cheeseman（1985）指出植物在人工海水稀释液的溶液培养物中或在不含 NaCl 的相同溶液（"淡水"）中生长，从它们可以方便地作为幼苗（约 2 周龄）转移到开花约 5 周的时间。转移后 18 天，在 0.2x 海水上生长的植物较大，几乎是淡水植物的两倍。表明 Na^+ 特异性效应，生长刺激的主要部分（54%）来自 1mM NaCl 补充的"淡水"，生长反应中不受盐度的影响：根长度与叶子的重量、表面积成正比。每克根或茎的总 Na^+ 与 K^+ 随盐度的变化变动很小，从 1 到 180mMNa^+ 水平。在根中，相对 Na^+ 和 K^+ 含量也几乎不受盐度的影响，但在芽中，增加盐度导致 Na^+ 和 K^+ 含量增加。在 0.2x 植物的枝条内显示没有 Na^+ 分布或没有特别高 Na^+ 分布区域。

形态学特征表明高度胁迫的植物比较少胁迫的植物具有更厚、更窄和更短的叶子。解剖学特征显示木质部导管尺寸减小并且叶片增厚增加。随着土壤盐分的增加，总蛋白质和脯氨酸含量增加，在一定范围内，即土壤盐度最高导致总蛋白质减少。总游离氨基酸（脯氨酸除外）与土壤盐度升高无特异关系。SDS–PAGE分析显示蛋白质条带的消失和高土壤盐度位点的其他条带的出现。

（2）种子表面特征分析。Rabia Asma Memon2010 指出 Fig1（无翅种子）与 Fig2（有翅种子）分别说明了不同类型的种子，阐明了两种类型种子的形状及表面形态，如图 12–2、图 12–3 所示。

Anders Telenius（1989）指出盐生植物 Spergularia marina 的种子个体内部和个体之间也存在差异，具有有翼与无翼的种子。这篇报告提出了长度、重量的形态学差异，研究了不同类型种子的面积特征，在风和水的实验条件下的散布特征。有翅种子的长度较大。种子下降率随着种子翼增加而增加。但是，如果种子翼缺乏，下降速度只依靠其重量。两种种子类型散布距离是相等的，除了低风速。但是，在有风时，有翼的种子散布得更远。如果种子翼被移除，切除的种子只有较短的扩散距离。种子距离的差异分散只能在植被存在的情况下检测到。与无翼种子相比有翼种子更多地被困在植被中。种子二态性是对扩散距离差异的适应。

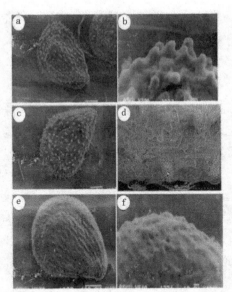

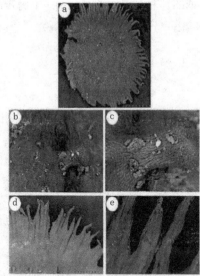

Scanning electron micrographs of unwinged seeds of Spergularia marina. A,C & E, seed shape; B,D & F, seed surface. Bar: A,C,E =100 μm; B, F =10 μm; D =20 μm.

Scanning electron micrographs of winged seed of Spergularia marina. A, seed shape; B,C,D& E, views of seed surface and wings. Bar: A = 500 μm; B,E =50 μm; C =10 μm; D =200 μm.

　　左图为无翅种子，a、c、e 表示种子形状，b、d、f 表示种子表面状态；a、c、e=100μm，b、f=10μm，d=20μm。右图为有翅种子，a 表示种子形状，b、c、d、e 表示种子表面形态及翅的形态；a=500μm， b、e=50μm， c=20μm， d=200μm（引自 RABIA ASMA MEMON2010）

图 12-2　拟漆姑草种子表皮形态

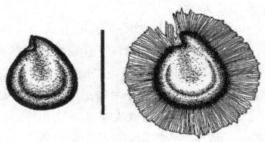

The winged and unwinged seeds respectively of
Spergularia marina. The vertical scale represents 1 mm

（引自 RABIA ASMA MEMON2010）

左图：无翅种子；右图：有翅种子

图 12-3　拟漆姑草种子形态

（3）化学成分研究进展。Jeong-Yong Cho（2016）从 Spergularia marina 地上

部分离出一种苯基脂质生物碱和七种酚类化合物。这些化合物被鉴定为 2,4- 二叔丁基苯酚，N- 六十六烷基邻氨基苯甲酸，色氨酸，4- 羟基苄醇吡喃葡萄糖苷，木犀草素 6-C-β-D- 吡喃葡萄糖苷 8-C-β-D-（2-O- 阿魏酰）吡喃葡萄糖苷，木犀草素 6-C-β-D-（2-O- 阿魏酰）吡喃葡萄糖苷 8-C-β-D- 吡喃葡萄糖苷，芹菜素 6-C-β-D- 吡喃葡萄糖苷 8-C-β-D-（2-O- 阿魏酰）吡喃葡萄糖苷和芹菜素 6-C-β-D-（2-O- 阿魏酰）吡喃葡萄糖苷 8-C-β-D- 吡喃葡萄糖苷。

（4）营养水平与盐度对花性别及花部特征的影响。研究了高度自花受精的 Spergularia marina 的六个母系。在受控条件下在水培盆中培养，发现营养水平和盐度对其性别的前置组成部分（胚珠的数量和每花的花药数），其次要附属结构（花瓣的数量和大小）以及正常发育的可能指标（异常花药和退化雄蕊的数量）有重要影响。每株花的平均胚珠数和平均退化雄蕊数不受营养水平和盐度变化的影响，而在较恶劣的生长条件下（低营养水平或盐度），每花的平均花药数减少，平均花瓣大小增加。每朵花的平均花瓣和异常花药数量受营养水平的影响，但不受盐度处理的影响。可以观察到，7 个研究性状之间几乎没有显著的表型相关性，但在所有生长条件下花瓣数和异常花药数之间具有强表型相关性。总体缺乏特定治疗的相关性表明，该物种的进化轨迹可能不会受到自然选择发生的环境条件的强烈影响。与其他研究相反，报告显示对于授粉前表达的性状，雄性繁殖性状（每朵花的正常和异常花药的数量）对生长条件的敏感性高于与雌性繁殖相关的性状（每朵花的胚珠数）。最后，与初步预测相反，结果显示花药 / 胚珠比例对盐度高度敏感，但对营养水平不敏感。

Susan J.（1996）个体发育，其母系居群和种群大小的影响花卉特征变化，如果花特征表随着个体年龄的变化而变化，在估计遗传成分时依靠模式化生物状存在困难，表型变异遗传来源就会因其花部特征变异而混淆。有必要控制个体发育效应，依靠其特征变异而准确估计性状的遗传变异程度。通过测量花卉性状在个体发育中变化大小，确定它是否可能在自交系当中成为花卉性状变异的模糊基因遗传来源。我们通过超过五周的监测，对四个加州野生种群温室栽培植物花卉性状变异表达进行测定。其中 130 个种群中有 8~10 个生殖个体，我们每周采样一朵花记录胚珠数，正常花药花粉量（其数量与花粉呈正相关），及每朵花的产量，异常的花药（花瓣状的花药），和花瓣及形状；以及单个花瓣形态和整个花冠区域特征变化。异常花药除了数量之外，其所有特征表现出表型随时间强烈变化，其变异的方向和变异性状幅度可能不同。我们通过居群之间在花卉特征方面的差异，居群内部变异的程度，以及它们表现出时间变化的程度，确定居群是否出现在独立进化的过程中。得知所有居群特征均值存在显著差异，除了每朵花的胚珠和花瓣数量。此外，在生殖居群中表现出特征更显著的差异。对于大多数特征，居群平均表型的每周变化幅度也不同，这表明花卉种群间存在着遗传变异随时间变化表达的特征。最后，在繁殖居群中对于大多数特征，其居群之间的差异程度和重要性差别，将随着时间变化而改变。

Susan J. Mazer（1999）研究指出，两种广泛的假设构成了雌雄同体性别分配演变的理论模型物种：①对雄性和雌性功能的资源分配是可遗传的。②有一种内在的、遗传的基于雄性和雌性生殖功能的负相关。

（5）种群动态研究。Peter Torstensson（1987）种群密度在年度间存在显著变化，站点之间也明显不同。在其中一个地点，平均种群密度高于其他两个地点。其生殖能力差异和密度无关，死亡率导致种群差异大小的变化。种群种子产量或种子损失或两者之间的变化，在很大程度上决定多年来种群密度的变化。

参考文献

[1] Rabia Asma Memon, et al. Microstructural Features of Seeds of Spergularia marina（L.）Griseb.,（Caryophyllaceae）[J]. Pak. J. Bot., 2010, 42（3）: 1423-1427.

[2] CHEESEMAN J M, BLOEBAUM P, ENKOJ C, et al. Salinity tolerance in Spergularia marina[J]. CAN. J. BOT. VOL. 63, 1985, （63）: 1762-1768.

[3] CHO J Y, KIM M S, LEE Y G, et al. A Phenyl Lipid Alkaloid and Flavone C-Diglucosides from Spergularia marina. Food Sci[J]. Biotechnol. , 2016, 25（1）: 63-69.

[4] VERONIQUE A, DELESALLE, MAZERS J, et al. Nutrienlte Velasn ds Alinitayf Fecgte Ndearn df Loratlr Aitsin the Autogamouspse Rgularmiaa Rina[J]. Int. J. Plant Sci., 1996, 157（5）: 621-631.

[5] MAZER S J, DELESALLE, VERONIQUE A, et al. Floral Trait Variation in Spergularia Marina（Caryophyllaceae）: Ontogenetic, Maternal Family, and Population Effects. [J]. Heredity, 1996（77）: 269-281.

[6] CARTER C T, VNGAR I A, et al. Relationships Between Seed Germinability of Spergularia marina（Caryophyllaceae） and the Formation of Zonal [J]Communities in an Inland Salt Marsh Annals of Botany, 2004（93）: 119-125.

[7] KARADENIZ F, KIN J A, AHN B N, et al. Anti-adipogenic and Pro-osteoblastogenic Activities of Spergularia marina Extract. Prev. Nutr. Food Sci. [J]. Prev. Nutr. Food Sci. 2014, 19（3）: 187-193.

[8] MIRI, SHAHRAKI E, TABRIZIANK, et al. Anti-nociceptive and Antiinflammatory Effects of the Hydroalcoholic Extract of the Spergularia Marina （L）. Griseb in Male Mice[J]. University Faculty of Science Science Journal （CSJ）, 2015, 36 （3）: 1732-1738.

[9] MIRI A, CHALEHNOO Z R, SHAHARAKI E, et al. Evaluation of Antioxidant ang Antimicrobial Activity of Spergularia Marina （L.） Griseb Extract[J]. Journal of Fundamental and Applied Sciences, 2016, 8 （2S）: 501-517.

[10] TELENIUS A, TORSTENSSON P. The Seed Dimorphism of Spergularia Marina in Relation to Dispersal by Wind and Water[J]. Oecologia, 1989 （80）: 206-210.

[11] TORSTENSSON P. Population dynamics of the annual halophyte Spergularia marina on a Baltic seashore meadow[J]. Vegetatio, 1987 （68）: 169-172.

[12] MAZER S J, DELESALLE V A. Responses of Floral Traits to Selection on Primary Sexual Investment in Spergularia Marina: The Battle Between The Sexes[J]. Evolution, 1999, 53 （3）: 717-731.

十三、毛叶铁线莲

（一）学名解释

Clematis lanuginosa Lindl.，属名：Clematis klema，爬蔓的植物。铁线莲属，毛茛科。种加词：lanuginosa，有很多的棉毛，被有长柔毛。命名人：Lindl.=John Lindley FRS（1799—1865），英国植物学家、园丁和兰花学家。约翰·林德利出生于英格兰诺里奇附近的卡顿。

林德利曾在诺威治学校接受教育。他于 1815 年成为伦敦种子商的比利时代理人。此时，林德利结识了植物学家威廉·杰克逊·胡克（William Jackson Hooker），胡克允许他使用自己的植物图书馆，并将他介绍给约瑟夫·班克斯爵士，后者在植物标本室里为他提供了工作。

林德利师从班克斯，专注于 "Rosa" 和 "Digitalis" 这几个属的研究，出版了专著《玫瑰植物史》（*A Botanical History of Roses*），并用自己绘制的 19 个彩色板块进行了说明。几个月后，班克斯去世，他的工作因没有经费支持突然终结。班克斯的朋友威廉·卡特里（William Cattley）是个富有的商人，给予林德利经济支持，使林德利可以在巴尼特的花园里进行植物绘图，并描述新植物。这位商人还支付了 *Digitalia Monographia* 的出版费用。后来，林德利通过命名兰特属卡特兰以示对威廉·卡特里的尊敬。1820 年，21 岁的林德利被选为伦敦林奈学会的成员。

1821—1826 年，他出版了一本有彩色插图的作品集，即 *Collectanea botanica or Figures and botanic Illustrations of rare and curious exotic Plants*，而且他自己配了彩色插图。这些植物中有许多是兰科（Orchidaceae）植物，令他终生着迷。

林德利于 1822 年被任命为皇家园艺学会（Royal Horticultural Society）助理秘书，主要工作是收集栽植新奇植物及制作植物标本。1829 年，林德利被任命为伦敦大学学院植物学系主任，直到 1860 年他一直任教。他还于 1831 年在皇家学院讲授植物学。

林德利描述了托马斯·利文斯通米切尔探险队 1838 年收集的植物，并写了 1839 年爱德华兹植物记录的附录，描述了西澳大利亚天鹅河殖民地的詹姆斯·德拉蒙德和乔治亚娜·莫洛伊收集的植物。根据 John Ryan 对林德利的赞誉，林德利在 1840 年的"天鹅河殖民地的植被草图"中提供了"迄今为止最为简洁的天鹅河定居植物群的肖像"。该草图于 1839 年 11 月和 1840 年 1 月在爱德华兹植物园（该植物园于 1829 年建立）登记册上发表，并在其完成后单独出版，用 9 幅手工彩色版画和 4 幅木刻图示。他还在查尔斯摩尔被任命为悉尼植物园主任，工作非常出色。

林德利撰写了许多科学作品，并为多年来担任编辑的《植物园登记》作出了重要贡献。他是皇家林奈地质学会的成员，于 1857 年获得皇家学会的皇家勋章，并于 1853 年成为法兰西学院的成员。

当时著名的植物学家 John Claudius Loudon 为他的巨著《植物百科全书》（*Encyclopedia of Plants*）寻求林德利的合作。这本书中包括近一万五千种开花植物和蕨类植物。这是一项艰巨的任务，最后得到林德利的同意，其负责其中的大部分编写与编辑工作。1829 年这项工作完成，通过艰苦研究，他开始相信 Antoine Laurent de Jussieu 设计的"自然"分类系统的优越性，认为这个系统与植物百科全书中所遵循的林奈的"人工"系统不同，反映了伟大的分类系统计划。根据《自然秩序》（1829）和植物学自然系统导论 *An Introduction to the Natural System of Botany*（1830）的安排，这一信念在英国植物区系概要中得到了表述。

1828 年，林德利当选伦敦皇家学会会员，并于 1833 年获得慕尼黑大学哲学博士荣誉学位。

1829 年，林德利为了增加收入，在新成立的伦敦大学担任植物学教授，同时继续担任皇家园艺学会的职务。他是一位优秀的老师，每周进行六个小时的讲座。由于对可用的参考教材不满意，他为他的学生写了一些植物学教科书。

林德利非常勤奋，他出版了许多作品，包括《兰花植物属和种类》（*The Genera and Species of Orchidaceous Plants*），这个作品花费了他十年时间。他被公认为是那个时代兰花分类的最高权威。林德利描述了大量的兰花物种和许多其他植物，给它们命名并对每个植物的特征进行了简要描述。

1861 年，林德利负责组织英国殖民地的展览并参加南肯辛顿国际展览。这是令人筋疲力尽的工作，似乎对他的健康造成了影响。他的记忆也开始恶化。他在那一年辞去了大学教授职位，并在两年后辞去了皇家园艺学会的秘书职位。1863 年，他前往法国的维希水疗中心，但健康状况持续下降。1856 年，他在位于伦敦附近的的家中去世。

学名考证: Clematis lanuginosa Lindl. in Paxt. Flow. Gard., 3: 107, t. 94. 1853; Hand.–Mazz. in Act. Hort. Gothob. 13: 202. 1939; Rehd. Cult. Trees & Shrubs 214. 1956.—C. florida b. lanuginosa Kuntze in Verh. Bot. Ver. Brand. 26: 149. 1885.

John Lindley FRS 1853 年在 Paxton, Joseph 的著作 Flower garden 第三卷中发表了该物种。奥地利植物学家 Heinrich von Handel–Mazzetti 1939 年在刊物 Acta Horti Gothoburgensis 上也记载了该物种。Alfred Rehder（德裔美国植物分类学家和树木学家，曾在哈佛大学的阿诺德植物园工作。他通常被认为是他那一代最重要的树木学家）1956 年在刊物 Manual of Cultivated Trees and Shrubs，Bibliography of Cultivated Trees and Shrubs 上也记载了该物种。

德国植物学家 Carl Ernst Otto Kuntze 1885 年在刊物《勃兰登堡植物园·植物卷》（Verhandlungen des Botanischen Vereins für die Provinz Brandenburg）记载的 C. florida b. lanuginosa Kuntze 是异名。

（二）研究历史

季梦成（2008）研究认为，浙江共有铁线莲属植物 31 种（含变种）。其中，舟柄铁线莲、毛叶铁线莲、浙江山木通、天台铁线莲为浙江特有种。季梦成指出，毛叶铁线莲只分布于泰顺的乌岩岭国家级自然保护区，属于低海拔（≤ 600 m）分布种类。在重视资源、自然生态环境整体保护的前提下，建议加强对舟柄铁线莲、毛叶铁线莲等观赏价值高的浙江特有种的就地保护，启动迁地保护和人工繁育工作，建立珍稀种质实验室保存技术平台，以防止这些物种濒临灭绝及优良种质资源丢失，为新品种创新提供材料。

19 世纪，英国从世界各地相继引种了很多种铁线莲，为铁线莲的遗传育种提供了优质的种质资源欧洲现在栽培的大花铁线莲多数由中国的铁线莲、转子莲和毛叶铁线莲等引入西欧后杂交育种而成。（张燕，2010）重瓣和复瓣群，花形初如芍药，或似大丽花；夏季开花大，其栽培品种群其花尤大，花径 25 ～ 30 cm，多杂交种，毛叶铁线莲为主要亲本；晚花栽培品种群，晚花栽培品种群，是由毛叶铁线莲和南欧铁线莲之间以及某些早期同类杂交种之间的杂交而成。（张燕，2010）

（三）形态特征

毛叶铁线莲的形态特征如图 13-1 所示。

攀援藤本，长约 2 m。茎圆柱形，有六条纵纹，表面棕色或紫红色，幼时被紧贴的淡黄色柔毛，以后逐渐脱落至近于无毛，仅节上的毛宿存。常为单叶对生，极稀有三出复叶；叶片薄纸质，心脏形或宽卵状披针形，长 6 ～ 12 cm，宽

3～7.5 cm，顶端渐尖，基部心形或近于圆形，边缘全缘，上面被稀疏淡黄色绒毛，沿主脉上更多，下面被紧贴的淡灰色厚绵毛，常宿存，基出弧形主脉常5条，稀3或7条，在上面微现，在下面显著隆起；叶柄细圆柱形，长约4～8 cm，常扭曲，被黄色柔毛，在顶端近叶基处更多。单花顶生；花梗直而粗壮，长约5～10 cm，密被黄色柔毛；花大，直径约7～15 cm；萼片常6枚，淡紫色，菱状椭圆形或倒卵状椭圆形，长4～7 cm，宽2～3.5 cm，顶端锐尖，基部渐狭，内面无毛，基出三条直的中脉及侧生网脉能见，外面沿三条直的中脉形成一披针形的带，被黄色曲柔毛，外侧被紧贴的浅绒毛，边缘近于无毛；雄蕊长约1～2 cm，常外轮较长，内轮略短，花药侧生，线形，长约1 cm，顶端药隔微突起，花丝无毛，比花药略长或近于等长；心皮长约1.5 cm，子房及花柱基部被紧贴的长柔毛，花柱纤细，上部毛较稀疏或近于无毛。瘦果扁平，菱形或倒卵状三角形，长4～5 mm，稀达8 mm，宽约4 mm，稀达6 mm，中部具棱状突起，边缘增厚，被紧贴的浅柔毛，宿存花柱纤细，长4～6 cm，被稀疏黄色柔毛。花期6月，果期7—8月。

a～d 花；e 果实；f 花蕾

图 13-1　毛叶铁线莲

（四）分布

特产于浙江东北部，临安（龙塘山）、宁波（太白山）、鄞县、镇海、奉化（四明山）、余姚、天台。模式标本采自宁波镇海附近。

（五）生境及习性

常生于海拔 100 ~ 400 m 间的山谷、溪边灌丛中。

（六）应用价值

（1）观赏价值。单花顶生；花大美丽，直径可达 14 cm；萼片白色或淡紫色，倒卵圆形或匙形，顶端圆形，基部渐狭，花丝线形，短于花药，花药黄色。花期 5—6 月，可见二次花期。垂直绿化以篱垣式为主。主要用于矮墙、篱架、栏杆、铁丝网等处的绿化，以观花为主要目的，可形成较理想的景观效果（季梦成，2008；吴冬，2002）。

（2）药用价值。俞冰（2006）研究认为，该植物药用部位是根及全株，具有清热解毒，利尿消肿，祛风除湿、通经活络之功效。多用于治疗痢疾、尿道炎、膀胱炎、结核性溃疡等症。

（七）研究进展

（1）花粉萌发研究。高露璐（2017）研究表明，离体萌发法与 0.5% TTC 法测定的花粉活力分别为 82.67% 和 87.00%，0.5% TTC 溶液测定的活力值最高，比离体萌发法高 4.33%，0.5% TTC 法和离体培养法方差分析结果表明两者无显著差异，均能准确反映毛叶铁线莲的花粉活力。因此，0.5% TTC 染色法可选为快速测定毛叶铁线莲花粉活力的最优方法。

（2）毛叶铁线莲的核型分析。盛璐（2011）研究认为，其染色体数为 $2n=2x=16$，共 8 对染色体，为二倍体植物。核型公式为 $2n=2x=16=10m$（2SAT）$+4st$（2SAT）$+2t$，其中有 5 对染色体为中部着丝点染色体（m），第 5 对染色体上具有随体，2 对近端部着丝点染色体（st），第 6 对染色体上具有随体，1 对端部着丝点染色体（t）。染色体的相对长度变化范围为 9.08 ~ 18.05，最长染色体与最短染色体的比值为 1.99。臂比的变化范围为 1.01 ~ 7.33，平均臂比为 3.03，属于"2A"型。其 N.F 值为 26，核型不对称系数（AsK%）为 62.37%，着丝点指数均值为 34.54%。

参考文献

[1] 高露璐, 李林芳, 马育珠, 等. 毛叶铁线莲花粉活力测定方法 [J]. 分子植物育种, 2017, 15（11）: 4667-4672.

[2] 俞冰, 姚振生. 浙江省铁线莲属药用植物资源 [J]. 江西科学, 2006, 24（1）: 89-92.

[3] 季梦成, 单晓宾, 张银丽. 浙江铁线莲属植物资源调查研究 [J]. 北京林业大学学报, 2008, 30（5）: 66-72.

[4] 吴冬. 浙江省野生铁线莲属植物种质资源及其在立体绿化中的应用 [J]. 安徽农业科学, 2012, 40（5）: 2783-2784, 2787.

[5] 盛璐. 铁钱莲属种植物的核型分析 [D]. 南京: 南京林业大学, 2011.

[6] 张燕, 黎斌, 李思锋. 铁线莲属植物分类学及园艺学研究进展 [J]. 中国野生植物资源, 2010, 29（5）: 5-10.

十四、蓝花子

（一）学名解释

Raphanus sativus L. var. *raphanistroides*（Makino）Makino，属名：Raphanus，Raphanos 萝卜原名。Ra，迅速地。Phainomai，出现。萝卜属，十字花科。种加词：sativus，栽培的。变种加词：raphanistroides，像萝卜的，属于萝卜的。命名人：Makino（见滨艾）。

学名考证：Raphanus sativus L. var. raphanistroides（Makino）Makino in Journ. Jap. Bot. 1: 114. 1917; Ohwi, Fl. Jap. 568. 1956.—R. sativus L. var. macropodus Makino f. raphanistroides Makino in Bot. Mag. Tokyo 23: 70. 1909; Makino et Nemoto, Fl. Jap. ed. 2. 407. 1925.—R. raphanistroides Nakai, Cat. Sem. Hort. Bot. Imp. Univ. Tokyo 6. 1913.—R. manopodus Levl. var. spontaneus Nakai, Catal. Sem. et Spor. 37. 1920; T. Susuzi in Short Fl. Formosa 77. 1936.—R. sativus L. f. raphanistroides Makino in Journ. Jap. Bot. 5: 34. 1928; T. S. Liu et S. S. Ying in Fl. Taiwan 2: 692. Pl. 453. 1976.—R. acanthiformis Morrel var. raphanistroides（Makino）Hara in Bot. Mag. Tokyo 49: 73. 1935; Honda, Nom. Pl. Japon. 120. 1939; Migo in Journ. Shanghai Sci. Inst. sea. 3. 4: 147. 1939.

牧野富太郎 1917 年在刊物《日本植物学研究》（*Journal of Japanese Botany*）上发表了该变种。大井次三郎 1956 年在《日本植物志》（*Flora of Japan*）上也记载了该变种

Makino 在《东京植物学杂志》（*The Botanical Magazine, Tokyo*）上发表的变型 R. sativus L. var. macropodus Makino f. raphanistroides Makino 为异名。1925 年，Makino 与 Nemoto 在《日本植物志》第二版上也沿用了此异名。

中井猛之进 1913 年在刊物 *Catalysis Seminar Horticultural Botany Univ. Imp. Tokyo* 上发表的新种 R. raphanistroides Nakai 为异名。

1920 年，Nakai 在刊物 *Catalysis Seminar et Spor.* 上发表的变种 R. manopodus Levl. var. spontaneus Nakai 为异名。T. Susuzi 1936 年在刊物 *Short Flora Formosa* 也沿用了此异名。

Makino 1928 年在刊物 *Journal of Japanese Botany* 上发表的变型 R. sativus L. f. raphanistroides Makino 为异名。刘棠瑞与应绍舜 1976 年在《台湾植物志》第二卷上也沿用了此异名。

Hara 1935 年在刊物《东京植物学杂志》（*The Botanical Magazine,Tokyo*）上发表的变种 R. acanthiformis Morrel var. raphanistroides（Makino）Hara 为异名。Honda 1939 年在 *Nomen Plants Japon.* 及日本植物学家 Hsiao Migo 1939 年在刊物 *The Journal of the Shanghai Science Institute* 上也都沿用了此异名。

别名：海萝卜，滨莱菔（台湾植物志），茹菜、冬子菜（广西、四川、云南）

（二）研究历史

日本学者通过研究遗传多样性得出结论，栽培萝卜进化于野生的蓝花子。王明霞（2007）研究指出，萝卜变种"蓝花子""美泰黑森"与芸苔属的亲缘关系相对于普通栽培种要近。研究结果也支持了萝卜来源于 rapa/oleracea 进化途径和 nigra 进化途径的杂种的假说。中国植物志中萝卜的变种分为两种。①长羽裂萝卜，二年生粗壮草本；根长大而坚实；基生叶长而窄，长 30～60 cm，有裂片 8～12 对，无毛或有硬毛。②蓝花子，根非肉质，不增粗；茎高 30～50 cm，有分枝。花淡红紫色；花瓣倒卵形，长约 2 cm。长角果长 1～2 cm，直立，稍革质，果梗斜上。花果期 4—6 月。Flora of China，将此 2 变种合并到原种。Raphanus acanthiformis J. M. Morel; R. chinensis Miller（1768），not（Linnaeus）Crantz（1769）; R. macropodus H. Léveillé; R. niger Miller; R. raphanistroides（Makino）Nakai; R. raphanistrum Linnaeus var. sativus（Linnaeus）Domin; R. sativus var. macropodus（H. Léveillé）Makino; R. sativus f. raphanistroides Makino; R. sativus var. raphanistroides（Makino）Makino; R. taquetii H. Léveillé. 以上名称 Flora of China 均列为异名。合并的理由：关于肉质根的颜色，形状和大小，植物高度，分裂程度和叶子大小，花色，果实形状和大小的变化很大的物种。已经认识到许多种内分类群，它们的分类学存在争议并且高度混淆。而且，特别强调了 Raphanus sativus L. var. raphanistroides Makino 也许是最有趣的品种，主要生长在中国和日本，根系重量为 50 kg，长度为 1 m，直径为 2 m 的巨大玫瑰花结。作者认为其特征与原变种差异显著，仍按《中国植物志》中文版处理。

（三）形态特征

蓝花子形态特征如图 14-1 所示。

原变种特征：二年或一年生草本，高 20～100 cm；直根肉质，长圆形、球形或圆锥形，外皮绿色、白色或红色；茎有分枝，无毛，稍具粉霜。基生叶和下部茎生叶大头羽状半裂，长 8～30 cm，宽 3～5 cm，顶裂片卵形，侧裂片 4～6 对，长圆形，有钝齿，疏生粗毛，上部叶长圆形，有锯齿或近全缘。总状花序顶生及腋生：花白色或粉红色，直径 1.5～2 cm；花梗长 5～15 mm；萼片长圆形，长 5～7 mm；花瓣倒卵形，长 1～1.5 cm，具紫纹，下部有长 5 mm 的爪。长角果圆柱形，长 3～6 cm，宽 10～12 mm，在相当种子间处缢缩，并形成海绵质横隔；顶端喙长 1～1.5 cm；果梗长 1～1.5 cm。种子 1～6 个，卵形，微扁，长约 3 mm，红棕色，有细网纹。花期 4—5 月，果期 5—6 月。

变种特征：根非肉质，不增粗；茎高 30～50 cm，有分枝。花淡红紫色；花瓣倒卵形，长约 2 cm。长角果长 1～2 m，直立，稍革质，果梗斜上。花果期 4—6 月。

a 植株；b 果实；c 花；d 雄蕊及雌蕊；e 蜜腺；f 柱头；g 种子萌发；h 子叶背倚

图 14-1 蓝花子

（四）产地

产于浙江（普陀）、台湾、广西、四川、云南，野生或栽培。朝鲜、日本也有分布。

（五）生境及习性

该株高 30～60 cm，有紫色或带白色的粉红色花朵。是一种昆虫授粉的野生植物，花被昆虫访问并且主要是交叉授粉。每个长角果包含 1～10 粒种子，成熟的长角果不会破裂。它不仅具有抗旱、抗寒、耐酸碱、耐瘠薄、耐菌核病的特性，而且还具有分枝多、籽粒大、成熟早等特性。主要生长在东亚的海滩上。常生于沙滩及海边贫瘠的土壤上。种子在 9 月或 10 月发芽并生长，在冬天开始形成玫瑰花结。这些玫瑰花在寒冷的雪下度过冬天或在较温暖的地区缓慢增长。喜温暖湿润气候，种子发芽最适温度 15℃，全生育期要求最适温度为 15～20℃，低于 10℃生长缓慢，高于 25℃对开花结实不利。苗期较耐低温，日平均气温短期下降至 0℃，不显冻害（杜东英，2011）。

（六）繁殖方法

种子繁殖。刘晓波（2017）研究认为，在同一播种期下，播种量为 22.5 kg/hm² 产种量 >15 kg/hm² 产种量 >30 kg/hm² 产种量；在同一播种量下，10 月 5 日播种的产种量 >9 月 15 日播种的产种量 >10 月 25 日播种的产种量。谢庆聪 2009 研究指出，蓝花子属肉质根，要求土层深厚，土质疏松，排水良好，播前要深耕一次，耕层深度 30 cm，整到土块细碎，土地平整、疏松，施肥均匀，除去杂物，保证苗齐、苗全、苗壮，有利于肉质根的生长，促进地上植株健壮。播种时期要根据各地温度不同而不同。

（七）应用价值

（1）食用价值。可以直接作为蔬菜食用。日本山区传说是由著名的佛教徒和尚 Kukai 从沿海地区带来为当地穷人直接食用的（Ohmi Ohnishi，1999）。

（2）油料作物。杜东英（2011）研究指出，其用途广泛，种子含油量达 32%～52%，可用作油料作物，是很好的食用油，也可用于皮革、纺织、石油等工业用油。吴建华（1994）研究表明，蓝花子种子含油量 38%～49%。油脂中含棕榈酸 5.99%、油酸 19.54%、亚油酸 19.15%、亚麻酸 10.54%、甘碳烯酸 9.02%、芥酸 34.17%。从脂肪酸组成上看，比一般油菜子（甘蓝型、白菜型、芥菜型）油的品质佳。从 1 000 多份材料分析的结果看，有少数材料芥酸含量不到 10%，油酸、亚油酸含量超过 30% 以上，属优质品种。种子榨油后约有 45% 的饼枯，饼枯中含蛋白质（各种氨基酸）约 40%。还有 2.5% 磷素、1.4% 钾素及少量脂肪和糖。饼枯含硫代葡萄糖甙低，可直接作为禽畜的配合饲料。饼枯还可做制作味精、酿造酱油的原料，也是烤烟和其他作物的优质肥料，烤烟追施饼枯后，除增加产量外，还能明显地提高烟叶的质量。

（3）生态作用。杜东英（2011）研究指出，蓝花子还是一种优良的肥田作物，作为先锋作物，改良土壤增加养分。此外，蓝花子具有较长的花期、发达的蜜腺，是一种优良的蜜源植物。

（4）饲用价值。吴建华（1994）研究表明，蓝花子嫩茎的叶片养分丰富，含水分 89.90%、粗蛋白质 2.40%、粗脂肪 0.60%、粗纤维 1.10%、无氮浸出物 4.40%、粗灰分 1.60%、钙 0.26%、磷 0.07%，是牛、猪、羊、马的好青饲，特别是奶牛吃后，比吃一般青草的产奶量提高 10% 左右。如果鲜草一时吃不完，还可以青贮或干藏起来备用，如表 14-1、表 14-2 所示。（吴建华，1994）

表14-1　蓝花子不同生育阶段的鲜草产量及养分含量

时　期	项　目							
	鲜草		氮		磷酸		氧化钾	
	（千克/亩）	%	（千克/亩）	%	（千克/亩）	%	（千克/亩）	%
3月25日（初花期）	1719.35	100.0	6.05	100.0	1.65	100.0	5.12	100.0
3月31日（盛花期）	2082.00	121.1	6.72	111.1	2.04	123.6	7.25	141.6
4月6日（始角期）	2592.60	150.8	8.62	142.5	3.11	188.5	10.84	211.7

表14-2　不同绿肥的养分比较

绿肥种类	水分（%）	全氮（%）	磷酸（%）	氧化钾（%）
蓝花子	88.23	0.29	0.20	0.26
苕子	82.00	0.56	0.13	0.43
紫云英	80.00	0.47	0.12	0.35

（5）药用价值。吴建华（1994）研究认为，蓝花子的花粉丰富，营养价值高，其蛋白质（各种氨基酸）含量为 27.4%，是高级食品与保健药品的原料。蓝花子花粉对治疗前列腺炎、血小板减少症、神经衰弱等疗效显著。

（八）研究进展

（1）微卫星遗传多样性研究。Takanori Ohsako（2010）研究表明，对蓝花子种群内部（区域 <250 km）和之间（局部 <3.5 km）的遗传变异及其空间结构进行了调查，使用 8 个微卫星标记进行了扩展。对 7 个来自日本海的沙质海岸种群进行了区域尺度 <250 km 调查。对于地方规模的调查，在久美浜海岸的沙质海滨沿着 10 个子群体进行了抽样。区域（种群间）间的遗传变异水平相似（HT=0.577）和局部（种群内）（HT=0.604）。当地居群和亚群显示杂合子缺乏的水平，如平均近交系数值分别为 0.206 和 0.179。种群间遗传分化程度较低，区域固定指数值分别为 0.048 和局部尺度为 0.034。尽管如此，在居群 / 亚居群中分子方差分析显示出显著的遗传分化。空间遗传分析表明，区域和地方层面的空间距离和遗传分化的成对价值之间存在正相关关系。这些结果表明所调查的蓝花子种群具有遗传结构，每个种群都保留了一个独特的遗传组成。当地种群的遗传异质性，通过对不同种群的广泛探索，提供了有效的特异性证据，而且具有各种有用性状的遗传资源。

Qingxiang Han（2015）研究表明，进行了核 DNA 微卫星 486 个样本和 144 个样本的基因座和叶绿体 DNA 单倍型分析，在日本分别从 18 个种群中研究蓝花子的系统地理结构。琉球群岛和日本大陆居群聚类分析支持存在差异遗传结构。发现一种显著距离的强烈隔离模式。叶绿体标记分析导致产生 8 个单倍型，其中两个单倍型（A 和 B）广泛分布在大多数蓝花子种群中。高水平的变异鉴定了微卫星位点，而 cpDNA 在种群中表现出低水平的遗传多样性。结果表明，黑潮流将有助于通过塑造孤立的遗传间隙来塑造居群系统地理结构。此外，托卡拉海峡将在琉球群岛和日本本土两者之间形成地理屏障。最后，现存的因海岸侵蚀而形成的栖息地扰动，因线性扩展而形成多样迁移模式和因小岛屿和海流而形成各异的地理特征影响了蓝花子种群的拓展和历史种群动态。首次记录了蓝花子于琉球群岛与日本本土之间的系统地理结构，沿海植物跨岛屿的遗传分化方面可能会提供新的见解。

（2）关于生育恢复的遗传与分子分析。Keita Yasumoto（2008）研究指出，Ogura 雄性不育的细胞质是十字花科细胞质中研究最广泛的细胞质之一。在这项研究中，为了更好地理解 Ogura 雄性不育细胞质的育性恢复（Rf）基因的恢复变化和演变，对蓝花子 orf687 同源物的核苷酸序列进行了分析，使用由含有 Rf 基因和 Uchiki-Gensuke（Ogura 雄性不育保持系）之间的交叉构成的 F2 蓝花子群体。雄性可育 /- 植物的分离 F2 代建议另一个身份不明的 Rf 与 orf 687 无关的基因存在于蓝花子。通过 Southern 杂交与 orf687 基因探针，错配特异性核酸内切酶 PCR 消化产物，以及直接测序 PCR 产物，测定每个 F2 植物 orf687 的基因型。基因分型显示，一些生育能力得以恢复植物是 Uchiki- 的纯合子 Gensuke 类型 orf687 等位基因，另一个与 orf 687 不同的基因也起到了 Ogura 雄性不育的 Rf 基因作用。蛋白质分析使用针对 Ogura 特异性产生的抗体 orf 138 蛋白，表明了生育机制由类似于 orf 687 身份不明的 Rf 恢复。分析日本蓝花子 orf 687 的序列和 Uchiki-Gensuke，透露两个 orf687 区域编码线粒体靶向蛋白质由 687 个氨基酸和 16 个氨基酸组成 PPR 图案。具有已知 orf687 序列的序列来自 Yuan hong 和 Kosena 的 Rf 和隐性一（rf），比较推导氨基酸序列，分别显示三个独特存在于蓝花子的 orf 687 的氨基酸替代品。从赖氨酸到异亮氨酸位置 232，从天冬酰胺到天冬氨酸位置 240，赋予蛋白质负电荷。据报道，"Yuan hong"的 Rf 有一个赋予负电荷的独特替代品 orf 687（从天冬酰胺到天冬氨酸的位置 170），提出氨基酸替代品赋予 orf 687 负电荷很重要用于确定 Rf/rf 基因的状态。

（3）绿素缺乏和形态异常基因的研究。Ohmi Ohnishi（1999）研究指出，在蓝花子的自然种群中通过芽授粉进行自体受精来估计隐藏叶绿素缺乏和形态异常基因的数量。三个突变基因，绿色下胚轴（g）、绿色长角果（gs）和毛状长角果（hy）的频率也是根据在自花授粉系的 S1 后代中分离突变体纯合子的频率来估计的。从群体遗传学的突变选择平衡理论出发，叶绿素缺乏突变等位基因的频率是在预期范围内。然而，g、gs 和 hy 的频率分别比突变选择平衡预期的频率高 20.5%、3.6% 和 10.6%。该频率没有显示出任何的不同地理系统变化，也没有与任何特定的环境因素相关联。因此，维持这些突变等位基因的机制仍然未知。如图 14-2 所示。其叶绿素缺乏及果实形态如图 14-2 所示。

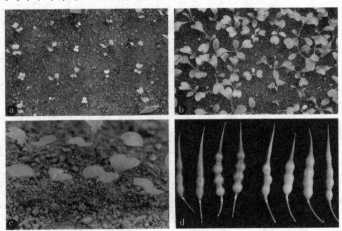

a S1 系中白化病的分离；b 在 S1 系中分离叶 - 叶 - 黄色突变体；cS1 系中绿色下胚轴突变体的分离；
d 绿色长角果突变体（左侧 4 个长角果）和野生型长角果（右侧 4 个长角）

图 14-2　蓝花子白化病幼苗及果实形态

（4）等位酶遗传多样性的研究。Man Kyu Huh（2001）研究表明，以淀粉凝胶电泳研究该植物的 25 个日本和 9 个韩国种群的等位酶多样性和遗传结构。虽然朝鲜种群较小、孤立、分布不均，但仍保持着较高的遗传多样性；多态位点的平均百分比为 63.1%，每个位点的平均等位基因数为 2.27，平均杂合度为 0.278。日本种群中这些参数的相应估计值分别为 53.3、2.26 和 0.278。这些估计值远远高于具有相似生活史和生态特征的欧洲和美国生长的野生萝卜物种。由于该物种的昆虫授粉、异交育种系统，大规模种群及来自栽培萝卜种群的基因流和高繁殖力的倾向两者结合，可以解释野生种群中高水平的遗传多样性。

（5）染色体研究。Kitamura 和 Murata（1987）研究指出，它是草本的二倍体双年生，$2n=18$。

（6）蓝花子杂交研究。吴沿友（1998）研究指出，通过胚胎培养，成功地获得了白菜型油菜（brassica campestris）与蓝花子的属间杂种。该杂种具有两种类型：一种为大花类型，一种为小花类型。对它们进行花粉母细胞减数分裂的观察结果表明，小花类型为未加倍的杂种 MI，存在 19 个未配对染色体，大花类型为加倍或部分加倍杂种，加倍类型 MI，19 个二价体排列在赤道板上；部分加倍类型 AII，具有 10-10-9 的染色体组分割现象。大花类型具有可育性；它能够产生很多 $n=19$ 及 $n=9$、$n=10$ 的正常配子。染色体组分割能够产生倍半二倍体，它能用来研究染色体的功能和开展染色体工程。吴沿友（1996）研究甘蓝型油菜 × 蓝花子杂种 F_1 代继代 60 代后的 PMC 的细胞学观察，指出继代 60 代后的该杂种再生植株的细胞组成较复杂，减数分裂存在多种类型。其中，中期 I 的完全不配对类型占 48.0%，后期 I 的 18-18 的染色体组分割极具特色。

李旭峰等（1995）研究了油菜染色体工程研究—蓝花子特性导入油菜，利用染色体工程，合成油菜—蓝花子杂种双二倍体、倍半二倍体及油菜染色体异附加材料，油菜与蓝花子杂种双二倍体（AACCR）体细胞染色体数 $2n=56$，其植株开白花，PMC_s 减数分裂中期 I 具有 28 II，雌雄育性都较差。倍半二倍体（AACCR）的 $2n=47$，开白花，PMC_s 不能完成减数分裂，雌雄性均不育。双二倍体育性受温度影响较大，$15 \sim 25℃$ 是它开花的最适温度。通过测交，发现异附加材料 Ad-6 具有恢复油菜雄性育性的特性，提出并初步证实了"利用雄性不育的萝卜胞质作为选择压力，保存和纯化油菜 OguCMS 恢复基因"育种思想的可行性，并证实了异附加材料 Ad-5 具有雄性不育的遗传特性。

徐利远（1996）研究表明，甘蓝型油菜品种奥罗 × 蓝花子杂种 F_1 平均配对构型为 12.1 I +6.53 II +0.41 III +0.18 IV +0.18 V ,A、C 染色体组与 R 染色体间存在配对，它们之间具有一定的同源性。在甘蓝型油菜与蓝花子的杂

种 F_1 代中，存在一种染色体不配对的减数分裂类型。这一类型中有少量可形成平衡的不减数配子。提供了油菜与蓝花子远缘杂种回交结实的细胞学根据。在 MS+0.2 mg/L NAA+3 mg/L BA+l g/L 秋水仙碱 +30 g/L 蔗糖 +8 g/L 琼脂的培养基中，接种甘蓝型油菜奥罗与蓝花子的杂种 F_1 进行加倍处理，经快速繁殖后，获得大量的染色体数为 $2n=56$ 的双二倍体幼苗。上述双二倍体自交结实，在减数分裂中绝大多数细胞形成 28 个二价体，个别形成 26 个二价体和 1 个四价体。上述技术在油菜与蓝花子远缘杂交中首次解决了用常规方法不易获取远种杂种稳定双二倍体的难题。甘蓝型油菜品种 Alt e× 蓝花子杂种 F_1 代，长时间的快速繁殖后，出现了染色体丢失和加倍，有形成 19 条染色体的配子回复到甘蓝型油菜染色体组成的趋势。在油菜远缘杂种中发现了类似于球茎大麦远缘杂种中染色体丢失的现象。

（7）盐胁迫生理研究。范智勇等（2011）研究指出，蓝花子培养在含有不同浓度的 NaCl 和甘露醇的 MS 培养基上，研究蓝花子在不同浓度的 NaCl 和甘露醇处理下的发芽势、发芽率、相对发芽率、叶绿素含量以及过氧化物酶活性等，揭示蓝花子对盐胁迫和干旱胁迫的耐受能力。结果表明，蓝花子的发芽率、株高、根长、叶绿素以及过氧化物酶活性都随 NaCl 浓度的升高而显著下降；在甘露醇胁迫时，蓝花子幼苗的根长、叶绿素含量以及 POD 酶活性都随甘露醇浓度的升高表现为先升高后降低的趋势。说明同十字花科其他植物相比蓝花子对盐胁迫十分敏感，而对干旱胁迫却能表现出比较明显的耐受性。

参考文献

[1] OHSAKO T, HIRAI M, YAMABUKI M. Spatial Structure of Microsatellite Variability Within and Among Populations of Wild Radish, Raphanus Sativus L. Var. hortensis Backer F. raphanistroides Makino （Brassicaceae） in Japan[J]. Breeding, Science, 2010（60）：195-202.

[2] HAN Qingxiang HIGASHI H, MITSUI Y, et al. Distinct Phylogeographic Structures of Wild Radish （Raphanus sativus L. var.raphanistroides Makino） in Japan[J]. Distinct Phylogeographic Structures of Wild Radish, 2015（6）：1-15.

[3] YASUMOTO K, NAGASHIMA T, UMEDA T, et al. Genetic and Molecular Analysis of the Restoration of Fertility （Rf） genes for Ogura Male-sterility from A Japanese Wild Radish （Raphanus sativus var. hortensis f. raphanistroides Makino）[J]. Euphytica, 2008（164）：395-404.

[4] OHNISHI O. Chlorophyll-deficient and Several Morphological Genes Concealed in Japanese Natural Populations of Wild Radish, Raphanus Sativus Var. Hortensis F. Raphanistroides[J]. Genes Genet. Syst, 1999（74）：1-7.

[5] HUH M K, OHNISHI O. Allozyme diversity and population structure of Japanese and Korean populations of wild radish, Raphanus sativus var. hortensis f. raphanistroides （Brassicaceae）[J]. Genes Genet. Syst, 2001（76）：15-23.

[6] KITAMURA, S, MURATA. Colored Illustrations of Herbaceous Plants of Japan （Choripetalae）[M]. Osaka: Hoikusha Publ. Co., Ltd., 1987.

[7] 吴沿友，罗鹏.白菜型油菜与蓝花子杂交的初步研究[J].广西植物,1998,18（1）：54-57.

[8] 杜东英，王劲松.曲靖市土壤有机质提升技术—蓝花子种植及还田技术[J].云南农业科技,2011（1）：45-47.

[9] 刘晓波，卢寰宗，何子拉，等.不同播种期和播种量对攀西蓝花子种子产量的影响[J].草业科学,2017（5）：48-51.

[10] 吴沿友，蒋九余，帅世文，等.甘蓝型油菜×蓝花子杂种F1代继代60代后的PMC的细胞学观察[J].广西植物,1996,16（3）：216-218.

[11] 范智勇.盐胁迫和干旱胁迫对蓝花子种子萌发和幼苗生长的影响[J].北方园艺,2011（2）：7-10.

[12] 李旭峰，杨毅，王幼平，等.油菜染色体工程研究—蓝花子特性导入油菜[J].四川大学学报,1995,32（5）：599-604.

[13] 谢庆聪，邱继武，郭祥彪，等.蓝花子高产栽培技术[J].中国农技推广,2009,25（8），31-32.

[14] 王明霞.萝卜及其近缘属种亲缘关系分析与遗传图谱构建[D].南京：南京农业大学,2007.

[15] 徐利远，罗鹏，兰泽蓬.甘蓝型油菜与蓝花子远缘杂交及双二倍体的合成研究[J].遗传学报,1996,23（2）：124-130.

[16] 吴建华.蓝花子的综合开发利用[J].云南农业科技,1994（4）：19-21.

十五、藓状景天

（一）学名解释

Sedum polytrichoides Hemsl.，属名：Sedum，Sedeo，坐下。景天属，景天科。Polytrichoides，如土马鬃的，如金发藓的。命名人：Hemsl.= 威廉·博廷·赫姆斯利（1843—1924），英国植物学家，1909 年维多利亚荣誉勋章获得者。

学名考证：Sedum polytrichoides Hemsl. in Journ. Linn, Soc. Bot. 23: 286. pl. 7B. f. 4. 1887; Frod. in Acta Hort. Gothob. 6. Append.: 88. pl. 55. f. 494–702. 1931; A. Bor. in Kom. Fl. URSS. 9: 89. 1939; 中国高等植物图鉴 2: 89. 图 1908. 1972.

英国植物学家 William Botting Hemsley 1887 年在著作 *The Journal of the Linnean Society of London .Botany* 中发表了该物种。植物分类学家 David Gamman Frodin 1931 年在刊物 *Acta Horti Gothoburgensis* 上记载了该物种。苏联植物学家 Antonina Georgievna Borisova 1939 年在《苏联植物志》中记载了该物种。中国高等植物图鉴 1972 也记载了该物种。

别名：柳叶景天（东北植物检索表）

英文名称：Mosslike Stonecrop

（二）形态特征

藓状景天形态特征如图 15-1 所示。

多年生草本。茎带木质，细，丛生，斜上，高 5～10 cm；有多数不育枝。叶互生，线形至线状披针形，长 5～15 mm，宽 1～2 mm，先端急尖，基部有距，全缘。花序聚伞状，有 2～4 分枝，花少数，花梗短；萼片 5，卵形，长 1.5～2 mm，急尖，基部无距；花瓣 5，黄色，狭披针形，长 5～6 mm，先端渐尖；雄蕊 10，稍短于花瓣；鳞片 5，细小，宽圆楔形，基部稍狭；心皮 5，稍直立。蓇葖星芒状叉开，基部 1.5 mm 合生，腹面有浅囊状突起，卵状长圆形，长

4.5～5 mm，喙直立，长 1.5 mm；种子长圆形，长不及 1 mm。花期 7—8 月，果期 8—9 月。

a 植株；b 花及花序；c 果实

图 15-1　藓状景天

（三）分布

产于江西、安徽、浙江、陕西、河南、山东、辽宁、吉林、黑龙江。模式标本采自浙江宁波。韩国和日本也产。

（四）生境及习性

生于海拔 1 000 m 左右山坡石上。

（五）繁殖方法

臧青茹（2018）为筛选 4 种景天的扦插繁殖适宜方法，对引种的中华景天、金叶佛甲草、米粒景天和银边佛甲草在不同基质及插穗处理的生根情况进行试验研究。结果表明，中华景天、米粒景天和金叶佛甲草较适合的生根基质是珍珠岩＋草炭土（1∶1），银边佛甲草是珍珠岩＋蛭石（1∶1）。中华景天、米粒景天和金叶佛甲草最适扦插部位均为茎尖部。中华景天最适扦插方式为竖插，米粒景天为横插不刻伤，金叶佛甲草为横插不刻伤。扦插的茎段部位和处理方式对中华景天、米粒景天、金叶佛甲草插穗生根数量和生根长度影响显著，对中华景天和米粒景天的生长高度影响不显著，对金叶佛甲草的生长高度影响显著。

张飞飞（2008）研究了不同割伤处理对扦插的影响，以中华景天材料，利用竖插无伤（A）、横插无伤（B）、竖插有伤（C）、横插有伤（D）4种不同方式对其进行扦插繁殖研究。结果表明，割伤处理大大促进了中华景天地上部分的生长速率；另外割伤处理对于根总长、平均直径的影响达到了极显著性水平，对于根系表面积、根尖、分叉数量影响水平显著。割伤处理的中华景天扦插苗C、D在扦插后20天内，其地上部分生长速率是对应的未割伤处理A、B的2倍；C、D的根长是A、B的4倍；根系分布面积是A、B的2倍；根尖和分叉数量分别是A、B的2倍和3倍多。另外，横插处理对于中华景天地上部分和根系的生长有一定的促进作用，但其作用并不显著。

（六）应用价值

因其具有生长密集、覆盖性良好、生长迅速、耐强光曝晒、耐干旱等优点，是很好的屋顶绿化材料；同时能与乔灌草搭配作为很好的地被植物；与岩石搭配能形成很好的景观效果，可以用作岩石园的景观材料，枝叶细小，植株紧密，萌蘖性强，耐修剪，是很理想的绿雕材料。

（七）研究进展

（1）抗性研究。谭彦（2016）为了筛选更多的耐粗放管理且抗旱性强的屋顶绿化植物，选取中南地区常见的5种园林地被植物——丛生福禄考（Phlox subulata）、金叶佛甲草（sedum lineare cv. "Jin Ye"）、金叶过路黄（lysimachia nummularia "Aurea"）、多花筋骨草（ajuga multiflora）、中华景天（sedum polytrichoides），进行干旱胁迫处理，通过观察其外部形态特征的变化，并对其叶片的生理指标丙二醛、游离脯氨酸、可溶性糖、叶绿素的含量进行测定，利用隶属函数值法进行综合评价。结果表明，5种园林地被植物抗旱性由大到小依次为中华景天 > 金叶佛甲草 > 金叶过路黄 > 多花筋骨草 > 丛生福禄考。对其抗旱性结果的综合评价发现，不同的参试植物，影响其抗旱性的生理指标不同。5种植物用于屋顶绿化时，中华景天与金叶佛甲草可以作为园林地被大量推广应用，金叶过路黄在屋顶绿化的植物选取上也是值得推荐的，多花筋骨草与丛生福禄考不太适宜作为屋顶绿化的材料。

崔妍（2014）研究表明，干旱胁迫程度对植物的影响：随着干旱胁迫时间的增加，叶片出现卷曲、发黄、萎蔫干枯等症状，在 15 天左右时开始出现症状。干旱胁迫下，丙二醛含量的变化先上升后下降；游离脯氨酸含量的变化为先上升后下降；可溶性糖含量的变化为先上升后下降的趋势；叶绿素含量的变化呈较稳定上升的趋势。水涝胁迫对植物的影响：随着胁迫程度的加深，丙二醛的含量呈稳定下降；游离脯氨酸含量的变化为先上升后下降；可溶性糖含量的变化呈下降趋势，叶绿素含量的变化为先上升后下降。盐胁迫对植物的影响：对盐分的敏感度较高，植物在盐水的胁迫下生长状况不好，并且随着盐胁迫的加剧，植物的生长状况每况愈下，25 天左右时，两种植物甚至出现了植株死亡的情况。随着盐胁迫的加重，中华景天丙二醛含量的变化为先上升后下降；脯氨酸含量的变化为先上升后下降；中华景天可溶性糖的含量的变化为逐渐下降的趋势；叶绿素含量的变化为下降的趋势。

王璐裙（2014）研究了低温胁迫生理，4 种景天属植物佛甲草（sedumLineear）、胭脂红景天（sedum spurium′Coeeineum′）、凹叶景天（sedum emarginatum）和中华景天（sedum polytriehoides）为试材，研究了不同梯度的低温胁迫对其形态指标以及叶绿素含量（Chl a+b）、叶片相对电导率（REC）、丙二醛（MDA）含量、脯氨酸（Pro）含量、可溶性蛋白（SPC）含量、超氧化物歧化酶（SOD）活性等生理指标的影响。结果表明，低温胁迫条件下，随着温度的降低，REC、MDA 和 Pro 含量呈上升趋势，Chla+b 呈下降趋势，SOD 和 SPC 呈先下降后上升再下降的趋势。通过主成分分析发现，REC、Chla+b 含量和 MDA 含量与 4 种景天属植物抗寒性的关系相对较密切。通过隶属函数分析，4 种景天属植物抗寒能力依次为胭脂红景天＞中华景天＞佛甲草＞凹叶景天。

韩少华（2012）研究了 C_d 胁迫生理，通过盆栽试验研究了 3 种植物三叶鬼针草（bidens pilosa L.）、紫茉莉（mirabilis jalapa）、中华景天（sedum polytrichoides）对上海地区 2 种质量浓度（1.2、12.0 mg/kg）Cd 污染农田土壤的修复效果，以探索其在上海地区 Cd 污染农田土壤修复中应用的可行性。结果表明，2 种浓度下，三叶鬼针草对土壤 Cd 去除效果均最佳，1.2 mg/kg 处理下盆中土壤 Cd 质量浓度由原来的 1.249 9 mg/kg 下降到 0.861 7 mg/kg，降低 0.388 2 mg/kg，Cd 去除率为 31.06%；12.0 mg/kg 处理下三叶鬼针草盆中土壤 Cd 质量浓度由原来的 12.033 2 mg/kg 下降到 10.020 6 mg/kg，降低 2.012 6 mg/kg，Cd 去除率为 16.73%；紫茉莉和中华景天相比较而言，修复效果均较差。在 2 种浓度下，3 种植物地上部分生物量排序均为三叶鬼针草＞中华景天＞紫茉莉。因此，建议将三叶鬼针草作为上海地区 Cd 污染农田土壤修复的优选植物。

忻巧（2012）进行了耐热性研究，选择 4 种景天属植物，研究其在高温高湿胁迫下的形态特征、生理生化变化及其适应高温高湿的机理。结果表明，随胁迫时间延长，植物叶片细胞膜透性增大，叶绿素总量有明显上升又下降趋势，可溶性蛋白含量下降，保护酶系统的平衡受到破坏，膜脂过氧化程度加重，PRO 含量总体呈上升趋势。由主成分分析和隶属函数法得出耐湿热胁迫能力大小为凹叶景天＞胭脂红景天＞中华景天＞金叶景天。

（2）遗传多样性研究。Mi Yoon Chung（2016）研究发现，S.polytrichoides 的居群内遗传变异程度适中（He=0.112）。S.polytrichoides 的种群间差异的估计也是中等的（FST=0.250），并且如预期的那样，与 H.ussuriense（0.261）的非常相似，但是显著高于 S.kamtschaticum（0.165）的变异。分子方差分析（AMOVA）显示，S.polytrichoides 和 H.ussuriense 比 S.kamtschaticum（4%）具有更高的谷内变异百分比（各 19%）。

（3）区系研究。呼格吉勒图（2007）研究认为，藓状景天为中国—日本分布种；东亚成分。藓状景天主要分布在长白山区和远东锡霍特山地的针阔混交林区的石质山坡潮湿处、水甸子，为林缘沼泽草甸伴生种；其次在日本九州、内蒙古的大兴安岭、湖北的武当山、浙江的北部有零星分布。

参考文献

[1] 臧青茹，钟伊能，郭晓琪，等 . 不同基质和扦插处理对 4 种景天扦插生根的影响[J]. 贵州农业科学，2018, 46（8）：87-90.

[2] 谭彦，崔妍，彭重华，等 . 5 种园林地被植物的抗旱性研究 [J]. 江苏农业科学，2016, 44（3）：203-206.

[3] 崔妍 . 两种景天科植物抗逆性研究 [D]. 长沙：中南林业科技大学，2014.

[4] 王璐裙 . 低温胁迫对 4 种景天属植物生长和生理的影响 [J]. 中国农业信息，2014（8）：117-119.

[5] 韩少华，黄沈发，唐浩，等 . 3 种植物对 Cd 污染农田土壤的修复效果比较试验研究 [J]. 环境污染与防治，2012, 34（12）：22-30.

[6] 忻巧，丁彦芬 . 四种景天属植物高温高湿下的耐湿热性 [J]. 林业科技开发，2012, 26（1）：56-58.

[7] 张飞飞 . 不同扦插处理方式对中华景天根系生长影响的研究 [A]. 中国观赏园艺研究进展 2008——中国园艺学会观赏园艺专业委员会 2008 年学术年会论文集 [C]. 北京：中国林业出版社，2008.

[8] MI Y C, LÔpze-Pujol J, CHUNG M G. Population Genetic Structure of Sedum Polytrichoides （Crassulaceae）: Insights into Barriers to Gene Flow[J]. Korean J. Pl. Taxon, 2016, 46（4）: 361-370.

[9] 呼格吉勒图, 赵一之, 宝音陶格涛. 内蒙古景天属植物分类及其区系生态地理分布研究 [J]. 干旱区资源与环境, 2007, 21（4）: 132-135.

十六、野大豆

（一）学名解释

Glycine soja Sieb.et Zucc.，属名：Glycine，glykys，甜味。大豆属，豆科。种加词：Soja，大豆。命名人：Sieb.=Philipp Franz. von Siebold，菲利普·弗朗兹·冯·西博尔德，德国内科医生，植物学家，旅行家，日本器物收藏家；生于德国巴伐利亚的维尔茨堡城中一个医生家庭。他的祖父、父亲和叔叔都是维尔茨堡大学的医学教授。西博尔德于 1815 年在同一大学开始学习医学。

英文名称：Wild Groundnut

学名考证：*Glycine soja* Sieb. et Zucc. in Abh. Akad. Wiss. Muenchen 4（2）: 119. 1843；中国主要植物图说·豆科 651，图 631. 1955；中国高等植物图鉴 2: 492，图 2714. 1972；东北草本植物志 5: 161. 1976.—G. ussuriensis Regel et Maack in Regel, Tent. Fl. Ussur. 50, Pl. 7. f. 5–8. 1861.—Rhynchosia argyi Levl. in Mem. Real Acad. Cienc. Art. Barcelona Ser. 3, 12: 555. 1916.—G. soja Sieb. et Zucc. var. ovata Skv. Soy Bean–Wild & Cult. East As. 6. f. 1. 1927.—G. formosana Hosokawa in Journ. Soc. Trop. Agr. 4: 308. 1932.—G. ussuriensis Regl et Maack var. brevifolia Kom. et Alis. Key Pl. Far. East Reg. USSR 2: 684. 1932.

1843 年，德国医生、植物学家和旅行者 Philipp Franz Balthasar von Siebold 与德国植物学家、慕尼黑大学植物学教授 Joseph Gerhard Zuccarini 在刊物 *Abhandelungen der mathematisch-physikalischen Classe der Königlich Bayerischen Akademie der Wissenschaften* 上发表了该物种。中国主要植物图说·豆科 1955；中国高等植物图鉴 1972；东北草本植物志 1976 也都记载了该物种。

德国园艺师和植物学家 Eduard August von Regel 与俄罗斯博物学家、地理学家、人类学家 Richard Otto Maack 1861 年在刊物 *Tentamen florae Ussuriensis*（*Tentamen florae Ussuriensis oder Versuch einer Flora des Ussuri - Gebietes*）上发表物种 G. ussuriensis Regel et Maack 为异名。

法国植物学家和牧师 Augustin AbelHectorLéveillé 1916 年在刊物 *Memoires Academie De Chirurgie* 上发表物种 Rhynchosia argyi Levl. 为异名。

俄罗斯植物学家 Boris Vassilievich Skvortsov 1927 年在刊物 *Soy Bean-Wild & Cult. East As.*（*Eastern Asia*）上发表的变种 G. soja Sieb. et Zucc. var. ovata Skv. 为异名。

日本植物学家 Hosokawa 1932 年在刊物 *Journal of the Society of Tropical Agrieulture* 上发表的物种 G. formosana Hosokawa 为异名。

俄罗斯植物学家 Vladimir Leontjevich Komarov 和 Eugenija Nikolaevna Alissova-Klobukova 1932 年在刊物 *Key to Plants of the Far Eastern Region of the USSR* 上发表的变种 G. ussuriensis Regl et Maack var. brevifolia Kom. et Alis. 为异名。

（二）研究历史

从植物分类上，吴晓雷等对大豆属中个种的进化关系进行了研究，结果表明，Glycine 亚属和 Soja 亚属在分子水平上差异较大，并确立了半野生种 Gracilis 的分类地位。Lackey 推测目前大豆属物种是由东南亚热带祖先物种先从染色体基数 $X=11$ 进化到 $X=10$，再进化到单个基因组 $n=20$ 的物种。$N=20$ 的物种发生分化，一是进化为中亚和北亚的一年生野生种（$n=20$），并进一步经人工选择驯化成为栽培大豆；另一条路线是进化成分布于澳大利亚及其他热带地区生长的多年生野生种（$n=19,20,39,40$）。关于野生大豆的起源及进化模式研究较少，目前国际推测大豆属是由东南亚热带多年生祖先种经过染色体基数的系列变化后，经印度向东向北扩展到现在的东亚和北亚分化而成的一年生野生种。但迄今为止尚未发现从多年生野生大豆进化到一年生野生大豆的"桥梁物种"。Hymowitz 等认为，在中国的华南等地可能存在这种类型。所以，野生大豆起源于何地，由何种进化而来，目前还是没能解决的问题。Newell 等根据栽培大豆与短绒野大豆（G.tomentella）的成功杂交，提出亚属可能由短绒野大豆进化而来。Xu 等对大豆叶绿体 DNA 9 个非编码区域序列变异分析发现栽培大豆与小叶大豆（G.microphylla）距离较近，而与烟豆（G.tabacina）和短绒野大豆（G.tomentella）距离较远，后两者距离较近。由于材料的限制，我国境内的 2 种多年生野生大豆的研究很少，仅有关于染色体和生物学性状的研究。Li 等在对 303 份栽培大豆和野生大豆遗传多样性的研究中选取了我国境内的短绒野大豆的仅一份材料，聚类结果表明短绒野大豆可以明显的与一年生野生大豆和栽培大豆分开。野生大豆遗传多样性中心的研究是较为有效的推测其起源进化模式的间接方法，董英山等（2000）用群体遗传学方法对中国种质库

6172 份野生大豆进行统计分析,从而提出了野生大豆 3 个可能的起源中心:第一个为东北平原,是野生大豆的初生多样性中心;第二个是黄河中下游、华北平原及黄土高原,是野生大豆的次生多样性中心;第三个是东南沿海,为野生大豆的再生多样性中心。同时,推测野生大豆的 3 种起源模式:一种可能从东北野生大豆多样性初生中心开始,向四周扩散时,在环境选择压力下,形成了适应新环境的新类型;另一种可能是野生大豆同时存在着遗传多样性不等的 3 个起源中心,由 3 个起源中心向四周扩散形成野生大豆的分布;第三种可能是以东南沿海为中心,然后扩散到全国各地。野生大豆为草本豆科植物,主要分布在东亚温带地区。中国地处东亚的主要部分,野生大豆资源异常丰富,南起北回归线 24° 左右的广东、广西北部地区,到北纬 53° 左右的黑龙江流域都有野生大豆,并且从两端纬度区向中间逐渐增多。特别是北纬 30° ～ 45° 地区,不但种群大,类型也很丰富,野生大豆经度间分布情况受地形、地貌影响很大。从大兴安岭、内蒙古高原、青藏高原到云贵高原东缘一线开始,向东分布逐渐增多,特别是松辽平原、黄河中下游地区和江淮之间最为普遍。野生大豆经过定向选择,逐渐积累细小的变异,经过半野生大豆的过程才逐渐演化为栽培大豆(燕雪飞,2014)。

(三)形态特征

野大豆形态特征如图 16-1 所示。

一年生缠绕草本,长 1 ～ 4 m。茎、小枝纤细,全体疏被褐色长硬毛。叶具 3 小叶,长可达 14 cm;托叶卵状披针形,急尖,被黄色柔毛。顶生小叶卵圆形或卵状披针形,长 3.5 ～ 6 cm,宽 1.5 ～ 2.5 cm,先端锐尖至钝圆,基部近圆形,全缘,两面均被绢状的糙伏毛,侧生小叶斜卵状披针形。总状花序通常短,稀长可达 13 cm;花小,长约 5 mm;花梗密生黄色长硬毛;苞片披针形;花萼钟状,密生长毛,裂片 5,三角状披针形,先端锐尖;花冠淡红紫色或白色,旗瓣近圆形,先端微凹,基部具短瓣柄,翼瓣斜倒卵形,有明显的耳,龙骨瓣比旗瓣及翼瓣短小,密被长毛;花柱短而向一侧弯曲。荚果长圆形,稍弯,两侧稍扁,长 17 ～ 23 mm,宽 4 ～ 5 mm,密被长硬毛,种子间稍缢缩,干时易裂;种子 2 ～ 3 颗,椭圆形,稍扁,长 2.5 ～ 4 mm,宽 1.8 ～ 2.5 mm,褐色至黑色 花期 7—8 月,果期 8—10 月。

(四)分布

除新疆、青海和海南外,遍布全国。目前所知野大豆在我国的地埋分布区域自内蒙古的乌盟什滩至黑龙江及吉林的春化，西北自甘肃的景泰至西南西藏东南部的察隅经云南、贵州，南至广西中部的象州、广东北部的连县延至东南台湾省。原苏联的远东地区、朝鲜和日本亦有分布。种的分布中心及分化中心显然是在我国，尤其是在东北一带。《尔雅》记载有"戎菽谓之荏菽"，《管子》载"山戎出荏菽，布之天下"。说明栽培种可能源于"山戎"一带（山戎约居于今河北玉田县）。

a 植株；b、c 花；d 果实；e 种子；f 根瘤；g 叶片

图 16-1　野大豆

（五）生境及习性

生于海拔 150～2 650 m 潮湿的田边、园边、沟旁、河岸、湖边、沼泽、草甸、沿海和岛屿向阳的矮灌木丛或芦苇丛中，稀见于沿河岸疏林下。

（六）繁殖方法

（1）组织培养。蒋兴邨（1983）研究得出采用野大豆下胚轴和子叶为材料，MS 基本培养基附加 2 mg/L IAA,5 mg/L BA 和 2 mg/L KT 为诱导愈伤组织的培养基。采用 MS 基本培养基附加 0.1% IAA 和 5 mg/L KT 作为分化培养基，成功培育出野大豆组培苗。卫志明 1990 研究成功了野生大豆原生质体再生植株。朱有光（1988）研究了由上胚轴、下胚轴等形成的愈伤组织可以诱导再生植株。基本培养基为 MS,附加的各种激素成分如下：① IAA1+BA5+KT1；② NTI+NAA1；③ BA2+2,4-D1.5；④ IBA2+BA1+GA32。各种培养基均加 0.65% 琼脂固化；pH5.8；培养温度为 15 ～ 25℃每天光照 12 小时，光照度为 2 000 lx。

（2）种子繁殖。徐亮（2009）研究指出，野生大豆种子属于典型硬实，栅栏层是引起种皮不透水的主要原因，种脐是水分进入种子的主要通道，酸蚀 20 ～ 30 min 能有效打破种皮的不透水性障碍。

武春霞（2015）研究指出，刻伤处理的种子各项指标远高于对照；15 min 浓硫酸处理仅次于刻伤处理，且无明显差异；其次是 5 min 浓硫酸处理，之后是冰冻处理。虽然冰冻处理发芽势比 5 min 浓硫酸处理高，但发芽率比 5 min 浓硫酸处理稍低，二者无明显差异；而温水浴处理在本试验中不利于野生大豆种子发芽。

张秀玲（2014）研究指出，野生大豆种子在蒸馏水中最适的萌发为温度周期 25/30℃，此时种子萌发迅速，且发芽率、发芽指数及活力指数均最高；温度一定时，适当的盐浓度会促进种子萌发；随着盐浓度的增加，幼苗生长量呈现下降的趋势。冷藏保存野生大豆种子的千粒重和发芽率有所增加。表明冷藏保存可以提高野生大豆种子的质量，常温下野生大豆休眠期为 7 个月，冷藏保存野生大豆的休眠期为 8 个月。

王丽燕（2010）研究指出，施加 0.5 和 1.0 mmol·L^{-1}K$_2$SiO$_3$ 后，可以有效提高野大豆种子的萌发速度和萌发率，增加胚根和胚芽的长度。然而，当 K$_2$SiO$_3$ 浓度高于 2.0 mmol·L^{-1} 时野大豆种子的萌发则受到抑制。野大豆种子形态如图 16-2 所示。

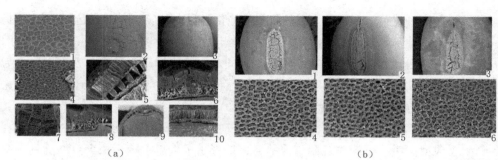

(a)

1. 角质层； 2. 种脐，示种褥（粗箭头）和
脐沟（细箭头）； 3 脐条； 4. 脐条内部栅
栏层表面形状； 5. 野生大豆种皮横断面，示
角质层（C）、栅栏层（P）、柱状细胞层（OL）
和薄壁组织（P）； 6. 种脐的横断面， 示对
列栅栏层（CP）、管胞（TB）、星状组织（ST）； 7.
管胞的横截面； 8、9. 含种脐的种皮横断面，
示柱状细胞层的变化趋势； 10. 明线

(b)

1、2、3 野生大豆种子经过 5、30、60 min 酸处理后种脐
和发芽孔（80）； 4、5、6 为 5、30、60 min 酸处理后栅
栏层表面形状（引自徐亮 2009）

图 16-2 野大豆种子形态图

（七）应 用 价 值

（1）药用价值。野生大豆具有健脾利水，消肿下气，滋肾阴，润肺燥，止盗
汗，乌黑发以及延年益寿的功能。现代医学认为，野生大豆中含有丰富的的亚麻
酸和异黄酮。亚麻酸能降低血液中的胆固醇密度，可以预防及化解血栓的形成，
用于预防及治疗高血脂、高血压、脂肪肝、心肌梗塞等疾病。异黄酮具有雌激素
与抗雌激素双重作用，对缓解更年期综合症、预防骨质疏松、预防心血管疾病、
抗衰老等具有一定作用。利用野生大豆作为原料开发医药制品和健食品，是野生
大豆的一个重要应用方向。

（2）饲用价值。野生大豆，茎叶柔软，鲜嫩多汁，叶量大，适口性好，自古
以来就是进行牲畜饲养的优质饲草。野生大豆多具有匍匐性缠绕茎，种植在高秆
作物如玉米旁边，使豆茎缠绕在玉米茎秆上，既能通过野生大豆的固氮作用增加
玉米的氮元素施入，玉米又能提供野生大豆的支撑，有利于冠层展开，改善植株
群体的通风透光条件，同时节约土地面积，增加有效产量。野生大豆草粉是野生
大豆茎、叶和种子全棵晒干配合加工成的饲料，含有丰富的粗蛋白、粗脂肪、胡
萝卜素、维生素 B 族及维生素 K、黄色素等。其中，胱氨酸和蛋氨酸含量均高于
首蓿草粉，蛋白质含量高出栽培大豆 4.65%，是禽畜良好的维生素和蛋白质补充
饲料，可作为配置全价配合饲料的原料。

（3）育种价值。在野生大豆的收集与纯化过程中发现，野生大豆具有高蛋白、多花多荚且种子繁殖系数高、高病虫害抗性以及强抗逆性等多种大豆育种所需的优良性状基因，可应用于大豆品种改良。同时，遗传学研究表明，野生大豆作为栽培大豆的原始祖先，它们具有相同的染色体（2n=40）和基因组（GG），种间无遗传隔离，杂交可产生可育的杂交种子。

（4）科研应用价值。①在雄性不育系研究中的应用。1994年首次取得具有野生表现型的质 – 核互作及同型保持系，培育出了世界上第一株大豆杂交种，增产量达到20%以上，现已投入生产使用。②在生物技术中的应用。我国已经开展了利用花粉通道将大豆DNA导入栽培大豆的研究，并且取得了良好的基因表达。③在创造高蛋白和高产中间材料上的应用。野生大豆高蛋白的含量较高，而这一性状属于可遗传性状，因此我国已有一些研究人员在野生大豆的基础上制造出了一批具有实用价值的高蛋白中间材料（王静，2018）。

（八）研究进展

（1）光合作用研究进展。周三（2002）研究了野大豆的光周期，指出不同日长和不同光周期数处理对植株开花时间、数量、结荚率、鼓粒率以及生长和光合速率的影响。①短日照处理促进野生大豆开花，其开花临界日长是13小时。②在8小时日长处理条件下野生大豆开花所需最小光周期数是10个，且随着处理光周期数的增加，促进开花和开花后发育的效应有逐步增强的趋势，不足的光周期数处理可以引起成花逆转现象。③经短日处理的野生大豆植株生长减慢、光合速率降低，且随着日长缩短，生长和光合速率的下降程度增加。野生大豆叶片总体的光合速率低于栽培大豆，但在不同生长时期表现是不同的，在营养生长时期野生大豆的光合速率高于栽培大豆，生殖生长时期则低于栽培大豆（付永彩，1993）。

（2）细胞学研究。郑惠玉（1983）研究认为，野大豆细胞染色体数目均为2n=40，并且染色体形态除个别特殊材料外基本上都为40条，其中32条是中部着丝点，6条是次中部着丝点，2条带有随体，即2n=40=32m+6sm+2Sm^{sat}。徐香玲1990研究指出，在野生大豆中观察到一具有四随体的类型，显示其原始性。Giemsa–c带分析表明，第一组12条染色体有一条着丝点带；第二组12条染色体有一条中间带；第三组12条染色体有一条端带；第四组4条染色体有二条带。野大豆染色体如图16–3所示。

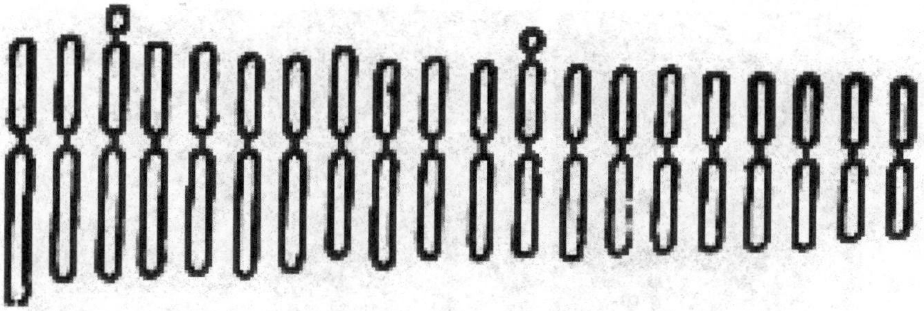

图 16-3　野大豆染色体

（3）解剖学及盐腺的研究。要燕杰（2018）研究表明，野生大豆表皮毛和腺毛多于栽培大豆，且角质层厚度、表皮厚度和表皮比例均大于栽培大豆，表皮和外皮层细胞的木质化和木栓化程度也高于栽培大豆；野生大豆皮层、韧皮部、木薄壁组织和髓的比例均大于栽培大豆，茎秆机械强度降低，可塑性升高，抗逆性增强；栽培大豆木质部、木纤维和总纤维比例均大于野生大豆，并且表皮细胞壁、韧皮纤维壁、木纤维壁和导管壁厚度均大于野生大豆。栽培大豆组织木质化的比例大于野生大豆，茎秆的机械强度升高，可以更好地维持直立生长和形态构建；栽培大豆微管形成层的细胞层数和厚度均大于野生大豆。栽培大豆木质部的比例大于韧皮部的比例，而野生大豆两者比例基本相同；野生大豆韧皮部厚壁组织几乎是连续分布，仅在髓射线处中断，而栽培大豆是不连续的，呈片状分布，野生大豆韧皮部厚壁组织的比例大于栽培大豆；野生大豆导管壁强度（t/b）^{2} 和小导管比例大于栽培大豆，水分运输的安全性较高，但野生大豆木质部的连通性和水分运输的效率低于栽培大豆。高伟（2016）研究表明，中生型根的维管柱为五原型，盐生型根的维管柱已经演化为四原型，相对于中生型，盐生型根的皮层较完整，韧皮纤维发达且形成"韧皮屏障"，次生木质部导管数量较多且存在侵填体，导管的傍管薄壁细胞较大且数量较多，射线径向长度相对较短。高伟（2015）研究其叶片差异指出，耐盐野生大豆相对于盐敏感野生大豆叶片表皮细胞排列整齐，外切向壁角质层较厚，孔下室不明显，机械组织发达，栅栏组织较厚，平脉叶肉细胞多，主脉维管束导管分子较多，且出现异形维管束。植纹鉴定结果表明，尽管不同生态环境生长的野生大豆具有很高的同源相似性，但数理统计后的植纹特征显示出耐盐野生大豆表观结构植纹更进化。朱俊义（2003）研究了其抗盐的解剖结构，如图16-4所示。

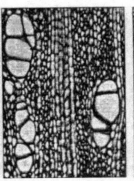

左图为盐腺；中图为散孔材；右图为互列纹孔式

图 16-4   野大豆盐腺结构

陆静梅（1997）研究认为，野生大豆蝶形花冠中的 2 枚龙骨瓣分离，筒状花萼的解剖结构中没有组织分化，栽培大豆蝶形花冠中的 2 枚龙骨瓣完全愈合成为一体，花萼结构由表皮和无规则的薄壁细胞组成，在薄壁细胞间等距分布细小的退化维管束，2 种大豆花的花瓣存在明显差异。可以认为，在进化程度较高的两侧对称的蝶形花冠的大豆属中，仍然保留有原始花的结构特征。

花粉形状均呈球形，单粒花粉的表面光滑，具 3 萌发孔。减数分裂时期，绒毡层细胞的内质网形成大量膜包原生质小泡，这可能是绒毡层细胞适应胞粉素大量合成而形成的一种结构，此时只有少量乌氏体被排到径向质膜外方。四分体时期，绒毡层细胞分泌出大量无定形的艳粉素团块进入花粉囊中，而成为花粉外壁胞粉素的最主要来源。单核花粉时期，绒毡层细胞内切向质膜形成港湾结构，原乌氏体在其中发育成乌氏体，这些后期形成的乌氏体可能与花粉外壁覆盖层的进一步发育有关（王强，1992）。

（4）胁迫生理。刘振宁（2015）研究指出，随着生境地盐度的增加，种皮纹饰网孔变密、变小，网孔内壁细胞纹理也变得致密。冯君（2018）研究了镉胁迫对野大豆的生理影响，指出大豆与野大豆均表现出随镉浓度的增加而株高逐渐降低的趋势，40 和 80 mg·kg⁻¹ 处理组显著低于对照，且随着处理时间延长，高浓度镉下株高降低幅度增大。镉胁迫对栽培大豆株高的抑制作用较野生大豆表现得更早，更明显。镉胁迫对栽培大豆和野生大豆的 SOD、POD 和 CAT 活性及 MDA 含量都有一定影响，但是两种大豆间差异很大。不同浓度镉胁迫下，SOD 和 POD 活性变化较 CAT 活性变化表现得更灵敏；栽培大豆的 3 种抗氧化酶较野生大豆活性变化幅度更大，高镉浓度抑制效应更明显；栽培大豆较野生大豆的 MDA 含量增加效应出现得更早更明显。

在盐胁迫下，野生大豆具有有效的离子转运机制，能够及时将有毒害作用的盐离子转移到对其伤害最小的器官或液泡中，同时选择性地离子吸收（$K^+Ca^{2+}Mg^{2+}$），降低叶片中 K^+/Na^+，减弱 Na^+ 对叶片的伤害。其次，野生大豆通过快速的应答反应，具有维持较高的抗氧化酶活性的能力，能够及时清除植物体内的 ROS，维持 ROS 产生和清除的平衡，提高其抗盐性（付畅，等，2007）。此外，野生大豆能够通过大豆异黄酮次生代谢途径适应盐渍环境，而栽培大豆则丧失了这个能力（李娜娜等，2012）。Qi 等（2014）完成了对野生大豆 W05 的全基因组测序工作，并通过对野生大豆重要农业性状关联基因进行研究，发现了新的耐盐基因 G_mCHX1，该基因主要通过降低 Na^+/K^+ 提高野生大豆的抗盐性。

蒲伟凤（2010）研究了野大豆抗旱生理，指出野生大豆的抗旱性均强于栽培大豆。干旱胁迫下，野生大豆、栽培大豆的叶片相对含水量呈下降趋势，丙二醛含量均比 0%PEG6000 有所增加，但不同材料间叶绿素含量、超氧化物歧化酶（SOD）活性和过氧化物酶（POD）活性的表现趋势不同，说明野生大豆和栽培大豆的抗旱生理指标存在一定的差异。野生大豆材料的叶片 SOD 活性均高于栽培大豆。野生大豆的 POD 含量略高于栽培大豆。野生大豆材料在 10%PEG6000 胁迫条件下各材料 MDA 含量均比对照组略有增加，而栽培大豆在 10%PEG6000 胁迫下 MDA 含量急剧增加，表明轻度干旱胁迫已使其膜结构受损伤程度相对较大。

郑世英（2018）研究了硅对干旱胁迫下野生大豆幼苗生长和生理特性的影响，指出随着硅处理浓度的不断升高，野生大豆鲜重、干重、叶绿素含量、根系活力逐渐增加；低浓度硅胁迫提高了 SOD、CAT、POD 活性，降低了细胞膜透性、MDA、游离脯氨酸及可溶性糖含量，随着硅胁迫浓度的不断提高，SOD、CAT、POD 活性逐渐下降，细胞膜透性、MDA、游离脯氨酸及可溶性糖含量先下降再升高。说明一定浓度的外源硅能有效促进干旱胁迫下野生大豆幼苗的生长，提高抗氧化酶活性，降低细胞膜透性、MDA、游离脯氨酸及可溶性糖含量，能够缓解干旱胁迫对野生大豆幼苗的危害，提高野生大豆抗旱能力。

任丽丽（2007）研究指出，在低温弱光胁迫下，维持较高的 SOD 和 APX 活性和维持 PSI 和 PSII 的协调性是野生大豆比栽培大豆耐低温的一个重要原因。野生大豆最适的萌发温度周期为 25/30℃，此时种子萌发迅速，且发芽率、发芽指数及活力指数均最高。

（5）化学成分及营养价值。李孟良（2011）研究了其营养成分，指出野生大豆营养丰富，蛋白质含量为 38.92%，脂肪含量为 16.94%，粗纤维含量为 4.1%，总糖含量为 10.14%，钙、镁的含量分别为 0.357% 和 0.059%，总异黄酮的含量为 0.13%，总游离氨基酸含量为 960.2 mg/100 g，微量元素锌、铜的含量分别为 37.3

和 41.4 mg/kg。崔艳伟 2013 研究了野生大豆的异黄酮含量，野生大豆异黄酮含量在 3 896.1 ～ 7 440.4 μg/g，平均为 5 182.4 μg/g，最大差异可达 1.9 倍。野生大豆异黄酮平均含量显著高于栽培大豆。周三（2008）研究也得出相似结论，异黄酮含量野生大豆 > 黑豆 > 大豆；野生大豆和黑豆中黄豆苷和染料木苷含量特别突出，而且其相应的苷元含量也较高。盐渍处理不抑制盐生野大豆 PAL 酶的活性，其大豆异黄酮大量积累；相反，盐渍处理明显抑制栽培大豆 PAL 酶活性，其大豆异黄酮含量减少，而大豆异黄酮合成前体 L- 苯丙氨酸积累。结果还显示，在盐渍条件下，盐生野大豆根部异黄酮积累的同时，其根瘤结瘤量较多，且固氮酶活性也较高；而栽培大豆随着其根部异黄酮的减少，其根瘤结瘤量大大减少，且固氮活性大大下降。

（6）遗传多样性研究。①野生大豆表型性状的遗传多样性。常见的表型性状包括百粒重、生育期、蛋白含量、脂肪含量等数量性状和主茎类型、叶形、茸毛色、花色、脐色、粒色、种皮泥膜有无、子叶色等质量性状。徐豹研究其种子的脂肪含量的多样性及地理分布的差异，结果表明，野生型脂肪含量为 9.23%，半野生 I 型为 13.01%，半野生 II 型为 15.23%。又通过百粒重、泥膜、脐色、种皮色等籽粒性状的多样性及其地理分布的研究，指出籽粒性状的变异中心主要分布在黄河流域和东北地区的东南部。庄炳昌等对野生大豆种质的主茎明显程度、叶形、茎上茸毛色等茎叶性状的多态性及其地理分布进行分析后指出，主茎不明显，即蔓生类型居多，占总数的 61.23%。主茎明显的占总数的 23.5%，主茎比较明显的为 9.25%。董英山等分析了蛋白含量、脂肪含量、百粒重和生育期四个数量性状，主茎类型、泥膜有无、种皮颜色、脐色、绒毛色、子叶色、叶形、花色等八个质量性状，数量性状比质量性状有更高的遗传多样性，在质量性状中，叶形的多样性最高，其他依次为种皮色、脐色、主茎类型、种子泥膜有无、绒毛色、花色和子叶色。②分子水平的遗传多样性。李军等研究表明，野生大豆种子库在同工酶水平上呈现出一定的遗传多样性。裴颜龙等采用水平淀粉凝胶电泳技术对分布于北京、山东和大连的四个野生大豆天然居群共计 120 个体进行等位酶水平遗传多样性分析。该地区野生大豆天然居群遗传变异水平较高，多态位点比率 P=69.20，等位基因平均数 A=1.77，平均期望杂合度 He=0.133，居群间有较明显的遗传分化，基因分化系数 Gm=0.391，即有 39.1% 的遗传变异存在于居群间，表明该地区遗传固定指数 F 偏小，居群异交率较高。庄炳昌等对萌发过程的野生大豆和栽培大豆进行 SOD 同工酶分析结果表明，野生大豆和栽培大豆的 SOD 同工酶谱有显著差异。③野生大豆基因水平上的遗传多样性。赵洪锟等利用 AFLP 分子标记技术分析 20 份不同纬度的野生大豆和栽培大豆材料的遗传多样性结果表明，野生大豆与栽培大豆相比，有更为丰富的遗传多样性。根据结果做进一步分析，将野生大豆和栽培大豆划分为两类，并标明了野生大豆和栽培大豆的特异谱带，为野生大豆和栽培大豆是两个不同的种提供了分子水平上的佐证。聚类分析研究同时表明，纬度相近的材料首先聚在一起，推断大豆的进化关系可能与纬度有关。关荣霞等利用 SSR 技术研究了辽宁省新宾县野生大豆原位保护区 10 个自然居群的遗传多样性，53 对微卫星（SSR）引物共检测到 123 个等位变异，平均每个位点 2.3 个。李英慧等利用 99 个 SSR 和 554 个 SNP 标记对中国栽培大豆和野生大豆的 303 份材料进行了遗传多样性分析，验证了以往的一些研究结论，如中国的野生大豆有最大的遗传多样性，日本次之，再次为朝鲜和俄罗斯（燕雪飞，2013）。

参考文献

[1] 蒋兴邨，邵启全．野生大豆（Glycine soja）下胚轴和子叶的愈伤组织获得幼苗 [J]．大豆科学，1983，2（1）：25-29.

[2] 卫志明，许志宏．野生大豆原生质体再生植株 [J]．植物生理学通讯，1990（1）：47-48.

[3] 朱有光，奚惕，何奕騉，等．野生大豆的组织培养 [J]．植物生理学通讯，1988（1）：35-36.

[4] 周三，赵可夫．耐盐野生大豆（Glycine soja）的光周期效应 [J]．植物生理与分子生物学学报，2002，28（2）：145-152.

[5] 付永彩，张贤泽．野生、半野生及栽培大豆的几个主要光合特性的研究 [J]．大豆科学，1993，12（3）：255-258.

[6] 马爽，宗婷，邵帅，等．野生大豆（Glycine soya）光合生理学研究进展 [J]．吉林农业科学，2012，37（3）：7-11.

[7] 郑惠玉，陈瑞阳．中国野生大豆根尖染色体细胞学观察初报 [J]．吉林农业科学，1983（4）：34-37.

[8] 徐香玲，李集临．野生大豆（G.soya）、半野生大豆（G.Gracilis）和栽培大豆的核型分析 [J]．大豆科学，1990，9（4）：292-301.

[9] 要燕杰．野生大豆（Glycine soja）YD63 和栽培大豆（G.max）ZD19 茎秆解剖结构比较 [J]．中国油料作物学报，2018，40（2）：199-208.

[10] 高伟．不同生态环境下野生大豆根解剖结构演化研究 [J]．河南农业科学，2016，45（1）：46-49.

[11] 高伟.不同生态环境野生大豆叶片结构比较 [J]. 江苏农业科学, 2015, 43（10）: 131-134.

[12] 陆静梅.不同进化型大豆花的结构研究 [J]. 应用生态学报, 1997, 8（4）: 377-380.

[13] 王树宇.辽宁省野生大豆利用途径及保护模式初探 [J]. 农业开发与装备, 2018（4）: 46-47.

[14] 刘振宁, 张瑞静, 李登来.不同生境野生大豆种子形态扫描电镜观察 [J]. 农业与技术, 2015（4）: 24.

[15] 武春霞, 杨静慧, 胡田梅, 等.不同处理对野生大豆发芽的影响 [J]. 天津农林科技, 2015（1）: 6-8.

[16] 张秀玲.温度和盐分胁迫对野生大豆种子萌发的影响 [J]. 大豆科学, 2014, 33（2）: 195-202.

[17] 王丽燕.硅对 NaCl 胁迫下野大豆种子萌发的影响 [J]. 大豆科学, 2010, 29（5）: 906-908.

[18] 徐亮, 李建东, 殷萍萍, 等.野生大豆种皮形态结构和萌发特性的研究 [J]. 大豆科学, 2009, 28（4）: 641-646.

[19] 李孟良, 郑琳.五河野生大豆种子营养成分及饲用价值研究 [J]. 草业学报, 2011, 20（4）: 137-142.

[20] 崔艳伟, 李喜焕, 李文龙, 等.黄淮海大豆异黄酮含量分析与特异种质遴选 [J]. 植物遗传资源学报, 2013, 14（6）: 1167-1172.

[21] 周三, 关崎春雄, 岳旺, 等.野生大豆黑豆和大豆的异黄酮类成分比较 [J]. 大豆科学, 2008, 27（2）: 315-319.

[22] 冯君.野生和栽培大豆对镉胁迫的响应差异分析 [J]. 大豆科学, 2018, 37（5）: 756-761.

[23] 付畅, 关旸, 徐娜.盐胁迫对野生和栽培大豆中抗氧化酶活性的影响 [J]. 大豆科学, 2007, 26（2）: 144-148.

[24] 李娜娜, 孔维国, 张煜, 等.野生大豆耐盐性研究进展 [J]. 西北植物学报, 2012, 32（5）: 1067-1072.

[25] 蒲伟凤.干旱胁迫对野生和栽培大豆根系特征及生理指标的影响 [J]. 大豆科学, 2010, 29（4）: 615-621.

[26] 郑世英, 郑晓彤, 耿建芬, 等.硅对干旱胁迫下野生大豆幼苗生长和生理特性的影响 [J]. 大豆科学, 2018, 37（2）: 263-267.

[27] 任丽丽，高辉远 . 低温弱光胁迫对野生大豆和大豆栽培种光系统功能的影响 [J].
植物生理与分子生物学学报，2007, 33（4）: 333-340.

[28] 孙蕾 . 东北野生大豆遗传多样性分析 [J]. 大豆科学，2015, 34（3）: 355-360.

[29] 燕雪飞，李建东，郭伟，等 . 中国野生大豆遗传多样性研究 [J]. 沈阳农业大学学
报（社会科学版），2013, 15（6）: 641-645.

[30] 王强 . 野生大豆绒毡层细胞的超微结构 [J]. 山东大学学报（自然科学版）1992,
27（2）: 207-214.

[31] 王静 . 野生大豆种质资源及开发利用研究进展 [J]. 农业与技术，2018, 38（22）:
59.

[32] 燕雪飞 . 中国野生大豆遗传多样性及其分化研究 [D]. 沈阳：沈阳农业大学，
2014.

十七、狭刀豆

（一）学名解释

Canavalia lineata（Thunb.）DC.，属名：Canavalia，印，马拉巴尔语刀豆原名。刀豆属，豆科。种加词：lineata，具条纹的，有纵行条纹的。命名人：DC.=de Candolle, Augustin Pyrmus（1778—1841）是瑞士植物学家。（见山菅部分）

学名考证：*Canavalia lineata*（Thunb.）DC. Prodr. 2: 404. 1825；Piper et Dunn in Kew Bull. 1922: 136. 1922；Ohwi, Fl. Jap. 693. 1956；Sauer in Brittonia 16: 162. 1964. —Dolichos lineatus Thunb. Fl. Jap. 280. 1784.

瑞士植物学家 de Candolle 1825 年在刊物 *Prodromus Systematics Naturalis Regni Vegetabilis* 重新组合了名字 Canavalia lineata（Thunb.）DC.，其实 1784 年瑞典博物学家 Carl Peter Thunberg 在《日本植物》（*Flora of Japan*）上发表了物种 Dolichos lineatus Thunb.，不过是归于 Dolichos 属，de Candolle 经考证将其重新归于 Canavalia 属。美国植物学家 Charles Vancouver Piper 和英国植物学家 Stephen Troyte Dunn 1922 年在刊物 *Kew Bulletin* 上记载了该物种。大井次三郎 1956 年在《日本植物志》上也记载了该物种。美国植物学家 Wilhelm Sauer 1964 年在刊物 *Brittonia* 也记载了该物种。

别名：肥猪豆，滨刀豆，肥豆仔，红刀豆
英文名称：Lineate Jackbean

（二）形态特征

狭刀豆形态特征如图 17-1 所示。

多年生缠绕草本。茎具线条，被极疏的短柔毛，后变无毛。羽状复叶具 3 小叶；托叶、小托叶小，早落。小叶硬纸质，卵形或倒卵形，先端圆或具小尖头，基部截平或楔形，长 6～14 cm，宽 4～10 cm，两面薄被短柔毛；叶柄较小叶略

短；小叶柄长 0.8 ～ 1 cm。总状花序腋生；苞片及小苞片卵形，早落；花萼长约
12 mm，被短柔毛，上唇较萼管为短，2 裂，裂齿顶端的背面具小尖头，下唇具 3
齿，齿长约 2 mm；花冠淡紫红色；旗瓣宽卵形，长约 2.5 cm，顶微凹，基部具 2
痂状附属体及 2 耳，翼瓣线状长圆形，稍呈镰状，上缘具痂状体，龙骨瓣倒卵状
长圆形，基部截形。荚果长椭圆形，扁平，长 6 ～ 10 cm，宽 2.5 ～ 3.5 cm，厚约
1 cm，缝线增厚、离背缝线约 3 mm 处具纵棱；种子 2 ～ 3 颗，卵形，长约 1.7 cm，
宽约 7 mm，棕色，有斑点，种脐的长度约为种子周长的 1/3。花期秋季。

a 植株；b 花冠侧；c 出芽；d 荚果；e 花冠腹面及果实；f 叶片；g 花序

图 17-1　狭刀豆

（三）分布

　　产于我国浙江、福建、台湾、广东、广西。日本、朝鲜、菲律宾、越南至印
度尼西亚亦有分布。

（四）生境及习性

生于海滩、河岸或旷地。多年生匍匐藤本，多分枝，茎绿色。叶互生，具长柄，3 出复叶，小叶具短柄，叶卵圆形或倒卵圆形，长 5 ～ 10 cm，宽 5 ～ 8 cm，基部钝圆形或阔楔形，先端钝尖或微凹，全缘。总状花序，腋生，具成梗，花数朵，簇生总梗上部；花萼钟形；花冠蝶形，粉红色至紫红色；雄蕊 10 枚，单体；子房小刀形，柱头弯曲。果实为荚果，长椭圆状短刀形，直条或稍弯曲，肥厚肿胀样，背面 2 棱线，顶端具短喙；种子椭圆形，光滑。花果期夏至秋季。

（五）繁殖方法

有播种与扦插繁殖两种方法，扦插繁殖可以更快地扩大种植面积。扦插枝条选取老枝、嫩枝皆可，而且扦插时间不受限制。可以在海边沙滩直接挖沟埋种，枝条埋深 8 ～ 10 cm，埋沙长度 20 ～ 40 cm，埋入沙中的长度偏长些更利于成活。扦插后每天喷水两次，使沙地 2 cm 以下保持湿润即可，取生有不定根的茎切断后直接种植，成活率达 98 以上。

（六）应用价值

（1）绿肥作物。过去于平地、山园栽培普遍，全草可作覆盖作物，今日已见稀少，仅剩零星栽种。

（2）食用。果实可供食用。

（3）药用。性味：种子：甘、温；豆荚淡、平。效用：茎叶解热，治发热；树皮通经；种子温中下气，止呕。

（4）生态价值。狭刀豆是典型的滨海植物，在天气炎热时叶脉闭合，以减少水分散失。狭刀豆扩张力强，能迅速盘踞面积，又有节节生根的本事，在它覆盖的势力范围内，其他植物很难生存，是一种良好的防风、定沙植物。因其紫色的蝶形花美丽而很具观赏特色，所以适宜花境及水旁垂吊种植。

（七）研究进展

（1）化学成分的研究。藤本滋生（1990）研究了其淀粉特性，指出其冬季在地下横走的地下茎储存大量的淀粉。种子也储存大量的淀粉。除去根表皮后，将其通过 200 目筛，在筛上留下硬木纤维。稍微难以沉淀，但沉淀物的白度高，并且易于净化下面的淀粉。大约 7 % 的新鲜根。狭刀豆淀粉粒的性质与特性如表 17-1、图 17-2 所示。

表17-1　狭刀豆淀粉粒的性质

Starch source	Moisture （%）	Crude protein （%）	Total phosphorus[a] （%）	Amylose[b] （%）	Average size[c] （μm）	Whiteness[d] （%）	Abbreviation
Hama-nata-mame （Canavalia lineata DC.）	14.4	0.13	0.034	27.1	7.4	98.4	Ht

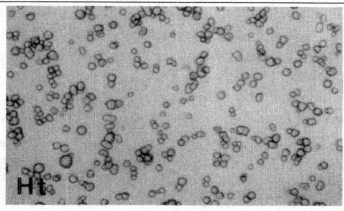

图 17-2　狭刀豆淀粉粒特性

注：得到高白度的淀粉。平均粒径约为种子淀粉的三分之一，空气中的含量（27.1%）略低。由于淀粉的小尺寸，淀粉谱的黏度可能不会那么高。淀粉产量约为新鲜组织的 7%。

森田直贤（1977）研究了其黄酮的含量成分，由海刀豆的乙酸乙酯提取物母液中得化合物芸香甙（化合物ⅩⅡ）。

（2）微卫星研究进展。Asuka Yamashiro（2013）研究指出，沿海植物经常表现出连续而广泛分布，这不仅是受第四纪的冰川气候影响，而且还有现代海流影响的结果。但是，除了红树林物种外，其他物种基因流和种群沿海植物之间的遗传结构的水平信息相对较少。沿海植物种子被海流所分散。高度多态性微卫星标记将提供对群体遗传结构和传播提供分散植物的机制。在这项研究中，报告了10个微卫星的分离和表征 C.cathartica 的标记及其对密切的适用性相关的海分散物种 C.lineata。为海洋分散的豆科植物 Canavalia cathartica 开发微卫星标记，以研究其遗传多样性和种群结构。我们还将这些微卫星标记应用于密切相关的物种 C.lineata。方法和结果：为 C.cathartica 开发了 10 个引物组，所有引物都在 C.lineata 中进行了扩增。对于 C.cathartica 和 C.lineata，每个基因座的等位基因数分别为 2 至 13 和 1 至 10。该对于 C.cathartica 和 C.lineata，预期杂合度分别为

0.375 至 0.870 和 0.071 至 0.877。结论：该研究开发的 10 个微卫星标记可用于分析种群的遗传结构 C.cathartica 和其他相关的分类群。

（3）种子双头蛋白酶抑制剂的氨基酸序列的研究。已经有许多丝氨酸蛋白酶抑制剂从各种豆类种子中分离出来。Laskowski 等人提出了至少三个科种类：Kunitz 大豆抑制剂、Bowman-Birk 抑制剂和马铃薯抑制剂 I。Bowman-Birk 家族抑制剂具有独特的结构，因为它们包含两个独立的结构反应位点 2 1 并同时抑制两种蛋白酶。因此，这种类型的抑制剂被称为双头抑制剂。Shigeyuki Terada 1994 研究表明，两种 Bowman-Birk 型蛋白酶抑制剂（CLTI-I 和 -II）的氨基酸来自种子使用 DABITC/PITC 双偶联通过手动 Edman 降解对 Canavalia lineata 进行测序利用无色杆菌赖氨酸内肽酶，金黄色葡萄球菌进行酶消化后的方法 V8 蛋白酶和胰凝乳蛋白酶。CLTI-I 含有 75 个氨基酸残基，CLTI-II 相对 CLTI-I 具有相同的序列，除了在 C- 末端附加的额外 Asp 残基外。抑制剂显示出同源性（40-700/0）其他 Bowman-Birk 抑制剂。估计反应位点肽键是 Lys21_Ser22 和 Leu48_Ser49 分别对抗胰蛋白酶和胰凝乳蛋白酶。含有抑制活性片段仅描述了胰凝乳蛋白酶反应性位点。

（4）精胺对植物螯合素（PC）影响研究。Yun,II Seon（1997）研究了精胺对镉处理 Canavalia lineata 幼苗根中植物螯合素（PC）的影响。随着精胺的处理，总非蛋白硫醇（SH）含量降低在 Cd 处理的植物的根中有 55%。谷胱甘肽（GSH）合成酶活性受到抑制，根中含有 36.8% 的半胱氨酸合成酶，同时 γ-GiuCys 合成酶活性不受影响。从 PC-Cd 复合物分析凝胶柱层析，发现 Cd⁺ 精胺处理的根含有另外的 PC，除了 Cd 诱导的 PC，其 SH：Cd 比为 1：1，对 Cd 的亲和力低。精胺受到影响 C.lineata 幼苗 Cd 处理根中的 PC 浓度和组成。

H.R. Choi（1996）研究表明，Canavalia lineata 中的非蛋白质硫醇生产受到 Cd 的最有效刺激。即使在 1μMCd 下，叶和根的总非蛋白硫醇水平也增加。在 50μMCd 时，叶片中非蛋白质硫醇总含量连续 5 天持续增加至 4 倍，而非蛋白质硫醇含量的对照中 18 倍于 100μMPMCd 下降。谷胱甘肽在暴露于 Cd 的叶和根中迅速下降。另一方面，在根部和叶片中 Cd 暴露后，半胱氨酸和 γ- 谷氨酰半胱氨酸增加，并且两种硫醇的增加与 Cd 浓度成比例。在 50μMCd 时，γ- 谷氨酰半胱氨酸合成酶和谷胱甘肽合成酶的活性显著增加。通过 Sephadex G-50 柱层析分离暴露于 50μMCd 5 天的叶和根的植物螯合剂 -CD 复合物。复合物的分子量分别为 8.7 kDa 和 13.8 kDa，叶片和根中的 SH：Cd 比例分别为 2：1 和 1：1。值得注意的是，在物种内可以形成不同比例的植物螯合剂 -CD 复合物。

（5）蚂蚁和植物之间的相互关系—蚂蚁与植物的协同进化。Asuka Yamashiro（2008）研究指出，在日本的 30 个地点进行了调查，研究了蚂蚁利用 Canavalia lineata 和 C. cathartica 的外部蜜腺（EFNs）构筑的果实。一般在 lineata 和 C. cathartica 居住着五个和八个蚂蚁种类。蚂蚁筑巢期与 C.lineata 和 C. 之间的 EFN 利用率不同。Canavalia lineata 每年开花一次，并且 EFN 利用期和蚂蚁坐果不会交叠。C.lineata 上的坐果蚂蚁蛾幼虫似乎入侵了果实，从植物腐烂造成的破口处洞中入侵，在 C.lineata 的果实上筑巢，这样也可以保护植物免受种子食草动物的侵害，因为它们以蛾幼虫为食。但是，Canavalia cathartica 一年开花几个周期，甚至超过一年的时间，全年都有果实。因此，EFN 利用期和果实筑巢期蚂蚁重叠。Canavalia cathartica 提供一年到头（整年的）筑巢地和蚂蚁的食物，因此可能蚂蚁比 C.lineata 获得更高的防御效果。狭刀豆花及果实形态如图 17-3 所示。

a 狭刀豆的花；b 狭刀豆的豆荚（左）；c 嵌套在狭刀豆的果实内部无毛凹臭蚁

图 17-3　狭刀豆花及果实形态

（6）叶绿体 cDNA 表达的研究。Yi Lee1（2001）研究表明，免疫筛选方法用于分离来自 Canavalia lineata 1323bp（ClOCT1）和 1433bp（ClOCT2）编码的 cDNA,cDNA 表达文库的两个鸟氨酸氨基甲酰转移酶（OCT,EC 2.1.3.3）在 λ ZAPExpress 载体中构建的叶子。ClOCT1 和 ClOCT2 分别编码 359 和 369 个氨基酸。两个 cDNA 的推导的氨基酸序列的 N- 端显示转运肽的叶绿体靶向蛋白质典型特征。鸟氨酸结合域（FMHCLP）、催化域（HPXQ）ClOCT1 和 ClOCT2 与 ClOCT1 的氨基甲酰磷酸（CP）结合位点（SMRTR）与其他植物物种包括豌豆和拟南芥（Arabidopsis thaliana）OCT 相同。然而，ClOCT2、SLRTH 的 CP 结合位点序列尚未报道。ClOCT1 和 ClOCT2 cDNA 均在大肠杆菌 BL21（DE3）中使用表达载体 pET30a 表达。重组 ClOCT1 蛋白显示出比依赖于 Canaline 的 OCT 活动高 14 倍的鸟氨酸依赖性 OCT 活动。相反，重组 ClOCT2 蛋白显示比依赖于鸟氨酸的 OCT 活性高 13 倍依赖于 canine 的 OCT 活性。CP 结合的两个氨基酸将 ClOCT2（SLRTH）位点组合改变为 ClOCT1（SMRTR）的 CP 结合位点。通过定点诱变，当 ClOCT2 的 Leu-118 变为 Met 时，鸟氨酸依赖性活性显著增加。假设 ClOCT1 或 ClOCT2 蛋白的底物特异性部分依赖于关于 CP 结合位点的氨基酸序列。

Canavanine 是精氨酸的类似物，含量丰富 Leguminosae Papilionoideae 亚科物种的组成部分。这种氨基酸在大多数代谢反应中与精氨酸竞争，它是精氨酸酶（尿素酶）分解代谢通过刀豆氨酸或高丝氨酸和羟基胍水解酶对尿素、氨和高丝氨酸的影响。Canavanine 是由 canaline（一种结构）通过尿素循环合成的鸟氨酸的类似物。在从 canaline、ornithine 合成刀豆氨酸氨基甲酰转移酶（OCT，EC 2.1.3.3）是第一个将 canaline 一种中间体通过冷凝 canaline 和氨基甲酰磷酸酯（CP）转化为 O- 尿嘧啶高丝氨酸的酶（UHS）。有人认为相同的 OCT 负责两者的合成瓜氨酸和 UHS. 报道了 canavanine 缺乏植物具有非常低水平的 canaline dependent OCT 活性，而含有刀豆氨酸植物显示出高水平。假设基板酶的特异性决定了刀豆氨酸尿素循环的合成活动，但我们可以不排除含有刀豆氨酸的可能性植物具有特定的 canaline 氨基甲酰转移酶。最近，我们发现了 Canavalia lineata 叶子中的两种 OCT，含有刀豆氨酸的植物。在 canavanine 合成中我们确定了一个鸟氨酸氨基甲酰转移酶（C-OCT）的同种型可以有效地利用，canaline 作为基质和提出酶可能发挥重要作用。与细菌、真菌和脊椎动物相反，OCT 对植物中的酶知之甚少。最近报道了缺乏 OCT 的 DNA 序列刀豆氨基酸的两种植物：豌豆（Pisum sativum）和拟南芥（Arabidopsis thaliana）。有待进一步说明 Canavaninedeficient 的 OCT 活动之间的差异和我们需要的含有刀豆氨酸的植物克隆含有刀豆氨酸的 OCTs 的 cDNA 植物。

Lee YKwon（2000）研究表明，从 Canavalia lineata 的叶中鉴定出可以有效利用 canaline 作为底物（C-OCT）的鸟氨酸氨基甲酰基转移酶的同种型。通过 Sephacryl S-200 凝胶过滤，天然 C-OCT 的分子量为 109 kDa，并且通过 SDS-PAGE 和使用针对芸豆鸟氨酸氨基甲酰基转移酶（OCT）的抗体的免疫印迹，该亚基的分子量为 36 kDa。C-OCT 对于依赖于 Canaline 的 OCT 活性具有 8.0 的最佳 pH，对于 canaline 而言具有 9.6 mM 的 Michaelis 常数，对于氨基甲酰基磷酸酯具有 0.24 mM 的 Michaelis 常数。在某种程度上，C-OCT 还显示出鸟氨酸依赖性 OCT 活性和最适 pH 值为 8.5；鸟氨酸和氨基甲酰磷酸的米氏常数分别为 0.21 和 0.086 mM。该酶对犬的依赖性活性的 V（max）比鸟氨酸依赖性活性高 14 倍，并且犬依赖性活性与鸟氨酸依赖性活性的比例比同一植物的 OCT 高 66 倍。该酶可能在含有刀豆氨酸的植物的刀豆氨酸合成中起重要作用。

（7）利用组织培养生产刀豆氨酸研究。In Doo Hwang（1996）研究表明，对于 C.lineata 茎的最大芽诱导，用一种方法获得了含有 10μM 苄氨基嘌呤和 1pM 萘乙酸的 Canavalia lineata 的外植体琼脂固化 PC 培养基。这些体外产生的枝条的生根是用无激素的 PC 培养基实现的。刀豆氨酸几乎完全是从叶子组织培养生产出来的，但是未在体外根部检测到繁殖 C.lineata。从狭刀豆根到叶已经排除了氨酸易位的研究可能性，诱导不定根在补充有 I 的 PC 培养基中含有叶外植体激动素和 20～吲哚 -3- 乙酸中培养和在缺乏生长调节剂的培养基中进行继代培养，从发芽的幼苗中切下根在无激素的 PC 培养基中培养。一切根无法积累刀豆氨酸。这些结果表明，叶子 C.lineata 是刀豆氨酸的可能位点合成。

（8）Canavalia lineata 组织培养中的 Canavanine 代谢研究。In Doo Hwang（1996）研究表明，通过在连续条件下，调节培养基的生长调节剂浓度，实现 Canavalia lineata 愈伤组织的绿化光。当培养材料暴露在连续光照下时，培养材料在苄氨基嘌呤和吲哚 -3- 乙酸条件下形成了叶绿素。在绿色中检测到了 Canavanine 和 canaline 愈伤组织。但是，在黑暗中生长的白色愈伤组织中仅检测到 canaline。罐装饲料到悬浮液培养表明绿色悬浮细胞能够从头生物合成刀豆氨酸，但白色悬浮细胞不可能从头生物合成刀豆氨酸。外源性供应的刀豆氨酸用于生产 canaline 和 homoserine 白色悬浮细胞。通过向培养基中加入精氨酸或刀豆氨酸诱导精氨酸酶活性，通过添加 canaline 诱导 canaline 还原酶活性，但在白色悬浮液中不能添加鸟氨酸细胞。

（9）枯草杆菌蛋白酶抑制剂研究。Katayama H（1994）研究表明，通过硫酸铵沉淀，在 YM-30 膜上超滤，在 DEAE-Toyopearl 和 SP-Toyopearl 上进行柱层析，然后进行反相 HPLC，从 Canavalia lineata 的种子中纯化枯草杆菌蛋白酶抑制剂。抑制剂（CLSI-I）是一种低分子量蛋白质 [M（r）约 6 500]，不含半胱氨酸残基，对极端高温和 pH 处理非常稳定。CLSI-1 抑制枯草杆菌蛋白酶型丝氨酸蛋白酶，包括灰色链霉菌碱性蛋白酶。用酶消化的无色杆菌赖氨酰内肽酶和金黄色葡萄球菌 V8 蛋白酶后，通过手动 Edman 降解对 CLSI-1 的氨基酸进行测序。CLSI-1 含有 65 个氨基酸残基，与马铃薯抑制剂 I 家族蛋白质具有高度同源性。

Shigeyuki Terada（1996）研究指出，通过用水、硫酸铵沉淀和 DEAE-Toyopearl 和羟基磷灰石上的色谱法提取，从 Canavalia lineata 种子中纯化出两种枯草杆菌蛋白酶抑制剂（CLSI-II 和 -III）。这两种抑制剂具有相同的分子量约 22 000，并且氨基酸组成非常相似。它们含有五个半胱氨酸残基，并且由于存在单个半胱氨酸残基而倾向于通过分子间二硫键二聚化。CLSI-III 仅抑制枯草杆菌蛋白酶型丝氨酸蛋白酶，而 CLSI-II 显示出更广泛的抑制特异性。尽管这两种抑制剂具有几乎相同的热力学性能，但 CLSI-II 在极端 pH 下比 CLSI-III 更稳定。它们被认为是基于几种性质的 Kunitz 型抑制剂。

（10）Canavalia lineata 提取物抗氧化作用及对 NO 合成的抑制作用研究。Bu Hee-Jun（2004）研究表明，利用在济州岛获得的 Canavalia lineata 的提取物和色谱亚组分测定了 DPPH 自由基和羟基自由基的清除作用、亚油酸氧化的抑制、NO 合成的抑制和 iNOS 的表达。氯仿提取物及其亚组分对清除 DPPH 自由基和羟基自由基具有中等作用，它们还抑制亚油酸氧化和 NO 合成。抑制 NO 合成是由 iNOS 基因表达的抑制引起的。乙酸乙酯提取物及其亚组分对清除 DPPH 自由基和羟基自由基具有极好的效果，同时具有细胞毒性。

参考文献

[1] 藤本滋生, 兼田義孝, 菅沼俊彦, 等. ハマナタマメ, スイセン, ハマスゲ, キエビネの澱粉について [J]. 澱粉科学（Denpun Kagaku）, 1990, 37（4）: 222-234.

[2] 森田直贤. 豆科植物成分研究：银合欢、腊肠树等八种植物中的黄酮类成分 [J]. 生药学杂志, 1977, 51（2）: 172.

[3] YAMASHIRO A, YAMASHIRO T, TATEISHZ Y. Isolation and Characterization of Microsatellite Markers for canavalia Cathartica and C. Lineata（fabaceae）[J]. Applications in Plant Sciences, 2013, 1（1）: 120-111.

[4] TERADA S, FUJIMURA S, KIMOTO E. Amino Acid Sequences of Double-headed Proteinase Inhibitors from the Seeds of Canavalia lineata[J]. Biosci. Biotech. Biochem., 1994, 58（2）: 376-379.

[5] YUN I S, HWANG I D, MOON B Y, et al. Effect of Spermine on the Phytochelatin Concentration and Composition in Cadmium-treated Roots of Canavalia lineata Seedlings[J]. Plant Biol, 1997, 40（4）: 275-278.

[6] YAMASHIROA, YAMASHIRO T. Utilization on Extrafloral Nectaries and Fruit Domatia of Canavalia Lineata and C.Cathartica（Leguminosae）by Ants[J]. Arthropod-Plant Interactions, 2008（2）: 1-8.

[7] LEEL Y, CHOI Y A, HWANG I D, et al. CDNA Cloning of Two Isoforms of Ornithine Carbamoyltransferase from Canavalia Lineata Leaves and the Effect of Site-Directed Mutagenesis of the Carbamoyl Phosphate Binding Site[J]. Plant Molecular Biology, 2001（46）: 651-660.

[8] HWANG I D, KIN S G, KWON Y M. Canavanine Synthesis in the in vitro Propagated Tissues of Canavalia Lineata[J]. Plant Cell Reports, 1996（16）: 180-183.

[9] HWANG I D, KIM S G, K WON Y M. Canavanine metabolism in tissue cultures of Canavalia lineata[J]. Plant Cell.lissue and Organ Culture, 1996（45）: 17-23.

[10] CHOI H R, HWANG I D, LEE C H, et al. Phytochelatins in Cadmium-treated Seedlings of Canavalia lineata[J]. Molecules & Cells, 1996, 6（4）: 451-455.

[11] KATAYAMA H. Property and Amino Acid Sequence of A Subtilisin Inhibitor from Seeds of Beach Canavalia（Canavalia lineata）[J]. Biosci Biotechnol Biochem, 1994, 58（11）: 2004-8.

[12] TERADA S, FUJIMURA S, KATAMA H, et al. Purification and Characterization of Two Kunitz Family Subtilisin Inhibitors from Seeds of Canavalia lineata[J]. The Journal of Biochemistry, 1994, 115（3）: 392-396.

[13] BU H J, LEE H J, YOO E S, et al. Antioxidant Effects and Inhibitory Effect on NO Synthesis by Extracts of Canavalia lineata[J]. Korean Journal of Pharmacognosy, 2004, 35（4）: 338-345.

[14] LEE YK WON. Identification of an isoform of ornithine carbamoyltransferase that can effectively utilize canaline as a substrate from the leaves of Canavalia lineata[J]. Plant Science, 2000, 151（2）: 145-151.

十八、海滨山黧豆

（一）学名解释

Lathyrus japonicus Willd.，属名：Lathyrus,La 非常 +thouros, 猛烈，热情，刺激。山黧豆，豆科。种加词：japonicus, 日本的。命名人卡尔·路德维希·韦尔登诺（1765—1812）是德国植物学家、药剂师和植物分类学家。他被认为是植物地理学的创始人之一，研究植物的地理分布。韦尔登诺还是早期著名植物地理学家亚历山大·冯·洪堡的导师，他是最早和最知名的植物地理学家之一。他还影响了 Christian Konrad Sprengel，他是植物授粉和花卉生物学研究的先驱。现代积温理论的奠基人，1792 年发表的《草学基础》为其代表作。

学名考证：*Lathyrus japonicus* Willd. Sp. Pl. 3: 1092. 1802; Fern. in Rhodora 34: 177. 1932; Kitagawa Lineam. Fl. Mansh. 187. 1939; P. W. Ball in Fedde, Repert. Sp. Nov. 79: 46. 1963. et in Tutin et at Fl. Europ. 2: 138 1968. Ohwi, Fl. Japan new. ed. 802.1978; Bassler in Fedde, Repert. Sp. Nov. 84: 405. 1973; Tsui in Bull. Bot. Res. 4（1）: 44. 1984.—L. maritimus Bigelow, Fl. Boston. ed. 2. 268. 1824; Maxim. Prim. Fl. Amur. 82. 1859; Kom. Fl. Mansh. 2: 626. 1904; B. Fedtsch. in Kom. Fl. URSS 13: 507. 1948; 中国主要植物图说·豆科 631. 1955; Ohwi, Fl. Japan 689. 1956; 东北植物检索表 1986.1959; 东北草本植物志 5: 157.1976.（non Pisum maritimusLinn.）—Pisum maritimum Linn. Sp. Pl. 727. 1753.

韦尔登诺于 1802 年在《林奈植物园》（*Linnaei species plantarum*）上发表了该物种。西班牙传教士费尔南德兹－比拉尔 1932 年在顶尖的核心期刊《北美杜鹃》（*Rhodora*）上也记载了该物种。北川正夫 1939 年在其代表作《满洲植物考》上记载了该物种。植物学家 Ball 和 Peter William 1963 年在刊物 *Redde Repertorium Specierum Novarum Regni Vegetabilis* 上记载了该物种。Ball 和 Peter William 1968 年在莱斯特大学植物学教授 Thomas Gaskell Tutin 和其共同写的《欧洲植物志》

（*Flora Europaea*）中记载了该物种。大井次三郎 1978 年在 *Flora of Japan* 记载了该物种。"Bassler 在德国植物学家 Friedrich Karl Georg Fedde 所著的 *Repertorium Specierum Novarum Rwegni Vegetabilis* 记载了该物种。蔡黄平 1984 年在刊物《木本植物研究》上记载了该物种。

美国植物学家 Jacob Bigelow 1824 年在刊物 *Florula bostoniensi* 上发表的物种 Lathyrus maritimus Bigelow 为异名。俄国植物学家 Carl Johann Maximovich 1859 年在其著作《阿穆尔原生植被》（*Primitiae Florae Amurensis*）记载了 Lathyrus maritimus Bigelow 物种也为异名。1904 年，俄国植物分类学家 Komarov, Vladimir Leontjevich（Leontevich）在其巨著《满州植物志》（*Flora Manchuriae*）上记载的 Lathyrus maritimus Bigelow 也为异名。俄罗斯植物病理学家和植物学家 Boris Alexjewitsch（Alexeevich）Fedtschenko 1948 年在 Komarov 所著的《苏联植物志》中所描述的物种 Lathyrus maritimus Bigelow 为异名。《中国主要植物图说·豆科》（1955）所记载的物种 Lathyrus maritimus Bigelow 为异名。1956 年大井次三郎在《日本植物志》中记载的物种 Lathyrus maritimus Bigelow 为异名。《东北植物检索表》（1959）记载的 Lathyrus maritimus Bigelow 为异名。《东北草本植物志》第 5 卷（1976）记载的物种 Lathyrus maritimus Bigelow 为异名。（non Pisum maritimus Linn. 表示不是林奈所记载豌豆属的那个种，特此说明。）

林奈 1753 年的《植物种志》中记载的物种 *Pisum maritimus* Linn. 为异名。

英文名称：Seashore Vetchling

别名：海滨香豌豆

（二）形态特征

海滨山黧豆形态如图 18-1 所示。

多年生草本，根状茎极长，横走。茎长 15 ～ 50 cm，常匍匐，上升，无毛。托叶箭形，长 10 ～ 29 mm，宽 6-17 mm，网脉明显凸出，无毛；叶轴末端具卷须，单一或分枝；小叶 3 ～ 5 对，长椭圆形或长倒卵形，长 25 ～ 33 mm，宽 11 ～ 18 mm，先端圆或急尖，基部宽楔形，两面无毛，具羽状脉，网脉两面显著隆起。总状花序比叶短，有花 2 ～ 5 朵，花梗长 3 ～ 5 mm；萼钟状，长 9 ～ 12 mm，最下面萼齿长 5 ～ 8 mm，最上面二齿长约 3 mm，无毛；花紫色，长 21 mm，旗瓣长 18 ～ 20 mm，瓣片近圆形，直径 13 mm，翼瓣长 17 ～ 20 mm，瓣片狭倒卵形，宽 5 mm，具耳，线形瓣柄长 8 ～ 9 mm，龙骨瓣长 17 mm，狭卵形，具耳，线形瓣柄长 7 mm，子房线形，无毛或极偶见数毛。荚果长约 5 cm，宽 7 ～ 11 mm，棕褐色或紫褐色，压扁，无毛或被稀疏柔毛。种子近球状，直径约

4.5 mm，种脐约为周圆的 2/5。花期 5—7 月，果期 7—8 月。

a 群落；b 花序；c 花侧面观；d 花腹面观；e 叶片；f 果实及种子；g 花药着生方式；h 柱头下面的毛刷；i 子房及柱头

图 18-1　海滨山黧豆

（三）分布

产于江苏、安徽、辽宁、河北、山东、浙江各省海滨，生于沿海沙滩上。广布于欧洲、亚洲、北美北方沿海地区。模式标本采自日本。舟山（普陀，朱家尖）、椒江（大陈岛）。

（四）生境及习性

生于沿海沙滩上。

（五）研究进展

（1）Chavan（2013）研究了海滨山黧豆的酚含量。使用甲醇 – 水、乙醇 – 水和丙酮 – 水溶剂系统（80: 20,v/v）在 80℃下从海滩豌豆种子中提取酚类化合物和糖。

（2）海滨山黧豆淀粉形态及化学成分研究。U.D. Chavan（1999）研究分离了豌豆的淀粉，并将其理化性质与草豌豆和绿豌豆淀粉进行了比较。海滩豌豆淀粉的产量在整个种子基础上为 12.3%。颗粒的形状为圆形至椭圆形，颗粒直径为 6 ± 17 mm。扫描电子显微照片显示存在光滑表面，许多颗粒以簇状形式存在。总直链淀粉含量为 29%，其中 5.9% 由天然脂质络合。X 射线衍射图案为 C 型，X 射线强度比其他豆类淀粉弱得多。淀粉表现出受限的两阶段膨胀模式和适度的直链淀粉浸出。海滩豌豆的天然颗粒通过 2.2 N HCl（在 20 天内为 49%）和猪胰腺 α – 淀粉酶（在 24 小时内 35%）容易水解。糊化温度范围是 60 ± 64.5 ± 74.2℃，凝胶化焓为 1.6 cal g^{-1}。结果表明，滩涂豌豆淀粉的无定形和结晶域内的淀粉链结合比草豌豆和绿豌豆淀粉弱得多。海滨山黧豆花粉形态如图 18-2 所示。

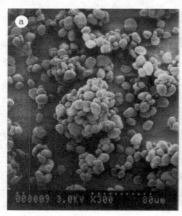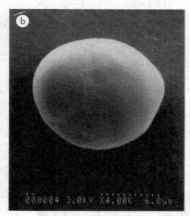

a 花粉群体；b 单个花粉粒

图 18-2 海滨山黧豆花粉形态图

（3）种子休眠的打破。Zenta Nakai（2011）研究了海滨山黧豆种子喂养布鲁氏幼虫后，昆虫穿过种子涂层，从而打破种子休眠。幼虫布鲁氏甲虫是攻击许多豆科植物的主要昆虫种类。由于海滨山黧豆具有坚硬的种皮，甲虫幼虫提高了发芽率。

（4）海滨山黧豆根瘤菌分类研究及根瘤的研究。Pascal Drouin（1996）研究了海滨山黧豆根瘤菌的分类，指出从 *L.juponicus* 分离的所有菌株都包括在 IV 组中。所有菌株都有结瘤与 R. leguminosarum bv 相似的特征。菌株属于 R.

Zeguminosurum bv。可以通过5℃的增长来区分，这是与其地理来源相关的特征。C. Gurusamy（2000）研究了其根瘤的季节动态，指出根瘤经历冬季休眠并变得活跃。冬季采样的根瘤显示休眠的组织和细菌，没有任何结构损失完整性。在衰老区发现被细菌分解。油质体（脂质体）很明显局限于分生组织，侵袭区，共生和衰老区的间质细胞，维管组织，及冬季和夏季根瘤的皮层细胞。随着冬季的临近，根瘤显示出脂质的积累增加。

（5）生态学研究。海滨山黧豆是海滨的先锋物种，John J. Dollard, Jr.（2017—2018）研究指出，随着更多自然景观受到城市发展的影响，植物的重新引入已成为越来越重要的恢复工具。海滩豌豆是一种早期的演替植物，生长在整个美国五大湖的生态前沿。该物种对踩踏和重度娱乐用途很敏感，目前在印第安纳州濒临灭绝。2008年在印第安纳沙丘的三个地点重新引入了350个群落。截至当年10月底，56个（16%）群落幸免于难。补充浇水，靠近湖泊的位置和较长的茎长与较高的存活率相关。自那些实验性重新引入以来，在公园里移植了新的个体，在最西端种群数量增长的地方建立健康种群，并在东部公园场地开拓了另一个种群。在重新引入时取得的最大成功是在较低的湖泊沿岸上进行更成熟的移植。从2008年实验重新引入的最初56个个体，种群增加了十倍。海滨山黧豆也是一种重要的生态恢复物种，Alexis Deshaies（2009）研究指出海滨山黧豆在亚北极环境辅助植被恢复中起到重要作用。

（6）染色体核型的研究。如图18-3所示，Guillermo Seijo（2001）年研究认为，该物种呈现出对称性具有 $2n=14$，$6m+8sm$ 染色体的核型。最长和最短的补体的染色体是 metacentrics，而 sm 是非常的相似和中等大小。通过 argentic 染色确定的 NORs 是局部的在最长的 m 染色体的长臂的二次收缩。对称核型符合祖先形态学 L.japonicus 表现出的特征。海滨山黧豆染色体及核型分析如图18-4所示。

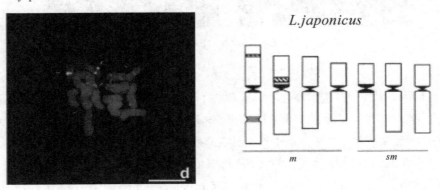

图 18-3　海滨山黧豆核型

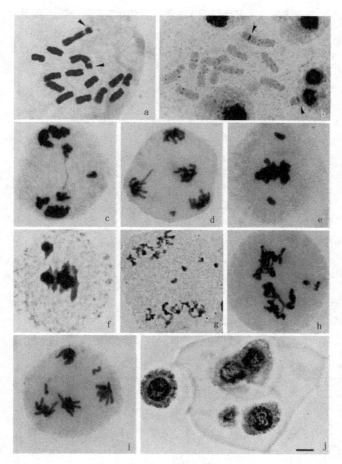

　　a 有丝分裂中期用 Feulgen 的技术染色；b 银染中期，箭头表示 NORs。 在这张照片中，也可以看到大部分染色的动粒；c 后期 I，带有桥和片段；d Telophase II 带片段；e 二分法的异步，这种情况是一种早熟的隔离；f 出于平板二价，这张照片是用相位对比拍摄的；g 前期 II，其中有四条染色体保留在细胞核外；h Prometaphases II 有两条板外染色体；i Telophase II 带着两个姐妹染色单体走出了两极；j 具有一个微小孢子的四分体的相差图，Bar =5μm。（Guillermo Seijo, 2001）

图 18-4 　海滨山黧豆染色体及核型分析

　　（7）传粉生物学研究。传粉昆虫主要为大黄蜂。Yoko Nishikawa（2016）完成了观察访花昆虫种类的调查及访花时间的测定（见表 18-1）。对花访问次数进行的 GLMM 结果选择了最佳拟合模型（见表 18-2）。同时，对访花频率进行测定，并进行了 GLMM 结果最佳模型拟合（见表 18-3）。

表18-1　三种大黄蜂在4年（2009—2012年）的活动期间所造访海滨山黧豆的生长形式、花冠长度以及访问总数（Yoko Nishikawa，2016）

Plant species	Family	Growth form	Corolla length （mm）	Number of visits			Total
				B. hypocrita	*B. deuteronymus*	*B. terrestris*	
Linaria japonica	Scrophulariaceae	Herb	15–18	6	7	1	14

表18-2　天然大黄蜂访花数进行的GLMM结果

Variable	Coefficient	SE	z value	p value
（b）*Lathyrus japonicus*[b]				
Intercept（*B. terrestris*）	−4.040	0.332	−12.190	< 0.001
Week	−0.075	0.024	−3.200	< 0.01
B. hypocrita	−1.060	0.402	−2.640	< 0.01
B. deuteronymus	0.436	0.252	1.730	0.084
Site（Muen）	−0.271	0.080	−3.400	< 0.001
B. hypocrita × week	−0.028	0.404	−0.700	0.483
B. deuteronymus × week	0.079	0.025	3.190	< 0.01

注：b 完整模型（＝最佳拟合模型）AIC=1987。

表18-3　天然大黄蜂访花频率进行的GLMM的结果

Variable	Coefficient	SE	z value	p value
（b）*B. deuteronymus* to *L. japonicus*[b]				
Intercept（Benten, June）	−4.066	0.273	−14.890	< 0.001
Site（Muen）	−0.358	0.192	−1.860	0.063
Month（July）	1.364	0.277	4.920	< 0.001
Month（August）	1.945	0.326	5.980	< 0.001
Month（September）	0.593	0.341	1.74	0.082

注：b 完整模型 AIC=545，最佳模型 AIC=540。

　　（8）遗传多样性研究。David S. Barrington（2013）研究了海滨山黧豆的地理分布的遗传多样性，重新构建更新世、全新世海滨山黧豆地理分布位置信息图。DNA 序列数据来自全球 22 个种群的叶绿体 ndhF-trnH 间隔基，来自亚洲，北美和欧洲及极地的 DNA 数据广泛用于评估。cpDNA 数据显示五种单倍型，包括两个主要是异源的广泛单倍型（一个太平洋分布，另一个大西洋和五大湖内陆分布）。新泽西，尚普兰湖和太平洋西北等三个地理上受限的单倍型也恢复原型。以来自北美大西洋和太平洋沿岸的豌豆测定了 38 个种群 14 个位点的同工酶变异分布，以湖尚普兰和五大湖种群用来重建一个北美居群分布信息图。在大西洋沿岸和五大湖沿岸发现了一个同种异体酶；第二个分支来自北美西北部的美国到纽芬兰。沿大西洋海岸的等位酶有一个嵌套模式；科德角半岛的等位酶数量最多。发现分布于太平洋和大西洋的同工酶和 cpDNA 单倍型一起沿着纽芬兰海岸和邻近的拉布拉多岛屿分布。从同工酶和 cpDNA 模式评估的遗传变异，可以得出推论：①早期分化分支产生于大西洋和太平洋系。②从大西洋沿岸一直到占领了北美东北海岸。最后形成一个以威斯康辛州为中心的避难所。我们的证据证明大西洋与太平洋之间存在一致的全新世第二次接触地区，现在存在地区重叠的系统。我们也认为尚普兰湖的多样性分布历史与早期后冰川变迁有关。

（9）组织培养研究。萘乙酸（NAA）和苄基腺嘌呤（BA）的组合影响了海滨山黧豆茎轴和叶外植体的愈伤组织形成。成熟的叶片最适合诱导愈伤组织；当在补充有 4.4 μM BA 的 Murashige 和 Skoog's（MS）培养基上培养时，无论 NAA 浓度如何，至少有 87% 的外植体是愈伤组织。取决于所使用的外植体，用 5.4 至 10.7 μM NAA 可获得最佳诱导。BA 在 4.4 μM 时总是比 1.1 μM 较低浓度时更有效。从愈伤组织中诱导出多个芽，并转移至补充有 2.7 μM NAA+4.4 μM BA 的 MS 培养基中时，就形成了芽。

（10）微卫星研究。Tatsuo Ohtsuki（2011）研究指出，总共有 8 个引物组在日本的日本种群和多态性中被鉴定出来，对来自三个居群的 83 个个体进行了评估，包括日本的北部和南部地理范围。每个基因座的等位基因数在 4 到 20 之间，每个基因座的基因多样性在 0.636 到 0.935 之间。此外，8 个位点中的 6 个可以在 L. pratensis 中成功扩增。这些标记可用于研究 L. japonicus 的遗传变异、遗传结构和基因流，对调查这种沿海植物的居群模式很重要。此外，引物可用于进一步分析牧地香豌豆的遗传结构分析。

Tatsuo Ohtsuki（2014）研究了海滨山黧豆在内陆与沿海的区别，内陆种群表现出来单个 cpDNA 单倍型和显著低于沿海种群的 HS、AR 和 FIS 值。除了存在瓶颈外，内陆人群缺乏基因流动得到了亚人群之间近期迁移率估计的支持。遗传多样性低，缺乏基因交流，存在瓶颈，内陆居群处于濒危状况，应当建议保护。

（11）种子发育的研究。研究了自然生长作物的种子、种皮和硬壳的发育模式、海滩豌豆的六个生殖生长阶段（S1–S6）。与草豌豆进行对比，海滩豌豆的壳和种子以及草豌豆的豆荚壳几乎呈现 S 形图案。但是，草豌豆种子显示出重量积累的线性模式。在成熟期间，荚壳和种子的水分含量因为脱水而降低。海滩豌豆种子能够在 S4 早熟发芽。在 S1 和 S1 之间收集的种子 S3 由于不成熟而未能发芽，而坚硬的种皮的发育阻止了萌发种子聚集在 S5 和 S6。吸水试验表明，硬壳完全阻止了水的吸收，S5 和 S6 种子即使浸泡 24 天后也是如此。在草豌豆中，在 S3 观察到早熟的种子萌发。然而，随着种子接近成熟，发芽速度、发芽率、幼苗长度和干重增加。两种植物种子中的脂质和蛋白质积累随着成熟而逐渐增加并显示出与种子重量积累呈正相关。在海滩豌豆和草豌豆种子中，S6 被鉴定为生理成熟阶段。

参考文献

[1] CHAVAN, U. D, AMAROWICZ, R. Effect of various solvent systems on extraction of phenolics, tannins and sugars from beach pea （Lathyrus maritimus L.）[J]. International Food Research Journal, 2013, 20（3）: 1139–1144.

[2] CHAVAN U D, SHAHIDI F, HOOVER R, et al. Characterization of beach pea（Lathyrus maritimus L.）starch[J]. Food Chemistry, 1999（65）: 61–70.

[3] NAKAI Z, KONDO T, AKIMOTO S I. Parasitoid attack of the seed–feeding beetle Bruchus loti enhances the germination success of Lathyrus japonicus seeds[J]. Arthropod–Plant Interactions, 2011（5）: 227–234.

[4] DROUINP, PREVOSTD, ANTOUN H. Classification of Bacteria Nodulating Lathyrus Japonicus and Lathyrus pratensis in Northern Quebec as Strains of Rhizobium leguminosarum biovar viciae.Intertional Jourual of Systematic Bacieriology, Oct. 1996, 1016–1024

[5] GHTUSAMY C, DAVIS P J, BAL A K. Seasonal changes in perennial nodules of beach pea （lathyrus maritimus[L.] bigel.）with special reference to oleosomes[J]. Int. J. Plant Sci, 2000, 161（4）: 631–638.

[6] DOLLARD J J, CARRINGTON M E. Experimental Reintroduction of State–endangered Beach Pea （Lathyrus japonicus）to Indiana Dunes National Lakeshore[J]. Research Reports, 2017–2018, 34（1）: 47–53.

[7] CHALUPL, SAMOLUK S S, NEFFA V S,et al. Karyotype Characterization and Evolution in South America Species of Lathyrus （Notolathyrus, Leguminosae）Evidencedby Heterochromatin and RDNA Mapping[J]. J Plant Res, 2015（128）: 893–908.

[8] NISHIKAWA YS, SHIMAMURA T. Effects of Alien Invasion by Bombus Terrestris L. （Apidae） on the Visitation Patterns of Native Bumblebees in Coastal Plants in Northern Japan[J]. J Insect Conserv, 2016（20）: 71-84.

[9] ALEXIS D, STEPHANE B, KAREN A H. Assisted Revegetation in a Subarctic Environment: Effects of Fertilization on the Performance of Three Indigenous Plant Species. Arctic[J]. Antarctic, and Alpine Research, 2009, 4（4）: 434-441.

[10] SEIJOL G, FERNANDEZ A. Cytogenetic Analysis of Lathyrus JaponicusWilld. （Leguminosae）[J]. Caryologia. 2001, 54（2）: 173-179.

[11] DEBNATH S C, MCKENZIE D B, MCRAE K B. Callus Induction and Shoot Regeneration from Stem, Rachis and Leaf Explants in Beach Pea （Lathyrus japonicus Willd）[J]. J. Plant Biochemistry & Biotechnology, 2001, 10（1）: 57-60.

[12] OHTSUKI T, KANEKO Y, MITSUI Y, et al. Isolation and Characterization of Microsatellite Loci in the Beach Pea, Lathyrus Japonicus （fabaceae）, in Japan[J]. American Journal of Botany, 2011,（21）: 1-16.

[13] OHTSUKI T, KANEKO Y, SETOGUCHI H. Isolated History of the Coastal Plant Lathyrus Japonicus （Leguminosae） in Lake Biwa, An Ancient Freshwater Lake[J]. AoB Plants, 2011（21）: 1-17.

[14] SIMON J P. Adaptation and Acclimation of Higher Plants at the Enzyme Level: Latitudinal Variations of Thermal Properties of NAD Malate Dehydrogenase in Lathyrus Japonicus Willd [J]. （Leguminosae）. Oecotogia （Berl.）, 1979（39）: 273-287.

[15] CHINNASAMY G, BAL A K. The Pattern of Seed Development and Maturation in Beach Pea （Lathyrus maritimus）[J]. Can. J. Bot, 2003（81）: 531-540.

十八、海滨山黧豆

十九、丁癸草

（一）学名解释

Zornia gibbosa Spanog. ，属名：Zornia，J.Zorn，德国植物学家、牧师、博物学家。丁癸草属，豆科。种加词：gibbosa，浅囊状的，具有囊状膨大的，有驼背状隆起的。命名人：Spanog.=Johan Baptist Spanoghe（1798—1838）是比利时血统的荷兰植物收藏家。命名物种：Sida subcordata Span. 榛叶黄花稔；Cladogynos orientalis Zipp. ex Span. 白大凤；Zornia gibbosa Spanog. 丁癸草；Celtis timorensis Span. 假玉桂。

学名考证：Zornia gibbosa Spanog. in Linnaea.15: 192.1841; Mohlenb. in Webbia 16: 112.1961; Dandy et Milne-Redhead in Kew Bull.17: 74.1963; Ohashi in Hara, Fl. E. Himal.165.1966; 云南种子植物名录，上册，639.1984.—Z.cantoniensis Mohlenbr. in Webbia16: 124. 1961.—Z.gibbosa Spanog. var. cantoniensis（Mohlenbr.）Ohashi in Hara,Fl. E. Himal. 166. 1966; 台湾植物志 3: 419. 1977.—Z.diphylla auct. non（Linn.）Pers.: Baker in Hook. f. Fl. Brit. Ind.2: 147.1876. Pro Parte; 中国主要植物图说·豆科 473. 图 463.1955; 广州植物志 330.1956; 海南植物志 2: 268. 图 434.1965; 中国高等植物图鉴 2: 443. 图 2616.1972.

荷兰植物收藏家 Johan Baptist Spanoghe 1841 年在刊物 *Linnaea: Ein Journal für die Botanik in ihrem ganzen Umfange, oder,Beiträge zur Pflanzenkunde.* 上发表了该物种。美国植物学家 Robert H. Mohlenbrock 1961 年在刊物 *Wibbia* 上记载了该物种。英国植物学家 James Edgar Dandy 与 Milne-Redhead 1963 年在著作 *Kew Bulletin* 中记载了该物种。日本植物学家 Hiroyoshi Ohashi1966 年在著作 *The flora of eastern Himalaya* 中记载了该物种。云南种子植物名录上册 1984 年也记载了该物种。

美国植物学家和作家 Robert H. Mohlenbrock 1961 年在著作 *Webbia* 中记载的物种 Z. cantoniensis Mohlenbr. 为异名。

Hiroyoshi Ohashi 1966 年在原宽的著作 *The flora of eastern Himalaya* 中记载的变种 Z. gibbosa Spanog. var. cantoniensis（Mohlenbr.）Ohashi 为异名。台湾植物志 1977 年也沿用了此异名。

英国植物学家 John Gilbert Baker 在 Rendle, Alfred Barton 的著作 *Flora of British India* 中记载的物种 Z. diphylla（Linn.）Pers. 为错误鉴定。中国主要植物图说·豆科（1955）；广州植物志（1956）；海南植物志（1965）；中国高等植物图鉴（1972）等也沿用了此错误名称。

别名：二叶丁癸草；乌蝇翼草；人字草；斜对叶，小一条根；乌豆草；蚂蚁草；斜对叶；大号乌蝇翅；侯蝇翅；披翅凤；蚁古草；蟋蟀草；乌龙草；二叶丁癸草；金鸳鸯；苍蝇翼；丁贵草；二叶人字草；老鸦草；丁癸草；铺地锦

英文名称：Twinleaf Zornia

（二）分类历史及文化

Z. diphylla（Linn.）Pers. 本来是一个错误鉴定的名字，被多个著作应用，如中国主要植物图说·豆科、广州植物志、海南植物志、中国高等植物图鉴等。《植物名实图考》中的天蓬草（Z. diphylla）也就是 Zornia gibbosa 的异名。《中国植物图说·豆科》中阐述，本属有 20 余种，我国只产一种，即丁癸草，又名二叶丁癸草，学名 Z. diphylla（Linn.）Pers.，丁癸草之名首见于《生草药性备要》（何谏），又名人字草。1937 年萧步丹《岭南采药录》予以收载，与《植物名实图考》一致（唐德才，1998）。

（三）形态特征

丁癸草形态特征如图 19-1 所示。

多年生、纤弱多分枝草本，高 20 ～ 50 cm。无毛，有时有粗厚的根状茎。托叶披针形，长 1 mm，无毛，有明显的脉纹，基部具长耳。小叶 2 枚，卵状长圆形、倒卵形至披针形，长 0.8 ～ 1.5 cm，有时长达 2.5 cm，先端急尖而具短尖头，基部偏斜，两面无毛，背面有褐色或黑色腺点。总状花序腋生，长 2 ～ 6 cm，花 2 ～ 10 朵疏生于花序轴上；苞片 2，卵形，长 6 ～ 10 mm，盾状着生，具缘毛，有明显的纵脉纹 5 ～ 6 条；花萼长 3 mm，花冠黄色，旗瓣有纵脉，翼瓣和龙骨瓣均较小，具瓣柄。荚果通常长于苞片，少有短于苞片，有荚节 2 ～ 6，荚节近圆形，长与宽约 2 ～ 4 mm，表面具明显网脉及针刺。花期 4—7 月，果期 7—9 月。

a 植株；b、c、e 花；f 叶片；d、g 果实

图 19-1　丁癸草

（四）分布

产于江南各省，广东、福建、广西、海南、江苏、江西、四川、台湾、云南、浙江。日本、缅甸、尼泊尔、印度至斯里兰卡亦有分布。

（五）生境及习性

海拔 100 ～ 1 200 m，生于田边、村边稍干旱的旷野草地上。

（六）繁殖方法

未见繁殖方法报道。自播方式为种子繁殖。

（七）应用价值

（1）药用价值。据《生草药性备要》载："味甜、性温，敷大疮，其根煲酒饭解热毒，用根煅灰捣为末，散痈疽，治疗疾，和蜜捣敷治牛马疗，亦治蛇伤。"可作牧草。治感冒、高热抽搐、腹泻、黄疸、痢疾、小儿疳积、喉痛、目赤、疗疮肿毒、乳腺炎。甘，凉。①《生草药性备要》："味甜，性温。"②《本草求原》："甘，平。"③《广东中药》："平淡，性凉。"入脾、肝二经。内服：煎汤，15～50 g（鲜者 100～150 g），或捣汁饮。外用：煎水熏洗或捣敷。④传统上，草药用于痢疾，根是儿童的一种催眠剂（Sumit N.Laxane，2008）。

（2）草坪价值。袁丽丽 2018 研究指出，通过测定丁癸草株高、质地、密度、绿度、均一性、绿期、盖度、建植速率以及耐践踏性共 9 项指标，并按照"景观—性能—应用适合度"综合评价指标体系进行评价，丁癸草耐践踏性强、草坪强度高，可作为游憩草坪替代品种进行推广。

（八）研究进展

（1）抗炎活性的研究。Laxane（2011）研究通过使用不同的模型来评估丁癸草酒精提取物的抗炎活性。脂氧合酶，白细胞介素 6 生物测定和角叉菜胶诱导的大鼠足肿胀。在角叉菜胶诱导的大鼠足爪水肿中，丁癸草的酒精提取物以 500 和 750 mg/kg 体重的剂量水平给予，并且爪体积（3 小时）的抑制百分比分别为 51.42 和 66.66（$P<0.05$）。提取物的脂氧合酶和白细胞介素 –6 生物测定显示出显著的和剂量依赖性的抗炎活性。这一发现表明丁癸草可能是抗炎活性的潜在来源。

（2）草坪价值评价研究。Yuan Lili（2018）研究认为，土着植物因其适应性强，对病害的易感性和害虫的破坏性较低，维护成本低等特点，在城市园林绿化中的应用逐渐受到越来越多的关注。在研究中，选择 Alysicarpus vaginalis、Zornia gibbosa 和 Oxalis 三种深圳地区的本土植物，评估其高度、叶宽、叶密度、叶形均匀度、叶色、绿度持续时间、覆盖度、生长速率和抗性。使用"应用景观—性能—分析结果"。结果表明，沙枣可以作为休闲草坪和土壤保护草坪，因为它具有抗强度践踏、强度高、生长快的特点。与前者相似的丁癸草适合作为休闲草坪种植。O.corniculata 具有高密度和均匀生长的特点。三种植物具有良好的草坪应用前景，为深圳乃至华南地区的造林工作提供草坪草的新选择。

（3）化学成分研究。Rehana A. Siddiqui 对 Zornia gibbosa 的粉末茎进行了计算机研究。两种类型的纤维素酶，7 种类型的半纤维素酶，15 种具有葡糖胺的糖类。检测到 3 种类型的 algenic 酸，一种 Xylans arbinoxylon（β–D–xylopyranosyI 单位），一种 Polytrans（β-D-吡喃葡萄糖基单元）。主要成分中碳、氧、氮和氢分别占 49.5%、44.2%、0.12% 和 6.3%。发现钙、钾、钠和镁的盐含量不同。灰分、木质素、淀粉和二氢槲皮素的百分比分别为 0.2%、23.9%、0.897 和 0.653%。微纤维测量为 4×8A°。

Rehana Aziz Siddiqui 研究表明，Zomia gibbosa 是一种药草。对其有机化合物进行了定性分析。发现甾体、三萜类、黄酮类和氨基酸含量足够，而少量发现糖苷，痕量中仅含有游离还原糖。已发现皂苷和生物碱完全不存在。

任风芝（2012）研究表明，从丁癸草中分离得到 6 个具有抗肿瘤作用的异黄酮类化合物，分别鉴定为 7,4′-二甲氧基异黄酮（1）；7-羟基-4′-甲氧基异黄酮（2）；7,3′-二羟基-4′-甲氧基异黄酮（3）；7,8-二羟基-4′-甲氧基异黄酮（4）；7,4′-二羟基-8-甲氧基异黄酮（5）；7,4′-二羟基异黄酮（6）。所有化合物均首次从丁癸草植物中分离得到，并且具有抑制人食管癌 TE13 细胞的作用，其中化合物 3 对小鼠黑色素瘤 B16 细胞的增殖也有抑制作用。

张宝徽（2013）研究利用高效液相色谱法测定槲皮素、木犀草素，其回归方程分别为 $Y=2545.36X+86.37$，$Y=3261.65X+61.29$；r 分别为 0.9995 和 0.9991；质量浓度线性范围分别是 5.28～26.4 μg/mL，4.12～20.6 μg/mL；槲皮素、木犀草素的加样回收率分别为 101.5% 和 99.6%，RSD 分别为 1.2% 和 0.83%；样品分别含槲皮素、木犀草素 2.33 mg/g、0.316 mg/g。采用反相高效液相色谱法测定人字草中异荭草素的含量，色谱柱为 Welchrom-C18 柱（4.6 mm×250 mm,5 μm）；流动相为乙腈-0.2% 磷酸（15：85），检测波长为 360 nm，柱温 30℃，流速 1.0 mL/min，进样量 10 L。结果异荭草素的回归方程为 $Y=2595.05X+34.57$，在 8.08～40.4 μg/mL 范围内呈良好的线性关系（$r=0.9999$），平均回收率为 100.5%（$n=5$），RSD 为 0.93%。

唐人久（1996）研究指出，其化学成分为芹菜素、槲皮素、芹菜素-7-O-β-D-葡萄糖甙、山奈酚 3-O-β-D-葡萄糖甙、芹菜素-7-O-新橙皮糖甙。

Raveendrakurup Arunkumar（2014）研究指出，从 Zornia diphylla（L.）Pers（全株）的水蒸馏中获得的精油是用气相色谱技术分析。包含 96.3% 油的 37 种化合物通过 GC-MS 鉴定。单萜类化合物占主导地位的油（83.9%），主要成分是桧烯（43.1%），其次是萜品烯-4-醇（13.2%）。筛选该油的抗菌、抗真菌、抗炎症和细胞毒活性。对 Sabinene 的抗微生物特性进行了测试。精油对伤寒沙门氏菌（一种食物的致病微生物）显示出显著的体外抗菌活性中毒。Sabinene 展示了有前景的抗菌和抗真菌活性。精油显示抗炎针对角叉菜胶诱导的大鼠足肿胀的活性。该油（50 μg/mL）对胸腺细胞，巨噬细胞和道尔顿氏淋巴瘤性腹膜炎细胞没有任何明显的体外细胞毒性。这是关于 Zornia diphylla（L.）P 精油成分的首次报道。

（4）抗氧化活性的研究。Zornia zibbosa 的乙醇提取物，广泛应用于研究体外清除 DPPH、ABTS 自由基、脂质过氧化、铁螯合活性、超氧化物清除、总抗氧化能力和抗氧化剂血红蛋白糖基化。通过回归方法对结果进行统计分析。它的通过 IC50 值估算抗氧化活性，脂质过氧化值为 14.78μg/mL，ABTS 清除为 40.29μg/mL，铁螯合活性为 83.11μg/mL，DPPH 为 105.90μg/mL 清除超氧化物，清除率为 97.96μg/mL。总发现抗氧化能力为 17.96μg/mL。在 Haemaglobin 糖基化模型发现清除率为 45.49%，浓度分别为 0.5 mg/mL 和 1.0 mg/mL 时为 74.68%。在所有方法中，提取物显示出其清除自由基的能力以浓度依赖的方式。结果表明，Z. Gibbosa 具有显著的抗氧化活性。李南薇（2013）研究也指出，人字草黄酮、多糖、氨基酸和多酚具有较强清除自由基的能力，对 DPPH 自由基的半抑制浓度 IC50 分别为 24.87、29.07、0.46、48.73μg/mL，对·OH 的半抑制浓度 IC50 分别为 5.35、7.2、0.08、125.41μg/mL。

（5）药理学研究。Geetha KM（2012）甲醇提取物抗惊厥的研究，抗惊厥活动是通过最大电击（MES）诱导的惊厥和戊四唑（PTZ）诱导的惊厥模型评估。初步植物化学筛选证实了黄酮、单宁、牙龈和黏液的存在。将提取物（150 和 300 mg/kg）的功效与标准进行比较抗惊厥药地西泮（1 mg/kg）。在 MES 模型中，Zornia diphylla（MEZD）的甲醇提取物在 300 mg/kg 和 150 mg/kg 剂量下的作用 kgb.w 显示后肢伸肌期的持续时间显著（$P<0.001$）减少。在 PTZ 模型中，显示出 150 mg/kg 和 300 mg/kg 的 MEZD 痉挛潜伏期显著增加（$P<0.001$），死亡率降低（50% 和 33%）。提取物有效预防大鼠抽搐。本研究的发现表明，Zornia diphylla 可能是抗惊厥药物的潜在天然来源作为减少惊厥的治疗剂，它可能具有更大的重要性。

（6）关于其根瘤菌的研究，来自大量豆科植物的 Root 根瘤细菌已经在文献中报道。这些生物能够与某些生物共生除原始寄主植物外的植物。但这样做的能力是仅限于某些植物群，这是一个重要的标准。Fred 等（1932）可以描述 15 个细菌植物 – 交叉接种组，Wilson 和 Sarles（1939）后期已经能够描述 21 个这样的群体。

（7）种子特性研究。H.P.Singh（1976）研究了其种子萌发特性，如图 19-2 所示。

（8）抗蚊子治疟疾研究。Marimuthu Govindarajana（2016）评估了 Z.diphylla 叶提取物和生物合成的 AgNP 的急性毒性对抗疟疾病媒 Anopheles subpictus，登革热病毒白纹伊蚊和日本人的幼虫脑炎矢量库蚊三带喙库蚊。Z.diphylla 叶提取物和 AgNP 均显示剂量对所有受试蚊子的依赖杀幼虫作用。与叶水提取物相比，生物合成的 AgNP 对 An 具有更高的毒性。subpictus、Ae albopictus 和 Cx 三带喙库 LC50 值分别为 12.53、13.42 和 14.61μg/mL。发现生物合成的 AgNP 对非靶标更安全生物体 Chironomus circumdatus、Anisops bouvieri 和 Gambusia affinis，各自的 LC50 值如果与目标蚊子相比，则为 613.11 至 6903.93μg/mL。总的来说，我们的结果突出了 Z.diphylla 制造的 AgNP 是一种有前景且环保的工具，可以抵抗蚊子载体的幼虫种群，具有医学和兽医学的重要性，对其他非目标生物的毒性可忽略不计。

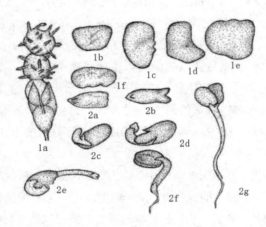

1a 具有花粉刺的果实；1b 肾形种子；1c 长圆形种子；1d 镰刀形种子；1e 亚四角形种子；1f 肾形种子；2a 雏形胚；2b 成熟胚；2c-f 表观发芽的阶段

图 19-2 种子萌发特性

参考文献

[1] LAXANE S, SWARNKAR S K, ZANWAR S B, et al. Anti-inflammatory Studies of the Alcoholic Extract of Zornia Gibbosa[J]. Pharmacologyonline, 2011（1）：67-76.

[2] YUAN LiLi, FAN Bo, ZOU Pei, et al. Study on the turf value of Alysicarpus vaginalis, Zornia gibbosa, and Oxalis corniculate-three indigenous plants in Lingnan Area[J]. Pratacultural Science, 2018（8）：1890-1898.

[3] SIDDIQUI R A, CHAGHTAI S A, KHAN S S, et al. Study of the Natural Products from the Stem of Zornia Gibbosa Span[J]. Oriental Journal of Chemistry, 2018, 2（2）：103-109.

[4] SIDDIQUI R A, KHAN M S, CHAGHTAI S A, et al. Preliminary Qualitative Organic Analysis of Zornia Gibbosa Span[J]. Oriental Journal of Chemistry, 2018, 1（1）：48-55.

[5] LAXANE S N, SWARNKAR S K, SETTY M M. Antioxidant Studies on the Ethanolic Extract of Zornia Gibbosa[J]. Pharmacology online 2008（1）：319-330.

[6] 唐德才.《植物名实图考》中天蓬草考证 [J]. 中药材 , 1998, 21（12）: 631-632.

[7] 任凤芝, 高月麒, 成晓迅, 等. 丁癸草的异黄酮类化学成分研究 [J]. 中国药学杂志, 2012, 47（3）: 179-181.

[8] 张宝徽, 鲁云, 胡则林, 等. 反相高效液相色谱法测定人字草中槲皮素和木犀草素的含量 [J]. 湖北中医药大学学报, 2013, 15（1）: 28-30.

[9] 张宝徽, 鲁云, 胡则林, 等. 反相高效液相色谱法测定人字草中异荭草素的含量 [J]. 湖北中医杂志, 2013, 35（1）: 72-74.

[10] 袁丽丽, 樊波, 邹佩, 等. 岭南乡土植物链荚豆、丁葵草、酢浆草的坪用价值 [J]. 草业科学, 2018, 35（8）: 1890-1898.

[11] 李南薇, 缪科亦. 人字草功能性成分的抗氧化活性研究 [J]. 食品工业科技, 2013（3）: 128-131.

[12] 唐人久. 人字草黄酮类化学成分研究 [J]. 华西药学杂志, 1996, 11（1）: 5-10.

[13] ARUNKUMAR R, NAIR A, RAMESHKUMAR K B, et al. The Essential Oil Constituents of Zornia diphylla（L.）Pers, and Anti-Inflammatory and Antimicrobial Activities of the Oil [J]. Rec. Nat. Prod, 2014, 8（4）: 385-393.

[14] GEETHA K M, BHAVYA S, MURUGAN V. Anticonvulsant Activity of the Methanolic Extract of Whole Plant of Zornia diphylla（Linn）Pers [J]. Geetha KMet al. / Journal of Pharmacy Research, 2012, 5（7）, 3670-3672.

[15] VYAS S R, PRASAD N. Studies on Rhizobium from Zornia Diphylla[J]. Proceedings of the Indian Academy of Sciences – Section B, 1959, 49（3）: 156-160.

[16] GOVINDARAJANA M, RAJESWARYA M, MUTHUKUMARANA U, et al. Single-step Biosynthesis and Characterization of Silver Nanoparticles Using Zornia Diphylla Leaves: A Potent Eco-friendly Tool Against Malaria and Arbovirus Vectors[J]. Journal of Photochemistry & Photobiology, 2016（161）: 482-489.

[17] SINGH H P. Eco-Physiological Studoes on Zornia diphylla Pers. with Reference to Adapdive Seed Dormancy[J]. Specialia, 1976, 15（11）: 1393-1394.

二十、珊瑚菜

（一）学名解释

珊瑚菜 *Glehnia littoralis* Fr. Schmidt ex Miq. 属名：Glehnia，人名：Glehn（俄国）。珊瑚菜属，北沙参属。种加词：littoralis，属于海边的，海产的。命名人 Fr. Schmidt=Schmidt, Friedrich（Karl）（Fedor Bogdanovich），弗里德里希施密特（俄语 ФёдорБогдановичШмидт，Fyodor Bogdanovich Schmidt），（1832 年 1 月 15 日出生于俄罗斯帝国利沃尼亚省，1908 年 11 月 8 日卒于俄罗斯帝国圣彼得堡）是波罗的海德国地质学家和俄罗斯帝国的植物学家。他在 1902 年赢得了沃拉斯顿奖章，被公认为爱沙尼亚地质学的创始人。弗里德里希施密特的主要论文研究了爱沙尼亚及邻近地区下古生界岩石的地层和动物群。1885 年，他成为圣彼得堡科学院院士。弗里德里希施密特是 1866 年在俄罗斯萨哈林岛上发现萨哈林冷杉的第一个欧洲人，但他没有将它介绍给欧洲。

Miq.=Miquel, Friedrich Anton Wilhelm，弗里德里希·安东·威廉·米克尔（1811 年 10 月 24 日生在诺伊恩豪斯，1871 年 1 月 23 日卒于乌得勒支）是荷兰植物学家，其主要研究重点是荷属东印度群岛的植物群。米克尔在格罗宁根大学学习医学，1833 年他获得了博士学位，1835 年他在阿姆斯特丹 Buitengasthuis 医院开始医生工作后，在鹿特丹的临床学校教授医学。1838 年，他成为皇家学院的记者，后来成为荷兰皇家艺术与科学学院学员，并于 1846 年成为其成员。他是阿姆斯特丹大学（1846—1859 年）和乌得勒支大学（1859—1871 年）的植物学教授。他于 1862 年在莱顿执管国家植物标本馆（Rijksherbarium）。1866 年，他当选为瑞典皇家科学院外籍院士。

米克尔研究了植物的分类学。他对荷兰帝国的植物群感兴趣，特别是荷属东印度群岛和苏里南。虽然他从未远行，但他通过信函知道了大量的澳大利亚和印度植物。他描述了许多重要科的物种和属，如木麻黄科、桃金娘科、胡椒科和蓼科。他总共发表了大约 7 000 种植物学名称。通过与德国植物学家 HeinrichGöppert 的合作，他开始对古植物学这一化石植物的研究感兴趣，特别是化石苏铁。他与 JacobGijsbertusSamuëlvanBreda，Pieter Harting 和 Winand Staring 一起，第一个创建荷兰地质图委员会，由 Johan Rudolph Thorbecke 于 1852 年出版。米克尔于 1871 年去世，享年 59 岁，之后他被 Willem Frederik Reinier Suringar 任命为国家植物标本室主任。在他的遗产中，Miquel 基金成立，为乌得勒支大学的植物学家提供财政支持。乌得勒支市中心植物园主任的故居被称为"米克尔之家"。在海牙的 Laakkwartier 区，有一条以他命名的街道。

学名考证：*Glehnia littoralis* Fr. Schmidt ex Miq. in Ann. Mus. Bot. Lugd. –Botav. 3：61. 1867；Hiroe et Constance，Umbell. of Jap. 87. f. 45. 1958；中国高等植物图鉴 2：1055，图 3915. 1972；东北草本植物志 6：284. 1977；中药志 1：378. 1979；Hiroe，Umbell. of World 1225 1226. 1979；秦岭植物志 3：424. 1981.—Phellopterus littoralis Benth. in Benth. et Hook. f. Gen. Pl. 1：905. 1867.

Friedrich Schmidt 和 Friedrich Anton Wilhelm Miquel 于 1867 年在刊物 *Annales Musei botanici lugduno-batavi* 发表了该物种。两个命名人之间用"ex"的含义是："Glehnia littoralis"首先被 Fr. Schmidt 命名过，但未正式发表，以后 Miq. 同意此名并正式发表。*Annales Musei botanici lugduno-batavi* 刊物是 Friedrich Anton Wilhelm Miquel 所创。廣江美之助与加州大学伯克利分校的美国植物学家 Constance 于 1958 年在刊物《日本的伞形科植物》(*Umbell. of Jap.*)记载了该物种。1972 年中国高等植物图鉴 2 卷记载了该物种。1977 年东北草本植物志 6 卷记载了该物种。1979 年中药志 1 卷记载了该物种。廣江美之助在 1979 年《世界伞形科植物》(*Umbell. Of World*)记载了该物种。1981 年秦岭植物志 3 卷记载了该物种。

英国植物学家 Bentham, George 所命名的物种 *Phellopterus littoralis* Benth.1867 年曾发表于 Bentham, George 与 Hooker, Joseph Dalton 共同所著的著作《植物属志》(*Genera Plantarum*)上，Phellopterus 也是珊瑚菜属的称谓，也是 1867 年发表，但是根据优先律原则，将 Glehnia littoralis Fr. Schmidt ex Miq. 作为正名，而 *Phellopterus littoralis* Benth. 作为异名。

别名：辽沙参（辽宁）、海沙参（河北、江苏）、莱阳参（山东）、北沙参（药材名）

英文名称：Coastal Glehnia

（二）分类历史及文化

城市和港口建设大量用沙，使珊瑚菜几乎绝迹，因而被《国家重点保护野生植物名录（第一批）》定为国家二级重点保护植物。为了持续利用和不致濒危，建议近海地区的医药单位有计划采挖使用，并选择有代表性的地区，建立单项自然保护区，开展引种栽培和繁殖试验。

开展了野生珊瑚菜资源普查、资源收集的基础性工作，建立野生珊瑚菜原生境保护点，建立防护、隔离和排水设施，保证野生珊瑚菜原生境不受人为破坏，留给野生珊瑚菜生长、繁育的空间，有效遏制植物资源衰竭的趋势。国家农科部门将对"保护圈"的野生珊瑚菜做进一步研究，以做大面积种植和开发。在《江淮杂记》中，珊瑚菜又被称为"滨防风"，说明其具有海岸固沙的作用。珊瑚菜濒危的原因有四点：①种群较小，目前舟山普陀山仅有 100～200 株，而且有日趋减少的趋势。②生境分布狭窄，沿海岸线外围基本呈线状"镶嵌分布"，从不向内陆扩展，生境及其狭窄。野生状态下，生长在高潮线一带的海滨沙滩和沙堤上，呈带状分布。具有海滨沙生旱化狭阈生境。这种狭阈生境说明其生长受到内陆生长因子的强烈制约，只能生长于海洋性气候下的滨海区域，另一方面说明该物种的择阈竞争能力较弱，不利于种间竞争。③珊瑚菜在结果过程中具有强烈的顶端优势现象，同一植株上所有的复伞形花序中位于顶端中央花序的花果优先发育，在同一花序中花序中央的花果优先发育。因此，在花期到果实成熟的过程中，时常有花败育和果败育的现象，即使有的幼果能发育至成熟阶段，但由于营养不足也会使胚和胚乳发育不充分，从而形成空、瘪、次种子，使种子败育率较高，胚及胚乳发育完整的珊瑚菜种子只占 60% 或更低。珊瑚菜种子属于深度休眠类型。珊瑚菜种子萌发率很低，只有 12% 左右。原因之一是种子成熟度不够；原因之二是种子内含有萌发抑制物。珊瑚菜种子含有高含量的香豆素成分，香豆素是最早被确认为休眠诱导物之一的物质，这些成分无疑会对珊瑚菜的萌发有一定的抑制作用；原因之三是种子霉变等因素的影响，在珊瑚菜种子的贮藏和层积过程中，发生种子胚乳发霉、糜烂等现象，使种子丧失了活力。④人为原因环境破坏：由于近年来沿海滩涂开发，围垦活动频繁，采挖海沙，旅游资源开发等，使得生境遭到严重破坏。因珊瑚菜是一种常用的传统药用植物，连年挖根，人为采挖过度，而珊瑚菜种群扩张能力有限，因此造成种群面积越来越小。

（三）形态特征

珊瑚菜形态特征如图 20-1 所示。

多年生草本，全株被白色柔毛。根细长，圆柱形或纺锤形，长 20～70 cm，径 0.5～1.5 cm，表面黄白色。茎露于地面部分较短，分枝，地下部分伸长。叶多数基生，厚质，有长柄，叶柄长 5～15 cm；叶片轮廓呈圆卵形至长圆状卵形，三出式分裂至三出式二回羽状分裂，末回裂片倒卵形至卵圆形，长 1 ～ 6 cm，宽 0.8 ～ 3.5 cm，顶端圆形至尖锐，基部楔形至截形，边缘有缺刻状锯齿，齿边缘为白色软骨质；叶柄和叶脉上有细微硬毛；茎生叶与基生叶相似，叶柄基部逐渐膨大成鞘状，有时茎生叶退化成鞘状。复伞形花序顶生，密生浓密的长柔毛，径 3 ～ 6 cm，花序梗有时分枝，长 2 ～ 6 cm；伞辐 8 ～ 16 mm，不等长，长 1 ～ 3 cm；无总苞片；小总苞数片，线状披针形，边缘及背部密被柔毛；小伞形花序有花，花白色；萼齿 5，卵状披针形，长 0.5 ～ 1 mm，被柔毛；花瓣白色或带堇色；花柱基短圆锥形。果实近圆球形或倒广卵形，长 6 ～ 13 mm，宽 6 ～ 10 mm，密被长柔毛及绒毛，果棱有木栓质翅；分生果的横剖面半圆形。花果期 6—8 月。

a 植株；b 幼苗；c、d 幼苗刚出土

图 20-1 珊瑚菜

（四）分布

产于我国辽宁、河北、山东、江苏、浙江、福建、台湾、广东等省。也分布于朝鲜、日本、俄罗斯。模式标本产自日本。目前尚未人工引种栽培。舟山群岛分布于普陀山、朱家尖（东沙有，南沙没有）、桃花岛。

二十、珊瑚菜

（五）生境及习性

生态学和生物学特性分布区受海洋性气候的影响，冬春干旱（南界无明显干旱），夏季多雨，年平均气温 8 ～ 22 ℃，1 月平均温 –5 ～ 13 ℃；年降水量 900 ～ 1200 mm。珊瑚菜喜温暖湿润，主根深入沙层，能抗寒，耐干埋；适宜在平坦的沿海沙滩或排水良好的沙土和沙质土壤中生长，对肥力的要求不严，忌粘土和积水洼池，生境常表现为粗砂粒基质，其结构疏松，营养缺乏，保水性差。

沙层表面热辐射强，风大而频繁，水分蒸发快等；抗碱性强。常和砂钻苔草 *Carex kobomugi* Ohwi、砂引草 *Messerschmidia sibirica* subsp. *angustior*（DC.）Kitag.、肾叶打碗花 *Calystegia soldanella*（L.）R. Br.、匍匐苦卖菜 *Ixeris repens* A. Gray 和单叶蔓荆 *Vitex trifolia* var. *simplicifolia* Cham. 等植物混生，种类组成和结构简单，克隆植物发达；在沙滩上形成海滨植物群落。花期 4—7 月，果期 6—8 月。珊瑚菜耐寒力强，休眠期根可在 –38 ℃下安全越冬。播种于 10 ℃情况下，15 ～ 20 天出苗，高于 20 ℃对幼苗生长不利。珊瑚菜种子有后熟的生理特性，刚收获的种子胚尚未发育好，长度仅为胚乳的 1/7，须经低温 4 个月左右，才能完成后熟，未经过低温阶段的种子播种后第 2 年才能出苗。珊瑚菜还是一种特别喜光的植物，当光照强烈时，它的叶片光滑油亮，色泽浓绿而厚实；一旦植株被其他植物遮蔽，叶片就会失绿变黄，长得薄而无光，仿佛失去了活力。

（六）栽培方法

（1）种子繁殖。李红芳（2009）研究指出，珊瑚菜种子有胚后熟的特性，胚后熟需在 5℃以下低温，经 4 个月左右才能完成，在 9.4℃以上种子不能完成胚后熟，因此必须经过低温阶段分秋播和春播。赵忠民（2012）研究指出，隔年种子发芽率显著降低，放到第三年丧失发芽能力。当年种子冬播发芽率高，出苗齐。冬播的第二年谷雨前后出苗，一般不开花结果，第三年才开花结果。次年春播发芽率显著降低，第二年才开花结果，小满后抽苔，7 天开花，花期 15 天。但春季播种品质和产量均较低，因此以秋播为好。秋播在 11 月上旬，播种前要湿润种子，以种仁发软为度，注意防霉；春播在早春开冻后进行，必须在冬季将湿润的种子埋于室外土中，经受低温冷冻处理，使胚发育成熟。播种时开沟 4 cm深，沟底要平，播幅宽 12 ～ 15 cm，行距 20 ～ 25 cm，种子均匀撒播于沟内，开第二沟时将土覆盖前沟，覆土约 3 cm，然后用脚顺行踩一遍。每公顷用种量 75 ～ 125 kg。整地务须深翻，深翻 50 ～ 60 cm,施足基肥、土地平整后，畦面做成中间高，四周低，以防积水。

毕建水（2006）研究指出，珊瑚菜种子要进行低温处理，打破休眠期，方法有如下两种。一是沙堤法。在11月份封冻前，选择避风向阳处，挖深60～80 cm、宽80～100 cm、长度视种子量而定的深坑，然后将种子与干净的湿沙混合均匀，种子与湿沙的比例约1:3。然后将与湿沙混匀的种子埋入挖好的深坑中，填至坑深的2/3后，上面覆盖10～15 cm新土，保持湿润低温的条件。每隔10～15天检查1次，以防止霉变和干燥，坑内不能有发热现象，到翌年春天化冻后取出。二是堆沙法。选择避风向阳地块，将种子与湿沙按1:3比例混匀，直接堆放，保持湿润条件。

（2）组织培养。李森（2008）研究了珊瑚菜组织培养，指出1/2MS+La（NO$_3$）$_3$·6H$_2$O1.0+BA0.8+2.4-D1.2是诱导珊瑚菜嫩茎形成具有分化能力愈伤组织的理想培基；1/2MS+BA0.6+NAA0.1这一培养基是珊瑚菜愈伤组织与不定芽分化培养的理想培养基；1/3MS+IAA0.6mg/L是珊瑚菜不定芽生根培养的理想培养基；移栽和扦插的理想基质为炉灰渣。李宏博（2012）提出了打破胚状体休眠的方法。保留1/3胚乳的珊瑚菜种子萌发率最高，可以达到31%。而TDZ,6-BA,GA3处理不仅对解除珊瑚菜种子休眠的作用不大，同时容易导致出现畸形苗。在附加1.0mg·L^{-1}2,4-D的MS培养基上，胚性愈伤组织的诱导率可以达到57%。将培养20天左右胚性愈伤组织转入MS培养基上40天左右就可分化形成子叶期胚状体，然后再继代培养20天即可得到再生植株。步达（2013）：以MS培养基+2,4-二氯苯氧乙酸0.5mg/L+6-糠氨基嘌呤0.2 mg/L+1-萘乙酸1.5mg/L+6-苄氨基腺嘌呤0.5mg/L的激素组合对明党参叶片愈伤组织的诱导效果较好。

（七）应用价值

（1）分类价值。在分类学上，有些学者曾把本种产北美地区的单独成立一种（即Glehnia leiocarpa E.Mathias）或把它作为地理亚种。对研究伞形科植物的系统发育，种群起源，以及东亚与北美植物区系，均有一定意义。

（2）药用价值。北沙参药用始载于《神农本草经》，列为上品，明代《本草纲目》列为五参之一。北沙参性微寒，味甘、微苦，归肺、胃经，具有养阴清肺、益胃生津、祛痰止咳之功能。用于阴虚肺热、干咳、热病伤津、舌干口渴等症。主治阴虚肺热干咳，热病伤津，舌干口渴，顽固性头痛，慢性咽炎，喉源性咳嗽，小儿前沿性肺炎，肺癌，肺结核中毒，糖尿病，术后阴虚发热等。珊瑚菜含有挥发油、香豆素、淀粉、生物碱、三萜酸、豆甾醇、各甾醇、沙参素等成分。珊瑚菜能提高T细胞比值，提高淋巴细胞转化率，升高白细胞，增强巨噬细胞功能，延长抗体存在时间，提高B细胞，促进免疫功能。珊瑚菜可增强正气，减少疾病，预防癌症的产生。一般夏、秋两季挖取根部，除去地上部分及须根，洗净，稍晾，置沸水中烫后，去外皮，晒干或烘干。或洗净直接干燥。

（3）食用价值。周浩（2011）研究表明，珊瑚菜嫩茎叶主要营养物中含水量 86.81%、粗蛋白 1.03%、粗脂肪 0.18%、粗纤维 3.62%、灰分 3.95%；抗坏血酸含量较高，达 46.52 mg/100 g；含 18 种氨基酸，氨基酸总量为 10.661 g/100 g，鲜味氨基酸含量达 3.312 g/100 g，必需氨基酸模式与 FAO/WHO 接近；钠、铁的含量丰富，分别为 28.37 mg/100 g、19.35 mg/100 g，铜、锌、镉、铬、铅的含量未超国家限量标准，食用安全。珊瑚菜味甘、微苦、性凉，已成为人们日常生活常用的保健食品之一，在日本、美国及东南亚地区备受青睐，是一种创汇农产品，每公顷收益可达 60 000 ～ 75 000 元。

（八）研究现状

（1）化学成分。崔海燕（2005）研究了其挥发油的化学成分，根部挥发油以菇类、醛酮类和酸类化合物为主，叶片、果实挥发油以萜类化合物为主。果实中含有较多的萜类化合物，生长年限增加，挥发油中醛酮类、酸类化合物相对含量增加，萜类化合物减少。王欢（2011）年研究了其化学成分，从北沙参根的乙醇提取物中分离鉴定了 9 个化合物，分别鉴定为：3- 羟基 -1-（4- 羟基 -3- 甲氧基苯基）-2-[4-（3- 羟基 -1-（E）- 丙烯基）-2- 甲氧基苯氧基]- 丙基 –β –D- 吡喃葡萄糖，3- 二氢 -2-（3′- 甲氧基 -4′- 羟基苯基）-3- 羟甲基 -5-（3″- 羟基 - 丙烯基）-7-O–β –D- 吡喃葡糖基 -1- 苯骈 [b] 呋喃、原儿茶酸甲酯、七叶内酯、可来灵素 J、东莨菪苷、亥茅酚苷、(–) - 开环异落叶松脂素 4-O–β –D- 吡喃葡萄糖苷、可来灵素。林喆（2007）综述了其化学成分，指出化学成分包括香豆素类、聚炔类、木脂素类及 8-O-4′ 型异木脂素类、黄酮类、酚酸类、单萜类等物质。

（2）耐盐机理研究。李宏博（2012）研究指出，珊瑚菜不同器官中 Na^+、K^+、Ca^{2+} 和 Mg^{2+} 含量的测定结果表明，叶柄是珊瑚菜贮存 Na^+ 的主要器官；正常条件下，叶柄中 Na^+ 含量分别是叶片和根中的 2.7 倍和 79 倍。与 Na^+ 不同，根中的 K^+、Ca^{2+} 和 Mg^{2+} 含量受 NaCl 处理的影响较小，含量均较稳定，与对照相比均不存在显著性差异；叶柄和叶片中的 K^+ 随着 NaCl 处理浓度的增加呈降低趋势，Ca^{2+} 含量则正相反，呈升高趋势；叶柄中 Mg^{2+} 也随着 NaCl 处理浓度的增加而降低，叶片中 Mg^{2+} 含量则变化不大；Na^+/K^+ 离子比在 1.5%NaCl 处理条件下，增加幅度较大，与其他处理相比存在极显著差异。从珊瑚菜植物中分离出 Na^+/H^+ 逆向转运蛋白基因的 cDNA 全长序列。珊瑚菜 NHX 的 cDNA 全长为 2 553bp，5′ 非翻译区为 531bp，3′ 非翻译区为 361bp，开放阅读框为 1 662bp，编码 554 个氨基酸。将珊瑚菜 NHX 编码区 1 662bp 核苷酸序列在 GenBank 中进行比对后，发现与番茄的同源性为 96%，矮牵牛为 95%，短芒大麦草为 90%；与葡萄、杨树、番薯等几种植物部分序列相比同源性在 80% 以上，可以证明从珊瑚菜中克隆的是 NHX 基因。氨基酸预测和同源性分析表明，珊瑚菜 NHX 有 11 个跨膜结构区域，珊瑚菜 NHX 与矮牵牛、菊苣、刺槐等植物液泡膜型 Na+/H+ 逆向转运蛋白亲缘关系较近。

（3）染色体核型研究。刘启新 1999 研究表明，珊瑚菜根尖体细胞染色体组型。其核型公式为 2 n = 22 = 18 M + 4 Sm（2Sat），核型不对称性属于 2A 型。珊瑚菜属的核型演化地位不高，在当归亚族中也相对最原始。葛传吉 1986 报道了在珊瑚菜的同一个体的根尖材料中，还存在着 2 n = 20（占 7%）2 n = 18（占 5%）2 n = 14（占 4%）的染色体异数现象的非整倍性变异。

（4）珊瑚菜解剖学研究。辛华（2009）报道了珊瑚菜分泌道为溶生型，由一层分泌细胞围绕腔道形成。根中分泌道由形成层和木栓形成层形成，分布于次生韧皮部和栓内层中；叶中分泌道在叶脉薄壁组织中形成。白色体积累嗜锇物质，线粒体等可能参与其形成和分泌的过程；根薄壁细胞中存在淀粉粒，分泌腔道及周围细胞中有油滴存在，根生长过程中，直径、木质部、韧皮部和周皮的增粗差异极显著。宋春凤（2013）研究指出，与其他伞形科植物相比，珊瑚菜特殊之处在于果棱具木栓质翅。这是由珊瑚菜果实横切面中维管束较发达造成的。通过与当归亚族中其他属的比较，推测珊瑚菜属在当归亚族中处于相对比较原始的位置。刘玉函 2010 对其花粉活力进行了研究，指出珊瑚菜初花期的花粉萌发率最高，为89.7%；在恒温 25℃条件下，以 0.6% 琼脂 +10% 蔗糖 +0.1% 硼酸为离体培养基进行培养，有利于珊瑚菜花粉的萌发；低温（4℃）条件可延长珊瑚菜花粉的寿命，将其进行短期贮藏。

（5）珊瑚菜遗传基因研究进展。宋洁洁（2017）对珊瑚菜 4– 香豆酸：辅酶A 连接酶（4–Coumarate: Coenzyme A Ligase,Gl4CL）基因编码区进行克隆及序列分析。结果显示，Gl4CL 基因 cDNA 序列全长 1 951bp，编码 544 个氨基酸，其中开放阅读框 1 635bp,5′ 非编码区 153bp,3′ 非编码区 163bp。王爱兰（2015）对其遗传多样性进行了研究，全国 11 个居群的 291 个珊瑚菜样本进行了遗传多样性研究，表明野生珊瑚菜具有较高的遗传多样性，且居群内变异大于居群间变异。由此推断珊瑚菜的濒危原因主要来源于野生生态环境的破坏，应当加强种质资源的保护。惠红（2001）研究表明，我国沿海中部海滨沙滩珊瑚菜（Glehnia littoralis）7 个居群 8 种酶系统 19 个位点的等位基因遗传变异特征，居群内多态位点比率平均为82.4%，每一位点平均等位基因数为 2.77，有效等位基因数为 2.24，固定指数 F 的

平均值为 –0.091。珊瑚菜居群基因多样性 80.9% 产生于居群内，19.1% 产生于居群间。居群间的遗传距离平均为 0.317，遗传一致性为 0.728，居群内维持着较高水平的遗传多样性。由于自然和人为等因素，使珊瑚菜生境受到严重的破坏，自然居群减少，居群中个体数目急剧下降，使居群中个体的交配范围狭窄，极易产生近交，个体的基因衰退，导致居群内遗传多样性降低。

（6）珊瑚菜生态学研究进展。张敏（2015）对其种群空间格局进行了研究，表明珊瑚菜在 2.5 m 的空间范围内呈聚集分布，成株与幼苗没有负关联性，而在更小尺度上表现明显的正关联性；垄后珊瑚菜表现出聚集范围变窄和聚集强度减弱的趋势，成株与幼苗的正关联性减弱，甚至有明显的负关联性；在种群结构上，垄前珊瑚菜的相对密度较高，幼苗较多，结果量较多，更新正常；相反，垄后珊瑚菜的密度、幼苗数量、结果量均降低或减少，更新过程明显受阻。李和平（2015）阐述了珊瑚菜在舟山的分布，指出野生珊瑚菜自然分布于海岛外侧海湾的沙质海滩，仅间杂生于裸滩次生草本群落；野生珊瑚菜资源在朱家尖已经灭绝，在普陀岛仅 1 处沙滩残存；桃花岛野生珊瑚菜居群以 3～4 年生植株为主，约占 70%，产籽株平均每株年产籽 200 粒以上，具生活力种子 70% 左右。

（7）珊瑚菜光合特性的研究。李宏博（2011）研究 NaCl 胁迫对珊瑚菜叶绿素荧光动力学参数等生理特性的影响，表明除 SOD 活性和丙二醛含量在 100mmol/L NaCl 溶液处理条件下变化不明显之外，可溶性糖含量、过氧化物酶（POD）和过氧化氢酶（CAT）活性均随着处理浓度的增加而呈明显的先增加后降低趋势；而反映 PSⅡ活性中心荧光特性的四个参数，单位反应中心吸收的光能（ABS/RC）、单位反应中心捕获的用于还原 QA 的能量（TR_0/RC）、单位反应中心捕获的用于电子传递的能量（ET_0/RC）、单位反应中心耗散掉的能量（DI_0/RC）在 100 mmol/L 和 200 mmol/LNaCl 溶液处理条件下的变化均不明显，在 300 mmol/LNaCl 溶液条件下，除 ET_0/RC 变化较外，ABS/RC、TR0/RC 和 DI_0/RC 均呈先增再降趋势。

（8）珊瑚菜香豆素研究进展。辛华（2009）比较不同采收期珊瑚菜中香豆素含量发现，珊瑚菜叶应作为提取香豆素的重要原材料，采收时应一起收获；对珊瑚菜根去皮处理会导致根的药用质量大幅度下降，生产中应明确禁止；珊瑚菜的采收期应依据其用途决定，以根直接入药应选择 10 月 15 日采收，作为提取香豆素生产原料应选择 9 月 15 日采收。辛华（2008）研究珊瑚菜中香豆素的组织化学定位，香豆素存在于珊瑚菜的分泌道中，在荧光显微镜下发蓝色荧光；分泌道广泛分布于植物体中，在根中分布在次生韧皮部中；在叶片中分布在叶脉的薄壁组织中；在叶柄中，分布在维管束周围以及厚角组织内侧的薄壁组织中。刘玉函

（2010）对珊瑚菜不同部位香豆素含量的研究表明，3 种香豆素在果实、叶与根、根皮中均有积累，总含量在果实中最高，为 0.636 4 mg·g^{-1}，根中为 0.065 7 mg·g^{-1}，根皮中为 0.031 2 mgg^{-1}，叶中为 0.015 1 mgg^{-1}。

（9）珊瑚菜菌根及锈菌研究进展。侯晓强 2015 分离得到珊瑚菜内生真菌 68 株，其中 22 个菌株具有抑菌活性，占内生真菌总数的 32.35%，分别对金黄色葡萄球菌（17 株）、大肠杆菌（6 株）和白色假丝酵母菌（3 株）具有抑制作用。北沙参植物中存在多种抑菌活性的内生真菌，对于北沙参内生真菌资源的开发及药材道地性的评价具有一定的指导意义。赵来顺（1996）研究珊瑚菜柄锈菌性孢子阶段的发现及北沙参锈病研究简报中指出，性孢子器的发生时期为 4 月上旬至 6 月上旬，盛期在 4 月下旬至 5 月上旬，而后产生夏孢子，经气流传播，侵染留种田和春播田植株，并不断发生再侵染，导致锈病流行，多雨促进病害发展，高温干旱对病害有抑制作用。

参考文献

[1] 宋春凤，吴宝成，胡君，等．江苏野生珊瑚菜生存现状及其灭绝原因探析 [J]．中国野生植物资源，2013, 32（4）：56-69.

[2] 崔海燕．珊瑚菜挥发油化学成分研究 [D]．济南：山东中医药大学，2005.

[3] 王欢，许奕，原忠．北沙参化学成分的分离与鉴定 [J]．沈阳药科大学学报，2011, 28（7）：530-534.

[4] 李红芳，许响．珊瑚菜的栽培与利用 [J]．现代中医药．2009, 29（1）：58-59.

[5] 赵忠民．珊瑚菜人工栽培丰产技术 [J]．中国林副特产，2012（6）：67-68.

[6] 毕建水，柳玉龙，王克凯．珊瑚菜无公害高产高效栽培技术 [J]．中国农技推广，2006（1）：40-41.

[7] 李森，蔺博超，吕平，等．珊瑚菜组织的培养及无性系的建立 [J]．哈尔滨师范大学自然科学学报，2008, 24（5）：84-94.

[8] 李宏博，孙丹，黄永昌，等．渐危药用植物珊瑚菜胚状体途径再生植株的研究 [J]．中国中药杂志，2012, 37（4）：434-437.

[9] 步达，姚晓，刘晓艺，等．不同激素配比对明党参叶片愈伤组织诱导的影响及其总香豆素的含量测定 [J]．中国药房，2013, 24（19）：1806-1809.

[10] 周浩．江苏沿海野生珊瑚菜营养成分分析与评价 [J]．北方园艺，2011（19）：31-33.

[11] 李宏博．珊瑚菜耐盐生理机制及液泡膜 Na$^+$/H$^+$ 逆向转运蛋白基因的克隆分析 [D]．沈阳：沈阳农业大学，2012.

[12] 刘启新，惠红，刘梦华.稀有濒危植物珊瑚菜的染色体特征及其演化地位 [J].广西植物，1999，19（4）：344-348.

[13] 葛传吉，李岩坤，周月.珊瑚菜的染色体数目 [J].中药通报，1986，11（10）：12.

[14] 辛华.珊瑚菜的发育解剖学及其主要化学成分的研究 [D].南京：南京林业大学，2009.

[15] 宋春凤，刘启新，周义峰.濒危植物珊瑚菜果实形态和解剖结构观察 [J].安徽农业科学，2013，41（4）：1416-1418.

[16] 宋洁洁，罗红梅，朱珣之，等.珊瑚菜 Gl4CL 基因克隆与生物信息学分析 [J].世界科学技术 – 中医药现代化，2017，19（4）：610-617.

[17] 王爱兰，李维卫，刘笑.濒危药用植物珊瑚菜遗传多样性的 RAPD 分析 [J].安徽农业大学学报，2015，42（5）：792-796.

[18] 惠红，刘启新，刘梦华.中国沿海中部珊瑚菜居群等位酶变异及其遗传多样性 [J].植物资源与环境学报，2001，10（3）：1-6.

[19] 张敏，杨洪晓.滨海沙滩珊瑚菜种群的空间格局及其对岸垄的响应 [J].生态学杂志，2015，34（1）：47-52.

[20] 李和平，姚拂，陈艳，等.浙江省舟山群岛野生珊瑚菜资源调查与致濒原因分析 [J].江苏农业科学，2014，42（12）：394-396.

[21] 刘玉函，刘汉柱，辛华.濒危植物珊瑚菜花粉生活力的测定 [J].中国农学通报，2010，26（8）：204-206.

[22] 李宏博，吕德国，姜水莺，等.NaCl 胁迫对珊瑚菜叶绿素荧光动力学参数等生理特性的影响 [J].干旱地区农业研究，2011，29（6）：239-243.

[23] 辛华，王海霞，刘汉柱.不同采收期珊瑚菜中香豆素含量的比较 [J].西北植物学报，2009，29（2）：0379-0383.

[24] 辛华，丁雨龙.珊瑚菜中香豆素的组织化学定位 [J].广西植物，2008，28（6）：847-850.

[25] 刘玉函，刘汉柱，辛华.珊瑚菜不同部位香豆素含量的研究 [J].武汉植物学研究，2010，28（1）：114-117.

[26] 侯晓强，明月梅，乔洁，等.珊瑚菜内生真菌的分离鉴定与抑菌活性 [J].贵州农业科学，2015，43（9）：157-16.

[27] 赵来顺，田学军，臧少先，等.珊瑚菜柄锈菌性孢子阶段的发现及北沙参锈病研究简报 [J].植物病理学报，1996（4）：336.

二十一、滨海珍珠菜

（一）学名解释

Lysimachia mauritiana Lam. 属名：Lysimachia。星宿菜属，排草属，珍珠菜属，报春花科。种加词：mauritiana，毛里求斯的，非洲东海中的岛屿。命名人Lam.=Lamarck, Jean Baptiste Antoine Pierre de Monnet de，（1744—1829），通常简称拉马克，法语为 [ʒ ɑ batistlamaʁk]，是法国博物学家。他是一名士兵，生物学家，学者，并且是生物进化发生并按照自然法则进行的观点的早期支持者。拉马克参加波美拉尼亚战争（1757—1762）对抗普鲁士，并在战场上获得了勇敢委员会勋章。到摩纳哥后，拉马克对自然历史产生了兴趣并决定研究医学。他在1766年受伤后退役，并返回医学研究。之后，拉马克对植物学产生了浓厚的兴趣，后来，在他出版了三卷书籍《法国植物志》（*Flore françoise*）（1778年）之后，他于1779年获得了法国科学院的会员资格。拉马克参与了 Jardin des Plantes 并被任命为1788年会员，当法国国民议会成立了国家自然历史博物馆时，拉马克成为了动物学教授。1801年，他出版了《无脊椎动物系统》（*Système des animaux sans vertèbres*），这是一本关于无脊椎动物分类的著作，这是他创造的一个术语（无脊椎动物）。在1802年的出版物中，拉马克成为第一个在现代意义上使用生物学术语的人之一，成为无脊椎动物学的首要权威。

拉马克对继承特征的继承理论，称为软遗传，拉马克主义或使用/废弃理论，他在1809年的哲学动物学中描述了这一理论。然而，软遗传的观点早在他之前就已经存在，这是他的进化论的一小部分内容，并且在他的时代被许多自然历史学家所接受。拉马克对进化理论的贡献包括第一个真正具有凝聚力的生物进化理论，其中内部动力驱使生物进入复杂的阶梯，第二个环境力量通过使用和废弃特征使它们适应当地环境，将它们与其他生物区分开来。

拉马克出生于法国北部皮卡第的巴赞廷，是一个贫穷的贵族家庭的第11个孩子。拉马克家族的男性成员曾在法国军队服役。拉马克的大哥在 Bergen op Zoom 的战斗中被杀，另外两个兄弟在拉马克十几岁的时候仍然在服役。17 世纪 50 年代后期，拉马克屈服于他父亲的愿望，就读于亚眠的耶稣会学院。在他父亲于 1760 年去世后，拉马克给自己买了一匹马，并骑马穿越全国，加入当时在德国的法国军队。在与普鲁士的波美拉尼亚战争中，拉马克在战场上表现出极大的体力，他甚至被提名为中尉。拉马克的部队被暴露在敌人的直接炮火中，并迅速减少到只有十四名男子而没有军官。其中一名男子建议，这位十七岁的少年志愿者应该接替指挥命令，并命令退出野外。尽管拉马克接替了指挥命令，但他坚持要求他们留在他们战斗的岗位，直到战斗胜利才松了一口气。当他们的上校到达他们的残兵部队时，这种勇气和忠诚的表现给上校留下了深刻的印象，拉马克当场晋升为军官。然而，当他的一个战友正为之喝彩时，发现他的颈部淋巴腺受伤发炎，于是他被送到巴黎接受治疗。拉马克接受了复杂的手术，并继续治疗一年。他被授予委员会勋章并在摩纳哥任职。正是在那里，他遇到了 *Traitédesplantes usuelles*，这是 James Francis Chomel 的植物学书籍。

由于每年只有 400 法郎的退休金，拉马克决定追求专业。他试图学习医学，并通过在银行办公室工作来支持自己。拉马克研究了四年医学，但在哥哥的劝说下放弃了。他对植物学感兴趣，特别是在他访问了皇家花园（*Jardin du Roi*）之后，他成为了法国著名博物学家让·雅克·卢梭的学生。在卢梭的领导下，拉马克花了十年时间研究法国植物。在认真研究学习之后，在 1778 年，他发表了一些研究结果，分为三卷，名为 *Flore françoise*。拉马克的作品得到了许多学者的尊重，并使他在法国科学家中脱颖而出。当时法国顶级科学家之一的 Comte de Buffon 为拉马克提供指导，帮助他于 1779 年获得法国科学院的会员资格，并于 1781 年进入皇家植物学家的委员会。

1788 年，布冯继承皇家花园工程师，Charles-Claude Flahaut de la Billaderie，comte d'Angiviller，为拉马克创立了一个年薪 1 000 法郎的职位，作为该植物标本馆的管理者。

1790 年，在法国大革命的高峰时期，拉马克将皇家花园的名称从 Jardin du Roi 改为 Jardin des Plantes，这个名称并不意味着与路易十六国王有如此密切的联系。拉马克曾作为植物标本馆的管理者工作了五年，之后于 1793 年被任命为国家自然历史博物馆的无脊椎动物学博物馆馆长和教授。凭借 "Professeur d'Histoire naturelle des Insectes et des Vers" 的官方头衔，拉马克每年的工资接近 2 500 法郎。1794 年 9 月 26 日，拉马克被任命为博物馆教授大会秘书长。

1809 年拉马克发表了《动物哲学》（*Philosophie zoologique*，亦译作《动物学哲学》）一书，《法国全境植物志》《无脊椎动物的系统》系统地阐述了他的进化理论，即通常所称的拉马克学说。书中提出了用进废退与获得性遗传两个法则，并认为这既是生物产生变异的原因，又是适应环境的过程。由于拉马克一生勤奋好学，坚持真理，与当时占统治地位的物种不变论者进行了激烈的斗争，反对居维叶的激变论，受到了他们的打击和迫害。但拉马克却说："科学工作能予我们以真实的益处；同时，还能给我们找出许多最温暖、最纯洁的乐趣，以补偿生命场中种种不能避免的苦恼。"他的一生，是在贫穷与冷漠中度过的。晚年拉马克双目失明，病痛折磨着他，但他仍顽强地工作，借助幼女柯尼利娅笔录，坚持写作，把毕生精力贡献于生物科学的研究上，终于成为一位生物科学的巨匠，伟大的科学进化论的创始者。1909 年，在纪念他的名著《动物学哲学》出版 100 周年之际，巴黎植物园为他建立了纪念碑，让人们永远缅怀这位伟大的进化论的倡导者和先驱。

英文名称：Maurit Loosestrife

学名考证：*Lysimachia mauritiana* Lam. Encycl. Meth. 3：592. 1789；R. Knuth in Engl. Pflanzenr. 22（IV–237）：273. 1905；Hand.–Mazz. in Not. Roy. Bot. Gard. Edinb. 16：106. 1928; Bentv. in Fl. Malesiana 6（2）：183. 1962；中国高等植物图鉴 3：279. 图 4512. 1974；台湾植物志 4：81. 1978；Chen et C. M. Hu in Act. Phytotax. Sin. 17：41. 1979；东北草本植物志 7：38. 1981.—Lysimachia lineariloba Hook. et Arn. Bot. Beech. Voy. 268. 1841; Forb. et Hemsl. in Journ. Linn. Soc. Bot. 26：53. 1889. excl. pl. Sheareri.—Lysimachia nebeliana Gilg. in Engl. Bot. Jahrb. 34. Beibl. 75：57. 1905.

1879 年拉马克在其著作 *Encyclopédie méthodique. Botanique.* 第 3 卷中发表了该物种。德国植物学家 Reinhard Gustav PPaul Knuth1905 年在其著作 *Des Pflanzenreith* 记载了该物种。奥地利植物学家 Heinrich von Handel–Mazzetti1928 年在著作 *Notes of the Royal Botanical Garden, Edinburgh* 中记载了该物种。法国博物学家 Ambrose–Marie–Francois–Joseph Palisot de Beauvois1962 年在著作 *Flora Malesiana* 记载了该物种。中国高等植物图鉴 1974；台湾植物志（1978）也记载了该物种。胡启明和陈封怀 1979 年《植物分类学报》记载了该物种。东北草本植物志（1981）也记载了该物种。

英国植物学家 Hooker,W.J. 和 G.A.Walker-Arnott,1838 年在刊物 *The botany of Captain Beechey's voyage* 发表的物种 Lysimachia lineariloba Hook. et Arn. 为异名。美国植物学家 Francis Blackwell Forbes 和英国植物学家 William Botting Hemsley，1890 年在刊物《林奈学会植物学杂志》（*Journal of the Linnean Society Botany*）也

二十一、滨海珍珠菜

沿用了此异名，但是不包括 "pl. Sheareri." 部分。

德国植物学家 Ernst Gilg1905 年在刊物 *Botanische Jahrbücher für Systematik, Pflanzengeschichte und Pflanzengeographie* 发表的物种 Lysimachia nebeliana Gilg. 为异名。

（二）形态特征

二年生草本，全体无毛。茎簇生，直立，高 10 ～ 50 cm，圆柱形，稍粗壮，通常上部分枝。叶互生，匙形或倒卵形以至倒卵状长圆形，长 6 ～ 12 cm，宽 5 ～ 25 mm，先端钝圆，基部渐狭，上面绿色，有光泽，下面淡绿色，两面散生黑色粒状腺点；叶柄长 5 ～ 25 mm，但上部茎叶常无柄。总状花序顶生，初时因花密集而呈圆头状，后渐伸长成圆锥形，通常长 3 ～ 12 cm，直立；苞片匙形，花序下部几与茎叶相同，向上渐次缩小；花梗与苞片近等长或稍短；花萼长 4 ～ 7 mm，分裂近达基部，裂片广披针形至椭圆形，先端锐尖或圆钝，周边膜质，中肋显著，背面有黑色粒状腺点；花冠白色，长约 9 mm，基部合生部分长达 2 mm，裂片舌状长圆形，先端钝，直立；雄蕊比花冠短，花丝贴生至花冠裂片的中下部，分离部分长约 1.5 mm；花药长圆形，长约 1.2 mm，药隔顶端具硬尖头；花粉粒具 3 孔沟，近长球形 [（26-30）×（20-22）μm]，表面具不明显的网状纹饰；子房圆锥形，上部渐狭与花柱相连；花柱长约 4 mm。蒴果梨形，直径约 5 mm。花期 5—6 月；果期 6—8 月。

（三）分布

产于广东、福建、台湾、浙江、江苏、山东、辽宁等省沿海地区。日本、朝鲜、菲律宾以及太平洋、印度洋岛屿均有零星分布。舟山群岛各个岛屿均有分布。

（四）生境及习性

生于海滨沙滩石缝中，如图 21-1 所示。

（五）繁殖方法

（1）扦插繁殖。滨海珍珠菜一般以扦插繁殖为主。扦插时期不限，全年均可进行，但以春秋两季扦插成活率较高。扦插时选健壮母株截取其带 4 ～ 5 芽约 8 ～ 12 cm 的枝茎，扦插于事先准备好的苗床中，入土约为茎枝的 2/3。苗床不需施肥，以砂壤土为好。插后浇透水，保湿。春季约 10 天发根，冬季需 2 ～ 3 周才能发根。珍珠菜对土壤的适应性较强，为获高产，宜选择肥沃土壤。栽植前施入充分腐熟的有机肥做基肥，翻地整平，高畦栽培，畦宽 140 cm，株行距为（20 ～ 30）cm×（30 ～ 40）cm，每公顷种植 333 株左右。定植后及时浇定根水，促进生根。

（2）分株繁殖。也可采用分株繁殖，分株繁殖时选取健壮株，挖出植株，用刀把各分枝切割开，即可定植。

a 植株；b 花瓣及雄蕊；c 子房横切；d 花冠；e 果实

图 21-1　滨海珍珠菜

（六）应用价值

（1）药用价值。性味辛、涩、平。内服具有活血、调经之功效。可治疗月经不调、白带过多、跌打损伤等症。外用可治疗蛇咬伤等症。化学成分以黄酮和皂普为主。同时还含有挥发油、有机酸等化合物。日本学者将滨海珍珠菜（L.mauritiana）、珍珠菜（L.elethroides）、小茄的总皂苷酸水解后，证明滨海珍珠菜含 DihydropriverogeninA 最多（40%）。

（2）园林价值。花色艳丽，可供花卉观赏，用于园林绿化，特别是海滩等盐碱地绿化，是首选的材料，该植物适应性强，极易成活。

（3）生态价值。由于具有耐盐碱特性，可用于海滨防风固沙，保持水土。

（七）研究进展

（1）关于滨海珍珠菜核型的研究。Yoshiko Kono（2016）研究了沿海二年生草本植物 Lysimachia mauritiana 核型，表现出显著的种内核型多样性，特别是在日本的琉球群岛（琉球）。该物种显示了五个染色体编号（$2n = 16,17,18,19,20$）和单独的琉球岛屿中的 18 种细胞型。① Takarajima 岛（Is.）的 11 种细胞型在琉球群岛中显示出最高的种群内和种群间细胞型多态性。②奄美大岛，加计吕麻岛和德之岛共识别出 15 种细胞型，并且在每个地方共存有几种细胞型。③位于奄美岛的两个岛屿和德之岛有不同的显性细胞型，分别为 16（6 m）和 18（6 m）。在该研究中，要探索在冲绳岛和冲绳岛的邻近岛屿上是否存在类似的核型多态性来自 10 个岛屿的 51 个地区的 610 个植物的 Daito 群被分析为核形态和地区形态。结果，识别出 5 个染色体数目（$2n = 16,17,18,19,20$）和 13 个细胞型在这些地区。冲绳岛根据细胞型分布模式将其分为两个区域。北方面向东海的西部地区在细胞型中表现出种群内和种群间的多态性。相比之下，面向太平洋的南部，东部和东北部地区显示出一个单一的细胞型局部性。大藤群首次在日本发现了台湾南部分布广泛的 20（4 m）TS 细胞型。该细胞型可能来自台湾南部和菲律宾的潮流。

Yoshiko Kono（2012）研究指出，种内核型多态性与滨海珍珠菜的等位酶变异高度一致，对沿海植物的定殖历史和扩散模式的影响，具有广泛的核型多态性，并显示复杂的细胞地理学横跨琉球的模式。探讨琉球是否存在类似程度的染色体变异，在台湾进行了全面抽样，试图确定可能产生模式的机制。台湾及其毗邻岛屿在有丝分裂中期分析来自 42 个群体的 550 个个体的核型。此外，使用 12 种同种酶估计遗传变异。关键结果检测到 4 个染色体数目和 8 个细胞型，包括 4 个地方性细胞型。细胞型分布在地理上高度结构化，在大多数居群中存在单一细胞型主要分布在台湾北部、东部和南部以及澎湖群岛的四种主要细胞型。等位酶变异非常低，统计表明居群分化水平极高，这意味着居群中有限的基因流动。同种异体酶变异的聚类分析揭示了四个地理群体，每个都完全对应于四种主要的细胞型。

细胞型分布的地理结构和等位酶变异可能是由遗传瓶颈引发的严重遗传漂变造成的，这表明台湾居群很可能来自四个独立的事件。在少数几个地方多种细胞型，细胞遗传学模式和染色体进化的推论揭示了一种趋势向北扩散。

Yoshiko Kono（2011）研究了 rDNAs 和端粒以及染色体的分布模式 Lysimachia mauritiana L. 两种细胞型之间的重排。收集位于日本琉球群岛最南端的两种 Lysimachia mauritiana 细胞型：日本大陆（JM 型）、Sakishima 集团（SR 型），进行细胞遗传学的分析。JM 和 SR 型显示核型公式为 $2n=20（4m）=4m+2sm+4st+10t$ 和 $2n=18（6m）=6m+2sm+10t$。在 FISH 分析中，在间质处观察到 5SrDNA 的信号两种细胞型中一对 t 染色体上的长臂区域。另一方面，45S rDNA 的大小不同在 JM 型的 m−，sm−，st− 和 t− 染色体的远端和近端区域观察到信号，并且 SR 型的 m 染色体和 t 染色体。同样在 SR 型中，在间质区域显示出微小的 45S rDNA 信号长臂对 sm 染色体的影响。两种细胞型中的端粒信号出现在所有染色体的两端，在某些染色体的内部部位。近端区域的大端粒序列信号重合用 JM 型的小 45S rDNA 信号。这些结果给了我们一个融合／融合假设，两个 st 或一个 m− 染色体用于 JM 型或 SR 型的新的种内核型形成。

（2）种群密度的影响因素研究。RYO O. SUZUK2014 研究了关于两年生滨海珍珠菜在局部密度和非生物微环境影响下的繁殖产出，在生长季节和繁殖季节密度效应是主导生存因素，在生长后期的幼苗补充和存活方面，地面条件的影响更重要。因此，密度依赖性和非密度依赖性因子之间周期调节滨海珍珠菜种群在空间上异质的栖息地上繁殖萌发生命。

（3）抑制肝炎病毒的研究。Seong Eun Jin（2017）研究指出，戊型肝炎病毒（HEV）是急性 hepa titis E 的病原体，急性 hepa titis E 是发展中国家普遍存在的自限性疾病。HEV 可引起暴发性肝衰竭，孕妇死亡率高，据报基因型 3 引发免疫功能低下者的慢性肝炎。用筛选的化合物植物提取物存在潜在的抗 HEV 效应，得到 70％ 的效应鉴定。滨海珍珠菜（LME）的乙醇提取物干扰于猪 HEV 基因型 3 复制子的复制。此外，LME 显著抑制 HEV 的复制基因型 3 和 HEV ORF2 在感染细胞中的表达没有发挥细胞毒作用。总的来说，我们的发现证明了 LME 在开发中的潜在效用抗 HEV 感染的新型抗病毒药物。

（4）种子表皮形态与分类的研究。I.−C. Oh（2008）研究了 Lysimachia 属（Myrsinaceae）和相关类群中比较种子形态和性状演化，滨海珍珠菜种子表皮，如图 21-2 所示。

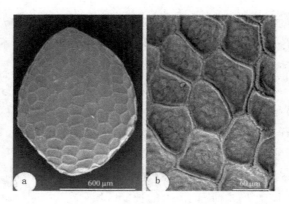

图 21-2　滨海珍珠菜种子表皮图

（5）分类学研究。KENDRICK L.1997 研究指出，夏威夷群岛有两个亚属：亚属 Palladia（Moench）Hand.−Mazz，由沿海 Lysimachia mauritiana Lam 代表；亚属 subgen Lysimachiopsis（Heller）Hand.−Mazz，由夏威夷群岛特有的物种组成。

参考文献

[1] KONO Y, HOSHI Y, SETOGUCHI H, et al. Intraspecific Karyotypic Polymorphism and Cytogeography of Lysimachia mauritiana（Primulaceae）on Several Islands in the Okinawa and the Daito Groups of the Ryukyu Archipelago, Japan[J]. The Japan Mendel Society, 2016, 81（4）: 431−437.

[2] KONO Y, CHUNG K F, CHEN C H, et al. Intraspecific Karyotypic Polymorphism Is Highly Concordant with Allozyme Variation in Lysimachia Mauritiana（Primulaceae: Myrsinoideae）in Taiwan: Implications for the Colonization History and Dispersal Patterns of Coastal Plants[J]. Annals of Botany, 2012, 110: 1119−1135.

[3] KONO Y, HOSHI Y, SETOGUCI H, et al. Distribution Patterns of RDNAs and Telomeres and Chromosomal Rearrangement Between Two Cytotypes of Lysimachia mauritiana L.（Primulaceae）[J]. CARYOLOGIA, 2011, 64（1）: 91−98.

[4] SUZUKI R O, KACHI N. Effects of Local Densities and Abiotic Microenvironments on Reproductive Outputs of a Biennial, Lysimachia mauritiana var. rubida[J]. Plant Species Biology, 2014（29）: 217−224.

[5] JIN S E, KIM J E, KIM S Y, et al. An Ethanol Extract of Lysimachia Mauritiana Exhibits Inhibitory Activity Against Hepatitis E Virus Genotype 3 Replication[J]. Journal of Microbiology, 2017, 55（12）: 984−988.

[6] OH I C, ANDERBERG A L, SCHONENBERGER A A, et al. Comparative Seed Morphology and Character Evolution in the Genus Lysimachia （Myrsinaceae） and Related Taxa[J]. Pl Syst Evol, 2008（271）: 177–197.

[7] MARR K L, BOHM B A. A Taxonomic Revision of the Endemic Hawaiian Lysimachia （Primulaceae） Including Three New Species[J]. Pacific Science, 1997, 51（3）: 254–287.

二十一、滨海珍珠菜

二十二、小茄

（一）学名解释

Lysimachia japonica Thunb. 属名：Lysimachia。排草属，珍珠菜属，星宿菜属，报春花科。种加词：japonica，日本的。命名人：Thunb.

学名考证：Lysimachia japonica Thunb. Fl. Japon. 83. 1784；R. Knuth in Engl. Pflanzenr. 22（IV–237）：262. 1905，p. p. et excl. syn. L. debilis Wall.；Hand. –Mazz. in Not. Roy. Bot. Gard. Edinb. 16：96. 1928；Migo in Bull. Shanghai Sci. Inst. 14：70. 1944；Hara，Enum. Sperm. Jap. 1：86. 1948；Bentv. in Fl. Malesiana 6（2）：182. 1962，p. p. excl. syn. L. debilis Wall. et L. siamensis Bonati；海南植物志 3：436. 1974；中国高等植物图鉴 3：275. 图 4503. 1974；4：77. 1978；Chen et C. M. Hu in Act. Phytotax. Sin. 17：34. 1979.

瑞典博物学家 Carl Peter Thunberg 于 1784 年在《日本植物》（*Flora of Japan*）中发表了该物种。德国分类学家，植物学家和蕨类植物学家 Reinhard Gustav Paul Knuth（1874—1957）于 1905 年在 Engler,A. 的著作 *Das Pflanzenreich* 沿用了此名称，不包括 "L. debilis Wall.（同物异名）"。奥地利植物学家 Heinrich von Handel-Mazzetti1928 年在著作 *Notes of the Royal Botanical Garden, Edinburgh* 也沿用了此名称。日本植物学家御江久夫（1905—1944）在《上海科学研究》中也沿用了此名称。日本植物学家原宽（1911—1986）,1948 年在刊物《日本种子植物集览》（*Enumeratio Spermatophytarum Japonicarum*）也沿用此名称。法国博物学家 Ambrose-Marie-Francois-Joseph Palisot de Beauvois1962 年在著作 *Flora Malesiana* 记载了该物种，但是不包括 L. debilis Wall. 和 L. siamensis Bonati 同物异名。《海南植物志》（1974）；《中国高等植物图鉴》（1974，1978）；记载了该物种。胡启明和陈封怀 1979 年《植物分类学报》记载了该物种。

（注：p. p. excl. syn.=pro parte synonymis exclusis 一部分，不包括同物异名。）

英文名称：Japanese Loosestrife

（二）形态特征

小茄形态特征如图 22-1 所示。

茎细弱，四棱形，常自基部分枝成簇生状，初倾斜，后匍匐伸长，高 7 ～ 15（30）cm，节间长 2 ～ 5 cm，密被灰色多细胞柔毛。叶对生，阔卵形至近圆形，长 1 ～ 2.5 cm，宽 7 ～ 20 mm，先端锐尖或钝，基部圆形或近截形，两面被柔毛，密布半透明腺点，干后腺点呈粒状突起，侧脉 2 ～ 3 对，纤细，网脉不明显；叶柄长 2 ～ 5（10）mm，具草质狭边缘。花单生叶腋；花梗长 3 ～ 8 mm，果时下弯；花萼长 3 ～ 4 mm，分裂近达基部，裂片披针形，先端渐尖，背面被毛，果时增大，长 7 ～ 8 mm；花冠黄色，直径 5 ～ 8 mm，与花萼近等长，裂片三角状卵形，通常具透明腺点；花丝长 2 ～ 3 mm，基部合生成浅环；花药卵形，长约 1 mm；花粉粒具 3 孔沟，近长球形 [（31–33）×（24–25）nm]，表面具网状纹饰；子房被毛，花柱长 2 ～ 3 mm。蒴果近球形，褐色，直径 3 ～ 4 mm，顶部被疏长柔毛。花期 3 ～ 4 月；果期 4 ～ 5 月。

a 植株；b 种子；c 子房；d 花解剖；e 雄蕊

图 22-1 小茄

引自 Salih TERZİOĞLU：2009, An Alien Species New to the Flora of Turkey: Lysimachia japonica Thunb. Primulaceae

（三）分布

产于江苏、浙江、台湾、海南，也分布于朝鲜、日本、印度尼西亚、不丹、印度（大吉岭）、克什米尔、韩国。

（四）生境及习性

生于田边、草地、沟渠、溪边；海拔 500～800 m。

参考文献

TERZİOĞLU S, KARAER F. An Alien Species New to the Flora of Turkey: Lysimachia japonica Thunb.（Primulaceae）[J]. Turk J Bot, 2009（33）: 123-126.

二十三、琉璃繁缕

（一）学名解释

琉璃繁缕 *Anagallis arvensis* L. 属名：Anagallis,ana, 相似，+agallo, 美化。Anagelao, 笑。琉璃繁缕属，海绿属，报春花科。种加词：arvensis, 属于田野的。命名人 L.（略）。

学名考证：Anagallis arvensis L. Sp. Pl. 148；1753；Duby in DC. Prodr. 8：69. 1844；R. Knuth. in Engl. Pflanzenr. 22（IV–237）：322. 1905；Forb. et Hemsl. in Journ. Linn. Soc. Bot. 26：59. 1889；台湾植物志 4：68. Pl. 914. 1978.

林奈于 1753 年在《植物种志》中记载了名称：Anagallis arvensis L.。瑞士植物学家 Jean Étienne Duby 于 1844 年在 DC. 的著作 *Prodromus Systematis Naturalis Regni Vegetabilis* 中沿用了此名称。德国植物学家 Reinhard Gustav Paul Knuth 于 1905 年在 Engler,A. 的著作 *Das Pflanzenreicn* 中也沿用了此名称。美国植物学家 Francis Blackwell Forbes 和英国植物学家 William Botting Hemsley 于 1889 年在著作《林奈植物科学研究》（*The Journal of the Linnean Society of London .Botany*）也沿用了此名称。《台湾植物志》1978 也沿用了此名称。

英文名称：Scarlet Pimpernel

（二）分类历史

Abdel Moneim（2003）介绍琉璃繁缕是埃及人在耕地时常见杂草植物。春天它具有红色或蓝色的花朵。A.arvensis L. 基础分类学研究一直存在争议。林奈 1753 描述了四种 Anagallis 即 A.arvensis，A.monelli，A.latifolia 和 A.capensis。Bailey 1935 年、1949 年报道了 A. arvensis var caerulea, Gren. Godr.（A.caerulea Schreber），有蓝色的花朵。Tutin 等 1972 提到 A.arvensis L. 包括以下分类：A. phoenicea Scop., A. platyphylla Baudo,A. parviflora Hoffmanns.。和 Link. 等他们认为这是一个物种已经描述了许多变体，（例如，A.parviflora Hoffmanns 和 Link，这

是零星的和似乎只是一个小花的品种。根据 Täckholm（1974）的说法，Anagallis 说在埃及有两种物种，即 Anagallis arvensis L 和 Anagallis pumila Sw。在她看来 A.arvensis L. 构成两个亚种（亚种 arvensis 与红色的花和亚种阔叶落叶松蓝色的花朵）而其他物种（Anagallis pumila）有白花。然而，Bailey 和 Bailey1976 提到，A. arvensis L. 有猩红色或白色的花，而在形成 caerulea（Schreb.）Baumg=A.caerulea Schreb.。花是蓝色的。Feinbrun-Dothan（1978）提到 A. arvensis 有一个蓝色或猩红色的花冠，而在 A. foemina 中，花冠是蓝色的。Beckett（1983）记录了栽培种 A. arvensis 有猩红色，红色，粉红色，淡紫色，紫色或蓝色的花朵。据他说，A. arvensis foemina，总是浓郁的蓝色。Mabberley（1987）报道 A.arvensis L. 有红色花形成 forma caerulea（Schreb.）Baumg, 有蓝色的花朵。Boulos（2000）研究指出，A.arvensis 有两个亚种，A. arvensis ssp. arvensis var arvensis with red 花和 A. arvensis ssp. foemina 与蓝色花卉。

（三）形态特征

琉璃繁缕形态特征如图 23-1 所示。

一年生或二年生草本，无毛或梢端和嫩枝具头状小腺毛，高 10～30 cm。茎匍匐或上升，四棱形，棱边狭翅状，常自基部发出多数分枝，主茎不明显。叶交互对生或有时 3 枚轮生，卵圆形至狭卵形，长 7～18（25）mm，宽 3～12（15）mm，全缘，先端钝或稍锐尖，基部近圆形，无柄。花单出腋生；花梗纤细，长 2～3 cm，果时下弯；花萼长 3.5～6 mm，深裂几达基部，裂片线状披针形，基部宽 0.7～1 mm，先端长渐尖成钻状，边缘膜质，背面中肋稍隆起；花冠辐状，长 4～6 mm，淡红色，分裂近达基部，裂片倒卵形，宽 2.7～3 mm，全缘或顶端具啮蚀状小齿，具腺状小缘毛；雄蕊长约为花冠的一半，花丝被柔毛，基部连合成浅环。蒴果球形，直径约 3.5 mm。花期 3—4 月。

（四）分布

产于浙江、福建、广东、台湾，也分布在不丹、印度、日本、尼泊尔、巴基斯坦、俄罗斯，非洲西北部、亚洲西部、澳大利亚、欧洲、北美、南美等温带和热带地区。浙江产于定海、普陀、兰溪、洞头、瑞安。

（五）生境及习性

生于海岸沙丘，海拔 100 米的山坡路旁、田野及荒地中。

a、b、c、d、e 不同颜色的花；f 子房及花萼；g 果实；h 子房横切；i 雄蕊

图 23-1　琉璃繁缕

（六）应用价值

（1）杀蜗牛等软体动物。Ahmed T. Sharaf El-Din（2012）研究了其水提物和乙醇提取物的毒性作用和这种植物的提取物抗矢量蜗牛的杀软体动物活性，及杀死血吸虫病的毒性作用。

（2）毒性成分。实验性喂养植物材料对各种动物，如马和狗，造成的肠胃炎。足够高的剂量证明是致命的。在印度，通常在姜黄田中观察到，特别是在马哈拉施特拉邦的马拉松田地区我们的研究地点。这种植物含有不同的有毒活性成分甙、挥发油、皂甙（anagallin）等原理，单宁和可食用部分的草酸盐。琉璃繁缕在各种各样的澳大利亚绵羊中毒场合及其毒性已通过实验证实，发病率为 7% ～ 30%，病死率为 50% ～ 86%。

（3）医药价值。Pande A（2016）研究认为该植物对反刍动物有毒，但它具有治疗痛风、麻风病、癫痫、泌尿系统感染等疾病的巨大潜力。从有毒植物中分离出的植物化学成分具有抗菌、抗真菌、抗病毒、抗滴定、抗糖尿病、抗抑郁、抗炎症和肝脏保护活动。Javad Sharifi-Rad（2016）报道了其具有明显的抗菌活性，*A.arvensis* 叶提取物具有抗 MRSA 特性，证实了该方法的有效性，可用于治疗传染病以及食品工业中的抗菌补充剂。

（七）研究进展

（1）形态解剖学研究。Dorota Kwiatkowska（2003）研究了其顶端分生组织的发生学，利用非破坏性复制方法和 3-D 重建算法用于分析顶端分生组织的生长扩大机制。在顶端分生组织中心区表面域向四周扩张分裂是缓慢的，而且在周边表面膨胀时几乎是各向同性的。但是个别区域更强烈，更具各向异性。根据相邻叶子的年龄而变化原基在周边区域内扩张速度，扩张各向异性和最大膨胀方向各有不同。这种模式膨胀按着斐波纳契角在顶点周围旋转。早叶原基发育分为四个阶段：鼓胀、横向扩张、分离和弯曲。这些阶段的不同之处在于几何形状和扩展模式。鼓胀阶段，原始起始点显示强化膨胀，这一阶段显示几乎是各向同性的。但是以下阶段（横向扩张、分离和弯曲）形成尖锐的经向梯度膨胀率和各向异性。到分离阶段，当折痕在原基和顶点圆顶之间发展，正面原基从表面曲折率推断其边界。形成折痕的细胞，即发育成未来的叶腋，沿着斧头展开并在它上面收缩。

Sonia T.Silvente（1986）发现蔗糖对在 Murashige-Skoog 培养基中培养的 *Anagattis arvensis* L. Ieaves 的形态发生具有调节作用。Reot 的形成和生长似乎独立于其他形态发生的表达，在 25℃时没有 cxegeneus 糖形成的根，但在 32℃和 35℃时似乎需要蔗糖，2% 的蔗糖在 25℃时改善了芽形成并且在 6% 浓度下具有抑制性的 efllect，蔗糖浓度高于 3% 抑制枝条生长（实验室 oldeength），蔗糖也可以代替光辐照度调节枝条和叶子的生长。比根和芽形成所需更高的增加浓度是花和果实形成所必需的，但是蔗糖不能代替光周期需要在培养基中开花。

（2）传粉生物学研究。P. E. GIBBS（2001）研究表明，在温室里研究了琉璃繁缕的授粉生物学、坐果和繁殖系统。没有观察到 *A. arvensis* 的传粉者，授粉表明这些物种是自交亲和的类群，在第一天结束时，随着花瓣的关闭自动授粉。

（3）细胞毒性及抗癌的研究。琉璃繁缕（报春花科）已在西班牙使用在传统医学背景下伤口愈合的补救措施。该物种先前已经证实抗菌和抑制 COX 的特性。从未有过植物的细胞毒性作用，尽管众所周知它们在高剂量或长期口服给药时是有毒的。使用分光光度法在 PC12 和 DHD/K12PROb 细胞中评估细胞毒性，如

MTT 和 LDH 测定，能降低细胞存活率并诱导细胞损伤（LDH 释放）以剂量依赖性方式，PC12 细胞比 DHD/K12PROb 细胞对提取物更敏感。甲醇提取物显示更具细胞毒性，超过 80 mg/mL 的剂量降低了细胞存活率 50%。结果表明，这些植物可能是已经描述毒性作用的传统药物。

S. I. AL-Sultan（2003）研究了其毒性作用，将 60 只两性成年大鼠用于测定琉璃繁缕的 LD50。将其他 18 只大鼠用于重复连续剂量以测定与 *A.arvensis* 中毒（1/5 和 1/10 LD50）IP 相关的血象，肾功能和组织病理学变化 15 天。LD50 为 10.718 mg/kg.b.wt。*A.arvensis* 酒精提取物的研究临床症状包括厌食，烦躁不安，腹泻，口渴，呼吸困难，震颤，并以昏迷和死亡告终。在血液学上，中毒大鼠的 PCV%，Hb 浓度和 RBC 计数显著降低。关于肾功能测试，中毒大鼠的尿素和肌酸酐水平显著增加。在病理学上，病变主要局限于泌尿系统。

（4）草酸盐含量的测定。Debi Prasad Mishra（2017）研究表明，草酸盐是兽医毒理学方面的重要毒物之一，因为它们主要与肾病和肾衰竭有关。这些临床症状背后的原因是草酸盐的积累。

通过两种方法高锰酸盐滴定和分光光度法估算成熟和未成熟琉璃繁缕植物的草酸含量。首先进行高锰酸盐滴定，草酸盐作为其钙盐的定量沉淀。该方法在水溶液中几乎没有困难，并且可以准确地估计低至 0.05 mg 的草酸量。采用这种标准滴定方法，成熟琉璃繁缕植物部分（3 月份）的估计草酸含量为 14.79%，未成熟琉璃繁缕（11 月份）植物部分的 12.45%。虽然这是最准确的过程，但非常耗时。因此尝试使用分光光度法来评估疗效。在这种方法中 0.5 g 采集植物材料，估算植物提取物中草酸盐浓度，成熟和未成熟植物部分分别为 15.06% 和 12.68%。从该研究可以得出结论，成熟植物部分含有比未成熟植物部分更多的草酸盐。对于估算方法，分光光度法是现代研究领域中比传统滴定法更好的方法，准确度差异较小但效果较好。

（5）有毒活性成分的测定。Pande A（2016）研究①没有报告的毒性和生物活性的活性物质列表：Lacceric acid（3625-52-3）；Anagalligenin B（33722-92-8）；Anagalligenone B（33809-48-2）；Arvenin Ⅰ（65247-27-0）；Arvenin Ⅱ（65247-28-1）；Arvenin Ⅲ（65597-45-7）；Arvenin Ⅳ（69312-48-7）；Anagalloside A（114318-81-9）；Anagalloside B（114318-82-0）；Anagalloside C（114318-83-1）；Deglucoanagallo-side B（114318-84-2）；Deglucoanagallo-side A（114333-17-4）；Dihydrospinaster-ol（117598-82-0）；Anagallisin E（136825-40-6）；Anagallisin A（136842-05-2）；Anagallisin B（136842-06-3）；Anagallisin D（136842-07-4）；Anagallosaponin Ⅰ（162762-99-4）；Anagallosaponin Ⅱ（162763-00-0）；Anagallosaponin

Ⅲ（162763-01-1）；Anagallosaponin Ⅳ（162763-02-2）；Anagallosaponin Ⅴ（162763-03-3）；Anagallosaponin Ⅵ（160669-21-6）；Anagallosaponin Ⅶ（160632-42-8）；Anagallosaponin Ⅷ（160632-43-9）；Anagallosaponin Ⅸ（160632-44-0）；Anagalline；Sanagalligenone。②那些毒性较小活性物质的生物活性：β-Stigmasterol（83-48-7）；Beta Amyrin（559-70-6）；Cucurbitacin I（2222-07-3）；Cucurbitacin B（6199-67-3）；Alpha Elater-in（18444-66-1）；Isorhamnetin（480-19-3）；α-spinasterol（481-18-5）；n-hexacosane（630-01-3）；α-Spinasterol glucoside（1745-36-4）；Cucurbitacin D（3877-86-9）。③报道的植物生物活性物质的毒性和生物活性：Beta Sitosterol（83-46-5）；Quercetin（117-39-5）；Kaempferol（520-18-3）；Rutin（153-18-4）。

（6）煤烟对根系的影响。Mohammad Saquib（2012）研究了煤烟污染对琉璃繁缕根系影响的长度，每月研究一次根生物量和净初级生产力，收集样品来自距电厂背风处 0.5、2、4 和 20 千米四个选定的地点，收集位于四个地点 *A. arvensis* 根系生长的百分比损失显示与站点距离的线性关系任何特定阶段的污染源。根生物量表现出相对较高程度的依赖性（59% 至 76%）距离比根长（38% 至 58%）。

（7）化感作用的研究。Zenab Rebaz（2001）研究了琉璃繁缕对 6 种试验种子萌发和幼苗生长的影响。水 *A. arvensis* 的提取物抑制了所有 6 种试验种的发芽，根和芽生长。该物种表现出差异对提取物的反应。芽提取物按以下顺序减少发芽：珍珠粟 > 芥末 > 胡萝卜 > 萝卜 > 小麦 = 玉米。在 5、10 和 20 g/kg 土壤中沙土壤土中腐烂的 *A. arvensis* 基本上抑制了萌发和萌发所有剂量的珍珠粟幼苗生长。*A. arvensis* 提取物的生物测定揭示了 Rf 的两个抑制区值 0.8 ～ 0.9 和 0.9 ～ 1.0。酚类化合物的色谱分析表明存在三种酚酸：水杨酸、肉桂酸和咖啡酸。

Om Prakash（2015）研究了在农田中施用蚯蚓粪可以明显降低琉璃繁缕对作物的影响，蚯蚓粪与土壤的比例为 1：1,1：2,可以收到不同的效果。

（8）孢粉学研究。Abdel Moneim（2003）研究如图 23-2 所示 a ～ d 为 Anagallis（猩红色的花 scarlet flower）；e ～ h 为 Anagallis（蓝色的花 blue flower）。表示两个地理亚种的花粉不同。认为不同花色代表不同地理亚种。

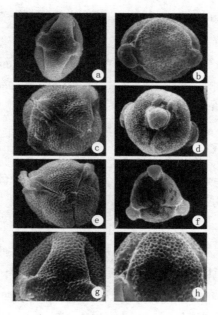

图 23-2 琉璃繁缕的孢粉形态

参考文献

[1] DOROTA K, JACQUES D. Growth and Morphogenesis at the Vegetative Shoot Apex of Anagallis Arvensis L[J]. Journal of Experimental Botany, 2003, 54（387）: 1585–1595.

[2] GIBBS P E, TALAVERA S. Breeding System Studies with Three Species of Anagallis （Primulaceae）: Self–incompatibility and Reduced Female Fertility in A[J]. monelli L.. Annals of Botany, 2001, 88: 139–144.

[3] EL–DIN A T, EL–SAYED K A, HAMID H A, et al. Neurotoxic Effect of Bayuscide, Selecron and Ethanlic Extract of Anagalis Arvensis on the Cerebral GanGlia of Biomphalaria Alexandrina Snail[J]. International Journal of Recent Scientific Research Vol, 2012, 61（6）: 530–536.

[4] LOPEZ V, CAVERO R Y, CALVO M I. Cytotoxic Effects of Anagallis Arvensis and Anagallis Foemina in Neuronal and Colonic Adenocarcinoma Cell Lines[J]. Pharmacognosy Journal, 2013, 5: 2–5.

[5] DEBI PRASAD MISHRA, NIVEDITA MISHRA, HARSHAL B MUSALE, et al. Determination of seasonal and developmental variation in oxalate content of Anagallis

arvensis plant by titration and spectrophotometric method [J]. The Pharma Innovation Journal, 2017, 6（6）: 105–111.

[6] PANDE A, VAZE A, DESHPANDE V, et al. Evaluation of Potential Toxicity of Bioactives of Anagallis arvensis– A Toxic Plant[J]. International Journal of Toxicological and Pharmacological Research, 2016, 8（3）: 163–172.

[7] SONIA T S, TRIPPI V S. Sucrose–Modulated Morphogenesis in Anagalli sarvensis L. [J]. Plan tCbt lPllysio, 1986, 27（2）: 349–354.

[8] SAQUIB M. Root Growth Responses of Anagallis arvensis of the Tropical Agroecosystem to Coal Smoke Pollution. International Journal of Bioscience[J]. Biochemistry and Bioinformatics, 2012, 2（1）: 17–20.

[9] REBAZ Z, SHAHID S S, SIDDIQUI I A. Allelopathic Potential of Anagallis arvensis L. : A Cosmopolitan Weed [J]. Pakistan Journal of Biological Sciences, 2001, 4（4）: 446–450.

[10] MONEIM A, ATTA A, SHEHATA A A. On the Delimitation of Anagallis arvensis L.（Primulaceae）1. Evidence Based on Macromorphological Characters, Palynological Featuresand Karyological Studies[J]. Pakistan Journal of Biological Sciences, 2003, 6（1）: 29–35.

[11] ALSULTAN S I, HUSSEIN Y A, HEGAZY A. Toxicity of Anagallis arvensis Plant[J]. Pakistan Journal of Nutrition, 2003, 2（3）: 116–122.

[12] PRAKASH O. Biocomposting of Anagallis arvensis and Impact of Prepared Vermicompost on the Growth of Tagetes erecta, Plant[J]. International Journal of Science and Research, 2018, 7（3）:906–908.

[13] SHARIFI–RAD J, HOSEINI–ALFATEMI S M, MIRI A, et al. Exploration of Phytochemical and Antibacterial Potentiality of Anagallis arvensis L. Extract against Methicillin–Resistant Staphylococcus aureus（MRSA）[J]. British Biotechnology Journal, 2016, 10（2）: 1–8.

二十四、补血草

（一）学名解释

补血草 *Limonium sinense*（Girard）Kuntze，属名：Limonium，Liemon（希），草地，指某些种生于草地。补血草属，匙叶草属，蓝雪科。种加词：sinense，中华的。命名人 Kuntze=Carl Ernst Otto Kuntze（1843—1907）是德国植物学家。基本异名命名人 Girard= 查尔斯·弗雷德里克·吉拉德（Charles Frédéric Girard，1822—1895）为法国生物学家，其专业是鱼类学及爬虫学。

吉拉德出生于法国米卢斯，曾在瑞士纳沙泰尔学院学习路易斯阿加西斯。1847 年，他陪同阿加西斯担任哈佛大学的助手。三年后，Spencer Fullerton Baird 打电话给史密森尼，研究不断增长的北美爬行动物、两栖动物和鱼类。他在博物馆工作了十年，并发表了许多论文，其中许多是与贝尔德合作的。

1854 年，吉拉德被归化为美国公民。除了在史密森学院工作之外，他还于 1856 年在华盛顿特区的乔治城大学获得了医学博士学位。1859 年，他回到法国，因其在北美爬行动物和鱼类方面的工作而被法国研究所授予 Cuvier 奖。

当美国内战爆发时，吉拉德加入了南方邦联，作为外科和医疗用品的代理人。战争结束后，他留在法国并开始了医疗事业。在普法战争期间，他担任军医，并在巴黎围城之后发表了一篇关于伤寒的重要论文。吉拉德为一名医生仍然活跃，在接下来的三年里，他发表了更多关于自然历史的论文。吉拉德于 1891 年退休，并在塞纳河畔讷伊度过余生，于 1895 年去世。

吉拉德以以下分类群的名义进行纪念：Girardinus Poey, 1854；Girardinichthys Bleeker, 1860；Cambarus girardianus Faxon, 1884；Masticophis taeniatus girardi（Stejneger & Barbour, 1917）；Microcyphus girardi Desor；Synapta girardi Pourtalès；Vortex girardi O. Schmidt, 1857。蝎子草属 Girardinia；补血草 Limonium sinense（Girard）Kuntze。

学 名 考 证：*Limonium sinense*（Girard）Kuntze，Rev. Gen. Pl. 2：396. 1891；刘慎谔，东北植物检索表 278，1959，p. p；中国高等植物图鉴 3：290. 图 4533，1974；海南植物志 3：439. 图 841. 1974.—Statice sinensis Girard in Ann. Sci. Nat. III. 2：329. 1844.—S. fortunei Lindl. in Bot. Reg. 31：t. 63. 1845（fortunii）—S. bicolor auct. non Bunge：N. Gist Gee in 科学 6：321. 1921；Belval in Mus. Heude Notes Bot. Chin. 8. 1931；裴鉴等，江苏南部种子植物手册 574. 图 927. 1959.—S. japonica auct. non Sieb. et Zucc.：Kom. in Act. port. Petrop. 25：242. 1907.—L. francheti auct. non（Debx.）Kuntze：刘慎谔，东北植物检索表 278. 1959.

Carl Ernst Otto Kuntze1891 年在刊物 *Revised Genera Plantarum* 发现了该物种，1844 年 Charles Frédéric Girard 在刊物 *Annales des Sciences Naturelles* 发表物种 Statice sinensis Girard，当时将此物种归于 Statice 属，经 Kuntze 考证，应归于 Limonium 属，所以重新组合为 Limonium sinense（Girard）Kuntze。刘慎谔，东北植物检索表（1959）；中国高等植物图鉴（1974）；海南植物志（1974），均记载了该物种。英国植物学家，园丁和兰花学家 John Lindley FRS（1799—1865）1845 年在刊物 *Edward's Botanical Register* 发表物种 Statice fortunei Lindl. 为异名。

N. Gist Gee 1921 在刊物《科学》记载物种 S. bicolor Bunge 为错误鉴定。Belval1931 年在刊物 *Museo Heude Notes Botany China* 也沿用了此错误鉴定。裴鉴等，江苏南部种子植物手册 574. 图 927. 1959.，也沿用了此错误鉴定名称。

俄国植物分类学家 Komarov, Vladimir Leontjevich（Leontevich）1907 在刊物 *Acta Portuguesa Petrophysics* 记载的物种 S. japonica Sieb. et Zucc 为错误鉴定。

刘慎谔 1959 年在刊物《东北植物检索表》所记载物种 L. francheti（Debx.）Kuntze 为错误鉴定。

（注：auct. Non 为错误鉴定。）

别名：补血草（福建）海赤芍（福建），鲂仔草（台湾），白花玉钱香（广东），海菠菜、海蔓（山东），海蔓荆（河北），匙叶草（种子植物名称），华蔓荆（指示植物），盐云草（江苏南部种子植物手册），匙叶矶松（东北植物检索表），中华补血草（中国高等植物图鉴）

英文名称：Chinese Sealavender

（二）分类历史及文化

本种与二色补血草 L. bicolor（Bunge）Kuntze 相似，但本种的萼檐较窄，开张幅径小于萼的长度；也同日本补血草 L. tetragonum（Thunb.）Bullok（Statice japonica Sieb. et Zucc.）相近，然而后者萼檐白色膜质部分更窄（宽 1～1.5 mm），红色的脉伸达花萼裂片顶端。本种随着生境盐分和气候条件的差异，形体有所变化。花序轴可由细弱、下部偃卧、四棱形的变成粗壮直立而具深沟棱的；小穗开花多少，叶的形状大小等也有一定幅度的变异。

2001 年 2 月 13 日农业部第一次常务会议讨论通过，中华补血草属被列入《中华人民共和国农业植物新品种保护名录（第三批）》。近年来，由于沿海地区人口增长速度快，加之人们对生态环境保护认识不足，大面积侵占湿地，并将湿地转化为农田和建设用地，如围垦造田、过度淡水养殖、工业污染等，造成一些盐生和湿生的植物数量减少，种群退化，有的品种正在悄然消失，有的品种面临灭绝境地。为了完善中国物种保存体系，保护好盐生植物资源、推进生物多样性保护，使一些濒危物种不灭绝，因此加强对盐生植物——中华补血草的研究和保护工作，具有十分重要的意义。

（三）形态特征

补血草形态特征如图 24-1 所示。

多年生草本，高 15 ～ 60 cm，全株（除萼外）无毛。叶基生，倒卵状长圆形、长圆状披针形至披针形，长 4 ～ 12（22）cm，宽 0.4 ～ 2.5（4）cm，先端通常钝或急尖，下部渐狭成扁平的柄。花序伞房状或圆锥状；花序轴通常 3 ～ 5（10）枚，上升或直立，具 4 个棱角或沟棱，常由中部以上做数回分枝，末级小枝二棱形；不育枝少，位于分枝的下部或分杈处，通常简单；穗状花序有柄至无柄，排列于花序分枝的上部至顶端，由 2 ～ 6（11）个小穗组成；小穗含 2 ～ 3（4）花，被第一内苞包裹的 1 ～ 2 花常迟放或不开放；外苞长 2 ～ 2.5 mm，卵形，第一内苞长 5 ～ 5.5 mm；萼长 5 ～ 6（7）0 mm，漏斗状，萼筒直径约 1 mm，下半部或全部沿脉被长毛，萼檐白色，宽 2 ～ 2.5 mm（接近萼的中部），开张幅径 3.5 ～ 4.5 mm，裂片宽短而先端通常钝或急尖，有时微有短尖，常有间生裂片，脉伸至裂片下方而消失，沿脉有或无微柔毛；花冠黄色。花期在北方 7（上旬）—11（中旬）月，在南方 4—12 月。

（四）分布

分布于我国滨海各省区，福建、广东、广西、河北、江苏、辽宁、山东、台湾、浙江等；日本、越南也有。模式标本采于山东蓬莱至天津一带的海边；异名的模式标本采自福建泉州。

a、b 植株；c 花序；d 花正面观；e 花侧面观

图 24-1　补血草

（五）生境及习性

生在沿海潮湿盐土或沙土上。邻近海洋的湿沙和含盐页岩。3-4 月份返青，5-6 月抽出花序，6 月份开花，花萼漏斗状，白或金黄色，不脱落。花瓣黄色，很小。10 月种子成熟。中华补血草耐盐、耐脊、耐旱、耐湿，在含盐量 0.6%～0.8%、有机质含量 0.3%～0.5% 的滨海盐土上生长。伴生植物有盐角草、碱蒿、盐蒿、獐茅、大穗结缕草等。花初开时粉红色中点缀着黄色，盛花时节黄、白、绿、红相映生辉，谢花后绿枝披上粉红色的鲜花，永不凋落，其实这不凋落的鲜花是其花萼。

研究表明，泌盐植物的盐腺可分泌钾、钠、钙、镁、氯和硫离子，以减轻各种盐离子对于活性组织的伤害。但分泌过程受到外界气候条件的影响，通常白昼叶片分泌盐分的量高于夜间；另外，钾、钠、钙、镁元素的分泌量与大气湿度之间存在很好的正相关性。同时，泌盐植物对各种矿质元素的分泌具有高度的选择性，盐腺主要分泌盐分离子，而分泌营养元素量极微。中华补血草的盐腺分泌钠、氯离子的数量高于其他离子的分泌量，其分泌液中的钠／钾比值远高于植物体内钠／钾比值（董必慧，2005）。

（六）繁殖方法

（1）组织培养。卢兴霞（2016）以中华补血草无菌苗叶片为外植体，对中华补血草的组织培养和再生体系进行了优化。以 MS+6-BA0.1 mg·L^{-1}+NAA0.2 mg·L^{-1}培养基为愈伤组织诱导最佳培养基，愈伤组织诱导率为100%；以 MS+6-BA1.5 mg·L^{-1}+NAA0.2 mg·L^{-1}为丛生芽诱导最佳培养基，诱导率为99.06%；丛生芽继代培养适宜的培养基为 MS+NAA0.2mg·L^{-1}+6-BA0.15mg·L^{-1}；以 MS+NAA0.2mg·L^{-1}培养基为最佳生根率培养基，生根率为87%，且根系生长良好。

陈世华（2006）以中华补血草为试材，通过优化激素配比，适宜补血草诱导植株再生的成芽培养基为 MS+6-BA0.5 mg/L^{-1}+IBA0.1 mg/L^{-1}；对诱导再生植株生根激素的筛选结果表明，最适生根激素为 IBA，其适宜浓度为 0.1 mg/L^{-1}；生根培养基为 MS+IBA0.1 mg/ L^{-1}。

（2）种子繁殖。将种子与湿沙混合在 5～10℃的室温催芽，约35天后，种子萌芽时，播种在育苗地上，条播，覆土 0.5 cm，盖草保湿，7 天后幼苗出土，5月 20 日，幼苗长出 5～8 片真叶时，按 20 cm×30 cm 移栽。补血草是直根系植物，须根较少，移植后早晚各浇水一次，7～8 天后停止浇水，及时除草，至6月底叶丛直径 18～20 cm，灰绿色，贴地生长。

（七）应用价值

（1）药用价值。中华补血草的性味，叶甘、咸、温；根甘、微苦、涩，性微寒。带根全草入药。据中医学记载，具有活血、止血、利水、温中健体、抗癌、抗炎、抗衰老、滋补强壮之功效，民间用之补血、治疗痔疮下血、脱肛、湿热便血、血淋、血热月经过多、血热带下等症。其作为止血药物值得开发。文献证实中华补血草中异槲皮苷、桑色素有抗炎、抗氧化、降压等生物活性，槲皮素具有抗氧化、抗癌、抗突变等作用，木犀草素亦有抗癌细胞增殖、诱导癌细胞凋亡和凋亡增敏作用，芹菜素有明确的抗肿瘤活性和机制。

（2）观赏价值。中华补血草花期长，花朵细小，花色美丽，色彩淡雅，成片盛开时十分美丽壮观；特别适宜用作插花材料，能够周年生产，经久不凋。其自然景观价值也很大，在大片平坦的盐土地上，在组成简单的植被中，它种群密度很大。在春末夏初的幼苗期，一片浓绿，构筑起茫茫盐土的深沉与宁静；在夏末秋初，已是盛花时节，正如浓烈的花海。微风徐来，千姿百态，别有一番情趣。所以中华补血草是一种优良的野生花卉。

（3）食用价值。其叶肥厚肉质，民间采集而制作菜粥和菜团等多种食品，口味清爽。过去用以充饥，现在用以调剂膳食。因此，是一种常用的野生蔬菜。其根纤维成分少，肉质丰厚，生食有甜味略带苦涩。做淹制品软硬适中，口味正，为一道别致小菜。从商品性状看，根红润，长且直，须根细少。因此，联系其药用价值，开发酱菜系列产品的可能性值得探讨。根含水溶性转化糖 22.5%、粗蛋白 19%、钝纤维 2.7%、还原糖 4.2%、粗脂肪 1%、灰分 6.9%，并含鞣质。

（4）生态学价值。中华补血草喜潮湿盐土，是滨海盐土的重要指示植物。其根粗长，能有效地固定沙土。其茎叶表面均有盐腺，具有泌盐功能，有改良盐土的作用，并有利于盐土生态系统的改善。

（八）研究进展

（1）化学成分研究进展。刘兴宽（2011）研究分离得到 11 个化合物，分别鉴定为异鼠李素、甘露醇、β- 谷甾醇、齐墩果酸、槲皮素、槲皮素 3-O-β-D- 葡萄糖苷、没食子酸乙酯、山奈酚、山奈酚 -3-O-α-L- 吡喃鼠李糖苷、（+）- 儿茶素和异鼠李素 -3- 芸香糖苷。郭洪祝 1994 首次分离得 4 种结晶，经理化常数测定和波谱分析，分别鉴定 I 为杨梅树皮素 -3-O-β-D- 葡萄糖甙，II 为杨梅树皮素 -3-O-α-L- 鼠李糖甙，III 为槲皮素 -3-O-α-L- 鼠李糖甙，IV 为槲皮素。喻樊 2014 以 HPLC 法同时测定濒危植物——中华补血草中异槲皮苷、桑色素、槲皮素、木犀草素和芹菜素的含量，结果异槲皮苷、桑色素、槲皮素、木犀草素和芹菜素的质量浓度与峰面积分别在 $1.00 \sim 99.67 mg \cdot L^{-1}$、$0.45 \sim 45.42 mg \cdot L^{-1}$、$0.77 \sim 76.57 mg \cdot L^{-1}$、$0.43 \sim 42.72 mg \cdot L^{-1}$、$0.55 \sim 55.39 mg \cdot L^{-1}$ 范围内呈良好。

（2）光合特性研究。董必慧（2007）研究指出，光合作用日变化为双峰曲线，叶绿素含量在 11：00 左右最高，为 2.48 mg/L。

（3）解剖学研究。辛莎莎（2011）研究了盐腺的解剖学特征，指出上表皮的盐腺密度比下表皮的略小；成熟的盐腺由 20 个细胞构成，中央有 4 个分泌细胞，每一个分泌细胞外侧又伴有一个长方形的毗邻细胞；向外由 2 层杯状细胞包围，每一层分别有 4 个杯状细胞，使盐腺呈近似圆形；盐腺内部靠近叶肉细胞处有 4 个收集细胞；中央 4 个分泌细胞顶端的角质层各有一小孔，是盐分泌出的通道；中华补血草盐腺是由一个单独的表皮细胞发育而成，分别经历单细胞时期、2 细胞时期、4 细胞时期、8 细胞时期、16 细胞时期和 20 细胞时期的不同发育阶段。如图 24-2 所示。

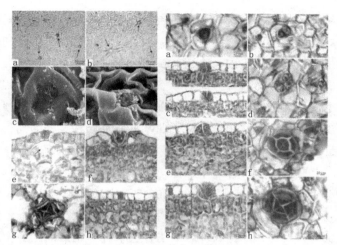

左图：a 上表皮印痕，示上表皮盐腺分布（黑色箭头所指的为盐腺）；b 下表皮印痕，示下表皮盐腺分布（黑色箭头所指的为盐腺）；c 示扫描电镜下盐腺的泌盐孔（黑色箭头所指的为泌盐孔）；d 示扫描电镜盐腺的结构（黑色箭头所指为盐腺）；e 叶片横切面，示气孔及孔下室（黑色箭头所指为孔下室）；f 叶片横切面，示成熟盐腺；g 叶片平切面，示成熟盐腺（黑色箭头所指为收集细胞）；h 叶片横切面，示盐腺细胞发育过程中原表皮细胞时。右图：a 叶片平切面，示盐腺发育过程中的原表皮细胞时期；b 叶片平切面，示盐腺发育过程中的 2 细胞时期；c 叶片横切面，示盐腺发育过程中 2 细胞时期；d 叶片横切面，示盐腺发育过程中 8 细胞时期；e 叶片平切面，示盐腺发育过程中的 4 细胞时期；f 叶片横切面，示盐腺发育过程中 4 细胞时期；g 叶片平切面，示盐腺发育过程中的 8 细胞时期；h 叶片横切面，示盐腺细胞发育过程中 16 细胞时期

图 24-2　补血草盐腺

王晓玲（2009）研究了其排水器的构造，指出排水器发育晚于盐腺细胞和气孔；盐处理对排水器的发育并无明显影响，如图 24-3 所示。

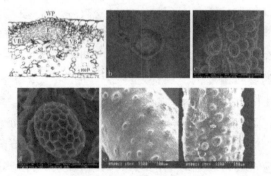

a WP 水孔，VB 维管束末梢，SL 鞘层细胞，E 通水组织；b 盐腺细胞；c、d 花粉粒；e、f 盐腺电镜扫描

图 24-3　补血草维管束鞘末端及通水组织和盐腺细胞

张华彬（2011）指出其根外层表皮细胞为类长圆形细胞，内有厚角机械组织，

茎外层表皮细胞呈长椭圆形，外被角质层，叶上下表皮有腺毛，具有泌盐结构盐腺，花粉为灯笼状球形。董必慧（2007）指出，其根为肉质根，初生木质部三原型；花序轴呈五棱型，表皮内为多层栅栏组织组成。孔令安（2003）研究了其异常结构，根的横切面是由数个分离的维管柱组成即维管柱裂分。维管柱在形成过程中，原生木质部束之间的维管形成层下陷，分裂成三个弧状片段，然后每个片段向内侧扩展，从而形成三个维管柱。花葶的异常结构，横切面显示于一圈厚壁组织构成的纤维带周围——皮层中形成数个皮层维管束，为其异常结构。皮层维管束可能是由中央维管柱外围的薄壁组织细胞或其他组织细胞脱分化形成。

（4）胁迫生理研究进展。李妍（2007）研究盐胁迫处理对其生理特征影响指出，低浓度 NaCl 处理中华补血草干鲜重增加，高浓度 NaCl 处理则降低干鲜重，对其生长有抑制作用；盐处理后中华补血草叶片中的丙二醛（MDA）含量先降低后升高、可溶性糖含量先升高后降低。抗氧化酶系统中的超氧化物歧化酶（SOD）、过氧化氢酶（CAT）活性先升高后降低，过氧化物酶（POD）的活性呈先下降后上升趋势。表明低浓度的盐处理对中华补血草生长有利，丙二醛（MDA）含量减少，而高浓度的盐处理后，抗氧化酶不能及时将活性氧类清除，从而导致活性氧及 MDA 积累，引起质膜伤害，中华补血草生长量降低。衣建龙（1991）脯氨酸含量则随 NaCl 处理浓度的增加和处理时间的延长而增加。

骆建霞（2014）比较中华补血草和德国补血草的耐盐性，指出中华补血草能耐 NaCl 含量为 14 mg/g 的土壤，德国补血草能耐 NaCl 含量为 12 mg/g 的土壤，中华补血草的耐盐性强于德国补血草。

刘惠芬（2017）研究了盐胁迫对种子萌发的影响，6% 体积分数海水处理能够促进幼苗生长并且提高种子活力，12% 体积分数海水处理则对幼苗根的生长有轻微抑制。在 67% 体积分数海水处理下，中华补血草种子的萌发几乎完全被抑制。李妍（2009）研究指出，低浓度的单盐胁迫有利于补血草种子的萌发，但在较高盐浓度条件下，随着盐浓度的提高，发芽率、幼苗叶长、根长均呈下降趋势，盐胁迫对根长比对叶长的抑制作用明显。

张霞（2007）研究了铅对种子及幼苗的影响，指出铅胁迫对补血草的种子萌发具有低浓度下的激活效应和高浓度下的抑制效应；对幼苗苗长具有胁迫初期低浓度下的激活效应；随着胁迫时间的延长，转而表现为抑制效应，对幼苗根长具有显著的抑制效应。幼苗的生长状况比种子萌发更能体现铅毒性的大小，幼苗膜透性的影响是随着铅浓度的增加，膜的通透性增加，选择通透的能力下降。

丁烽（2006）研究了 NaCl 对中华补血草叶片盐腺发育影响，指出与对照相比，300 mmol/LNaCl 处理下盐腺的分泌细胞及平均直径差异不显著，而在

100 mmol/L、200 mmol/L 的 NaCl 处理下显著增大；随着 NaCl 浓度的升高，盐腺密度显著升高且叶片上表面盐腺总数明显高于对照，单个盐腺的泌盐速率和叶片整体泌盐速率均显著升高。结果表明，100 ～ 200 mmol/LNaCl 处理可显著促进中华补血草盐腺的发育及泌盐能力，300 mmol/L 以上 NaCl 处理对盐腺的直径影响不显著，但可显著促进盐腺的泌盐能力。

（5）基因及遗传学研究。张莹（2012）研究了中华补血草 Syntaxin 基因的克隆，获得 1 090 bp 的 DNA 片段。分析表明，该片段编码 LsSyntaxin 全长基因，其中开放阅读框长 816bp，编码 271 个氨基酸。该基因编码的 Syntaxin 蛋白相对分子量为 30 254.3Da，理论等电点为 5.55。

丁鸽（2012）研究了 ISSR-PCR 体系的构建与正交优化，通过各因子的组合研究，分析非特异性条带的产生原因并进行条件优化，建立了可用于中华补血草 ISSR-PCR - 分析的稳定可靠的反应体系：25 μLPCR 反应体积，10 × Buffer 2.5 μL，2 mmol/L $MgCl_2$，dNTP 100 μmol/L，模板 DNA 为 20ng，Taq 聚合酶 1.5U，随机引物 0.4 μmol/L，退火温度 52 ～ 58℃。

江佰阳（2010）研究了基因组 DNA 的提取以及 RAPD 反应体系的优化，采用 SDS 法可以得到高质量的黄花矶松基因组 DNA，电泳结果表明，所获得的 DNA 完整，无降解，完全可以满足 RAPD 等分子标记分析的需要。同时对 RAPD 反应体系中 Mg^{2+} 浓度，退火温度等影响因素进行了优化，建立了适合于黄花矶松基 RAPD 分子标记的最佳反应体，即 25 μL 反应体系中，最适 Mg^{2+} 浓度为 1.5 mmol/L，最适退火温度为 30℃。

（6）黄酮及生物活性物质的研究。董蒙蒙（2015）比较研究了 5 种中华补血草黄酮类化合物——异鼠李素、槲皮素、异槲皮苷、木樨草素、芹菜素的体外抗氧化和抗肿瘤活性，5 种中华补血草黄酮类化合物均显示一定抗氧化和抗肿瘤活性，但其活性强弱存在差异。抗肿瘤活性由强到弱的顺序为：木樨草素＞槲皮素＞异鼠李素、芹菜素＞槲皮苷；体外抗氧化能力由强到弱的顺序为：槲皮素＞木樨草素＞异鼠李素＞芹菜素＞异槲皮苷。

张铭清（2011）研究了中华补血草黄酮抑制白血病细胞增殖，指出不同浓度的中华补血草黄酮提取液作用人白血病细胞 HL-60 处理 48 h 后，细胞的生长受到不同程度的抑制，并且随着浓度的升高抑制作用逐渐加强，呈现明显的量效关系，其 IC50 值为 11.55 μg/mL。严丽芳（2011）指出微波提取法为最佳的中华补血草的黄酮提取方法。

参考文献

[1] 卢兴霞，骆建霞，任志雨，等．中华补血草的组织培养和植株再生体系优化 [J]. 天津农业科学，2016，22（1）：23-26.

[2] 陈世华，张霞，赵彦修，等．中华补血草的组织培养和快速繁殖体系的优化 [J]. 安徽农业科学，2006，34（19）：4885-4886.

[3] 马丰山，周曙明．中华补血草的开发价值初探 [J]. 中国野生植物，1991（7）：34-35.

[4] 刘兴宽．中华补血草的化学成分研究 [J]. 中草药，2011，42（2）：230-233.

[5] 喻樊．HPLC 法同时测定濒危植物——中华补血草中异槲皮苷、桑色素、槲皮素、木犀草素和芹菜素的含量 [J]. 药物分析杂志，2014，34（4）：632-635.

[6] 董必慧，吕士成，薛菲，等．中华补血草的解剖结构与光合特性初探 [J]. 安徽农业科学，2007，35（9）：2639-2640，2642.

[7] 辛莎莎，谭玲玲，初庆刚．中华补血草盐腺发育的解剖学研究 [J]. 西北植物学报，2011，31（10）：1995-2000.

[8] 王晓玲，泮玉竹，江春美，等．中华补血草排水器发育的石蜡切片观察 [J]. 现代农业科技，2009（3）：7-8.

[9] 张华彬，张代臻，葛宝明，等．中华补血草的生药学研究 [J]. 时珍国医国药，2011，22（12）：2847-2848.

[10] 董必慧，郝明干，刘意．江苏滩涂湿地中华补血草的形态特征及保护栽培 [J]. 生物学教学，2005，30（12）：3-5.

[11] 柴振光，李菲菲，王晓玲．中华补血草盐腺细胞发育的扫描电镜观察 [J]. 现代农业科技，2009（22）：100.

[12] 李妍．盐胁迫对中华补血草生长和保护酶活性的影响 [J]. 种子，2007，26（12）：76-79.

[13] 衣建龙．盐分胁迫对中华补血草和高粱体内脯氨酸、脱落酸含量的影响 [J]. 烟台师范学院学报，1991（2）：50-53.

[14] 刘惠芬，李云芝，刘文光，等．海水胁迫对中华补血草种子萌发和幼苗生长的影响 [J]. 山东农业科学，2017，49（12）：33-36.

[15] 李妍．多种盐胁迫对中华补血草种子萌发及幼苗生长的影响 [J]. 北方园艺，2009（5）：54-57.

[16] 张霞，李妍．铅胁迫对补血草种子萌发和幼苗初期生长及膜透性的影响 [J]．德州学院学报，2007，23（2）：23-25.

[17] 丁烽，王宝山 .NaCl 对中华补血草叶片盐腺发育及其泌盐速率的影响 [J]．西北植物学报，2006，26（8）：1593-1599.

[18] 张莹，陈世华，韩会玲，等．中华补血草 Syntaxin 基因的克隆 [J]. Agricultural Science & Technology, 2012, 13（2）：261-264.

[19] 丁鸽，张代臻，于延球，等．中华补血草 ISSR-PCR 体系的构建与正交优化 [J]．南京师大学报（自然科学版），2012，35（3）：93-97.

[20] 江佰阳，徐美隆．黄花矶松基因组 DNA 的提取以及 RAPD 反应体系的优化 [J]．中国农学通报，2010，26（8）：79-83.

[21] 董蒙蒙，喻樊，刘佳，等．中华补血草 5 种黄酮类化合物抗氧化和抗肿瘤活性的比较 [J]．江苏农业科学，2015，43（2）：297-299.

[22] 张铭清．中华补血草黄酮抑制白血病细胞增殖的初探 [J]．安徽农学通报，2011，17（1）：54-55.

[23] 严丽芳，叶莉莉，汤新慧，等．中华补血草根总黄酮提取工艺的研究 [J]．时珍国医国药，2011，22（6）：1358-1360.

二十五、厚藤

（一）学名解释

厚藤 *Ipomoea pes-caprae*(Linn.) Sweet 属名：Ipomoea，ipsos，常春藤。番薯属，旋花科。pes-caprae，山羊角的，指叶形的。命名人：Sweet=Robert Sweet，罗伯特·斯威特（1783—1835）是英国植物学家，园艺家和鸟类学家。1783 年，斯威特出生于英国德文郡托基附近的卡金顿，从 16 岁起就作为园丁工作，并成为一系列托儿所的工头或伙伴。他与斯托克韦尔、富勒姆和切尔西的托儿所有关。1812 年，他加入了著名的切尔西苗圃（Colvills），并当选为 Linnean Society 的一名研究员。到 1818 年，他出版了园艺和植物学作品。他在英国花园和温室中种植了许多精美植物。《不列颠的花园》是斯威特最为重要的工作成果之一，有理由相信，那批得自丘园的植物对他有很大的帮助。这套铜版画图谱的绘稿者，是斯威特在领班切尔西苗圃时期结为知己的埃德温·道尔顿·史密斯（1800—1866）。这位史密斯可不是一般的史密斯，他的父亲是位雕版师，很小就随父学医，很早便被聘为丘园，也就是英国皇家植物园的植物画画家和雕版师，这是专业队伍中德高望重的最高地位了。最早的斯威特植物图谱是 1818 年的《伦敦郊区的花园》，最末一种是 1831 年的《不列颠植物学》，奉献的植物图谱品种总数有 5 种，且在短短的 13 年间。斯威特的植物图谱大多是比较罕见的，他被指控偷窃了一批基尤皇家植物园的植物。斯威特收到了法院的传讯，因为他购买了一批被人从英国皇家植物园——丘园里盗走的稀有植物。在后来的历史研究中，人们发现案件属于栽赃陷害。设计者曾是被斯威特不留情面严厉批评的一名学术态度不大端正的丘园植物学专家。庭审的结果是斯威特被无罪释放，然而精神上的打击是惨重的。因此他得出一条人生哲学"千万不要随便得罪他人"。有本事的人往往不太顾及人情世故，斯威特正是个很有本事的人，被誉为有史以来第一个"实用的植物学家"。16 岁时，斯威特已经是名优秀的园艺家，随后成为多家著名植物园、苗圃的合伙人以及领班（首席园艺师，《柯蒂斯植物学杂志》的主人威廉·柯蒂斯也曾是英国三家著名植物园、苗圃的总管），诸如著名的斯托克威尔、富勒姆以及切尔西苗圃的领班。在 1818 年以前的斯威特，已经成为"林奈学会"（卡尔·冯·林奈，瑞典博物学家，动植物双名命名法的发明者，现代生物分类法即源于"林奈系统"）的资深正式会员。这在当时与今天，都是自然科学家与园艺师们至高无上的荣誉和地位。他于 1835 年 1 月在伦敦切尔西去世。

学名考证：Ipomoea pes-caprae（Linn.）Sweet，Hort. Suburb. Londin. 35. 1818；Choisy in DC. Prodr. 9：349. 1845；Hall. f. in Engl. Bot. Jahrb. 18：145. 1893；id. in Bull. Herb. Boiss. ser. 2. 1：675. 1901；Merr. in Philip. Journ. Sci. l. Suppl. 120. 1906；id. Enum. Philip. Fl. Pl. 3：366. 1923；Rendle in Journ. Bot. 58. Suppl. 71. 1925；Merr. in Lingnan Sci. Journ. 5：154. 1927；v. Ooststr. in Blumea 3：534. 1940, et in Fl. Males. ser. 1, 4（4）：475. f. 49. 1953；中国高等植物图鉴 3：532. 图 5018. 1974；海南植物志 3：488. 1974.—Convolvulus pes-caprae Linn. Sp. Pl. 159. 1753；ibid. ed. 2. 226. 1762.—C. brasiliensis Linn. Sp. Pl. 159. 1753.—Ipomoea biloba Forsk. Fl. Aegypt. -Arab. 44. 1775；C. B. Clarke in Hook. f. Fl. Brit. Ind. 4：212. 1883；Gagn. et Courch. in Lecte. Fl. Gen. Indo-Chine 4：259. 1915.

斯威特 1818 年在著作 *Hortus suburbanus Londinensis* 组合了物种：Ipomoea pes-caprae（Linn.）Sweet，林奈 1753 年在《植物种志》中及 1762 年第二版中将其归属于 Convolvulus 属，Convolvulus pes-caprae，斯威特将其重新组合。瑞士新教牧师和植物学家 Jacques Denys Choisy 1845 年在刊物《自然生殖系统》（*Prodromus Systematics Naturalis Regni Vegetabilis*）记载了该物种。作为 Herman Boerhaave 的学生，他经常被称为"现代生理学之父"，1893 年在刊物 *Botanische Jahrbücher für Systematik,Pflanzengeschichte und Pflanzengeographie* 记载了该物种。也就是同一个作者（id. 表示同一作者）1901 年在《伊比尔 - 博西耶公报》（*Bulletin de l'Herbier Boissier*）第二卷中记载了该物种。1906 年美国植物学家和分类学家 Elmer Drew Merrill（1876—1956）在刊物 *Philippine journal of science* 补遗篇中记载了该物种。同一作者 1923 年在刊物《菲律宾开花植物志》（*Enumeration of Philippine Flowering Plants*）记载了该物种。英国植物学家 Alfred Barton Rendle 1925 年在刊物 *Journal of the Botaanical Institute* 58 卷及补遗 71 卷均记载了该物种。美国植物学家和分类学家 Elmer Drew Merrill 1927 年在刊物《岭南科技期刊》（*Lingnan Science Journal*）记载了该物种。荷兰植物学家 Simon Jan van Ooststroom 1940 年在刊物 *Blumea* 第三卷中记载了该物种，而且 1953 年在刊物 *Flora Malesiana* 第一卷上记载了该物种。《中国高等植物图鉴》1974；《海南植物志》1974 也记载了该物种。

林奈 1762 年在植物种志中记载的物种 Convolvulus brasiliensis Linn. 为异名。

芬兰探险家、东方主义者、博物学家和 Carl Linnaeus 的使徒 PeterForsskål1755 年在刊物 Flora aegyptiaco-arabica 发表的物种 Ipomoea biloba Forsk. 为异名。英国植物学家 Charles Baron Clarke1883 年在刊物 Flora of British India 也沿用了此异名。瑞士植物学家 Abraham Gagnebin 和 法国植物学家 Lucien Désiré Joseph Courchet1915 年在刊物 Flore Générale de I'Indo –China 也沿用了此异名。

别名：马鞍藤（福建、广东、广西），沙灯心（广东），马蹄草、鲎藤（福建），海薯、走马风、马六藤、白花藤（海南），沙藤（浙江），二叶红薯

英文名称：Beach Morningglory

（二）形态特征

厚藤形态特征如图 25-1 所示。

多年生草本，全株无毛；茎平卧，有时缠绕：叶肉质，干后厚纸质，卵形椭圆形圆形肾形或长圆形，长 3.5 ～ 9 cm，宽 3 ～ 10 cm，顶端微缺或 2 裂，裂片圆，裂缺浅或深，有时具小凸尖，基部阔楔形截平至浅心形；在背面近基部中脉两侧各有 1 枚腺体，侧脉 8 ～ 10 对；叶柄长 2 ～ 10 cm 多歧聚伞花序，腋生，有时仅 1 朵发育；花序梗粗壮，长 4 ～ 14 cm，花梗长 2 ～ 2.5 cm；苞片小，阔三角形，早落；萼片厚纸质，卵形，顶端圆形，具小凸尖，外萼片长 7 ～ 8 mm，内萼片长 9 ～ 11 mm；花冠紫色或深红色，漏斗状，长 4 ～ 5 cm；雄蕊和花柱内藏蒴果球形，高 1.1 ～ 1.7 cm，2 室，果皮革质，4 瓣裂种子三棱状圆形，长 7 ～ 8 mm，密被褐色茸毛。

（三）分布

产于浙江、福建、台湾、广东、海南、广西。广布于热带沿海地区。柬埔寨、印度尼西亚、日本包括琉球群岛、马来西亚、缅甸、新几内亚、巴基斯坦、菲律宾、斯里兰卡、泰国、越南；非洲、西南亚、澳大利亚、北美洲、太平洋群岛、南美洲；泛热带沿岸物种。

（四）生境及习性

海滨常见，海岸附近的空地；0 ～ 100 m，多生长在沙滩上及路边向阳处。厚藤有较强的适应性，能耐瘠薄，在较湿润或干旱的沙地上均能生长。其平卧的茎节处可以生根，使厚藤生长整齐，无需修剪整形。厚藤适应性极强，喜干燥阳光

a 植株；b 叶片；c 幼苗及芽；d 果实；e 叶基基花柄基

图 25-1　厚藤

充足的环境，耐热耐旱，抗碱，忌土壤潮湿或滞水不退。厚藤多生长在沙滩上以及路边向阳处，通常生长在海滩较高的地方，且能在含盐及高盐分的环境生长。其种子能在水面上漂浮，且生长不受海水影响，是可透过海洋传播的抗盐植物。厚藤生长速度快，匍匐茎极长，节处易生不定根，根系发达，入土深，抗盐性强，有良好的定沙能力和耐海水冲刷能力，可作海滩固沙或覆盖植物。常成片生长于贫瘠的沙砾滩涂，与其他耐盐植物形成滨海沙滩植被景观，是一种很有潜力的沿海滩涂绿化先锋植物。这是一种主要的沙子稳定剂，是最早沙丘先锋植物之一，能忍受盐渍。它几乎全部生长于增长沙丘，通常在海边斜坡上，将长长茎蔓延伸向下到沙丘。Amal Kumar Mondal2013 研究指出，它是最常见沙丘植物之一，广泛分布的耐盐植物，其产生种子随水分飘散漂浮并且不受盐水的影响，在海水中可存活长达六个月。这种植物与其他草药如 Acanthus illicifolius，Canavalia，lineata，Launea sp 一起生长。和 Spinifex squarosus 一样是一个有用的砂粘合剂，在沙子条件下爆炸式的蓬勃发展。但近年来其种群急剧下降，主要是由于城市化和自然灾难。但是，在它植物体部分有对食草动物的啃食的防御机制。这是由于外部的存在蜜腺（EFNs）。他们尤其常见于叶、叶柄、幼茎、托叶和叶柄非繁殖结构。花外蜜腺的增加，保护了繁殖器官的免受侵蚀，对繁殖器官起到保护作用。该植物常常与蚂蚁形成共生关系，如图 25-2 所示。

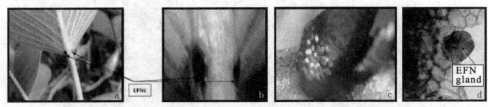

　　a、b 厚藤叶片底部叶柄上的花外蜜腺；c 从蜜腺中渗出的花蜜；d 在显微镜下观察到的厚藤的外花蜜的剖面

图 25-2　厚藤蜜腺

（五）繁殖方法

（1）种子繁殖。刘建强（2011）研究指出，机械处理下的效果最好，其种子平均发芽势和发芽率均提高到 95.3%；其次为 980 g·kg^{-1} 硫酸处理 90min 较好，平均发芽势达到 91.2%，发芽率达 93.5%；氢氧化钠处理也可明显提高厚藤种子萌发能力，400 g·kg^{-1} 氢氧化钠处理 36 h 的平均发芽率可达 79.4%；不同温度处理以 25 ～ 30℃的萌发能力最强，其发芽势为 24.6%，发芽率为 43.4%。

任军方（2018）研究指出，马鞍藤种子育苗过程中，用 0.3%NaOH 处理成熟健康种子 12 h，然后置于河沙 + 椰糠（体积比 2∶1）的发芽基质中播种，环境温度为 25 ～ 30℃，光照 1 500 ～ 8 000 Lx，可以提高种子的发芽率，适合海南地区马鞍藤育苗生产应用，也有利于提高幼苗移植成活率。

繁殖可采取扦插或播种等方法，亦可利用厚藤节上易生根的特点，取带节的茎段直接埋在土中繁殖。

（2）组织培养研究。黎海利（2015）研究指出，以厚藤不同外植体为试材，MS 为基本培养基进行组织培养，研究 6-BA 和 NAA 不同浓度组合对不同外植体愈伤组织诱导、不定芽分化及增殖的影响，厚藤最佳的愈伤组织诱导培养基为 MS+6–BA0.75 mg/L+NAA0.25 mg/L，最佳外植体为叶片；不定芽诱导培养基为 MS+6–BA1.0 mg/L+NAA0.1 ～ 0.5 mg/L 在 MS+6–BA1.0 mg/L+NAA0.3 mg/L 培养基中增殖倍数最高。

（3）扦插繁殖的研究。李秀明（2019）研究指出，在沙质海岸前沿对厚藤进行不同插穗长度和密度的扦插试验，结果表明 3 种插穗长度成活率没有明显差异，扦插繁殖易于成活，选择 50 cm 的插穗长度具有良好的生长效果；3 种种植密度对盖度样方生物量影响较大，处理间达到极显著水平综合考虑试验结果和生产实际，建议厚藤扦插种植株行距范围为 20 cm×20 cm ～ 40 cm×40 cm，其地表覆盖效果和固沙能力较优。Amruta S. Shinde2018 研究指出，土壤 + 堆肥培养基的生长性能更好，与在阳光直射条件下产生的插条相比，在遮阳网条件下，高度增加观察到（71.53 cm），叶数（27.67）和存活率（96%）。Ipomoea 插条在遮荫网状况下在土壤 + 堆肥培养基中培养。同样，高度增加（49.2cm），观察到在土壤中生长的五爪金刚扦插叶的数量（25.66）和存活率（88%）+ 阳光直射条件下的堆肥介质。

（六）应用价值

（1）药用价值。《中华海洋本草》《中华本草》《广西药用植物名录》等多部著作中均有该植物药用记载，全草入药，其味辛、苦，性微寒，归肺、肝、胃、大肠经，具有祛风除湿、消痈散结、拔毒消肿、治风湿性腰腿痛，腰肌劳损，疮疖肿痛、荨麻疹、风火牙痛、白带及海蜇刺伤引起的风疹、瘙痒等症，外用有止痛、防止褥疮之效。厚藤在其他多个国家民间医学领域均有悠久的应用历史，如澳大利亚土著人用其治疗伤口、虫毒引起的皮肤炎症、淋巴结结核、高血压、偏头痛，墨西哥民间用其治疗肾炎，泰国民间用其治疗水母毒素引起的炎症，巴西民间用于治疗疝气、排尿障碍、淋病，巴基斯坦将其作为代茶饮。在奥里萨邦的根和叶子 Ipomoea pes–caprae 用于治疗淋病、胃痛、风湿病、皮肤感染；使用种子用于治疗疲劳；使用所有植物部件用于治疗水母引起的炎症，风引起的体内过敏和肿胀元素。I. pes–caprae 表明药理活性（Manigaunha et al.2010）并具有抗痉挛，抗癌，抗氧化，镇痛和抗炎，镇痛，抗组胺，胰岛素和降血糖活动。

（2）饲料及食物价值。茎、叶可做猪饲料；嫩茎叶可炒食。

（3）防风固沙的生态作用。朱炜（2015）研究表明，厚藤具有良好的生存能力和蔓延速度，能迅速覆盖地表减少起沙的概率，并且样地覆盖面积扩大近 1 倍，是前沿裸露沙地固沙的先锋草本；具有防风固沙、抵御自然灾害、恢复生态等功能的海滩景观植物。沙质海滩前缘的植被恢复应该以草本植物为主，尤其是具有不定根的物种，厚藤是首选。通过增加直根系总体分支率和（或）枝系平卧被沙埋后生长不定根，增加吸收根所占的比例，减少平均连接长度，有效地提高物质输送效率，促使其快速定居，相对于乔木更能适应海岸沙地前缘的生境。

（4）园林价值。各个时期花红叶绿、果繁茎茂，具有鲜明的点缀效果。若成片生长，可构成一幅色彩斑斓的园林景观。厚藤观赏期长，适应性强，繁殖容易，占空能力好，具有较高的绿化、美化、净化环境的作用。尤其是由于有蔓生性状，它可望成为热带或亚热带沿海城市的坡地绿化植物，也可以尝试作为垂直绿化的材料。在海滩固沙等方面也有重要的开发价值。

（七）研究进展

（1）化学成分研究进展。葛玉聪（2016）研究指出，从厚藤中分离得到 9 个化合物，分别鉴定为 batataoside Ⅱ 、batatoside Ⅲ 、stoloniferin Ⅹ 、stoloniferin Ⅸ 、3- 羟基 -5,7,4′- 三甲氧基黄酮、3,7- 二羟基 -5,4′- 二甲氧基黄酮、3,7,4′- 三羟基 -5- 甲氧基黄酮、胡萝卜苷和 β - 谷甾醇。王清洁 2010 研究指出，十九烷酸（Ⅰ）阿魏酸（Ⅱ）咖啡酸（Ⅲ）尼泊金甲酯（Ⅳ）5,7- 二羟基 -4′- 甲氧黄酮（Ⅴ）5,7- 二羟基 -4′- 甲氧黄酮醇（Ⅵ）4′- 羟基 -3,5,7- 三甲氧黄酮（Ⅶ）和 7,3′,4′- 三羟基 -5- 甲氧黄酮醇（Ⅷ）结论其中，阿魏酸咖啡酸尼泊金甲酯 5,7- 二羟基 -4′- 甲氧黄酮 5,7- 二羟基 -4′- 甲氧黄酮醇 4′- 羟基 -3,5,7- 三甲氧黄酮和 7,3′,4′- 三羟基 -5- 甲氧黄酮醇为首次从该植物中分离得到。王清洁 2008 研究指出，含有 7 种化合物分别为：山奈酚、槲皮素、杨梅黄酮、胡萝卜苷、山奈苷、栎皮苷和槲皮素 -7-O- β -D- 葡萄糖苷。王清洁 2006 研究指出，含有 β - 香树素、12-ursen-3-ol、β - 谷甾醇、豆甾醇、α - 菠甾醇、异莨菪亭和七叶内酯。P. Ethalsha Robert2016 提取了单一的化合物，该化合物是 5,7,4′ 三羟基异黄酮，分子式 $C_{15}H_{10}O_5$，分子量 270.05。研究了 EC50 值和体外细胞毒活性，显示出对细胞系 MCF-7 非常有效的抗癌活性。所以它可以作为良好的抗癌剂。

（2）药理作用研究进展。①抗肿瘤作用，pescapreinXXI ～ XXX（30 ～ 39）10 个脂溶性树脂糖苷与阿霉素联合应用时，对乳腺癌细胞株 MCF-7/ADR 抑制率增长至 1.5 ～ 3.7 倍，具有一定的抗癌效果。厚藤的甲醇及水提取物对黑色素瘤 B16F10 有显著抑制作用。②抗菌作用，对金黄色葡萄球菌、埃希氏大肠杆菌、产气肠杆菌、芽孢枯草菌、对耐甲氧西林金黄色葡萄球菌、伤寒沙门氏菌、副溶血性弧菌、奇异变形杆菌均有显著抑制作用。③抗炎、镇痛作用，从厚藤中分离得到的 β - 大马酮（44）、E-phytol（45）具有很强的解痉效果。从厚藤叶中分离出的丁香酚、4- 乙烯基愈创木酚（83、84）等苯丙素类成分可显著抑制前列腺素合成，且效果等同于阿司匹林。

Veera Venkata Satish Pothula（2015）研究了对恶性疟原虫的体外抗增殖作用，在这些提取物中，根的甲醇提取物显示出优异的抗疟活性 IC50 值为 15.00 μg/mL。细胞毒性评价显示，甲醇、水溶液乙酸乙酯提取物具有轻微的细胞毒性，而氯仿和己烷提取物对盐水虾的毒性更大。所有提取物对 THP-1 细胞无毒。化学品还评估了对红细胞的损伤，并且没有显示出任何形态变化。在孵育 48 小时后，由于 I. pes-caprae 的植物提取物的作用，在红细胞中。提取物的植物化学筛选显示存在生物碱、三萜、类黄酮、单宁、香豆素、碳水化合物、酚类、皂苷、phlobatannins 和类固醇。这是 I. pes-caprae 抗疟活性的第一份报告，并得出结论根的甲醇提取物对于开发新的抗疟疾药物是有效的。Vivek P.（2016）研究指出，其有效降低四氧嘧啶诱导的糖尿病兔对抗标准药物二甲双胍的血糖水平。

N Deepak Venkataraman（2013）研究认为，目前对叶片和茎干的乙醇提取物进行了抗关节炎研究，以证实其在关节炎治疗中的民俗用途。发现 Ipomoea pes-caprae（EELIP）叶的乙醇提取物具有有效的抗坏血酸 – 关节炎潜力，而与标准双氯芬酸钠相比，发现茎提取物（EESIP）具有中等效果。在 2 000 mcg/kg 剂量下，EELIP 和 EESIP 的抑制百分比分别为 82.94 和 55.47。初步的植物化学研究揭示了单宁的存在。单宁的免疫抑制作用可能是抗关节炎活动的原因。

N.Deepak Venkataraman（2013）研究表明，EESIP 的初步植物化学研究显示存在生物碱、碳水化合物、糖苷、类黄酮、单宁、甾醇和萜类化合物。通过急性口服毒性研究发现 Ipomoea pes-capraeEESIP 的 LD50>2 000 mg/kg。EESIP 产生剂量与对照组动物相比，依赖性和显著的抗溃疡活性。存在类黄酮、单宁、甾醇和甾醇萜类化合物可能是 EESIP 抗溃疡活性的原因。

R. Shanmugapriya（2012）研究了抗真菌活性，黄曲霉毒素真菌、黄曲霉和寄生曲霉；植物病原真菌、尖孢镰刀菌（Fusarium oxysporum）和 Helminthosporium oryzae；人类致病真菌 Candida albicans 和 Microsporum audouinni。对于产生黄曲霉毒素的真菌菌株，在 15 mg/mL 浓度下观察到总生长抑制（100%）。对于植物和人类致病真菌，总抑制浓度为 10 mg/mL 和 15 mg/mL。对于这些真菌，提取物的最小抑制浓度（MIC）值在 5.25～8.00 mg/mL 变化。因此，厚藤的乙醇花提取物可用作这三种不同真菌群的潜在抗真菌剂。

抗胶原酶活性，具有显著的胶原酶抑制活性，厚藤可能对人体胚胎发育、伤口愈合、防止皮肤老化及抑制肿瘤发生等多种重要生理过程起重要作用。抗氧化作用，厚藤的抗氧化活性极强，推测可能与厚藤含有绿原酸、没食子酸、槲皮素及其他酚类物质有关。免疫调节作用，是一种治疗免疫调节缺陷类疾病的潜在植物药。有较强的抗风湿活性，证实了厚藤对类风湿性关节炎疾病的传统治疗作用。

（3）解剖学研究。邵林（2018）研究表明，马鞍藤茎为双韧型维管束，初生木质部细胞较小，基本连成圆环，木射线狭窄，内始式分化的特点比较明显；次生木质部细胞较大，位于初生木质部外围形成几个弧状片段；皮层和髓部薄壁细胞中具有草酸钙簇晶，如图25-3所示。

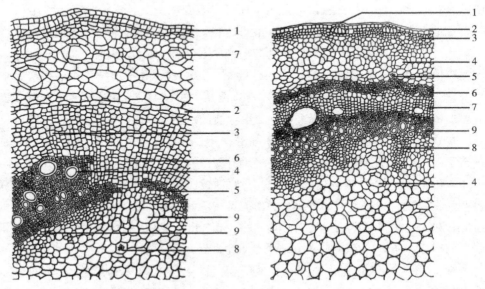

左图：老茎1木栓层；2内皮层；3韧皮部；4次生木质部；5初生木质部；6髓射线；7分泌腔；8草酸钙簇晶；9内韧皮部。右图：嫩茎1表皮；2角质层；3厚角组织；4分泌腔；5草酸钙簇晶；6环管纤维；7韧皮部；8内韧皮部；9木质部

图25-3　厚藤茎解剖结构

Mai Kamakura（2009）研究指出，供水来自不定根源，有助于厚藤的生存和生长，对厚藤植物传播也很重要。

（4）厚藤基因克隆的研究。张会（2018）研究表明，通过对厚藤cDNA文库的筛选，获得了一个编码厚藤ASR（ABA-stress-ripening），基因的全长cDNA，命名为IpASR IpASR编码区全长648 bp，共编码215个氨基酸；蛋白质等电点为5.42，分子量为24.57 kD。

（5）盐胁迫基因的研究。Mei Zhang（2018）研究指出，厚藤是一种海滨盐生植物，因此是一种很好的学习研究中盐和胁迫耐受的分子机制模式植物。在这里，我们分离了具有cDNA功能筛选的全长cDNA过表达式（FOX）基因打猎使用盐敏感酵母突变株的文库来分离I. pes-caprae的盐胁迫相关基因（IpSR基因）。筛选文库中补充酵母突变体盐缺陷的基因AXT3并且可以在75mM NaCl存在下生长。我们获得了38个候选盐胁迫相关的来自I.pes-caprae cDNA文库的全长cDNA克隆。

预测基因编码参与缺水的蛋白质，活性氧（ROS）清除，细胞囊泡贩运，代谢酶和信号转导因子。与定量相结合逆转录—聚合酶链反应（qRT-PCR）分析，几种潜在的功能强调耐盐相关基因。该方法提供了快速测定系统大规模筛选 I. pes-caprae 基因参与盐胁迫反应并支持鉴定负责耐盐分子机制的基因。

（6）抗氧化活性的研究。A. MALAR RETNA（2012）研究指出，与长春花（Catharanthus roseus）相比，通过 DPPH 测定，厚藤探索了略微更好的抗氧化活性。Umamaheshwari .G（2012）指出，厚藤的乙醇提取物是天然抗氧化剂的潜在来源。厚藤的 80% 乙醇提取物在体外研究了总抗氧化活性，清除羟自由基，一氧化氮和一氧化氮酚类物质。

（7）光合作用研究。N.Suarez（2010）研究指出，本研究旨在估计叶片寿命，叶片产量（Lp）和叶片死亡率（Ld），叶片的年龄结构和最大光合作用的下降随着年龄增长，I.pes-caprae 的植物的生长量和低 Ca 供应量随着年龄的增长而最大净光合作用速率增加（Amax），与对照植物相比，Ca 缺乏导致 Lp 和叶子寿命减少，尽管如此对照和低钙植物处理之间的居群统计参数差异，百分比给定叶龄的叶子保持这样的方式，即每株植物的叶子数量继续增加，增加 Ca 供应和 Amax 之间没有发现任何关系。然而，Amax 的衰退与叶片衰老有关，与具有低 Ca 供应的植物相比，对照植物相当突然的重要性，同时使用总叶片种群普查和同化率以及叶片寿命数据为了了解受限条件下整株植物的表现进行了讨论。

（8）对重金属的吸附研究。Mohd Zahari Abdullah（2015）研究指出，与季风前样品相比，季风后样品中的金属浓度较低。植物样品中含有最高浓度的金属 Al；其次是 Fe，Zn，Ba 和 Pb。基于 EF 值，强烈建议所有金属吸收都是通过根系。PCA 的结果清楚地表明，Al，Fe 和 Ba 的元素是由土壤来源贡献的；同时 Pb 和 Zn 的元素与人为来源有关。Abhijit Mitra（2015）研究指出，关联物种中的金属按 Fe > Zn > Cu > Pb 的顺序积累。在物种的营养部分中观察到金属水平之间的显著变化（$P < 0.01$）。无论取样站是哪儿，茎都积累了最大的金属，其次是叶和根。

（9）种群迁移的研究。Matin Miryeganeh（2014）研究指出，不寻常的长距离种子传播是造成它分布极宽的原因。然而，居群迁移的实际水平从未被研究过。通过使用七个低拷贝核标记和从 34 个覆盖范围的人群收集的 272 个样本种类，我们研究了核苷酸序列变异在厚藤种群之间范围内的迁移水平。我们使用贝叶斯和最大似然法来应用基于聚结的方法来评估迁移五个区域居群的比率、迁移方向和遗传多样性。结果显示了很多厚藤亚种的区域种群中的移民。这表明迁徙在遥远的地方种群通过其全球范围内的长距离种子传播得以维持。这些结果也提供了强大的近期跨洋种子在所有三个海洋区域通过洋流传播的证据。我们还发现了迁移穿越美洲大陆。虽然这是一个明显的陆地屏障，用于海洋扩散，迁移之间东太平洋和西大西洋地区的居群很多，可能是因为通过花粉的跨地峡迁移分散。因此，保持了广泛的厚藤群体之间的迁移和基因流动不仅通过海水漂移种子的种子传播，而且通过美国大陆的花粉流动。另外，亚种群仅限于印度洋北部地区的厚藤非常高区别于巴西亚种。阻碍海洋迁移的隐蔽屏障两个亚种和历史分化导致局部适应各自不同的环境因素区域可以解释亚种之间的遗传分化。

（10）杀死伊蚊幼虫。用于选择杀幼虫候选物的标准是：①提取物的浓度溶液必须 ≤ 50 ppm。②由于施用提取物而导致的幼虫死亡率应该是达到 ≥ 75%。用甲醇和水溶剂萃取厚藤部分。参考标准选择厚藤叶的甲醇提取物作为 A 的杀幼虫候选物。

埃及伊蚊幼虫。对 3 种埃及伊蚊幼虫进行了 5 龄浓度的试验，厚藤叶提取物的水溶液通过完全随机设计，重复四次。该厚藤叶的甲醇提取物显示出埃及伊蚊的非常强的杀幼虫剂（LC50 为 12.60 ppm）。

参考文献

[1] 葛玉聪,罗建光,吴燕红,等.厚藤化学成分研究 [J].中药材,2016,39（10）:2251-2255.

[2] 王清吉,王友绍,何磊,等.厚藤 Ipomoea pes-caprae（L.）Sweet 的化学成分研究（Ⅰ）[J].中国海洋药物杂志,2006,25（3）:15-17.

[3] 王清吉,娄治平,王友绍,等.厚藤化学成分研究Ⅲ [J].中国药学杂志,2008,43（1）:20-22.

[4] AMOR-PRATS D, HARBORNE J B. New Souces of Ergoline Alka-loids within the Genus Ipomoea[J]. Biochemical Systematicsand Ecology, 1993, 21（4）:455-461.

[5] 王清吉,王友绍,何磊,等.厚藤［Ipomoea Pes-caprae（L.）Sweet］化学成分研究Ⅱ [J].中国海洋药物杂志,2010,29（1）:41-44.

[6] 冯小慧,邓家刚,秦健峰,等.海洋中药厚藤的化学成分及药理活性研究进展 [J].中草药,2018,49（4）:955-964.

[7] 任军方,陈宣,翁春雨,等.马鞍藤种子育苗技术的研究 [J].现代园艺,2018（11）:3-4.

[8] 朱炜.沙质海岸风口区风障阻沙特征及初步治理试验 [J].中国水土保持科学.2015,13（1）:54-58.

[9] 黎海利,谭飞理,刘锴栋,等.厚藤的组织培养及植株再生 [J].北方园艺,2015（15）:104-106.

[10] 侯汲虹，陈良钊，朱宏波 .NAA 对甘薯属植物扦插的影响 [J]. 广东农业科学，2011，（21）：39-40.

[11] 李秀明 . 沙质海岸前沿厚藤不同方式扦插效果分析 [J]. 防护林科技，2019（1）：18-20.

[12] 邵林 . 马鞍藤药材性状和显微鉴定研究 [J]. 中药材，2018，41（6）：1328-1330.

[13] 张会 . 厚藤 ASR 基因克隆及功能初步分析 [J]. 植物科学学报，2018，36（3）：402-410.

[14] CHAVAN N S. Growth Performance of Ipomoea pes-caprae （L.）R. Br. Cuttings in different Media Combinations. International Journal of Agriculture[J]. Environment and Biotechnology Citation: IJAEB, 2018, 11（2）：285-292.

[15] Zhang Mei, ZHANG Hui, ZHENG Jiexuan, et al. Functional Identification of Salt-Stress-Related Genes Using the FOX Hunting System fromIpomoea pes-caprae[J]. International Journal of Molecular Sciences, 2018（2）：1-20.

[16] POTHULA V V, KANIKARAM S. In vitro antiplasmodial efficacy of mangrove plant[J]. Ipomoea pes-caprae against Plasmodium falciparum （3D7 strain）, 2015, 5（12）：947-956.

[17] RETNA A M, TESTS P E. Antioxidant Potential and TLC Analysis of Ipomoea PES Caprae and Catharanthus Roseus[J]. International Journal of Natural Products Research, 2014, 4（2）：58-64.

[18] SUA'REZ N. Leaf lifetime photosynthetic rate and leaf demography in whole plants of Ipomoea pes-caprae growing with a low supply of calcium, a 'non-mobile' nutrient[J]. Journal of Experimental Botany, 2010, 61（3）：843-855.

[19] UMAMAHESHWARI G, RAMANATHAN T, SHANMUGAPRIYA R. Antioxidant and Radical Scavenging effect of Ipomoea pes-caprae Linn. R.BR. Int.J [J]. PharmTech Res, 2012, 4（2）：848-851.

[20] MIRYEGANEH M, TAKAYAMA K, TATEISHI Y, et al. Long-Distance Dispersal by Sea-Drifted Seeds Has Maintained the Global Distribution of Ipomoea pes-caprae subsp[J]. brasiliensis （Convolvulaceae）, 2014（4）：1-10.

[21] VIVEK P, JAYAKUMARI D, JAYASREE P. Hypoglycaemic effect of Maryadavalli [Ipomoea pes-caprae （Linn.）R. Br.] in Alloxan Induced Diabetic Rabbits[J]. IJSAR, 2016, 3（1）：39-44.

[22] KAMAKURA M, FURUKAWA A. Compensatory function for water transport by adventitious roots of Ipomoea pes-caprae[J]. J Plant Res, 2009（122）: 327-333.

[23] MITRA A, NAYAK B, PRAMANICK P, et al. Heavy Metal Accumulation in a Mangrove Associate Species Ipomoea pes-caprae in and Around the World Heritage Site of Indian Sundarbans[J]. JECET, 2014, 4（1）: 0001-0007.

[24] ROBERT P E, RETNA A M. 5, 7, 4′ Trihydroxyisoflavone Isolated from Ipomoea Pes-Caprae Roots by Normal Phase Column Chromatography[J]. Bulletin of Environment, Pharmacology and Life Sciences, 2016（5）: 27-33.

[25] MONDAL A K, CHAKRABORTY T, MONDAL S（PARUI）. Ant Foraging on Extrafloral Nectaries [EFNs] of Ipomoea pes-caprae（Convolvulaceae）in the Dune Vegetation: Ants as Potential Antiherbivore Agents[J]. Indian Journal of Geo-Marine Sciences Vol, 2013, 42（1）: 67-74.

[26] MUSMAN M, KARINA S, ALMUKHSIN S. Larvicide of Aedes aegypti（Diptera: Culicidae）from Ipomoea pes-caprae（Solanales: Convolvulaceae）[J]. AACL Bioflux, 2013, 6（5）: 446-452.

[27] VENKATARAMAN N D, ATLEE W C, PRABHU T P, et al. Evaluation of In-vitro Anti-Arthritic Potential of Aerial Parts of Ipomoeapes-caprae（L.）R.Brand Estabilishment of Its Mechanism of Action[J]. Research Journal of Pharmaceutical, Biological and Chemical Sciences, 2013, 4（2）: 1560-1564.

[28] VENKATARAMAN N D, ATLEE W C, PRABHU T P. Anti-ulcer Activity of Ethanolic Extract from Stems of Ipomoea pescaprae（L.）R.Br IN WISTAR ALBINO RATS[J]. International Research Journal of Pharmaceutical and AppliedSciences（IRJPAS）, 2013, 3（4）: 79-83.

[29] SHANMUGAPRIYA R, RAMANATHAN T, THIRUNAVUKKARASU P, et al. In-Vitro antifungal activity of Ipomoea pes-caprae（L.）R. Br. Ethanolic flower extract[J]. International Journal of Advances in Pharmaceutical Research, 2012, 3（1）: 732-735.

二十六、肾叶打碗花

（一）学名解释

肾叶打碗花 *Calystegia soldanella*（Linn.）R. Br. 属名：Calystegia，Kalyx，花萼 +stege 盖子屋顶，花的形状如同在花萼上边建了一座房子。打碗花属。种加词：Soldanella 像高山钟花属的花一样。命名人 R. Br.=Robert Brown，罗伯特布朗（1773—1858），苏格兰植物学家，因其对细胞核和溶液中微小颗粒连续运动的描述而闻名。

学名考证：*Calystegia soldanella*（Linn.）R. Br. Prodr. Fl. Nov. Holl. 483. 1810；Choisy in DC. Prodr. 9：433. 1845；Hemsl. in Journ. Linn. Soc. Bot. 26：165. 1890；Liou et Ling, Fl. Ill. N. Chine 1：19. t. 5. 1931；Kitagawa, Lineam. Fl. Manch. 366. 1939；中国高等植物图鉴 3：527. 图 5007. 1974.—Convolvulus soldanella Linn. Sp. Pl. ed. 1, 159. 1753；ibid. ed. 2. 226. 1762；Franch. in Mem. Soc. Sci. Nat. Cherbourg 24：237. 1884.—Calystegia reniformis R. Br. Prodr. Fl. Nov. Holl. 484. 1810.

苏格兰植物学家罗伯特布朗于 1810 年在杂志 *Prodromus Florae Novae Hollandiae et Insulae Van Diemen* 发表了该物种。其实 Calystegia soldanella 是一个新组合名，其基本异名为林奈 1753 年在植物种志上发表的 Convolvulus soldanella 物种，也就是说林奈当初将该物种归入旋花属 Convolvulus，Robert Brown 根据其特征，将其组合到打碗花属 Calystegia。其著作 *Prodr. Fl. Nov. Holl.* 全称为 *Prodromus florae Novae Hollandiae et Insulae van Diemen.* 这本书是关于荷兰及其相关岛屿植物类群的研究，也是罗伯特布朗的代表性著作。瑞士植物学家 Choisy（1799—1859）1845 年在著作 *Prodromus Systematis Naturalis Regni Vegetabilis* 第九卷中记载了肾叶打碗花物种。英国植物学家威廉·博廷·赫姆斯利（William Botting Hemsley）1890 年在刊物《林奈植物科学研究》（*The Journal of the linnean society Botany*）第 26 卷上记载了该物种。刘慎谔和林镕 1931 年在其著作 *Flora Illstration North Chine* 第一卷中记载了该物种。日本植物分类学家北川政夫（M. Kitagawa）1939 年在其著作《满洲植

物考》(*lineamenta florae manshuricae*) 记载了该物种。1974 年《中国高等植物图鉴》第 3 卷也记载了该物种。

基本异名是林奈于 1753 年在《植物种志》记载了 Convolvulus soldanella Linn.；ibid. 是出处同上的含义。Ed. 表示第几版。1762 年《植物种志》第二版上记载了 Convolvulus soldanella Linn.。法国植物学家弗朗谢 (A.Franchet) 1884 年在其著作《瑟堡自然科学社会杂志》(*Memoirs of the National Academy of Sciences*) 记载了该物种。

其他异名，罗伯特布朗于 1810 年在 *Prodromus florae Novae Hollandiae et Insulae van Diemen.* 上也使用了 Calystegia reniformis R. Br. 记载的为同一植物特征，而名称作为异名处理。

别名：扶子苗（山东），滨旋花（江苏、浙江）（中国植物志），肾叶天剑、砂附、海地瓜、喇叭花、孝扇草

英文名称：Seashore Glorybind

（二）形态特征

肾叶打碗花形态特征如图 26-1 所示。

多年生草本，全体近于无毛，具细长的根。茎细长，平卧，有细棱或有时具狭翅。叶肾形，长 0.9～4 cm，宽 1～5.5 cm，质厚，顶端圆或凹，具小短尖头，全缘或浅波状；叶柄长于叶片，或从沙土中伸出很长。花腋生，1 朵，花梗长于叶柄，有细棱；苞片宽卵形，比萼片短，长 0.8～1.5 cm，顶端圆或微凹，具小短尖；萼片近于等长，长 1.2～1.6 cm，外萼片长圆形，内萼片卵形，具小尖头；花冠淡红色，钟状，长 4～5.5 m，冠檐微裂；雄蕊花丝基部扩大，无毛；子房无毛，柱头 2 裂，扁平。蒴果卵球形，长约 1.6 cm。种子黑色，长 6～7 mm，表面无毛亦无小疣。

（三）分布

产于辽宁、河北、山东、江苏、浙江、台湾等沿海地区。广泛分布于欧、亚温带及大洋洲海滨。舟山各个岛屿均有分布。

（四）生境及习性

肾叶打碗花是我国温和气候区沿海地带盐性砾土指示植物。生于海滨沙地或海岸岩石缝中。居住的土壤 pH 值是 7.0 左右。喜光耐旱、喜温暖和湿润气候，耐盐碱，耐贫瘠。

a 群落；b 花；c 雄蕊及花柱；d 雌蕊；e 子房横切；f 花药及其着生方式；g 柱头

图 26-1　肾叶打碗花

大多生长在距离海岸不远的海岸沙丘或海滩上，常年受海雾侵蚀，基本都是野生状态。由于肾叶打碗花的茎具有匍匐性，覆盖性很强，因此具有很高的护滩抗风性能。伴生植物有匍茎苦菜、筛草、矮生苔草、单叶蔓荆、柽柳等。种群密度20～30株/m²。肾叶打碗花是一种卧地生长的草本植物，早春4月上，中旬萌发，在江苏8月前后开花，9—10月结果，在辽宁6—7月开花，9月前后结实。肾叶打碗花是一种浅根性植物，根系集中在5 cm左右的深度，根部所达范围是呈中性反应的粗砂砾。在靠近海岸的花岗岩，片麻岩或片岩组成的砾石土上，特别是海水浪花经常可以达到的山麓，也有此种植物生长，有的成为单一群落。可是在距海岸稍远的砂土台地上，由于海水浪花不能经常达到，虽然可看到砂钻苔草、珊瑚菜（Glehnia littoralis），而不见肾叶打碗花的生长。这可能是由于此种植物根系太浅，不像砂钻苔草和珊瑚菜根系深可从底层吸取盐分，而海水浪花又不能经常达到，盐分供给不够所致。另外，在海岸质地稍粘的盐土上，虽然盐分供给没有问题，也没有肾叶打碗花的分布。所以，它是一种近海砂滩地上的好盐牧草。

（五）繁殖方法

种子繁殖，肾叶打碗花，目前尚属野生种，未见栽培报道。曾于 1987 年和 1988 年，在海滩砂地进行了人工补播试验，使覆盖率仅有 45% 的肾叶打碗花天然草地提高了 48%，盖度达到 93%，产草量提高 1 倍多。

（六）应用价值

（1）绿化及园林花卉应用。王颖（2012）研究认为，肾叶打碗花可与海边的岩石或园林建筑里的假山相配，起到对岩石坚硬线条的软化、平衡作用；而且在海边盐碱地将其作为岩石中的点缀，可充分展现海滨环境的原始风貌。肾叶打碗花在盐碱地绿化布局上可片植形成独立的块状模纹，而且娇美粉艳的花朵可形成自然美丽的花坪，达到色彩缤纷的渲染效果，体现出朴素的自然美感。尤其是滨海沙滩前缘的绿化，其淡淡的粉红色花朵和嫩绿可爱的叶片可将海滩点缀的异常秀美，形成如诗如画的植被景观。在滨海地区园林应用方面，尤其是滨海风景名胜区、自然保护区、疗养区、休养所等处，可布置、栽种大片的肾叶打碗花群落，为海边单一的自然色调平添一番绚丽的野趣。

（2）饲用价值。肾叶打碗花叶片所含的蛋白质很丰富，灰分和脂肪含量也较高，钙和磷的比例接近于平衡。加上其茎蔓粗壮、茎叶脆嫩、叶片肥厚、纤维素含量少、气味纯正、适口性好、覆被性很强，为牛、马、驴、骡等多种家畜所喜食，据研究，肾叶打碗花在花期的茎叶鲜重比为 1.0：1.1，茎叶干物质重量比为 1.00：0.98，干叶重占茎叶干物质重量的 49.00%，茎叶干物质达 12.50%，整个生育期间茎叶干物质重量变率小，直到枯黄前期，其青饲价值也不减，青饲期长达 150 天之久。晒干后是大家畜及兔、羊越冬的好饲料，放牧青饲或调制干草均为良好牧草，并且其生长快、产量高，具有一定的再生能力；花前期放牧或刈割，其再生草量可达第一次收草量的 75% 以上，初果期刈割，再生草量也可达花前产草量的一半，直到夏末秋初才逐渐失去再生能力。肾叶打碗花营养期的叶面积指数可达 1.45，在阳光充足、气温较高的夏季，光能利用率较高，生长快，生物量大，其单一群落的鲜茎叶产量可达 52.5 t/hm²，这在土壤条件比较差的近海盐性沙滩地上是一种高产的植物。

（3）药用价值。肾叶打碗花是一种很有发展潜力的中药资源，其全草及根状茎都可入药，性味微苦、温，具有祛风利湿、化痰止咳的功效，可用于咳嗽、肾炎水肿、风湿关节疼痛等病症。《中药辞海》记载其化学成分为合红古豆碱，Tori M 等研究发现该植物的茎中含有一种反式 -4- 羟基桂皮酸酯。尚金燕等研究认为，含有大量黄酮类物质。

（4）生态学价值。由于肾叶打碗花茎蔓粗壮、生命力顽强、覆被性很强，耐盐碱、耐瘠薄、耐旱，能够抗高强度的海风，具有很高的护滩抗风性能。这样能防止水土流失，有利于盐碱环境的绿化与植被修复。在沿海沙地补种肾叶打碗花，不仅可以美化海滩，还可以使盐碱荒地得到充分利用，增加土壤中氮、磷、钾及有机质和微生物的含量，从而改良沿海沙滩盐碱地的土质。

（七）研究进展

（1）药用价值研究进展。尚金燕（2014）研究了肾叶打碗花总黄酮含量，黄酮含量为 5.73%。

（2）形态及生物学研究进展。刘茹（2009）研究了肾叶打碗花营养器官解剖学，认为其是典型的泌盐植物；叶片上下表皮分布有由多细胞组成的盐腺；叶表皮细胞排列紧密，表皮外被有角质层；上下表皮都有气孔，气孔与表皮细胞基本齐平；为异面叶，有发达的栅栏组织。茎表皮上分布有气孔，与表皮细胞齐平；表皮与皮层之间有数层体积较小的厚壁细胞；薄壁细胞内有分泌腔分布；根表皮细胞向外突出形成大量根毛等。郭庆梅（2018）对其进行了显微鉴定，较老的根中维管束为外韧型。根状茎和茎中的维管束为双韧型，内韧皮部的存在使髓部呈多边形；茎的外韧皮部外侧有 1 列厚壁细胞环带；叶为两面叶，表面有气孔和盐腺。粉末中富含草酸钙针晶，气孔为平轴式，导管多为梯纹导管等。辛华（2002）研究了其植物根结构及通气组织，其通气道较大。胞间隙的发生主要有二种情况：①裂生胞间隙。②溶生胞间隙，这是大多数胞间隙形成的方式。通气组织大多分布于靠近表皮的皮层和靠近周皮的次生韧皮部中，即位于保护组织的内侧。温学森（1995）对其种子形态进行了观察，指出种脐呈"U"形，种皮细胞表面具颗粒状及溜状突起。

（3）肾叶打碗花生理学研究进展。刘艳莉（2018）研究了肾叶打碗花的光合能力，砂引草、筛草、肾叶打碗花和狗牙根的光合性能指标，4 种草本植物的光饱和点都较高，均适宜在较强光照条件下生长，其中以狗牙根的光合能力最强、砂引草最弱。同时，狗牙根和筛草具有较高的光能利用效率和水分利用效率，狗牙根还有较高的叶片碳利用效率和光合氮利用效率，矿质元素利用效率则是砂引草和肾叶打碗花显著高于狗牙根和筛草。同时对其4种草本植物热值与建成成本分析，狗牙根和砂引草的叶片碳质量分数分别为48.82%和47.38%，显著高于筛草（42.66%）和肾叶打碗花（44.96%）；叶片灰分质量分数是砂引草（17.11%）显著高于肾叶打碗花（13.28%）且两者均显著高于筛草（8.88%）和狗牙根（8.32%）；比叶面积（$m^2 \cdot kg^{-1}$）相互之间差异显著，且狗牙根（18.00）＞肾叶打碗花（16.45）＞砂引草（12.17）＞筛草（9.00），说明狗牙根光合能力最强，砂引草和肾叶打碗花具有较强的耐盐能力，筛草则是叶片寿命长、抗逆性强。叶片热值（$kJ \cdot g^{-1}$）是砂引草（17.33）和筛草（17.04）显著高于肾叶打碗花（16.73）和狗牙根（16.08）；叶片单位面积建成成本（$g \cdot m^{-2}$）表现为筛草（144.18）最高，砂引草（111.53）次之，肾叶打碗花（79.11）第三，狗牙根（68.12）最低，单位质量建成成本的变化趋势相同，表明狗牙根生长快、扩张性最强，但抗逆性稍差；筛草则是抗性最强，但扩张性相对较弱。

周瑞莲（2015）研究了海岸不同生态断带植物根叶抗逆生理变化与其 Na^+ 含量的关系，在高潮线土壤 Na^+ 含量最高，滨麦根叶 Na^+ 含量较高，两植物根叶中 MDA 和水分含量、抗氧化酶活力均较低，但渗透调节物含量均较高。随远离高潮线土壤 Na^+ 含量下降，滨麦根叶 Na^+ 含量下降，而肾叶打碗花根中 Na^+ 含量上升，其根叶 Na^+ 含量较滨麦分别高637%和319%。同时两植物根叶 MDA 含量、叶片含水量增加；两植物根中 POD 和 SOD 活力增加；两植物根叶可溶性糖和脯氨酸含量下降。但不同生态断带滨麦叶片平均含水量相对较低，MDA 含量、POD、CAT 和 SOD 活力、脯氨酸和可溶性糖含量相对较高。在盐土环境中滨麦通过降低 Na^+ 的吸收和提高抗氧化酶活力和有机渗透调节物含量维持氧自由基代谢平衡和水分平衡。肾叶打碗花是泌盐植物，在不同生态断带其叶片 Na^+ 含量、平均含水量相对较高，叶 MDA 含量、POD 和 CAT 活力、脯氨酸和可溶性糖含量均相对较低。泌盐植物的肾叶打碗花依赖根叶中积累的 Na+ 作为无机渗透调节剂维护其离子平衡和水分平衡及正常生长。

（4）细胞及遗传学研究。Ssilvana Avanziilva（1974）研究了肾叶打碗花的主要根静止中心中 DNA 和 RNA 的合成，指出在静止中心内存在提出了4组细胞，每组细胞具有一定的形态特征分化或通过 H– 胸苷和3H– 尿苷掺入的典型模式。基于标记模式，提出了一些 QC 细胞经历的建议选择性复制在转录中有活性的特定 DNA 序列。A Bruni（1974）研究了成熟关节乳管细胞核的形态学特征。MotooTori2000 研究了肾叶打碗花的咖啡酸和香豆酸酯，其茎中分离出反式 –4– 羟基肉桂酸，顺式 –4– 羟基肉桂酸和反式 –3,4– 二羟基肉桂酸与长链醇（n=15–20）

的酯类。Myoung Sook Lee（2006）研究了 Calystegia soldanella and Elymus mollis 两种滨海沙丘植物根际优势细菌，随后的序列分析表明该模式是 Lysobacter spp 的模式，它是 Xanthomonadaceae 科的成员，Gamma 变形菌。Lysobacter 克隆包含 50.6％的来自克隆 C.soldanella 和来自 E.mollis62.5％。其他次要模式包括假单胞菌属、根瘤菌、Chryseobacterium spp 和 Pantoea spp。在 C.soldanella 克隆和假单胞菌中 SP。和 E.mollis 克隆中的嗜水气单胞菌。目前尚不清楚是什么样的角色 Lysobacter 与沙丘植物有关，但它在根际的普遍存在，连同该分类群对植物病原体的拮抗活性的潜力，表明溶杆菌可能与宿主植物形成共生关系。

Asuka Noda（2009）研究了其微卫星位点的分离与鉴定，肾叶打碗花的八个微卫星位点可用于比较遗传结构，表征了古代琵琶湖和沿海的孤立种群日本的种群被隔离。

Carmelina Spano（2013）研究了肾叶打碗花在自然状态（DC）与实验室条件下（LC）的生理差异，营养含量为 LC 中的显著高于 DC 植物。更高的过氧化氢含量和脂质过氧化，沙丘植物 DC 有一个膜损伤，由评估电解电导法，没有显示差异来自 LC。苯酚和抗坏血酸池，谷胱甘肽还原酶和过氧化氢酶活性显示沙丘比实验室植物高。虽然压力水平很高，沿海植物 DC 受到很好的保护对抗氧化损伤和脯氨酸、酚类、抗坏血酸、谷胱甘肽还原酶和过氧化氢酶似乎起着关键作用。

参考文献

[1] AVANZI S, BRUNI A, TAGLIASACCHI A M. Synthesis of DNA and RNA in the Quiescent Centerof the Primary Root of Calystegia soldanella[J]. Protoplasma, 1974（80）: 393–400.

[2] BRUNI A, DALL′ OLIO G, FASULO M P. Morphological Aspects of the Nuclei in Mature Articulated Laticifers of Calystegia soldanella[J]. Experientia, 1974, 30（12）: 1390–1392.

[3] MOTOOTORI, YUKIKOOHARA, KATSUYUKINAKASHIMA, et al. Caffeic and Coumaric Acid Esters from Calystegiasoldanella[J]. Fitoterapia, 2000, 71（4）: 353–359.

[4] 山田哲司. 海岸と琵琶湖岸に生育するハマヒルガオの花と種子の大きさに見られた分化 [J]. The Japanese Society for Plant Systematics. 植物分類, 1992, 43（1）: 45– 52.

[5] LEE M S, DO J O, PARK M S, et al. Dominance of Lysobacter sp. in the Rhizosphere of Two Coastal Sand Duneplant Species, Calystegia soldanella and Elymus mollis[J]. Antonie van Leeuwenhoek, 2006（90）: 19–27.

[6] LEE M S, DO J O, PARK M S, et al. Erratum to: Dominance of Lysobacter sp. in the Rhizosphere of Two Coastal Sand Dune Plant Species, Calystegia soldanella and Elymus mollis[J]. Antonie van Leeuwenhoek, 2013（103）: 443–447.

[7] LI Zhuang, SANO T, FUJITA T, et al. Puccinia Calystegiae–soldanellae, a New Rust Species on Calystegia Soldanella from Japan[J]. Mycoscience, 2004（45）: 200–205.

[8] NODA A, NOMURA N, MITSUI Y, et al. Isolation and Characterisation of Microsatellite Loci in Calystegia Soldanella（Convolvulaceae）, an Endangered Coastal Plant Isolated in Lake Biwa, Japan[J]. Conserv Genet, 2009（10）: 1077–1079.

[9] SPANO C, BRUNO M, BOTTEGA S. Calystegia Soldanella: Dune Versus Laboratory Plants to Highlight Key Adaptive Physiological Traits[J]. Acta Physiol Plant, 2013（35）: 1329–1336.

[10] 尚金燕, 历娜, 杨雪. 肾叶打碗花总黄酮含量的分析 [J]. 药学研究, 2014, 33（6）: 326–327.

[11] 郭庆梅, 和焕香, 姚纯华, 等. 孝扇草的性状与显微鉴定研究 [J]. 中药材, 2018, 41（9）: 1837–1840.

[12] 刘茹, 刘庆华, 王奎玲, 等. 肾叶打碗花营养器官解剖学研究 [J]. 江西农业学报, 2009, 21（3）: 64–67.

[13] 王颖, 巩如英, 彭红丽, 等. 野生植物肾叶打碗花的生长特性及观赏价值 [J]. 湖北农业科学, 2012, 51（18）: 4039–4056.

[14] 辛华, 曹玉芳, 辛洪婵. 山东滨海盐生植物根结构及通气组织的比较研究 [J]. 植物学通报, 2002, 19（1）: 98–102.

[15] 刘艳莉, 侯玉平, 卜庆梅, 等. 山东半岛海岸前沿 4 种草本植物光合性能及资源利用效率比较 [J]. 安徽农业大学学报, 2018, 45（4）: 710–714.

[16] 温学森, 李爱国, 陈汉斌. 国产打碗花属植物种子形态及其分类学意义 [J]. 植物研究, 1995, 15（3）: 363–367.

[17] 周瑞莲, 王相文, 左进城, 等. 海岸不同生态断带植物根叶抗逆生理变化与其 Na+ 含量的关系 [J]. 生态学报, 2015, 35（13）: 4518–4526.

[18] 刘艳莉, 陈鹏东, 侯玉平, 等. 烟台沙质海岸前沿 4 种草本植物热值与建成成本分析 [J]. 生态环境学报, 2018, 27（7）: 1211–1217.

二十七、砂引草

（一）学名解释

Messerschmidia sibirica L.，属名：Messerschmidia，命名人 D.G. Messerschmidt.。德国人梅塞斯密特受俄国彼得大帝派遣考察西伯利亚时，曾于 1724 年到中国内蒙古呼伦贝尔盟的达赖湖（呼伦池）一带采集植物标本，送 J.Amman（1702—1741）、J.G.Gmelin（1709—1755）、P.S.Pallas（1741—1811）和林奈等人鉴定，如砂引草属 Messerschmidia L.），砂引草属，紫草科。种加词 sibirica，西伯利亚的。命名人 L.=Carl von Linné,（见盐角草部分）。

学名考证：Messerschmidia sibirica L. Mant Pl.2：334.1771；Johnst. in Journ. Arn. Arb.16：164.1935；Kitag. in Rep. First Sci. Exped. Manch. Sect.4.91.1936；Johnst. in Journ. Arn. Arb. 32：118.1951.—Tournefortia sibirica L. Sp. Pl. 141.1753；Forb. et Hemsl. in Journ. Linn. Soc. Bot.26：147. 1890.—T. arguzia Roem. et Schul. var. latifolia DC. Prodr. 9：514.1845.—T. sibirica L. var. grandiflora H. Winkl in Repert. Sp. Nov.12：472.1922.—Messerschmidia sibirica var. latifolia（DC.）Hara,Enum. Sperm.Jap.1：178.1948.

1771 年，林奈在刊物 *Mantissa Plantarum* 上发表了物种 *Messerschmidia sibirica* L.。1935 年，美国植物学家 Ivan Murray Johnston 在刊物《阿诺德树木园日报》（*Journal of the Arnold Arboretum*）上记载了该物种；1936 年，北川正夫在刊物《满洲里第一次科学考察报告》（*Report First Sciences Expedition Manchuria*）第四部分记载了该物种；Ivan Murray Johnston 在 1951 年在刊物《美国阿诺德树木园杂志》（*Journal of the Arnold Arboretum*）也记载了该物种。

1753 年，林奈在《植物种志 Sp. Pl.》所记载的物种 *Tournefortia sibirica* L. 为异名，美国植物学家 Francis Blackwell Forbes 和英国植物学家 William Botting Hemsley，1890 年在刊物《林奈学会植物学杂志》（*Journal of the Linnean Society Botany*）也沿用了此名字。

de Candolle, Augustin Pyrmus1845 年在刊物《自然生殖系统》（*Prodromus systematis naturalis regni vegetabilis*）发表的变种 T. arguzia Roem. et Schul. var. latifolia DC. 为异名。

德国植物学家 Winkler, Hubert J. P. 1922 年在刊物 *Repertorium Specierum Novarum Regni Vegetabilis* 发表的变种 T. sibirica L.var.grandiflora H. Winkl 为异名。

日本植物学家原宽（1911—1986），1948 年在刊物《日本种子植物集览》（*Enumeratio Spermatophytarum Japonicarum*）发表的变种 Messerschmidia sibirica var. latifolia（DC.）Hara 为异名。

Tournefortia sibirica Linnaeus, Sp. Pl. 1: 141. 1753. Argusia sibirica（Linnaeus）Dandy; Messerschmidia arguzia Linnaeus; M. sibirica（Linnaeus）Linnaeus; M. sibirica var. latifolia（A. de Candolle）H. Hara; Tournefortia arguzia Roemer & Schultes; T. arguzia var. latifolia de Candolle; T. sibirica var. grandiflora H. Winkler.（引自 Flora of China）

别名：紫丹草、西伯利亚紫丹

英文名称：Siberian Messerschmidia

（二）分类历史及文化

砂引草（Messerschmidia sibirica）作为中国北部滨海重要的泌盐植物，适合生长在含盐量 0.60% ～ 1.50% 的土壤。作为滨海盐碱沙地的先锋物种，砂引草在保护生态环境方面发挥着重要作用，如促淤、保滩、护岸，抵御海水侵蚀，以及固沙、防风、防治沙化等。在 1995 年出版的 *Flora of China* 中，主张把紫草科的砂引草属取消，并将其并入紫丹属中。英文版 *Flora of China* 认为 Tournefortia sibirica 是正名，Messerschmidia sibirica 是异名，依据是优先律原则。本书依据中文版《中国植物志录》出。

（三）形态特征

砂引草形态特征如图 27-1。

多年生草本，高 10 ～ 30 cm，有细长的根状茎。茎单一或数条丛生，直立或斜升，通常分枝，密生糙伏毛或白色长柔毛。叶披针形、倒披针形或长圆形，长 1 ～ 5 cm，宽 6 ～ 10 mm，先端渐尖或钝，基部楔形或圆，密生糙伏毛或长柔毛，中脉明显，上面凹陷，下面突起，侧脉不明显，无柄或近无柄。花序顶生，直径 1.5 ～ 4 cm；萼片披针形，长 3 ～ 4 mm，密生向上的糙伏毛；花冠黄白色，钟状，长 1 ～ 1.3 cm，裂片卵形或长圆形，外弯，花冠筒较裂片长，外面密生向上的糙伏毛；花药长圆形，长 2.5～3 mm，先端具短尖，花丝极短，长约 0.5 mm，着生花筒中部；子房无毛，略现 4 裂，长 0.7～0.9 mm，花柱细，长约 0.5 mm，柱头浅 2 裂，长 0.7～0.8 mm，下部环状膨大。核果椭圆形或卵球形，长 7～9 mm，直径 5～8 mm，粗糙，密生伏毛，先端凹陷，核具纵肋，成熟时分裂为 2 个各含 2 粒种子的分核。花期 5 月，果实 7 月成熟。

a 植株；b 花；c 果实；d 枝条；e 叶片

图 27-1 砂引草

（四）分布

产于东北、河北、河南、山东、陕西、甘肃、宁夏等省区。在蒙古、朝鲜及日本有分布。

（五）生境及习性

生于海拔 4 ～ 1 930 m 海滨砂地、干旱荒漠及山坡道旁。一般 4 月初萌芽进行营养生长，5 ～ 6 月开始开花，6 ～ 7 月结实，种子 8 月下旬成熟，果后仍有一段营养期，9 ～ 10 月逐渐干枯。根状茎细长，斜生或匍匐，多水平分布于土表下 15 ～ 20 cm 处，伸展可达 1 ～ 2 m，垂直根最长可达到 1 m 左右深处。

（六）繁殖方法

目前尚未由人工引种栽培。

（七）应用价值

砂引草不仅在固沙、保滩、护岸、防风、治沙和植被恢复中起到重要的生态作用，而且具有良好的观赏价值。赵艳云等学者论述了山东省无棣县贝壳堤地区与天津市滨海盐碱地土壤微生物数量级相似。夏江宝等学者测定试验地土壤指标后得出结论，砂引草种群能够对滨海盐渍沙质土壤改良和绿化提供帮助。张佳平综合评价砂引草分值为 12.627，排名第 11 位，为第一等级，应优先引种选育并推广使用。天津滨海新区盐生植物园河道防护林廊道主要利用白蜡、柽柳、紫穗槐和砂引草等构建多层次的耐盐碱植物群落，天津市野生植物园利用紫花地丁、毛地黄、碱地蒲公英、霞草、点地梅和砂引草营建缀花草坪。河北省衡水湖国家级自然保护区把砂引草单独作为地被植物成片栽植体现了乡土景观效果。另外，张锡纯在《医学衷中参西录》中对砂引草止血作用大为推崇，吴永江等中日学者共同从其叶片中分离到黄酮类化合物，高超等学者开展了砂引草挥发油化学成分的气质联用分析以便提取芳香油，张欣等学者赞同它是一种优质饲用植物。此外，砂引草还可作为蜜源植物和绿肥等。砂引草营养生长期有较高含量的粗脂肪和粗蛋白质，其中粗蛋白质种类、品质还可与紫花苜蓿媲美，有 9 种人体必需氨基酸的含量高于麦麸和谷类饲料，以及一般的禾本科牧草。此外，砂引草花朵中含有芳香油的分泌细胞，香味独特、浓郁悠长。

（八）研究进展

（1）盐腺及耐盐特性的研究。项秀丽（2008）研究了其盐腺的结构，指出砂引草的盐腺由茎叶的表皮细胞发育而成，通过观察发现在砂引草的表皮上存在着一种主要的盐腺结构，它由多个细胞组成，包括收集细胞和分泌细胞等。分泌细胞旁边的表皮细胞也参与盐分的收集，属于收集细胞，这些细胞的细胞质稠密，有明显的细胞核，但没有中央液泡，其泌盐过程主要依靠细胞的破裂完成。如图 27-2 所示。

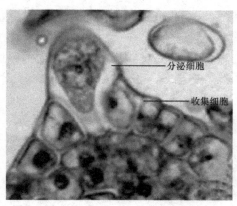

图 27-2　砂引草泌盐腺的结构与泌盐的关系

　　宋阳阳（2013）研究指出，砂引草在 40% 以下的人工海水浓度条件下能够正常生长，随着人工海水浓度的升高，砂引草盐胁迫症状加剧，在 60% ～ 80% 浓度下，植株存活率逐降低，耐盐极限相当于 70% ～ 80% 海水浓度之间。分枝率、株高增量随着浓度升高而降低。叶绿素含量、脯氨酸含量随着人工海水浓度的升高、处理时间的延长呈现降低趋势。细胞膜透性随海水浓度增加而增加，在整个处理过程中，丙二醛含量呈现先增加后降低的趋势。

　　乌云娜等学者论述了砂引草在内蒙古鄂尔多斯草原重度盐碱梯度上占有较高优势，明显高于轻度区和中度区，为恶劣环境下的先锋物种。谭海霞等学者认为砂引草是中国北部滨海拒盐植物，适生于含盐量为 0.60% ～ 1.50% 的土壤。宋阳阳等学者测定出砂引草在 40% 以下的人工海水浓度条件下能够正常生长，在 60% ～ 80% 浓度下存活率逐渐降低。解卫海等学者也证实了砂引草是沙生泌盐植被，可通过提高抗氧化能力抵抗离子胁迫。同时，项秀丽等学者研究砂引草解剖结构结果为茎、叶表皮具有表皮毛、角质层、泌盐腺和下陷气孔，维管束数目众多，还演化出蜡质结晶与蜡质纹饰；根、茎中心位置有髓，髓中存在晶细胞，这些形态特征是砂引草适应盐碱环境维持正常生理功能的物质基础。因此中国学者一致认为：砂引草群落是滨海盐碱地和弱盐渍化土壤具有重要指示意义的植物群落，适生于中性至碱性的砂质土壤，表明土壤含盐量较高，pH7.0 ～ 9.5。

　　（2）解剖学研究。项秀丽（2008）研究指出，砂引草的幼茎呈绿色，表皮由 1 层近正方形的、排列规则且紧密的细胞构成。外壁具角质层，表皮上分布有气孔；皮层为多层细胞组成，主要是薄壁组织，内含叶绿体，向内有 5 ～ 7 层的厚角组织，在相对于维管束的外侧。维管柱皮层以内的中央柱状部分，由维管束、髓和髓射线组成。砂引草的茎中，初生木质部、束中形成层和初生韧皮部内外排列成外韧维管束。茎的中心部分是由薄壁细胞构成的发达的髓，髓的薄壁细胞近等径形。表皮分化有少量的泌盐腺，砂引草的叶片由表皮、叶肉、叶脉三部分组成。表皮均由一层细胞组成。外壁轻度角质化，表皮细胞排列紧密，具有角质层及气孔。叶缘有明显的环栅组织。叶肉细胞含有叶绿体，叶表面有很多的泌盐腺、表皮毛，且具乳头状瘤。如图 27-3 所示。

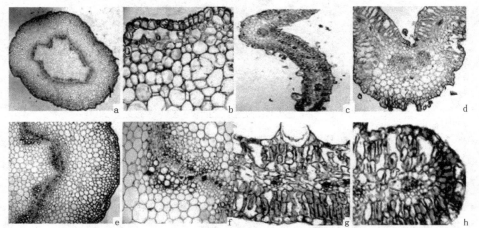

a 砂引草茎的横切面；b 茎表皮及皮层部分；c 砂引草叶的横切；d 叶脉横切面；e 茎初生结构；f 茎维管束结构；g 叶片的形态；h 叶片边缘形态

图 27-3　砂引草茎及叶片的解剖结构

（3）耐旱性和耐热性研究。砂引草成年植株根系为根蘖型，具备根的功能和繁殖能力，主根粗壮且均匀，垂直向下可深入土中 70～100 cm，在环境旱化时入土更深，水平根（即侧根）质地坚硬，近水平走向，伸展长达 1～2 m，周身密生白色绒毛，茎多分枝，匍匐或斜升，叶片与地肤相比微宽，厚则加倍，稍肉质化。张绪良等学者在显微镜下观测到砂引草根表面保护组织增强，皮层中机械组织更为发达，维管束木质化程度较茎与叶更为强烈，木质部明显，导管细胞口径较大；叶片表皮具有乳头状瘤，叶肉栅栏组织非常发达，而海绵组织退化，形成了等面叶，叶缘明显的环栅型组织结构。这些特殊结构既能减少蒸腾失水，又能防止阳光直射引起的灼伤，还能使植物叶片获得充足的水分，也能促进光合作用。解卫海等学者阐述了生活在科尔沁内陆沙地的砂引草通过积累脯氨酸和可溶性糖作为有机渗透调节剂维持细胞水分平衡。由此可见，砂引草既为沙砾质荒漠草原地带多年生天然草甸植物，又为中国北方地区近人栖地和草场植被中的杂草，不仅耐旱性出色，而且耐热性能也相当优秀。

（4）耐沙埋性研究。解卫海等学者通过比较得出砂引草能够忍耐沙埋胁迫，且在科尔沁内陆沙地和烟台海岸沙地的生理响应类似。另外，王进等学者也证明了砂引草是一个可耐全埋的固沙地被植物，常因流沙被台风吹动所埋没，在沙埋时主要通过茎顶部快速生长以摆脱沙埋的影响，适度沙埋可促进砂引草植株茎快速生长，但在全埋下不如在轻度和中度沙埋下生长快。

（5）耐瘠薄性研究。宋彦涛等测定了包括砂引草在内的草本植物叶片性状特征，松嫩草地的砂引草比叶面积高于邻近的科尔沁沙地植物，这是因为科尔沁沙地属于温带半干旱气候类型，相对干旱贫瘠，可利用资源少。李玉霖等也肯定了砂引草在固定沙丘生境中的比叶面积值相对更低。由此可见，砂引草生命力极为顽强，获取植物资源能力相对较少，更能在逆境中占优势，这是其适应了降水少、蒸发量大和土壤贫瘠的结果。

（6）耐涝性研究。刘贤娴等学者通过聚类分析总结得出，北京野鸭湖湿地低河（湖）漫滩平地生长的砂引草为伴生种，叶面积、叶体积、湿重和干重4项指标数值最小，为第1组湿地草本植物，其特点是拥有较薄的叶片，较大的干物质含量和组织密度。杨洪晓等学者探寻到山东半岛滨海沙滩前缘高潮线以上盐碱性湿地的优势种库成员包括砂引草，赵艳云等学者观察到山东省滨州市无棣贝沙堤向海侧分布着砂引草。另外，辛华等学者关注到砂引草根中次生韧皮薄壁组织发达，裂生胞间隙，形成多个通气道，这是其适应水涝的有利结构。由此可见，砂引草既能生活在砂质海岸，又能生活在低湿地，具备较好的耐涝性。

（7）群落特征研究。陈征海等学者总结出砂引草通常随机型分布格局，具有明显的条带性和镶嵌性。田涛等研究内蒙古天然植被群落特征时，计算出砂引草群落优势度较小，重要值很小，丰富度极差，处于劣势位置。杨洪晓等学者研究出砂引草为山东半岛滨海沙滩的主要优势种，在盖度上呈显著的负相关关系，对库外物种几乎没有抑制效应，甚至有互补或互利效应。吕志男等学者阐述了砂引草天然种群繁衍与更新过程中，对营养器官的生物量分配极高，对生殖器官果实的生物量分配却极低，很难获得种子，故无性繁殖方式占主导地位。宝力道分析内蒙古东乌旗阿尔舒特湖干涸后，距湖边200～500 m分布着砂引草，随着距离的增加植被逐渐过渡为羊草、赖草、针茅等典型草原原生植被。李昌龙等学者推理出甘肃省民勤县石羊河林场泉山分场沙地退耕地植被群落主要由骆驼蒿＋芦苇＋蒙山莴苣群落→骆驼蒿＋砂引草＋花花柴群落→骆驼蒿＋苦豆子＋黄花矶松群落演替。由此可见，砂引草群落演替与土壤水分、盐分关系密切，由于风蚀水蚀较为严重，加之长期放牧，随着土壤干旱程度的加强以及盐分的增加，致使湿生、沼生和中生植物逐渐向盐渍化和中旱生植物过渡，从而引入了新的耐沙、耐盐碱植物砂引草。

（8）多糖研究。张欣（2015）指出，浸提温度 40℃、浸提时间 5 h、料液比 1 ：40，在此工艺条件下提取砂引草多糖提取率较高可达 2.77%。

（9）关于根际细菌及内生真菌的研究。随着对植物 - 微生物相互作用的新兴研究，越来越多的证据表明内生和根际细菌在植物生长中起重要作用。这些微生物可以受益生产植物激素的植物，可以促进养分吸收，增加抗逆性，或改变根际微生物平衡。人们发现根际细菌的丰富度和多样性显著高于叶、茎和根，但低于大部分对照土壤。总共鉴定出 37 门和 438 属。叶、茎和根中的内生细菌群落与根际和大块控制土壤中的内生细菌群落相似。叶、茎、根、根际和大量对照土壤样品专用的可操作分类单位的数量分别为 51,43,122,139 和 922。田雪莹 2018 研究表明，从 450 个砂引草根茎叶组织块中共分离得到 198 株内生细菌、82 株内生真菌。经分子生物学和形态学鉴定，共有细菌 16 个属、41 个分类单元、真菌 8 个属、31 个分类单元。系统发育分析表明，砂引草内生菌种群丰富。以该植物根、茎、叶、根际土壤和非根际土壤为样本，通过 Illumina HiSeq 2 500 对内生菌和根际细菌的 16S rRNAV5–V7 区测序，结果显示根际土壤中细菌种群数量明显高于砂引草组织器官，但略低于非根际土壤样本。这些细菌分属 37 个门 438 个属，其中变形菌门 Proteobacteria 和放线菌门 Actinobacteria 是优势菌门，Pseudomonas sp.,Bacillus sp.,Sphingomonas sp.,Streptomyces sp.,Microbacterium sp.,Rhizobium sp. 和 Nocardioides sp. 是主要的优势菌属。综合分析两种不同方法下优势菌属（相对丰度大于 1%）和稀少菌属（相对丰度低于 0.1%）表现的差异性说明，在研究植物内生菌多样性时，应综合运用传统分离方法和高通量测序技术。

（10）化学成分研究：①精油成分的研究。Katayoun Morteza Semnani（2008）从 Messerschmidia sibirica 的干燥开花地上部分获得的精油组成通过 GC 和 GC/MS 分析，在这种油中已经确定了 23 种成分。精油的主要成分是 6,10,14– 三甲基 –2– 十五酮（29.9%），（E,E）– 法呢基乙酸酯（12.3%）和植醇（10.8%）。②新木质素的研究。Zhi Zhong Song 等 1992 研究指出，新木质素为 $C_{18}H_{14}O_7$,^{13}CNMR（见图 27–4）。

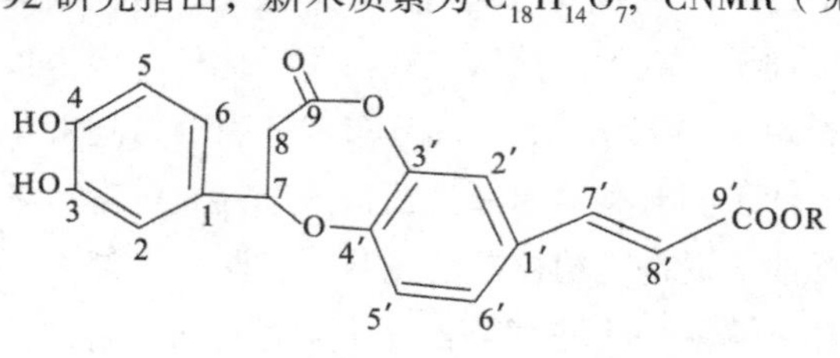

Figure 1

图 27–4　新木质素结构

参考文献

[1] 项秀丽，初庆刚，刘振乾，等．砂引草泌盐腺的结构与泌盐的关系 [J]. 暨南大学学报（自然科学版），2008, 29（3）: 305-310.

[2] 宋阳阳，王奎玲，刘庆超，等．盐胁迫对砂引草生长及生理指标的影响 [J]. 青岛农业大学学报（自然科学版），2013, 30（2）: 128-131.

[3] 乌云娜，霍光伟，雒文涛，等．盐碱化梯度上草原植被空间异质性的数量分析 [J]. 干旱区资源与环境，2012, 26（10）: 84-88.

[4] 谭海霞．中国北部滨海野生盐生植物资源调查及绿化应用[J]. 中国园林，2013(5): 101-103.

[5] 解卫海，周瑞莲，梁慧敏，等．海岸和内陆沙地砂引草（Messerschmidia sibirica）对自然环境和沙埋处理适应的生理差异 [J]. 中国沙漠，2015（6）: 1538-1546.

[6] 陈素英，冯学赞．滨渤海平原植物群落分布特征初探 [J]. 生态农业研究，1997, 5（4）: 59-61.

[7] 张绪良，丰爱平，隋玉柱，等．胶州湾海岸湿地维管束植物的区系特征与保护 [J]. 生态学杂志，2006, 25（7）: 822-827.

[8] 王进，周瑞莲，赵哈林，等．海滨沙地砂引草对沙埋的生长和生理适应对策 [J]. 生态学报，2012, 32（14）: 4291-4299.

[9] 周瑞莲，杨淑琴，黄清荣，等．小叶锦鸡抗沙埋生长与抗氧化酶及同工酶变化的关系 [J]. 生态学报，2015, 35（9）: 3014-3022.

[10] 宋彦涛，周道玮，王平，等．松嫩草地66种草本植物叶片性状特征 [J]. 生态学报，2013, 33（1）: 79-87.

[11] 赵红洋，李玉霖，王新源，等．科尔沁沙地52种植物叶片性状变异特征研究 [J]. 中国沙漠，2010, 30（6）: 1292-1298.

[12] 李玉霖，崔建垣，苏永中，等．不同沙丘生境主要植物比叶面积和叶干物质含量的比较 [J]. 生态学报，2005, 25（2）: 304-310.

[13] 刘贤娴，李俊清．北京野鸭湖湿地植物叶功能性状研究 [J]. 安徽农业科学，2008, 36（20）: 8406-5409.

[14] 马小伟，胡东，华振铃，等．土壤水分、盐分对野鸭湖湿地植物群落演替的影响 [J]. 首都师范大学学报，2008, 29（1）: 50-54.

[15] 杨洪晓，褚建民，张金屯．山东半岛滨海沙滩前缘的野生植物 [J]. 植物学报，2011, 46（1）: 50-58.

[16] 赵艳云,田家怡,胡相明,等.无棣贝沙堤植物多样性分析 [J].安徽农业科学,2010, 38(3): 1344-1346.

[17] 辛华,曹玉芳,周启河,等.山东滨海盐生植物根结构的比较研究 [J].西北农业大学学报,2000, 28(5): 49-51.

[18] 陈征海,唐正良,张晓华,等.浙江海岛砂生植被研究(I)植被的基本特征 [J].浙江林学院学报,1995, 12(4): 388-398.

[19] 张治国,王仁卿,陆健健.胶东沿海砂生植被基本特征及主要建群种空间分布格局的研究 [J].山东大学学报,2002, 37(4): 364-368.

[20] 田涛,张国芝,赵廷宁.杭锦旗穿沙公路周边植被群落特征与多样性研究 [J].水土保持通报,2009, 29(3): 137-140.

[21] 李玲玲,李青丰,田东方.乌审旗东北部典型地段天然植被调查研究 [J].绿色科技,2013(4): 51-53.

[22] 胡妍妍,杨静慧,刘海荣,等.官港湿地苘麻 - 狗尾草草地群落结构分析 [J].天津农业科学,2016, 22(2): 131-134.

[23] 吕志男,李青丰,崔淑祯.内蒙古草地植物几种营养繁殖方式研究 [J].内蒙古草业,2010, 22(2): 42-44.

[24] 杜利霞.荒漠草原几种主要植物繁殖特性的研究 [D].呼兰浩特:内蒙古农业大学,2005.

[25] 苏布达,易津,陈继群,等.内蒙古乌拉盖草原湿地中下游植被退化演替趋势分析 [J].中国草地学报,2011, 33(3): 73-78.

[26] 宝力道.内蒙古典型草原荒漠化研究 [D].呼兰浩特:内蒙古农业大学,2008.

[27] 李昌龙,尉秋实,柴成武.石羊河下游沙地退耕地植被演替与土壤水分调控研究 [J].干旱区资源与环境.2011, 25(9): 116-120.

[28] 王德芳,郑志勇.砂引草研究进展 [J].中国农学通报,2016, 32(34): 21-24.

[29] 张欣,贝盏临,丁春霞.响应面法优化砂引草多糖的提取工艺 [J].饲料工业,2015, 36(21): 29-32.

[30] MORTEZA-SEMNANI K, SAEEDI M, AKBARZADEH M. The Essential Oil Composition of Messerschmidia sibirica L[J]. Journal of Essential Oil Research, 2008 (20): 207-208.

[31] TIAN Xueying, ZHANG Chengsheng. Illumina-Based Analysis of Endophytic and Rhizosphere Bacterial Diversity of the Coastal Halophyte Messerschmidia sibirica[J]. frontiers in microbiology, 2017, 8: 1-10. doi: 10.3389/fmicb. 2017. 02288.

[32] Song zhizhong, et al. Two New Neolignans from Messerschmidia Sibirica L. ssp. [J]. Chinese Chemical Letters, 1992, 3（12）: 975-976.

[33] 田雪莹. 砂引草内生菌多样性及一株内生菌 Alternaria sp.P8 次级代谢产物研究 [D]. 北京 : 中国农业科学院 , 2018.

二十八、双花耳草

（一）学名解释

Hedyotis biflora（Linn.）Lam.，属名：Hedyotis，hedys，耳草属，茜草科。种加词：biflora，双花。命名人：Lam.=Jean Baptiste Lamarck，是法国博物学家。他是一名士兵、生物学家、学者，是生物进化发生并按照自然法则进行的观点的早期支持者。

拉马克（1744—1829）是法国博物学家，生物学伟大的奠基人之一。他最先提出生物进化学说，是进化论的倡导者和先驱。他还是一个分类学家，林奈（1707—1778）的继承人。主要著作有《法国全境植物志》《无脊椎动物的系统》《动物学哲学》等。生于皮卡第，卒于巴黎。1809 年，他发表了《动物哲学》（*Philosophie zoologique*，亦译作《动物学哲学》）一书，系统地阐述了他的进化理论，即拉马克学说。书中提出了用进废退与获得性遗传两个法则，并认为这既是生物产生变异的原因，又是适应环境的过程。达尔文在《物种起源》一书中曾多次引用拉马克的著作。

伟大的生物学家、进化论的奠基人——达尔文于 1859 年出版了《物种起源》，提出了以自然选择为基础的进化学说，成为生物学史上的一个转折点。恩格斯指出它是 19 世纪自然科学的三大发现之一。达尔文的进化论举世瞩目。然而，拉马克早于达尔文诞生之前（1809 年）就在《动物学哲学》里提出了生物进化学说，在进化学史上发生过重大影响，为达尔文进化论的产生提供了一定的理论基础。

1744 年 8 月 1 日，拉马克生于法国毕伽底，本名约翰摩纳。1768 年，拉马克与他的良师让·雅克·卢梭（Jean Jacques Rousseau，1712—1778）相识，卢梭是当时法国著名的思想家、哲学家、教育家、文学家，对拉马克的成才起了巨大的作用。卢梭经常带他到自己的研究室参观，并向他介绍许多科学研究的经验和方法，使拉马克由一个兴趣广泛的青年，转向专注于生物学的研究。拉马克花了整整 26 年时间，系统地研究了植物学，在担任皇家植物园标本保护人期间，1778年写出了名著《法国全境植物志》。后又研究动物学，1793 年，他应聘为巴黎博物馆无脊椎动物学教授，1801 年完成了《无脊椎动物的系统》一书，此书中他把无脊椎动物分为 10 个纲，是无脊椎动物学的创始人。1809 年出版了《动物学哲学》，虽然他已 65 岁，但仍潜心研究并写作，1817 年完成了《无脊椎动物自然史》。

拉马克幼时就读于教会学校。1761—1768 年在军队服役，在里维埃拉驻屯时，对植物学发生了兴趣。1778 年，出版了 3 卷集的《法国植物志》，他已是一位赋有成就的植物学家。1783 年被任命为科学院院士，为《系统百科全书》撰写植物学部分，并担任皇家植物标本室主任。1820 年，他双目失明，以后的著作都是由他口述、经他的女儿记录整理出版的。在动物分类方面，他第一个将动物分为脊椎动物和无脊椎动物两大类，首先提出"无脊椎动物"一词，由此建立了无脊椎动物学。他也是现代博物馆标本采集原理的创始人之一。

他的代表作是《无脊椎动物系统》和《动物学哲学》，在这两本巨著中拉马克提出了有机界发生和系统的进化学说。

《无脊椎动物的系统》《动物学哲学》在科学史上具有重要的地位。他在《动物学哲学》中系统地阐述了进化学说（被后人称为"拉马克学说"），提出了两个法则：一个是用进废退；一个是获得性遗传。他认为这两者既是变异产生的原因，又是适应形成的过程。

他提出物种是可以变化的，种的稳定性只有相对意义。生物进化的原因是环境条件对生物机体的直接影响。他认为生物在新环境的直接影响下，习性改变、某些经常使用的器官发达增大，不经常使用的器官逐渐退化。他认为物种经过不断地加强和完善适应性状，便能逐渐变成新种，而且这些获得的后天性状可以传给后代，使生物逐渐演变。他认为适应是生物进化的主要过程。

他第一次从生物与环境的相互关系方面探讨了生物进化的动力，为达尔文进化理论的产生提供了一定的理论基础。但是，由于当时生产水平和科学水平的限制，拉马克在说明进化原因时，把环境对于生物体的直接作用以及获得性状遗传给后代的过程过于简单化了，成为缺乏科学依据的一种推论，并错误地认为生物天生具有向上发展的趋向，以及动物的意志和欲望也在进化中发生作用。

拉马克一生勤奋好学，坚持真理，由于与当时占统治地位的物种不变论者进行了激烈的斗争，反对居维叶的激变论，因此受到了他们的打击和迫害。但是，他说："科学工作能给予我们真实的益处；同时，还能给我们找出许多最温暖、最纯洁的乐趣，以补偿生命中种种不能避免的苦恼。"

他的一生是在贫穷与冷漠中度过的。晚年双目失明，病痛折磨着他，但他仍顽强地工作，借助幼女柯尼利娅笔录，坚持写作，把毕生精力用于生物科学的研究，终于成为生物科学的巨匠，伟大的科学进化论的创始者。

1909 年，在纪念他的名著《动物学哲学》出版 100 周年之际，巴黎植物园为他建立了纪念碑，让人们永远缅怀这位伟大的进化论的倡导者和先驱。

学名考证：Hedyotis biflora（Linn.）Lam. Tabl. Encycl. 1: 272. 1792; 海南植物志 3: 308. 1974; 中国高等植物图鉴 4: 218, 图 5849. 1975. Hara et Gould in et al. Enum. Flow. Pl. Nepal 2: 202. 1979—Oldenlandia biflora Linn. Sp. Pl. 119. 1753; Hook f. Fl. Brit. Ind. 3: 70. 1880.—O. paniculata Linn. Sp. Pl. ed, 2, 1667. 1763; Benth. Fl. Hongk. 152. 1861; Hook. f. Fl. Brit. Ind. 3: 69. 1880, RP. ; Pitard in Lecomte, Fl. Gen. Indo-Chine 3: 153. 1923.—H. racemosa Lam. Encycl. 3: 80. 1789; J. M. Chao in Li, Fl. Taiwan 4: 278. 1978.—O. crassifolia DC. Prodr. 4: 427. 1830; Miq. Fl. Ind. Bat. 2: 192. 1857.

拉马克 1792 年在刊物 *Tableau Encyclopedique Et Methodique Botanique Premiere Livraison* 上组合了该名称：*Hedyotis biflora* □Linn.□ *Lam.*。其实早在 1753 年林奈在其著作《植物种志》上已经发表了该物种，当时将该种归于 Oldenlandia 属，经 Jean Baptiste Lamarck 考证重新组合到 Hedyotis 属。《海南植物志》和《中国高等植物图鉴》也都记载了该植物名称。日本植物分类学家 Kanesuke Hara 和美国植物学家 Frank Walton Gould 1979 年在著作《尼泊尔开花植物志》（*An Enumeration of the Flowering Plants of Nepal*）上记载了该物种。

英国植物学家和地衣学家 Joseph Dalton Hooker 1880 年在著作 *The Flora of British India* 沿用了林奈的基本异名：Oldenlandia biflora Linn.；林奈 1763 年在《植物种志》第二版上所记载的 O. paniculata Linn. 为异名。英国植物学家 Bentham 1861 年在著作《香港植物植物志》也沿用了此异名。法国药剂师和植物学家 Charles Joseph Marie Pitard 1923 年在著作 *Flore générale de L'Indo-Chine* 也沿用了此异名。

1789 年，Lam. 在著作 *Encyclopedie methodiquo Botanique* 中使用 H. racemosa Lam. 为异名。1978 年，赵启明在著作《台湾植物志》也沿用了此名称。

1830 年，DC. 在著作 *Pro Prodromus Systematies Naturalis Regni Vegetabilis* 中发表的物种 O. crassifolia DC. 为异名。荷兰植物学家 Friedrich Anton Wilhelm Miquel 研究重点是荷属东印度群岛的植物群，他在著作 *The Flora of British India* 也沿用了此异名。

英文名称：Twoflower Hedyotis

（二）形态特征

双花耳草形态特征如图 28-1 所示。

一年生无毛柔弱草本，高 10 ～ 50 cm，直立或蔓生，通常多分枝；茎方柱形，稍肉质，后变圆柱形，灰色。叶对生，肉质，干后膜质，长圆形或椭圆状卵形，长 1 ～ 4 cm，宽 3 ～ 10 mm，顶端短尖或渐尖，基部楔形或下延；侧脉不明显；叶柄长 2 ～ 5 mm；托叶膜质，长 2 mm，基部合生，顶端芒尖。花序近顶生或生于上部叶腋，有花 3 ～ 8 朵，有时排成圆锥花序式，有长 8 ～ 18 mm 的总花梗，具有长 2 ～ 3 mm、披针形的苞片；花 4 数，有纤细、长 6 ～ 10 mm 的花梗；萼管陀螺形，长 1 ～ 1.2 mm，萼檐裂片近三角形，长 0.5 mm，顶端短尖；花冠管形，长 2.2 ～ 2.5 mm，冠管极短，长仅 1 mm，喉部疏长毛，花冠裂片长圆形，长 1.2 ～ 1.5 mm，顶端短尖；雄蕊生于冠管内，无花丝，花药内藏，椭圆形，长 0.3 ～ 0.5 mm；花柱长 0.8 ～ 1 mm，中部以上被毛，柱头 2 浅裂。蒴果膜质，陀螺形，直径 2.5 ～ 3 mm，有 2 或 4 条凸起的纵棱，宿存萼檐裂片小而明显，成熟时室背开裂；种子多数，干时黑色，有窝孔。花期 1—7 月。

a、b 植株；c 果实

图 28-1　双花耳草

（三）分布

产于广东、广西、云南、江苏、台湾等省区；生于石灰岩地，少见。国外分布于越南、印度、马来西亚、印度尼西亚、波利尼西亚。

（四）生境及习性

石灰岩山脉，沿海地区，杂草丛生的荒地，荒地；海平面到 1 200 米。

（五）研究进展

（1）环化酶对胰腺癌细胞的抑制作用的研究。Xiangmin Ding（2014）研究表明，五个新的环核苷酸 hedyotide B5（HB5）HB9 来自 H.biflora 的叶和根，是除已知的 HB1 和 HB2 外，分离出来。由埃德曼证实，降解测序和基因克隆它们的氨基酸序列并获得了 hedyotides 的前体。通过体外 MTT 测定，所有存在的 hedyotides 对 4 种胰腺均有明显的细胞毒作用癌细胞系，特别是 HB7。通过体外迁移测定和伤口愈合测定，HB7 抑制细胞迁移和入侵 capan2 细胞；通过体内异种移植物模型发现，HB7 可明显抑制肿瘤重量和大小。这些结果表明，更多的、新的环核苷酸可能具有良好的抗癌作用活性。

Dongguo Wang（2016）研究认为，除已知的 HB1 至 HB9 外，还分离出另外两种新的环化酶，即来自双歧杆菌根的血红素 B10（HB10）和 HB11。通过埃德曼降解测序和基因克隆，人们确认了它们的氨基酸序列并获得了 hedyotides 的前体。径向扩散测定（RDAs）和最小抑制浓度（MIC）测定用于筛选它们对四种细菌菌株的抗微生物能力及对产生超广谱内酰胺酶（ESBLs）的大肠杆菌的细菌耐药性的影响。结果发现：两种环化酶均在低微摩尔浓度下对大肠杆菌和唾液链球菌具有杀菌作用，两者均对细菌耐药性具有相反的作用。得出结论：表明 HB10 和 HB11 可能具有抗革兰氏阴性菌和细菌耐药性的强效活性。

Clarence T. T. Wong（2011）研究了 Hedyotide B1 是一种从药用植物白花蛇舌草中分离出来的新型环核苷酸，含有一种常见于毒素和植物防御肽中的脱氨酸结，对于最佳氧化折叠包裹在环状肽骨架中的脱氨酸结 cyclotide 构成挑战。在本文中报告了一个系统研究优化氧化折叠的 hedyotide B1，一种 30 个氨基酸的环肽，净电荷为 +3。线性的通过固相合成作为硫酯合成的血红素 B1 的前体通过 thia-zip 环化定量形成环状骨架，然后在 38 种不同条件下在硫醇 – 二硫化物氧化还原系统中进行氧化折叠。在检测的氧化条件中，有机助溶剂的性质是关键的，使用 70% 的 2- 丙醇得到最高的产率为 48%。折叠的 hedyotide 的二硫键连接与相同的二硫化物连接均是通过部分酸水解测定的天然形式。使用如此高的酒精浓度表明部分的变性可能是环核苷酸的氧化折叠所必需的，疏水性侧链的反向取向被外化到溶剂面，以允许在环化骨架中形成内部胱氨酸核心。实验表明合成的 hedyotide B1 是一种抗菌剂，在微摩尔范围内表现出最小的抑制浓度革兰氏阳性和阴性细菌。

（2）α-葡萄糖苷酶抑制和抗氧化活性。在体外 α-葡糖苷酶抑制和抗氧化活性中，与己烷和乙酸乙酯提取物相比，甲醇提取物显示出有效的作用。双歧杆菌的甲醇提取物在 480.20 +/-2.37 μg/mL 的浓度下显示 50% 的 α-葡糖苷酶抑制。双歧杆菌的总酚含量为 206.81+/-1.11 mg 儿茶酚当量 /g 提取物。HBMe 对 2,2-二苯基-苦基肼（DPPH）（IC50 520.21+/-1.02 μg/mL），羟基（IC50 510.21+/-1.51μg/mL），一氧化氮（IC50 690.20 + /-2.13 μg/mL）和超氧化物（IC50 510.31+/-1.45 μg/mL0 自由基，具有良好的清除活性以及高还原能力。HBMe 还显示出对脂质过氧化的强烈抑制作用。使用 β-胡萝卜素方法，HBMe 的清除率显著低于 BHT,HBMe 的金属螯合能力也显示出强烈的抑制作用。

参考文献

[1] DING Xiangmin, BAI Dousheng, QIAN Jianjun. Novel Cyclotides from Hedyotis Biflora Inhibit Proliferation and Migration of Pancreatic Cancer Cell in Vitro and in Vivo[J]. Med Chem Res, 2014（23）: 1406–1413.

[2] WANG Dongguo, CHEN Jiayu, ZHU Jianfeng, et al. Novel Cyclotides from Hedyotis Biflora Has Potent Bactericidal Activity Aagainst Gram–negative Bacteria and E. Coli Drug resistance[J]. Int J Clin Exp Med, 2016, 9（6）: 9521–9526.

[3] WONG C T, TAICHI M, NISHIO H, et al. Optimal Oxidative Folding of the Novel Antimicrobial Cyclotide from Hedyotis biflora Requires High Alcohol Concentrations[J]. Biochemistry（American Chemical Society）, 2011（50）: 7275–7283.

[4] CHRISTHUDAS I V, KUMAR P P, SUNIL C. In Vitro Studies on α-glucosidase Inhibition, Antioxidant and Free Radical Scavenging Activities of Hedyotis biflora L.[J]. Food Chemistry, 2013（5）: 786–799.

二十九、碱菀

（一）学名解释

Tripolium vulgare Nees，属名：Tripolium，地名 Tripoli，利比亚的黎波里，以地名作为属名。种加词：*vulgare*，一般的、普通的。命名人：Nees.=Christian Gottfried Daniel Nees von Esenbeck，丹尼尔·尼斯·冯埃森贝克（1776—1858），德国植物学家。他出生于赖谢尔斯海姆附近的小镇。他先在达姆施塔特上学，之后去往耶拿，1800 年获得了医学学士学位，他成为弗兰西斯一世的医生。但是，他对大学期间遇到的植物学问题更感兴趣，最终回到了植物学术界。1816 年，他加入了欧洲最负盛名的学术机构——利奥波第那科学院。1817 年，他在埃尔兰根被任命为植物学教授。1820 年，他在波恩担任自然历史教授，并建立了波恩植物园。1831 年，他被任命为布雷斯劳大学的植物学主席。1818 年，他当选为利奥波第那科学院主席（利奥波第那科学院是德国最古老的、自然科学和医学方面的联合会）。最后，他担任德国自然科学家学会主席。他是众多植物学和动物学专著的作者。他最著名的作品还涉及真菌。他因对 Acanthaceae 和 Lauraceae 科的贡献而闻名。他是植物学家 Theodor Friedrich Ludwig Nees von Esenbeck（1787—1837）的哥哥。

尼斯是一位多产的德国植物学家、医生、动物学家和自然哲学家，他描述了大约 7 000 种植物。与他的第一任妻子 Wilhelmine von Ditfurth 的婚姻只有两年，妻子去世后，他与 Jacobine Elisabeth von Mettingh 结婚并生了五个孩子。第二次婚姻也是不幸的，在与该大学另一位教授的妻子发生婚外情后，波恩的学术职位即告结束。波恩的婚姻法使他无法与第三任妻子结婚，因此他在布雷斯劳获得部长批准后，于 1830 年开始在布雷斯劳讲学。1833 年，他克服了许多障碍后才能与第三任妻子（教授的妻子）结婚。布雷斯劳的气候对他的健康产生了不利影响，他试图回到波恩，但他的要求被拒绝了。1839 年，他的第三次婚姻以分居结束，他和他的厨师一起生活，直至到老。

在布雷斯劳期间，尼斯的政治观变得越来越激进。1819 年，他在魏玛第一次见到了哲学家、诗人和博学家歌德，歌德对他影响很大。他崇拜歌德，为了纪念哲学家歌德，歌德木属是以歌德命名的。1848 年，尼斯在政治上活跃起来，并在普鲁士国民议会提出了一项社会主义法案。他当选柏林工人工会主席，但很快就与政府发生冲突，政府认为他是一个危险的社会主义者。1852 年，他失去了布雷斯劳大学教授的职位和养老金，他被迫出售自己的图书馆和大约 80 000 张的植物标本馆标本，以弥补债务，但没有找到单一的买主，植物标本馆被打破了。来自非洲和印度尼西亚的人从他的植物标本馆获得了大量材料，其余被其他人收集，或者被作为栽培材料。1859 年丹尼尔·尼斯·冯埃森贝克在布雷斯劳去世。

学名考证：*Tripolium vulgare* Nees Gen. et Sp. Aster, 152. 1833.—Aster tripolium Linn.,Sp. Pl. 872. 1753; Franch. in Bull. Soc. Nat. Cherb. 24: 224. 1884; Ledeb., Fl. Alt. 4: 98. 1833; 江苏南部种子植物手册 751. 1959; 东北植物检索表 374. 1959.

德国植物学家尼斯于 1833 年在 *Genera et species Asterearum* 著作中发表了该物种。

林奈在 1753 年的《植株种志》中描述了该物种，不过当时他把该物种归并到紫菀属。著名的法国植物学家弗朗谢也研究了该种植物，1884 年，他在《斯德哥尔摩自然科学研究》(*Bulletin de La Societe Des Naturalistes de Cherb*) 发表了该物种，把该物种并入到 Asteer 属中。弗朗谢是一个中国植物通，曾著有《谭微道植物志》(*Plantae Davidianae*)。著名植物学家 Ledebour, Carl (Karl) Friedrich von 也研究了该物种，他是一位德国 - 爱沙尼亚植物学家，著作有《阿尔泰山第一植物志》《阿尔泰山植物志》《罗西嘉植物志》。1833 年，他在《阿尔泰山植物志》中发表了该物种，但仍把该物种并入紫菀属。国内刊物中《江苏南部种子植物手册》《东北植物检索表》也都把该物种并入紫菀属作为异名。

别名：青牛舌头花（河北土名）山白菜、驴夹板菜、驴耳朵菜、青菀、还魂草

英文名称：Seastarwort

（二）分类历史

碱菀属为单种属，即碱菀属中只有碱菀一种植物。碱菀最初被归为紫菀属，后因它具有一年生草本特性，叶微肉质，冠毛的构造与紫菀属相区别，且狭漏斗状的管状花花冠檐部及边缘近膜质的总苞片也与紫菀属中植物存在较大差异，因此被植物学家从紫菀属中分离出来。多生长在土壤 pH 值在 8.0 ~ 9.5 的低位盐碱斑、盐碱湿地和碱湖边，是强盐碱土和碱土的指示植物，在我国西北、东北和华

东地区均有分布。碱菀花期较长，适于在盐碱度较高的地区作为观花地被和观赏花卉。目前有关碱菀的研究甚少。碱菀具有良好的观赏效果，是盐碱地的先锋植物，是温带气候区专性盐生植物，强盐碱土和碱土的指示植物，维持生态平衡方面起着重要的作用。

对于紫菀属的范围有不同的观点。广义的紫菀属还包括其他邻近的属。这些邻近的属在中国有东风菜属、女菀属、莎菀属、狗娃花属、马兰属、裸菀属、紫菀木属、乳菀属、麻菀属、岩菀属、碱菀属、翠菊属等，在这里都不列入紫菀属中。在我国，广义的紫菀属几乎就等于整个紫菀亚族。

Flora of China 将其定位 Tripolium pannonicum（Jacquin）Dobroczajeva ，并将以下名称定位异名。

Aster pannonicus Jacquin, Hort. Bot. Vindob. 1: 3. 1770; A. macrolophus H. Léveillé & Vaniot; A. maritimus Lamarck; A. palustris Lamarck; A. papposissimus H. Léveillé; A. salinus Schrader; A. tripolium Linnaeus; A. tripolium subsp. Pannonicus（Jacquin）So 6 ; Tripolium pannonicum subsp. Maritimum Holub, nom. illeg. superfl.; T. pannonicum subsp. Tripolium

在本书中仍依据《中国植物志》中文版名称。

（三）形态特征

碱菀形态特征如图 29-1 所示。

茎高 30～50 cm 有时达 80 cm，单生或数个丛生于根颈上，下部常带红色，无毛，上部有开展的分枝。基部叶在花期枯萎，下部叶条状或矩圆状披针形，长 5～10 cm，宽 0.5～1.2 cm，顶端尖，全缘或有具小尖头的疏锯齿；中部叶渐狭，无柄，上部叶渐小，苞叶状；全部叶无毛，肉质。头状花序排成伞房状，有长花序梗。总苞近管状，花后钟状，径约 7 mm。总苞片 2～3 层，瓦状排列，绿色，边缘常红色，干后膜质，无毛，外层披针形或卵圆形，顶端钝，长 2.5～3 mm，内层狭矩圆形，长约 7 mm。舌状花 1 层，管部长 3.5～4 mm；舌片长 10～12 mm，宽 2 mm；管状花长 8～9 mm，管部长 4～5 mm，裂片长 1.5～2 mm。瘦果长约 2.5～3 mm，扁，有边肋，两面各有 1 脉，被疏毛。冠毛在花期长 5 mm，花后增长，达 14～16 mm，有多层极细的微糙毛。花果期 8—12 月。

a 群落；b 花序；c 果序；d 筒状花

图 29-1 碱菀

（四）产地

产于新疆、内蒙古、甘肃、陕西、山西、辽宁、吉林、山东、江苏、浙江、湖南、宁夏、青海、四川等省区。也分布于朝鲜、蒙古、日本、苏联西伯利亚东部至西部、中亚、伊朗、欧洲、非洲北部及北美洲、哈萨克斯坦、吉尔吉斯斯坦。舟山群岛除了中街山列岛外均有分布。

（五）生境及习性

生于海岸、湖滨、沼泽及盐碱地、盐沼泽、盐渍沼泽、湿沼泽。适宜的土壤pH值一般都在 8.0～9.5。盐度在 0.06%～0.56%。常散生或群生。同生植物有碱蓬、狗牙根、芦苇、白茅、美洲紫菀、金狗尾草、牛毛毡、篇蓄、一年蓬、苣荬菜、灰绿藜、鸭跖草、蔗草等。生活环境变化较大，盐田沼泽、盐场水沟、盐田旁干沼泽、房舍与小路旁、公路两侧等处。

（六）繁殖方法

种子繁殖。由于碱菀为一年生植物，因此种子繁殖为主要的繁殖方法。魏佳丽（2010）研究表明，自然状态下，干旱胁迫对碱菀种子萌发影响不显著。高浓度的盐对碱蓬种子萌发具有一定抑制作用，而且其抑制作用随着盐浓度的增加而增强。40 mmol L^{-1} 和 80 mmol L^{-1} 条件下发芽率接近于对照。高于 80 mmol L^{-1} 发芽率明显下降。NaHCO$_3$ 对碱蓬种子萌发没有明显的影响。

（七）应用价值

（1）药用价值。碱蓬酯 A 可以用于治疗癌症。碱蓬酯 A 和碱蓬酯 A 的衍生物显著抑制人脑胶质瘤 U87–MG 和 U251 细胞以及肠癌 HCT–15 和 SW620 细胞的增殖，并诱导肿瘤细胞凋亡。碱蓬性味苦、辛、平，具有清热、解毒、祛风、利湿之效。民间用于治疗急慢性肝炎、小儿惊风、退热、杀虫、阑尾炎、急慢性肠胃炎也可作为止血药、饲料。药用部位一般为其地上部分，也可为全草。血管壁保护因子，取自海紫菀，敏感肌肤专用，调节血液微循环并保护血管壁，改善脸颊易泛红、易产生发热的情形。

（2）饲用价值。适口性中等，羊、骆驼喜食，其次是马，牛多不采食，冬春季节马喜食有所提高。

（3）食用价值。碱蓬花和叶含有胡萝卜素、有机酸、倍半萜内酯及维生素、粗蛋白、脂肪、纤维等。其嫩叶营养丰富，可以洗净焯熟后凉拌，也可以炒食或做汤，如碱蓬豆腐羹。

（4）防风固沙。盐生植物分为三种类型：聚盐植物、泌盐植物、不透盐植物。该植物是典型的盐生植物、典型的不透盐植物。因为它体内含有大量可溶性的有机物，细胞的渗透压很高，可以避免吸收土壤中的盐类，所以具有很强的抗盐作用，也可以在高盐碱地中生存，并且可以改良盐碱土。

（5）观赏花卉。碱蓬开花季节，正值秋季，小小兰花点缀盐田、堤坝，甚是美丽，该植物是盐地绿化的好材料。

（八）研究现状

（1）核型研究。张德山（1988）研究了碱蓬的染色体数目及核型分析，指出碱蓬的染色体数目为 $2n=18$，其核型公式为 $2n=2x=18=10$ m+2 sm+6 st，碱蓬的核型为 2B 型。

（2）形态解剖学研究。孔令安（2002）研究认为，随着土壤总含盐量 0.22% 上升到 2.47%，碱蓬根、茎、叶主脉维管束导管管径减小。叶表皮细胞外的角质层波状纹饰由稀疏、平浅变为紧密、高深。茎及叶主脉导管排列由散生转变为多数呈直线排列。根中木薄壁细胞壁木质化加厚程度加强，次生生长提前，次生结构逐渐发达。徐丙声（1982）研究了舟山群岛碱蓬群体与生境相联系的变异性，指出土壤的不同盐度可能对碱蓬群体的表型差异具有最主要的、直接的效应。

（3）碱蓬的遗传多样性研究。杨蓓莉（2009）研究认为，以 RAPD 分子标记技术分析了 3 个不同盐度梯度下碱蓬的遗传多样性与遗传分化，结果表明 12 个引物共扩增出 165 个可重复的位点，其中多态位点有 145 个，总多态位点百分率为 87.88%，以中等盐度（P2）种群最高，高盐度（P1）种群次之，低盐度（P3）种群最低。AMOVA 分子变异显示，83.56% 变异来源于种群内，16.44% 变异来源于种群间。种群间的遗传分化系数为 0.1488，种群间基因流为 2.8602。

A. M. Krüger（2002）研究了碱蓬自然种群及人工种群的遗传多样性随机扩增多态性 DNA 分析，指出被钾矿所污染的生境比以往自然污染状态下生境中的碱蓬的遗传多样性没有显著降低。人为生境对遗传多样性的影响是平衡的，通过连续的种群竞争入侵，形成了竞争的次生生境中的种群间的实际基因流动。

Takeda migiwa（2003）研究了碱蓬盐诱导下基因九个 cDNA 的分析。

A.H.L.Huiskes（2000）研究了碱蓬的基因多态性问题。

（4）生理学研究、Kerstiens（2002）研究表明，当碱蓬在高盐度下生长时，气孔关闭是由保卫细胞周围的质外体中钠离子存在引起的。通过测定不同盐度条件下碱蓬的气体交换和生长参数，建立了一个简单的力学模型测试保护细胞的钠敏感特征是否是耐盐性。该模型在盐吸收而减少生长与盐度增加条件下能很好地捕捉植物的行为。随着盐度水平的增加，电导率下降的测量和模拟速率之间存在适度的差异，这证明了气孔关闭对钠的反应在紫菀的耐盐性中起重要作用。

Sonia Szymanska（2016）研究了盐生植物碱蓬根系内生细菌和根际细菌的代谢潜力和群落结构。

Marinus Otte（1989）研究结果表明，铁斑块能促进根系对锌的吸收，但在根系表面沉积大量铁时，铁斑块对锌的吸收起阻挡作用。在实验研究中，讨论了铁斑在重金属污染土壤中生长的盐沼植物根系的作用。红根（含铁斑）的锌含量高于白根（无铁斑）。田间取样根中锌含量与土壤中锌含量呈明显正相关，根中铜含量与土壤中铜含量亦呈显著正相关。体外实验表明，红根比白根吸收更多的锌。

Carol Shennan（2006）研究了碱蓬的耐盐性，指出碱蓬是典型的盐生植物，即使在低盐度下也表现出较高的无机离子积累水平。随着盐度的增加，钠在芽中大幅度地取代钾，但根钾不受影响。在高盐度下，地上部的主要平衡阴离子是氯离子，但从来没有超过根组织中（Na+K）的 38%。在所有盐度（Na+K）盐占所测得的芽液渗透潜力的大部分。

魏佳丽 2010 研究了盐碱与干旱胁迫对碱蓬种子萌发和 TvNHX1 表达的影响

指出，40 ～ 160 mmolL^{-1} NaCl、20 mmolL^{-1}NaHCO$_3$ 和 5% ～ 10%PEG 处理对碱蓬种子的萌发没有不利影响；但当 NaCl 浓度达到 240 mmolL^{-1} 时，碱蓬种子发芽率、根长和芽长均显著降低。NaHCO$_3$ 50 mmolL^{-1} 时，种子发芽率显著降低。

庞丙亮（2010）研究了盐碱胁迫下碱蓬的适应性研究，指出不同盐碱胁迫下，SOD 活性随着盐胁迫的延长先下降后升高，POD 的活性随着胁迫时间的延长逐渐升高，可溶性蛋白随着时间和浓度的变化先上升后下降，脯氨酸含量增加。

Ulrich Zimmermwm（1992）研究了其渗透压的原理。

（5）应用研究。Chen Lu（2017）研究了从碱蓬中提取 Tripolinolate A 抗结直肠癌作用，指出 Tripolinolate A 是最近从盐生植物 Tripolium.gare 中鉴定出的一种新化合物，并已显示出对结肠癌和胶质瘤细胞增殖具有显著的体外活性。进一步探讨 TLA 对大肠癌细胞增殖、细胞凋亡、细胞周期及肿瘤生长的影响。① TLA 对人正常细胞的杀伤作用远小于大肠癌细胞。②人结直肠癌细胞 G2/M 期细胞周期阻滞。③ TLA 在荷瘤动物中具有显著的抗结直肠癌活性。

（6）生态学方面的研究。M. J. Herman（2012）研究了盐角草与碱蓬对底栖大型动物生物量、密度、分类群多样性和群落结构的影响，以及海拔高度、沉积物粒度、植物盖度和沼泽年龄的作用。巩晋楠（2009）研究了碱蓬群落对芦苇群落的影响。

参考文献

[1] Lu Chen. Anti-colorectal cancer effects of tripolinolate A from Tripolium vulgare[J]. Chinese Journal of Natural Medicines, 2017, 15（8）：0576-0583.

[2] 庞丙亮, 曹帮华, 张秀秀, 等. 盐碱胁迫下碱蓬的适应性研究 [J]. 安徽农学通报, 2010, 16（1）：57-58.

[3] 魏佳丽, 崔继哲, 赵鹤翔, 等. 盐碱与干旱胁迫对碱蓬种子萌发和 TvNHX1 表达的影响 [J]. 应用生态学报, 2010, 21（6）：1389-1394.

[4] 张德山, 赵建萍. 碱范的染色体数目和核型分析 [J]. 烟台师范学院学报自然科学版, 1988, 4（1）：53-55.

[5] 杨蓓莉, 吴建江, 倪福明, 等. 不同盐度梯度下碱蓬的遗传多样性和遗传分化 [J]. 江苏农业科学, 2009（1）：296-298.

[6] 周广明. 沙蓬属及其近缘属植物（菊科）的系统学研究 [D]. 山东：曲阜师范大学, 2011.

[7] 徐炳声, 邱莲卿, 陆瑞琳. 舟山群岛碱蓬群体与生境相联系的变异性 [J]. 植物学报, 1982, 24（1）：68-75.

[8] KRÜGER A M, HELLWIG F H, OBERPRIELERC, et al. Genetic Diversity in Natural and Anthropogenic Inland Populations of Salt-Tolerant Plants: Random Amplified Polymorphic DNA Analyses of Aster Tripolium L. （Compositae） and Salicornia Ramosissima Woods （Chenopodiaceae）[J]. Molecular Ecology, 2002（11）: 1647–1655.

[9] SZYMANSKA S, PLOCINICZAKT, PIOTROWSKA-SEGETZ, et al. Metabolic Potential and Community Structure of Endophytic and Rhizosphere Bacteria Associated with the Roots of the Halophyte Aster Tripolium L.[J]. Microbiological Research, 2016（182）: 68–79.

[10] OTTE M L, ROZEMA J, KOSTER L, et al. Iron Plaque on Roots of Aster Tripolium L.: Interaction with Zinc Uptake[J]. New Phytologist, 111（2）: 309–317.

[11] KERSTIENS G, TYCH W, ROBINSON M F, et al. Sodium-Related Partial Stomatal Closure and Salt Tolerance of Aster tripolium[J]. New Phytologist, 2011（17）: 12–14.

[12] TAKEDA M, VNOY, KANECHI M, et al. Analyses of Nine cDNAs for Salt : Inducible Gene in the Halophyte Sea Aster （Aster tripolium L.）[J]. Plant Biotechnology, 2003, 20（4）: 317–322.

[13] KRUGER, AM, HELLWIG F H, OBERPRELER C, et al. Genetic Diversity in Natural and Anthropogenic Inland Populations of Salt-Tolerant Plants: Random Amplified Polymorphic DNA Analyses of Aster tripolium L. （Compositae） and Salicornia ramosissima Woods （Chenopodiaceae）[J]. Molecular Ecology, 2002, 11（9）: 1647–1655.

[14] HUISKES A H, KOUTSTAAL B P, WIELEMAKER-VAN D D, et al. A Study on Polymorphism in Aster Tripolium l. （sea aster）[J].Plant Biol, 2000 （2）: 58–69.

[15] 宇野, 雄一. 塩生植物ウラギク（Aster tripolium L.）の塩ストレス応答に関する研究 [D]. 神户 : 神户大学, 1996.

[16] HERMAN M J. Ecosystem Engineering Effects of Aster tripolium and Salicornia procumbens Salt Marsh on Macrofaunal Community Structure[J]. Estuaries and Coasts, 2012, 35（3）: 714–726.

[17] 巩晋楠, 王开运, 张超, 等. 围垦滩涂湿地旱生耐盐植物的入侵和影响 [J]. 应用生态学报, 2009, 20（1）: 33–39.

[18] ZIMMERMWM U, RYGOL J, BALLING A, et al. Radial Turgor and Osmotic Pressure Profiles in Intact and Excised Roots of Aster tripolium[J]. Plant Physiol, 1992（99）: 186–196.

二十九、碱菀

三十、钻形紫菀

（一）学名解释

Aster subulatus Michaux，属名：*Aster*，星，呈放射形的小菊形，容易让人联想到天上一闪一闪亮晶晶的星星。紫菀属。种加词：subulatus，稍有翅（翼）的，针尖状的。命名人：Mich.=Michaux André，查尔斯·米肖安德烈（1746—1802），法国植物学家和探险家。米肖在英格兰、西班牙、法国、甚至波斯等地采集了大量标本。他工作更大的一部分是收集整理欧洲自然界的植物标本。米肖主要贡献是研究美洲的植物区系变化，包括 1801 年《北美洲的橡胶园》、1803 年《北美植物区系的植物园》，而且其研究一直持续到 19 世纪。他的儿子 François André Michaux 也是一位权威的植物学家。

米肖出生于索蒂（凡尔赛的一部分），他的父亲伊夫林从事托管国王的农田。父亲期望培养他在农业科学方面有所造就，同时学习 18 世纪的古典教育和拉丁及希腊文，一直持续到 14 岁。1769 年，他与 Cecil Claye 结婚，生了他们的儿子 François André.。之后 Michaux 开始从事植物学的研究，而且成为 Bernard de Jussieu 的学生。1779 年，他在英格兰学习植物学。1780 年，他参加了著名的奥维涅探险，考查了比利牛斯山脉和西班牙北部。1782 年，他作为法国政府指派秘书及法国领事，到波斯进行植物学交流。但是，旅程并不顺利，除了他的书以外，所有的设备都被抢走了。在波斯治愈危重病之后，他返回法国，因得到了有影响力的支持，所以创建了一流植物标本室。同时，将许多东部植物移入了法国植物园。

米肖的儿子被路易十六任命为 Batiments du Roi 总干事下的皇家植物学家，并于 1785 年以 2 000 卢比的年薪送往美国，对法国建筑和木工艺、医药和农业有价值的植物进行了首次有组织的调查。他和他的儿子 François André Michaux（1770—1855）一起旅行到加拿大和美国。1786 年，Michaux 试图在新泽西州哈肯萨克附近的哈德逊帕利塞德的卑尔根伍兹建立一个 12.14 公顷的园艺花园。这个花园由巴黎 Jardin des Plantes 的皮埃尔－保罗·索尼耶监督，他曾与米肖一起移民，因为冬季严寒而失败。1787 年，米肖在南卡罗来纳州北查尔斯顿的航空大道附近建立并维护了一个占地 44.92 公顷的植物园，并以此为根据地开始了许多远征北美各地的探险。在此期间，米肖描述并命名了许多北美物种。1785—1791 年，他向法国运送了 90 箱植物和许多种子。同时，他从世界各地向美国引进了许多物种，包括山茶花、茶橄榄和紫薇。

在法国君主制失败后，作为皇家植物学家的安德烈·米肖失去了收入来源。他积极游说美国哲学学会支持他的进一步植物探索。他的努力得到了回报，1793年初，托马斯·杰斐逊要求他向西进行探险。

1796 年，他返回法国时遭遇海难，但他的大部分标本都幸免于难。他的两个美国花园衰落了。索尼耶虽然没有工资，但是仍然种植土豆和干草，并在新泽西州的房产上缴税，现在仍被人们称为"法国人的花园"，是北卑尔根的马赫拉公墓的一部分。

1800 年，Michaux 与 Nicolas Baudin 前往澳大利亚，在毛里求斯离开了这艘船后，他前往马达加斯加调查该岛的植物群，在那里死于热带热。他作为植物学家的工作主要是在田间进行的，他在很大程度上补充了以前所知的东方和美国的植物学。

学名考证：*Aster subulatus* Michaux, Fl. Bor.–Amer.2: 111.1803.

1803 年，米肖将 Aster subulatus 发表于《美国植物区系—Flora boreali Americana》2 卷 111 页。

别名：钻叶紫菀（引中国植物志）、剪刀菜、白菊花、土柴胡、九龙箭。日本名称"箒菊"

英文名称：all-grass of Annual Saltmarsh Aster

（二）分类历史及文化

20 世纪 30 年代在上海、浙江杭州和诸暨首次发现钻形紫菀；1947 年在武汉采到标本。20 世纪 50 年代在云南昆明、广西大苗元宝山、贵州平坝、湖北宜昌、陕西南部安康、江苏南京分别首次有钻形紫菀入侵记录；20 世纪 60 年代在四川稻城县也发现了钻形紫菀（1961）；20 世纪 80 年代湖南永顺首次发现该植物，其后在已经入侵的省份继续向临近区域扩散。钻形紫菀在我国逐步由东部沿海向内陆扩散蔓延的趋势。钻形紫菀在中国的入侵仍然处于扩散阶段，还没有达到平衡阶段（王瑞，2006）。随货物运输到中国，传播方式为风力传播。

（三）形态特征

钻形紫菀形态特征如图 30-1 所示。

草本，一年生，高 16 ～ 150 cm。茎直立，有时略带紫色，无毛，无腺体。叶：基部具叶柄，披针形卵形，通常在开花期落下；茎生叶具无柄，披针形到线状披针形，2 ～ 11×0.1 ～ 1.7 cm，略向上缩小，表面无毛，有腺体，基部衰减到楔形，边缘有锯齿到整个，纤毛状，先端锐尖。头状辐射小花，无数，构成聚伞花序（整个花期）；花序梗 0.3 ～ 1 cm，无毛，具腺。总苞圆筒状；花序 3 ～ 5 系列，披针形到线状披针形，无毛，强烈不平等，外侧苞片 1-2×ca.0.2 mm，边距瘢痕，粗糙，远端具缘毛，具腺，先端锐尖渐渐地锐。舌状花无数，1 系列，薄片紫色蓝色，1.5 ～ 2.5 mm，无毛，具腺；盘状小花黄色，粉红色，长度 3 ～ 3.5 mm，直径粗度 1.4 ～ 1.5 mm，裂片直立，三角形，圆筒状。0.4 ～ 0.5 mm，无毛，无腺体的。瘦果披针形，1.5 ～ 2.5 mm，2 ～ 6 脉，稀疏的被硬毛。很多白色的冠毛，细，倒刺毛，4 ～ 5 mm。

a 群落；b 植株；c 花序

图 30-1　钻形紫菀

（四）分布

原产非洲、中、北、南美洲。在福建、安徽引进，分布于广西、贵州、河北、河南、香港、湖北、湖南、江苏、江西、陕西、山东、四川、台湾、云南、浙江等省。舟山群岛各个岛屿均有分布。

（五）生境及习性

生存环境较多，如路边、草地、灌溉沟渠等，靠近海平面到2 000米，喜生于潮湿的盐碱土上。入侵地生境类型统计显示：48%的钻形紫菀草发生在路边、荒地和农田上；32%的标本记录生境类型为湿地；同时还有20%的入侵地类型为草地、林缘和灌木地（王瑞，2006）。可产生大量瘦果，果具有冠毛随风飘散。在国内首次记载时间1947年。其交配系统类型为自交亲和和部分自体受精类型（郝建华，2008）。危害秋收作物（棉花、大豆及甘薯）和水稻，还常侵入浅水湿地，影响湿地生态系统及其景观。具有化感作用，抑制作物及伴生植物种子的萌发，影响生物多样性。

（六）繁殖方法

种子繁殖，钻行紫菀主要靠种子繁殖，9—11月开花结果，可产生大量种子，种子具有冠毛，可以随风飘散。此外，生长在路边和农田中植株还可能随人类的生产活动而扩散。以5年为一个时间区段（王瑞，2006；郝建华，2008）。

（七）应用价值

（1）生态危害。危害秋收作物（棉花、大豆及甘薯）和水稻，也见于田边及路埂上，发生量小，危害轻，是常见杂草。常沿河岸、沟边、洼地、路边、海岸蔓延，侵入农田危害棉花、大豆、甘薯、水稻等作物，还常侵入浅水湿地，影响湿地生态系统及其景观。

（2）食用价值。基本营养成分：水分47.21%；粗纤维11.64%；粗蛋白15.36%；粗脂肪2.31%；VC9.83%（金昂超，2006），硝酸盐含量在467.3 mg·kg⁻¹。其叶片可以作为蔬菜食用。钻形紫菀食用部分为嫩苗、嫩茎叶。春夏采集口味较好。用沸水烫过，稍加泡洗，可配以酱油、醋、辣椒面、芝麻油等凉拌；也可炒食或煮汤、做火锅配料。较嫩的叶梢，可直接炒食，食味可口。此外，钻形紫菀有一定的碱性，在水中甚至能搓出泡沫来。食用后有减肥作用，为天然减肥食品，效果十分显著（李泸，2000；徐正浩，2011）。

（3）药用价值。为菊科植物钻叶紫菀的全草。清热燥湿药，性凉清热解毒，味苦；酸。主治痈肿、湿疹。秋季采收，切段，鲜用或晒干。内服，煎汤，10～30 g；也可以适量，捣敷外用。

全草含芹菜素–7-O-β–D葡萄糖甙（apigenin-7-O-β-D-glucoside）、芹菜素–7-O-β–D–半乳糖甙（luteolin-7-O-β-D-glucoside）、山奈酚–3-O-β–D葡萄糖甙（kaempferol-3-O-β-D-galactoside）、3-O-β-D-半乳糖甙-O-α-L-鼠李糖基山奈酚（3-O-β-D-galactoside-O-α-L-rhamnosyl kaempferol），槲皮素–3-O-β-D-葡萄糖甙（quercetin-3-O-β-D-glucoside）及芹菜素（apigenin）、山奈酚（kaempferol）、木犀草素（luteolin）、槲皮素（quercetin）和绿原酸（chorogenic acid）。

（八）研究现状

（1）食用。金昂超（2006）测定了钻形紫菀的叶片营养成分，同时李泸指出钻形紫菀是一种很好的减肥蔬菜。

（2）药用研究现状。《中华本草》报道了该物种的化学成分，同时说明了作为药材应用全草，具有清热解毒的功效。Fatma Ayaz2017 对钻形紫菀挥发油成分及抑菌活性研究，采用 GC-FID 和 GC-MS 联用技术对钻形紫菀挥发油进行了分析，根部鉴定出 29 种成分，占其根部挥发油的 79.0%，地上部分 49 种成分，占其挥发油的 89.3%。地上部分主要成分榄香醇（21.5%）、β–桉叶醇（6.3%）和石竹烯氧化物（5.2%），根油主要成分十六烷酸（33.0%），十四酸（5.3%）和辛酸（4.6%）。

（3）关于钻形紫菀生理特性的研究现状。杜娟（2010）研究表明，钻形紫菀杂草的 Chla/b 小于 2，比较耐荫，其比叶重最大。比叶重（SLW）是衡量叶片光合作用性能的一个参数，也就是其光合能力较强。郭水良（2002、2003）研究了钻形紫菀对高温及低温的耐受能力，对高温的耐受力排序为野塘蒿＞小飞蓬＞钻形紫菀＞加拿大一枝黄花＞马缨丹＞一年蓬＞金鸡菊，对高温的耐受力排序为野塘蒿＞小飞蓬＞马缨丹＞一年蓬＞钻形紫菀＞加拿大一枝黄花＞金鸡菊。温度变化对一年蓬、小飞蓬、钻形紫菀过氧化物酶同工酶谱的影响相对较小，野塘蒿通过增加酶带、调整同工酶的组成适应温度的变化，反映出这 4 种杂草对温度变化具有较强的适应能力；加拿大一枝黄花表现出对高温的适应能力较弱，对低温适应性较强，马缨丹对温度变化表现出相反的适应特点。

许桂芳（2006）研究了其化感作用，指出钻形紫菀茎叶浸提液对小麦、绿豆、油菜活力指数、根长及苗高有明显的抑制作用，而且对油菜影响最强。

（4）钻形紫菀的物种生物学研究。潘玉梅（2010）研究指出，钻形紫菀开花期构件生物量为茎＞花＞根＞叶，其变异系数分别为57.15%、64.66%、57.65%和55.2%，具有较大表型可塑性；在各构件物质分配变异系数中，花生物量分配的变异系数相对较大，说明其调节生殖分配的能力较强；植株高度与各构件生物量呈显著的正相关性，随着各构件生物量的增加均呈幂函数形式增加；花生物量分配与总生物量呈显著的正相关性，其余构件生物量分配均与总生物量及花生物量分配呈负相关性，物质分配由营养构件、支持构件、光合构件向生殖构件转移。反映出钻形紫菀具有自我调节生长力的分配策略，对异质环境具有较强适应能力。郝建华（2009）研究了覆土厚度与种子萌发力的关系，入侵种子在表土的出苗率最高，随着覆土厚度的增加，种子出苗率逐渐降低，当覆土超过 3 cm 时，不能出苗。破土能力也与种子大小有关。诸葛晓龙（2011）研究了种子随风飘散的规律，小飞蓬和钻形紫菀的沉降速度均较小，分别为 41.4 cm·s⁻¹ 和 30.7 cm·s⁻¹，在空中停留时间长，且种子的脱落方式为非随机脱落，脱落概率大致与风速的平方成正比。

（5）钻形紫菀入侵特性的研究。Zhang, Y, Luo（2011）野生植物空气中铅的积累和定量估算。

参考文献

[1] 李泸，石丽华，李坤林，等．减肥野菜—钻形紫菀 [J]．长江蔬菜，2000（12）：45.

[2] 金昂超，张庆彬，林昭楠，等．8 种野菜（外来入侵种）的基本营养成分及硝酸盐含量的测定 [J]．食品科学，2006，27（12）：665–667.

[3] 郭水良，方芳，强胜．不同温度对七种外来杂草生理指标的影响及其适应意义 [J]．广西植物，2003，23（1）：73–76.

[4] 杜娟，虎虓虓，李安奇，等．成都 10 种外来杂草叶片比叶重和光合色素含量的研究 [J]．西南农业农学报，2010，23（6）：1879–1881.

[5] 诸葛晓龙，朱敏，季璐，等．入侵杂草小飞蓬和钻形紫菀种子风传扩散生物学特性研究 [J]．农业环境科学学报，2011，30（10）：1978–1984.

[6] 郭水良，毛郁蒉，强胜．温度对六种外来杂草过氧化物酶同工酶谱的影响 [J]．广西植物，2002，22（6）：557–562.

[7] 潘玉梅，唐赛春，岑艳喜，等．钻形紫菀开花期种群构件的生物量分配 [J]．热带亚热带植物学报，2010，18（2）：176–181.

[8] HU Xin, ZHANG Yun, LUO Jun, et al. Hongzhen Lian a. Accumulation and Quantitative Estimates of Airborne Lead for A Wild Plant（Aster subulatus）[J]. Chemosphere, 2011（82）: 1351–1357.

[9] AYAZ1 F, KÜÇÜKBOYACI1 N, DEMIRCI B. Essential Oil Composition and Antimicrobial Activity of Aster subulatus Michx. from Turkey Fatma[J]. Rec. Nat. Prod, 2017, 11（4）: 389–394.

[10] 郝建华 . 部分菊科入侵种的有性繁殖特征与入侵性的关系 [D]. 南京 : 南京农业大学 , 2008.

[11] 徐正浩，等 . 浙江入侵生物及防治 [D]. 浙江 : 浙江大学出版社 , 2011.

三十一、匙叶紫菀

（一）学名解释

Aster spathulifolius Maxim.，属名，Aster，aster，星。紫菀属，菊科。种加词：spathulifolius，具有匙形叶子。命名人：Maxim.=Carl Johann Maximovich，马克西莫维奇（1827—1891）是一位俄罗斯植物学家。马克西莫维奇大部分时间用于研究他在远东国家的植物群，并命名了许多新物种。他于1852年在圣彼得堡植物园工作，代职植物标本馆馆长。1850年，他毕业于爱沙尼亚塔尔图大学的生物学专业，是 Alexander G. von Bunge 的学生。1853—1857年，他走遍了世界各地。他与 Leopold von Schrenck 一同前往东亚的阿穆尔州。1859—1864年，他访问了中国、韩国和日本。他于1860年末抵达日本，最初的职务是在函馆。1862年，他在日本南部地区旅行，包括横滨和富士山，并在长崎结束了旅行。他探讨了九州的大部分内容。他追随着 Carl Peter Thunberg 和 Philipp Franz von Siebold 的脚步特别参与了日本的植物群研究。他在日本的助手是 Sukawa Chonosuke，为了纪念这位助手由马克西莫维奇命名了延龄草 Trillium tschonoskii。他还研究了西藏的植物群并认为西藏植物区系主要来自蒙古和喜马拉雅山的分布组成。在俄罗斯科学院的委托下，他从 von Siebold 的遗嘱中购买了八卷日本著名植物插图集，由几位日本艺术家绘制。1888年，他当选为美国艺术与科学学院的外国名誉会员。他是圣彼得堡植物园的首席科学家、俄国科学院院士、植物博物馆主任。

1853年，他随沙皇派往东亚的舰队前往各地采集植物标本。他成为在我国东北和日本一带收集植物并进行卓有成效研究的第一人。1854年7月，他在我国黑龙江口和庙街及其南部沿海地区进行植物学考察和收集，然后乘船沿黑龙江而上进行旅行采集，先后到达马林克斯附近，他们在新建的马林克斯哨所和奇集湖的地点考察收集。1855年春，又乘船到黑龙江的马林克斯哨所，从那里继续前往敦敦河河口，沿途采集植物，再返回马林克斯哨所。1855年7月底，他与施伦克在我国乌苏里江地区进行植物学采集活动，到达诺罗河口一带。9月初他们一同返回马林克斯哨所。他们在周围和奇集湖一带收集博物学标本和考察生物，直到1856年7月。随后，他乘船沿黑龙江到与额尔古纳河交汇的乌斯季州斯特列尔卡，再从那里返回彼得堡。此行他给彼得堡植物园带回了大批的标本和植物种苗，包括许多新种。他据此编写了《阿穆尔植物志初编》（*Primitiae Florae Amurensis*），书中共记述植物985种，包括苔藓57种。其中有新属4个，新种112个，书后还附有《北京植物索引》和《蒙古植物索引》，这部分内容是他根据馆藏资料编写而成。1859年6月，马克西姆维奇再次到黑龙江考察和收集植物标本。他从黑龙江进入松花江流域一直行进到接近三姓（今依兰）的地方考察，受阻后返回黑龙江。随即顺流而下到乌苏里江两岸采集，之后又回到黑龙江，沿江而下到大河的河口和庙街收集植物。1860年，他来到我国的东北滨海地区采集，随后来到伯力。从那里去了离松花江口不远的俄国居民点，在那附近收集动植物标本。1860年5月初往东在乌苏里江和海滨之间的锡赫特山考察采集。其后又在乌苏里江直流福齐河考察采集，接着过了山脊到了勒富河流域直到海滨。他用了数月考察了沙俄侵占的我国东北海滨所有港口。他又乘船出发到朝鲜边境考察植物收集标本，之后来到海参崴做收集。他还去了坎缘子沟和绥芬河进行考察。马克西莫维奇考察采集到大量的植物标本，总计约有800种植物，约40个新种。他还给有关植物园送去植物种苗和鳞茎。1867年，他前往日本进行植物学采集。他虽未进入日本内地，但借助一个日本人的帮助，他从日本内地收集了植物标本72箱，共计植物种类达800多，还得到400株活植物和300种植物种子。他在我国东北和日本收集植物期间，先后从上述地区引入了大量的植物种苗到俄国彼得堡的植物园。

Maxim.是沙俄时代最有名的植物分类学家，对中国的东北地区和日本北方植物有非常深入的研究，著有《满洲植物志》等著作。1866—1876年，他发表了20篇专文，按属别描述了日本和我国东北的植物。1876—1888年，按属排列发表了8个分册《亚洲植物新种汇要》（*Diagnoses Plantarum Novarum Asiaticarum*）他曾研究了普热瓦尔斯基多次率人在我国北方广大地区收集的大量植物标本，发现新种300多个，新属9个。1889年，他着手系统整理普热瓦尔斯基在我国采集的植物，但只完成了2个分册，分别为《唐古特植物》（*Flora Tanggute1889*）第一卷第一分册（具花托花和盘花植物）及《蒙古及其邻近的中国突厥斯坦部分地区植物名录》（*Enumeratio Plantarum Hucusue in Mongolia nec non Adjacente Parte Turkestaniae Sinensis lectarum 1889*）第一卷第一分册。《唐古特植物》共描述植物203种，其中30个物种是首次描述。连同以前在科学院期刊发表过的总计有2个新属、60个新种。绝大部分植物附有插图。《蒙古及其邻近的中国突厥斯坦部分地区植物名录》第一分册记述植物 330 种，其中包含蒺藜科的一个新属和 22 个新种。他还出版了《波塔宁和皮尔赛斯基所采的中国植物》（*Plnatae Chinenses Potanianae et Piasezkianae* 1889）的第一分册。马克西莫维奇先后记述了我国植物数千种，其中新种数百个，还描述新属 10 多个。他对我国东北数省、内蒙、新疆、甘肃、青海、陕西、山西等与俄国毗邻或较接近地区植物的区系进行了广泛的研究，因此他是当时研究东亚和中亚植物的权威学者，尽管他到老也未能有足够的实践进行系统全面的研究。因为他颇有见地地与英国的丘园、法国巴黎的自然博物馆等西欧各大植物学研究机构建立了广泛的标本交换联系，所以英国、法国采集者在我国长江流域和西南地区收集的标本是由他定名发表的。

学名考证：Aster spathulifolium Maxim.in Bull Acad.Pètersb.16: 216,1871; Ohwi,Fl. Jap.1162,1956; Makino,An Illustr.Fl.Jap.,Enlarged ed.,75,fig.223,1958; et Makino's New Illustr.FI Jap.626,.2503,1979.

俄罗斯植物学家 Carl Johann Maximowicz 在著作 *Bulletin deb I'Academie Imperiale des Sciences de Saint Pètersbourg St. Petersburg* 发表了物种 Aster spathulifolium Maxim.; 大井次三郎 Ohwi 1956 年在《日本植物志》（*Flora of Japan*）上也沿用了此名称。牧野富太郎 Makino 1958 年在著作 *An Illustrated Flora of Japan* 沿用了此名称，1979 年著作 *New Illustrated Flora of Japan* 也沿用了此名称。

（二）形态特征

匙叶紫菀形态特征如图 31-1 所示。

多年生植物的高度达到 1.2 ～ 1.5 m。*Aster spathulifolius* 是落叶的。简单的叶子是互生的。它们是匙形的，无柄的。紫菀从 8 月到 9 月生产浅紫色多星状花的伞形花序，多分枝，叶密集，匙形，花蓝紫色，直径达 3.5 ～ 4 cm,十分美丽。多年生植物产生瘦果。

（三）分布

Aster spathulifolius 原产于萨哈林岛。现分布于日本，韩国等岛屿。乘泗县泗礁山岛。本种过去仅产于日本本州西部、九州和朝鲜南部靠日本海海岸地区。

（四）生境及习性

通常生于海岸岩缝、岩石间。多年生植物，喜欢湿润土壤、阳光充足的情况。基质为砂质壤质或砂质粘土，比较丰富。它们可以承受低至 -29℃的温度。

a 花序；b 植株；c 生态图

图 31-1　匙叶紫菀

（五）繁殖方法

通过春季或秋季在寒冷的框架中播种或通过春季生根的种子进行繁殖。

（六）应用价值

（1）药用价值。Chunsuk Kim（2014）研究表明，具有抗病毒功效，已经研究了 A. spathulifolius 的提取物流感感染（Won et al., 2013）。具有细胞毒性的二萜属性已从 A 的地上部分中分离出来 spathulifolius（Lee et al., 2005）。白藜芦醇提取物的抑制作用对人肝癌细胞炎症基因表达的影响已有报道（Sohn 等，2009）。

Je-Hyuk Lee（2014）研究表明，A. spathulifolius 具有抑制脂质的抗肥胖活性在 3T3-L1 脂肪细胞中合成。In-Jin Cho（2015）研究表明，匙叶紫菀具有抗肥胖作用，紫菀花是菊花中的一种，在饮食诱导的小鼠模型中具有抗肥胖活性。人们进行了临床试验，评价紫菀提取物对肥胖人群的抗肥胖效果和安全性。In-Jin Cho2016 指出，Aster spathulifolius Maxim（AS）是菊科（Asteraceae）中 Aster 属的多年生草本植物，在饮食诱导的肥胖大鼠模型中诱导体重减轻。假设 AS 还可以减轻肥胖人体重，人们在韩国进行了一项随机、双盲、安慰剂对照临床试验，以评估 AS 提取物（ASE）对肥胖人体重和脂肪量及其安全性的影响。将年龄 ≥ 20 岁的 44 名肥胖参与者随机分配到安慰剂组或 ASE 组（700 mg/d ASE）并被指示服用每日一次，持续 12 周。在基线和 12 周时评估体重、BMI、腰围、脂肪量和实验室测试。在 ASE 组治疗 12 周后，体重明显下降，体脂肪量亦如此。脂质谱、空腹血糖和血红蛋白 A1c 的变化在两组之间没有差异。在研究期间未观察到与药物相关的不良事件。总之，ASE 显著降低了肥胖人群的体重和脂肪量，表明 ASE 可能是减少肥胖的潜在治疗候选药物。

Hwang GY（2016）研究了 Aster spathulifolius Maxim（AS）的药理学并已经证明了其抗过敏、抗病毒和抗肥胖的作用，然而，其抗黑素生成作用仍不清楚。本文在体外和体内研究了 AS 提取物（ASE）对黑色素合成抑制的影响。为了进行这项研究，分析了 B16F10 黑色素瘤细胞中黑色素和酪氨酸酶活性的含量。进行蛋白质印迹以确定加入机制。人们研究了这种提取物对 3 周、6 周和 9 周 UVB 照射诱导的 C57bL/6J 小鼠色素沉着过度的影响。AS 提取物通过调节 MITF 及其下游信号导致黑色素合成减少。此外，ASE 增加了 MAPK / ERK 和 Akt /GSK3β 信号传导途径组分的磷酸化。在体内研究中，还观察到色素减退效应。在用 ASE 处理的 UVB 照射的小鼠中，黑素细胞活性和黑色素颗粒的分布减少。这些结果表明 ASE 可能有希望作为活性抗黑素成分，并且应该进一步研究其在化妆品领域作为增白剂的潜力。

Je-Hyuk Lee（2014）研究了 Aster sphathulifolius Maxim 对抗口腔细菌和口腔癌细胞系的抗菌活性和细胞毒性。研究目的是明确 Aster sphathulifolius Maxim 的抗菌活性和细胞毒性。（A. sphathulifolius）对抗口腔病原体和口腔癌细胞系。对于私人卫生来说，口腔健康对保持整个身体健康非常重要。据报道，一些用于口腔健康的化学药品具有不良副作用。因此，人们对具有药物活性的安全和天然材料越来越感兴趣。使用针对几种口腔病原体的琼脂扩散测定法进行 A.sphathulifolius 提取物的抗菌活性检测，并且通过口腔癌细胞系的细胞活力测定进行抗致癌活性。除了金黄色葡萄球菌（金黄色葡萄球菌）外，A. sphathulifolius 的全植物提取物显示出针对所有测试的口腔病原体的抗菌活性。A. sphathulifolius 的大多数部分都观察到抗变形链球菌（变形链球菌）、远缘链球菌、化脓性链球菌（酿脓链球菌）和表皮葡萄球菌（表皮葡萄球菌）的抗菌活性。只有 A. sphathulifolius 的根提取物才能抑制金黄色葡萄球菌的生长。A.sphathulifolius 对人口腔牙龈癌细胞具有突出的细胞毒性，$250\,\mu gmL^{-1}$ 和 $500\,\mu gmL^{-1}$ 细胞死亡率约为 75.1% 和 93.1%。A. sphathulifolius 提取物具有抗口腔病原体的抗菌活性和口腔癌细胞系的细胞毒性。综上，A. sphathulifolius 可用于口腔保健，漱口水和牙膏可参与治疗药物形成。

Sung Ok Lee（2005）研究了来自 Aster spathulifolius 的 Labdane 二萜及其对人癌细胞系的细胞毒作用。从 Aster spathulifolius 的地上部分的甲醇提取物中分离出三种新的 labdane 二萜（1-3）和八种已知的二萜类化合物。1-3 的结构确定为（13R）–labda–7,14– 二烯 13–O–β–d–（4′–O–乙酰基）吡喃葡萄糖苷（1），（13R）–labda–7,14– 二烯 13–O–β–d–（3′–O–乙酰基）吡喃葡萄糖苷（2）和（13R）–labda–14（15）– 烯 –8,13– 二醇 13–O–β–d– fucopyranoside（3），以上基于光谱和化学方法。化合物 1,2 和四种已知化合物通常对人 A549,SK–OV–3,SK–MEL–2,XF498 和 HCT15 肿瘤细胞显示出非特异性细胞毒性。

（2）花色美丽。在日本是很好的观赏植物。

（七）研究进展

（1）化学成分。Chunsuk Kim（2014）研究表明通过 GC–MS 研究水蒸气蒸馏及其化学组成。ASE 的分析提供了 15 组分，其中八种被鉴定为倍半萜化合物。ASE 的主要组成部分包括 germacrene D(35.1%)，反式 – 石竹烯（15.9%）和反式 – 植醇（14.9%）。评估精油的抗炎作用，一氧化氮（NO）和肿瘤坏死因子的产生使用脂多糖（LPS）激活的 RAW 264.7 巨噬细胞监测（TNF）–α。在这个测试中，ASE 和 VRE 似乎以剂量依赖的方式抑制 NO 和 TNF–α 的合成。结果表明 VRE 和 ASE 可用作化妆品应用，作为具有抗炎功效的天然产品。

Sung Ok Lee（2017）研究了化学成分包括三种新的倍半萜烯氢过氧化物，1–[3–（2– 氢过氧基 –3– 甲基丁 –3– 烯）–4– 羟基苯基] 乙酮（2），7β– 氢过氧基 –eudesma–11– 烯 –4– 醇（3），7alpha–hydroperoxymanool（4）。三种已知化合物，germacrone（1），ent–germacra–4（15），5，10（14）–trien–1alpha–ol（5） 和 teucdiol A（6）从 Aster spathulifolius（Compositae）的地上部分隔离。使用化学和光谱方法表征它们的结构。使用 SRB 方法测试分离的化合物在体外对五种人肿瘤细胞系的细胞毒性。两种新化合物 3 和 4 对人癌细胞显示出中等细胞毒性，ED50 值范围为 0.24 ～ 13.27 μg/mL。

Y.Uchio（1980）从 Aster spathulifolium 中分离出 3 种具有 6– 脱氧 –L– 艾杜糖的 labdane 型二萜糖苷（1,2 和 3）6–deoxy–L–idose，并根据化学和光谱数据确定了它们的结构。

（2）Matsuo,Eisuke,Toki,Kenjiro 研究了花的颜色随温度变化的规律。在恒温玻璃房中，粉红色的匙叶紫菀花在自然光下开花，研究了温度对花色发展的影响。黄绿色，淡粉红色，20℃，白色，老化，黄色偏黄，但在 25℃时变化不太明显。在 15℃时几乎是白色。如上所述，匙叶紫菀花色表达在较高温度下更明显，并且与老化相关的变色范围更大。

土岐健次郎 1975 研究了花瓣中花青素的规律，①用色谱法分析达尔马西亚花瓣花青素，在浅蓝紫色花瓣中检测到 6-8 种花青素，其中检出 4 种，并检测出主要类型。颜料是飞燕草素 3,5- 二葡萄糖苷。②剩余的三种花青素具有独特的性质，并通过弱酸处理变为飞燕草素 3,5- 二葡萄糖苷。除了花翠素外，还检测到少量的花青素，在粉红色的花瓣中检测到了天竺葵素和花青素。

（3）遗传多样性研究。Hien Thi Thanh Nguyen（2013）研究指出匙叶紫菀是一种分布在亚洲和日本沿海地区的分布广泛的特有物种。利用 6 个 Inter Simple Sequence Repeat 引物，在 8 个位点分析了 15 个种群的遗传多样性和分化。物种水平的总遗传多样性极高（P=98.78%，Hsp=0.333+/-0.144,1=0.501+/-0.180），而种群水平的遗传多样性相对较低（W=43.74%，$Hpop$=0.150+/-0.189,1=0.227+/-0.274）。基于遗传分化系数（Gst=0.549）和分子方差分析（AP = 54.06%）检测群体间的高遗传分化。以上发现以及低基因流量估计值（Nm =0.205）表明，通过分离进行的遗传漂变是建立物种当前遗传结构的最关键因素。A. spathulifolius 丰度的降低以及低水平的遗传多样性表明保护策略是必要的。

Maki, Masayuki（1998）利用淀粉凝胶和聚丙烯酰胺凝胶电泳，研究了 6 种岛屿和 7 种大陆种子 Aster spathulifolius Maxim 的等位酶多样性，这是生长在韩国和日本沿海地区的植物。人们估计了遗传变异的四个参数：多态位点的百分比（P）、每个基因座的平均等位基因数（A）、杂合子的平均预期频率（he）和杂合子的平均观察频率（ho）。岛屿种群内的遗传多样性（P=35.6、A=1.36、he=0.103 和 ho=0.097）并未显著低于大陆种群（P=37.1、A=1.37、he=0.102 和 ho=0.092）。在大陆种群中，岛屿种群（GST）和总样本中发现的总遗传多样性比例分别为 0.480、0.427 和 0.491，表明每代移民数（Nm）分别为 0.270、0.335 和 0.259。这表明群体中的基因流动受到高度限制。对于分布范围窄的物种，物种水平的遗传多样性相当高。在检查的大多数基因座中，基因型频率没有明显偏离 Hardy-Weinberg 平衡，说明在物种中发生随机交配。

（4）叶绿体基因组序列的研究。Kyoung Su 研究了匙叶紫菀是菊科（Asteraceae）的一员，分布于日本和韩国沿海地区。该植物用于医药和观赏。A.sphathulifolius 的完整叶绿体（cp）基因组由 149,473 bp 组成，其包括一对 24,751bp 的反向重复序列，由 81,998 bp 的大单拷贝区和 17,973 bp 的小单拷贝区分开。叶绿体基因组包含 78 个编码基因，4 个 rRNA 基因和 29 个 tRNA 基因。与菊科的其他 cpDNA 序列相比，A.spathulifolius 显示出与寻常的 Jacobaea 最密切的关系，并且发现 atpB 基因是假基因，与 J. vulgaris 不同。此外，评价了寻常型向日葵，Guizotia abyssinica 和 A.spathulifolius 的基因组成，发现 13.6-kb 显示从 ndhF 到 rps15 的倒位，与菊科的莴苣不同。比较同义（Ks）和非同义（Ka）取代率与 J. vulgaris 显示，与核糖体的一个小亚基相关的同义基因显示最高值（0.1558），而与 ATP 合酶基因相关的非同义基因率最高（0.0118）。这些发现表明，大多数基因的替代发生率相似，替代率表明大多数基因是纯化的选择。

参考文献

[1] KIM C, BU H J, LEE S J, et al. Chemical Compositions and Anti-Inflammatory Activities of Essential Oils from Aster spathulifolius and Vitex rotundifolia Maxim[J]. Journal of Applied Pharmaceutical Science, 2014, 11（10）: 012-015.

[2] LEE J H, CHOI E J, PARK H S. Evaluation of Compositae sp. Plants for Antioxidant Activity, Antiinflammatory, Anticancer and Antiadipogenic Activity in Vitro[J]. Food and Agricultural Immunology, 2014（1）: 104-118.

[3] CHO I J, CHOUNG S Y, KIN D U, et al. Anti-Obesity Effect of Aster Spathulifolium Extract[J]. Posetr Session Online, 2015（5）: 16-20.

[4] SUNG OK Lee S O, CHOI S Z, CHOI S U, et al. Cytotoxic Terpene Hydroperoxides from the Aerial Parts of Aster Spathulifolius[J]. Archives of Pharmacal Research, 2006, 11（1）: 845-848.

[5] 松尾, 英輔. ダルマギクに関する研究: 第2報 花色発現に及ぼす温度の影響[J]. 九州大學農學部學藝雜誌, 1974, 28（4）: 223-226.

[6] CHO I J, CHOUNG S Y, HWANG Y C, et al. Aster Spathulifolius Maxim Extract Reduces Body Weight and Fat Mass in Obese Humans[J]. Nutr Res, 2016, 36（7）: 671-678.

[7] 土岐 健次郎, 等. ダルマギクに関する研究（第1報）: 花弁のアントシアニンについて[J]. Science bulletin of the Faculty of Agriculture, 1975, 30（3）, 115-118.

[8] UCHIO Y, NAGASAKI M, EGUCHI S, et al. Labdane Diterpene Glycosides with 6-deoxy-L-idose from Aster spathulifolius Maxim[J]. Tetrahedron Lettera, 1980,（21）: 3775-3778.

[9] HWANG G Y, CHOUNG S Y. Anti-melanogenic Effects of Aster Spathulifolius Extract in UVB-Exposed C57BL/6J mice and B16F10 Melanoma Cells Through the Regulation of MAPK/ERK and AKT/GSK3β Signalling[J]. The Journal of Pharmacy and Pharmacology, 2016, 68（4）: 503-513.

[10] NGUYEN H T, CHOI K S, PARK S. Genetic Diversity and Differentiation of A Narrowly Distributed and Endemic Species, Aster spathulifolius Maxim（Asteraceae）, Revealed with inter Simple Sequence Repeat Markers[J]. Journal of the Korean Society for Applied Biological Chemistry, 2013, 56（3）: 255-262.

[11] MAKI M, MORITA H. Genetic Diversity in Island and Mainland Populations of Aster spathulifolius（Asteraceae）[J]. International Journal of Plant Sciences, 1998, 159(1): 148–152.

[12] CHOI K S, PARK S. The Complete Chloroplast Genome Sequence of Aster Spathulifolius （Asteraceae）; Genomic Features and Relationship with Asteraceae[J]. Gene, 2015, 572（2）: 214–221.

[13] LEE J H. Antibacterial Activity and Cytotoxicity of Aster sphathulifolius Maxim. Against Oral–bacteria and Oral–cancer Cell Lines[J]. Research Journal of Medicinal Plants, 2014（8）: 41–49.

[14] LEE S O, CHOI S Z, CHOI S U, et al. Labdane Diterpenes from Aster spathulifolius and Their Cytotoxic Effects on Human Cancer Cell Lines[J]. Journal of natural products, 2008（6）: 46.

三十一、匙叶紫菀

三十二、普陀狗娃花

（一）学名解释

Heteropappus arenarius Kitam. 属名：Heteropappus，Heteros，表示相异的、不等的。Pappos，表示冠毛。菊科，狗娃花属。种加词：arenarius，生于沙中的，属于沙的。命名人：Kitam.=Siro Kitamura 北村四郎（1843—1924）。北村四郎是京都大学植物研究所所长。他出生于日本中部的大津，1931 年毕业于京都大学，并继续在 Genichi Koidzumi 的监督下进行研究生学习，专攻菊科（菊科）。北村四郎私下发表了他的前两篇论文，1932 年与 Koidzumi 和同学一起创建了新的 *Acta Phytotaxonomica et Geobotanica* 期刊。他的早期论文发表在这本期刊和大学回忆录中，包括他的六部分论文。北村四郎的整个职业生涯都在京都度过，1938 年被任命为研究助理，1945 年被任命为植物学教授。1970 年退休后，担任京都植物研究所所长 25 年。他参与了京都大学植物标本馆（KYO）和植物地理学会的建立。1969 年，当京都学生占领建筑物时，虽然北村为植物标本馆辩护，但仍造成严重破坏。尽管健康状况不佳，但北村参加了一些收集探险活动。1930 年，他前往日本八丈岛、韩国和中国东北。他访问了北海道和萨哈林以及日本南部，于 1932 年花了三个月研究植物标本并在台湾进行实地考察。1949 年，他在四国的蛇纹石植物群上进行实地考察。1955 年，北村领导了京都大学科学考察的植物部分，他游历到喀喇昆仑和兴都库什。在这次旅行期间，6—7 月在阿富汗坎大哈、喀布尔、贾拉拉巴德、巴米扬和马扎里沙里采集，并于 8 月前往库纳尔和努里斯坦省。1960—1966 年探险队发表了调查结果，北村编辑了第二卷和第三卷，题为《阿富汗植物群》和《西巴基斯坦和阿富汗植物》。北村在日本以外的最后一次探险是 1988 年到中国云南省。除了他对菊科及阿富汗和巴基斯坦植物群的研究外，北村还制作了五卷日本树木和草本植物的彩色插图，这是他最知名、最受欢迎的出版物。北村四郎很荣幸地被裕仁天皇邀请到 Nasu 的 Imperial Summer Resort 度过。

1936 年，他与 Michi Nakamura 结婚，并有五个孩子。

他发表的著作有《中国栽培植物的起源》《原色日本植物图鉴》五大本，其中的绘图皆出自他一人之手。

学名考证：*Heteropappus arenarius* Kitam. in Act. Phytotax. Geobot. 2: 43. 1933; in Mem. Col. Sc. Kyoto Univ. ser. B. 13: 316. pl. 33. f. 1. 1937; et in Journ Jap. Bot. 19: 341. 1943; S. Y. Hu in Quart. Journ. Taiw. Mus. 19: 288. 1966,—Aster arenarius（Kitam.）Nemoto, Fl. Jap. Suppl. 736. 1937.—Heteropappus hispidus Less. ssp. aranarius（Kitam.）Kitam. in Mem. Coll. Sc. Kyoto. Univ. ser. B. 26: 53. 1957.

日本植物学家北村四郎于 1933 年在其创立的刊物 *Acta Phytotaxonomica et Geobotanica* 上发表了物种 Heteropappus arenarius Kitam.；1937 年在刊物《京都帝国大学理学院学报》（*Mem of the College of Science,Kyoto Imperial University*）记载了该物种。1943 年在刊物《日本植物学杂志》（*Journal of Japanese Botany*）上也记载了该物种。1966 年，植物学家胡秀英在杂志《台湾博物馆季刊》（*Quarterly Journal of the Taiwan Musem*）也记载了该物种。

1937 年，日本植物分类学家（Kwanji Nemoto）组合了物种 Aster arenarius（Kitam.）。Nemoto 将原来由北村四郎发表的物种 Heteropappus arenarius Kitam. 重新组合到 Aster 属中，并发表在杂志《日本植物志补遗》（*Flora of Japan Suppl*）中，后经研究认为是错误的，作为异名处理。1957 年，北村四郎在《京都帝国大学理学院学报》（*Mem of the College of Science,Kyoto Imperial University*）记载的物种 Heteropappus hispidus Less. ssp. aranarius（Kitam.）Kitam. 也作为异名处理，这是他本人将自己 1933 年发表的物种 Heteropappus arenarius Kitam. 重新组合到 Heteropappus hispidus Less. ssp. aranarius（Kitam.）Kitam. 作为 Heteropappus hispidus Less. 的一个地理亚种处理，经研究也作为异名处理。

英文名称：Heteropappus arenarius

（二）分类历史

Flora of China 将其归入 Aster 属中。

（三）形态特征

普陀狗娃花形态特征如图 32-1 所示。

二年或多年生草本；主根粗壮，木质化。茎平卧或斜升，长 15～70 cm，自基部分枝，近于无毛。基生叶匙形，长 3～6 cm，宽 1～1.5 cm，顶端圆形或稍尖，基部渐狭成 1.5～3 cm 长的柄，全缘或有时疏生粗大牙齿，有缘毛，两面近光滑或疏生长柔毛，质厚；下部茎生叶在花期枯萎；中部及上部叶匙形或匙状矩圆形，长 1～2.5 cm，宽 0.2～0.6 cm，顶端圆形或稍尖，基部渐狭，有缘毛，两面无毛或有时在中脉上疏生伏毛，质厚。头状花序单生枝端，径 2.5～3 cm，基部稍膨大，有苞片状小叶；总苞半球形，直径 1.2～1.5 cm；总苞片约 2 层狭披针形，长 7～8 mm，宽 1～1.5 mm，顶端渐尖，有缘毛，绿色。舌状花 1 层，雌性，管部长约 1.5 mm；舌片条状矩圆形，淡蓝色或淡白色，长 1.2 cm，宽 2.5 mm；管状花两性，黄色，长 4 mm，基部管长 1.3 mm，裂片 5，1 长 4 短，长 1～1.5 mm，花柱附属物三角形。冠毛在舌状花的短鳞片状，长约 1 mm，下部合生，污白色；管状花冠毛刚毛状，多数，长 3～3.5 mm，淡褐色。瘦果倒卵形，浅黄褐色，长 3 mm，宽 2 mm，扁，披绢状柔毛。

a 植株；b 花序正面；c 花序背面示苞片；d 舌状花；e 筒状花；f 子房及冠毛；g 柱头；h 花柱及聚药雄蕊

图 32-1　普陀狗娃花

（四）分布

产于浙江（普陀）、椒江（台州列岛）、瑞安（北麂岛）、日本、舟山群岛各个岛屿均有分布。

（五）生境及习性

一般生于海滨沙地。普陀狗娃花生性强健，耐贫瘠和半干旱，喜凉爽和全光照环境，宜排水良好的沙壤土，忌积水。叶常绿，一年四季覆盖地表，茎平卧或斜升，自基部分枝。主根粗壮木质化。

（六）应用价值

园林用途。普陀狗娃花舌状花淡蓝色，或淡白色，非常淡雅，瘦果冠毛淡褐色，亦甚美观，可用于制作插花。

（七）研究进展

Lee, Chang Hee（2013）研究了种子萌发，评估亲水性聚合物（水凝胶）作为种子引发 Heteropappus arenarius Kitam 的新型固体基质培养基。使用三种不同干燥水平（DC：70%、80% 和 90%）的基于 Na 和 K 的水凝胶和水凝胶的组合制备固体基质引发（SMP）介质。黑暗中在 15～24 h 进行引发，并将所有引发的种子在黑暗中温育以进行发芽试验。包括未蒸煮的种子和用蒸馏水（DW）引发的种子。为了达到 50% 的发芽率，对未引发种子的种子需要 4 天，而在 10℃和 15℃，DW引发的种子需要 3.6 天和 3.9 天。具有 70%DC（Na 70%）的 Na 基水凝胶引发的种子显示出最快的发芽，其分别在 10℃和 15℃时发生 1.9 和 1.8 天。具有 70%DC 的基于 K 的水凝胶引发的种子，在具有各种 DC 水平的 K 基水凝胶中显示出最快的萌发，但是与 Na 70% 相比花费了 0.6 天。在引发温度下，DW 引物种子的水化率（HR）比 Na 70% 引发种子低 37%，表明 Na 70% 引发是促进 H. arenarius 萌发的最佳固体基质引发条件。

Lee, ChangHee,Nam, KiWoong 研究了菌落影响下的种子萌发，指出 Heteropappus arenarius Kitam. 是一种属于野生菊花秋季开花的两年生植物，在东南沿海地区和韩国济州岛。它可以在大面积的景观区域，特别是贫瘠的土壤或倾斜的山坡上，为地被植物起到很好的作用。以下是局部菌株和温度之间种子萌发的反应。4 个地方品系中 Guryongpo（89.7%）的最终发芽率（FG）平均值最高，其次是古茹（87.3%），Gampo（87.3%）和 HKNU-I（71.5%）。Gujwa（3.6 天）

和 Guryongpo（4.0 天）的平均值比其他的平均值短。FG 的平均值最高为 76.2%，最短为 3.6 天。然而，在 Gujwa 的情况下，FG 和 T50 比其他更高、更短。在收获阶段和温度之间的关系中，阶段Ⅲ（90.7%）和阶段Ⅳ（8 阶段）的 FG 平均值大大提高。

陈勇（2009）介绍了普陀狗娃花在福建的新纪录分布。

Roskov（2007）研究了普陀狗娃花花粉壁的结构，指出其花粉壁与钻形紫菀、马兰、一年蓬等没有明显不同。提出了同科植物的结构及功能的统一性理论。

染色体研究。富永保人（1946）研究指出 Heteropappus arenarius Kitam 染色体数目为 n=18，并进行了"屬間雜種 Heteropappus arenarius × Kalimeris incisa の複二倍体に關する形態學的細胞學的研究"。

参考文献

[1] LEE C H. Solid Matrix Priming with Hydrogels on Heteropappus arenarius Seeds[J]. Korean Journal of Horticultural Science & Technology, 2013（13）: 100–104.

[2] 陈勇, 阮少江. 福建省种子植物分布新记录 [J]. 亚热带植物科学, 2009（2）:19.

[3] ROSKOV Y R, BISBY F A, ZARUCCH J H, et al. ILDIS World Database of Legumes [EF/OL]. http://www. ildis. org, 2007–05–01.

[4] LEE C H, NAM K W. Characteristics of Seed Germination in Heteropappus arenarius Kitam. Native to Korea as Influenced by Temperature[J]. 韓資植誌, 2009, 22（2）: 116–122.

[5] 富永保人. 屬間雜種 Heteropappus arenarius × Kalimeris incisa の複二倍体に關する形態學的細胞學的研究 [J]. J–STAGE トップ / 遺伝学雑誌, 1946（21）: 5–6.

三十三、卤地菊

（一）学名解释

卤地菊 *Wedelia prostrata*（Hook. et Arn.）Hemsl.，属名：Wedelia，人名，纪念 G.W.Wedel。种加词：prostrata 平卧的。命名人：Hemsl.=William Botting Hemsley（1843—1924）为英国植物学家，1909 年维多利亚荣誉勋章获得者。威廉·博廷·赫姆斯利出生于萨塞克斯郡，曾于邱园工作，之后在印度的植物标本馆任助理，最后其担任植物标本馆和图书馆的管理员。他发表了大量植物学著作。他于 1889 年 6 月当选为皇家学会会员。他协助并主编了《中国植物名录》。起初是由 F.B.Forbes 筹备，请赫姆斯利编写丘园中所有中国植物的名录，在此基础上加以修订、注解、充实，编了索引，最后由赫姆斯利执笔完成，但是将 F.B.Forbes 作为第一作者。他是 19 世纪下半叶研究中国植物最著名的英国植物学家。与马克西姆维奇一样，也曾一生致力于中国植物的研究，是 19 世纪下半叶 20 世纪初研究中国植物最引人注目的学者之一。1860 年，他曾在丘园工作，最初是作为边沁的助手，后因健康的原因离开丘园，1883 年又重新回到丘园工作，1884 年英国皇家学会决定，从政府科学拨款中筹款编写已知中国植物的名录，他参加了这项工作。了解中国植物的美国商人 F.B.Forbes 也积极投身此项工作。于是他们一起合作发表了《中国植物名录》（*Index Florae Sinensis*1886—1905）。这套著作记述了包括朝鲜、琉球群岛等所产的植物。内容涉及分布及同物异名的辨别等。1896 年，他研究了西藏的植物区系，发表了《西藏植物》（*The flora of Tibet*），这项研究被我国植物学家认为是研究这一地区的先驱工作。赫姆斯利还与他人合作撰写了《西藏或亚洲高原植物》（*The flora of Tibet or high Asia* 1902）。19 世纪下半叶和 20 世纪初许多英国人采集的植物主要由他鉴定发表，他发表有关中国植物的描述文章数以百计。

学名考证：*Wedelia prostrata*（Hook. et Arn.）Hemsl. in Journ. Linn. Soc. Bot. 23: 434.

1888; Kitam. in Mem. Coll. Kyoto Univ. ser. B. 16: 259. 1942.—Verbesirca prostrata Hook. et Arn., Beech. Voy. 195. 1836.—Wollastonia prostrata Hook. et Arn., l. c. 265. 1836.—Eclipta dentata Levl. et Vaniot in Bull. Acad. Geogr. Bot. 20: 11. 1910.

1836 年，英国系统植物学家、植物插图画家 William Jackson Hooker 与苏格兰植物学家 George Arnott Walker-Arnott 共同在刊物 *The Botany of Captain Beechey's voyage. Henry George Bohn.* 发表了 Verbesirca prostrata Hook. et Arn. 作为异名处理。1888 年，英国植物学家赫姆斯利认为该植物应为 Wedelia 属，将其重新组合为 Wedelia prostrata（Hook. et Arn.）Hemsl.。原名作为其基本异名。1942 年，Kitamura 在 *Memoirs of the College of science,Kyoto imperial university.Series* 也记载了该名称。

法国植物学家和牧师 Augustin AbelHectorLéveillé 与 Vaniot 联合在刊物 *Bulletin De L Academie Polonaise Desences Serie Desences Biologiques, Geol.-Geogr.* 发表的 Eclipta dentata Levl. et Vaniot 作为异名处理。

别名：黄花骨套舌草、能舌草、黄花冬菊、格傲三尖刀、能舌三尖刀、三尖刀、黄吟育（棍鼎）、黄野篙（幅鼎）

英文名称：Prostrate Wedelia

（二）分类历史及文化

卤地菊是重要盐碱地指示植物，也是滨海沙地植被先锋植物。在沿海植被恢复中起到重要作用。与砂钻苔草、肾叶打碗花、匍茎苦卖菜等植物组成沙地植被群落。由于根系发达，具有细长的匍匐茎及大量的不定根，单株的覆盖面积极大，又耐盐碱，对固定沿岸流沙起到很重要的作用。由于该植物是重要的抗癌植物，因此被大量采挖，资源也逐渐减少，应加以保护。更主要的是，其伴生植物珊瑚菜、肾叶打碗花等都是重要的药材资源，人们在采集相关资源的同时，也破坏了卤地菊的生长环境。因此应对卤地菊的生长环境采取就地保护，也可以建立相应的保护区，采取有效的措施，有针对性地加以保护。

Flora of China 将其定为 Melanthera prostrata（Hemsley）W. L. Wagner & H. Robinson Brittonia. 53: 557. 2002. 本书仍依据中国植物志中文版。并将以下名称定为异名。

Wedelia prostrata Hemsley, J. Linn. Soc., Bot. 23: 434. 1888, based on Verbesina prostrata Hooker & Arnott, Bot. Beechey Voy. 195. 1837, not Linnaeus（1753）; Eclipta dentata H. Léveillé & Vaniot; Melanthera robusta（Makino）K. Ohashi & H. Ohashi; W. prostrata var. robusta Makino; W. robusta（Makino）Kitamura; Wollastonia prostrata Hooker & Arnott（1838），not Candolle（1836）.

Wagner 和 Robinson 指出，Melanthera prostrata var.robusta Makino（不存在的组合）被认为是 M. prostrata 和 M.biflora（此处作为 Wollastonia biflora）的杂交种。

（三）形态特征

卤地菊形态特征如图 33-1 所示。

一年生草本，茎匍匐，长 25～80 cm 或更长，基部径约 2 mm，分枝，基部茎节生不定根，茎枝疏被基部为疣状的短糙毛，糙毛有时成钩状，节间长 2～4 cm，或在上部可达 6～8 cm。叶无柄或有 1～5 mm 长的短柄，叶片披针形或长圆状披针形，连叶柄长 1～4 cm，宽 4～9 mm，基部稍狭，顶端钝，边缘有 1～3 对不规则的粗齿或细齿，稀全缘，两面密被基部为疣状的短糙毛，中脉和近基发出的 1 对侧脉，不明显，无网状脉，头状花序少数，径约 10 mm，单生茎顶或上部叶腋内，无花序梗或有 1～6 mm 长的花序梗。总苞近球形，径约 9 mm；总苞片 2 层，外层叶质，绿色，卵形至卵状长圆形，长 4～6 mm，顶端钝或略尖，背面被基部为疣状的短粗毛，内层倒卵形或倒卵状长圆形，长约 6 mm，顶端三角状短尖，上部疏被短粗毛。托片折叠成倒卵状长圆形，长 6～7 mm，基部较狭，顶端短尖，背面仅上端疏被短糙毛，舌状花 1 层，黄色，舌片长圆形，长 7～9 mm，宽约 3 mm，顶端 3 浅裂，常以中间的裂片较小，管部约与子房等长；管状花黄色，长 6～7 mm，向上渐扩大成钟状，檐部 5 裂，裂片近三角形，顶端稍钝，疏被短毛，瘦果倒卵状三棱形，长约 4 mm，宽 2.5～3 mm，顶端截平，但中央稍凹入，凹入处密被短毛，无冠毛及冠毛环，花期 6—10 月。

（四）分布

产于台湾、福建、浙江、江苏、广东及其沿海岛屿和广西。印度、越南、菲律宾、朝鲜及日本也有分布。舟山群岛只产于朱家尖及桃花岛。

（五）生境及习性

生于海岸干燥沙土地。

（六）繁殖方法

自然状态下为种子繁殖，目前尚无人工栽培的记载。

a 植株；b 花序；c 叶片；d 种子及冠毛；e 茎表皮毛；f 叶片、头状花序

图 33-1　卤地菊

（七）应用价值

（1）药用价值。《福建民间草药》记载入药部位：全草。味甘，淡，性凉。归肝脾经。有清热凉血、祛痰止咳、利湿止泻的功效。萧诏玮等报道了卤地菊治疗流行性咽炎、结膜炎等病毒性疾病。王子野等报道了卤地菊合剂治疗白喉。肖诏玮报道了卤地菊汤治疗小儿手足口病。庄劲报道了卤地菊预防麻疹效果明显。林子智、王子野报道了应用卤地菊治愈 2 例咽白喉。杨震光报道了清蛾汤加卤地菊治疗急性扁桃体炎 45 例。刘福星等报道了卤地菊的临床应用，指出在内科中卤地菊可以治疗白喉、急性扁桃腺炎、扁桃腺周围浓重、肺炎及支气管炎、喉头炎及喉炎、百日咳、齿龈炎、高血压、肝热、咳血、热型哮喘、流行性腮腺炎、鼻息肉。外科方面能治虎髭疔、蛇头疔、肚疔等。

抗肿瘤研究。吴丽平 2014 研究指出试验通过对对映贝壳杉二萜化合物 W1 的结构修饰，得到具有 α - 亚甲基环戊酮的新型对映贝壳杉二萜衍生物 W1-6。试验结果显示，W1-6 具有显著的体外抗肿瘤作用，且具有一定的体内抗肿瘤活性。抗肿瘤机制的初步探讨显示，其作用机制可能为通过细胞周期阻滞，下调 Bcl-2 蛋白表达，上调 CleavedCaspase-3 的表达，进而同时激活线粒体途径和死亡受体途径，诱导细胞凋亡。

（2）防风固沙作用。张志权（1996）研究指出，具有生长快、耐沙埋等特性，是南方沙质海岸防护林前缘草带的优良固沙防风植物。4—8 月是生长旺季，而 12—4 月则生长较慢。在 5—12 月每月每株新增茎长可达 100 cm 以上，在 8—12 月萌生新枝数分别达到 53 条。这对适应经常发生飞沙、淹埋或露根的海滩环境是非常重要的。生长快、分枝多可以使植物体或其一定数量的枝叶露于沙面，从而能够向四周发展，保障整株养分供应，不断覆盖地面。

（3）滨海沙地绿化的材料，花朵金黄，数量繁多，盛花季节，构成海岸线的靓丽风景线。植株耐干旱、耐盐碱，适于滨海绿化，也是改良土质的首选花材与植被。

（八）研究进展

（1）化学成分研究进展。张祥港 2011 研究指出，从卤地菊全草中分离得到 7 个化合物，分别鉴定为：对映 - 贝壳杉 -16- 烯 -19- 酸（Ⅰ）、对映 - 贝壳杉 -16α,17- 二羟基 -19- 酸（Ⅱ）、对映 - 贝壳杉 -15α - 异戊烯酰 -16- 烯 -19- 酸（Ⅲ）、β - 谷甾醇（Ⅳ）、豆甾醇（Ⅴ）、豆甾醇 -3-O- β -D- 吡喃葡萄糖苷（Ⅵ）和正二十六烷醇（Ⅶ）。王菲 2014 从卤地菊全草的石油醚和乙酸乙酯萃取层中分离并鉴定了 10 个化合物（W1～W10）（对映 - 贝壳杉 -16- 烯 -19- 酸（W1）、16α - 羟基 - 对映 - 贝壳杉烷 -19- 酸（W2）、16β,17- 二羟基 - 对映 - 贝壳杉烷 -19- 酸（W3）、16α,17- 二羟基 - 对映 - 贝壳杉烷 -19- 酸（W4）、15α - 羟基 - 对映 - 贝壳杉 -16- 烯 -19- 酸（W5）、17- 羟基 - 对映 - 贝壳杉 -15- 烯 -19- 酸（W6）、15α - 异戊酰基 - 对映 - 贝壳杉 -16- 烯 -19- 酸（W7）、11β,16α - 二羟基 - 对映 - 贝壳杉烷 -19- 酸（W8）、3β - 乙酰氧基 -11- 烯 - 齐墩果烷（W9）、3β - 乙酰氧基 -18- 烯 - 齐墩果烷（W10）。分别为 8 个贝壳杉烷型的二萜类化合物、两个齐墩果烷型的三萜类化合物，化合物 W2、W5、W6、W7、W8、W10 均为首次从卤地菊中分离得到。利用 MTT 法对上述得到的 10 个化合物进行体外抗肿瘤的活性测试，结果表明，只有化合物 W1 对人白血病细胞 K562，人结肠癌细胞 SW1116 有一定的抑制作用。林小燕 2011 研究指出，从卤地菊石油醚部位中分离得到 7 个化合物，分别鉴定为：对映 – 贝壳杉 –16– 烯 –19– 酸（W1）、对映 – 贝壳杉 –16α,17– 二羟基 –19– 酸（W2）、对映 – 贝壳杉 –15α– 异戊烯酰 –16– 烯 –19– 酸（W3）、β – 谷甾醇（W4）、豆甾醇（W5）、豆甾醇 –3–O–β –D– 吡喃葡萄糖苷（W6）和正二十六烷醇（W7）。体外抗肿瘤研究表明化合物 W1 ～ W7 对 K562 和 SW1116 细胞均无抑制作用。张磊 2015 研究得到了 16 个对映 – 贝壳杉烷型二萜衍生物（W1-3 ～ W1-18）、一个新的贝壳杉烷型二萜类单体化合物（W2）、5 个羽扇豆醇衍生物（L2-1 ～ L2-5）、7 个从海刀豆中提取分离的化合物（C1 ～ C7），所有化合物均通过对于羽扇豆醇的改造，在其 C–3 位取代了各种基团后，所得的衍生物抗肿瘤活性反而下降。Ahmed M A Abd El-Mawla2011 年从卤地菊愈伤组织中提取了两种脂肪酸甲酯，即十八烷酸甲酯（硬脂酸甲酯）和十六烷酸甲酯（棕榈酸甲酯），以及四种肉桂醇衍生物、芥子醇、松柏醇、对香豆醇和松柏醇 4–O。

（2）抗肿瘤机制研究。代立婷 2017 研究表明，W40 对非小细胞肺癌 GLC–82 细胞有较为明显的细胞毒作用；W40 可以显著抑制 GLC–82 细胞增殖，且抑制程度呈现浓度依赖效应；W40 能够在一定程度上抑制 GLC–82 细胞的迁移能力；W40 通过抑制 BRAF/MAPK/ERK 及 Stat3 信号通路诱导细胞凋亡。

参考文献

[1] 萧诏玮 . 流行性咽结膜热证治三则 [J]. 四川中医 , 1988（5）：19.

[2] 肖诏玮 , 张福泰 . 卤地菊汤治疗小儿手足口病 62 例 [J]. 福建中医药 , 1994, 25（2）：221–229.

[3] 杨震光 , 原刚 . 清蛾汤加卤地菊治疗急性扁桃体炎 45 例 [J]. 福建中医药 , 2001, 32（3）：14.

[4] 张祥港 , 颜文强 , 林燕婷 , 等 . 卤地菊二萜化学成分研究 . [J] 中药材 , 2011, 34（3）：383–386.

[5] 王菲 . 卤地菊化学成分的分离、结构修饰及活性研究 [J]. 福建医科大学 , 2014（3）：18.

[6] 林小燕 . 丝裂亚菊和卤地菊的化学成分研究及生物活性研究 [J]. 福建医科大学 , 2011（5）：26.

[7] 张磊 . 卤地菊中二萜化合物的结构改造、海刀豆的化学成分及生物活性研究 [J]. 福建医科大学 , 2015（3）：78.

[8] 吴丽平 . 卤地菊中对映贝壳杉型二萜衍生物的抗肿瘤作用 [J]. 福建医科大学 , 2014（6）：14.

[9] 代立婷, 吴忠南, 黄翔, 等. 卤地菊乙醇提取物 W40 单体诱导 GLC-82 细胞凋亡的分子机制研究 [J]. 中国生物工程杂志, 2017, 37（8）: 1-7.

[10] 张志权, 周毅, 陈绶柱, 等. 广东沙质海岸防护林前缘植草研究 [J]. 林业科学研究, 1996（2）: 127-132.

[11] ABD EL-MAWLA A A, FARAG S F, BEUERLE B. Cinnamyl Alcohols and Methyl Esters of Fatty Acids from Wedelia prostrata Callus Cultures[J]. Natural product research, 2011（12）: 12-18.

三十四、假还阳参

（一）学名解释

Crepidiastrum lanceolatum（Houtt.）Nakai 属　名：Crepidiastrum, Crepis, astrum, 相似的。假还阳参属，菊科。种加词：lanceolatum, 披针形叶。命名人：Nakai=Nakai Takenoshin（Takenosin），中井猛之进（1882—1952）是日本植物学家。1919 年和 1930 年，他发表了关于日本和韩国植物的论文，包括 Cephalotaxus 属。他曾任东京大学教授、小石川植物园园长、国立科学博物馆馆长。作家中井英夫是其儿子。他曾出版《大日本树木志》一书。1908—1934 年，在我国东北长白山、满洲里等地采集了少量植物标本，发表新种多个。与北川政夫（日本植物分类学家）一起参加"第一次满蒙学术调查研究团"，1933—1936 年，在我国东北满洲里等地以及中朝接壤的山地采集了大量植物标本（1933 年，由早稻田大学教授德永重康率领"满蒙学术调查研究团"主要人员有 18 人。7 月 23 日从东京出发，27 日在大连登陆。在长春组团，先后抵达北票、朝阳、凌源、承德、兴隆、古北口、建平、赤峰、乌丹、翁牛特王府、赤峰、隆化、围场、朝阳，最后回到长春解散。考察团活动历时 2 个月，乘汽车行程 2 500 千米，还有徒步踏勘，进行了森林、植物、动物、地理、地质、化石、矿物、医学、民俗等多方面考察）。1940 年，在北京昌平和兴隆交界的雾灵山采集植物标本。1945 年以后返日。

发表著作：《东亚植物》《第一次满蒙学术调查研究团报告》《高等植物野外实验法》（コウトウ ショクブツ ヤガイ ジッケンホウ）、《郁陵岛植物调查书》《日本植物志》《朝鲜森林植物编》《やまたちばな科》《结文总目录追记》《日本森林植物志》《リネウス氏著植物の属（第五版）の覆刻に当りて》《实业植物教科书》《日本植物学ノ现状ニツキテ；日本产あぢさゐ属各种ノ短评；日本植物书ノ例十种（千八百二十九年版）》《中等植物教科书》《女子植物教科书》《热河省ニ自生スル高等植物目录》《日光の高等植物》*Supplementum plantarum : systematis vegetabilium, editionis decimae tertiae : generum plantarum, editionis sextae, et specierum plantarum, editionis secundae*、*Miscellaneous papers regarding Japanese plants*《叶によ る树木の鉴定》《满洲植物志料》《植物命名规则》《热河省产新植物》*Icones plantarum Japonicarum : Insulis Japonicis annis 1775 et 1776 collegit et descripsit* 《东亚植物区景》*Caroli Petri Thvnberg ... Flora Iaponica, sistens plantas Insvlarvm iaponicarvm, secvndvm systema sexvale emendatvm redactas ad XX classes, ordines, genera et species cvm differentiis specificis, synonymis pavcis, descriptionibvs concinnis et XXXIX iconibvs adiectis*《被子植物》《上高地天然纪念物调查报告》 萩类/研究 : *Lespedeza of Japan & Korea*《鹤岛城山调查报告；附鹿岛/植物调查报告》《大日本树木志》《郁陵岛植物调查书》《白头山植物调查书》《金刚山植物调查书》《朝鲜鹭峰及汉方药科植物调查书》《中等植物学教科书》《朝鲜森林植物编》《智异山植物调查报告书》*Flora of Chiisan*《济州岛竝莞岛植物调查报告书》《朝鲜植物》*Flora Koreana Polygonaceae Koreanae*《藻类实验法·地衣类实验法·微生物实验法·高等植物野外实验法》《鹭峰の植物调查》。1910—1945 年,朝鲜半岛处日据殖民时期,以中井猛之进为代表的日本植物学家,开展了长期深入的研究。中井猛之进一生的主要研究领域是朝鲜半岛植物区系,在长达 50 多年的研究生涯中,他共发表了 300 多篇文章,描述了朝鲜半岛的 1 118 种植物,包含了 642 种、402 变种和 74 变型,他所采集研究的标本全部藏于东京大学标本馆,加上日本植物分类学者长久以来的小种观念,给朝鲜半岛本土植物分类学者进一步开展研究造成一定困扰。业内专家认为,出版 *TYPE SPECIMENS COLLECTED FROM KOREA* 丛书对朝鲜半岛本土植物学者意义重大,对致力于东亚植物分类学、引种驯化、植物保育等方面研究的学者也具有较高的参考价值和借鉴作用。这段时期采集的标本主要藏于卡马洛夫植物研究所、大英自然历史博物馆、邱园和柏林的达勒姆植物学博物馆和植物园。20 世纪中叶,牧野富太郎、中井猛之进、小泉源一,F.A.McClure,R.E.Holttum 以及中国许多学者也发表了不少新品种(耿伯介和温太辉,1989)。1939 年,日本学者中井猛之进对舟山的植物资源和区系作过调区系进行了较为全面 的补充调查 ,研究采自舟山的标本后,发表了普陀樟(*Cinnamomum chenii Nakai*),后被合并入天竺桂(*Cinnamomum japonicum Siebold*)。

英文名称:Crepidiastrum

学 名 考 证:*Crepidiastrum lanceolatum*(Houtt.)Nakai in Bot. Mag. Tokyo 34: 150. 1920; Kitam. in Act. Phytotax. Geobot. 10: 27. 1941 et 11: 133. 1942; Hara, Enum. Sperm. Jap. 2: 189. 1952; S. Y. Hu in Quart. Journ. Taiwan Mus. 19(3–4):218. 1966. H. L. L., Fl.

Taiwan 4: 842. 1978.—Prenanthes lanceolata Houtt., Nat: Hist. II 10: 383. 1779.—P. integra Thunb., Fl. Jap. 300, 1784.—Chondrilla lanceolata（Houtt.）Poret, Encycl. Suppl. 2: 329. 1811.—Youngia lanceolata（Houtt.）DC., Prodr. 7: 193. 1838.—Crepis lanceolata Sch.–Bip. in Zoll., Syst. Verz. Ind. Jap. 2: 126. 1854, nom. nud.; Makino in Bot. Mag. Tokyo 17: 87. 1903.—C. integra（Thunb.）Miq. in Ann. Mus. Bot. Lugd.–Bat. 2: 190.1865–1866; Forbes et Hemsl. in Journ. Linn. Soc. Bot. 23: 475. 1888.—Hieracium integrum（Thunb.）O. Kuntze, Rev. Gen. 1: 345. 1891.—Lactuca lanceolata（Houtt.）Makino in Bot. Mag. Tokyo 27: 257. 1913.—Ixeris lanceolata（Houtt.）Stebbins in Journ. Bot. Brit. For. 75: 46. 1937, non Chang 1932.—Crepis koshunensis Hayata, Ic. Pl. Formos. 8: 79. 1918.—Crepidiastrum koshunense（Hayata）Nakai in Bot. Mag. Tokyo 34: 149. 1920.—Ixeris koshunensis（Hayata）Stebbins in Journ. Bot. Brit. For. 75: 45. 1937.

这个种还有两个变型：① lanceolatum（Houtt.）Nakai f. batakanense（Kitam.）Kitam. 叶羽状半裂型。② C. lanceolatum（Houtt.）Nakai f. pinnatilobum（Maxim.）Nakai 叶羽状浅裂型。

荷兰博物学家 Maarten Houttuyn1779 年在杂志 Natural History of North China 第二卷上发表了物种 Prenanthes lanceolata Houtt.，这是福王草属的一个种。1920 年，Nakai 在研究的基础上，认为该物种属于假还阳参属，因此重新组合为 Crepidiastrum lanceolatum（Houtt.）Nakai，并发表于刊物《东京植物学杂志》（Botanic Magazine Tokyo）34 卷上。1941 年，北村四郎在杂志 Acta Phytotaxonomica et Geobotanica 第 10 卷和 1942 年第 11 卷上记载了该物种。植物学家 Hara 于 1952 年在杂志 Enumeratio Spematophytarum Japonicarum 第二卷上记载了该物种。1966 年，胡秀英在杂志《台湾博物馆季刊》（Quarterly Journal of the Taiwan Museum）第 19 卷上记载了该物种。分类学家黄增泉 1978 年在杂志 Flora of Taiwan 第 4 卷上记载了该物种。

1784 年，瑞典博物学家和 Carl Linnaeus 的使徒，被称为南非植物学之父、日本西医学的先驱和日本林奈。Carl Peter Thunberg 在杂志《日本植物》（Flora Japonica）记载的物种 Prenanthes integra Thunb. 为异名。

Poret 1811 年在杂志《百科全书补充》（Encyclopedia Supplement）发表组合物种 Chondrilla lanceolata（Houtt.）Poret 为异名，将其组合到粉苞苣属。

德刊多 1838 年在杂志《自然生殖系统》（Prodromus Systematics Naturalis Regni Vegetabilis）组合的新物种 Youngia lanceolata（Houtt.）DC. 为异名，组合到黄鹌菜属。

1854 年，德国医生、植物学家 Carl Heinrich Schultz 组合的物种 Crepis lanceolata

Sch.–Bip 发表在由 Zollinger, Heinrich 创的杂志 *systematisch verzerrter index japan* 上。记为裸名。日本植物学家牧野富太郎 1903 年在《东京植物学杂志》(*The Botanical Magazine Tokyo*) 上沿用了名称 Crepis lanceolata Sch.–Bip 做裸名处理。

1865—1866 年，荷兰植物学家 Miquel, Friedrich Anton Wilhelm 在刊物 (*Annales Musei botanici lugduno-batavi*) 发表的物种 C. integra (Thunb.) Miq. 为异名。1888 年，美国植物学家 Francis Blackwell Forbes 和英国植物学家 William Botting Hemsley1888 年在刊物 *The Journal of the Linnean Society of London .Botany* 也沿用了此异名。

1891 年，德国植物学家 Gustav Kunze 在刊物 *Revised Genera Plantarum* 上发表物种 Hieracium integrum (Thunb.) O. Kuntze 为异名。

1913 年，牧野富太郎 Makino 在刊物 *The Botanical Magazine,Tokyo* 发表物种 Lactuca lanceolata (Houtt.) Makino 为异名。

美国植物学家 Stebbins, George Ledyard 1937 年在刊物 *Journal of Botany British and Foreign*75 卷 46 页发表物种 Ixeris koshunensis (Hayata) Stebbins 为异名。并非张肇骞 1932 年所发表的物种。

日本植物学家 Hayata1918 年在刊物 *Icones Plantarum Formosanarum* 发表物种 Crepis koshunensis Hayata 为异名。

中井猛之进 Nakai1920 年在刊物 *The Botanical Magazine,Tokyo* 上发表物种 Crepidiastrum koshunense (Hayata) Nakai 为异名。

美国植物学家 Stebbins, George Ledyard 1937 年在刊物 *Journal of Botany British and Foreign* 发表物种 Ixeris koshunensis (Hayata) Stebbins 为异名。

（二）形态特征

假还阳参形态特征如图 34-1 所示。

基生叶匙形，长 10 ~ 12 cm，宽 2 ~ 2.5 cm，顶端钝或圆形，基部收窄，边缘全缘，稍厚，两面无毛。茎叶小，披针形，长 3.5 cm，宽 1.5 cm，稀疏排列。头状花序稀疏伞房花状排列。总苞圆柱状钟状，长 5 ~ 6 mm；总苞片 2 层，外层小，披针形，内层长，披针形，长 5 mm，顶端钝，两面无毛。全部小花舌状，花冠管外面被柔毛。瘦果扁，近圆柱状，长 4 mm，有 10 条纵肋。冠毛白色，长 3.5 mm，糙毛状。产于日本。

a 植株；b 花序及果序；c 花序；d 果序；e 瘦果；f 幼花序

图 34-1　假还阳参

（三）生境及习性

滨海特有植物。生于海滨沙地，山麓林缘，基岩海岸石缝中。

（四）分布

产于椒江（台湾列岛）、平阳（南麂列岛）。我国江苏、浙江、台湾，日本有分布。舟山群岛各个岛屿均有分布，且两种变型均有分布。

（五）应用价值

（1）药用价值。在民间用于阿米巴结肠炎、结肠炎、发热和肿胀。从其地下部分分离得到两个新的倍半萜苷类成分。将干燥的地下部分（3.0 kg）粉碎，用

8 L甲醇室温提取2次。每次3周，甲醇提取液减压浓缩，残余物用90%的甲醇溶解，正己烷萃取，含水甲醇层减压浓缩，得到的浓缩物用水分散。乙酸乙酯萃取三次，乙酸乙酯萃取液减压回收溶剂得到的萃取物（17.4 g）经硅胶柱层析（560 g），用氯仿 – 甲醇梯度洗脱，组分26～30回收溶剂，得到洗脱物2.92 g经硅胶柱反复纯化，最后用HPLC（流动相：甲醇 – 水，1：1）纯化得到化合物1（crepidialanceoside A,38.7 mg）、化合物2（crepidialanceoside B 16.3 mg）、化合物4（youngiaside D 46.2 mg）和化合物5（sonchuside A 9.2 mg）。组分31–33回收溶剂，得到洗脱物2.81 g，按上述方法，分离得到化合物1（162 mg）、化合物2（25.8 mg）、化合物4（52.0 mg）和化合物5（5.3 mg）。化合物4和5为已知化合物，光谱数据与文献数据一致。化合物1为crepidialanceoside A，为无定形粉末，分子式为$C_{29}H_{34}O_{11}$，化合物2crepidialanceoside B，为无定形粉末，$C_{29}H_{36}O_{11}$。

（2）食用价值。其嫩苗亦作苦菜食用，在民间与苦菜不做区分。

（六）研究进展

Yu-lan Peng研究了假还阳参的分类，心叶黄瓜菜（Asteraceae）的系统位置很难界定，因为黄瓜菜属、黄鹌菜属和假还阳参属密切相关，属于Crepidinae（Cichorieae）的属的范围尚不清楚。本文基于对来自一个核（ITS）和三个叶绿体DNA区域（trnL–F，rps16和atpB–rbcL）的核苷酸的分析，报道了亚科Crepidinae中30种物种之间的关系。系统发育分析使用具有最大相似推断的最大简约性。研究了最近的Shih & Kilian（2011）通用分类中的Crepidiastrum的单一性。结果表明，Crepidiastrum中的12种物种构成单系群，而Paraixeris humifusa应作为Youngia humifusa处理。

参考文献

[1] Takeda. 披针形假还阳参中新倍半萜苷 [J]. 国外医学中医中药分册, 2003, 25（6）: 358.

[2] PENG Yulan, ZHANG Yu, GAO Xinfen, et al. A Phylogenetic Analysis and New Delimitation of Crepidiastrum（Asteraceae, tribe Cichorieae）[J]. Phytotaxa, 1992（4）: 151–159.

三十五、大吴风草

（一）学名解释

Farfugium japonicum（L. f.）Kitam.，属名：Farfugium，Tussilago farfara 款冬的古名。种加词：japonicum，日本的。命名人：Kitam.= Kitamura Siro，北村四郎。基本异名命名人：L. f.=Carl Linnaeus the Younger, Carl von Linné、Carolus Linnaeus the Younger、Linnaeus filius（1741—1783），瑞典自然学家。他被称为 Linnaeus filius（拉丁语为 Linnaeus 的儿子，缩写为 L.f.），作为植物学权威以区别于他的父亲——系统学家 Carl Linnaeus（1707—1778）。他九岁时就读于乌普萨拉大学，并由他父亲的学生教授科学，包括 PehrLöfling、Daniel Solander 和 Johan Peter Falk。1763 年，年仅 22 岁，他接替父亲担任乌普萨拉实用医学负责人。他升任教授（从未获得过学位），没有参加考试或捍卫论文，引起了同事的不满。Linnaeus 的工作与他父亲相比是微不足道的。他最著名的作品是 1781 年的《植物系统的补充》（*Supplementum Plantarum systematis vegetabilium*），其中包含 Linnaeus 长辈及其同事的植物学描述。他于 1781 年至 1783 年间在英格兰、法国、荷兰和丹麦进行了为期两年的旅行。在返回后不久，他患上了发烧和中风，去世时仅 42 岁。他继承和保护了父亲的书籍、标本和信件，1784 年 10 月，他的母亲将私人书馆和植物标本馆出售给了英国植物学家 James Edward Smith（1759—1828）。之后，Pleasance Smith（1773—1877）将该系列卖给了伦敦林奈学会。与他的父母一起，年轻的 Carl Linnaeus 被埋葬在乌普萨拉大教堂的家庭墓地。

发表著作：他描述了 *Decas I et II plantarum rariorum horti Upsaliensis*（1762—1763）和 *Plantarum rariorum Horti Upsaliensis fasciulus primus*（1767）的乌普萨拉植物园中的几个物种。Linnaeus 去世后，Linnaeus fil 发表了他父亲对 Systema naturae 的补充，以及自己在《植物系统的补充》中的分类学贡献。

学名考证：*Farfugium japonicum*（L. f.）Kitam. in Acta Phytotax. Geobot.8: 268. 1939 et Mem. Coll. Sci. Kyoto Univ. Ser. B. 16: 180. 1942; S. Y. Hu in Quart. Journ.

Taiwn Mus. 19: 262. 1966; H. Koyama in Mem. Fac. Sci. Kyoto Univ. Ser. Biol. 2: 38.1968; 中国高等植物图鉴 4: 590. 图 6593. 1975; Kitam. et al. Colour. Ill. Herb. Pl. Jap. 40. t. 12. f. l. pl. 13: 85. 1978; 台湾植物志 4: 866. 1978.—Tussilago japonica L. f. Mant. Pl. 1: 113. 1767.—Arnica tussilaginea Burm. f. Fl. Ind. 182. 1768. —Senecio japonicus Less. Syn. Comp. 392. 1835.—Ligularia kaempferi Sieb. et Zucc. Fl. Jap. 1: 77. t. 35. 1832; Hook. in Curtis's Bot. Mag. 18: t. 5302. 1862.—Senecio kaermpferi DC. Prodr. 6: 363. 1837; Maxim. in Mel. Acad. Sci. St. Petersb. 8: 14. 1871; Forbes et Hemsl. in Journ. Linn. Soc. Bot.23: 454.1888; Franch. in Bull. Soc. Bot. France 39: 307.1892; Limpr.in Fedde, Rep. Sp. Nov. Beih.12: 508. 1922; 林镕，北研丛刊 3: 218.1935.—Farfugium grande Lindl. in Gard. Chron.4: 1857.—F. kaempferi Benth. Fl. Hongk. 191. 1861.—Senecio tussilagineus（Burm. f.）O. Ktze. Rev. Gen. Pl. 364. 1891.—Ligularia tussilaginea（Burm.f.）Makino in Bot. Maor. Tokyo 18: 52. 1904; Hand.–Mazz. in Bot. Jahrb. 69: 116. 1938; Dress in Baileya 10: 79. t. 22. 1962.— Ligularia tussilaginea var. formosana Hayata, Icon. Pl. Formosa 8: 69. 1919; Hand.- Mazz. l. c. 117.—L. nokozanense Yamamoto, Suppl.Icon.Pl. Formosa,4: 22: 1928.— Farfugium tussilagineum（Burm. f.）Kitam. l. c. 73,78. 1939.—F. japonicum var. formosum（Hayata）Kitam. l. c. 16: 182.1942; H. Koyama, l. c. 2: 28.1968; 台湾植物志 4: 866.1978.

北村四郎 1939 年在《植物分类·地理》（Acta Phytotaxonomica et geobotanica）上重新组合了该物种 Farfugium japonicum（L. f.）Kitam.。林奈的儿子于 1767 年在刊物 Mant. Pl. 上发表了物种 Tussilago japonica L. f.，经北村审定应归属 Farfugium 所以重新组合。1942 年，刊物 Memoirs of the College of science,Kyoto imperial university.Series B. 上也记载了该物种。1966 年，胡秀英在杂志 QuarterlyJournal of the Taiwan Museum 上记载了该植物。1968 年，日本植物学家菊科专家 Hiroshige Koyama 在杂志 Memoirs of the Faculty of Science ,Kyoto University 记载了该物种。《中国高等植物图鉴》于 1975 年也记载了该物种。1978 年，北村四郎等在杂志 Coloured Illustrations of Bryophytes of Japan 上记载了该物种。《台湾植物志》1978 年也记载了该物种。

荷兰植物学家 Nicolaas Laurens Burman 于 1768 年在《印度植物志》上记载的物种 Arnica tussilaginea Burm. 虽为相同描述，但晚于 1767 年，所以为异名。

1835 年，德国植物学家 Christian Friedrich Lessing 在刊物 Synopsis generum Compositarum 上记载的物种 Senecio japonicus Less. 虽描述相同，但晚于 1767 年，归为异名。

德国医生、植物学家和旅行者 Philipp Franz Balthasar von Siebold 与德国植物学家、慕尼黑大学植物学教授 Joseph Gerhard Zuccarini 于 1832 年在著作 *Flora of Japan* 上发表了物种 *Ligularia kaempferi Sieb. et Zucc.* 虽描述相同，但是晚于 1767 年，归为异名。

英国系统植物学家和组织者，以及植物插图画家 William Jackson Hooker 于 1862 年在 *Curtis's Botanical Magazine containing coloured figures with descriptions on the botany history and culture of choice plants.New series.* 所记载物种 *Ligularia kaempferi Sieb. et Zucc.* 同样为异名。

de Candolle, Augustin Pyrmus 于 1937 年 在 刊 物 *Prodromus Systematies Naturalis Regni Vegetabilis* 上所发表的物种 *Senecio kaermpferi DC.* 与原种描述虽相同，但是晚于 1767 年，故归为异名。

俄罗斯植物学家 Carl Johann Maximovich 于 1871 年在刊物 *Memoires de l'Academie Imperiale des Sciences de Saint-Petersbourg* 上记载的物种 *Senecio kaermpferi DC.* 同样为异名。美国植物学家 Francis Blackwell Forbes 和英国植物学家 William Botting Hemsley 于 1888 年在 *The Journal of the Linnean Society of London .Botany* 中沿用了此异名。法国植物学家 Adrien René Franchet 于 1892 年在刊物 *Bulletin de la Société Botanique de France* 也沿用了此名称。Wolfgang Limpricht,flourished 于 1922 年在刊物 *Repertorium Specierum Novarum Regni Vegetabilis* 上也沿用了此异名。

英国植物学家、园丁和兰花学家 John Lindley FRS 于 1857 年在刊物 *The Gardonors'chronicle.London* 发表物种 *Farfugium grande Lindl.* 为异名。

英 国 植 物 学 家 Bentham, George 于 1861 年 在 刊 物《香 港 植 物 志 Flola Hongkongensis》上发表物种 F. kaempferi Benth. 为异名。

德国植物学家 O. Ktze 于 1891 年在刊物 *Revue General de Botanique* 上发表的物种 Senecio tussilagineus（Burm. f.）O. Ktze. 为异名。

日本植物学家 Makino 于 1904 年在刊物 *The Botanical Magazine,Tokyo* 上发表的物种 Ligularia tussilaginea（Burm.f.）Makino 为异名。Heinrich von Handel-Mazzetti 于 1938 年在刊物 *Botanische Jahrbücher für Systematik,Pflanzengeschichte und Pflanzengeographie* 上也沿用了此异名。Dress 于 1962 年在刊物 *Baileya* □plant□ 也沿用了此异名。

日本植物学家 Hayata 于 1819 年在刊物 *Icones Plantarum Formosanarum* 发表的物种 Ligularia tussilaginea var. formosana Hayata 为异名。Heinrich von Handel-Mazzetti 在此刊物上也沿用了此异名。

日本植物学家 Yamamoto 于 1928 年在刊物 *Supplementa Iconum Plantarum Formosanarum* 上发表的物种 L. nokozanense Yamamoto 为异名。

日本植物学家 Kitamura 于 1939 年在刊物 *Supplementa Iconum Plantarum Formosanarum* 上发表的物种 Farfugium tussilagineum（Burm. f.）Kitam. 为异名。

日本植物学家 Kitamura 于 1942 年在刊物 *Supplementa Iconum Plantarum Formosanarum* 上发表的物种 F. japonicum var. formosum（Hayata）Kitam. 为异名。H. Koyama 于 1968 年在相同刊物上也沿用了此异名。

别名：活血莲、一叶莲、莲蓬草、野金瓜、八角乌、金杯盂、金钵盂、独脚莲、橐吾、铁冬苋、大马蹄、大马蹄香、马蹄当归、一叶莲、熊掌七、台湾山菊

（二）分类历史

大吴风草 *Farfugium japonicum*（L.f.）Kitam. 为菊科（Compositae）千里光族款冬亚族，大吴风草属 *Farfugium* Lindl. 多年生草本植物。其为单种属植物。该种早在 1856 年就由 Fortune 从我国引至英国栽培。起初，Koyama 等将大吴风草属植物划分为 *F. grande*、*F. japonicum* 和 *F. hiberniflorum* 3 个种，其中 *F. hiberniflorum*、*F. grande* 分别为日本地方品种和栽培种，但刘尚武建议将 3 个种合并为 *F. japonicum* 1 个种。根据外部形态学的研究，长期以来，大吴风草属被认为与橐吾属 *Ligularia* Cass. 近缘，并比之原始。大吴风草属的发源地位于中国中部，向东扩散至日本。在日本，该植物根据野外生长的不同环境被划分为 1 个普通品种 *F. japonicum* var. *japonicum* 以及 3 个地方性变种 *F. japonicum*（L. f.）Kitam. var. *giganteum*（Siebold et Zucc.）Kitam.、*F. japonicum*（L. f.）Kitam. var. *luchuense*（Masam）Kitam. 和 *F. japonicum*（L. f.）Kitam. var. *formosanum*（Hay.）Kitam.，其中生于河床附近的 *F. japonicum* var. *luchuense*（Masam）Kitamura. 极易受到人为活动和环境变化的影响。在园艺上还有园艺品种——斑叶大吴风草 *Farfugium japonicum* 'Aureo-maculata'。

（三）形态特征

大吴风草形态特征如图 35-1 所示。

多年生葶状草本。根茎粗壮，直径达 1.2 cm。花葶高达 70 cm，幼时被密的淡黄色柔毛，后多脱毛，基部直径 5 ～ 6 mm，被极密的柔毛。叶全部基生，莲座状，有长柄，柄长 15 ～ 25 cm。幼时被与花葶上一样的毛，后多脱毛，基部扩大，呈短鞘，抱茎，鞘内被密毛，叶片肾形，长 9 ～ 13 cm，宽 11 ～ 22 cm，先端圆形，全缘或有小齿至掌状浅裂，基部弯缺宽，长为叶片的 1/3，叶质厚，近革质，

两面幼时被灰色柔毛，后脱毛，上面绿色，下面淡绿色；茎生叶 1～3 个，苞叶状，长圆形或线状披针形，长 1～2 cm。头状花序辐射状，2～7 个，排列成伞房状花序；花序梗长 2～13 cm，被毛；总苞钟形或宽陀螺形，长 12～15 mm，口部宽达 15 mm，总苞片 12～14 个，2 层，长圆形，先端渐尖，背部被毛，内层边缘褐色宽膜质。舌状花 8～12 个，黄色，舌片长圆形或匙状长圆形，长 15～22 mm，宽 3～4 mm，先端圆形或急尖，管部长 6～9 mm；管状花多数，长 10～12 mm，管部长约 6 mm，花药基部有尾，冠毛白色与花冠等长。瘦果圆柱形，长达 7 mm，有纵肋，被成行的短毛。花果期 8 月至翌年 3 月。

a 植株；b 花序；c 筒状花；d 瘦果

图 35-1　大吴风草

（四）分布

产自浙江、湖北、湖南、广西、广东、福建、台湾。在日本（模式标本产地）常见，野生或栽培。舟山群岛各个岛屿均有分布。

（五）生境及习性

生于低海拔地区的林下、山谷及草丛，也栽培于国内外的一些植物园中和家庭中。本种早在 1856 年就由 Fortune 从我国清朝政府的花园中引至英国栽培，并选出了一些栽培品种。

（六）繁殖方法

（1）分株繁殖。除了炎热的夏季及严寒的冬季都可以分株繁殖，但以春季为好。早春萌发时挖出老蔸分成 3～4 份另栽即可。其他季节分株的，栽前要剪去部分叶片并适当遮阴。

（2）组织培养。周士景 2012 研究认为，以黄斑大吴风草叶基部的新生芽为外植体，进行组织培养快繁，丛生芽诱导的最佳培养基为 MS+6-BA2.0 mg/L+NAA0.5 mg/L，诱导率为 90%，芽增长 1.5 cm，丛生芽增殖的最佳培养基为 MS+6-BA0.5 mg/L+NAA0.05 mg/L，增值倍数为 5，芽增长 1.8 cm；生根培养的最佳培养基为 1/2MS+NAA1.0 mg/L+IBA1。

胡仲义 2010 建立了斑点大吴风草不定芽的高频再生体系。结果表明，建立斑点大吴风草无菌培养物的较好方法是 0.1%HgCl$_2$ 加吐温 -80 处理叶片 10 min；适宜的不定芽诱导培养基 MS+6-BA1.5 mg/L+NAA 1.0 mg/L；最佳的不定芽增殖培养基是 MS+6-BA 0.5 mg/L+NAA 0.1 mg/L；其增殖系数可达到 6.05；其芽长至 2～3 cm 时，最佳的生根培养基是 1/2MS+NAA0.05 mg/L，生根率达到 100%，最终得到完整的植株。

Seung-yeob Lee2006 完成了体细胞胚胎的研究工作，以叶片叶柄部分为材料，在 Murashige 培养和 Skoog（MS）或 N6 培养基上培养，单独添加 2,4-D，或与生长素和细胞分裂素组合培养。产生叶柄外植体 7 周内形成黄色胚性愈伤组织，于含有 2,4-D 的 MS 培养基中培养。叶柄是胚胎发生愈伤组织的更好来源叶源外植体。其在愈伤组织中胚胎发生的频率和每个外植体的体细胞胚数在 2-5μM2,4-D 的培养基上显著高于其它浓度比。其体细胞发生的培养基中含有 5μM 的 N6，α-萘乙酸（NAA）和 10μM 激动素。当这些具有胚胎的叶柄区段转移到含有 1μMNAA 的 MS 培养基和 2μM 激动素，二次胚胎簇在初级基地上大量形成体细胞胚胎。随后，这些集群在 MS 培养基上产生许多小植株。生存一个月后，再生植株的数量为 97% 移植，形态上类似于原始植物。

（3）种子繁殖。陈斌 2009 指出适量的 NaCl（<0.2%）胁迫有利于提高大吴风草种子的幼苗生长。随着 NaCl 胁迫浓度升高，大吴风草种子的发芽率、芽长、发芽速度及发芽指数均呈下降趋势，移栽成活率显著低于对照，说明高浓度的 NaCl（>1.1%）胁迫可明显影响种子萌发和移栽。

（七）应用价值

（1）药用价值。全草入药，味辛、甘、微苦，性凉，可治疗咳嗽咯血、便血、月经不调、跌打损伤、乳腺炎、痈疖肿毒。该植物在韩国被称作 "Yeon–Bong–Cho"，民间广泛用于治疗湿疹、咳嗽、支气管炎、淋巴腺炎、痢疾等疾病，具有退热和解毒功效。

其具有抗肿瘤作用。谢菘斐对台湾山菊中分离出的化合物进行了多种体外细胞活性筛选实验。研究结果显示，6β–ethoxy–10β–hydroxyfuranoeremophilane（17）和 8β，10β–dihydroxy–6β–methoxyeremophilenolide（18）对人乳腺癌细胞（MDA–MB–231、MCF 7）具有一定的杀伤作用；10β–hydroxy–6β–methoxyfuranoeremophilane（15）、furanoeremophilan–6β，10β–diol（16）和 methyl caffeate（61）对人肺癌细胞（NCH460）具有一定的杀伤作用。

Jiang–He Zhao（2012）研究了倍半萜抑制 RAW264.7 细胞中 NO 产生的活性。谢菘斐通过对台湾山菊化学成分的生物活性测试发现，其所含 methylcaffeate（61）和 methyl 4–hydroxy–3–methoxycinnamate（62）能刺激嗜中性白血球产生超氧自由基，从而发挥抗炎作用。王宫等选用 α–萘异硫氰酸酯（ANIT）致大鼠胆汁瘀积型黄疸模型，研究大吴风草水提液和醇提液的退黄作用。大吴风草提取液能明显降低大鼠血清 TBIL 量，能够有效治疗黄疸型肝炎。本种根含千里光酸（二甲基丙烯酸），主治咳嗽、咯血、便血、月经不调、跌打损伤、乳腺炎。叶含挥发油约1%，主要成分为乙烯醛，用于杀虫。

（2）食用价值。在日本，大吴风草的嫩叶和茎常作为蔬菜食用。

（3）园林绿化价值。大吴风草叶片大而靓丽，生长旺盛，覆盖力强，株型饱满，叶、花、果可观赏达一年。适应能力强，在半阴处生长良好，对土壤和湿度要求不严。耐寒力强，可耐 –10℃低温。舟山地区地上叶片常绿而不枯。在立体绿化中作为下层草本地被效果极佳。常常被种植于林下、立交桥下，也可以盆栽。

（八）研究进展

（1）核型研究。刘建全通过对南川地区大吴风草 *F. japonicum* 核形态的研究发现，前期染色体为中间型，间期为复杂型，长度范围 3.70～2.64 μm，核型公式 $2n=60=14m+26sm+20st$（4SAT），为 3A 类型。Okuno 等通过对日本生长的大吴风草染色体研究发现，其染色体减数分裂形态为 $2n=60=30II$。Hajime 等通过对采自日本 68 个地区 31 个县以及中国台湾 2 个地区的 190 株大吴风草样品（包括野生和人工栽培品种）的染色体研究发现，所有野生品种 *F. japonicum* var. *japonicum*（共计 177 株）的染色体数均为 $2n=60$。而囊吾属植物的染色体基数 $x=29$，核型为 2A。

（2）花粉形态学研究。刘建全等通过对大吴风草花粉形态观察发现，该植物花粉粒呈椭圆形，具有3孔沟，沟短而宽，孔膜不突出；外壁有刺状纹饰，刺渐尖；刺基部膨大；刺间外壁光滑，具有网状纹饰。花粉粒的微观结构均不支持大吴风草属与橐吾属近缘的观点。MASAMICHI TAKAHASHI（1989）研究了其花粉壁形成和发育的过程。

（3）化学成分研究进展。Kim等采用GC-MS对韩国济州岛生长的大吴风草花部位挥发油进行了成分研究，挥发油占0.138%。17个化合物的总量占总挥发油的78%。大吴风草植株中含有多种类型的倍半萜类成分。Hajime等从大吴风草中分离得到7个新的呋喃雅槛兰树油烷型倍半萜。大吴风草属植物除了含有多种类型的萜类化合物外，还含有一些酚类化合物。谢斐菘从台湾山菊地上及根部分离得到8个酚类化合物。Furuya等从大吴风草中得到克氏千里光碱。Haruki等对日本生长的大吴风草干燥全草中生物碱类成分进行了研究，从中分离得到一个新的生物碱farfugine。大吴风草中还含有一些甾体及其苷类化合物。《中华本草》中记载莲蓬草含有菜油甾醇、豆甾醇和β-谷甾醇。Tozaburo等从大吴风草根茎中同样分离得到了以上3种甾醇类化合物。谢菘斐通过对台湾山菊的研究发现，β-谷甾醇和豆甾醇广泛分布于植株的地上和地下部位，但甾体皂苷β-sitosteryl-3-O-β-D-glucoside和stigmasteryl-3-O-β-D-glucoside主要存在于地上部分。

（4）解剖特征。朱忠华（2016）指出，大吴风草为异形叶，叶柄表皮中富含油滴，叶柄中有8个维管束，嫩叶上布满非腺毛，大吴风草的叶的栅栏组织排列成二层；根状茎呈结节状，其横切面和见髓部宽广，根迹维管束排列成一环；根中维管束单一。大吴风草粉末中可见气孔为不定式；花粉粒为椭圆形，具三孔沟，表面布满刺状纹饰；只有梯纹导管，叶的非腺毛呈弯曲折皱状；根茎处的绒毛呈笔直状。

Masahiro Usukura 1994，Toshiko Furukawa2004，研究了叶片的变化特征，指出不同生境及不同遮阴植物叶片呈现不同的变化。

Naofumi Nomura2006研究了不同生态型的形态和生理特征的差异，比较了沿海大吴风草三个不同居群，其生活环境为森林地面和河岸栖息地。在较强光照条件下，光适应导致大吴风草形成较小的叶子，而在河岸潮湿的环境，大吴风草却形成较窄的叶子。森林地面与河岸地面生长的大吴风草光合特征也显示不同的特征。

（5）大吴风草的抗性生理研究进展。两个品种大吴风草叶绿素a/b值随遮光梯度的增加而减小，说明在吸收蓝紫光方面能力较强，非常适合弱光条件下生长。因此两个品种大吴风草均适宜种植在郁闭度高的林地下或大灌木丛内。黄斑大吴风草叶绿素a/b值经各种处理均小于3，说明黄斑大吴风草比大吴风草更耐阴。它在全光照条件下生长不良，难以成活。适度遮阴提高成活率，生长量全面提升。

大吴风草不喜强光，适宜光照强度为 10% ～ 40% 的全光照。

吴迪（2014）研究指出，大吴风草对 C_d、N_i、C_u 有一定的富集能力，但 C_d 的富集系数较小，对 N_i 的富集系数为 0.547，可作为土壤中重金属 N_i 污染的修复植物，也可作为土壤环境中铜污染的修复植物。

于洋（2017）研究了大吴风草的抗旱性，7 种园林植物的综合抗旱性排序为顶花板凳果、扶芳藤 > 麦冬 > 大吴风草、矾根 > 狭叶栀子、花叶蔓长春。大吴风草只能耐 10 天以内的干旱。

（6）光合生理研究进展。吴统贵 2011 指出在不同郁闭度下，吴风草具有较高的表观量子效率（AQE）、较低的光补偿点（LCP）。随着郁闭度的增加，AQE 逐渐增加，且不同郁闭度处理间均存在显著差异（$P<0.05$）；大吴风草呈先上升后降低的趋势；暗呼吸速率 Rd 表现为逐渐降低；LCP 和 LSP 均表现为逐渐降低的趋势以适应弱光环境。大吴风草则通过降低 LCP、LSP 和自身能量消耗来适应弱光环境，且在中等郁闭度下具有最高的光合能力，充分证明其阴生特性。

（7）遗传多样性研究。Naofumi Nomura（2009）研究了多年生草本植物 farfugium japonicum 的八个微卫星位点，Farfumium japonicum（HO）杂合度为 0.344 ～ 0.885 和 0.121 ～ 0.754，分别来自一个居群中的 69 个体。

参考文献

[1] 刘建全. 大吴风草（菊科：千里光族）的核形态及其系统学意义 [J]. 西北植物学报，2001, 21（1）：159–163.

[2] OKUNO H, NAKATA M, MII M, et al. A Note on the Karyotype of Farfugium japanicum（Asteraceae）[J]. J Phytogeogr Taxon, 2005（53）：191–195.

[3] HAJIME O, MASASHI N, MASAHIRO M. Cytological Studies on Wild Farfugium japonicum（Asteraceae）[J]. J Chrom Sci, 2009（12）：27–33.

[4] 刘建全. 东亚菊科千里光族款冬亚族的系统学 [D]. 北京：中国科学院植物研究所，1999.

[5] 刘建全，何亚平，孔宏智. 大吴风草属、假囊吾属花粉表面纹饰及其分类学意义 [J]. 西北植物学报，2002, 22（1）：33–36.

[6] NAOFUMI N, KENTO F, TOKUSHIRO T, et al. Development and Characterisation of Microsatellite Loci in Farfugium japonicum（Asteraceae）[J]. Technical Note, 2009（10）：1093–1095.

[7] KIM J Y, OH T H, KIM B J, et al. Chemical composition and Anti–inflammatory Effects of Essential Oil from Farfugium japonicum Flower [J]. J Oleo Sci, 2008, 57（11）：623–628.

[8] HAJIME N, YOSHIAKI T, YOSHIHIKO M, et al. New Furanoeremophilane Derivatives from Farfugium japonicum Kitamura [J]. Bull Chem Soc Jpn, 1973（46）: 2840-2845.

[9] HAJIME N, YOSHIHIKO M, YOSHIAKI T, et al. New Benzofuranosesquiterpenes from Farfugium japonicum. Farfugin A and Farfugin B [J]. Bull Chem Soc Jpn, 1974, 47（8）: 1994-1998.

[10] HAJIME N, TAKEYOSHI T. 3β-Angeloyloxy-10β-hydroxy- 9β-senecioyloxy-furanoeremophilane and 3β-angeloyloxy- 10β-hydroxylfuranoeremophilane. New Furanoeremophilane Derivatives from Farfugium japonicum Kitamura [J]. Bull Chem Soc Jpn, 1978, 51（11）: 3335-3340.

[11] 谢菘斐. 台湾山菊化学成分及生物活性之研究 [D]. 台湾: 高雄医学大学天然药物研究所, 1992.

[12] FURUYA T, MURAKAMI K, Hikichi M. Senkirkine, A Pyrrolizidine Alkaloid from Farfugium japonicum [J]. Phytochemistry, 1971, 10（12）: 3306-3307.

[13] HARUKI N, HIROYUKI I, AKIO K, et al. Farfugine, A New Pyrrolizidine Alkaloid Isolated from Farfugium japonicum Kitam. [J]. Chem Lett, 1983, 12（5）: 789-790.

[14] ITO K, IIDA T, FUNATANI T. Study on the Ingredients of Farfugium japonicum（L.）Kitam var. Luchuense（Masam）Kitam and Farfugium japonnicum（L.）Kitam.（ishigakijima type）[J]. Yakugaku Zasshi, 1980（100）: 69-71.

[15] 王宫. 一种使用大吴风草治疗黄疸型肝炎的药物及方法 [P]. 中国, CN101278960A. 2008-04-30.

[16] 张勇. 大吴风草化学成分与药理活性研究进展 [J]. 中草药, 43（5）: 1009-1017.

[17] 胡仲义, 何月秋. 斑点大吴风草叶片再生体系的建立 [J]. 北方园艺, 2010（21）: 177-179.

[18] 朱忠华, 肖梦媛, 王波, 罗超. 大吴风草的性状及显微鉴别研究 [J]. 时珍国医国药, 2016, 27（11）: 2660-2662.

[19] 沈娟, 李谦盛, 倪迪安. 两种大吴风草的耐荫特性研究 [J]. 植物生理学报, 2014, 50（7）: 967-972.

[20] 吴统贵, 虞木奎, 孙海菁, 等. 林药复合系统林下植物光合特性对生长光强的响应 [J]. 中国生态农业学报, 2011, 19（2）: 338-341.

[21] 陈斌, 余盛禄. 盐胁迫对大吴风草种子萌发的影响 [J]. 种子科技, 2009（10）: 18-20.

[22] 吴迪, 邓琴, 耿丹, 等. 废弃铅锌矿区优势植物中镉、镍、铜含量及富集特征 [J]. 贵州农业科学, 2014, 42（3）: 191-195.

[23] 于洋, 徐永荣, 李鹏. 七种高架桥下荫庇区绿化植物的抗旱性研究 [J]. 湖北农业科学, 2017, 56（5）: 889-892.

[24] LEE S Y. Plant Regeneration Via Somatic Embryogenesis in Farfugium japonicum[J]. New Zealand Journal of Crop and Horticultural Science, 2006（24）: 349-355.

[25] USUKURA M, IMAICHI R, KATO M. Leaf Morphology of a Facultative Rheophyte[J]. Farfugium japonicum var, luchuense（Compositae）. J. Plant Res., 1994: 263-267.

[26] FURUKAWA T, KISHI K. Black leaf spot and circular leaf spot of Farfugium japonicum（L.）Kitamura caused by Phoma spp[J]. J Gen Plant Pathol, 2004（70）: 292-294.

[27] NOMURA N, FUJIWARA K, TOKUSHIRO TAKASO, et al. Development and characterisation of microsatellite loci in Farfugium japonicum（Asteraceae）[J]. Conserv Genet, 2009（10）: 1093-1095.

[28] ZHAO Jianghe, SHEN Tong, YANG Xia, et al. Sesquiterpenoids from Farfugium japonicum and Their Inhibitory Activity on NO Production in RAW264.7 Cells[J]. Arch Pharm Res, 2012, 35（7）: 1153-1158.

[29] TAKAHASHI M. Development of the Echinate Pollen Wall in Farfugium japonicurn[J]. Bot. Mag. Tokyo, 1989（102）: 219-234.

[30] NOMURA N, SETOGUCHI H, TAKASO T. Functional Consequences of Stenophylly for Leaf Productivity: Comparison of the Anatomy and Physiology of A Rheophyte,Farfugium japonicum Var. Luchuence, and A Related Non-Rheophyte, F. Japonicum（Asteraceae）[J]. J Plant Res, 2006（119）: 645-656.

三十六、匍匐苦荬菜

（一）学名解释

Ixeris repens（L.）A.Gray，属名：Ixeris，苦荬菜属，菊科。种加词：repens，匍匐生根的。命名人：A.Gray=Asa Gray，阿萨·格雷（1810—1888），被认为是19世纪最重要的美国植物学家。他的达尔文主义被认为是宗教与科学不一定相互排斥的重要解释。格雷坚持认为物种的所有成员之间必须存在遗传联系。他强烈反对一代人中的杂交思想和不允许进化的特殊创造，因为他认为进化是由造物主指导的。几十年来，作为哈佛大学植物学教授，他经常与当时领先的自然科学家通信，其中包括查尔斯·达尔文。他曾多次前往欧洲与该时代的欧洲主要科学家合作，还建立了广泛的标本采集网络。在哈佛大学植物学历史上，格雷常被尊称为"美国植物学之父"。格雷的学术继承人 Charles Sprague Sargent（1841—1927）"统治"哈佛大学植物学长达55年（1872—1927），对哈佛大学植物学的历史发展影响深远。他在哈佛执教46年，培养了两代植物学家，使哈佛成为植物学研究领域第一流的学校。《北美植物手册》是他最重要的著作。格雷提供了关于植物生命的重要信息，而这些信息曾被达尔文在其著作《物种起源》中引用。他是达尔文在美国主要的支持者，并称进化论和基督教信仰可以调和。1815年，格雷与达尔文在英国的基尤首次相识。此后两人就经常互通信息。通过达尔文寄给他的信件，他提前两年了解了达尔文以自然选择为原则基础的物种起源思想，并给予了热情支持。达尔文的主要著作《物种起源》出版之后，格雷成为著名评论者之一。他不但竭力主张让美国人平心静气地听取达尔文的见解，而且以严格忠于达尔文著作思想的代理人身份为作者进行宣传。

作为一位多产作家，他在统一北美植物的分类学知识方面发挥了重要作用。在 Gray 的许多关于植物学的著作中，最受欢迎的是他的《美国北部植物学手册》（*Manual of the Botany of the Northern United States*），今天简称为《格雷手册》

（*Gray's Manual.*）。Gray 还广泛研究了一种现在称为 "Asa Gray disjunction" 的现象，即许多东亚和北美东部植物之间存在令人惊讶的形态相似性。

《植物学元素》（*Elements of Botany*）（1836）是一本入门教科书，在这本书中，格雷认为植物学不仅对医学有用，而且对农民也有用。Gray 和 Torrey 于 1838 年共同出版了《北美植物志》（*Flora of North America*）。格雷在 19 世纪 50 年代后期写了两篇高中文本：《植物学和蔬菜的第一课生理学》（*First Lessons in Botany and Vegetable Physiology*）（1857）和《植物如何成长：结构植物学的简单介绍》（*How Plants Grow: A Simple Introduction to Structural Botany*）（1858）。

Gray 广泛研究了一种现在称为 "Asa Gray disjunction" 的现象，即许多东亚和北美东部植物之间存在令人惊讶的形态相似性。事实上，格雷认为北美东部的植物群与日本的植物群更相似，而北美西部的植物群则更为相似，但最近的研究表明情况并非如此。虽然格雷不是第一个注意到这一点的植物学家，但从 19 世纪 40 年代早期开始，他就把科学的重点放在了这个问题上。今天，植物学家提出了观察到的形态相似性的三个可能原因：①在不同地点具有相似环境条件的产物；②以前分布广泛但后来多样化的物种遗物；③不像以前所认为的那样在形态上相似。格雷在这一领域的工作为达尔文的进化论提供了重要支持，也是格雷职业生涯的标志之一。

格雷获得以下高级学位：哈佛大学文学硕士（1844 年）和法学博士（1875 年）荣誉学位，纽约汉密尔顿学院（1860 年）、麦吉尔大学（1884 年）和密歇根大学（1887 年）法学博士。

学术著作：1848 年，阿萨·格雷（Asa Gray，1810—1888）出版了最早的《格雷手册》，当时取名为《北美植物手册》。这本书是最早鉴定北美东部地区植物的指导手册之一，书中涵盖了对植物关键而详细的描述。1834—1835 年发表《北美的草本植物和木本植物》（两卷）。1836 年出版教科书《植物学基础》。1838—1843 年与约翰·托里合作，出版两卷集《北美植物志》。

学名考证：Ixeris repens（Linnaeus）A. Gray, Mem. Amer. Acad. Arts,n.s., 6: 397. 1858.Prenanthes repens Linnaeus, Sp. Pl. 2: 798. 1753; Chondrilla repens（Linnaeus）Lamarck; Chorisis repens（Linnaeus）Candolle; Ixeris brachyrhyncha Nemoto; Lactuca brachyrhyncha Hayata（1919）, not L. brachyrrhyncha Greenman（1899）; L. repens（Linnaeus）Bentham ex Maximowicz; Nabalus repens（Linnaeus）Ledebour.

1858 年，美国植物学家阿萨·格雷在刊物 *Memoirs of the American academy of arts and sciences*（*New series*）组合了此物种，原物种为 1753 年林奈在《植物种志》中发表的物种 Prenanthes repens Linnaeus，不过当时将此物种归于

Prenanthes 属中，Asa Gray 经考证后将其组合到了 Ixeris 属中去。拉马克的组合名称 Chondrilla repens（Linnaeus）Lamarck 为异名；德刊多 Candolle 的组合名称 Chorisis repens（Linnaeus）Candolle 也为异名；日本植物学家 Nemoto（1860—1936）所发表的物种 Ixeris brachyrhyncha Nemoto 为异名；日本植物学家 Hayata 所发表的物种 Lactuca brachyrhyncha Hayata 为异名；英国植物学家、被杂草植物学家 George Bentham 和俄国植物学家 Maximowicz 组合物种 L. repens（Linnaeus）Bentham ex Maximowicz 为异名；德国爱沙尼亚的植物学家 Carl Friedrich von Ledebour 所发表的物种 Nabalus repens（Linnaeus）Ledebour. 为异名。

别名：滨剪刀股、沙苦荬菜、窝食

英文名称：Creeping Ixceris

（二）形态特征

匍匐苦荬菜形态特征如图 36-1 所示。

草本，植物高达到 10 cm，多年生，无毛。茎数个，鞭毛状，匍匐爬行延伸到 2 m，多少被沙埋。节间距 2～7 cm，每节具不定根，多数单叶。叶直立；叶柄 1.5～9 cm；叶片宽卵形，1.5～5.5 cm，多少肉质，掌状，基部渐狭，截形或心形；裂片 3～5 枚，无柄或具翅的或无翅的叶柄，长达到 1～1.5cm，叶片椭圆形到圆形，基部变窄，边缘具尖齿状的齿状到完整，先端圆形到钝。腋生的花枝直立，长 10 cm。花序松弛伞形，具 2～8 个头状花序。有 12～20 朵；花序梗线形，0.5～3 cm，具卵形苞片。花期圆筒，在花期 10～5 mm，到果期 1.4 cm。雌蕊背面无毛；卵形到卵状披针形，最长 4～6 mm，先端锐尖；内 8，先端锐尖。小花黄色。花药管和花柱变干时绿色到黑色。瘦果褐色，梭形到亚梭形，5～7 mm，先端渐弱成中等细长的 0.5～2 mm 的喙。

（三）分布

分布于我国东北、华北、华东和华南，俄罗斯、越南、朝鲜、韩国、日本也有分布。

（四）生境及习性

沿海地区 4 月初萌发返青，6 月下旬抽出花茎，7 月开花，花期一直延续到 9 月，8—10 月不断结实，绿苹期至霜降，生育期 150 天左右。匍匐苦荬菜是我国温带沿海沙滩、盐性沙土的主要牧草，适宜生长的土壤 pH 值为 7.5～8.0。在辽宁、河北、山东、江苏北部沿海沙滩，凡是海水浪花波及的天然灌溉沙地都能生长。对土壤要求不严，但以排水良好的沙土生长最好，积水低洼滩地，虽为沙质也不能生长。匍匐苦荬菜地下根状茎较浅，只在地表下 2～3 cm 的沙土内生长，在过于干燥的高岗地难以吸收水分，故高岗沙丘也不能生长，它的分布区仅限于海水近地表处的近海沙滩带。在海岸带，沙质土不含盐性的地片不能生长，在盐性黏重土壤上也不见其生长，是一种好盐性的沙生牧草。除肾叶打碗花外，常见的伴生种有砂钻苔草、珊瑚菜、兴安天门冬、海边香豌豆、刺沙蓬等。

a 群落；b 花序；c 植株；d 花序正面；e 叶片；f 舌状花

图 36-1　匍匐苦荬菜

（五）繁殖方法

适宜种子繁殖。匍匐苦荬菜可进行有性和无性繁殖。根状茎在近地表沙土中横走，延展面积很大，每节部可产生不定芽繁殖新株。种子成熟后可随风传播，只要水温条件适合，即可萌发生长。在夏季水温条件充裕的环境下生长很快。它的生活习性与肾叶打碗花相近，常共同形成群落。

（六）应用价值

（1）饲用价值。匍匐苦荬菜茎秆粗壮而脆嫩，纤维含量少；叶片肥厚，肉质多，气味纯正，为多数家畜所喜食，特别是兔、禽、猪最喜食，牛、马、驴亦食。花期鲜茎叶比为 1∶1.23；茎叶干重比 1∶1.1；茎叶干物质达 52%，整个生育期干物质量变率小。从早春幼苗放牧开始，直至深秋枯黄期前，青饲价值不减，青饲期可达140 余天。既可放牧，也可刈割舍饲。干草是兔、禽越冬的好饲草。若放牧或刈割时期得当，可以收获到产量高、品质好的再生草（见表36-1、表36-2、表36-3）。

表36-1 单纯匍匐苦荬菜群落产量调查

调查日期 （月·日）	月平均气温 （℃）	盖度 （%）	产草量 （g/m²）
4·30	12.7	10	5
5·30	19.8	30	25
6·30	24.5	65	90
7·30	26.4	85	180
8·30	25.6	95	230

表36-2 匍匐苦荬菜的化学成分（%）

采样 部位	采样时间 （年·月）	采样 地点	物候期	占风干物质						钙	磷
				水分	粗蛋 白质	粗脂 肪	粗纤 维	无氮 浸出物	粗灰 分		
全株	86·6	胶南县	营养期	10.33	13.95	4.25	20.67	42.06	8.74	2.08	0.40
全株	86·7	胶南县	花期	12.81	16.42	5.87	21.28	30.92	12.70	0.53	0.80
全株	86·8	胶南县	幼果期	8.90	16.11	6.49	20.98	38.15	9.05	0.51	0.68

表36-3 匍匐苦荬菜再生草刈收试验结果

草产地点	割草日期 （年·月·日）	密度 （株/m²）	盖度 （%）	再生草产量 （g/m²）
	86·4·30	12	10	0
	86·5·30	43	27	23
胶南县滨海草场	86·6·30	78	62	75
	86·7·30	122	87	145
	86·8·30	131	83	137

（2）生态价值。匍匐苦荬菜覆被性很强，具有良好的海岸带固沙护滩作用。

（3）观赏价值。花序大，花色艳，是夏季绿化美化海滩的良好草种。

（4）药用价值。全草可入药，有清热解毒、活血排脓之功效。

（七）研究进展

（1）化学成分研究进展。Tsutomu Warashina et al.1989 研究了来自 Ixeris debilis 和 Ixeris repens 的倍半萜烯糖苷，除了 11 种已知的倍半萜烯外，还提供了 4 种新的 guaiane 型和 10 种新的 eudesmane 型倍半萜烯葡萄糖苷。通过分光光度法和化学方法阐明了这些结构。

（2）丛生植菌根的研究。Sumera Afzal Khan2008 研究了赤霉素作用下，从 Ixeris repens 所分离的内生菌根。Masahide Yamato2012 研究指出，距离海不同环境梯度，影响了常规土壤深度下的 AM 真菌群落的差异性。基于核大亚基核糖体的部分序列 RNA 基因，AM 真菌在根样本中分为 17 个种系。这些结果表明沿海植被的环境梯度可能是 AM 真菌分布区域的决定因素。

（3）澤田　佳宏・津田智 2005 研究了其种子不同埋藏深度的发芽率（见图 36-2、表 36-4）。

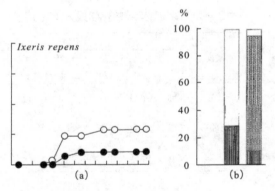

a Emergenoe rate（%）of 14 spices of coastal plants sown at depths of 0 cm and 5 cm in planters placed in the field——0 cm 与 5 cm 的出苗率；b 柱左为 0cm，柱右为 5cm，纵坐标为出苗率，竖条表示出苗；方格表示死亡；白色表示未知

图 36-2　种子不同埋藏深度的出苗率及土壤性质

（引自 Jeom-Sook Lee2007）

表36-4　埋藏处理种子和对照种子的发芽率

Species	Germination rate			Temperature（℃）day/night	Pre treatment	
	Burial treatment seeds	Control seeds	Fisher's P		H_2SO_4	Stratification
Ixeris repens	10%（200）	17%（150）	.0359	25/10	—	—

（4）抗菌性研究。Fujinori HANAWA1995 研究认为，Ixeris repens 经铜胁迫也能产生 Letucenin A，而此物质使 lettucenin A 被认可有效防止体内致病真菌。以往认为产生于蒲公英等菊科植物。

参考文献

[1] KHANIDENTIFIED S A, RIMIDENTIFIED S O, HAMAYUNIDENTIFIED M, et al. Gibberellin Producing Novel Endophytic Fungus Isolated from the Roots of Ixeris repens[J]. 한국생명과학회 2008 년 제 49 회 학술심포지움 및 국제학술대회, 2008（10）: 100-100.

[2] WARASHINA T. Sesquiterpene Glycosides from Ixeris Debilis and Ixeris Repens[J]. Phytochemistry, 1989: 39-43.

[3] 中国饲用植物志编辑委员会. 中国饲用植物志（第五卷）[M]. 北京: 中国农业出版社, 1995.

[4] YAMATO M, YAGAME T, YOSHIMURA Y, et al. Effect of Environmental Gradient in Coastal Vegetation on Communities of Arbuscular Mycorrhizal Fungi Associated with Ixeris Repens （Asteraceae）[J]. Mycorrhiza, 2012（2）: 623-630.

[5] 澤田 佳宏, 津田智. 日本の暖温帯に生育する海浜植物 14 种の永続的シードバンク形 成の可能性 [J]. 植生学会誌, 2005（22）: 135-146.

[6] LEE J S, IHM B S, CHO D S, et al. Soil Particle Sizes and Plant Communities on Coastal Dunes[J]. Journal of Plant Biology, 2007, 50（4）: 475-479.

[7] HANAWA F, KANAUCHI M, TAHARA S, et al. Lettucenin A as A Phytoalexin of Dandelion and its Elicitation in Dandelion Cell Cultures [J]. J. Fac. Agr. Hokkaido Univ., 1995, 66（2）: 151-162.

三十七、茵陈蒿

（一）学名解释

Artemisia capillaris Thunb., 属名：Artemisia 神话中的月亮和狩猎女神。Artemis. 蒿属，菊科。种加词：capillaris 具毛的，如毛细管的，似线的，似毛的。命名人：Thunb.

学名考证：Artemisia capillaris Thunberg, Nova Acta Regiae Soc. Sci. Upsal. 3: 209. 1780.Artemisia capillaris var. acaulis Pampanini, p.p.; A. capillaris var. arbuscula Miquel; A. capillaris f. glabra Pampanini; A. capillaris var. sacchalinensis（Tilesius ex Besser）Pampanini; A. capillaris f. sericea（Nakai）Pampanini; A. capillaris var. sericea Nakai; A. hallaisanensis Nakai var. formosana Pampa Pampanini; A. hallaisanensis f. parvula Pampanini; A. hallaisanensis var. philippinensis Pampanini; A. hallaisanensis f. swatowiana Pampanini; A. sacchalinensis Tilesius ex Besser; Oligosporus capillaris（Thunberg）Poljakov.

别名：茵陈，始载于《神农本草经》。茵陈别名茵尘（《吴普本草》）、茵陈蒿（《本草集注》）、绵茵陈（《本经逢原》）、白蒿（《图经本草》）、家茵陈（《大明本草》）、石茵陈（《和汉药考》）、花茵陈、由胡、刚蒿、茵蒿、陈茵、绒蒿、绵茵陈、绵陈、猴子毛、白蒿、滨蒿、猪毛蒿、北茵陈、山茵陈、因尘、马先、因陈蒿、茵陈蒿、细叶青蒿、细叶蒿、安吕蒿、安吕草、婆婆蒿、马新蒿、野兰蒿、白茵陈、白莲蒿、铁杆蒿（《中药名大典》）。

英文名称：Capillary wormwood

（二）分类历史及文化

民谚云："三月茵陈四月蒿，传与后人切记牢。三月茵陈能治病，四月青蒿当柴烧。"相传东汉时，有一位姓刘的老翁，常年卧床不起，面目深黄，请神医华佗诊治。华佗见老翁患的是"黄疸病"，告诉他要治好此病，不能心急，要有一段时间。刘老翁患此病正逢饥荒之年，户户缺粮少食。只好叫孙女到田野、山坡挖些野菜、采些野果来充饥度日。哪知老翁吃了半个月的野菜，"面黄"竟然渐渐消退，面色逐渐变得红润起来，还能拄着拐杖下地了。时隔不久，华佗想起刘老翁曾向他求过医，不知病情如何，便去探询。当华陀一进门，见到老翁吃了一惊，忙问"吃了什么灵丹妙药"。老翁笑着说："我没吃什么，只吃过一种叶子像羽毛的野菜。"说着，便领着华陀到野外去寻找吃过的野菜。华佗见满坡绿茵茵的青蒿，心想青蒿怎么能治黄疸病呢？华佗试用了几次，却毫无药效，于是特地来到刘老翁家请教。老翁坦率地说："我吃的是三月里幼嫩的青苗啊！"华佗顿然大悟，连说："这就对了，三月阳气生发，青蒿药力最强。"尔后，华佗就用三月青蒿来治黄疸病，果然屡试不爽。（邢湘臣，2014）

关于绵茵陈与北茵陈蒿的不同。绵茵陈幼时称白蒿，是茵陈中质量比较好的，是茵陈的幼苗，晒干后有毛茸茸的白色绒毛，摸起来手感软绵绵的，所以叫绵茵陈。北茵陈非茵陈，为唇形科植物野薄荷植物全草，Origanum vulgare L. 的全草。

（三）形态特征

茵陈蒿形态特征如图 37-1 所示。

半灌木状草本，植株有浓烈的香气。主根明显木质，垂直或斜向下伸长；根茎直径 5～8 mm，直立，稀少斜上展或横卧，常有细的营养枝。茎单生或少数，高 40～120 cm 或更长，红褐色或褐色，有不明显的纵棱，基部木质，上部分枝多，向上斜伸展；茎、枝初时密生灰白色或灰黄色绢质柔毛，后渐稀疏或脱落无毛。营养枝端有密集叶丛，基生叶密集着生，常成莲座状；基生叶、茎下部叶与营养枝叶两面均被棕黄色或灰黄色绢质柔毛，后期茎下部叶被毛脱落。叶卵圆形或卵状椭圆形，长 2～5 cm，宽 1.5～3.5 cm，2～3 回羽状全裂，每侧有裂片 2～4枚，每裂片再 3～5 全裂。小裂片狭线形或狭线状披针形，通常细直，不弧曲，长5～10 mm，宽 0.5～2 mm，叶柄长 3～7 mm，花期上述叶均萎谢。中部叶宽卵形、近圆形或卵圆形，长 2～3 cm，宽 1.5～2.5 cm，1～2 回羽状全裂，小裂片狭线形或丝线形，通常细直、不弧曲，长 8～12 mm，宽 0.3～1 mm，近无毛，顶端微尖，基部裂片常半抱茎，近无叶柄。上部叶与苞片叶羽状 5 全裂或 3 全裂，基部裂片半抱茎。头状花序卵球形，稀近球形，多数，直径 1.5～2 mm，有短梗及线形的小苞叶，在分枝的上端或小枝端偏向外侧生长，常排成复总状花序，并在茎上端组成大型、开展的圆锥花序；总苞片 3～4 层，外层总苞片草质，卵形或椭圆形，背面淡黄色，有绿色中肋，无毛，边膜质，中、内层总苞片椭圆形，近膜质或膜质；

花序托小，凸起；雌花 6 ～ 10 朵，花冠狭管状或狭圆锥状，檐部具 2 ～ 3 裂齿，花柱细长，伸出花冠外，先端2叉，叉端尖锐；两性花3～7朵，不孕育，花冠管状，花药线形，先端附属物尖，长三角形，基部圆钝，花柱短，上端棒状，2 裂，不叉开，退化子房极小。瘦果长圆形或长卵形。花果期 7—10 月。

a、e 植株；b 基生叶；c 花序；d 根状茎

图 37-1　茵陈蒿

（四）分布

产自辽宁、河北、陕西（东部、南部）、山东、江苏、安徽、浙江、江西、福建、台湾、河南（东部、南部）、湖北、湖南、广东、广西及四川等地；朝鲜、日本、菲律宾、越南、柬埔寨、马来西亚、印度尼西亚及苏联（远东地区）也有分布。模式标本采自日本。

（五）生境及习性

生于低海拔地区河岸、海岸附近的湿润沙地、路旁及低山坡地区。茵陈蒿耐寒性较强，土层化冻达 10 cm 时，生长点即开始萌动。地表下 10 cm 处日平均温度达 4℃，气温日平均温度达 10℃，就能迅速生长。冬季地上部分枯死。它的生命力极强，既抗旱又耐涝，去掉生长点后，留在地下部分的根又重新形成新的多个生长点。对土壤要求不严格，但以土质疏松、向阳肥沃的砂壤土为宜。

（六）繁殖方法

（1）组织培养。黄振（2011）以茵陈的茎尖和茎段为外植体，研究了不同浓度 6-BA 和 NAA 外源激素配比组合对其离体培养的影响。结果表明，茎尖比茎段更适合做外植体；适宜的诱导培养基为 MS+BA0.1 mg/L+NAA 0.1 mg/L；继代增殖培养基为 MS+BA 0.1mg/L+NAA 0.1mg/L；生根培养基为 1/2MS+NAA 0.1 mg/L。

（2）播种繁殖。茵陈于春季 3 月播种，将种子与细沙混合后，按行株距 25 cm×20 cm 开穴播种。条播按行株距 25 cm 开条沟，将种子均匀播入。播种前用新高脂膜拌种与种衣剂混用，驱避地下病虫，隔离病毒感染，加强呼吸强度，提高种子发芽率。整地下种后再用新高脂膜 600～800 倍液喷施土壤表面，可保墒防水分蒸发、防晒抗旱、防土层板结，窒息和隔离病虫源，提高出苗率。

（3）分株繁殖。3—4 月挖掘老株，分株移栽。生长期间，每年中耕除草 2～3 次，并结合追施人粪尿 2～3 次。其病害有根腐病、菌核病，虫害有地老虎等。

（七）应用价值

（1）药用价值。早春二月或三月采摘的基生叶，嫩苗与幼叶入药，中药称"因陈""茵陈"或"绵茵陈"，含氯原酸、香豆精、咖啡酸等，是治疗肝胆疾患的主要成分。含挥发油，主要成分有户 β-蒎蒳、茵陈二烯酮、茵陈滞及茵陈素等。古本草书《神农本草经》《本草纲目》等记载，主风湿、寒热、邪气热结、黄疸等。本种水提取液对多种杆菌、球菌有抑制作用，挥发油有抗霉菌的作用。

《神农本草经》载"主风湿寒热邪气，热结黄疸，久服轻身益气耐老"。《本草经集注》曰"主小便不利，除头热，去伏瘕面白悦长年"。《药性论》云"茵陈蒿治眼目通身黄，小便赤"。《雷公炮制药性解》载"主伤寒大热、黄疸便赤，治眼目、行滞气、能发汗、去风湿"。《蜀本草》载"治天行时疾、热狂、头痛、头旋，风眼疼；疗瘴疟"。《图经本草》载"化痰利膈。治劳倦最要"。《汤液本草》载"除烦热，主风湿邪热结于内"。《珍珠囊补遗药性赋注释》有"治淋难小便闭涩不通"。《本草纲目》载"通关节，去滞热，伤寒用之"。《千金方》有"治遍身风痒生疮疥"。《本草正义》引"为利湿清热专品，乃湿热发黄之主药"。《本草备要》载"治伤寒时疾，狂热瘴疟，头痛头旋，女人瘕疝"。《名医别录》云"通身发黄，小便不利，除头热、去伏瘕"。《医学衷中参西录》载"善清肝胆之热，兼理肝胆之郁，热消郁开，胆汁入小肠之路毫无阻隔也"。可见，茵陈从古至今广泛用于中医内科各种疾病。

（2）食用价值。茵陈蒿营养丰富，每百克嫩茎叶含脂肪 0.4 g、碳水化合物 8 g、钙 257 mg、磷 97 mg、铁 21 mg、胡萝卜素 5.02 mg、V_{B1} 0.05 smg、V_{B2} 0.35 mg、尼克酸 0.2 mg、V_c 2 mg。此外，还含有蒿属香豆精、精油等。茵陈蒿所含营养成分具有一定的保健作用。幼嫩枝、叶可做菜蔬或酿制茵陈酒。鲜或干草做家畜饲料。茵陈蒿嫩苗是可口野菜，可用热水余过后凉拌、炒食，也可炸食、做粥及菜团等。做白蒿窝头时，将白蒿嫩茎叶去杂洗净，切碎，掺进玉米面，拌匀和好，上锅蒸熟。既调剂伙食，又能防病治病。清明之际，白蒿风华正茂，上坟祭祀的人们络绎不绝，可顺便采集白蒿治病或是解馋。白蒿的吃法有许多，既可以吃包子、团子或掺进玉米面蒸窝头，还可以清拌豆腐等。

（八）研究进展

（1）化学成分研究进展。茵陈蒿含有多种化学成分，涉及香豆素、黄酮、色原酮、有机酸、烯炔、三萜、甾体和醛酮。冯佳 2016 研究了其化学成分，分离得到并确定结构的 12 个化合物：蓍素（Achillin，1）、Dehydroleucodin（3）、1，10β - 环 氧 蓍 素［1，（10y9-qx）xyachillin，5］、3β -chloro-4α、10α -dihydroxy-1a、2a-epoxy-5a、7aH-guaia-11（13）-en-12、6a-olide（7）、路得威蒿内酯 A（LudovicinA，8）、异嘌皮巧（Isofraxidin，9）、狭叶墨西哥蒿素（Armexifolin，14）、2a- 氯 - 异 - 断短舌匹菊内醋 口（a-chloro-kfweco-tanapartholide，15）、路得威窝内醋 C（LudovicinC，17）、高属种萌（Artecanin，19）、断短舌匹菊内酯 A（Cseco-tanapa rtholideA，20）、断短舌匹菊内醋 B 的（seco-tanapartholide B，21）。

王玉林 2013 研究了茵陈蒿的挥发性的化学成分，得出共分辨出 67 个色谱峰，鉴定出 48 个化学成分，占总含量的 89.03%。主要组分为 n- 十六烷酸、9,12,15- 十八碳三烯酸、镰叶芹醇、反式 -Z-α- 环氧红没药烯和大牾牛儿烯 D。

王丽红 2011 研究指出，从茵陈提取物中分离得到 8 个化合物，分别鉴定为 7- 羟基香豆素（1）、5,7- 二甲氧基香豆素（2）、7- 羟基 -8- 甲氧基香豆素（3）、7,8- 二羟基香豆素（4）、槲皮素（5）、山奈酚（6）、异鼠李素 -3-O-β -D- 半乳糖苷（7）、咖啡酸（8）。姚健（2009）从超临界 CO_2 萃取提取物成分中确定了 76 种化合物，从水蒸气蒸馏提取物成分中确定了 48 种化合物。

陈驰（2000）研究了其挥发油的化学成分，指出含有石竹萜、Alpha-Caryophyllene α- 石竹萜、Nerolidol 橙花叔、Geraniol（Lemonol）牻牛儿醇、1-Pentadecene1- 十五碳烯、（-）-Spthulenol（-）- 匙叶桉油烯醇、Hexadecanoiaacid 棕榈酸、Phytol 植醇、Linoleicacid 亚油酸、Ionone、1，2，3，4-tetrahydro-1，6-dimethyl-4-（1-methylethy）-（IS-cis）-Naphthalene1,2,3,4- 四氢化 -1,6-= 甲基 -4-（1- 甲基乙基）-（IS-cis）- 萘。

王静 2011 指出，因采收季节不同，春茵陈和秋茵陈中羟基苯乙酮的含量有明显差异，以秋季采收含量较高，建议临床使用秋季茵陈。张春波 2008 研究指出，茵陈蒿在花蕾期间的绿原酸含量为开花期的 2 倍，说明花蕾期质量好。

宋海 2014 对黄酮成分进行研究，指出茵陈总黄酮的提取率为 7.920%。

R.S.Verma2010 对花序化学精油进行了研究，通过 GC 和 GC 分析在不同开花阶段从茵陈蒿获得的精油 GC/MS，得出其主要成分是 capillene,g-terpinene,eugenol,limonene,p-cymene,myrcene 和 a- 蒎烯。植物油中的 Capillene（40.1%），α-pine 烯（2.4%）和对伞花烃（2.5%）在盛花期含量较高，而 g- 萜品烯（24.6%）和丁子香酚（15.0%）是结实期精油的主要成分。

（2）解剖学研究。张萍研究了茵陈蒿的大小孢子发生和雌雄配子体发育，指出小孢子母细胞减数分裂时胞质分裂为同时型，形成的四分体多数为四面体形。花药壁由 4 层细胞组成，其发育方式为双子叶型。药室内壁不均匀纤维状加厚，腺质型绒粘层。绒粘层细胞单核或双核，核具多核仁，细胞质浓厚。三细胞型花粉，精细胞的形态和位置多样。雌蕊单生，子房一室，具有一个悬垂的倒生胚珠。胚珠具单珠被、薄珠心，珠心细胞在雌配子体发育过程中被消耗。珠被内层细胞增大，排列整齐，形成珠被绒粘层。大孢子孢原为单细胞，其直接长大发育成大孢子母细胞。大孢子母细胞经减数分裂形成大孢子四分体，胚囊发育属于蓼型。

（3）营养成分的研究。沈继红（2002）研究指出，茵陈蒿种子蛋白质含量为 30.81%，氨基酸组成充分，优于鸡蛋蛋白；种子油不饱和脂肪酸含量高（>90%），其中亚油酸含量达到 78.89%，有很高的营养保健功能；用种子油制备共轭亚油酸，共轭亚油酸含量将近 70%。

（4）药理学研究进展。谢韬综述了其药理：①利胆作用。茵陈中多种成分具有利胆作用。大白鼠急性利胆实验表明，对羟基乙酮有明显的利胆作用，在增加胆汁分泌的同时，也增加胆汁中固体物、胆汁酸和胆红素的排出量。②保肝作用。日本学者报道，采收期的不同会导致茵陈蒿保肝活性的显著差异，9 月采收的药材具有显著活性，8 月底采收的药材，保肝活性会有一个显著增加。从茵陈蒿中提取分离的水溶性成分茵陈多肽具有显著抗药物肝损伤作用，且作用强于茵陈蒿汤。③抗肿瘤作用。化合物 29 对培养的 L-929 和 KB 细胞具有较强的细胞毒活性，在体内能明显抑制 MethA 肿瘤生长。化合物 1 在体外对人肺癌细胞具有抑制作用，通过抑制 DNA 合成，将细胞阻滞于 G0/G1/ 期，从而抑制癌细胞增殖。④心脑血管系统作用。化合物 1 具有抗心绞痛作用，还能增加家兔脑血流量，选择性扩张脑血管。⑤舒张气管平滑肌作用。化合物 1 还可直接舒张离体豚鼠平滑肌，此效应可能与 M3 或 β2 受体无关，还可以显著抑制 His 诱发的豚鼠气管平滑肌依内钙性收缩。应用组胺和乙酰胆碱引喘法制作豚鼠哮喘模型，研究化合物 1 对豚鼠哮喘模型的平喘作用，结果表明其对药源性哮喘有明显抑制作用。⑥对糖尿病并发症的作用。醛糖还原酶（AR）活性增加和血小板聚集是引起糖尿病并发症的两个原因，化合物 1 对于 APP、PAF、花生四烯酸钠和骨胶原诱导的家兔血小板聚集显示了很强的抑制作用；化合物 29 则能显著抑制 bovine-LAR 的作用，而化合物 1 则无此活性。⑦抗炎镇痛作用。化合物 1 在醋酸扭体法、热板法和 Haffner 法中均有镇痛作用，对角叉菜胶和热引起的大鼠足肿胀均有抑制作用。对鲜啤酒酵母菌和 2,4- 二硝基苯酚致热大鼠，化合物 1 均有解热作用，与复方安乃迪和氨基比林无明显差异。⑧细胞保护作用。7- 二甲氧基香豆素能拮抗顺铂引起的家兔原代培养肾小管上皮细胞内游离 Ca^{2+} 超载，减轻 Ca^{2+} 超载对细胞的损伤；还可显著提高被顺铂抑制的家兔原代肾小管细胞乳酸脱氢酶（LDH）、碱性磷酸酶（ALP）和 N- 乙酯 -β- 氨基葡萄糖苷酶（NAG）活力，使肾小管上皮细胞溶酶体免受顺铂的损伤。

（5）抗氧化活性研究。Ho-Chan Seo2003 研究了其抗氧化活性，分离出绿原酸（AC-1），3，5- 二咖啡酰奎宁酸（AC-2）和 3，4- 二咖啡酰奎宁酸（AC-3）三种抗氧化活性物质。

（6）减肥作用研究。Dong Wook Lim2013 研究指出，茵陈蒿提取物具有抗肥胖作用，可治疗高脂饮食（HFD）诱导的肥胖大鼠。用 HFD 喂养六周后，将大鼠（12 周龄 0 分成三组：HFD 对照组和 HFD 混合用 0.4% 和 0.8% 的茵陈蒿提取物处理组。七周治疗后，体重增加 0.4% 和 0.8% 的 A. capillaris 提取物治疗组显著低于 HFD 对照组的 11.8% 和 15.4%。此外，茵陈蒿提取物处理组显示血清显著降低 TG,TC 和 LDL-c 水平呈剂量相关，同时引起逆转作用血清 HDL-c,并在体内表现出保肝作用，表明其可减少肝脏脂质含量。血清 ALT 和 AST 水平。这些结果表明茵陈提取物可预防体重增加，改善血脂异常。

Yeonhee Hong（2011）研究抗血管生成草药提取物 Ob-X 对 3T3-L1 脂肪细胞形成的影响。用 Ob-X 处理分化 3T3-L1 脂肪细胞后，我们研究了 Ob-X 关于甘油三酯积累和参与脂肪生成，血管生成和 ECM 重塑的基因表达。用 Ob-X 处理细胞可抑制脂质积累和脂肪细胞特异性基因表达，通过曲格列酮或单核细胞分化诱导（MDI）混合物，Ob-X 可降低血管生成因子的 mRNA 水平和基质金属蛋白酶、金属蛋白酶 -1（TIMP-1）和 TIMP-2）在分化细胞中的表达。在 Ob-X 处理的细胞中，MMP-2 和 MMP-9 活性也降低。通过减少脂肪生成，抗血管生成草药提取物 Ob-X 提供了一种预防和治疗人类肥胖及其相关疾病的可能方法。

　　Eungyeong Jang2014 茵陈蒿 AC 提取物具有明显的降血脂和抗凋亡作用，表明 AC 提取物可能具有针对非酒精性脂肪性肝炎 NASH 的潜在治疗作用。

　　（7）对阴茎海绵体平滑肌松弛的增效作用。目的是研究茵陈蒿提取物（ACE）及其成分的细胞作用和作用机制，ACE 和东莨菪素在阴茎海绵体平滑肌 PCCSM 中发挥显著的浓度依赖性舒张作用。ACE 或灌注东莨菪素显著增加环磷酸腺苷（cAMP）和环磷酸鸟苷（cGMP），用 ACE 或东莨菪素灌注可增加 eNOS mRNA 和蛋白的表达。此外，ACE 或东莨菪素增强 PCCSM 中的乌地那非诱导松弛。

　　（8）Chung-Jo Lee（2016）研究了茵陈蒿通过刺激成骨细胞矿化和抑制破骨细胞分化和骨吸收来减轻骨质流失。在这项研究中发现，给予茵陈蒿（WEAC）的水提取物到核因子 κ-B 配体（RANKL）诱导骨丢失模型的受体激活剂显著预防骨质疏松性骨质流失，增加骨量 / 小梁体积减少 22%，骨小梁数减少 24%，肌间分离减少 29%。WEAC 刺激原代成骨细胞的体外成骨细胞矿化，增加 osterix 的表达，活化 T 细胞细胞质核因子 1 和激活蛋白 -1，以及细胞外信号调节激酶的磷酸化。与 WEAC 的合成代谢作用相反，WEAC 通过下调再吸收标记物的表达来抑制 RANKL 信号传导途径和骨吸收，从而显著抑制骨髓巨噬细胞的体外破骨细胞形成。因此，该研究表明 WEAC 通过调节成骨细胞矿化以及破骨细胞形成和骨吸收对骨丢失具有有益作用。这些结果表明，茵陈蒿是用于治疗或预防骨质疏松性骨病的治疗剂的草药候选物。

　　（9）Hye Eun Lee（2017）进行了免疫作用的研究，A.capillaris 及其成分、熊果酸、东莨菪素和 scopolin、抑制伴刀豆球蛋白 A ConA 和脂多糖 LPS 可诱导适应性免疫细胞活化。结果表明，A.capillaris 是可用作适应性免疫的调节剂，用于涉及过度免疫应答激活的疾病。

　　（10）分类学研究。Eui Jeong Doh（2016）研究了多重聚合酶链反应（PCR）是区分 A.capillaris 的可靠工具。基于内部转录间隔区（ITS）中不同物种之间的部分核苷酸序列，设计引物以扩增 A.capillaris 的 DNA 标记。此外，还要检测其他蒿属物种对于 A.capillaris 的影响，设计引物来扩增 A.japonica，A.annua，A.apiacea 和 A.anomala 的 DNA 标记。基于随机扩增多态性 DNA 分析，证实在先前研究中开发的引物可用于鉴定作为艾蒿和艾蒿来源的艾蒿物种。

（11）叶绿体基因组研究。Yun Sun Lee（2016）研究了叶蒿（Artemisia gmelinii）和茵陈蒿（Artemisia capillaris）的叶绿体序列，A.gmelinii 和 A. capillaris 的基因组分别为 151,318 bp 和 151,056 bp，两个基因组都有相同数量的注释基因，如 80 个蛋白质编码基因、4 个 rRNA 基因和 30 个 tRNA 基因。结果表明，A.gmelinii 和 A.capillaris 与其他蒿属植物密切相关。

（12）防治性早熟的研究。Tuy An Trinh（2017）对性早熟的薏苡仁和茵陈蒿（hEIF 提取物）的混合物进行研究。hEIF 提取物的预防作用通过口服给药治疗 3 周后，通过测量血液成分来评估大鼠性早熟。体内研究表明，hEIF 提取物显著降低了卵泡刺激素（FSH）水平。用 200 mg/kg 的 hEIF 处理后，提取物中 FSH 水平为 5.33 ± 1.10 ng/mL，而载体组中的 FSH 水平为 46.73 ± 0.80 ng/mL。同时，使用 hEIF 提取物不会刺激大鼠体内生长和骨质增生。因此，得出结论：提取物可用作 FSH 抑制剂，用于治疗性早熟。

（13）对呼吸系统的影响研究。Chang Yang（2015）研究了其精油成分 α-pine 烯、β-pine 烯、柠檬烯、1,8- 桉叶素、胡椒酮、β- 石竹烯和 capillin 具有显著抗菌活性。对抗化脓性链球菌、耐甲氧西林金黄色葡萄球菌（MRSA）、MRSA（临床株）、甲氧西林 - 庆大霉素耐药金黄色葡萄球菌（MGRSA）、肺炎链球菌、肺炎克雷伯菌、流感嗜血杆菌和大肠杆菌，该精油及其成分表现出广谱和不同程度的抗菌活性。

（14）催眠与抗惊厥作用的研究。Irene Joy I（2015）研究认为，与对照组相比，小鼠用 A. capillaris 治疗后表现出明显下降的运动活动和受损运动平衡和协调。提取物也缩短了发病时间，延长了戊巴比妥钠引起的睡眠持续时间。此外，A.capillaris 处理的大鼠显示增加 delta 和减少 α 脑电波，表现为放松的脑电图。Tae Seon Woo（2011）指出，茵陈蒿 AC 和主要成分 esculetin ECT 治疗并未改变运动活动以及活动旋转杆，表明它们没有引起镇静和肌肉松弛的作用。AC 和 ECT 治疗增加阈值电休克引起的惊厥，AC 治疗还抑制由戊四唑诱导的惊厥。

（15）对降雨阻力的研究。Guanhua Zhang（2014）在裸图（CK）和四种不同的修补图案上应用不同强度的棋盘图案（CP），垂直于倾斜方向（BP）的带状图案，与斜坡平行的单个长条带方向（LP），以及像字母 "X"（XP）一样分布有小块的图案。结果显示，A.capillaris 的平均值为 f，图案处理是 CK 的 1.25 ～ 13.0 倍。BP,CP 和 XP 的表现比 LP 更有效增加水力粗糙度。草芽的去除显著减少了 f，负面关系是在裸图和降雨强度的平均值 f 之间找到。

参考文献

[1] 冯佳. 植物茵陈蒿的化学成分研究 [D]. 延吉：延边大学, 2016.

[2] 王玉林, 朱丹晖, 冯晓亮, 等. GC-MS 和平滑预处理及 SFA 法用于茵陈挥发性成分的分析 [J]. 药物分析杂志, 2013, 33（1）：98-101.

[3] 王丽红, 宋洋, 肖艳, 等. 茵陈化学成分的分离与鉴定 [J]. 中国药房, 2011, 22（11）：1020-1022.

[4] 姚健, 赵保堂, 王俊龙, 张继. 甘肃茵陈蒿超临界 CO_2 萃取产物化学成分的差异性分析 [J]. 草业科学, 2009, 26（4）：37-42.

[5] 陈驰. 茵陈蒿和白莲蒿挥发油成分比较研究 [J]. 时珍国医国药, 2000（5）：15-18.

[6] 张萍. 茵陈蒿的大小孢子发生和雌雄配子体发育的观察 [J]. 中国植物学会七十周年年会论文摘要汇编（1933—2003）, 2003: 90-100.

[7] 沈继红, 石红旗, 刘发义, 李光友. 耐盐碱植物——茵陈蒿种子营养成分共轭亚油酸的制备研究 [J]. 中国海洋药物, 2002,（3）：28-30.

[8] 宋海, 吴冬青, 安红钢, 等. 响应面分析法优化茵陈中总黄酮的提取工艺 [J]. 食品研究与开发, 2014, 35（11）：65-69.

[9] 谢韬, 梁敬钰, 刘净. 茵陈化学成分和药理作用研究进展 [J]. 海峡药学, 2004, 16（1）：8-13.

[10] 黄振, 丁雪珍, 任培华. 茵陈的组织培养与快速繁殖 [J]. 北方园艺, 2011（19）：16-18.

[11] 王静, 张玉萍, 刘影. 不同采收期茵陈中对羟基苯乙酮的含量测定 [J]. 现代中药研究与实践, 2011, 25（3）：7-9,14.

[12] 张英杰, 苑述刚, 马少丹, 阮时宝. 茵陈的中药学及临床学文献研究概述 [J]. 中医学报, 2011, 26（155）：457-459.

[13] 张春波, 范玉峰. 茵陈蒿不同花期绿原酸的含量测定 [J]. 中国医药导报, 2008, 5（30）：40-41.

[14] SEO H C, SUZUKI M, OHNISHI-KAMEYAMA M, et al. Extraction and Identification of Antioxidant Components from Artemisia capillaris Herba[J]. Plant Foods for Human Nutrition, 2003, 58（3）：1-12.

[15] DONG L, YUN K, JANG Yujung, et al. Anti-Obesity Effect of Artemisia capillaris Extracts in High-Fat Diet-Induced Obese Rats[J]. Molecules, 2013（18）：9241-9252.

[16] CHOI B R, KUMAR S K, ZHAO C, et al. Additive Effects of Artemisia capillaris Extract and Scopoletin on the Relaxation of Penile Corpus Cavernosum Smooth Muscle[J]. International Journal of Impotence Research, 2015（27）: 225–232.

[17] VERMA R S, LAIQ–UR–RAHMAN, VERMA R K, et al. Essential Oil Composition of the Inflorescence of Artemisia Capillaris Thunb[J]. Journal of Essential Oil Research, 2010, 22（7）: 340–342.

[18] HONG Y, KIM M Y, YOON M. The Anti–Angiogenic Herbal Extracts Ob–X from Morus alba, Melissa Officinalis, and Artemisia Capillaris Suppresses Adipogenesis in 3T3–L1 Adipocytes[J]. Pharmaceutical Biology, 2011, 49（8）: 775–783.

[19] JANG E Y, SHIN M H, KIM K S, et al.Anti–Lipoapoptotic Effect of Artemisia capillaris Extract on Free Fatty Acids–Induced HepG2 Cells[J]. BMC Complementary and Alternative Medicine, 2014（14）: 253.

[20] LEE C J, SHIM K S, MA J Y. Artemisia capillaris Alleviates Bone Loss by Stimulating Osteoblast Mineralization and Suppressing Osteoclast Differentiation and Bone Resorption[J]. The American Journal of Chinese Medicine, 2014, 44（8）: 1675–1691.

[21] LEE H E, YANG G, CHOI J S, et al. Suppression of Primary Splenocyte Proliferation by Artemisia Capillaris and Its Components[J]. Toxicol. Res2017, 33（4）: 283–290.

[22] DOH E J, PAEK S H, LEE G, et al. Application of Partial Internal Transcribed Spacer Sequences for the Discrimination of Artemisia Capillaris from Other Artemisia Species[J]. Evidence–Based Complementary and Alternative Medicine, 2016: 12.

[23] LEE Y S, PARK J Y, KIMA J K, et al. The Complete Chloroplast Genome Sequences of Artemisia Gmelinii and Artemisia Capillaris（Asteraceae）[J]. Mitochondriai Dna Part B: Resources, 2016, 1（1）: 410–411.

[24] TRINH T A, PARK S C, OH J H, et al. Preventive Effect and Safety of a Follicle Stimulating Hormone Inhibitory Formulation Containing a Mixture of Coicis Semen and Artemisia Capillaris for Precocious Puberty: A Preliminary Experimental Study Using Female Rats[J]. Hindawi Evidence–Based Complementary and Alternative Medicine, 2017: 8.

[25] YANG Chang, HU Donghui, FENG Yan. Antibacterial Activity and Mode of Action of the Artemisia Capillaris Essential Oil and Its Constituents Against Respiratory Tract Infection–Causing Pathogens[J]. MOLECULAR MEDICINE, 2015（11）: 2852–2860.

[26] PEÑA I J, HONG E, KIN H J, et al. Artemisia capillaris Thunberg Produces Sedative-Hypnotic Effects in Mice, Which Are Probably Mediated Through Potentiation of the GABAA Receptor[J]. The American Journal of Chinese Medicine, 2015, 43（4）: 667–679.

[27] ZHANG Guanhua, LIU Guobin, YI Liang, et al. Effects of Patterned Artemisia Capillaris on Overland Flow Resistance Under Varied Rainfall Intensities in the Loess Plateau of China [J]. J. Hydrol. Hydromech., 2014, 62（4）: 334–342

[28] WOO T S, YOON S Y, DELA PEÑA I C, et al. Anticonvulsant Effect of Artemisia Capillaris Herba in Mice[J]. Biomol Ther, 2011, 19（3）: 342–347.

三十八、滨艾

（一）学名解释

Artemisia fukudo Makino，属名：Artemisia 神话中的月亮和狩猎女神。Artemis. 蒿属，菊科。种加词：fukudo，日本城市名，福土，位于福冈县。命名人：Makino=Tomitaro Makino，牧野富太郎（1862—1957），日本植物分类学之父。生于高知县佐川町的酿酒商的家庭。他童年时父母就去世了，他是由他的祖母抚养长大的。虽然他在 1874 年辍学，但他对英语、地理，特别是植物学方面产生了浓厚的兴趣。1880 年，他成为家乡小学的老师，在那里他发表了第一份学术植物学论文。1884 年，在东京帝国大学植物教研室当事务员，独自钻研植物学。1893—1910 年，任东京理科大学（东京大学理学部）助教，1913 年后当了近 30 年讲师。1939 年辞职，自行研究。1950 年成为学士院会员，次年获第一次文化功劳奖。他从事植物分类学研究 50 年，采集植物达 50 万种，新发现命名的有 1 000 多种，收集到的变种 1 500 种，还绘制了出色的植物图。1888 年起自费出版《日本植物志图篇》，1936 年完成《牧野植物学全集》。此外，有著作《日本植物志》《牧野日本植物图鉴》等。他既从事学术研究又进行一般植物知识的普及工作，其关于植物学的著作 30 余部。1950 年被聘为日本学士院会员，1953 年获东京都荣誉市民称号，1957 年获得日本文化勋章，得奖金 50 万日元。他对植物分类学的贡献是世界知名的，但他的研究工作一直没有得到国家的重视。他对东京帝大植物学有很大贡献，但仅仅因为没有文凭，就连教授职位也不肯给他，直到他 88 岁的时候才被授予荣誉称号。他收集的 50 万种植物交给文部省保管，日本人民对他非常尊重，称之为"日本国宝"。为纪念他为日本植物分类学的贡献，于 1958 年成立了高知县立牧野植物园。高知县立牧野植物园位于俯视高知市的五台山上，园内种植了约 3 000 种植物，以高知县内的原生植物为主，透过这些植物可欣赏到四季不同的美景。

日本植物学家牧野富太郎的一项研究表明，徐福东渡求药，并不是一无所获。其实，他为秦王带回去一种"药"，而这种"药"很可能就是出产在日本祝岛的神奇之果——"千岁"，它在中国的名字叫"野生猕猴桃"。据悉，祝岛深谷腹地有一种神奇的植物果实，俗名"寠寠"，日本古书中名为"千岁"。大小如核桃，汁浓，味甘。据说食用后千年不死，闻一闻也可增寿三年。

　　发表著作：① *Makino shokubutsugaku zensh* ū（Makino's Book of Botany）S ō sakuin, 1936 ② *Makino shin Nihon shokubutsu zukan*（Makino's New Illustrated Flora of Japan），Hokury ū kan, 1989, ISBN 4-8326-0010-9。《牧野富太郎 なぜ花は匂うか》《植物记》《续植物记》《杂草三百种》《牧野富太郎植物記 全 8 卷》；

　　别名：滨蒿

　　英文名字：Shore AI

　　学名考证：*Artemisia fukudo* Makino in Bot. Mag. Tokyo 23: 146.1909 et 27: 323.1913; Matsuda in Bot.Mag.Tokyo 27: 236. 1913; Pamp. in Nuov.Giorn.Bot.Ital.n. s. 34: 656.1927, excl. var. mokpensis Pamp.: Kitam. in Act.Phytotax.Geobot. 5: 95.1936 et in Morn.Coll.Sci. Kyoto Univ. ser. B. 15（3）: 390.1940; Ohwi, Fl. Jap. 1191. 1956; S. Y. Hu in Quart. Journ. Taiwan Mus. 18（1-2）: 134. 1965; 台湾植物志 4: 787.1978.—A.fauriei Nakai in Bot. Mag. Tokyo 29: 7.1915. p. p., quoad pl. Faurie 358, Korea（Paris Mus. Herb.）.

　　1909 年，Makino 在《东京植物学杂志》23 卷上发表了该物种，1913 年在同一刊物 27 卷记载了该物种。1913 年，Matsuda 在《东京植物学杂志》27 卷上也记载了该物种。1927 年，意大利植物学家 Pampanini, Renato（1875—1949）在刊物《新意大利植物学杂志》（*Nuovo Giornale Botanico Italiano*）上记载了该物种，但不包括日本植物学家 Kitamura1936 年在杂志 *Acta Phytotaxonomica et Geobotanica* 上和 1940 年在杂志《京都帝国理工学院回忆录》（*Memoirs of the College of Science,Kyoto Imperial University*）上发表的变种 Artemisia fukudo Makino var. mokpensis Pamp.。大井次三郎 1956 年在《日本植物志》中记载了该物种。胡秀英 1965 年在刊物《台湾博物馆季刊》（*Quarterly Journal of the Taiwan Museum*）上也记载了该物种。《台湾植物志》1978 年也记载了该物种。

　　中井猛之进 1915 年在《东京植物学杂志》上发表的物种 A.fauriei Nakai 为异名。

（二）形态特征

　　滨艾形态特征如图 38-1 所示。

　　二年生或多年生草本，具香气。主根明显，垂直，狭纺锤形；根状茎细，短，偶有营养枝。茎单生，高 50 ～ 90 cm，紫红色，有纵棱，自基部开始分枝，枝长，斜向上；茎、枝、叶及总苞片背面初时被灰绿色蛛丝状柔毛，后脱落。叶质稍厚；基生叶密集成莲座状，长卵形或近扇形，长 11～18 cm，宽 8～16 cm，二至三回羽状全裂，每侧有裂片 3～4 枚，中部与基部裂片常再成羽状全裂，小裂片狭线形或狭线状披针形，长 0.5～1.5 cm，宽 1.5～2 mm，先端钝尖，叶柄长 3～13 cm，花期基生叶常萎谢。茎下部与中部叶长卵形，长、宽 3～5 cm，羽状全裂，每侧有裂片 2～3 枚，疏离，狭线形或狭线状披针形，长 0.8～1.2 cm，宽 1.5～2 mm，先端尖，叶柄长 5～12 cm。上部叶 3～5 枚全裂。苞片叶不分裂，狭线状披针形，长 1～3 cm，宽 1.5～2 mm。头状花序倒圆锥形，直径 4～5 mm，下垂，具短梗，梗长 5～10 mm，基部有小苞叶，在分枝上排成复总状花序，并在茎上组成中等开展的圆锥花序；总苞片 3～4 层，外层、中层总苞片卵形或长卵形，具膜质边缘，内层总苞片长卵形，半膜质；花序托凸起；雌花 10～15 朵，花冠狭管状，檐部具 1～2 裂齿，花柱略伸出花冠外，先端 2 叉，叉端钝；两性花 20～30 朵，花冠管状，花药线形，先端附属物尖，长三角形，基部具短尖头，花柱线形，短，先端稍叉开，叉端钝。瘦果倒卵状椭圆形，稍压扁。花果期 8—10 月。

a 植株；b 叶片

图 38-1　滨艾

（三）分布

产自台湾，生于台北、基隆海岸边，浙江海边也有记载，但未见到标本。日本、朝鲜较多，模式标本采自日本。舟山产于定海。

（四）生境及习性

生于海边与沿海地区的河岸与泥滩附近。

（五）繁殖方法

目前未见繁殖方法报道。

（六）研究进展

（1）叶绿体基因序列研究。Yun Sun Lee（2016）研究认为，通过使用全基因组序列数据从头组装。叶绿体基因组是长度为 151 011bp，包含一个 82 751bp 的大单拷贝区域、一个 18 348bp 小单拷贝区域和一对 24 956bp 的反向重复序列。基因组包含 80 个蛋白质编码基因、4 个 rRNA 基因和 30 个 tRNA 基因。系统发育树显示 A.fukudo 位于其他地方艾蒿属植物，Artemisia montana 和 Artemisia frigida。

（2）药用研究。Yoon WJ2010 研究了 Artemisia fukudo 精油（AFE）通过抑制 RAW264.7 巨噬细胞中的 NF-kappaB 和 MAPK 活化而减弱 LPS 诱导的炎症，使用 GC-MS 研究了 Artemisia fukudo 精油的化学成分。主要成分是 alpha-thujone（48.28%），beta-thujone（12.69%），樟脑 beta-thujone（6.95%）和石竹烯 caryophyllene（6.01%）。检测了 AFE 对一氧化氮（NO），前列腺素 prostaglandin E2（PGE-2），肿瘤坏死因子（TNF）- alpha α，白细胞介素（IL）-1β 和 IL-6 产生的影响。在脂多糖（LPS）激活的 RAW 264.7 巨噬细胞中，蛋白质印迹和 RT-PCR 测试表明 AFE 对促炎细胞因子和介质具有有效的剂量依赖性抑制作用。我们通过检测有丝分裂原激活蛋白激酶（MAPK）途径中核因子 - κB（NF-kappaB）激活的水平来研究 AFE 抑制 NO 和 PGE-2 的机制这是一种炎症诱导的信号通路。此外，AFE 抑制 LPS 诱导的 Ikappa-B-α 的磷酸化和降解，这是 RAW 264.7 细胞中 p50 和 p65 NF-kappaB 亚基的核易位所必需的。研究结果表明，AFE 可能通过抑制促炎细胞因子的表达发挥抗炎作用。这种作用是通过阻断 NF-kappaB 活化介导的，因此通过抑制 RAW264.7 细胞中炎症介质的产生，AFE 可用于治疗炎性疾病。

Kil-Nam Kim2007 研究了 Artemisia fukudo 提取物对 HL60 细胞的细胞毒性，

描述了 Artemisia fukudo 提取物的细胞毒性作用。将来自 A.fukudo 的 80% 乙醇提取物依次用正己烷、二氯甲烷、乙酸乙酯和丁醇分馏。通过比色 3-（4,5- 二甲基噻唑）-2,5- 二苯基溴化四唑（MTT）测定检查 A.fukudo 提取物的细胞毒性对 HL60 细胞生长的影响。此外，使用 HL60 细胞来观察 A.fukudo 提取物对癌细胞凋亡的影响。在孵育 24 小时后检查细胞活性、细胞形态变化、DNA 片段化和 DNA 含量，同时给予 25 种 A. fukudo 提取物。在低浓度正己烷和二氯甲烷馏分的处理中，HL60 细胞的存活率低于对照。在用正己烷和二氯甲烷馏分处理中观察到梯状模式 DNA 片段化。通过流式细胞术分析测量细胞凋亡的 DNA 含量作为亚亚二倍体细胞的密度。在用正己烷和二氯甲烷馏分处理时，亚亚二倍体细胞的数量增加。这些部分阻碍细胞凝聚并引起细胞膜的起泡和细胞核碎裂，这两者都是细胞凋亡的症状。这些结果表明，A.fukudo 作为食品添加剂、慢性病患者的药物补充剂和预防癌症的措施具有巨大的潜在价值。

Min-Jin Kim2017 研究了 A.fukudo 提取物对黑色素瘤细胞的抗致突变作用。黑色素是影响肤色的最重要因素之一。黑素生成是皮肤和毛囊中黑素细胞产生黑色素的生物过程，并且由几种酶介导，如酪氨酸酶、酪氨酸酶相关蛋白（TRP）-1 和 TRP-2,MITF。这项研究表明 A.fukudo 提取物对酪氨酸酶活性和黑色素生成的影响，作为美白功能性化妆品的天然产物。小鼠 B16F10 黑素瘤细胞中的黑色素含量由 A.fukudo 提取物以剂量依赖性降低。随着 α-MSH 浓度的增加，A.fukudo 提取物对酪氨酸酶活性的抑制显示出酪氨酸酶活性降低。此外，蛋白质印迹分析显示，A.fukudo 提取物显著下调酪氨酸酶 TRP-1 的表达，TRP-1 治疗小鼠 B16F10 黑色素瘤细胞中 α-MSH 诱导的黑素生成。A.fukudo 提取物显示出作为抑制黑色素形成的有效增白剂的功能性。

（3）濒危物种的分布研究。大林夏湖（2008）研究了中国四国地方における準絶滅危惧種ハマサジ Limonium tetragonum（Thunb.）A.A.Bullock とフクド Artemisia fukudo Makino の分布状況。

（4）对河口干扰的影响。Korehisa Kaneko, Seiich Nohara2014 研究河口滩涂中年干盐沼群落干扰程度和频率变化的影响。Suaeda maritima 和 Artemisia fukudo 群落样区发生在 Kushida 河的分支河。虽然这些群落样区占据的面积在 2006 年非常小，但是 Suaeda maritima 群落样区在 2008 年大幅扩大到 3 609 m²，Artemisia fukudo 群落样区在 2008 年大幅扩大到 2 726 m²，在 2010 年扩大到 10 396 m²。2006 年，溢流预警水位（3.5 m）和防洪兵备用水位（3.0 m）分别于 2004 年 8 月和 2004 年 10 月发生，水量分别超过 1 000 m³·s⁻¹ 和 1 500 m³·s⁻¹。由于大部分河口潮滩在水量超过 1 000 m³·s⁻¹ 时会被侵蚀，因此 Suaeda maritima 和 Artemisia fukudo 群落的建立被推迟，直到新沉积物沉积形成足够的基质。相比之下，2005 年、2007 年和 2009 年每天的水位为 2 ～ 3 m, 平均水量分别为 488.5 566.4 m³·s⁻¹ 和 690.1 m³·s⁻¹。在水浸 1 ～ 3 和流量为 500-700 m³·s⁻¹ 的水淹和侵蚀暴露的裸露地面上造成反复扰动之后，Suaeda maritima 是一种先锋物种，在裸地上定居。通过在高潮期间从上游和海洋输送的沉积物，并且在相同的干扰水平之后，Artemisia fukudo 是在 Suaeda maritima 社区沉积的沉积物上发芽并生长的次生入侵者。

参考文献

[1] LEE Y S, PARK J Y, KIMA J K, et al. Complete Chloroplast Genome Sequence of Artemisia fukudo Makino （Asteraceae）[J].Mitochondrial Dna Part B: Resources, 2016: 376–377.

[2] YOON W J, MOON J Y, SNOG G, et al. Artemisia fukudo Essential Oil Attenuates LPS–Induced Inflammation by Suppressing NF–KappaB and MAPK Activation in RAW 264.7 Macrophages[J]. Food Chem Toxicol, 2010（48）: 1222–1229.

[3] 大林夏湖, 程木義邦, 國井秀伸. 中国四国地方における準絶滅危惧種ハマサジ Limonium tetragonum （Thunb.） A. A. Bullock とフクド Artemisia fukudo Makino の分布状況 [J]. ホシザキグリーン財団研究報告, 2008, 3（11）: 205–210.

[4] KANEKO K, NOHARA S. The Influence of Changes in the Degree and Frequency of Disturbance on the Annual Salt Marsh Plant （Suaeda maritima, Artemisia fukudo） Communities in Estuarine Tidal Flats: A Case Study of the Kushida River in Mie Prefecture, Japan[J]. Open Journal of Ecology, 2014, 4（1）: 1–10.

[5] KIM K N, LEE J, YOON W. The Cytotoxicity of Artemisia fukudo Extracts Against HL60 Cells [J]. Korean Soc Food Sci Nutr, 2007, 36（7）: 819–824.

[6] KIM M J, KIM S, HYUN K H. Antimelanogenic of Artemisia fukudo Makino Extract in Melanoma Cells[J]. ResearchGate, 2017, 32（3）: 233.

三十九、普陀南星

（一）学名解释

Arisaema ringens（Thunb.）Schott 属名：Arisaema，Aris 一种植物名 +aema 表示旗帜。天南星科，天南星属。种加词：ringens，有裂口的，张口的，张开的，开口的。命名人：Schott=Heinrich Wilhelm Schott，肖特（1794—1865，出生于摩拉维亚布林诺布尔诺，卒于维也纳美泉宫（SchönbrunnPalace）。他是一位奥地利植物学家，因其在天南星科上的广泛工作而闻名。他在维也纳大学学习植物学、农业和化学，他是 Joseph Franz von Jacquin（1766—1839）的学生。他是 1817 年至 1821 年奥地利巴西探险队的参与者。1828 年，他被任命为维也纳的霍夫加特纳（皇家园丁），后来担任美泉宫帝国花园的主任。1852 年，他负责以英国花园的方式改造部分宫殿花园。他还用来自巴西的藏品丰富了维也纳的庭院花园。他对高山植物群感兴趣，并负责维也纳 Schloss Belvedere 的 alpinum 的开发。肖特是 Heinrich Schott 的儿子，Heinrich Schott 是维也纳大学植物园 J.F. von Jacquin 领导的园艺师。Heinrich Wilhelm Schott 最早专门研究天南星科，通常称为 Aroids。他在 19 世纪 20 年代末开始学习并一直持续到去世。Schott 在天南星科中的作用难以超越。

肖特创立了以下属：肾蕨属（Nephrolepis Schott）、玉乳柱（Lophocereus schottii var.monstrosus）、花叶万年青属（Dieffenbachia Schott）、广东万年青属（Aglaonema Schott）、喜林芋属（Philodendron Schott）、刺蕨属（Egenolfia Schott）、斑龙芋属（Sauromatum Schott）、花烛属（Anthurium Schott）、喜林芋属（PhilodendronSchott）。

国际天南星植物学会设立了"H. W. Schott"奖，李恒是中国获此奖的女科学家。

别名：开口南星

英文名称：Puto Jackinthepulpit

学名考证：*Arisaema ringens*（Thunb.）Schott, Melet. 1: 17. 1832; Engl. in DC., Monogr. Phan. 2: 534. 1879; N. E. Brown in Journ. Linn. Soc. Bot. 36: 179. 1903; Matsum. et Hayata in Journ. Coll. Sci. Univ. Tokyo 22: 457. 1906; Engl. in Engl. , Pflanzenr. 73（4, 23F）: 210. 1920; Ohwi, Fl. Jap. 253. 1956.—Arum ringens Thunb. in Act. Soc. Linn. Lond. 2: 337. 1794.— Arisaema ringens var. sieboldii Engl. in DC., Monogr. Phan. 2: 534. 1879, in Engl., l. c. 210.— A. praecax de Vriese, Cat. Hort. Spaarenberg ex Koch in Allgem. Gartenzeit. 87. 1857; Hook, in Curtis, Bot. Mag. t. 5267. 1861—A. ringens var praecox（de Vriese）Engl. in DC. , Monogr. Phan. 2: 535. 1879, in Engl. l. c. 210, fig. 50. 1920. Ringentiarum ringens（Schott）Nakai in Journ. Jap. Bot. 25: 5. 1950.

肖特 1832 年在其所创杂志 *Meletemata botanica*（*with Stephan Ladislaus Endlicher*），1832 上发表了该物种。德国植物学家 Heinrich Gustav Adolf Engler1879 年在杂志 *Monographiae phanerogamarum*. 上记载了该物种。英国植物分类学家及多肉植物权威 Brown, Nicholas Edward1903 年在杂志 *Journal of Linnean Society Botany* 上记载了该物种。松村任三与早田文藏 1906 年在杂志 *Journal of the College of Science ,Imperialn University of Tokou* 上记载了该物种。Engler, Heinrich Gustav Adolf1920 在刊物 *Das Pflanzenreicn* 上记载了该物种。大井次三郎 1956 年在《日本植物志》中也记载了该物种。

卡尔·彼得·屯贝里在 1794 年在杂志 *Actis Societatis Linnaeanae Lond* 上发表了物种 Arum ringens Thunb. 为基本异名，将其归入海芋属，Arisaema ringens（Thunb.）Schott 为重新组合名，组合为天南星属。

Engler, Heinrich Gustav Adolf1879 年在杂志 *Monographiae phanerogamarum.* 上发表的 Arisaema ringens var. sieboldii Engl. 做异名处理。

1879 年，*Monographiae phanerogamarum.* 记载的 A. ringens var praecox（de Vriese）Engl. 做异名处理。1920 年记载的同样做异名处理。1950 年，《日本植物学杂志》上记载的 Ringentiarum ringens（Schott）Nakai 做异名处理。

（二）形态特征

普陀天南星形态特征如图 39-1 所示。

块茎扁球形，具小球茎。鳞片向上渐狭，内面的长约 12 cm。叶柄长 15～30 cm，粗 7～8 mm，下部 1/3 具鞘，鞘管状，口部截形；叶片 3 全裂，裂片无柄或具短柄，中裂片宽椭圆形，长 16～23 cm；侧裂片偏斜，长圆形或椭圆形，长 15～18 cm，宽均在 10 cm 以上，先端渐尖，具长 1～1.5 cm 的锥状突尖，侧脉脉距约 1 cm，集合脉距边缘 5 mm。花序柄短于叶柄，有时长为叶柄的 1/2。佛焰苞管部绿色，宽倒圆锥形，长 3.6～4 cm，上部粗 1.8～2 cm，喉部具宽耳，耳内面深紫，外卷；檐部下弯成盔状，前檐具卵形唇片，下垂，先端外弯。肉穗花序单性，雄花序无柄，圆柱形，长 1.5 cm，粗 8 mm，雄花规则地螺旋状排列，每花花药具短柄，2 室，药室短卵圆形，顶孔横裂；雌花序近球形，长宽 1.5 cm，子房卵圆形，顶部渐狭，胚珠 1 个；各附属器棒状或长圆锥状，长 3.5～4.5 cm，先端钝，基部增粗至 0.9～1.2 cm，具长 5～10 mm 的柄，向上渐狭，上部粗 5～8 mm。花期 4 月。

a 植株；b 叶片；c、d 花序；e、f 果序

图 39-1　普陀天南星

（三）分布

产自江苏、浙江、台湾。日本、朝鲜南部也有。舟山产于中街山列岛、普陀岛等。

（四）生境及习性

生长于沟边、山坡、林下阴湿地。

（五）繁殖方法

（1）种子繁殖。贮藏方式以沙藏法最佳，处理方式以浓硫酸最好，沙藏＋浓硫酸的综合处理方式发芽率、发芽势和发芽指数均为最高，分别达48.67%、9%、2.88。将浆果从果序上剥离，获得浆果11月进行沙藏。沙藏是将种子与湿润的细沙搅拌均匀，在15～20℃的环境下贮藏，第二年2月去除果皮，洗净果肉，剔除发育不良种子。将98%的浓硫酸倒入烧杯中，取沙藏30颗种子，将种子投入其中，淹没浸泡10秒后将烧杯中浓硫酸迅速倒出，并用清水反复冲洗种子3遍。这可能是普陀南星的种皮较硬且结构致密，不利于发芽时对水分的吸收，从而影响了发芽率。沙藏是影响种子发芽率的关键因子。普陀南星的一年生苗之形态与成年植株完全不同，呈心形单叶，叶片无分裂现象，可能需2～3年才会分化出三裂叶片。普陀南星的幼苗在夏季既怕高温强光，也忌干旱，故苗期管理需采取遮阴、降温及保湿等措施。

（2）分株或分球繁殖。从母株上分离得到子球，剥离后单独栽种。

（六）应用价值

药用价值。具消肿散结、燥湿化痰、祛风定惊等功效。块茎（由跋）辛、苦，有毒，用于毒肿热结。主痰湿咳嗽、风痰眩晕、中风、口眼歪斜、破伤风、痈疮肿毒。

（七）研究进展

（1）种子繁殖的研究。傅浙锋2015研究了关于种子萌发的问题，其平均发芽率为32.89%、发芽势为6.33%，发芽指数为6.04，以沙藏＋浓硫酸的处理方式发芽率最高，发芽率、发芽势、发芽指数分别为48.67%、9%、2.88。

（2）染色体核型研究。关于染色体数目的研究，染色体数目来源于日本天南星科的22个分类群的37个种群。其中，染色体数目为 A.limbatum var.conspicuum

（2*n*=26），A.minus（2*n*=26），A.nambae（2*n*=28） 和 A. seppikoense（2*n*=26） 是第一次确定。在日本天南星属中出现三种基本染色体数目模式，*x*=14，*x*=13 和 *x*=12。20 个分类群的精确核型比较显示，*x*=14 和 *x*=13 的分类群共有 26 个主要染色体臂，并且具有明显的染色体关系。两个亚着丝粒染色体之一 inx=13 对应于两个端着丝粒染色体 inx=14。A.ternatipartitum 具有 2*n*=6*x*=72 的 12 个基本染色体中的 10 个在大小和臂比方面最相似。在日本天南星属中对普陀南星 A.ringens 进行了检查。基本染色体数目 *x*=14 是天南星属中最常见的染色体，剩余的基本染色体数目 *x*=13 和 *x*=12，似乎是通过非倍体减数将端着丝粒染色体主臂的大片段转位到端着丝粒的其他小臂上，然后丢失包括着丝粒在内的剩余部分，以及通过分别从 *x*=14 丢失两个端着丝粒来获得。基于新的细胞学数据讨论了日本天南星的一些系统性问题，Arisaema hatizyoense，A.minus 和 A.nambae 被认为是独立的物种。

（3）基因发育研究。Yong-Hwan Jung,2004 研究了来自韩国的天南星属几个物种质体 trnL-trnF 序列的系统发育，通过比较 trnL（UAA）-trnF（GAA）基因组，分析了在韩国分布的属于 Arisaema 三个部分（Pistillata，Tortuosa 和 Arisaema）和外群类群（Pinellia ternate）的 10 个分类群的系统发育。

叶绿体 DNA（cpDNA）的间隔序列 trnL-trnF 区域的长度范围为 336 至 396 个碱基对（bp）。序列比对需要该区域中的 18 个碱基取代和 4 个独立的插入缺失。最长的突变是 A.thunbergii，A.heterophyllum，A.urashima 和 A. candidissimum 的 35bp 缺失。用 MspI 消化观察到两种不同的限制性片段模式。区分 Tortuosa（A. thunbergii 和 A. heterophyllum）加上 A.urashima 和 A.candidissium 与其他区别开来。此外，在 A.thunbergii，A.heterophyllum 和 A.candidissimum 中发现 16-bp 缺失。4 个物种具有 24bp 的插入突变重复主题，TTTTGTTAGGTTATCCTTACACTT：A.amurense f. serratum，A.robustum f.purpureum，A.peninsulae 和 A.sikokianum。

11 个种质的最大简约分析产生了 12 个同样最为简洁的种类（MP）分支。MP 分支还包含三个独立的组。第一组包含一个分类单元 A.ringens f. praecox.。第二组包含 Tortuosa（扭曲）种质，包括 A.urashima 和 A.candidissimum。第三组包含 Arisaema 和 A.sikokianum 部分。这些结果表明，cpDNA trnLtrnF 基因间隔区的分析是推断系统发育关系和鉴定的有效方法。

（4）药理学研究。Junei Kinjo2016 研究从植物中筛选有希望的化疗候选基因提取物，表明普陀南星的球茎对 MK-1、B16F10 细胞增殖具有抑制作用，而对 HeLa、MT-1 和 MT-2 细胞没有抑制作用。Daisuke Nakano2011 研究指出，其根的提取物对 MT-1 和 MT-2 细胞没有抑制作用。

（5）繁育系统研究。Eiichiro Kinoshita1986 年研究了植株大小与性别的关系，大小—性别关系在所有物种中表现出几乎相同的模式。当植物体型较小时，性别表达是雄性。随着植物长大，性别表达从雄性变为雌性。雄性比率在临界大小附近迅速下降，但这个临界大小因物种而异。在生殖结构和行为中检测到性别差异，尽管在营养结构中未发现差异。花茎的粗壮、长寿和内部组织显示出雄性和雌性之间的显著差异，这种差异最明显的是尺寸—重量关系。在开花期雄性和雌性植物之间的生殖结构资源分配没有差异。然而，在雌性个体的结果期发现了对生殖结构的资源分配量的广泛变化，这归因于成熟果实的结实率的差异。

（6）胚胎学研究。Ingrid Roth1949 研究了其叶片的分生组织活动类型，指出其分生组织活动属于 Triglochin-Typus 类型，腹侧侧生分生组织的形成已经推迟了很长时间，很快就会形成一种类似于管状叶子的形状。

参考文献

[1] 傅浙锋, 叶丽青, 叶旻硕, 等. 珍稀花卉普陀南星种子繁殖试验 [J]. 种子, 2015, 34（11）: 85-87.

[2] WATANABE K, KOBAYASHI T, MURATA J. Cytology and Systematics in Japanese Arisaema（Araceae）[J]. J. Plant Res., 1998（111）: 509-521.

[3] JUNG Y H, SONG E Y, CHUN S J, et al. Phylogenetic Analysis of Plastid TrnL-TrnF Sequences from Arisaema Species（Araceae）in Korea[J]. Euphytica, 2004（138）: 81-88.

[4] KINJO J, NAKANO D, FUJIOKA T, et al. Screening of Promising Chemotherapeutic Candidates from Plants Extracts[J]. J Nat Med, 2016（70）: 335-360.

[5] KINOSHITA E. Eiichiro Kinoshita, Department of Botany, Faculty of Science, Kyoto University[J]. Kyoto. Ecol. Res., 1986（1）: 157-171.

[6] NAKANO D, ISHITSUKA K, HATSUSE T, et al. Screening of Promising Chemotherapeutic Candidates Against Human Adult T-cell Leukemia/lymphoma from Plants: Active Principles from Physalis Pruinosa and Structure-Activity Relationships with Withanolides[J]. J Nat Med, 2011（65）: 559-567.

[7] Roth I. Zur Entwicklunsgeschichte des Blattes, Mit Besonderer Berücksichtigung Von Stipular und Ligularbildungen[J]. Planta,Bd. 1949,（37）: 299-336.

四十、筛草

（一）学名解释

Carex kobomugi Ohwi 属名：Carex，苔草原名。种加词：kobomugi 属于藤泽市的。命名人：Ohwi=Jisaburo Ohwi，大井次三郎（1905—1977），日本植物学家。1965 年，他出版了著名的《日本植物志》。1978 年增订新版，全一册。

发表著作：《标准原色图谱全集》采集了大量的台湾植物。二次世界大战爆发后，台北帝大亦负责中南半岛、南洋群岛的植物资源调查。此时，除了植物种类数目的调查研究工作外，研究方向已逐渐偏重于草本植物的专论性及订正性，如菊科由北村四郎，莎草科、禾本科由大井次三郎，兰科由福山伯明等负责。

学名考证：*Carex kobomugi* Ohwi in Mem. Coll. Sci. Kyoto Univ. Ser. B. 5（3），281, 1930; V. Krecz. in Kom., Fl. URSS 3: 124, t. 11, fig. 3, 1935; Ohwi, Cyper.Japon. 1: 249, t. 7, 1936; Kitag., Linearn. Fl. Mansh, 103, 1939; Akiyama, Caric. Far East. Reg. Asia 54, Pl. 21, 1955（forma kobomugi）; Egorova, Caric. URSS Subgen, Vignea Sp. 102, fig. 11（1），1966; 东北草本植物志 11: 192, 图版 87, 图 1–7, 1976; 中国高等植物图鉴 5: 274, 图 7 377, 1976; 江苏植物志上册: 296, 图 519, 1977; 台湾植物志 5: 366, 1978; 浙江植物志 7: 301, 图 7–412, 1993.—C. macrocephala Willd. var. longibracteata Oliver in Journ. Linn. Soc. Bot. 9: 170, 1866.—C. macrocephala Willd. var. kobomugi Miyabe et Kudo Fl. Hokk. et Saghal. 2: 221, 1931.

1930 年大井次三郎在其代表性刊物 *Memoirs of the College of Science; Kyoto Imperial University. Series B.* 上发表了该物种。分类学家 V. Krecz. 在柯马洛夫所著的《苏联植物志》第三卷上记载了该物种。1936 年，大井次三郎在《日本莎草科植物》记载了该物种。1939 年，北川正夫在《满洲植物考》中也记载了该物种。植物学家秋山在著作《加勒比远东地区苔草植物》（*The Flora of caric Far Eastern Regional Asia*）中记载了该物种。Egorova 在其著作《苏联远东地区苔草亚属植物志》（*Caric. URSS Subgen, Vignea Speces*）中记载了该物种。1976 年《东北草本植物志》记载了该物种。1976 年《中国高等植物图鉴》记载了该物种。1977 年《江苏植物志》记载了该物种。1978 年《台湾植物志》第 5 卷上记载了该物种。1993 年《浙江植物志》第七卷上记载了该物种。英国植物学家丹尼尔·奥利弗 1866 年在其杂志《林奈学会植物学杂志》（*Journal of the Linnean Society Botany*）发表了物种 C. macrocephala Willd. var. longibracteata Oliver。虽为此物种的描述，但在此作为异名处理。1931 年日本植物学家宫部金吾和分类学家工藤在《香港植物志》（*Flora Hongkongensis*）上发表了物种 C. macrocephala Willd. var. kobomugi Miyabe et Kudo，也作为异名处理（优先律原则）。

别名：砂砧薹草

英文名称：Carex kobomugi

（二）分类历史及文化

沿海各地在开发的进程中，筛草等沙生植被的生境遭到严重破坏，其主要表现为：①生境退化。主要是人为干扰造成筛草等沙生植被缺失或不完整，导致土壤侵蚀、干旱化、贫瘠化加重。②生境破碎化。筛草的生境被沿海各地修建拦海大堤切割造成斑块化。③生境丧失。筛草的适宜生境被人为景观占据。随着时间的推移，沙生植被的生境破坏还会持续。建立海岸带沙生植被保护区，抚育海岸带天然植物群落和生物多样性是从根本上保护筛草等沙生植物的最好途径，也为种群的自然恢复提供基础。在漫长的自然选择过程中，滨海沙滩前缘的常见种和优势种已适应了风暴潮的干扰。当获得对风暴潮的适应性后，滨海沙滩不再是威胁它们生存的恶劣环境，反而演变为适合它们生存与发展的天然生境。假如把这些物种移植到滨海沙滩以外，也许能暂时生存，但不一定适应新的干扰制度和种间竞争，反而使其灭绝风险增大。因此，必须重视滨海沙滩植物资源的就地保护工作。因此，建立海岸带植被保护区、建立沙生植物园对拯救珊瑚菜、保护筛草等沙生植物意义重大，且迫在眉睫。

（三）形态特征

筛草形态特征如图 40-1 所示。

根状茎长而匍匐或斜向地下，外被黑褐色分裂成纤维状的叶鞘。秆高 10～20 cm，宽 3～4 mm，极粗壮，钝三棱形，平滑，基部具细裂成纤维状的老叶鞘。叶长于秆，宽 3～8 mm，平张，革质，黄绿色，边缘锯齿状。苞片短叶状。小穗多数，卵形，长 10～15 mm；穗状花序雌雄异株，稀同株；雄花序长圆形，长 4 ～ 5 cm, 宽 1.2 ～ 1.3 cm；雌花序卵形至长圆形，长 4 ～ 6 cm，宽约 3 cm。雄花鳞片披针形至狭披针形，顶端渐狭成粗糙短尖，长 5 ～ 10 mm；雌花鳞片卵形，顶端渐狭成芒尖，长 1.2 ～ 1.6 cm，宽 4 ～ 5 mm，革质，黄绿色带栗色，具多条脉。果囊稍短于鳞片或与鳞片近等长，披针形或卵状披针形，平凸状，长 10 ～ 15 mm，宽约 4 mm，弯曲，厚革质，栗色，无毛，有光泽，两面具多条脉，上部边缘具齿状狭翅，基部近圆形，具短柄，先端渐狭成长喙，稍弯，喙口具 2 个尖齿。小坚果紧包于果囊中，长圆状倒卵形或长圆形，长 5 ～ 5.5 mm，橄榄色，基部稍成楔形，顶端圆形；花柱下部微有毛，基部稍膨大，柱头 2 个。花果期 6—9 月。

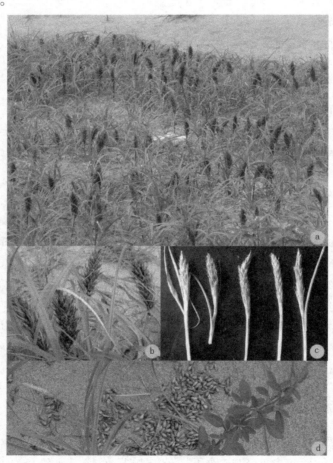

a 群落；b 果穗；c 雌穗（左 3）及雄穗（右 2）；d 种子

图 40-1　筛草

（四）分布

在国内广泛分布于东北、山东、河北、江苏、浙江、福建及台湾等沿海沙滩地区。舟山群岛分布于桃花岛、朱家尖、普陀山等地。

（五）生境及习性

常生于海滨的沙滩上，伴生种有肾叶打碗花、匍茎苦卖菜。从近水沙滩裸地到海堤上，其演替过程为：在滨海沙滩最前沿首先出现筛草群落、珊瑚菜群落、矮生苔草群落和砂引草群落。这些草本群落的出现，使土壤沙性逐渐减弱，土壤有机质增加，并加速土壤脱盐化的进程。随着地势的升高，土壤盐分的逐渐降低，种群优势降低，具有特别强壮根茎的多年生草本植物白茅、芦苇等相继侵入，进而取代砂钻苔草、珊瑚菜、砂引草而形成优势种，形成白茅群落或芦苇群落。随着地势的升高，土壤含盐量的下降以上群落逐渐被白茅和芦苇所替代成为优势种，形成白茅群落和芦苇群落。最后即为单叶蔓荆、柽柳等灌木所取代演替为灌木群落（徐德成，1991）。但根据笔者的观察，桃花岛沙滩的演替最光是矮生苔草而非筛草。从种间关系来看，其他物种可能对筛草存在某种依赖性，而对矮生苔草无依赖性。

筛草雌雄异株，偶见雌雄同株的情况，在一小片区域中几乎全是雌花或全是雄花。雌花和雄花花期一致，均在 5 月中旬开花，雌花鳞片卵状披针形，雄花鳞片披针形。雌花鳞片稀疏，浅褐色，雄花鳞片很多，密密麻麻布满整穗，颜色褐色。借助风力，完成授粉。筛草花后结大量种子，种子结实率较高，每穗约有 50 ～ 80 粒种子。在野生状态下，筛草丛中种穗较多，生殖枝密度在不同立地条件表现出较高的稳定性。在完成开花结实后，与生殖枝一起的生长枝叶片逐渐干枯死亡，随着叶鞘一起埋入沙中。筛草的挂果期较长，种子 7 月份成熟，到冬天种穗中仍有很多种子，甚至到第二年采收时，前一年的种子还有很多仍未脱落（李双云，2015）。筛草的地下根茎极为发达，可深达 40 ～ 50 cm。地下根茎的茎尖向上产生多个新的短状根茎，短状根茎向上生长一段较小的距离后成为萌发枝，萌发枝基部略微膨大，产生许多不定根，不定根分布于地下 10 cm 左右的土层中，同时在萌发枝的基部会分蘖产生多个（一般 3 ～ 5 个）以上的侧芽，有的侧芽萌发成为新的植株或生殖枝。有的侧芽萌发成为新的匍匐根。原来的匍匐根继续水平生长一段时间后，再向上生长较短的根茎后继续向上生长产生萌发枝，萌发枝基部又会分蘖产生 1 个或多个以上的侧芽，如此往复，筛草的地下根茎纵横交错形成网状结构（李双云，2015）。

（六）繁殖方法

种子繁殖。安连任 2017 研究发现，H_2SO_4（浓）处理发芽率为 50%，变温层积处理 6 个月发芽率达到最高 88%，其他处理与对照相比发芽率没有明显的提高。变温层积处理是打破筛草种子休眠最安全、有效、经济的一种方法。筛草的种子休眠性很强，即当年采收的成熟种子到播种第 2 年春天才会发芽，且发芽率能达到 80% 以上。筛草种子在采收后 2 年播种与当年采收当年播种相比，发芽率反而提高，这充分说明筛草种子具有较强的生理休眠，而且休眠极有可能是由生理后熟引起的。

（七）应用价值

（1）药用价值。据《本草纲目》记载："筛草的种子可以入药，称筛食，气味甘平，无毒。主治不饥，轻身，补虚羸损乏，温肠胃，止呕逆，久食健人。"传说大禹治水时，饭后撒落的米粒落于河中，随水流至东海洲上变成筛草，所结籽实形如大麦，食之可充饥，后人称为"禹余粮"。战国时期名医扁鹊到此采药，发现禹余粮可以治疗久泻、久痢、便血、崩漏、带下等许多病症。这一剂禹余粮使扁鹊声名大噪，被称为"带下医"（闫茂华，2009）。由理德斯普公司生物技术研究所研制成功的生物矿质液（BML）和筛草总黄酮（TFS），对心血管病具有防治和保健作用，经鉴定是理想的药物和保健食品。

（2）食用价值。筛草的果实含淀粉，可磨粉食用或酿酒。据《博物志》记载，"东海洲上有草名曰筛。有实，食之如大麦。七月熟，民敛获至冬乃讫。呼为自然谷，亦曰禹余粮"。《本草纲目》中也有记载，"按方孝孺集有海米行，盖亦筛草之类也。海边有草名海米，大非蓬蒿小非荞。妇女携篮昼做群，采摘仍于海中洗。归来涤釜烧松枝，煮米为饭朝充饥，莫辞苦涩咽不下，性命聊假须臾时"。另外，京理德斯普公司研究报告指出筛草提取物活性成分的发展潜力巨大，用作保健品及相关的产业形势看好（闫茂华，2009）。

（3）生态价值。能耐干旱贫瘠，抗海风雾，还能适应海雾中夹杂的盐分胁迫和短期海潮造成的海浸，可以顽强地、密密地覆盖瘠薄的沙滩，固沙保土。它是改善沙岸滩涂生态环境、绿化美化的一种重要的生物物种资源，是名副其实的沙质海岸滩涂植物群落建设的先锋植物。

（4）经济价值。用筛草作为造纸原料，生产的纸张质地均匀、光洁度高。沿海农村燃料紧缺的时候，收割筛草可作燃料。在农村大力发展沼气进程中，有些地方把筛草作为沼气原料，收到良好的效果（闫茂华，2009）。

（5）新的草坪资源。筛草返青早，色泽好，生长持续时间长；有极强的营养繁殖能力，萌生力强，生长快，覆盖度好；适应性强，具有较强的竞争能力和蔓延能力；地下根茎发达，耐践踏性强；筛草作为一类新的草坪资源，筛草等苔草属植物既可形成单一品种的草坪，又可与其他草种混合配置成多样化的复合草坪。它将在水土保持、公路绿化、堤坝绿化、机场绿化，尤其在城市园林绿化草坪建设中发挥重要的作用。

（八）研究进展

（1）菌根及菌株研究进展。Sumera Afzal Khan2009 研究发现从 Carex kobomugi 中分离出的一种新的 Arthrinium phaeospermum 菌株能够生产赤霉素，从 Carex kobomugi（一种常见的沙丘植物）的根中分离出具有赤霉素生产能力的植物生长促进内生真菌，并进行生物测定以促进植物生长。一种新菌株 Arthrinium phaeospermum KACC43901 促进了 waito-c 水稻和 Atriplex gemelinii 的生长。陈永妍 2014 进行了四种滨海植物根际微生物分布及根际效应研究。JunKawabata1989 已经从 Carex kobomugi Ohwi（莎草科）中分离出一种名为 kobophenol A（1）的抗微生物新型四氢噻吩与先前已知的低聚芪，miyabenol C（2）和 ε-viniferin（3）一起分离。

（2）光合利用效率研究进展。刘艳莉 2018 研究了山东半岛海岸前沿 4 种草本植物光合性能及资源利用效率比较，指出 4 种草本植物的资源利用效率综合指数排序从高到低为狗牙根、筛草、肾叶打碗花和砂引草。

参考文献

[1] 徐德成 . 胶东海岸的沙生植被 [J]. 生态学杂志 , 1991, 10（4）：18–21.

[2] 刘日方勋，黄致远，蔡守坤 . 江苏海岸沙生植被的研究 [J]. 植物生态学与植物学报 , 1986, 10（2）：22–30.

[3] 乔勇进，谢韶颖 . 沙质海岸的先锋植物——砂钻苔草 [J]. 植物杂志 , 2003（4）：51–52.

[4] 闫茂华，陆长梅 . 资源植物——筛草开发利用的研究进展 [J]. 连云港师范高等专科学校学报 , 2009（2）：106–108.

[5] 吉文丽，朱清科，李卫忠，等 . 苔草植物分类利用及物质循环研究进展 [J]. 草业科学 , 2006, 23（2）：7–9.

[6] 杨洪晓，褚建民，张金屯 . 山东半岛滨海沙滩前缘的野生植物 [J]. 植物学报 , 2011, 46（1）：50–58.

[7] 刘防勋，黄致远，蔡守坤．江苏海岸沙生植被的研究 [J]. 植物生态学与地植物学学报，1986, 10（2）: 116–123.

[8] 胡君，刘启新，吴宝成，等．江苏海州湾沿海沙滩植被的种类组成与群落变化 [J]. 植物资源与环境学报，2013, 22（2）: 98–107.

[9] 安连任，夏阳，燕丽萍，等．筛草种子休眠与萌发方法的研究 [J]. 山东林业科技，2017（3）: 33–36.

[10] 李双云，杨国良，庞彩红，等．山东砂质海岸筛草的分布及生物学特性研究 [J]. 山东林业科技，2015（2）: 23–26.

[11] SUMERA AFZAL KHAN, MUHAMMAD HAMAYUN, HO–YOUN KIMHYEOK–JUN YOON, et al. A New Strain of Arthrinium Phaeospermum Isolated from Carex Kobomugi Ohwi is Capable of Gibberellin Production[J]. Biotechnology Letters, 2009, 31（2）: 283–287.

[12] 陈永妍，仇慈欢，储秋燕，等．四种滨海植物根际微生物分布及根际效应研究 [J]. 湖北农业科学，2014, 53（3）: 563–568.

[13] 刘艳莉，侯玉平，卜庆梅，柏新富．山东半岛海岸前沿 4 种草本植物光合性能及资源利用效率比较 [J]. 安徽农业大学学报，2018, 45（4）: 710–714.

[14] KAWABATA J, ICHIKAWA S, KURIHARA H, et al. Kobophenol A, A Unique Tetrastilbene from Carex kobomugi Ohwi（Cyperaceae）[J]. Symposium on the Chemistry of Natural Products, 1989, 30（29）: 585–592.

四十一、矮生薹草

（一）学名解释

Carex pumila Thunb. 属名：Carex，苔草原名。种加词：pumila 矮小的、矮生的。命名人：Thunb.=Carl Peter Thunberg，卡尔·佩特·屯贝里（1743—1828），是瑞典一位博物学家。出生于延雪平，在乌普萨拉大学学习自然哲学和医学，师从著名植物学家卡尔·林奈，1767 年完成博士论文答辩。1770 年起，他先后在巴黎、阿姆斯特丹和莱顿从事研究工作。1771 年，他受荷兰植物学家约翰内斯·伯曼的委托，前往荷兰殖民地和日本去采集植物。1772 年 4 月，屯贝里抵达开普敦，同年获得了医学博士学位。1775 年，他前往爪哇，在巴达维亚停留了 2 个月，之后前往日本，在荷兰东印度公司担任外科医生。此间，他收集了 800 余种植物，并在 1784 年发表《日本植物》。1778 年，屯贝里回到阿姆斯特丹，次年回到瑞典。1784 年，他被乌普萨拉大学任命为植物学讲师和自然哲学和医学教授，直至去世。他在植物学和昆虫学上有很大贡献，描述了许多物种，被称为南非和日本的"植物学之父"。

学名考证：*Carex pumila* Thunb.,Fl. Japan. 39，1784；Boott. Illustr. Carex 4: 217，1867；Franch. et Savat., Enum. Pl. Japon. 2: 153，1879；Kukenth. in Bot. Jahrb. 27: 551，1899；Meinsh. in Acta Hort. Petrop. 18: 378，1901；Kom., Fl. Mansh. 1: 385，1901；Kukenth. in Engl., Pflanzenr. Heft 38（IV. 20）: 738，fig. 126，1909；V. Krecz. in Kom., Fl. URSS 3: 408，pl. 22，fig. 9，1935；Ohwi, Cyper. Japon. 1: 485，1936；Kitag. Lineam. Fl. Mansh. 108，1939；Akiyama, Caric. FarEast. Reg. Asia 150，pl. 140，1955；刘慎谔等，东北植物检索表 533，图版 199，图 3，1959；T. Koyama in Journ. Fac. Sci. Univ. Tokyo Sect. III，8（4）: 248，1962；东北草本植物志，11: 85，图版 36，图 1-5，1976；江苏植物志上册: 316，图 565，1976；台湾植物志 5: 357，pl. 1359，1978；福建植物志 6: 356，图 320，1995. 2、Carl Peter Thunberg 于 1784 年在《日本植物》（*Flora of Japan*）发表了该物种。美国医师与植物学家 Francis

Boott1967 年在其《苔草图志》(*Illustrations of Carex*)记载了该物种。法国植物学家 Adrien René Franchet 与法国植物学家 Paul Amedée Ludovic Savatier 在 1879 年在刊物《日本植物志》(*Enumeratio Plantarum Japonicarum*)记载了该物种。德国植物学家 Kuekenthal1899 年在刊物 *Botanische Jahrbucher fur Systematik,Pflanzengeschichte und Pflanzengeographie* 记载了该物种。瑞士植物学家 Meinshausen, Karl Friedrich 于 1901 年在刊物 *Acta Horti Petropolitani* 第 18 卷记载了该物种。苏联科学家 Komarov, Vladimir Leontjevich(Leontevich)1901 年在刊物《满洲植物志》(*Flora Manshuriae*)第一卷上记载了该物种。德国植物学家 Kuekenthal1909 年在 Engler, Heinrich Gustav Adolf 所著刊物 *Pflanzenreith Heft* 上记载了该物种。Kreczetovicz, V. I.1935 年在苏联植物学家 Komarov, Vladimir Leontjevich(Leontevich)所著的《苏联植物志》(*Flora of URSS*)上记载了该物种。大井次三郎 1936 年在刊物《日本的莎草科植物》(*Cyperaceae of Japonicarum*)上记载了该物种。北川正夫 1939 年在刊物《满洲植物考》(*Lineamenta Florae Manshuricae*)记载了该物种。日本分类学家正本孝昌 Akiyama, Shigeo1955 年在刊物《苏联远东加勒比地区植物》(*The Flora of caric Far Eastern Regional Asia*)记载了该物种。刘慎谔等所著的《东北植物检索表》1959 年记载了该物种。1976 年《东北草本植物志》记载了该物种。1976 年《江苏植物志》上册记载了该物种。1978 年《台湾植物志》5 卷记载了该物种。1995 年《福建植物志》6 卷记载了该物种。日本植物分类学家小山铁夫 1962 在刊物《东京大学理学院学报》(*Journal of the Faculty of Science,University of Tokyo*)上记载了该物种。

英文名称：Dwarf Sedge

（二）分类历史及文化

筛草和矮生薹草都是莎草科薹草属植物，二者植株形态很相似，其生境也都是沿海地区的海边沙地。如不留心就很可能当成同一种植物。其实二者的区别还是显而易见的。筛草是薹草属的二柱薹草亚属属下植物，其特征是小穗多数，全部为两性，无柄，常密集地排列成穗状花序；枝先出叶不发育；柱头通常 2 个，少数 3 个。矮生薹草是薹草属薹草亚属属下植物，其特征是小穗单性或单性与两性兼有，罕全为两性，小穗单个或多个生于苞片腋内，少数排列成复花序，小穗基部的枝先出叶鞘状（多见于下部的小穗），内无花。

（三）形态特征

矮生薹草形态特征如图 41-1 所示。

根状茎具细长的、发达的地下匍匐茎。秆疏丛生，高 10 ～ 30 cm，三棱形，几全为叶鞘所包裹，下部为多枚淡红褐色的无叶片的鞘所包裹，鞘的一侧常细裂成网状。叶长于或近等长于秆，宽 3～4 mm，平张或有时对折，质坚挺，脉上和边缘粗糙，具鞘。苞片下面的叶状，长于秆，在雄小穗基部为芒状或鳞片状，短于小穗，下面的苞片具短鞘。小穗 3～6 个，间距较短，上端 2～3 个为雄小穗，棍棒形或狭圆柱形，长 1.5～3.5 cm，具短柄；其余 2～3 个为雌小穗，长圆形或长圆状圆柱形，长 1.5～2.5 cm，宽约 8 mm，具稍疏生的多数花，通常具短柄。雄花鳞片狭披针形，顶端渐尖，淡黄褐色；雌花鳞片宽卵形，长约 5.5 mm，顶端渐尖，具短尖或短芒，膜质，淡褐色或带锈色短线点，中间绿色，边缘白色透明，具 3 条脉。果囊斜展，长于鳞片，卵形，鼓胀三棱形，长 6～6.5 mm，木栓质，淡黄色或淡黄褐色，无毛，具多条明显的脉，基部急狭成宽楔形，具粗而短的柄，顶端渐狭为宽而较短的喙，喙口带血红色，具两齿。小坚果较紧地包于果囊内，宽倒卵形或近椭圆形，三棱形，长约 3 mm，基部具短柄，花柱中等长，基部稍增粗，通常宿存，柱头 3 个。花果期 4—6 月。

（四）分布

产于辽宁、河北、山东、江苏、浙江、福建、台湾等地，也分布于俄罗斯远东地区、朝鲜和日本。中国主要分布在冀、鲁、苏、浙、闽、台等沿海地区的海边沙地（中国植物志，2000；戴伦凯等，2000）。矮生薹草在国外也有分布，如韩国、美国、新西兰、澳大利亚等国。舟山群岛分布于桃花岛、朱家尖、普陀山等地。

（五）生境及习性

适于沿海地区的海边沙地。矮生薹草属于克隆植物，主要靠根状茎长出幼芽和根系进行无性分株繁殖，矮生薹草的根状茎属于游击型，根状茎长、分株分散。根状茎对于植物在逆境下的生存具有重要作用，在砂质环境中的地下根状茎网络复杂，地下生物量很大。根状茎在被外界因素破坏断裂或地上部分死亡时，矮生薹草可通过在地下残留的根状茎片段进行萌发和繁殖，重新产生分株，而且无性繁殖使植株基因型不发生改变，有利于矮生薹草种群扩张。海岸带环境中，由于海潮海浪频繁干扰，许多岸带陆生植物在完成生活史和定居过程中缺乏足够的时间。通过漫长的自然选择，矮生薹草已经适应了海浪的干扰，甚至逐渐构建稳定的群落并成为优势种，海岸沙滩已经逐渐演变为适合矮生薹草生存与繁殖的天然生境，不再是威胁矮生薹草生存的恶劣环境。（杨洪晓等，2011）。沙埋是沙生植物在海岸带受到的非生物胁迫之一，Sykes1990 通过对 30 种沙生植物的不同沙埋实验中发现，矮生薹草能够通过伸长地下根状茎及增加气生根的数量来适应沙埋，增加生存机会。矮生薹草在全球海岸带分布广泛，能够适应广泛的温度环境（Rezniceketal.,1993）。

a 植株；b 囊苞；c 根系延伸；d 柱头；e 花序；f 苞片；g 子房

图 41-1　矮生薹草

（六）繁殖方法

矮生薹草种子量较大，但种子具有休眠特性，不易萌发。在砂质环境中，由于多重环境因子的胁迫，几乎没有实生苗建群，完全依靠地下根状茎进行无性繁殖与克隆生长。

（七）研究进展

（1）矮生苔草的染色体数目。P. J. de LANGE2004 研究指出其染色体数目为 $2n=82$。

（2）耐盐生理的研究。Sykes and Wilson1989 报道，根据 Partridge & Wilson

1988 对盐生植物的定义标准（能够在 1% 的含盐量中长期生存），矮生薹草是属于盐生植物，而且能够在 2%NaCl 的盐度中生存。张风娟 2006 在对盐碱环境中生长的单子叶植物进行叶片解剖，通过植物 7 个抗性指标进行了观测和比较，得出所选择的六种的植物耐盐性能力强弱依次为矮生薹草＞芦苇＞牛筋草＞野牛草＞菵草＞看麦娘（王生位，2017）。

（3）生理学研究进展。王生位（2017）研究指出，矮生薹草叶片电解质渗漏随盐胁迫浓度的增加而明显加剧，电导率随盐浓度的增加而递增。叶片膜脂过氧化物丙二酸含量随盐浓度升高而升高。叶片中过氧化物酶（POD）活性随盐浓度升高而呈递增趋势。叶片中过氧化氨酶（CAT）活性随盐浓度的加深而逐渐增加。超氧化物歧化酶（SOD）活性跟盐胁迫浓度成正相关。叶片中过氧化氨含量随盐胁迫程度增加而逐渐增加。

（4）光合生理研究进展。王生位 2017 研究指出，盐胁迫下，矮生薹草的叶绿素 a 含量随浓度的增加而递增，叶绿素 b 呈先下降后升高趋势。Chla+b 在 400 mM 浓度后呈增加趋势，Chla/b 表现升高趋势。快速叶绿素巧光诱导动力学曲线（OJIP 曲线）在经过 0、J、I 和 P 各点后逐渐趋于平稳，但 500 mM 浓度下没有明显的 JIP 曲线。在盐胁迫下，0 点处 OJIP 曲线形状变化不大，J、I 和 P 点 OJIP 曲线形状变化较大，200 mM 和 300 mM 浓度下 OJIP 曲线形高于对照，且 200 mM 浓度下曲线高于 300 mM 浓度时。400 mM 和 500 mM 浓度下低于对照，且 500 mM 浓度下曲线低于 400 mM 浓度时。叶片的 OJIP 曲线上量子产额参数整体呈降低趋势，这说明高浓度盐胁迫下对矮生薹草叶片 PSII 的光吸收产生影响。

（5）盐胁迫下代谢产物生理。王生位 2017 研究指出，盐胁迫下氨基酸、糖类、糖醇含量升高，胺类下降，氨基酸总量表现出没有差异，但聚类分析发现，主要参与脂肪酸代谢的氨基酸含量降低，参与 TCA 循环的氨基酸升高。

参考文献

[1] DE LANGE P J, MURRAY B G. Contributions to A Chromosome Atlas of the New Zealand Flora–37. MisceUaneous Families[J]. New Zealand Journal of Botany, 2002, 40（1）：1–23.

[2] 张风娟，陈凤新，徐兴友，等. 河北省昌黎县黄金海岸几种单子叶植物叶耐盐碱结构的研究 [J]. 草业科学，2006（9）：19–23.

[3] Sykes M T, Wilson J B. TTie Effect of Salinity on the Growth of Some New Zealand Sand Dunespecies[J]. Acta Botanica Neerlandica 1989, 38（2）：173–182.

[4] 王生位. 矮生臺草应答盐胁迫的生理及代谢产物分析[D]. 北京：中国科学院大学，2017.

[5] REZNICEK A A. Carexpumila （Cyperaceae） in North America [J]. Castanea, 1993, 58（3）: 220–224.

四十二、绢毛飘拂草

（一）学名解释

Fimbristylis sericea（Poir.）R. Br.，属名：Fimbristylis，表示流苏的花柱。Fimbria，流苏的。Stylus，花柱。种加词：sericea，被绢毛的，绢质的。命名人：R.Br.=Brown Robert，罗伯特·布朗是一位苏格兰植物学家和古植物学家，1773 年出生于蒙特罗斯，1858 年在英国逝世。他开创性地使用显微镜，为植物学做出了重要贡献。他的贡献包括最早的细胞核和细胞质流的详细描述；观察布朗运动；植物授粉和受精的早期工作，包括首先认识到裸子植物和被子植物之间的根本区别；以及一些最早的孢粉学研究。他还为植物分类学做出了许多贡献，包括建立了一些今天仍然被接受的植物科属，以及许多澳大利亚植物属和物种。他是詹姆斯·布朗的儿子，小时候，布朗就读于当地的文法学校（现称为蒙特罗斯学院），然后是阿伯丁的马里沙尔学院，但在他的家庭 1790 年搬到爱丁堡后退学。他的父亲在次年晚些时候去世。布朗就读于爱丁堡大学学习医学，但对植物学产生了兴趣。他参加了约翰·沃克的讲座，单独或与乔治·唐等一起进入苏格兰高地进行植物探险，并写出了他收集的植物的细致描述。他还与当时英国最重要的植物学家威廉·威瑟宁接洽并研究收藏标本。布朗在此期间发现了一种新的草——高山看麦娘并写作了第一份植物学论文《安格斯的植物学史》，于 1792 年 1 月在爱丁堡自然历史学会宣读，但未在布朗在世时出版。布朗于 1793 年放弃了他的医学课程，应征入伍，前往爱尔兰军队工作。1794 年末，他参加了 Fifeshire Fencibles，不久被派往爱尔兰。1795 年 6 月，他被任命为外科医生的助理医师。他的团队很少采取行动，因此，他有很多闲暇时间花在植物学上。他对他的巡回生活方式感到沮丧，这使他无法建立自己的个人图书馆和标本馆藏。在此期间，布朗对密码学特别感兴趣布朗开始与詹姆斯·迪克森通信，并于 1796 年寄给他标本和苔藓描述，这为苔藓研究奠定了基础。迪克森将布朗的描述纳入了他的 *Fasciculi plantarum cryptogamicarum britanniae*。到 1800 年，布朗在爱尔兰植物学方面建立起威望，与许多英国和外国植物学家接触接洽，包括 Withering，Dickson，James Edward Smith 和 JoséCorreiada Serra。1801—1805 年，布朗在澳大利亚进行了密集的植物研究，收集了大约 3 400 种物种，其中约有 2 000 种以前不为人知。布朗留在澳大利亚直到 1805 年 5 月。然后他返回英国，在接下来的五年里，他一直在研究收集的标本材料。其间，他发表了许多物种描述，仅在西澳大利亚，他就发表近 1 200 种新种。他命名的主要澳大利亚属名单包括 Livistona，Triodia，Eriachne，Caladenia，Isolepis，Prasophyllum，Pterostylis，Patersonia，Conostylis，Thysanotus，Pityrodia，Hemigenia，Lechenaultia，Eremophila，Logania，Dryandra，Isopogon，Grevillea，Petrophile，Telopea，Leptomeria，Jacksonia，Leucopogon，Stenopetalum，Ptilotus，Sclerolaena 和 Rhagodia。1809 年初，他在伦敦林奈学会上宣读了他的论文《植物的自然顺序》。随后于 1810 年 3 月出版。1810 年，在他著名的《新荷兰的未知植物》（*Prodromus Florae Novae Hollandiae et Insulae Van Diemen*）中发表了他收集的结果，这是澳大利亚植物群的第一个系统描述。那一年，他接替乔纳斯·C·德莱丹德担任约瑟夫·班克斯爵士的图书管理员。1820 年，班克斯去世后，布朗接管了他的图书馆和植物标本馆。1827 年，该馆转移到大英博物馆，布朗被任命为班克西亚植物园园长、收藏家。1827 年，他成为荷兰皇家学院的通讯员，三年后他成为联合会员。当该学院于 1851 年成为荷兰皇家艺术与科学学院时，布朗加入了外国会员。他于 1849 年当选为美国艺术与科学学院的外国名誉会员。在 1837 年大英博物馆自然历史系分为三个部分之后，罗伯特·布朗成为植物系的第一个负责人，直到他去世为止。他于 1849—1853 年担任 Linnean Society 的主席。布朗于 1858 年 6 月 10 日在伦敦苏荷广场迪恩街 17 号去世。布朗的名字在澳大利亚草本植物蓝针花属（Brunonia）以及许多澳大利亚物种中出现，如 Eucalyptus brownii，Banksia brownii，Tetrodontium brownianum。穿过位于塔斯马尼亚州霍巴特以南的金斯敦郊区，是以他的名字命名的布朗河。在南澳大利亚州的布朗山和布朗角（在斯莫基湾附近），在探险期间由弗林德斯为他命名。1938 年，伦敦郡议会为纪念布朗以及植物学家约瑟夫·班克斯和大卫·唐，在 Soho 广场建了长方形石牌。

布朗对植物学的贡献是多方面的，在植物形态学方面他有许多建树。在《新荷兰及塔斯马尼亚植物初述》一书中，就有他对远志科花朵形态方面的独到见解。正是根据他的研究结果，植物学家重新划定了这个目的界限。他以独到的研究描述大戟科和一些其他草本植物复杂花序的真实形态。他还发现一种两叶的兰科植物不需要昆虫的帮助也能授粉，这个属植物的奇特之处在于其花粉块和唇瓣的构造不是吸引，而是阻止昆虫的来往。他的相关研究不但对达尔文关于花的传粉研究有直接影响，而且对德国植物学家恩奇勒将植物分成藻菌、苔藓、蕨类、种子四大门的系统研究有着明显的促进作用。布朗最著名的论文之一是关于百合科吊灯属的论著。在这篇研究论著的附录里，他深刻地阐述了普通开花植物胚珠的构造。在论述山胡桃科的专著中，他详细讨论了该科植物花粉粒的构造及其对柱头的适应。布朗是一个思想敏锐、工作细致的学者。通过对苏铁和松杉等雌珠果的研究，他确信在一些植物中，胚珠可以不为心皮包被花粉、不经柱头而直接到达珠孔。他最终证实苏铁、松杉买麻藤纲是裸子植物。这为荷夫麦斯脱 1851 年确定将裸子植物作为种子植物的一个重要分支独立出来，做了先行性的工作。他还观察到裸子植物的多胚现象。他将胚珠的珠心与他称为"羊膜"或胚乳的部分加以区别。布朗对推动自然分类系统的发展和完善方面也有巨大的贡献。在首批发表的成果《导论》等论著中，他描述了几百个属种，其中三分之一是新的。在英国，他还是利用朱西厄分类系统反对林奈系统的第一人。1841 年，富林德发表了《澳大利亚大陆》一书。在这部著作中，有布朗所作的这个大陆的植物的精辟论述。除许多富有科学价值的植物学描述之外，他还用统计学和地理学的方法，将那里的植物群落与南非、南美和南半球其他地区的植物群落进行了比较研究，从而奠定了植物地理学的基础。不仅如此，布朗对于 19 世纪三大自然科学发现之一—— 细胞学说也有深入的研究。他指出兰科植物的大部分表皮细胞都有一个颜色通常比细胞膜深一些的圆形小核，即细胞核。这种细胞核不但表皮细胞有，薄壁组织和其他内部组织的细胞也有；不但兰科植物有，其他单子叶植物、双子叶植物也有。在观察花粉管时，布朗首次发现了"布朗运动"，指的是悬浮在液体中微小颗粒所做的不停振动。对于布朗的工作，许多植物学家都给予高度评价。德国著名地理学家和植物地理学家洪堡对他更是推崇备至，称他是"敏锐的植物学泰斗，英国的光荣"。

学名考证：*Fimbristylis sericea*（Poir.）R. Br. Prodr.（1810）228; Dunn et Tutch. Fl. Kwangt. & Hongk. in Kew Bull. Add. Ser. X（1912）299; 侯宽昭等，广州植物志（1956）752; Ohwi et Koyama in Bull. Nat. Sci. Mus. N. S. III（1958）29—Scirpus sericeus Poir. Encycl. Suppl. V（1804）99—Fimbristylis decoras Nees et Meyen in Wight, Contrib.（1834）101.

1810 年罗伯特布朗 Brown, Robert 在刊物《自然生殖系统》（*Prodromus systematis naturalis regni vegetabilis*）上发表了该物种。英国植物学家 Stephen Troyte Dunn 和 William James Tutcher1912 年在著作 *Fl. Kwangt. & Hongk. in Kew Bull. Add.* 上记载了该名称。《广州植物志》（1956）也记载了该名称。日本植物

学家 Ohwi 和 Koyama1958 年在著作 *Bulletin of the National science museum.Te national science museum* 上也记载了该物种。

法国植物学家 Jean Louis Marie Poiret1804 年在著作 *Encyclopedia Supplement* 上发表名称 Scirpus sericeus Poir. 为异名。

Christian Gottfried Daniel Nees von Esenbeck 和 Franz Julius Ferdinand Meyen 于 1834 年在著作 *Contributions to Indian botany* 中发表 Fimbristylis decoras Nees et Meyen 为异名。

（二）形态特征

绢毛飘拂草形态特征如图 42-1 所示。

根状茎很长，斜升或平行分枝，外面包着黑褐色枯老的叶鞘，鞘常分裂为纤维状，长达 10 cm。秆散生，高 15～30 cm，钝三棱形，被白色绢毛，基部生叶。叶平张，宽 1.5～3.2 mm，弯卷，顶端急尖，两面密被白色绢毛；鞘前面膜质，锈色，鞘口斜裂，无叶舌。苞片 2～3 枚，叶状，两面被白色绢毛，短于花序；长侧枝聚繖花序简单，有 2～4 个辐射枝；辐射枝扁，长 0.7～2.5 mm，有时极短，被白色绢毛；小穗 3～15 个聚集成头状，长圆状卵形或长圆形，顶端急尖，长 6～10 mm，宽 2～3.5 mm；鳞片卵形，顶端极钝，具短硬尖，长 3 mm，中部有紫红色纵的短条纹，具宽的白色边，背面被白色绢毛，具 1 条脉；雄蕊 3 个，花药狭长圆形，药隔突出，长 3 mm；子房长圆形，双凸状，花柱稍扁，基部略膨大，有毛，上部被微柔毛，柱头 2 个，略短于花柱。小坚果椭圆状倒卵形或倒卵形，双凸状，长 1.5 mm，幼时黄白色或褐色，成熟时紫黑色，有不清晰的近于方形的细网纹或近于光滑。花果期 8—10 月。

（三）分布

产于广东、海南、福建、台湾、浙江，分布于澳洲、马来亚、越南、泰国、日本、朝鲜。

（四）生境及习性

生在海滨沙地上或沙丘上。Fimbristylis sericea R. Br 是一种多年生草本植物，生长在亚洲和澳大利亚的沙质沿海地区。这类群落低矮，高约 15 cm，覆盖度近 40%，常见伴生种为单叶蔓荆、假俭草、普陀狗娃花等。Fimbristylis sericea 通过短而粗的根状茎无性繁殖产生分株群，属于同一个遗传群体。根茎形成不会在很大范围内扩散，其栖息地分布不均。夏天在居群里面，一些个体形成小穗，其中一个小穗包括 10 ～ 25 个原始花。种子分散传播通过重力围绕母体植物。物种繁衍主要取决于有性生殖（Oka et al.,2009）。沿海沙丘容易受到人类活动的干扰，沙地的减少可导致沿海植被的丧失（Shanmugam，Barnsley,2002; Thompson，Schlacher,2008）。在日本，F. sericea 的当地种群正在减少，该物种被列入当地的红色数据手册（Sawada et al,2007）。

a、b 植株；c 花序；d 子房及下位刚毛；e 花序；f 植株；g 子房及柱头；h 小穗

图 42-1　绢毛飘拂草

（五）应用价值

新鲜的根状茎有似甘菊（Camomile）的香味，或可作为甘菊的代用品。

（六）研究进展

遗传多样性及微卫星的研究。Satoka Yamauchi 指出，为 Fimbristylis sericea 开发了微卫星标记，这是一种在亚洲和澳大利亚沙丘中发现的沿海草本植物。分离出 12 个微卫星位点，对当地种群内部和之间的遗传变异进行了表征。每个基因座的等位基因数为 2 ～ 5，平均值为 3.5，每个基因座的预期杂合性总数为 0.069 ～ 0.645，平均值为 0.336，每个基因座群体中的平均预期杂合度为 0.051 ～ 0.230。大多数位点显著偏离 Hardy-Weinberg 平衡。因此，得出结论，所有 12 个微卫星位点在群体内和群体中都具有多态性。这些基因座可能是 *F. sericea* 种群的群体遗传研究的有用遗传标记。

参考文献

[1] OKA K, YOSHIZAKI S, NOBORI H. The Emergence and Establishment of Seedlings of Fivecoastal Dune Plants on the Enshunada Coast, Shizuoka Prefecture, Central Japan[J]. Vegetation Science, 2009（26）: 9-20.

[2] SHANMUGAM S, BARNSLEY M. Quantifying Landscape-Ecological Succession in A Coastal Dune System Using Sequential Aerial Photography and GIS[J]. Journal of Coastal Conservation, 2002（8）: 61-68.

[3] THOMPSON L M, SCHLACHER T A. Physical Damage to Coastal Dunes and Ecological Impacts Caused by Vehicle Tracks Associated with Beach Camping on Sandy Shores: A Case Study from Fraser Island, Australia[J]. Journal of Coastal Conservation, 2008（12）: 67-82.

[4] YAMAUCHI S, OHSAKO T. Isolation and Characterization of Microsatellite Loci in Fimbristylis Sericea （Cyperaceae）[J]. Applications in Plant Sciences, 2014, 2（5）: 14-26.

[5] 吴云昆. 海南岛昌江县昌化镇草地及其利用途径 [J]. 草业科学, 1993, 10（3）: 31-34.

四十三、佛焰苞飘拂草

（一）学名解释

Fimbristylis spathacea Roth，属名：Fimbristylis，Fimbria，流苏，繸，缨。Stylus，花柱。飘拂草属，莎草科。种加词：spathacea，似佛焰苞的，佛焰苞状的。命名人：Roth=Albrecht Wilhelm Roth（1757—1834）是一位出生于德国 Dötlingen 的医生和植物学家。他在哈勒大学和埃尔兰根大学学习医学，并于 1778 年获得博士学位。毕业后，他在 Dötlingen 执业，不久后搬迁到不莱梅 - 维格萨克。罗斯以其有影响力的科学出版物而闻名，特别是在植物学领域。他的植物研究和著作引起了约翰·沃尔夫冈·冯·歌德（1749—1832）的注意，他推荐罗斯到耶拿大学植物研究所担任职务。他的两篇代表性著作是《德国植物名词》（德国植物学论文集）和《植物新星》（印度植物书）。后者的工作主要基于摩拉维亚传教士 Benjamin Heyne（1770—1819）收集的植物标本。万年青属 Rohdea Roth 由德国医学家和植物学家阿尔布雷希特，威廉·罗斯于 1821 年发现并设立。

学名考证：Fimbristylis spathacea Roth, Nov. Sp. Pl.（1821）24；C. B. Clarke in Journ. Linn. Soc. Bot. XXXVI（1903）244；Matsum. et Hayata, Enum. Pl. Formas.（1906）485—Fimbristylis wightiana Nees in Wight, Contrib.（1834）99；Benth. Fl. Hongk.（1861）392.—Fimbristylis formosensis C. B. Clarke in Henry, List Pl. Formos.（1896）105；Dunn in Journ. Linn. Soc. Bot. XXXIX（1911）444—Fimbristylis kankaoensis Hayata, Ic. Pl. Formos. VI（1916）111, f. 28.

德国植物学家 Albrecht Wilhelm Roth1821 年在著作 *Novae plantarum species praesertim Indiae orientalis* 发表了此物种：Fimbristylis spathacea Roth。英国植物学家 Charles Baron Clarke1903 年在刊物《林奈植物学会研究》（*The Journal of the Linnean Society of London .Botany*）也沿用了此名称。日本植物学家 Matsumura 和 Hayata1906 年在著作 *enumeratio plantarum Formas* 也记载了该物种。

德国植物学家 Christian Gottfried Daniel Nees von Esenbeck1834 年在著作 *Contributions to Indian botany* 所发表的名称 Fimbristylis wightiana Nees 为异名。英国植物学家 Bentham, George1861 在《香港植物志》(*Flora Hongkongensis*) 也沿用了此名称。

英国植物学家 Charles Clarke1896 在 Henry 的著作 *List of plants of Formosa* 发表名称: Fimbristylis formosensis C. B. Clarke 为异名。英国植物学家 Stophen Troyte Dunn 于 1911 年在著作《林奈植物学会研究》(*The Journal of the Linnean Society of London .Botany*) 也沿用了此异名。

日本植物学家 Hayata 于 1916 年在著作《台湾植物图谱》发表名称 Fimbristylis kankaoensis Hayata 为异名。

英文名称: Spathebract Fimbristylis

（二）形态特征

佛焰苞飘拂草形态特征如图 43-1 所示。

根状茎短。秆几不丛生，高 4 ~ 40 cm，钝三棱形，具槽，基部生叶，外面包着黑褐色，分裂纤维状的枯老叶鞘。叶较秆短得多，宽 1 ~ 3 mm，线形，顶端急尖，坚硬，平张，边缘略向里卷，有疏细齿，稍具光泽，鞘前面膜质，白色，鞘口斜裂，无叶舌。苞片 1 ~ 3 枚，直立，叶状，较花序短得多；长侧枝聚伞花序小，复出或多次复出，长 1.5 ~ 2.5 cm，宽 1 ~ 3 cm；辐射枝 3 ~ 6 个，钝三棱形，长 3 ~ 15 mm；小穗单生，或 2 ~ 3 个簇生，卵形或长圆形，顶端钝，长 3 ~ 5 mm，宽 1.5 ~ 2.5 mm，密生多数花；鳞片宽卵形，顶端钝，膜质，长 1.25 mm，锈色，有无色透明的宽边，背面有 3 ~ 5 条脉，有时只中脉呈显明的龙骨状突起；雄蕊 3，花药狭长圆形，急尖，长约 1 mm，为花丝长的 1/2；子房长圆形，基部稍狭，花柱略扁，无缘毛，柱头 2，很少 3 个，长约与花柱等。小坚果倒卵形或宽倒卵形，双凸状，紫黑色，长 1 mm。花果 7 ~ 10 月。

（三）分布

产于广东、广西、福建、台湾、海南、南沙群岛、浙江；非洲、印度、马来亚、越南、泰国、老挝、斯里兰卡、日本亦见分布。

（四）生境及习性

生在河滩石砾间和海边砂中，海拔 0 ~ 350 m。砾石沿着河流，沙质海岸；靠近海平面到 400 m。

　　a 植株及各个部分（1，植株；2，小穗；3，鳞片；4，子房；5，；6，子房）；b 生态图；c、d、e 标本图。
（图 a 引自《中国植物志》；图 b 引自百度百科）

图 43-1　佛焰苞飘拂草

四十四、双穗飘拂草

（一）学名解释

Fimbristylis subbispicata Nees et Meyen，属名：Fimbristylis，Fimbria，流苏，繸，缨。Stylus，花柱。飘拂草属，莎草科。种加词：subbispicata，略为二穗状的，稍具有二穗状花序的。命名人：Nees.=Christian Gottfried Daniel Nees von Esenbeck 见（碱菀）；命名人 Meyen=Franz Julius Ferdinand Meyen（1804—1840）是普鲁士医生和植物学家。Meyen 出生于东普鲁士的 Tilsit。1830 年，他撰写了 Phytotomie，这是植物解剖学的第一项重要研究。1830—1832 年，他参加了在 Prinzess Luise 登陆南美洲的探险队，访问了秘鲁和玻利维亚，描述了洪水企鹅等科学新物种。1823—1826 年，他在柏林大学学习医学，随后在柏林的 Charité 担任军事外科医生。1834 年，他成为柏林植物学副教授。在 Heinrich Friedrich Link 的帮助下，成为 *Jahresberichteüberdie Arbeitenfürpysiologische Botanik*（1837—1839）杂志的联合编辑。植物属 Meyenia 纪念他的名字，他于 1840 年在柏林去世。

学名考证：*Fimbristylis subbispicata* Nees et Meyen in Nov. Act. Nat. Cur. XXIXSuppl. 1（1843）75；Benth. Fl. Hongk.（1861）391；Kom. in Act. Hort. Petrop.XX（1901）346；. B. Clarke in Journ. Linn. Soc. Bot. XXXVI（1903）245；Diels in Engl. Bot. Jahrb. XXXVI Beibl. 82（1905）7；Pampanini in Nuov. Giorn.Bot. Ital. XVII（1910）107；Dunn et Tutch, Fl, Kwangt. & Hongk. in Kew Bull. Add. Ser. X（1912）299；Kukenth. in Act. Hort. Gothob. V（1929）34；Ohwi et Koyama in Bull. Nat. Sci. Mus. N. S. III（1956）30

德国植物学家 Christian Gottfried Daniel Nees von Esenbeck 与德国植物学家医生 Franz Julius Ferdinand Meyen1843 年在著作 *Nova Acta Naturalist Current XXIX* 发表物种 Fimbristylis subbispicata Nees et Meyen。英国植物学家 Bentham, George1861 年在刊物《香港植物志》（*Flora Hongkongensis*）也记载了该物种。苏联植物学家

Komarov, Vladimir Leontjevich1901 年在著作 *Acta Horti Ptropolitani XX* 也沿用此名称。英国植物学家 Charles Baron Clarke1903 年在刊物《林奈植物学会研究》(*The Journal of the Linnean Society of London .Botany*) 也沿用了此异名。德国植物学家 Friedrich Ludwig Emil Diels (1974—1905) 年在著作 *Botanische Jahrbücher für Systematik,Pflanzengeschichte und Pflanzengeographie* 沿用了此名称。意大利植物学家 Renato Pampanini (1875—1949),1910 年在著作 *Nuovo giorneio botanico italiano* 沿用了此名称。英国植物学家 Stephen Troyte Dunn 和 William James Tutcher1912 年在著作 *Kew Bulletin* 沿用了此名称。德国植物学家 Georg Küekentha (1864—1956) 1929 年在著作 *Acta Horti Gothoburgensis V* 上记载了该物种。日本植物学家大井次三郎和 Koyama 在 1956 年在著作 *Bulletin of the National science museum*.Te national science museum Ⅲ 记载了该物种。

(二)形态特征

双穗飘拂草形态特征如图 44-1 所示。

无根状茎。秆丛生,细弱,高 7～60 cm,扁三棱形,灰绿色,平滑,具多条纵槽,基部具少数叶。叶短于秆,宽约 1 mm,稍坚挺,平张,上端边缘具小刺,有时内卷。苞片无或只有 1 枚,直立,线形,长于花序,长 0.7～10 cm;小穗通常 1 个,顶生,罕有 2 个,卵形、长圆状卵形或长圆状披针形,圆柱状,长 8～30 mm,宽 4～8 mm,具多数花;鳞片螺旋状排列,膜质,卵形、宽卵形或近于椭圆形,顶端钝,具硬短尖,长 5～7 mm,棕色,具锈色短条纹,背面无龙骨状突起,具多条脉;雄蕊 3,花药线形,长 2～2.5 mm;花柱长而扁平,基部稍膨大,具缘毛,柱头 2。小坚果圆倒卵形,扁双凸状,长 1.5～1.7 mm,褐色,基部具柄,表面具六角形网纹,稍有光泽。花期 6—8 月,果期 9—10 月间。

(三)分布

产于东北各省、河北、山东、山西、河南、江苏、浙江、福建、台湾、广东;分布于朝鲜、日本。

(四)生境及习性

生长于山坡、山谷空地、沼泽地、溪边、沟旁近水处,也见于海边、盐沼地,海拔 300～1 200 m。

a 植株；b、c、d 小穗；e 种子

图 44-1　双穗飘拂草

参考文献

中国植物志编委会 . 中国植物志（第 11 卷）[M]. 科学出版社 , 1961, 95.

四十五、辐射砖子苗

（一）学名解释

Mariscus radians（Nees et Meyen）Tang et Wang，属名：Mariscus，Mar，沼泽地。Mariscus，灯芯草，穿鱼草属，砖子苗属，莎草科。种加词：radians，辐射的。命名人：见海三棱䕮草。异名命名人见双穗漂浮草。

学名考证：Mariscus radians（Nees et Meyen）Tang et Wang, comb. nov.—Cyperus radiansNees et Meyen ex Nees in Linnaea IX（1835）285, nomen et in Nova Act. Acad. Nat. Cur. XIX Suppl. I（1843）63；Benth. Fl. Hongk.（1861）386；Franch. inMem. Soc. Sci. Nat. Cherb. XXIV（1884）261；C. B. Clarke in Hook. f. Fl. Brit. Ind. VI（1893）605, p. p. et in Journ. Linn. Soc. Bot. XXXVI（1903）216, p. p.；Mukenth. in Engl. Planzenr. Heft 101, IV, 20（1935）214；Ohwi, Cyper. Jap. II（1944）143—Cyperus sinensis Debeaux in Act. Soc. Linn. Bordeaux XXXI（1877）14, t. 12；E. –G. Camus in Lecomte, Fl. Gen. Indo–Chine VII（1912）52, f. 6,1–3.

唐进、汪发缵重新组合了该物种。Nees1835年将该物种定为Cyperus radiansNees et Meyen ex Nees，发表在刊物 *Linnaea IX*，唐进与汪发缵经鉴定组合到Mariscus属中。之后，英国植物学家George Bentham1861年在《香港植物志》（*Flora Hongkongensis*）也记载了异名。法国植物学家弗朗谢1884年在刊物 *Memoirs of the National Academy of Sciences* 记载了该异名。英国植物学家Charles Clarke1893年在著作 *Flora of British India* 记载了该异名，而且在刊物 *The Journal of the Linnean Society of London .Botany XXXVI*（1903）216 所记述的内容为 *Flora of British India* 记载的部分内容。植物学家Mukenth.1935年在刊物 *des Pflanzenreich* 也记载了该异名。日本植物学家大井次三郎1944年在刊物 *Cyperaceae of Japan* 记载了该物种。

法国植物学家Jean Odon Debeaux1877年在刊物 *Acta de la Société Linnéenne de Bordeaux* 记载的名称 Cyperus sinensis Debeaux 为异名。法国植物学家 Edmond Gustav Camus（1852—1915）1912 年在 Lecomte, Paul Henri 的著作 *Flora Générale de I'Indo-Chine VII* 中也记载了该异名。

注：p.p.=pro parte，一部分，部分地。例如，Quercus senescens Hand.–Mazz.,Quercus Ilex var.rufescense Franch. In Jouran. De Bot. ⅩⅧ ,151（1899）p. p.（"tomento……detersilis），即 Flanch。在 Jouran. De Bot. ⅩⅧ ,151页上的 Quercus Ilex var.rufescense（毛茸易脱落）这一部分标本是 Hand.–Mazz. 的 Quercus senescens。

（二）研究历史

吴征镒在其著作《中国被子植物科属综论》中，对莎草科植物的划分采用了 P.Goetghebeur 在 Kubitzki（1998）年的最新系统，只是稍微做了一些调整，同样是四个亚科，分别是 Mapanioideae, Cyperoideae, Sclerioideae, Caricoideae，莎草亚科 Cyperoideae 下包含莎草族 Cepereae 等 9 个族，而不是 P.Goetghebeur 系统的 7 个族，并且莎草族的范围也从 5 个属扩大到 11 个属，包括原来属于薦草族的细莞属，湖瓜草属，莎草属，扁莎属，水莎草属，砖子苗属，断节莎属，海滨莎属，水蜈蚣属，翅鳞莎属，还有中国不产的拟昆士兰莎属都加入了莎草族。刘瞳通过研究种子及果实的微形态得出结论，发现莎草族果皮纹饰可分为种类型网状纹饰、瘤状纹饰、网瘤状复合纹饰。这三种纹饰类型分布情况与传统分类学建立的系统不同。通过对果实表皮微形态的研究，认为水莎草属、扁莎属应独立成属，不应并入莎草属；砖子苗属、断节莎属应并入莎草属。首次在扫描电子显微镜下对莎草族植物的苞片进行了观察研究。经观察，莎草族植物苞片无论上表皮还是下表皮均无表皮毛，短细胞缺如，气孔器均为平列型，气孔的保卫细胞为哑铃形。主要区别在于苞片表皮长细胞的垂周壁性状、脉区硅酸体颗粒的有无、脉间气孔器带的数目、气孔器副卫细胞的形状和气孔器外拱盖的层数。苞片表皮微形态特征支持以下结论：砖子苗属应并入莎草属。梁松箔于 2009 年在 *Flora of China* 在莎草亚科 Cyperoidea 下建立了 5 个族，分别是 Cypereae, Hypolytreae, Rhynchosporeae, Sclerieae,Scirpeae，莎草族 Cyperoidea 下包含莎草属 Cyperus，赤鳞莎属 Courtoisia，海滨莎属 Remirea，水蜈蚣属 Kyllinga，扁莎属 Pyclus 和湖瓜草属 Lipocarpha。将水莎草属 Juncellus，砖子苗属 Mariscus，断节莎属 Torulinium 并入莎草属。

Flora of China 的名称为：Cyperus radians Nees & Meyen ex Kunth Enum. Pl. 2: 95. 1837.

（三）形态特征

辐射砖子苗形态特征如图 45-1 所示。

根状茎短缩。秆丛生，粗短，高 1.5～5 cm，常为丛生的狭叶所隐藏，钝三棱形，平滑。叶厚而稍硬，宽 2～3 mm，常向内折合；叶鞘紫褐色。苞片 3～7 枚，叶状，等长或短于最长辐射枝；长侧枝聚伞花序简单，具 2～7 个辐射枝，其最长达 10 cm，常较秆长；头状花序具 5 至多数小穗，球形，直径 8～25 mm；小穗卵形或披针形，长 5～12 mm，宽 2～5 mm，具 4～12 朵花；小穗轴具狭的边；鳞片密复瓦状排列，厚纸质，宽卵形，长 3.5～4 mm，顶端具延伸出向外弯的硬尖，背面龙骨状突起，绿色，两侧苍白色，具紫红色条纹，或为紫红色，具 11～13 条明显的脉；雄蕊 3，花药线形；花柱长，柱头 3。小坚果长为鳞片的 1/2，宽椭圆形，三棱形，侧面凹陷，黑褐色，具稍突起的细点。花果期 8—9 月。

a 植株；b、c、d 花序；e、f 标本

图 45-1　辐射砖子苗

（四）分布

产于山东、浙江、广东等省；常生长于海边砂地上。也分布于越南、马来亚西部。

（五）生境及习性

是滨海沙质草地、盐土沼泽和沙滩滩涂类型，滨海平坦低洼积水砂地，通常与海水存在直接或间接关联的区域，土壤类型为滨海砂土和滨海沼泽化盐土，较贫瘠、砂性强、盐碱含量高为特征。此类型中的盐土沼泽分布面积相对较小，较集中于东北部至南部海岸。本类型的植被以喜盐或耐盐、保水能力较强的植物为主。（杨虎彪，刘国道，2017）

（六）研究进展

种子及果实形态学研究。刘剑秋于1993年研究了其果实形态：具有疣状纹饰，纹饰呈块状突起，为六角形、长六角形或卵形。椭圆形或宽椭圆形，具三棱，棱面一凸二浅凹。果实灰褐色，（1.31～1.42）×（0.82～0.93）mm，无喙。果实表皮微形态为：具有瘤状饰纹，瘤状凸起高而显著，瘤体圆形或近圆形，稍粗糙，直径20～25μm，排列紧密，瘤间距14～18μm，瘤间稍粗糙，如图45-2所示。

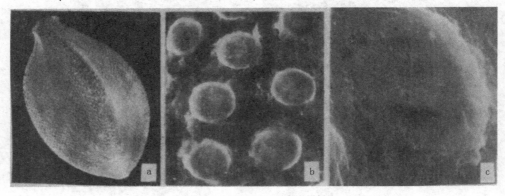

（a×60；b×220；c×5000）（引自：刘剑秋，1993）

图45-2　扫描电镜下辐射砖子苗的果皮微形态特征

参考文献

[1] 刘剑秋 . 中国刺子莞（Rhynchospora Vahl）、砖子苗（Mariscus, Gaertn）二属果皮微形态特征的扫描电镜研究 [J]. 福建师范大学学报（自然科学版），1993, 9（3）：80–90.

[2] 杨虎彪 , 刘国道 . 海南莎草科植物的分布特征 [J]. 热带生物学报 , 2017, 8（1）：78–85, 119.

[3] 刘瞳 . 山东莎草族植物微形态学研究及基于形态证据的系统发育分析 [D]. 山东曲阜 : 曲阜师范大学 , 2010.

四十五、辐射砖子苗

四十六、海三棱藨草

（一）学名解释

海三棱藨草 *Scirpus × mariqueter* Tang et Wang，（本杂种系 S. planiculmis Fr. Schmidt × S. triqueter Linn. 而得。秆三棱形，花序假侧生等性状属后者，而其穗大和小坚果表面细胞呈四至六角形网纹显然又属前者。）属名：Scirpus，植物原名，藨草，莞草属，莞属。种加词：mariqueter，海边生的。命名人：Tang=T. Tang，唐进。Wang=F. T. Wang，汪发缵。唐进（1897—1984），植物分类学家。江苏吴江人。1926 年毕业于北京农业大学农艺系。1935—1938 年任英国皇家植物园访问研究员。中华人民共和国成立后，任中国科学院植物分类研究所、植物研究所研究员。长期从事植物分类研究。是中国单子叶植物，特别是兰科、百合科、莎草科等研究的创始人之一。与汪发缵合作，发表三个新属和大量新种、新记录，并编写兰科、百合科资料，为编写中国植物志兰科和百合科奠定了基础。早年曾在日本与菲律宾上学，后来就读于金陵大学、岭南大学和北平农业大学的生化药与农学等专业。毕业后在淮阴甲种农校、宜兴农校、科学社生物研究所和静生生物调查所等单位从事教学与研究工作。

汪发缵教授，安徽祁门人，毕业于国立东南大学生物系，曾在静生生物调查所、云南大学、云南农林植物所、复旦大学农学院、中央农业实验所等单位从事教学与研究工作。中学结业后，他考入国立东南大学生物系，毕业后一度回乡任教。后应植物学家胡先骕和动物学家秉志之邀，去北平静生生物调查所工作，先后到四川巴郎山、小凉山等处实地调查，致力于中国单子叶植物的研究。1935 年10 月，他与好友唐进得到中华教育文化基金会的襄助，到欧洲各国进修、考察。3 年中走访了英国、法国、德国、瑞士、意大利、奥地利和新加坡等国的博物馆、标本室、植物园，积累了丰富的资料。归国后，随胡先骕去云南农林植物研究所，任副所长兼研究员，并先后在云南大学、复旦大学农学院、林业部林业实验所从事教学和研究。抗日战争胜利后，回到北平研究院植物研究所（原静生生物调查所），与唐进一起开始植物分类学的研究，发现许多新植物，纠正不少前人的谬误，个人或合作发表论文数十篇，受到国际上的重视。1953年，汪发缵加入中国民主同盟会，曾任中国科学院民盟支部委员、植物研究所工会主席。与唐进同为中国科学院植物分类研究所（后改植物研究所）研究员，两人还分别是九三学社与民主同盟的成员。

中国单子叶植物相当丰富，但在20世纪30年代以前鲜为中国学者所研究。唐进、汪发缵自20世纪20年代后期就致力于研究中国单子叶植物，猎遍及除禾本科以外的所有科属，尤其是白合科、兰科与莎草科。当时由于中国长期处于半封建半殖民地的社会，植物学研究不为人们所重视。中国植物自17世纪以来就不断为外国传教士、探险家、商人、园艺家等所采集，大量标本被带到欧、美、日各国分散保存于各自的研究机构或大学的标本室中，研究的论文亦用不同文字发表于各国的刊物中，这给当时研究中国植物带来很大的困难。为此，两位教授于1935年10月至1938年7月用了近三年的时间，访问了英、法、德、意、瑞士、奥地利等国家的著名植物学研究机构与标本馆，如英国的邱园、法国的巴黎博物院等，并借调了美国的标本，进行了全面的研究，参阅了当时国内难以看到的文献资料，取得了大量的第一手资料，为研究中国单子叶植物，特别是百合科、兰科与莎草科奠定了基础。他们所研究的区域不仅局限于中国，而是包括了近邻国家，如印度北部、缅甸、泰国、越南、尼泊尔以及日本等国。发现和发表了许多新植物，纠正了不少前人的错误。例如，《对于耿聂奔氏越南兰科八属的意见》一文，对法国植物学家研究印度支那兰科植物的错误给予纠正，受到国际上的注意。他们对越南、泰国兰科的某些研究成果，至今仍被丹麦兰科学者所称道和引用。作为中国植物分类学家，他们所积累的丰富资料和研究成果是奠基性的。其中《东亚兰科研究资料》与《东亚百合科研究资料》两部未发表巨著，至今仍然是研究中国单子叶植物和编写中国植物志有关卷册的重要参考资料。由他们主编的《中国植物志》第十一卷（种子植物—莎草科）能成为首卷出版的中国植物志也决不是偶然的。由他们主编出版的《中国植物志》第十四和十五卷（种子植物—百合科），和中国植物志的兰科与莎草科薹草属和苔草属有关卷册，也都渗透着他们的心血，都是在他们多年研究的基础上进行的。因此，他们在后人心目中作为中国单子叶植物研究的权威与奠基者是当之无愧。

纪念人物的植物名称：①唐进苔草 Carex tangiana Ohwi。②河北苔草 Carex tangii Kük。③唐氏早熟禾 Poa tangii Hitchc。

共同研究者：杨永昌（中国莎草科，报春花科，Y. C. Yang）、李沛琼（中国莎草科、桦木科、豆科，P. C. Li）、郎楷永（中国兰科、百合科 K. Y. Lang）、戴伦凯（中国莎草科、百合科 L. K. Dai）、梁松筠（中国莎草科、百合科 S. Yun Liang）、陈心启（中国兰科、百合科、石蒜科 S. C. Chen）、吉占和（中国百合科，兰科，百部科 Z. H. Tsi）

发表著作：①《兰科植物的受精》（兰科植物借助于昆虫受精的种种装置）（唐进，译）。②《有花植物科志——单子叶植物》（唐进，汪发缵，关克俭，译）。③《关于植物分类学的几个问题》[M]. 北京：科学出版社，1956.（苏）В.И.坡尔扬斯基，А. А. 格罗斯盖姆，等；唐进，郑学经，匡可任，等，译。（本书收集苏联《植物学杂志》和《植物学问题》论文集上的《论适应性状在分类学上的意义》《关于有花植物系统图解的问题》《被子植物演化形态问题》《单子叶植物纲系梳发育的花粉学论据》四篇论文，以供大专学校生物学教师和生物、农业科学工作者参考。）汪发缵除了与唐进共同研究之外，还对沿阶草进行了研究。唐进除了与汪发缵进行研究外，还对冬青进行了单独研究。

英文名称：Scirpus mariqueter

（二）分类历史

海三棱藨草生长在其他高等植物难以生存的盐沼潮间带上，是中国特有植物，主要分布在长江口和杭州湾北岸。也是海滨的先锋植物。在长江河口湿地生态系统中扮演着十分重要的角色。有研究表明，海三棱藨草种群面积的锐减已经严重影响到崇明东滩湿地的健康和生态系统的服务功能，这一情况如不能得到有效的遏制，海三棱藨草这一物种有可能走向灭绝，进而导致崇明东滩湿地生态系统也会因此而崩溃（蔡赫，2014）。

海三棱藨草于 1929 年在北京采到模式标本，1961 年由唐进和汪发缵联合发表，并认为它可能是扁秆藨草（*Scirpus planiculmis* F. Schmidt）和藨草 *Scirpus tripueter* L.）的杂交种（杨梅，2010）。

海三棱藨草的学名本身存在争议。Koyama（1980）根据比较 *S. x mariqueter* 和 *Scirpus planictdmis* Schmidt 的主模式标本，对 *S. x mariqueter* 进行了重新修订，认为 *S. X mariqueter* 为真正的 *S. planiculmis* F. Schmidt，指仅局限分布于东亚河口潮间带的类群（杨梅，2010）。

通过 AFLP 分子标记推断，海三棱藨草与其潜在的亲本扁秆藨草和藨草 [Scirpus triquenter L.=Schoenoplectus triqueter（L.）Palla] 之间的关系。海三棱藨草与藨草之间的遗传距离（0.41±0.026）远高于海三棱藨草与扁秆藨草之间（0.09±0.013）；邻接树显示藨草为一个清晰的单系类群，该结果否定了海三棱藨草的杂交起源，不支持海三棱藨草为属间杂交种，xBolboschoenoplectus mariqueter（Tang & F.T. Wang）Tatanov。邻接树和基于 STRUCTURE 分析的聚类图都表明海三棱藨草与藨草差异显著，而与扁杆藨草亲缘关系更加密切，但两者明显属于两个不同的分类群。ITS 序列结果支持 Scirpus × mariqueter 为独立的分类群。种间杂交实验表明海三棱藨草和扁杆藨草杂交能够产生种子，且本研究开发的 SSR 引物验证了种间杂交成功。这些结果都支持了两个种有非常近的亲缘关系（杨梅，2010）。

（三）形态特征

海三棱藨草形态特征如图 46-1 所示。

a、b 植株；c、d 小穗；e 小穗开花；f 根状茎

图 46-1　海三棱藨草

具匍匐根状茎和须根。秆高 25～40 cm，或多或少为散生，三棱形，平滑。

通常有叶2枚，叶片短于秆，宽2～3 mm，稍坚硬；叶鞘长，深褐色。苞片2枚，一为秆的延长，较小穗长很多，三棱形，另一苞片小，等长或稍长于小穗，扁平，基部扩大；小穗单个，假侧生，无柄，广卵形，长8～12 mm，宽5～7 mm，具多数花；鳞片卵形，长5～6 mm，棕色或红棕色，背面具1～3条脉，中脉伸出顶端呈短尖，边缘有疏缘毛；下位刚毛4条，长约为小坚果的一半，全长疏生倒刺；雄蕊3；花柱长，柱头2，短于花柱。小坚果倒卵形或广倒卵形，平凸状，顶端近于截形，具极短的小尖，成熟时深褐色。花果期6月。

（四）分布

产于江苏省、河北省（北京市）。舟山（长崎岛）、杭州、镇海等地。一是我国北方；二是我国东部沿海。而这两个地方，前者只见于1961年有报道，是海三棱藨草的模式标本产地，以后就未见有报道；后者仍有较大的分布面积，特别是从长江河口的沿江、沿海滩涂，到杭州湾北面的金丝娘桥为止。从1990年开始，海三棱藨草的面积一直处于增加的趋势，从1990年的3 781.51 hm² 增加到2003年的7 602.24 hm²。但随后，由于中低滩围垦和互花米草的快速扩散，海三棱藨草的面积有所下降，至2008年，其面积仅为4 234.7 hm²。

（五）生境及习性

海三棱藨草最适生境为潮间带中潮滩高程为2～3 m。互花米草适宜生境为平均潮位和平均大潮高潮位之间，即潮间带中潮滩上部至高潮滩，与土著种海三棱藨草生态位有一定的重叠。滩涂最前沿即为互花米草，这就暗示着互花米草的入侵甚至可能导致海三棱藨草在长江口湿地的灭绝（雍学葵，1992）。

当上一年形成的球茎在地下经历了冬季休眠期后，连接球茎的根茎已经腐烂。3月中旬以后随着温度的上升，地下球茎库开始萌发生长，其活动芽迅速伸长顶出土面，原球茎的营养物质耗尽后腐烂，新生植株在离地面之下约5 cm处的根状茎周围产生许多须根，经过一段时间的生长后，一般在须根处形成两个侧芽。两个侧芽分别向相反的方向水平匍匐生长一段距离后，先端顶出土面，地下部分形成须根，一般在根须处产生两个新的侧芽，与原匍匐茎成135°，两个侧芽之间成90°。如果生境合适的话，所有匍匐茎末端最近的芽所形成的侧生匍匐茎可以此方式反复生长，扩展其种群数量和生存空间。7月中旬以后，绝大多数植株的地下部分须根处开始形成新的球茎，球茎相互之间以根茎连接，形成新的地下球茎库。到次年3月通过环境筛的球茎萌发生长，开始新的生长周期（雍学葵，1992）。如图46-2所示。

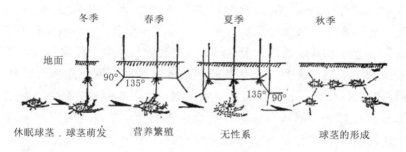

冬季　　　春季　　　夏季　　　秋季

地面

90°　135°　　　　135°　90°

休眠球茎　球茎萌发　营养繁殖　　无性系　　球茎的形成

图46-2　海三棱藨草四季根系及无性系（雍学葵，1992）

淹水时间和深度对海三棱藨草植株的开花以及传粉、受精、结果都有影响。在深度全日淹水120天的情况下，植株尚能生长，但完全不进行有性繁殖。淹水时间越长，深度越深，有性生殖越差。有性生殖高程大于地程（雍学葵，1992）。

（六）应用价值

（1）造纸原料。

（2）生态价值。①为湿地水鸟提供栖息地，栖息在长江口盐沼上的水鸟主要有鸻鹬类、雁鸭类、鹤类和鸥类。海三棱藨草的种子和地下球茎富含淀粉等营养物质，是国家二级保护动物小天鹅以及其他冬候鸟在上海滩涂越冬的主要饵料。海三棱藨草群落不仅为雁鸭类、鹤类和部分鸻鹬类水鸟直接提供了球茎、根状茎和小坚果等植物性饵料，而且由于海三棱藨草群落内螺类和贝类等底栖动物特别丰富，海三棱藨草群落也是湿地水鸟动物性饵料的主要食源地，满足其在迁飞途径中补充能量的需要。②为河口湾提供了大量碎屑，有利于长江口生物多样性的维持。海三棱藨草每年冬季枯死的地上部分腐烂分解后，为动物提供了丰富的碎屑食物来源，有利于维持长江口的生物多样性。③具有消减波浪、固滩护堤和促进泥沙沉降的作用。当波浪经过密集的海三棱藨草时，波浪能量受到衰减。研究表明，波浪每传入海三棱藨草1m宽的草带，能量就损失27.5%。海三棱藨草作为滨海盐沼滩涂湿地的先锋植物具有促淤功能。海三棱藨草很强的促泥沙沉降作用导致了滩涂不断向大海淤涨。同时，海三棱藨草具有密集交错的地下根茎系统，深度可达50～70cm，有利于防止土壤被冲刷，具有较强的固土作用。由此可见，海三棱藨草群落具有稳定长江口湿地生态系统自然环境的重要作用。④海三棱藨草的碳汇功能。与中国不同生态系统的固碳能力相比，长江口湿地海三棱藨草的固碳能力高于湖泊、城市、河流等生态系统类型，低于相同植被覆盖度条件下的森林生态系统。⑤能够提供良好的天然牧草。经测定，海三棱藨草茎叶营养成分一般为：粗蛋白占 11%，粗脂肪占 1.73%，粗纤维占 28.9%，灰分占 14.32%，磷占 0.2%，钙占 0.5%，无氮浸出物占 43.75%。其茎叶中的蛋白质含有 16 种氨基酸，蛋白质含量超过 10% 以上，大于一般的禾本科牧草。海三棱藨草的青草期一般从 4 月到 10 月，长达 7 个月，在生长旺盛的 6～9 月，每平方米产鲜草约 2.2 kg，其被刈割后再生能力强，较少有病虫害出现。由于具有这些特点，海三棱藨草草场能够提供良好的天然牧草。野外观察也表明，牛羊喜食海三棱藨草，农民还用它作鱼的青饲料，也有收割后晒干贮藏到冬季作家畜饲料（陈中义，2005）。⑥具有景观美学价值。海三棱藨草在长江口湿地常成大片分布，群落外貌整齐，季相明显，在生长期呈现出一望无际的绿色景观，春秋季节大批迁徙性鸟类在此栖息，具有开展生态旅游的价值（陈中义，2005）。⑦可以影响湿地土壤营养物质分布。海三棱藨草通过影响土壤中 C、N、P 等营养物质的空间和季节分布，提高表层湿地土壤中 N、P 的可生物利用性，并可以增强湿地土壤整体的机械稳定性、保持土壤生产力，改善土壤的物化性质，抵消部分盐碱化作用，最终维持生态系统的稳定性（蔡赫，2014）。

（七）繁殖方法

（1）组织培养。张群（2016）研究了海三棱藨草的组织培养技术，指出成熟种子为外植体，通过无菌萌发、丛生芽诱导、增殖、壮苗、生根和移栽等过程，建立了海三棱藨草的无菌快繁体系。结果表明：丛生芽诱导和增殖的最适培养基为 MS+2.0 mg·L^{-1}6–BA+0.002 mg·L^{-1}TDZ+0.2 mg·L^{-1} IBA；壮苗最适培养基为 1/2MS+0.05 mg·L^{-1}6–BA+0.01 mg·L^{-1}IBA；生根最适培养基为 1/2MS+0.2 mg·L^{-1}IBA。

（2）种子及球茎繁殖。赵雨云（2002）研究了鸭类的摄食对海三棱藨草种子萌发的影响，表明研磨作用能显著加快种子萌发速度。而酸性环境和高温条件减缓了种子的萌发速度。陈中义（2005）研究了模拟遮荫对海三棱藨草种子萌发及幼苗生长的影响，指出遮荫显著降低了海三棱藨草种子的萌发率；在遮荫条件下幼苗的高度显著增加，单株幼苗的茎叶干重和总干重显著降低，幼苗的 8 周相对生长率显著降低。这表明遮荫对海三棱藨草的幼苗更新和生长具有明显的抑制作用。

胡忠健（2016）研究指出，海三棱藨草种子在实验室条件下有较高的出苗率，且 5 cm 的种植深度最佳。但由于潮滩湿地泥沙淤积的掩埋胁迫，在 5 cm 的种植深度下，即使采用高密度种植处理也仅有极少数种子能萌发生成植株，且不同种植密度处理间的幼苗存活率和植株密度没有显著差异。而将海三棱藨草球茎作为植被恢复的种植材料时，其出苗率和植株密度远优于种子种植策略，多数球茎能实现出苗和定居，并通过地下分蘖和地下根茎发育迅速形成密集的种群。密度处理结果表明，中密度和高密度种植处理下的生长季后期的植株密度没有显著差异，说明在滨海湿地原生植物种群重建时宜选择经济高效的中密度种植策略。

（八）研究进展

（1）生态学研究进展。王亮（2008）研究了崇明东滩海三棱藨草生殖对策，指出随着水深度的变化，海三棱藨草形态发生变化。陶燕东（2018）研究表明，海三棱藨草具有良好的生态修复效果。关于生态碳库的研究，吴绽蕾（2015）研究表明，不同温度下死亡植被分解输入和沉积物呼吸降解过程的差异是造成沉积物中冬夏两季有机碳含量差异明显的主要原因。冬末时节埋管沉积物有机碳平均含量为 $5.72\ mg\cdot g^{-1}$，碳库呈"积累"状态；夏季含量减少为 $4.89\ mg\cdot g^{-1}$，碳库呈"亏损"状态。海三棱藨草死亡、倒伏和掩埋，使沉积物有机碳含量剖面出现显著分层，埋管样品中分层间隔为 10 cm 左右，与长石粉样方测研究区域当年沉积速率相对应。沉积物有机碳含量与 $\delta^{13}C$ 值的显著负相关性。研究表明，植被输入有机碳的累积和降解是沉积物碳库动态变化的主要因素。忽略有机质降解中碳的分馏作用下，根据碳同位素质量平衡混合模型，计算得出春夏季植被有机碳净输入为 $0.65\ mg\cdot g^{-1}$，约占沉积物有机碳库含量的 7.35%，秋冬季节植被有机碳净输入为 $2.06\ mg\cdot g^{-1}$，约为占有机碳库含量的 3.20%。

梅雪英（2007）研究指出，长江口湿地海三棱藨草的现存碳储量为 $0.34\ kg\cdot m^{-2}\sim 0.73\ kg\cdot m^{-2}$，平均 $0.51\ kg\cdot m^{-2}$；且植被地下部分的生物现存量小于地上部分，地下／地上部分生物量比率 0.31，地上部分碳储量是地下部分的 3 倍多。其固碳能力为 $0.36\sim 1.11\ kg\cdot m^{-2}\cdot a^{-1}$。长江口湿地海三棱藨草的光能利用率只有 0.3%～0.9%，长江口湿地海三棱藨草的固碳能力可进一步提高，固碳潜力很大。

（2）根际固氮微生物的研究进展，章振亚（2012）研究指出，在 5 月和 11 月份崇明东滩湿地植物根际固氮微生物呈多样性，固氮菌主要分布在互花米草根际，在芦苇和海三棱藨草根际分布较少。赵萌（2018）研究表明，海三棱藨草密集区与光滩区土壤微生物群落多样性及丰富度差异显著，藨草密集区高于光滩区，同一区域样本微生物多样性及丰富度季节变化显著，春夏 2 季低于秋冬 2 季。Proteobacteria（变形菌门）、Bacteroidetes（拟杆菌门）、Acidobacteria（酸杆菌门）、Chloroflexi（绿弯菌门）、Planctomycetes（浮霉菌门）、Actinobacteria（放线菌门）、Cyanobacteria（蓝藻菌门）是各样本中相对丰度较高的菌门，且样品优势菌季节性差异较大。

（3）海三棱藨草与互花米草的竞争关系研究。陈中义（2005）研究指出，无论是先锋种群还是成熟种群，互花米草的高度、盖度、地上生物量、地下生物量和平均每花序种子数都显著大于海三棱藨草；海三棱藨草的密度和单位面积结实枝条数显著大于互花米草。种内竞争和种间竞争显著降低了两种植物的平均每株产生的无性小株数、结实株数、地上生物量和地下球茎数，互花米草的种间竞争能力显著大于海三棱藨草。

（4）高程对海三棱藨草生物量影响，长江口盐沼海三棱藨草在高程梯度上的生物量分配，海三棱藨草在中位高程时密度和单株生物量最高，生长最好。在由低及高的高程梯度上，球茎、根状茎的生物量分配比例逐渐下降，表明植物体在光滩前沿采取保守策略；而花序的比例则逐渐上升，表明植物在生活史过程中，由无性生殖向有性生殖的转变。这种转变可能有利于种群的扩散和生存。另外，相关分析表明，有性生殖性状与无性生殖、生长性状呈负相关，但无性生殖与生长性状间的关系难以确定，可能由于球茎在不同生活史阶段的不同功能引起（许宇田，2018，孙书存，2001）。

（5）胁迫生理学研究。李伟（2018）研究指出，①海三棱藨草和互花米草的存活率随着盐度的增加均呈下降趋势，相同盐度处理下互花米草的存活率显著高于海三棱藨草的存活率。②盐胁迫明显影响了海三棱藨草和互花米草的生长；随着盐度的增加，海三棱藨草株高、地上生物量及地下生物量均呈逐渐下降的趋势，而互花米草株高、地上生物量及地下生物量呈先增加后下降的趋势，均在盐度为10‰时最高。③海三棱藨草和互花米草的分蘖数及结穗率均随着盐度增加呈下降趋势，盐胁迫在一定程度上抑制了两种植物的繁殖能力。④互花米草存活的耐盐阈值为43‰，高于海三棱藨草存活的耐盐阈值（21‰）。⑤外来物种互花米草比本地物种海三棱藨草具有更强的耐盐性，未来海平面上升引起的盐水入侵将对本地物种海三棱藨草产生更加严重的影响（李伟，2018）。

（6）海三棱藨草湿地生态系统 N、P、K 的循环特征，杨永兴 2009 研究表明，随下沙—中沙—上沙海拔高程依次缓慢上升，土壤全剖面中 P、K 含量逐渐下降，N含量不受海拔高程影响。土壤剖面全量养分 TN 平均含量排序为：中沙＞下沙＞上沙；TP 与 TK 排序均为：下沙＞中沙＞上沙。速效性养分 AN 含量排序为：中沙＞下沙＞上沙，AP 与 AK 排序均为：下沙＞中沙＞上沙。土壤全量与速效性养分排序分别为：TK＞TP＞TN、AK＞AN＞AP。随土壤剖面深度增加，营养元素含量呈减少趋势。土壤剖面营养元素分布显示 N、K 的表聚性比 P 明显。上沙、中沙与下沙海三棱藨草湿地植物 K 和 N 的吸收量均大于 P。海三棱藨草对土壤营养元素的吸收量排序上沙和下沙均为：K＞N＞P；中沙为：N＞K＞P。上沙海三棱藨草吸收营养元素总量最多，中沙其次，下沙最少。各沙洲海三棱藨草湿地生态系统的营养元素吸收系数排序为：N＞P＞K；循环系数排序为：K＞N＞P。上沙海三棱藨草湿地生态系统 N 的利用系数最大，中沙和下沙湿地生态系统 K 的利用系数最大。

（7）对重金属污染的研究。毕春娟 2003 研究表明，通过测定芦苇和海三棱藨草根系、茎叶中 Cu、Pb、Fe、Mn、Zn、Cr、Cd 的含量，发现 Fe、Mn、Zn、Cu 在芦苇与海三棱藨草根系、茎叶中含量较高，而 Pb、Cr、Cd 含量较低；Mn 在芦苇与海三棱藨草茎叶中的含量接近或超过根系中的含量，而 Fe 在茎叶中的含量较少；聚类分析表明，Pb、Cr 在芦苇和海三棱藨草体内的迁移能力非常相近，Zn、Cd、Cu 也表现出类似的规律；芦苇和海三棱藨草分别在夏季和春季开始大量吸收重金属元素，之后含量降低，冬季时重金属元素在这两种潮滩植物根系和茎叶中再次出现富集。在同一采样断面，除 Cr 以外，其余重金属元素在海三棱藨草体内的含量明显高于芦苇（毕春娟，2003）。

朱鸣鹤（2009）研究了季节变化，Cu 和 Pb 均在春、夏季可交换态含量较高，生物有效性较高，而秋、冬季可交换态较低，生物有效性较低，但碳酸盐结合态和铁锰氧化态二者之和也比较高，具有一定的潜在生物有效性；Zn 在任何季节的可交换态比例均不高，以有机结合态和残渣态的形态为主，生物有效性较低；Cd 一般以残渣态为主，基本不具有生物有效性。pH 值下降，春、夏季可交换态和铁锰氧化物结合态增加，而有机结合态和碳酸盐结合态减少，提高了生物有效性，而秋、冬季正好相反；磷对重金属生物有效具有直接影响的为无机磷，春、夏季随着无机磷的减少，pH 值下降，提高了生物有效性，春、夏季根际 Eh 和溶解氧含量增加，降低了其生物有效性。

王音 2000 研究指出，海三棱藨草对镉较敏感。可进一步研究其镉结合体，作为监测重金属污染的生态毒理学指标。

蒋艳敏（2009）研究指出，海三棱藨草对重金属污染有修复作用，根际沉积物重金属的总量和化学形态季节变化引起其生物可利用性的季节变化，它显著地影响植物对重金属的吸收。植物不同生长季节的变化影响根际沉积物生物有效性的季节变化。

朱鸣鹤（2010）研究指出，海三棱藨草根分泌的柠檬酸、草酸和苹果酸含量与 Cu 和 Pb 的除残渣态外的其他 4 种形态含量呈正相关性，表明其能提高 Cu 和 Pb 生物有效性，与 Zn 的所有形态含量呈负相关性，降低了生物有效性；酒石酸、甲酸和乳酸含量与 Cu 和 Pb 的可交换态含量呈负相关性，而与其他态含量相关性不明显，降低了生物有效性。与 Zn 的除残渣态外的其他 4 种形态含量呈正相关性，提高其生物有效性。

Dong et al（2017）研究做出可以准确预测铜毒性模型 Cu-BLM。指出，Na$^+$ 浓度的增加可以降低对 *S.mariqueter* 的 Cu^{2+} 毒性。在 pH 范围内的中值有效浓度（EC50）和 H+ 活性之间（5.55～8.22）观察到非线性关系。在 pH7.0（5.55～6.62）条件下，H+ 不与 Cu^{2+} 竞争 *S.mariqueter* 根部的结合位点，而作为有毒物种的 Cu^{2+} 和 $CuCO_3$（aq）在 pH 下与 Na+ 竞争生物配体（BL）的结合位点 7（7.03～8.22）。Cu^{2+},$CuCO_3$（aq）和 Na+ 与生物配体结合的以下条件结合常数为：$logKCuBL=6.60$,$logKCuCO_3BL=6.20$,$log\ KNaBL=1.778$。开发了用于 S.mariqueter 的 Cu-BLM。

Yangjie Li（2018）研究了海三棱藨草对甲烷释放的影响，年平均通量为 $24.0mgCH_4 \cdot m^{-2} \cdot day^{-1}$。最大室 CH_4 通量在 8 月（$91.2mgCH_4 \cdot m^{-2} \cdot day^{-1}$），而最小值在 3 月观察到（$2.30\ mgCH_4 \cdot m^{-2} \cdot day^{-1}$）。计算的扩散 CH_4 通量通常小于室通量的 6%。在室 CH_4 通量和根际孔隙水 CH_4 浓度之间观察到显著的相关性。此外，7 月至 9 月的 CH_4 通量为 80% 以上，年总排放量与 *S.mariqueter* 的地上生物量产量密切相关。结果表明，*S.mariqueter* 运输是 CH_4 的主要排放途径，它为地下 CH_4 提供了一条有效的途径，可以避开大气层氧化，导致 CH_4 排放。

（8）遗传多样性研究。肖珍珠 2015 研究指出，海三棱藨草种群内有显著的空间遗传结构，克隆影响范围为 6 m。异质性检验发现分株水平与基株水平上的空间遗传遗传结构并无显著差异，说明海兰棱藨草克隆性不强；且有性繁殖扩散方差远远大于克隆扩散方差，克隆生长在种群内受到限制，长距离扩散有赖于有性繁殖扩散。宏观尺度上，海兰棱藨草种群间存在显著的 IBD 格局，通过聚类分析发现 14 个种群明显聚为 2 个类群，类群内部基因流交流频繁。由于地理隔离，在不同水域系统之间形成很强的分化，而同一水域系统内部则由于潮汐、水流介导花粉或种子扩散形成强大基因流，使种群间遗传分化减小，扩大有效种群大小，增加种群的遗传变异。

杨梅（2010）研究指出，海三棱藨草种群具有中等水平的遗传多样性。这可能与其混合繁殖系统（克隆繁殖和有性繁殖）有关。发现亚种群之间存在大量的繁殖体交流，而且存在长距离扩散（>100 km）。亚种群之间具有相对较高的遗传分化水平（FST=0.1875），不同的统计方法均得出相似的结果；不同的亚种群拥有不同的遗传类型组成以及较高的遗传分化水平，暗示着在河口生境异质性的背景下可能有本地适应发生，通过对遗传类型的选择而降低了基因流的作用。

参考文献

[1] 陈心启，梁松筠.怀念唐进、汪发缵老师 [J].植物杂志，1986（8）42–43.

[2] 雍学葵，张利权.海三棱藨草种群的繁殖生态学研究 [J].华东师范大学学报（自然科学版），1992（4）：94–99.

[3] 王亮，李静，杨娟，等.崇明东滩海三棱藨草生殖对策探讨 [J].信阳师范学院学报：（自然科学版），2008，21（4）：539–542.

[4] 张群，吕秀立，何小丽，等.海三棱藨草的组织培养与快繁体系 [J].植物学报，2016，51（5）：684–690.

[5] 赵雨云，等.鸭类摄食对海三棱藨草种子萌发的影响 [J].生态学杂志，2003，22（4）：82–85.

[6] 陈中义，高慧，吴涵，等.模拟遮荫对互花米草和海三棱藨草种子萌发及幼苗生长的影响 [J].湖北农业科学，2005，（2）：82–84.

[7] 章振亚.崇明东滩生态湿地互花米草与芦苇、海三棱藨草根际固氮微生物多样性研究 [D].上海：上海师范大学，2012.

[8] 陈中义，李博，陈家宽.互花米草与海三棱藨草的生长特征和相对竞争能力 [J].生物多样性，2005，13（2）：130–136.

[9] 胡忠健，马强，曹浩冰，等.长江口滨海湿地原生海三棱藨草种群恢复的实验研究 [J].生态科学，2016，35（5）：1–7.

[10] 陈中义.长江口海三棱草的生态价值及利用与保护 [J].河南科技大学学报（自然科学版），2005，26（2）：64–67.

[11] 孙书存，蔡永立，刘红.长江口盐沼海三棱藨草在高程梯度上的生物量分配 [J].植物学报，2001，43（2）：178–185.

[12] 蔡赫，卞少伟.崇明东滩海三棱藨草资源现状及保护对策 [J].绿色科技，2014，（10）：9–14.

[13] 李伟，袁琳，张利权，等.海三棱藨草及互花米草对模拟盐胁迫的响应及其耐盐阈值 [J].生态学杂志，2018，37（9）：2596–2602.

[14] 杨永，刘长娥，杨杨.长江河口九段沙海三棱藨草湿地生态系统 N、P、K 的循环特征 [J].生态学杂志，2009，28（10）：1977–1985.

[15] 毕春娟，陈振楼，许世远.芦苇与海三棱藨草中重金属的累积及季节变化 [J].海洋环境科学，2003，22（2）：6–19.

[16] 朱鸣鹤, 张效龙, 黄绍堂, 等. 海三菱藨草根际沉积物中重金属生物有效性的影响因素 [J]. 海洋与湖沼, 2009, 40（3）：373–379.

[17] 王音, 顾泳洁. 海三棱藨草及水莎草镉结合体初探 [J]. 江苏环境科技, 2000, 13（2）：7–9.

[18] 蒋艳敏. 海三棱藨草根际沉积物常见重金属环境化学行为研究 [D]. 宁波：宁波大学, 2009.

[19] 朱鸣鹤, 方飚雄, 庞艳华, 等. 海三棱藨草根系低分子量有机酸对根际沉积物重金属生物有效性的影响 [J]. 海洋与湖沼. 2010, 41（4）：583–589.

[20] 肖珍珠. 海三棱藨草种群遗传多样性与空间遗传结构 [D]. 上海：华东师范大学, 2015.

[21] 杨梅. 海三棱藨草的物种生物学和遗传结构的研究 [D]. 上海：复旦大学, 2010.

[22] 陶燕东, 钟胜财, 历成伟, 等. 南汇东滩湿地海三棱藨草的生态修复效果研究 [J]. 海洋湖沼通报, 2018,（5）：41–48.

[23] 吴绽蕾. 长江口崇明东滩海三棱藨草对沉积物有机碳库的贡献研究 [J]. 环境科学学报, 2015, 35（11）：3639–3646.

[24] 许宇田, 童春富. 长江口九段沙湿地海三棱藨草生物量分配特征及其影响因子 [J]. 生态学报, 2018, 38（19）：7034–7044.

[25] 梅雪英, 张修峰. 长江口湿地海三棱藨草的储碳、固碳功能研究——以崇明东滩为例 [J]. 农业环境科学学报, 2007, 26（1）：360–363.

[26] 赵萌, 印春生, 历成伟, 等. Miseq 测序分析围垦后海三棱藨草湿地土壤微生物群落多样性的季节变化 [J]. 上海海洋大学学报, 2018, 27（5）：718–727.

[27] YU Zhongjie, LI Yangjie, DENG Huanguang, et al. Effect of Scirpus Mariqueter on Nitrous Oxide Emissions from A Subtropical Monsoon Estuarine Wetland[J]. Journal of Geophysical Research, 2012, 117（2）：1–9. dio: 10. 1029/2011JG001850.

[28] DONG Longli, LI Xiaoping, LIU Xiaochen, et al. Determining the Effects of Major Cations（Kþ, Naþ, Ca2þ, Mg2þ）and pH on Scirpus Mariqueter to Assess the Heavy Metal Biotoxicity of a Tidal Flat Ecosystem[J]. Journal of Coastal Research, 2017（5）：33.

[29] LI Yangjie, WANG Dongqi, CHEN Zhenlou, et al. Role of Scirpus Mariqueter on Methane Emission from an Intertidal Saltmarsh of Yangtze Estuary[J]. Sustainability, 2018, 10, 1139.

四十七、糙叶苔草

（一）学名解释

Carex scabrifolia Steud. 属名：Carex,carex 苔草原名。苔草属，莎草科。种加词：scabrifolia，具有粗糙叶的。命名人 Steud.= Steudel, Ernst Gottlieb von（见束尾草）。

学名考证：Carex scabrifolia Steud., Synops, Cyper. 237, 1855: Kukenth. in Engl., Pflanzenr. Heft 38（IV. 20）: 737, 1909; Nakai Fl. Kor. 2: 332, 1911; V. Krecz. in Kom., Fl. URSS 3: 408, pl. 22, fig. 8, 1935; Ohwi, Cyper. Japon. 1: 486, 1936; Kitag., Lineam. Fl. Manch. 110, 1939; Akiyama, Caric. Far East. Reg. Asia 150, pl. 141, 1955; 刘慎谔等，东北植物检索表 538，图版 199，图 2, 1959; T. Koyama in Journ. Fac. Sci. Univ. Tokyo Sect. III 8（4）: 248; 1962; 东北草本植物志 11: 87，图版 37，图 1-7, 1976; 江苏植物志上册：317，图 566, 1976; 福建植物志 6: 357，图 321, 1995.— Carex pierotii Miq. in Ann. Mus. Bot. Lugdbatav. 2: 148, 1865; Franch. et Sav., Enum. Pl. Jap. 2: 154, 1879; Meinsh. in Acta Horti Petrop. 18: 379, 1901; Kom., Fl. Mansh. 1: 386, 1901; C. B. Clarkein Journ. Linn. Soc. Bot. 36: 304, 1904.

Steudel, Ernst Gottlieb von1855 年在刊物 synopsis Cyperaceae 上发表了该物种。Georg Kükenthal（德国牧师和植物学家，专门从事漫画学。他是动物学家 WillyKükenthal（1861—1922）的兄弟）1909 年在 Engler, Heinrich Gustav Adolf 之著作 *Das Pflanzenreich* 中记载了该物种。中井猛之进 1911 年在《朝鲜植物志》上也记载了该物种。苏联植物学家 Vitalii Ivanovitch Kreczetovicz1935 年在刊物《苏联植物志》中也记载了该物种。大井次三郎 1936 年在《日本的莎草科植物》中也记载了该物种。北川正夫 1939 年在《满洲植物考》中也记载了该物种。日本植物分类学家 Shigeo Akiyama1955 年在刊物 *The Flora of caric Far Eastern Regional Asia* 中也记载了该物种。刘慎谔等在《东北植物检索表》（1959）中也记载了该物种。日本植物学家 Koyama, Tetsuo Michael 在刊物《东京大学帝国理工学院学报》（日本）（*Journal of the Faculty of science,Imperial university of Tokyo,Japan*）中记载了该物种。《东北草本植物志》（1976）；《江苏植物志上册》（1976）；《福建植物志》（1995）都记载了该物种。

荷兰植物学家 Friedrich Anton Wilhelm Miquel（其主要研究重点是荷属东印度群岛的植物群）1865 年在刊物 *Annales Musei Botanici Lugduno-batavi* 发表的物种：Carex pierotii Miq. 为异名。法国植物学家 Adrien René Franchet，与 Paul Amedée Ludovic Savatier1879 年在刊物 *enumeratio plantarum japan* 也沿用了此异名。Karl Friedrich Meinshausen1901 年在刊物 *Acta Horti Petropolitani* 上也沿用了此名。科马洛夫 1901 年在《满洲植物志》上也沿用了此异名。英国植物学家 Charles Baron Clarke 1904 年在刊物《林奈学会植物学杂志》（*The Journal of the linnean society Botany*）也沿用了此异名。

（注 pl.=plate 图版；Sect. Ⅲ=Section Ⅲ第三部分）

英文名称：Scabrousleaf Sedge

（二）形态特征

糙叶苔草形态特征如图 47-1 所示。

根状茎具地下匍匐茎。秆常 2～3 株簇生于匍匐茎节上，高 30～60 cm，较细，三棱形，平滑，上端稍粗糙，基部具红褐色无叶片的鞘，老叶鞘有时稍细裂成网状。叶短于秆或上面的稍长于秆，宽 2～3 mm，质坚挺，中间具沟或边缘稍内卷，边缘粗糙，具较长的叶鞘。苞片下面的叶状，长于花序，无苞鞘，上面的近鳞片状。小穗 3～5 个，上端的 2～3 个小穗为雄小穗，间距短，狭圆柱形，长 1～3.5 cm，具很短的柄或近于无柄；其余 1～2 个为雌小穗，间距较长些，长圆形或近卵形，长 1.5～2 cm，宽约 1cm，具较密生的 10 余朵花，通常具短柄，或上面的近于无柄。雄花鳞片倒披针形，长约 8 mm，顶端急尖，淡褐色；雌花鳞片宽卵形，长 5～6 mm，顶端渐尖成短尖，膜质，棕色，中间色淡，具 3 条脉。果囊斜展，长于鳞片，长圆状椭圆形，鼓胀三棱形，长 6～8.5 mm，近木栓质，棕色，无毛，具微凹的多条脉，基部急缩成宽钝形，顶端急狭成短而稍宽的喙，喙口呈半月形微凹，具两短齿。小坚果紧密地为果囊所包裹，长圆形或狭长圆形，钝三棱形，长 4～5.5 mm，棕色；花柱短，基部稍增粗，柱头 3 个。花果期 4—7 月。

a 植株；b 群落；c 果序；d 花序；e 囊苞；f 种子；g 根系 ;h 囊苞解剖

图 47-1　糙叶苔草

（三）分布

产于辽宁、河北、山东、江苏、浙江、福建、台湾；也分布于俄罗斯远东地区、朝鲜和日本。

（四）生境及习性

生于海滩沙地或沿海地区的湿地与田边。

（五）研究进展

（1）共生菌研究。Geun Cheol Song（2011）研究表明，从沙丘中收集的盐生植物（Carex scabrifolia Steud）中分离出来革兰氏染色阳性，球形至棒状细菌，命名为菌株 YC6903T，在韩国南海岛通过使用多相进行调查做法调查及确定其分类地位。菌株 YC6903T 在 30±6℃和 pH8.0 下最佳生长。基于系统发育分析在 16SrRNA 基因序列上表明菌株 YC6903T 属于诺卡氏菌科中的诺卡氏菌。

Eu Jin Chung（2015）研究表明，从根际分离出一种抗真菌细菌菌株，命名为 YC6258T 盐生植物（Carex scabrifolia Steud）。生长在韩国南海岛的潮汐地区。细胞菌株为革兰氏染色阴性，兼性厌氧，中度嗜盐，棒状并由单极鞭毛运动。基于 16SrRNA 基因序列的系统发育分析表明菌株 YC6258T 形成的种系与最密切的成员不同相关属，Saccharospirillum 和 Reinekea 序列相似性低于 91.2%。

（2）微卫星遗传多样性研究。Yoshikuni Hodoki（2014）苔草（Carex scabrifolia），一种常见的多年生草本植物，生长在泻湖和潮汐河口的沙洲上，在日本是受到威胁植物而且栖息地逐渐减少。在日本海 – 日本西部的濑户内海和濑户内海设置了六个微卫星克隆多样性和基因流动程度种群检查样地。从 299 个样本中，检测到 77 个多位点基因型。平均每个等位基因数居群为 2.8，平均克隆多样性为 0.23。许多种群由小斑块组成，每个小斑块的基因数为 2.0。平均数每个位点的等位基因和克隆多样性均呈正相关，与流域内的补丁数量相关联。在市川河和河川之间检测到基因流沿着濑户内海的大田河居群，和观察到濑户内海沿着居群与居群之间的弱分化。结果表明，有效保护 C. scabrifolia 种群应该包括维持流域内的所有补丁无论种群大小，从而促进基因型保存。

Yoshikuni Hodoki（2009）研究指出，从克隆盐沼沼泽苔草（Carex scabrifolia）中分离并鉴定了 9 个微卫星位点，分析了 4 个群体内的遗传多样性。每个基因座的等位基因数量范围为 2 到 7，平均为 4.7。观察到的和期望的杂合度分别为 0.000 至 1.000 和 0.000 至 0.679。在两个群体中，由于其高克隆繁殖和构成群体的基因型（基因）数量少，几乎所有多态性位点都显示出显著过量的杂合子。因此，不同种群大小（即种群面积和分株数），相同基因的数量在种群间差异很大，范围从 1 到 28。

（3）密度对植物克隆生长的影响的研究。钟青龙（2016）研究认为，糙叶苔草经过一个月左右的适应后均开始加速增长，生长季后期增长率逐渐降低。生长季中前期糙叶苔草种群的整体密度增长与初始种植密度成反比。最终收获时糙叶苔草在低种植密度下的密度最低，中等种植密度下冠层高度最高。糙叶苔草的总生物量与密度呈显著正相关，植物的根冠比都没有随密度发生显著变化。在高密度下的种内竞争效应均强于中密度。

（4）糙叶苔草的群落特征。陈征海（1996）研究认为，糙叶苔草盐生沼泽（Form.Carexscabri folia）主要见于潮间带近岸线附近。群落外貌较整齐，深绿色，高 20 ～ 60 cm，总盖度 30 % ～ 95 %，多形成单优群落；近岸线附近及围涂湿地可见到盐地鼠尾粟、滨艾、芦苇、碱菀等伴生。如表 47-1 所示。

表47-1　盐生沼泽主要群系代表性群落特征值

群系	植物种类	平均高度（cm）	频度（%）	多度	平均盖度（%）	物候期	重要值（%）	样地号、日期及地点
糙叶苔	糙叶苔草	50	100	soc.	76.7	L.	85.1	浙江 -534 号，
芦苇群系	芦苇	60	100	cop.³	60.0	L.	82.9	浙江 -506 号，1991 年
	糙叶苔草	50	25	sp.	10.0	L.	17.1	10 月 28 日，舟山岛沥港
草群系	南方碱蓬	45	67	un.	9.0	L.	23.2	10 月 28 日，舟山岛沥港
	糙叶苔草	50	33	sol.	3.0	L.	10.5	

注：糙叶苔草分别分布于三个群系，而且多数糙叶苔草采于舟山（陈征海，1996）。

（5）光合作用特征研究。吴统贵（2008）研究了 6 种植物光合特性，6 种优势植物 LRC 净光合速率（Pn）大小顺序为海三棱藨草 > 糙叶苔草 > 芦苇 > 柽柳 > 白茅 > 旱柳，且早期植物显著大于后期植物（$P<0.05$）；光补偿点（LCP）、光饱和点（LSP）、最大净光合速率（Amax）、和暗呼吸速率（Rd）变化与 Pn 相同，也表现出演替早期植物 > 中期植物 > 后期植物；而表观量子效率（AQY）则表现出相反趋势。由 A/Ci 曲线可以发现，演替早期优势植物较后期植物具有更低的 CO_2 羧化效率（CCE）和相对较高的 CO_2 补偿点（CCP）。可见群落演替与各阶段优势植物的光合生理特征密切相关。如表 47-2 所示（吴统贵，2008）。

表47-2　糙叶苔草表观量子效率、光补偿点、光饱和点、光合速率最大值和暗呼吸速率

优势种 Dominant species	表观量子效率 AQY（mol·mol⁻¹）	光补偿点 LCP（μmol·m⁻²·s⁻¹）	光饱和点 LSP（μmol·m⁻²·s⁻¹）	净光合速率最大值 Amax（μmol·m⁻²·s⁻¹）	暗呼吸速率 Rd（μmol·m⁻²·s⁻¹）
糙叶苔草 Carex scabrifolia	0.051 ± 0.005C	29.72 ± 1.98B	540.84 ± 43.32A	26.13 ± 1.93B	2.07 ± 0.08A

（6）种群竞争关系的研究。项世亮 2017 研究中指出，海三棱藨草实生苗的竞争效应显著降低了糙叶苔草萌生苗的最高高度、密度以及地上生物量，而海三棱藨草实生苗密度和地上生物量也受到糙叶苔草萌生苗的显著抑制。莎草科植物实生苗和萌生苗之间存在着强烈的种间竞争关系，且这种竞争是不对称的，在糙叶苔草萌生苗—海三棱藨草实生苗混种处理中，萌生苗受到的竞争效应显著高于实生苗。

（7）光谱测量与分析。高占国 2006 研究了上海盐沼植被的多季相地面光谱，使用 ASD 便携式地物光谱仪测定芦苇、互花米草、海三棱藨草和糙叶苔草 4 类主要群落的春、夏、秋各季冠层反射光谱，并计算生成 350 ～ 1 000 nm 的反射率曲线的一阶导数曲线，在此基础上分析反射率与一阶导数曲线在可见光与近红外波段以及物候特征的"绿峰"和"红边"等波段的差异。结果如图 47-2、图 47-3 所示（高占国，2006）。

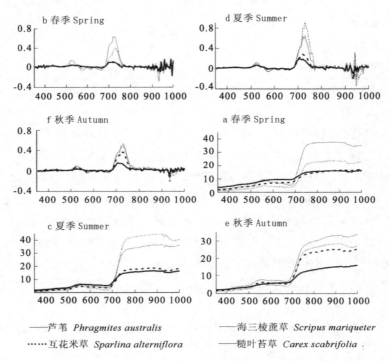

—— 芦苇 *Phragmites australis*　　　　　—— 海三棱藨草 *Scripus mariqueter*

······ 互花米草 *Sparlina alterniflora*　　　—— 糙叶苔草 *Carex scabrifolia*

图 47-2　同一季节不同盐沼群落光谱曲线及其一阶导数曲线特征对比

注：横坐标为波长（nm），上三图纵坐标为一阶导数；下三图纵坐标为反射率（%）。

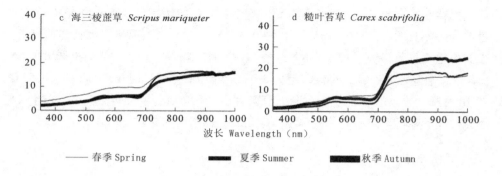

图47-3　崇明东滩群落不同季相反射光谱特征的比较

注：纵坐标为反射率（%）。

（8）种群分形特征研究。贾宁2005研究了长江口湿地景观镶嵌结构演变的数量特征与分形分析，指出了草业苔草种群的分形指标特征，如表47-3、表47-4所示（贾宁，2005）。

表47-3　不同时期糙叶苔草植被类斑块分形指标

斑块类型	分维值		稳定性指数		样本数		相关系数	
年	1990	2003	1990	2003	1990	2003	1990	2003
6 糙叶苔草	1.339	1.248	0.161	0.252	213	277	0.939	0.935

表47-4　相同类型斑块不同时相的景观特征变化表

斑块植被类型	斑块数（块）		平均面积（m²）		分维数		分维数变化
年	1990	2003	1990	2003	1990	2003	—
糙叶苔草	115	73	37621	50659	1.306	1.249	-0.002

（9）吴统贵2010研究了杭州湾滨海湿地3种草本植物海三棱藨草、糙叶苔草和芦苇叶片N、P化学计量学的季节变化，3种植物叶片N含量范围分别是7.41～17.12、7.47～13.15和6.03～18.09 mg·g^{-1}，平均值分别为（11.69±2.66）、（10.17±1.53）和（11.56±3.19）mg·g^{-1}；叶片P范围分别是0.34～2.60、0.41～1.10和0.35～2.04 mg·g^{-1}，平均值为（0.93±0.62）、（0.74±0.23）和（0.82±0.53）mg·g^{-1}；N:P范围分别是7.19～30.63、11.58～16.81和8.62～21.86，平均值为16.83±8.31、14.53±3.91和16.49±5.51，可见不同植物其生态化学计量

值范围存在一定差异，但经方差分析发现 3 种草本植物间生长季节内 N、P 元素含量差异并不显著（$P > 0.05$）。各物种叶片 N、P 含量均表现出在生长初期显著大于其他生长季节（$P < 0.05$），生长旺季（6、7 月）随着叶片生物量的持续增加，N、P 含量逐渐降低并达到最小值，随后 8—9 月叶片不再生长而 N、P 含量逐渐回升，在 10 月叶片衰老时 N、P 含量再次下降；叶片 N∶P 则在生长初期较小，在生长旺季先升高后降低，随后叶片成熟不再生长时又逐渐增加并趋于稳定。

参考文献

[1] SONG G C, YASIR M, BIBI F, et al. Nocardioides caricicola Sp. Nov., An Endophytic Bacterium Isolated from a Halophyte, Carex scabrifolia Steud[J]. International Journal of Systematic and Evolutionary Microbiology, 2011（61）: 105–109.

[2] CHUNG E J, PARK J A, JEON C O, et al. Gynuella sunshinyii gen. Nov., Sp. Nov., An Antifungal Rhizobacterium Isolated from A Halophyte,Carex Scabrifolia Steud[J]. International Journal of Systematic and Evolutionary Microbiology, 2015（65）: 1038–1043.

[3] HODOKI Y, OHBAYASHI K, KUNII H. Analysis of Population Clonal Diversity Using Microsatellite Markers in the Salt Marsh Sedge Carex Scabrifolia in Western Japan. Landscape Ecol Eng 2014（10）: 9–15.

[4] 钟青龙，戴文龙，项世亮，等 . 密度对三种莎草科植物克隆生长的影响 [J]. 生态学报 , 2016, 35（1）: 1–9.

[5] 陈征海，唐正良 . 浙江海岛盐生植被研究 —— 天然植被类型及开发利用 [J]. 生态学杂志 , 1996, 15（5）: 6–11.

[6] 吴统贵，吴明，萧江华 . 杭州湾湿地不同演替阶段优势物种光合生理生态特性 . 西北植物学报 , 2008, 28（8）: 1683–1688.

[7] 项世亮 . 崇明东滩莎草科植物群落格局及其形成机制研究 [D]. 上海 : 华东师范大学 , 2017.

[8] 高占国，张利权 . 上海盐沼植被的多季相地面光谱测量与分析 [J]. 生态学报 , 2006, 26（3）: 793–800.

[9] 贾宁，笪建勋，尹占娥，等 . 长江口湿地景观镶嵌结构演变的数量特征与分形分析 [J]. 资源调查与环境 , 2005, 26（1）: 71–78.

[10] HODOKI Y, OHBAYASHI K, KUNII H. Genetic Analysis of Salt–Marsh Sedge Carex

Scabrifolia Steud. Populations Using Newly Developed Microsatellite Markers[J]. Conservation Genetics, 2009, 10（5）: 1361.

[11]　吴统贵, 吴明, 刘丽, 等. 杭州湾滨海湿地 3 种草本植物叶片 N、P 化学计量学的季节变化 [J]. 植物生态学报 2010, 34（1）: 23-28.

四十八、华克拉莎

（一）学名解释

Cladium chinense Nees 属名：Cladium，klados，树枝、棒状、芽。一本芒属，莎草科。种加词：chinense，中国的。命名人 Nees=Makino Christian Gottfried Daniel Nees von Esenbeck.（14 February 1776 – 16 March 1858）（见碱菀）

英文名称：Chinese Cladium，Sawgrass

学名考证：Cladium chinense Nees in Linnaea IX（1834）301；et in Nov. Act. Nat. Cur. Suppl. I（1843）116.；Steud. Synops. II（1855）152—Cladium mariscus Benth. Fl. Hongk.（1861）397, non R. Br.；C. B. Clarke in Hook. f. Fl. Brit. Ind. VI（1894）673；Nakai, Fl. Korean. II（1911）513—Cladium jamaicense C. B. Clarkein Journ. Linn. Soc. Bot. XXXVI（1903）262. non Crantz；Matsum. Ind. Pl. Jap. III（1905）139: Hayata, Ic. Pl. Formos. VI.（1916）117—Mariscus chinensis（Nees）Fernald in Rhodora XXV（1923）51.

Nees1834 年在刊物 *Linnaea IX* 发表了该物种，而且 Nees 在 1843 年在刊物 *Nova Acta Naturalist Cur. Suppl.* 记载了该物种。德国医生，草本植物学家，禾本科植物学家 Steudel, Ernst Gottlieb von1855 年在刊物 *Synopsis generum Compositarum II* 也记载了该物种。

英国植物学家 Bentham, George1861 年在刊物《香港植物志》（*Flora of Hongkongsis*）发表的物种 Cladium mariscus Benth. 为异名，并非 R. Br. 所发表物种。Clarke, Charles Baron 1894年在 Rendle, Alfred Barton 的著作 *Flora of British India VI* 中沿用了此异名。中井猛之进 Nakai1911 年在刊物《朝鲜植物志》（*Flora of Koreana II*）中也沿用了此异名。

英国植物学家 Charles Baron Clarke1903 年在刊物 *The Journal of the linnean society Botany*《林奈学会植物学杂志 XXXVI》发表 Cladium jamaicense C. B.

Clarkein 为异名，并非作者 Crantz 所发表物种。日本植物学家 Matsumura, Jinz1905 年在刊物 *Index Plants Japan III* 日本植物学家 Hayata 1916 年《台湾植物图谱》（*Icones Plantarum Formosanarum VI*）沿用了此异名。

法国植物学家 Fernald1923 年在刊物 *Rhodora XXV* 组合的名称 Mariscus chinensis（Nees）Fernald 为异名。

（注：non= 并非；ic.=icon. 图谱。）

（二）研究历史

中国植物志中文版名称为：华克拉莎 Cladium chinense Nees，将此种定义为独立种。Flora of China，却将此种定位地理亚种，称为克拉莎，Cladium jamaicence subsp. chinense（Nees）T. Koyama1978 年发表于刊物 *Enum. Fl. Pl. Nepal* 上。是一个牙买加克拉莎的地理亚种。

（三）形态特征

华克拉莎形态特征如图 48-1 所示。

丛生，具短匍匐根状茎。秆高 1 ~ 2.5 m，基部圆柱形，秆上有节，具多数秆生叶。叶扁平，平张，革质，剑形，长 60 ~ 80 cm 或更长，宽 0.8 ~ 1 cm，上端渐狭且呈三棱形，顶端细长呈鞭状，边缘及背面中脉具细锯齿，无叶舌。苞片叶状，具鞘，下面的较长，渐向上而渐短，边缘及背面中脉具细锯齿；圆锥花序，长 30 ~ 60 cm 或更长，由 5 ~ 8 个伞房花序所组成，侧生的互相远离，具扁平的总花梗；小苞片鳞片状，厚纸质，卵状披针形或披针形，顶端尾状渐尖，有棕色条纹；小穗 4 ~ 12 个聚成小头状；小头状花序直径约 4 ~ 7 cm；小穗幼时为卵状披针形，成熟时为卵形或宽卵形，暗褐色，长 3 mm，具 6 片鳞片，鳞片宽卵形至卵形，顶端钝或急尖，下面 4 片中空无花，最上面 2 片各具一朵两性花，下面 1 朵雌蕊不发达；下位刚毛缺如；雄蕊 2，花丝很短，约为花药的 1/3，花药长约 2 mm，药隔突出成短尖；花柱细，柱头 3，与花柱等长，均被微柔毛。小坚果长圆状卵形，长约 2.5 mm，褐色，光亮，喙极不明显。花果期约 5 月。

（四）分布

产于我国广西和云南，据 C. B. Clarke 记载，产于广东；又据 J. Ohwi 记载，台湾亦产；此外，亦分布于朝鲜、日本及其琉球群岛和小笠原群岛。浙江植物志记载，产于普陀，椒江（台州列岛）分布于台湾、广东、广西、云南、西藏等地。Flora of China 介绍，产于中国广东、广西、海南、台湾、鄂西、云南，印度、日本、韩国、尼泊尔、越南、太平洋岛屿也见分布。

a 植株；b 花；c 果；d 茎秆；e 花序

图 48-1　华克拉莎

（五）生境及习性

据报道此物种为极强的耐盐植物，研究表明这个物种可以容忍盐度超过 10 克 / 升的限度。此外，Cladium 能够承受土壤盐分至少在几周内达到 25 ～ 30 克 / 升的水平。Cladium 的高度与盐度没有直接关系，在旱季氧化还原电位和水位，两者都有明显的陆地 / 向海变化梯度。相比盐度的影响更大洪水制约对 Cladium 增长受到的影响度是显著的。其主要种群竞争对手之一香蒲（Typha domingensis）更适应延长的水淹影响；它的增长也有报道在盐度高于3.5克/升时超过6克/升都能生长良好。

（六）研究进展

（1）种群克隆研究现状。Brewer 1996研究发现，成熟华克拉莎种群生产力的地点差异与克隆繁殖方式的差异有关。其根状茎较高的死亡率和较低的生长率都是由活的根茎决定的。而活根茎的生长又受到周围其他器官的限制。表现出空间异质性。

（2）植被恢复作用。陆祖军2011研究指出，会仙湿地中心区枯水期上覆水磷酸酶活性水平分布，湿地的III、IV小区水面积最大，两区植物组成对磷均有较好的吸附、吸收和沉淀作用，但III小区水体磷酸酶活性远高于IV小区，说明III小区植物组成不利于抑制内源磷的释放，湿地水生植被重建时参考IV小区的（边岸区）华克拉莎－（深水区）密齿苦草/黑藻/马来眼子。

（3）华克拉莎土壤特征。李艳琼2018研究以桂林会仙喀斯特湿地8种植物群落为研究对象，探讨水位梯度下不同植物群落类型对土壤养分和微生物活性特征的影响。8个植物群落中，华克拉莎群落的土壤有机碳、全氮、速效氮、速效钾和微生物生物量碳氮含量、土壤基础呼吸速率和呼吸势均最高；积水沼泽区的华克拉莎和长苞香蒲群落生长茂盛，植物地上生物量相对较大，其凋落物量也大，所以在积水沼泽区土壤碳氮含量相对较高。随着水位梯度的增加，土壤SOC和TN在积水沼泽区域（华克拉莎群落和长苞香蒲群落）和浅水区较高，TK在浅水区和积水沼泽区域（华克拉莎群落和长苞香蒲群落）较高，这3个植物群落的地上生物量相对较大，表明在小尺度上，水位梯度可能是通过影响地表植被的群落生物量从而间接影响土壤碳氮钾的分布。总之，积水沼泽区域的华克拉莎群落土壤有机碳、全氮、速效氮和速效钾含量都高于其它群落，说明其土壤质量较好。

（4）生物多样性研究。韦锋2007研究表明，在挺水植物群落中，华克拉莎生物量最大，为2599.10 g·dw/m²；一般情况下，华克拉莎生物量＞菰生物量＞芦苇生物量＞长苞香蒲生物量，而茎叶的生物量比例是：华克拉莎＞芦苇＞菰＞长苞香蒲。

湿地植被以挺水植被和沉水植被为主，植物种类较多，且生长茂盛，盖度常可达80%～95%，主要建群种有华克拉莎（Cladium chinense）、芦苇（Phragmites communis）、长苞香蒲（Typha angustata）等。

其群落特征为：华克拉莎群落（Form. Cladium chinense）多见于浅水区或沼

泽中，水深1m左右，为丛生的高大草本群落，高度常在 1 ～ 2.5 m（最高大 1.6 m）左右，一般可自成单优群落，盖度常在 70 % ～ 95 % 之间。在浅水的湖中，其群落常以茎倒伏的方式向湖中心扩张，速度可达 1 ～ 2 m/a。亦有因为替代芦苇而出现的华克拉莎和芦苇形成共优群落或伴生芦苇的群落。而在龙山北面，出现华克拉莎和长苞香蒲共优的群落。

在静水区，以睦洞湖为代表，湿地植物群落变化情况。睦洞湖边多为农田和鱼塘，在农田与睦洞湖之间的区域里多生长着以铺地黍和柳叶箬为主的禾本科草本植物，植株大多较矮，种类较多，数量也很多，盖度在 70 % 以上。水深在 50 cm 以内的区域，常出现华克拉莎为优势种的群落，而且多以单优种群出现，盖度大多在 90 % 以上，偶尔会发现有芦苇，但已经逐渐被华克拉莎所替代。在华克拉莎群落的边缘地带，有时还会有较多石龙尾出现。

（5）荧光特性研究。李凤 2009 对桂林会仙喀斯特湿地水生植物叶绿素荧光特性研究。华克拉莎荧光参为 $F_o=385.333 \pm 13.7 \%$；$F_m=2162.333 \pm 144.084$；$F_v/F_m=0.821 \pm 0.013$。10 种挺水植物的 F_o 值大小比较结果为：华克拉莎 ＞ 菰 ＞ 水蓑衣 ＞ 莲 ＞ 丁香蓼 ＞ 水蓼 ＞ 长苞香蒲 ＞ 卡开芦 ＞ 菖蒲 ＞ 芦苇；F_m 值大小比较结果为：华克拉莎 ＞ 水蓼 ＞ 丁香蓼 ＞ 莲 ＞ 水蓑衣 ＞ 菰长苞香蒲 ＞ 卡开芦 ＞ 芦苇 ＞ 菖蒲。10 种挺水植物的最大光化学量子产量值 F_v/F_m 比较结果为：芦苇 ＞ 水蓼 ＞ 丁香蓼 ＞ 长苞香蒲 ＞ 卡开芦 ＞ 华克拉莎 ＞ 莲 ＞ 水蓑衣 ＞ 菰菖蒲。其中芦苇、水蓼、丁香蓼、长苞香蒲、卡开芦、华克拉莎和莲的值都大于 0.8。

华克拉莎接受的光合有效福射日变化呈单峰型，在达到最高；实际量子产量的日变化是上午不断下降，至出现急剧下降，至出现最低值，下午不断上升，时比时低；相对电子传递速率在出现峰值至变化不明显；非光化学淬灭系数在早晨前呈明显上升趋势，但至基本保持稳定，然后呈下降趋势，时比时高光化学淬灭系数在出现了最低值，之前的下降和之后的上升都比较缓。如图48-2所示。

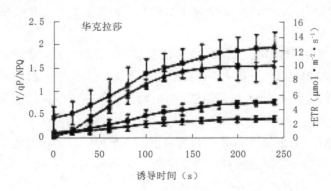

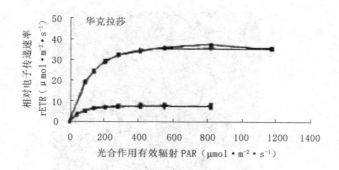

图48-2 华克拉莎荧光特性

（6）小穗特征的研究。Jennifer H. Richards（2002）研究表明，首先花朵扩张（F1）终止小穗轴，而第二朵花（F2），由添加的前叶包裹，在轴上产生的最后一个苞片的腋中发育。在从三个种群的分株中检查的86%的小穗中，F1花的雌蕊中止，因此这种花在功能上是雄性的并且小穗是雄性的。然而，在来自这些个体的14%的小穗中，F1花是雌雄同体并且可以种下种子。F2花通常是雌雄同体和成熟的柱头，然后是花药。因此，C.jamaicense中的小穗是确定的，并且在花内和小穗中的花之间具有两种花的双色；小穗性别表达可能因植物和种群而异，特别是在第一朵花中。如图48-3、图48-4所示。

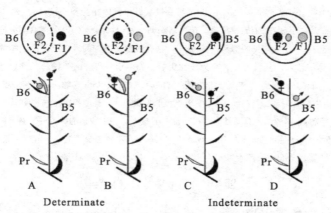

显示了在确定的（A和B）和不确定的（C和D）凝聚的横向（顶行）和纵向（底行）视图中看到的苞片和雄性和雌雄花的排列。小穗发育的假设。内部鞘苞片是模型C和D下的小穗苞片（B6），但是在模型A和B下是芽腋到B6的前端（虚线）。预测与C和DC中的腋生花无关jamaicense有小苞片，苞片，花和丙虫的排列呈现在黑色圆圈，雌雄同体的花朵中。灰色圆圈，雄花；灰色椭圆形，小穗尖；黑叶，小穗主轴上的苞片；灰叶，小穗腋枝上的预防；Pr，主要小穗轴上的前叶；主小穗轴上的B5，B6，第五和第六苞片；F1，第一朵花成熟；F2，第二朵花成熟。

图48-3 华克拉莎小穗结构的模型

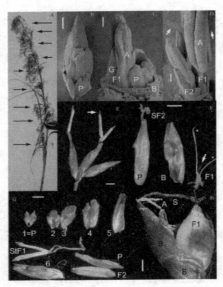

　　A 华克拉莎的花序，花在侧向和末端簇生成箭头；侧枝从苞片的腋中发育而来。约 X10 放大倍数。B 披针形小穗的扫描电子显微照片 SEM，具有预防性 P 和增加长度和宽度的苞片，500 mm。C 发育小穗的尖端的 SEM，去除了鞘。最后产生的苞片 B 的基部环绕着终端花 F1 的原基，其具有两个雄蕊 A 和心皮 G；B 还包围具有添加的 P 的腋芽。包围了第二朵花 F2，它处于比 F1 更早的发育阶段，但也开始了两个花药和心皮，50 mm。D，发育小穗的尖端的 SEM，其中小穗苞片和 F2 被移除。终端花 F1 具有发育良好的花药（A）和从花药之间突出的两个乳突柱头枝箭头。腋生花 F2 具有发育较年轻的花药和心皮，50 mm。E，花序簇枝末端的三个小穗的显微照片；小穗在 F1 雄性阶段，花药从鞘鞘上发出；F1 女性没有在这些小穗中扩张，因为没有耻辱残余。花药 apiculus 是可见的箭头，1 mm。F，部分解剖的小穗的显微照片。小穗轴上的最后一个苞片 B 已从末端花 F1 周围移除，其具有带有双分枝柱头箭头的中止心皮和两个雄蕊（星号）的花丝，花药具有 abscised。被苞片前体 P 包围的 F2 花处于雌性期；它的耻辱（SF2）是外露的，但是花药还没有从保护中出现。条 =1 mm。G，具有双酸盐丙酸酯（1 = P）的解剖小穗的显微照片，长度和宽度增加的五个连续苞片（2±6），末端 F1 花（StF1）的成熟雄蕊，预防性 P 的在苞片 6 的腋下芽和未成熟的雌雄同体花（F2），这个预防所包围。两个 F2 花药位于未成熟 F2 雌蕊的任一侧。条 =1 mm。H，小穗的显微照片，其中两朵花都是雌雄同体的。小穗苞片 B 已从花朵中拉回。F1 花集果 F1；F2 花外露了柱头 S 和花药 A，500 mm。

图 48-4　华克拉莎花序结构

　　（7）开花及传粉生物学研究。Sawgrass，Cladium jamaicense，是佛罗里达大沼泽地的主要植物。我们检查了锯草开花物候和 2 年以上非原生境和原位种群的相容性反应。5 月在佛罗里达州南部的索格拉斯花。花的成熟在花序内是相对同步的。沿着整个花序，最初出现功能性雄花，然后是柱头，然后是雌雄同花的花药。每个性别的花在 2 天内扩展，其间不到 1 天，总共 6 ～ 7 天，花序完全开花。手部授粉表明，锯草具有自交亲和性，不受花粉限制，因为开放授粉产生的果实类似于自花授粉和异花授粉。水果集的自动配对和操作处理都很低。操纵处理用于研究手部授粉期间暴露于空气传播的花粉的影响。因此，该处理提供了用于研究风传播的类谷氨酰胺的原位相容性的有用技术。Sawgrass能够自我受精，但花序上花朵成熟的时间促进了异交。因此，锯齿草的实际异交率取决于克隆结构和克隆内其他花序的花成熟时间，而不是群体中其他基因的花序。

Jenise M.（2005）研究了开花物候及其传粉的生物学特征，指出花的成熟在花序内是相对同步的。沿着整个花序，最初出现功能性雄花，然后是柱头，其次是雌雄同花的花药。每个性别的花在2天内扩展，其间不到1天，花序完全开花总共6—7天。人工授粉表明，华克拉莎具有自交亲和性，不受花粉限制，因为开放授粉产生的果实类似于自花授粉和异花授粉。操纵处理用于研究人工授粉期间暴露于空气传播的花粉的影响。因此，该处理提供了用于研究风传播的类谷氨酰胺的原位相容性的有用技术。Sawgrass能够自我受精，但花序上花朵成熟的时间促进了异交。因此，华克拉莎的实际异交率取决于克隆结构和克隆内其他花序的花成熟时间，而不是群体中其他基因的花序。Cladium jamaicense花序开花物候模型。F1雌性通常会中止（＞96％），但如果继续发育，她们最初会成熟。除F1雌性外，平均每个性别在2天内扩增，并在1至2天内分离。F1雄性最初扩大，开花后花药脱落。接下来是F2雌性，其中柱头持续不到一天。最后，F2雄性扩大。花序的整个开花周期平均发生在6.7天（SD 0.7）。（Jenise M.2005）如图48-5所示。

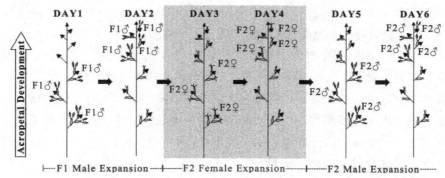

Cladium jamaicense 花序的开花物候模型。 F1雌性通常会中止（＞96％），但如果它们没有，它们最初会成熟。 除F1雌性外，平均每个性别在2天内扩增，并在1至2天内分离。 F1雄性最初扩大，开花后花药脱落。 接下来是F2雌性，其中柱头持续不到一天。 最后，F2雄性扩大。 整个开花花序的周期平均发生在6～7天。

图48-5 华克拉莎的开花及传粉特性

（8）遗传多样性研究进展。Christopher T. Ivey（2001）研究认为，以重复的网格模式对18个种群（总共818种植物）进行了抽样。由于C.jamaicense可以无性繁殖，比较了使用所有抽样分株计算的遗传多样性与仅使用种群内基因的遗传多样性的估计值。研究的 13 个基因座中不到一半是多态性的（P_s=46.2%），平均每个基因座位于两个等位基因之下（A_s=1.9）。杂合度也很低，并且对于分株水平估计的估计值较低（分株：H_{es}=0.069，H_{ep}=0.051；基因：H_{es}=0.094，H_{ep}=0.067）。分株水平估计表明 8 个群体中的杂合子过量和 4 个群体中的杂合子缺陷，但是遗传水平估计表明仅在一个群体中进行近亲繁殖。分株水平估计表明显著的种群分化（F_{ST}=0.268），但遗传水平估计没有（F_{ST}=0.035）。同样，基于分株水平估计（D=0.024），种群之间的平均遗传距离高于遗传水平估计（D=0.016），我们发现基于分株水平估计的遗传和地理距离之间的相关性较弱（r=0.15，P=0.02）但不是遗传水平估计（r=0.04，P=0.2）。因此，克隆繁殖导致种群间有效的遗传分化。观察到的群体分化模式可能反映了群体中的高水平基因流动或在殖民化期间建立的模式，这些模式在长寿克隆中持续存在。与其他具有相似生活史的莎草或其他物种相比，Everglades C. jamaicense 的遗传多样性较低（分株：H_T=0.150；基因：H_T=0.203）。这种低遗传多样性可能反映了佛罗里达州南部 C. jamaicense 种群相对较新的起源。

关于克隆种群的遗传多样性研究，Christopher T. Ivey（2001）研究指出，使用同种异体酶作为遗传标记。研究者在 18 个种群中沿着 11 米的横断面对复制网格中的植物进行取样遍布大沼泽地的华克拉莎。与其他植物相比，大沼泽地华克拉莎种群的基因型多样性较低（每个种群的多位点基因型的平均 [SE] 数量为 4.9[0.7]），但只有一个种群是单态的。甚至在小范围内也存在多样性；108 个 1–m² 样方中的 85 个具有多个多位点基因型。南佛罗里达水管理区域在基因型多样性方面没有差异，除了大沼泽地国家公园，其居群具有较小比例的多态样方。Sawgrass 克隆平均比非克隆更接近，尽管这在人群中是不同的。尽管有这种观察，我们发现使用克隆同一性概率方法克隆空间结构的证据很少。这一结果反映了克隆沿着横断面的广泛交叉。估计平均（SE）最小克隆大小为 46.2（5.2）m²，克隆可能超过 200 m²。研究结果表明，无性繁殖在 C.jamaicense 群体中很常见，但基因型多样性在整个生态系统中得以维持，即使在相对较小的范围内也是如此。

（9）根际通气性研究。ABAD CHABBI（2000）研究认为，研究目的是确定从香蒲根和华克拉莎根的径向氧气损失（ROL）产生内部氧气缺乏，或相反地表明充足的内部通气和过量氧气泄漏到根际。琼脂中的亚甲基蓝用于显示来自根的 ROL 模式和钛－柠檬酸盐的氧化溶液用于量化氧泄漏率。香蒲的根系具有比华克拉莎更高的孔隙度，并通过增加皮质空气空间，特别是在根尖附近，对洪水处理做出反应。随着时间的推移，沿着近顶端轴发生的更大的氧释放和根际氧化还原电位（Eh）的增加与香蒲的通气良好的通气组织系统相关。无论氧释放模式如何，香蒲根均显示低或不可检测的醇脱氢酶（ADH）活性或乙醇浓度，表明 ROL 不会引起内部缺陷。华克拉莎根也释放氧气，但这种损失主要发生在根尖，并伴随着根 ADH 活性和乙醇浓度的增加。这些结果支持这样的假设：伴随着氧气的释放，内部的氧气随之缺乏，足以刺激酒精发酵，与香蒲相比可以清楚地说明华克拉莎的耐洪性较小。

（10）氧化还原电位高低与磷吸收关系的研究。Jorgen Lissner（2003）研究表明，目的是评估 C.jamaicense 对 Eh（2 150，1 150 和 1 600 mV）和 P 有效性（10，80 和 500mg P/L）的生长反应。植物生长在使用钛（Ti31）柠檬酸盐作为 Eh 缓冲液的因子实验中进行水培。记录处理对生长，生物量分配和组织营养的影响。由于 P 可用性增加 50 倍，增长率大约翻了一番。低氧化还原显着降低了生长和组织 P 浓度。虽然植物 P 浓度在 10 和 500 mg P/L 处理之间增加了 20 倍，但在 1 600mV 时 P 浓度比在每个磷酸盐水平下 2 150 mV 高 50%～100%。在高 Eh 时，C.jamaicense 似乎很适应低营养环境，因为它的 P 要求低，获得的 P 的保留率高。但是，在低 Eh 时，获得或保存获得的 P 的能力下降，因此，磷酸盐水平越高要求保持增长。该研究的结果表明，当磷酸盐稀缺时，年轻的 C.jamaicense 对强烈还原条件表现出低耐受性。

（11）火灾对群落的影响。Daniel Imbert（2006）研究表明，火灾改变了群落的生长环境，增加了土壤的 pH 值，增加了光线的通透度，促进了种群的发展与竞争。

参考文献

[1] BREWER J S. Site Differences in the Clone Structure of an Emergent Sedge, Cladium jamaicense[J]. Aquatic Botany, 1996, 55（2）: 79–91.

[2] 苏文辉, 张楠, 候绍刚. 湿地植物根茎的形态特征及其克隆生长繁殖 [J]. 安阳工学院学报, 2008（4）: 23–26.

[3] 陆祖军, 侯美珍, 梁士楚. 会仙湿地中心区枯水期上覆水磷酸酶活性水平分布 [J]. 广西师范大学学报（自然科学版）, 2011, 29（1）: 76–81.

[4] 李艳琼, 沈育伊, 黄玉清, 等. 桂林会仙喀斯特湿地不同植物群落土壤养分分布差异与微生物活性特征 [J]. 生态科学, 2018, 37（4）: 24–34.

[5] 韦锋. 桂林会仙喀斯特湿地生物多样性及保护研究 [D]. 桂林: 广西师范大学, 2010.

[6] 李凤. 桂林会仙喀斯特湿地水生植物叶绿素荧光特性的研究 [D]. 桂林: 广西师范大学, 2009.

[7] JENNIFER H. RICHARDS. Flower and Spikelet Morphology in Sawgrass, Cladium jamaicense Crantz（Cyperaceae）[J]. Annals of Botany, 2002, 90: 361-367.

[8] IVEY C T, RICHARDS J H. Genetic Diversity of Everglades sawgrass, cladium jamaicense（cyperaceae）[J]. Int. J. Plant Sci. , 2001, 162（4）: 817-825.

[9] IVEY C T, RICHARDS J H. Genotypic Diversity and Clonal Structure of Everglades Sawgrass, Cladium Jamaicense（cyperaceae）[J]. Int. J. Plant Sci., 2001, 162（6）: 1327-1335.

[10] CHABBI A, MCKEE K L, MENDELSSOHN I A. Fate of Oxygen Losses from Typha domingensis（typhaceae） and Cladium jamaicense（cyperaceae） and Consequences for Root Metabolism[J]. American Journal of Botany, 2000, 87（8）: 1081-1090.

[11] LISSNER J, MENDELSSOHN I A, LORENZEN B, et al. Interactive Effects of Redox Intensity and Phosphate Availability on Growth and Nutrient Relations of Cladium jamaicense（cyperaceae）[J]. American Journal of Botany, 2003, 90（5）: 736-748.

[12] SAWGRASS. Cladium jamaicense（cyperaceae）[J]. American Journal of Botany, 2005, 92（4）: 736-743.

[13] IMBERT D, DELBE L. Ecology of Fire-influenced Cladium Jamaicense Marshes in Guadeloupe, Lesser Antilles[J]. Wetlands, June 2006, 26（2）: 289-297.

舟山群岛特有草本植物图志

四十九、互花米草

（一）学名解释

Spartina alterniflora Loiseleur, 属名：Spartina, Spartine, 这个词来自 σπαρτίνη（spartiné），希腊语中的一个用西班牙扫帚（Spartium junceum）制成的绳索，绳缆。大米草属，网茅属，绳草属，禾本科。种加词，alterniflora，交互生花的。命名人：Loiseleur=Loiseleur-Deslongchamps, Jean Louis August（e），Jean–Louis–Auguste Loiseleur-Deslongchamps（1774 年 3 月 24 日出生于 Eure-et-Loir Dreux, 于 1849 年 5 月 8 日在巴黎逝世）是法国医生和植物学家。他是许多医学和植物学著作的作者和撰稿人。他于 1823 年当选为美国国立学院（Académie Nationalede Médecine）院士，并于 1834 年成为荣誉军团的骑士，他的儿子是印度学家，Auguste–Louis–Armand Loiseleur-Deslongchamps。法国荣誉军团勋章（Légion d'honneur，英文译作 Legion of Honour）是法国政府颁授的最高荣誉骑士团勋章（Chivalric order），1802 年由时任第一执政拿破仑设立以取代旧封建王朝的封爵制度，是法国政府颁发的最高荣誉。是法兰西军事和平民荣誉的象征，也是世界上最为著名的勋章之一。荣誉军团是一个荣誉组织，把曾为法兰西共和国做出过卓越贡献的军人和平民都囊括在其中；而荣誉军团勋章，就是其成员光荣和名誉的标志。因时代变迁，现在译为"法国荣誉勋位勋章"比较合适。勋章的丝带是红色的，于每年的 1 月（元旦）、4 月（复活节）和 7 月（法国国庆节）进行评选。

学名考证：*Spartina alterniflora* Loiseleur，Fl. Gall. 719. 1807—Spartina glabra Muhlenberg ex Elliott var. alterniflora（Loiseleur）Merrill；S. maritima（Curtis）Fernald var. alterniflora（Loiseleur）St.-Yves；S. stricta Roth var. alterniflora（Loiseleur）A. Gray；Trachynotia alterniflora（Loiseleur）Candolle.

1807 年，Loiseleur 在 著 作 *Flora Gallica, seu Enumeratio plantarum in Gallia sponte nascentium* 发表了物种 Spartina alterniflora Loiseleur。美国植物学家和分类学家 Elmer Drew Merrill 认为该物种为大米草的变种，将其组合为 Spartina glabra

Muhlenberg ex Elliott var. alterniflora（Loiseleur）Merrill；在此定为异名。加拿大植物学家 St.-Yves, Afred（Marie Augustine）认为是米草 S. maritima（Curtis）Fernald 的一个变种，将其组合为 S. maritima（Curtis）Fernald var. alterniflora（Loiseleur）St.-Yves，在此定为异名。美国植物学家 Gray, Asa 认为是 S. stricta Roth 的一个变种，将其组合为 S. stricta Roth var. alterniflora（Loiseleur）A. Gray，在此定为异名。瑞士植物学家 Augustin Pyramus de Candolle 的儿子——Candolle, Anne Casimir Pyramus de 所组合定名的物种 Trachynotia alterniflora（Loiseleur）Candolle. 在此定为异名。

英文名称：smooth cordgrass、Atlantic cordgrass 或 saltmarsh cordgrass

（二）形态特征

互花米草形态特征如图 49-1 所示。

根系发达，常密布于地下 30 cm 深的土层内，有时可深达 50 ～ 100 cm。植株茎秆坚韧、直立，高可达 1 ～ 3 m，直径在 1 cm 以上。茎节具叶鞘，叶腋有腋芽。叶互生，呈长披针形。长可达 90 cm，宽 1.5 ～ 2 cm，具盐腺，根吸收的盐分大都由盐腺排出体外，因而叶表面往往有白色粉状的盐霜出现。圆锥花序长 20 ～ 45 cm，具 10 ～ 20 个穗形总状花序，有 16 ～ 24 个小穗，小穗侧扁，长约 1 cm；两性花；子房平滑，两柱头很长，呈白色羽毛状；雄蕊 3 个，花药成熟时纵向开裂，花粉黄色。种子通常 8—12 月成熟，颖果长 0.8 ～ 1.5 cm，胚呈浅绿色或蜡黄色（王卿，2006）。

（三）分类历史

从 20 世纪 60 年代开始，南京大学大米草及海滩开发研究所先后在中国引入了四种米草属植物，分别是大米草、互花米草、狐米草（S.patens（Aiton）Muhl.）和大绳草（S.cynosuroides（L.）Roth）。大米草引入后立即扩张，但随后又开始减退，目前正处于从中国海岸消失的过程中。大绳草无法在野外生存。狐米草在野外有性生殖能力有限，主要靠无性生殖扩张，分布范围始终有限。因此，目前在中国海岸稳固建群并不断扩张的主要是互花米草（彭荣豪，2009）。

（四）分布与危害

产福建，广东，广西，河北，江苏，山东，浙江。它们原产于欧洲西部和南部、西北部以及南部非洲、美洲和南大西洋岛屿的大西洋沿岸；一种或两种物种也出现在北美太平洋沿岸和美洲内陆的淡水栖息地。于 1979 年首次从美国的卡罗莱纳州、佐治亚州、佛罗里达州三地引入 3 种互花米草的生态型用于保护海滩、促淤造陆提高海滩生产力，在南京大学植物园试种成功以后，于 1980 年移植到福建的罗源湾，1982 年起向全国推广。从 1985 年的 8 个初始种植地开始，它在中国沿海的适宜栖息地迅速传播。它们形成大而密集的集落，特别是在沿海盐沼上，并迅速生长。分布在南至广西北海，北至辽宁鸭绿江的沿海滩涂。最初引种的 3 种生态型中只有来自佛罗里达州的生态型在中国得到广泛的传播。

主要分布于海滩高潮带下部至中潮带上部宽广的潮间带上。在舟山其危害表现在，与本地的芦苇、海三棱藨草抢夺生存空间，导致这两种植物群落面积严重萎缩，进而影响到迁徙、越冬鸟类的取食和休息。互花米草在一定程度会降低大型底栖动物的总密度和丰富度，如泥螺、四角蛤蜊、文蛤等逐渐减少。互花米草入侵后逐渐形成单一群落，取代同一生态位的土著植物，从而使鸟类栖息和觅食的生境丧失导致其种群数量减少。互花米草对入侵地地形及土壤理化性质等自然条件产生影响，如淤泥淤积妨碍潮沟水道通畅，影响潮间带水的正常流动河流的排涝，甚至导致洪水泛滥。在舟山的传播估计在 2004 年以后。

（五）生境及习性

对基质条件也无特殊要求，在黏土、壤土和粉砂土中都能生长，并以河口地区的淤泥质海滩上生长最好。同时，互花米草是一种典型的盐生植物，从淡水到海水具有广适盐性，也就是具有较广的生态位，在我国从广东的湛江到辽宁的葫芦岛具有分布，适盐范围是 1% ~ 3%，对盐胁迫具有高抗性，超过此限度时互花米草生长受到限制。互花米草也具有较强的耐水淹和较高的抗低氧胁迫能力，这是因为互花米草具有高度发达的通气组织，可以为地下部分输送氧气以缓解淹水而导致的缺氧，从而降低环境对其生长的抑制作用。互花米草在其原产地有高、矮两种生态型，高型的互花米草高度一般可达 1.25 ~ 2.00 m，矮型的高度很少超过 0.3 ~ 0.4 m。但是不管高型还是矮型的互花米草，其地下系统由粗壮的根状茎和稠密的细根组成。其高度发达的通气组织可为地下部分输送氧气以缓解水淹所导致的缺氧，而且这种作用存在群体效应，每天二潮及每潮浸淹时间 6 小时以内的条件下仍能正常生长。互花米草的花为两性花，风媒，雌性先熟，其柱头在花粉囊裂开之前伸出，以接受早熟花的花粉，因此有利于异花授粉。而其异花授粉率亦显著高于自花授粉率，异花授粉的结实率与种子活力也较高，自花授粉产生的种子无萌发能力。个体繁殖成功率随着种群的大小或者密度的增加而增加，而在小的或者低密度的种群中灭绝速率会增加。互花米草根状茎的延伸速度很快。在华盛顿州的滩涂上，互花米草根状茎的横向延伸速度每年 0.5 ~ 1.7 m。如图 49-2 所示（王卿，2006）。

a 小穗及花序；b、c 花序；d 茎秆；e 群落；f、g 小花及颖片；h 叶鞘；i 根系

图 49-1　互花米草

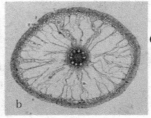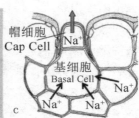

a 花；b 通气组织；c 盐腺示泌盐细胞

图 49-2　互花米草形态结构

花粉/胚珠（P/O）值为9874.67±2149.39，花粉粒小，适于风媒传粉；花粉活力随着散粉时间的延长呈指数递减，柱头具有适于捕捉花粉的特性（苑泽宁，2008）。随着纬度的升高，开花时间提前，相对生长速率（植株高度）趋于增加（张亦默，2008）。

（六）繁殖方法

互花米草具有无性繁殖和有性繁殖两种繁殖方式，其繁殖体包括种子、根状茎与断落的植株。互花米草有两种克隆方式：一种方式是依靠从起始株基部直接分蘖出芽成株（Tiller），另一种方式是通过地下根状茎匍匐伸长后出芽成株（Ramet）。互花米草具有非常强的无性繁殖能力，一般全年保持旺盛的分蘖能力，在上海崇明地区，经过9个月的生长，单株互花米草可以扩展到86～222株，最大扩散距离达到226 cm，而互花米草集群的扩散距离平均为107 cm，最大扩散距离可以达到263 cm，无性扩散能力极强（张东，2006）。互花米草种子在自然条件下可存活的时间不长，一般只有8个月，因此互花米草并没有一个稳定的种子库。来自不同地方种子的萌发率差异很大，Willapa海湾只有0.04%的种子可以萌发（Sayce，1988），旧金山海湾（SaoFrancisco Bay）可达到大约37.3%的种子萌发率，而来自佛罗里达（Florida）的种子，在淡水中的萌发率可达90%。互花米草的有性繁殖对开拓新生境有着非常重要的意义，但是对维持已经建立的种群却意义不大，在发育良好的互花米草群落的冠层下，由于光照强度低，其种子苗无法成活，而随着其盖度的降低，幼苗的存活率也会随之增加。因此，对已经建立的互花米草种群，其局部的扩张主要依赖于克隆生长。

在相同温度下，种子的萌发不受光照或黑暗条件影响，最适萌发温度为16/26℃（夜/昼）和25℃，萌发率高于90%；在-5℃、0℃、5℃、10℃的贮藏温度下，贮藏120天的种子萌发率高于74%，表明种子能够安全越冬（苑泽宁，2009）。刈割加淹水可以很好地抑制互花米草的萌发和幼苗生长，在春季萌芽前，修筑堤坝，保持淹水20 cm，在营养生长期后期贴地刈割互花米草，继续淹水，第二年重复同样的刈割和淹水（谢宝华，2018）。互花米草具有极高的繁殖系数。互花米草穗粒数最多可达665粒，每平方米互花米草可结种子几百万粒。种子秋末成熟脱落后保持休眠状态至翌年春天，而且成熟的种子能随风浪、海潮四处漂流，遇合适的海滩位置和较好的立地条件能自行萌芽。除有性繁殖外，互花米草还可利用根状茎扩散来扩大种群。一般来说，有性繁殖的贡献主要体现在种群扩散和拓殖，当互花米草进入新生境后，主要依靠营养繁殖来扩大分布并最终连接成片。

（七）应用价值

（1）害草。互花米草由南京大学教授仲崇信等于 1979 年引入中国，旨在弥补先前引进的大米草植株较矮、产量低、不便收割等不足。1980 年试种成功，随之广泛推广到广东、福建、浙江、江苏和山东等沿海滩涂上种植。互花米草被列入世界最危险的 100 种入侵种名单。变成害草，表现在：①破坏近海生物栖息环境，影响滩涂养殖。②堵塞航道，影响船只出港。③影响海水交换能力，导致水质下降，并诱发赤潮。④威胁本土海岸生态系统，致使大片红树林消失。

（2）饲用价值。互花米草的最佳收获期是 6—9 月的营养生长期，在此期间的互花米草粗蛋白 13.57%、粗脂肪 3.04%、钙 0.34%、磷 0.18%、天冬氨酸 1.37%、谷氨酸 0.75%、中性洗涤纤维 58.78%、酸性洗涤纤维 34.47%、NaCl 含量 3.51%。互花米草不仅氨基酸组成成分齐全、含量丰富，饲料相对价值（RFV）达 98.17%，与杂交狼尾草相近，具有一定的饲用价值。

（3）药用价值。互花米草中含有糖类、氨基酸、蛋白质、类黄酮、有机酸类、香豆素类和生物碱类等几类成分，近年来已有保健品生产厂家将互花米草开发成为"复合米草口服液"，并通过药理实验证实其确实具有明显的保护肝脏的作用；而另一种用互花米草提取物制成的保健品生物矿质液，则被证明具有治疗心血管疾病、抗炎症、降血脂、增强免疫等功用。互花米草总黄酮增强免疫力，具有抗炎作用和降血糖、降血脂作用（罗彩林，2010）。

（4）生态学研究价值。为防治外来植物入侵，利用恢复原生植被来进行湿地生态修复逐渐成为一种保护和维持生物多样性的重要措施。利用本地植物进行替代不仅可有效抑制互花米草扩散，而且能恢复和重建原有生境，形成良性的植物群落演替，因此成为当前互花米草防控的研究焦点和主流方式。生物替代技术工程前期如刈割、淹水或翻土等物理处理，导致土壤结构和理化性质以及大型底栖动物栖息环境的改变，从而降低底栖动物多样性水平。当前湿地生态修复多以湿地植被和底栖动物等生物群落和多样性的恢复为工作目标，而湿地生态系统食物网和营养结构的修复同样应该得到重视（冯建祥，2013）。

（5）食用价值。互花米草是微多啤酒与微多饮料的原料。

（八）研究进展

（1）光合作用研究进展。与芦苇相比，互花米草具有更高的表观量子效率、CO_2 羟化效率和最大净光合速率；生长季节初期，互花米草午间时段的光合、气孔导度和蒸腾速率均高于芦苇，各指标与光、温的变化基本一致；互花米草的净光合速率曲线呈"单峰"型，测定指标在强光合辐射、高温条件下迅速上升，芦苇则表现出明显的"午休"现象；在生长季节初期（5 月份）和活跃期（9 月份），互花米草的净光合速率显著高于芦苇，而在生长季节后期（11 月份）则低于芦苇（赵广琦，2005）。互花米草与芦苇的光合呼吸 –CO_2 响应机制不同，互花米草表现出更高的表观羧化效率（CE）和暗呼吸速率（R）；互花米草的净光合速率、气孔导度及蒸腾速率在 $400\,\mu mol/molCO_2$ 浓度下均高于芦苇，在 $1000\,\mu mol/molCO_2$ 浓度下则显著下降，表现出对设定环境因子和高 CO_2 浓度胁迫的光合生理响应（梁霞，2006）。Na_2S 处理后，互花米草净光合速率出现显著上升，芦苇 Pn 值大幅度下降。互花米草的光饱和点上升而芦苇无变化。表明 Na_2S 处理对互花米草的光合能力有促进作用，但对芦苇的光合能力有抑制作用。NaCl 处理后互花米草 Pn 值也出现小幅上升，而芦苇 Pn 值略有下降（胡楚琦，2015）。在持续淹水胁迫下，互花米草叶绿素 a、叶绿素 b 及类胡萝卜素含量降低，叶绿素 a/b、类胡萝卜素 / 叶绿素值提高；芦苇各色素含量升高，叶绿素 a/b、类胡萝卜素 / 叶绿素值基本保持稳定。解除持续淹水胁迫后，互花米草各色素含量逐渐升高，叶绿素 a/b、类胡萝卜素 / 叶绿素值降低，并逐渐接近对照水平；而芦苇各色素含量显著高于对照。两种植物均表现出一定的补偿效应，但芦苇比互花米草更能适应同等程度的持续淹水胁迫。应用持续淹水措施治理互花米草时，可采用本地种芦苇作为治理后湿地恢复的替代植物（古志钦，2009）。在相同环境条件下，互花米草叶片的净光合速率高于红树植物秋茄，互花米草的净光合速率最高可达秋茄的 2.14 倍，说明互花米草对光照的利用能力明显强于秋茄。在高盐度条件下（23.7‰），秋茄的蒸腾速率以及气孔导度都低于互花米草，反映互花米草比秋茄具有更强的盐度耐受能力（黄冠闽，2018）。

（2）入侵机制研究进展。高遗传分化和基因渗入能力是互花米草爆发的遗传基础，对逆境的高抗性和强竞争力是其快速扩张的保障，而高繁殖系数是互花米草爆发的源泉。我国互花米草种群的早期扩散人为影响超过了自然过程，快速扩张呈现出点源扩散和多点爆发的特点，从而为其种群控制带来困难，同时种子的跳跃式和连续式扩散在互花米草种群维持、更新和爆发中有重要作用，强有力的克隆生长能力也为互花米草种群的连续扩张提供了保障（邓自发，2006）。较高的地上生物量分配、同化器官（叶）和繁殖器官（根）养分分配以及 C/N、C/P 和 N/P 是互花米草得以成功入侵的主要原因之一（王维奇，2011）。有性繁殖与无性繁殖共同决定互花米草种群快速扩张；潮间带高程和土地利用变化显著影响模型预测的精度，对互花米草种群扩张有非常重要的影响；成体存活率与种子长距离扩散是影响互花米草种群扩张速度最重要的因素；无性繁殖比有性繁殖对种群扩张的影响更大；种子长距离扩散比本地扩散更为重要。同时，小概率的种子长距离扩散事件对种群扩张有非常重要的影响（刘会玉，2015）。

（3）化学成分研究进展。韩顺风 2014 研究得到 15 种化合物：豆甾 -4- 稀 -3,6- 二 酮（stigmast-4-ene-3,6-dione）、 麦 角 留 醇（ergosterol）、 豆 留 -4- 稀 -6P- 经 基 -3- 酮（stigmast-4-en-6β-ol-3-one）、 对 羟 基 苯 甲 酸（p-Hydroxybenzaldehyde）、二十四烷酸 -1- 甘油酯（Lignoceric acid-1-glycerol）、对羟基肉桂酸（Hydroxy cinnamic aldehyde）、二十四烷醇（Lignoceryl Alcohol）、羽扇豆醇（Lupenol）、麦黄酮（tricin）、降倍半萜 S-（＋）- 去氢催吐萝芙叶醇（S-（＋）-dehydrovomifoliol）、丁香醛（syringaldehyde）、1H- 吲哚 -3- 醛（lH-Indole-3-aldehyde）、2,3- 二氢吲哚（2,3-Dihydroindole）、3,5- 二羟基呋喃 -2（5H）- 酮（3,5-dihydroxyfbran-2（5H）-one）、阿魏酸甘油酯（Glyceryl ferulate）。互花米草总黄酮含量的积累与土壤含盐量呈强正相关关系，与土壤含氮量、土壤有机质呈正相关关系。总黄酮含量的积累是互花米草在高盐度条件下的一种抗逆反应（张晟途，1999）。类黄酮在互花米草体内含量较丰富，10 月份草中含量最高，仅水提即可达 6‰ 以上。类黄酮（TFS）的积累受生长季节、周围环境因子等的影响。TFS 的权累与初级生产呈正相关，在 ^{14}C 标记同化物的过程中发现，同化作用 1 小时后即有相当量的 TFS 产生，其比强高达 10×10^6 ppm/100 mg 以上（钦佩，1991）。

（4）与芦苇生态关系研究。互花米草在多度上占优势，芦苇在高度上占优势；芦苇在潮位较高的区域处于优势地位，互花米草在潮位较低的区域处于优势地位，在潮间带中部广阔的区域两种植物镶嵌分布。芦苇倾向于游击型结构、互花米草则倾向于密集型或混合型结构。表观生长能力来说，互花米草的平均相对生长率远远高于芦苇，而芦苇在生长末期达到的最大高度比互花米草要高。互花米草的有性繁殖能力较高，芦苇的无性繁殖能力较高。芦苇占据生境的方式主要是通过粗大的根茎进行拓展，而互花米草则主要通过无性繁殖获得更多的植株、提高植株密度以及通过有性繁殖占领新领地而开拓生境。互花米草的净光合速率以及最大光合效率高于芦苇，而芦苇的光化学效率高于互花米草。芦苇与互花米草的种间关系既有促进的一面，又有竞争的一面。在相对高、低潮位，邻居种的存在刺激了目标种的生长表现，而在相对中潮位，邻居种的存在抑制了目标种的生长表现。芦苇与互花米草共存于崇明东滩，互花米草的生存策略更倾向于 r 对策者，芦苇的生存策略更倾向于 K 对策者。芦苇倾向于竞争对策，而互花米草倾向于杂草对策。由于在多数情况下，互花米草对于芦苇表现出一定的促进作用，而芦苇对于互花米草具有竞争作用（袁月，2013）。

（5）根际微生物研究。植物根际细菌群落丰富度和多样性不同，在夏季中潮带的根际细菌丰富度较高，各个潮带的植物根际细菌在夏秋季有高多样性，其中中潮带的植物根际细菌平均多样性指数最高。在中潮带入侵物种互花米草根际细菌的丰富度和多样性要显著高于本地植物芦苇和海三棱藨草，其中海三棱藨草的根际细菌在夏季略高（章振亚，2012）。刘冬秀2015研究了互花米草入侵对硫化细菌的影响，指出随着互花米草入侵时间的增加，硫氧化菌基因的丰度先增加后降低，互花米草入侵后第三年的硫氧化菌基因丰度最高。孙炳寅1989研究指出，随着入侵时间的增加，硫酸盐还原菌和产甲烷菌基因丰度先增加后降低。就不同深度来说，15～30 cm土层中，细菌数最多。细菌总数的增减趋势是：夏秋两季最多，冬春两季较少。在各生理类群中，氨化细菌占优势，固氮细菌、硝化细菌次之，反硝化细菌和硫酸盐还原细菌最少。

（6）重金属污染的研究。Cd在互花米草不同器官中的积累能力存在较大差异。茎、根茎、须根中Cd含量及积累量随处理浓度的增加而升高，其中须根中Cd含量及积累量均高于其他器官。Cd在互花米草体内转运能力极低，绝大部分Cd积累在地下部位。Cd在互花米草亚细胞中的分布规律为细胞壁＞胞液＞细胞器（潘秀，2012）。互花米草降低了沉积物的容重和盐分，促进了沉积物对Cd,Cu和Pb的吸附。互花米草须根对重金属胁迫的耐受性强于叶、茎和根茎。在不同Cd胁迫下，NaCl对互花米草的生态响应和重金属积累的影响不同。CNTs对互花米草生态响应和Cd积累的影响取决于Cd胁迫的强度（柴民伟，2013）。

（7）矿质营养研究。在低盐度下混种时AMF侵染率对互花米草的影响不显著，在高盐度下而使互花米草的AMF侵染率显著降低，降低率比例达78.7%。互花米草的N、P含量不受盐度影响（李敏，2009）。中氮和高氮处理下的互花米草分支强度、初级分株数、次级分株数、根状茎数及其总长要显著高于低氮，不同硫水平及氮硫互作对互花米草无性繁殖没有显著影响；互花米草的种子数和种子生物量受硫以及氮硫交互作用的影响显著，在高氮水平下，中硫处理的互花米草种子数和种子生物量要远远高于其他处理。中氮和高氮处理下的互花米草叶、茎、根、根状茎和总生物量显著高于低氮处理；只有在高氮水平下，高硫处理的生物量才显著低于其他处理。在中氮和高氮营养条件下，高硫处理会促使互花米草对地上部分投入更多的生物量。中硫—高氮作用对互花米草有性繁殖的促进，使互花米草能在硫浓度较高的滩地保持高有性繁殖率（甘琳，2011）。随着氮水平的升高，互花米草和芦苇的叶面积无论是在单种还是混种情况下都显著增加；氮水平对混种中互花米草的叶数和芦苇的叶宽影响最大。两种植物的竞争结果受到氮营养的调控，低、高氮水平下互花米草的种间竞争能力大于芦苇，中氮水平下则是芦苇的种间竞争能力大于互花米草。高氮水平下互花米草通过叶面积的快速增

四十九、互花米草

加抑制了芦苇的叶生长，使其叶面积减少，从而在竞争中占据优势，这可能是互花米草入侵我国海滩芦苇种群的机制之一（赵聪蛟，2008）。互花米草入侵后，0～50 cm 深度各层土壤 TC、TN 和 TP 含量均有不同程度的增加；TC 的增加引起土壤 C/N 持续增加，而 TP 是调节互花米草入侵过程中湿地土壤 C/P 和 N/P 的关键因子。C/N 和 C/P 对互花米草湿地的土壤固碳效应具有良好的指示作用（金宝石，2017）。胶州湾互花米草湿地土壤 TN、TP、AP 含量随着土壤深度的增加逐渐降低；互花米草湿地 N、P 含量的季节变化明显，互花米草湿地土壤全氮含量在春季最高，秋季最低，而光滩土壤随着季节变化逐渐降低；二者土壤全磷含量的季节变化趋势相反，而速效磷含量的季节变化趋势一致（苗萍，2017）。互花米草茎和叶枯落物失重率和分解速率均随盐度增加而降低。互花米草茎和叶枯落物分解水体中硅含量均随着盐度升高而增加（侯贯云，2017）。

（8）碳库的研究进展。互花米草入侵整体增加了土壤的碳含量，互花米草盐沼植物有机碳储量是碱蓬（Suaeda salsa）盐沼的 16.9 倍，是芦苇盐沼的 1.4 倍，互花米草盐沼总有机碳储量比光滩高 1.5 倍。长江口湿地互花米草盐沼比本地种芦苇盐沼释放更多的 CH_4。江苏互花米草盐沼比碱蓬盐沼释放更多的 CH_4，互花米草湿地 CH_4 日平均排放通量为 0.52 mg·m^{-2}·h^{-1}，是其他湿地的 2.12～6.40 倍，表明互花米草入侵提高了沿海湿地 CH_4 排放。

（9）解剖学研究。互花米草根只有初生结构；成熟根的表皮细胞基本毁坏、脱落；互花米草根具有发达的外皮层和皮层通气组织，内皮层细胞壁五面加厚明显，且随盐度的升高呈先增大后减小的趋势；维管柱中央被机械组织所填充，中柱鞘细胞壁也出现加厚现象（陈健辉，2015）。

参考文献

[1] 王卿，安树青，马志军，等.入侵植物互花米草——生物学、生态学及管理 [J]. 植物分类学报，2006, 44（5）：559–588.

[2] 苑泽宁，石福臣，李君剑，等.天津滨海滩涂互花米草有性繁殖特性 [J]. 生态学杂志，2008, 27（9）：1537–1542.

[3] 苑泽宁，石福臣.外来物种互花米草种子萌发的生态适应性 [J]. 生态学杂志，2009, 28（12）：2466–2470.

[4] 赵广琦，张利权，梁霞.芦苇与入侵植物互花米草的光合特性比较 [J]. 生态学报，2005, 25（7）：1604–1611.

[5] 梁霞，张利权，赵广琦.芦苇与外来植物互花米草在不同 CO_2 浓度下的光合特性比较 [J]. 生态学报，2006, 26（3）：838–842.

[6] 胡楚琦, 刘金珂, 王天弘, 等. 三种盐胁迫对互花米草和芦苇光合作用的影响 [J]. 植物生态学报, 2015, 39（1）: 92-103.

[7] 古志钦, 张利权, 袁琳. 互花米草与芦苇光合色素含量对淹水措施的响应 [J]. 应用生态学报, 2009, 20（10）: 2365-2369.

[8] 邓自发, 安树青, 智颖飙, 等. 外来种互花米草入侵模式与爆发机制 [J]. 生态学报. 2006, 26（8）: 2678-2686.

[9] 王维奇, 徐玲琳, 曾从盛, 等. 闽江河口湿地互花米草入侵机制 [J]. 自然资源学报, 2011, 26（11）: 1900-1907.

[10] 刘会玉, 林振山, 齐相贞, 等. 基于个体的空间显性模型和遥感技术模拟入侵植物扩张机制 [J]. 生态学报, 2015, 35（23）: 7794-7802.

[11] 韩顺风. 互花米草化学成分研究 [D]. 福州: 福建中医药大学, 2014.

[12] 张晟途, 钦佩, 谢民. 不同海滨港湾环境条件下互花米草总黄酮积累动态研究 [J]. 生态学报, 1999, 19（4）: 587-590.

[13] 钦佩, 谢民, 周爱堂. 互花米草的初级生产与类黄酮的生成 [J]. 生态学报, 1991, 11（4）: 293-298.

[14] 张亦默, 王卿, 卢蒙, 等. 中国东部沿海互花米草种群生活史特征的纬度变异与可塑性 [J]. 生物多样性, 2008, 16（5）: 462-469.

[15] 谢宝华, 王安东, 赵亚杰, 等. 刈割加淹水对互花米草萌发和幼苗生长的影响 [J]. 生态学杂志, 2018, 37（2）: 417-423.

[16] 袁月. 崇明东滩湿地芦苇与互花米草种群间关系格局与影响因素研究 [D]. 上海: 华东师范大学学报, 2013.

[17] 章振亚, 丁陈利, 肖明. 崇明东滩湿地不同潮汐带入侵植物互花米草根际细菌的多样性 [J]. 生态学报. 2012, 32（21）: 6636-6646.

[18] 刘冬秀. 崇明东滩互花米草入侵对碳—硫循环微生物群落的影响研究 [D]. 上海: 上海大学, 2015.

[19] 孙炳寅. 互花米草草场土壤微生物生态分布及某些酶活性的研究 [J]. 生态学报, 1989, 9（3）: 241-244.

[20] 潘秀, 刘福春, 柴民伟, 等. 镉在互花米草中积累、转运及亚细胞的分布 [J]. 生态学杂志, 2012, 31（3）: 526-531.

[21] 李敏, 陈琳, 肖燕, 等. 丛枝真菌对互花米草和芦苇氮磷吸收的影响 [J]. 生态学报, 2009, 29（7）: 3960-3969.

[22] 甘琳,赵晖,清华,等.氮、硫互作对克隆植物互花米草繁殖和生物量累积与分配的影响 [J]. 生态学报,2011,31(7):1794-1802.

[23] 赵聪蛟,邓自发,周长芳,等.氮水平和竞争对互花米草与芦苇叶特征的影响 [J]. 植物生态学报,2008,32(2):392-401.

[24] 金宝石,闫鸿远,王维奇,等.互花米草入侵下湿地土壤碳氮磷变化及化学计量学特征 [J]. 应用生态学报,2017,28(5):1541-1549.

[25] 苗萍,谢文霞,于德爽,等.胶州湾互花米草湿地氮、磷元素的垂直分布及季节变化 [J]. 应用生态学报,2017,28(5):1533-1540.

[26] 侯贯云,翟水晶,高会,等.盐度对互花米草枯落物分解释放硅、碳、氮元素的影响 [J]. 生态学报,2017,37(1):185-191.

[27] 罗彩林,温杨敏,郑晨娜.大米草和互花米草药用价值研究进展 [J]. 亚太传统医药,2010,6(7):180-181.

[28] 彭荣豪.互花米草对河口盐沼生态系统氮循环的影响——上海崇明东滩实例研究 [D]. 上海:复旦大学,2009.

[29] 冯建祥.互花米草入侵和利用本土红树植物防控情境下红树林湿地食物网关系研究 [D]. 厦门:厦门大学,2013.

[30] 柴民伟.外来种互花米草和黄顶菊对重金属和盐碱胁迫的生态响应 [D]. 天津:南开大学,2013.

[31] 陈健辉,缪绅裕,秦玉环,等.不同盐度下互花米草根结构的比较研究 [J]. 植物科学学报,2015,33(4):482-488.

五十、大米草

（一）学名解释

大米草 *Spartina anglica* Hubb.，属名：同互花米草。种加词：anglica，英国的。命名人：Hubb.=Charles Edward Hubbard CBE（1900—1980）是英国植物学家，专门从事农业生物学—草的研究，被认为是"草的分类和认可的世界权威"。查尔斯·爱德华·哈伯德 1900 年 5 月 23 日出生在阿普尔顿位于诺福克郡桑德灵厄姆庄园的一个小村庄，他的父亲名叫查尔德·爱德华·哈伯德，是阿普尔顿大厦的首席园丁，也是挪威女王威尔士的 MAud。哈伯德 1916 年进入 Sandringham 皇家花园工作之前，曾在 Sandringham 和 King's Lynn 的 King Edward VII 文法学校接受过教育。还在奥斯陆附近的 Bygdoy 皇家庄园度过了 5 个月，并在皇家空军服役了 7 个月。1920 年 4 月，哈伯德离开桑德灵厄姆庄园，加入了基尤皇家植物园，最初在温带的温室和植物园工作。1922 年 9 月，他在植物标本馆获得了一个职位，最初在 Stephen Troyte Dunn 工作，后来在 Otto Stapf 工作。哈伯德于 1925 年发表了他的第一篇科学论文，描述了针茅属中的两个新物种。应昆士兰州政府的要求，哈伯德于 1930 年前往澳大利亚，以替换澳大利亚植物学家 W. D. Francis。他在基尤度过了一年，参观了悉尼、墨尔本、阿德莱德和珀斯的植物标本馆，并查阅鉴定了布里斯班昆士兰植物标本室的每个草标本。他在昆士兰州中部的罗克汉普顿和菲茨罗伊河周围进行实地考查工作，采集了 15 000 份标本。第二次世界大战期间，英国皇家植物标本室被移动到牛津大学，哈伯德随之迁移，英国标本馆位于克里克路，与乔治·克拉里奇·德鲁斯的故居相邻，而邱园标本馆被安置在牛津大学图书馆的地下室。1957 年 10 月 1 日，哈伯德升任标本馆和图书馆在邱园的管理员，并升至副主任。1965 年 11 月 30 日，他退休并搬到靠近基尤的米德尔塞克斯汉普顿，于 1980 年 5 月 8 日去世。哈伯德发表了一系列科学文章，主要是关于欧洲和热带非洲的禾本科草本植物（Poacea），也包括西印度群岛、毛里求斯、英属马来亚和斐济的草本植物。让人们更容易记住的是他的科普书籍 *Grasses*，1954 年出版的《不列颠群岛的结构，识别，使用和分布指南》，1968 年出版了第二版。哈伯特获得了许多奖项，包括 OBE（1954 年）、CBE（1965 年）、Linnean 金奖（1967年）和 Veitch 纪念奖章（1970 年），他还被授予 D.Sc. 雷丁大学荣誉学位（1960年）。许多植物学名称以纪念哈伯德而命名，包括 Acacia hubbardiana, Digitaria hubbardii, Hubbardochloa（Hubbardochloinae），Hubbardia 和 Pandanus hubbardii。

英文名称：Common Cordgrass

学名考证：*Spartina anglica* Hubb.Grass.（ed.2）: 359. pl. f. 358. 1968; et in Journ. Linn Soc.Bot.76: 364–365. 1978; 中国高等植物图鉴 5: 144. 图 7117.1976; 江苏植物志（上册）: 195. 图 326.1977.

哈伯特 1968 年在其著作 *Grasses* 第二版中发表了该物种。在 1978 年在杂志《林奈学会植物学杂志》（*Journal of the Linnean Society Botany*）记载了该物种。《中国高等植物图鉴》（1976）、《江苏植物志（上册）》（1977）也记载了该物种。

（二）分类历史

党中央、国务院 1963 年 2 月召开"全国农业工作会议"，号召与会专家学者为解决全国 8 亿人口的"吃、穿、用"献计献策。为此，时任南京大学生物系教授的仲崇信提出了《引进与海争地的尖兵——大米草》的建议，引起当时国家科委主任聂荣臻和副主任范长江等领导的高度重视，随即被派往荷兰和英国考察。1907 年后，英国用大米草防止了日趋严重的海岸侵蚀，荷兰靠大米草从海水中争得了世界上第一块新陆地，其土壤为全荷兰最佳，并可作饲料等。1963—1964 年，我国先后从英国和丹麦引进 4 批大米草苗和种子，并由江苏省农科院新洋试验站和南京大学生物系栽培成活（第一批 21 株），使我国成为亚洲第一个引种大米草成功的国家。继经抗逆驯化试验、江滩试验和海滩草场试验，22 年后这些草苗扩展到北起辽宁丹东、南到广西合浦的沿海 10 省（直辖市、自治区）80 余县（市）部分海边，长满了 333 km² 不毛海滩，取得了众多实效。1978 年，国家科委在南京大学成立了"大米草及海滩开发研究所"。由于我国夏日光照时间少于英国，大米草落户中国后植株变矮，为提高海滩植被的生产力，1979 年仲崇信及国家科委陈金源、华东师范大学陈吉余、南京大学卓荣宗一同又赴美国，寻查了美国东海岸，引进了互花米草（3 个生态型）、狐米草（*S.patens*（Aiton）Muhl）和大绳草（*S.cynosuroides* □L.□Roth）。在南京大学植物园试种成功后，互花米草 1980 年被移植到福建省罗源县，随后被扩种到自粤至津的各省（直辖市）部分海滩。目前，仅知江苏沿海有137 km²、浙江约有 15 km² 互花米草海滩，人为破坏致使米草（特别是大米草）滩面积急剧减少。大米草目前仅在江苏的射阳和启东以及浙江温岭有分布，覆盖面积锐减到大约 0.5 km² 并有加速衰退的趋势。与此同时，大米草却在其它国家如美国、英国、荷兰及澳大利亚疯狂扩张，特别在澳大利亚的面积达到 8.8 km²。所以，对于研究我国大米草自然衰退的原因，可以为其它国家的大米草生态控制提供一点参考（李红丽，2007）。

米草属起源于北美大西洋沿岸（Chapman,1977），其染色体数目表明该属物种为多倍体起源（Daehler & Strong，1996）。该属植物均为多年生草本植物，C4 光合途径，并且均有一定的耐盐、耐淹能力，多生活在海岸或者内陆的盐沼。米草属现存 15 种，非杂交种共 12 种，分别是互花米草 *S.alterniflora* Loisel.、阿根廷米草 *S.argentinensis* Parodi、*S.arundinacea*（Thouars）Carmich.、*S.bakeri* Merr.、*S.ciliata* Brongn.、大绳草 *S.cynosuroides*（L.）Roth、密花米草 *S.densiflora* Brongn.、叶米草 *S.foliosa* Trin.、*S.gracilis* Trin.、欧洲米草 *S.maritima*（Curtis）Fern.、狐米草 *S.patens*（Aiton）Muhl.、*S.pectinata* Bosc ex Link；杂交种有 3 种，分别是唐氏米草 *S.×townsendii* H.& J. Groves、大米草 *S.anglica* C.E.Hubbard 和 *S.×neyrautii* Foucaud。据记载，大米草系禾本科，虎尾草族（Chloradea），米草属（Spartina）多年生植物，天然分布于英国南海岸和法国，为海岸米草 *Spartina maritima*（Curt.）Fenard 与互花米草 *Spartina alterniflora*Lois 的天然杂交种，1880 年命名为 *Spartina townsendii* H.et J.Goroves 是一不育种，1956 年哈伯特在全英科学促进会的大米草专题讨论会上提出结籽种，有给学名之必要。于是，他在 1968 年正式命名结籽种为 *Spartina anglica* C.E.Hubb.。

（三）形态特征

大米草形态特征如图 50-1 所示。

秆直立，分蘖多而密聚成丛，高度随生长环境条件而异，约 10 ～ 120 cm，径 3 ～ 5 mm，无毛。叶鞘大多长于节间，无毛，基部叶鞘常撕裂成纤维状而宿存；叶舌长约 1 mm，具长约 1.5 mm 的白色纤毛；叶片线形，先端渐尖，基部圆形，两面无毛，长约 20 cm，宽 8 ～ 10 mm，中脉在上面不显著。穗状花序长 7 ～ 11 cm，劲直而靠近主轴，先端常延伸成芒刺状，穗轴具 3 棱，无毛，2 ～ 6 枚总状着生于主轴上；小穗单生，长卵状披针形，疏生短柔毛，长 14 ～ 18 mm，无柄，成熟时整个脱落；第一颖草质，先端长渐尖，长 6 ～ 7 mm，具 1 脉；第二颖先端略钝，长 14 ～ 16 mm，具 1 ～ 3 脉；外稃草质，长约 10 mm，具 1 脉，脊上微粗糙；内稃膜质，长约 11 mm，具 2 脉；花药黄色，长约 5 mm，柱头白色羽毛状；子房无毛。颖果圆柱形，长约 10 mm，光滑无毛，胚长达颖果的 1/3。染色体 2*n*=120,122,124,126,127（Goodman et al., 1969）。花果期 8—10 月。

a 植株；b 雄蕊；c 茎秆；d 柱头；e 雄蕊散粉；f、g 花期群落

图 50-1　大米草

（四）分布

原产欧洲。我国于 1963—1964 年先后从英国及丹麦引进，江苏北部沿海栽培。温岭沿海潮水能达到海滩地上也有栽培，已形成茂密的草滩。

（五）生境及习性

生于潮水能经常到达的海滩沼泽中。

（六）繁殖方法

种子繁殖，同一贮藏期的大米草种子，不论室温干藏或低温湿藏，在蒸馏水中的萌发速度均优于在海水中萌发速度。室温干藏的，随着采收后贮藏时间的延长，发芽率下降，贮藏两个月后完全丧失了发芽率。低温（5℃）湿藏的，随着贮藏时间的延长，种子发芽速度加快。低温（5℃）干藏的种子，发芽率明显下降（吕芝香，1984）。

（七）应用价值

（1）促淤造陆。我国利用大米草从海洋得到的第一块陆地——浙江省温岭市东片农场，大米草之所以能起到促淤造陆作用，主要是大米草繁殖能力强，很快形成盘根错节的米草群落带，将潮流带来的泥沙拦截下来，发生沉积（张敏，2003）。

（2）消浪护堤。大米草通过消浪、缓流等作用实现其消浪护堤的功能，在海岸前滩地上种植一定数量的大米草，能很好地防止波浪毁坏堤岸（张敏，2003）。

（3）净化水质。大米草能吸收、富集污水中的有机物、氮、磷等营养物质，在植物体内进行代谢转化，将水体中的污染物转变为植物体内的营养物质，降低水中污染物含量，使水体得到净化（张敏，2003）。

（4）生物栖息地。在大米草沼泽区基围内，鱼、虾、蟹、蛤、牡蛎有了滋生地，也是许多海鸟和其它一些野生动物的栖息场所（张敏，2003）。

（5）大米草的经济价值。制造绿肥、饲料和饵料，食用菌培养基，燃料，造纸材料，大米草资源的深度开发（王珠娜，2006）。

（6）改良土壤。种植后对土壤有机质的积累作用较明显，有机质的积累随着大米草种植年限的增加而增多。米草能泌盐，使盐分在土壤中富集。大米草虽使滩涂增加盐分，但围塘后，由于草涂物理性质得到改善，排盐速度增快，不仅不影响土壤改良反而加快了土壤的利用。

（7）燃料来源。可收割大米草作为燃料或用于制造沼气的原料。

（八）研究进展

（1）光合生理研究进展。当 NaCl 浓度高于 300 mmol/L 时，大米草 Pn、Tr、Gs、株高、叶长以及叶绿素含量受到显著抑制，叶宽及茎粗则无显著性差异。NaCl 胁迫下，大米草光合速率的降低是气孔因素和非气孔因素综合导致的结果，Pn、Tr、Gs、株高以及叶绿素含量的降低可作为大米草受 NaCl 胁迫的症状，而 WUE 则保持在较高的水平（康浩，2010）。

CO_2 浓度从 $50\,\mu mol \cdot mol^{-1}$ 增至 $1\,000\,\mu mol \cdot mol^{-1}$ 的过程中，大米草 Pn、Ci、Vpdl 和 WUE 逐渐增大，Gs 和 Tr 逐渐下降。低于环境 CO_2 浓度范围内时，大米草对 CO_2 浓度的升高比较敏感，反之则不明显。WUE 和 Tr 对 CO_2 浓度升高的响应极显著。CO_2 浓度升高能够明显降低单位面积叶片的蒸腾失水，提高光合速率和水分利用效率，增强大米草的竞争优势。

（2）营养成分及化学成分研究进展。根据陆宝树（1981）年测定的结果可知大米草的营养成分如表 50-1、表 50-2 所示。

表50-1　大米草的营养成分

取样部位	取样日期	分析项目								
		干物质（%）	粗蛋白（%）	粗脂肪（%）	粗纤维素（%）	无氮浸出物（%）	粗灰分（%）	钙（%）	磷（%）	胡萝卜素 mg/kg
叶	78.1.5	92.44	19.07	2.75	14.50	41.81	21.87	0.60	0.27	—
	78.3.23	93.71	16.24	2.77	15.48	45.28	20.23	0.77	0.29	—
	78.4.23	92.59	18.89	3.27	13.75	41.16	22.93	0.61	0.31	—
地上部分（包括茎叶）	78.5.30	93.59	13.38	3.17	25.29	45.90	12.26	0.32	0.24	36.80
	78.6.22	93.88	13.23	2.72	27.32	43.51	13.22	0.34	0.28	38.29
	78.7.31	92.22	11.98	2.28	28.01	42.98	14.75	0.33	0.22	23.95
	78.8.30	92.57	9.61	2.47	26.10	44.42	17.40	0.37	0.23	24.18
	77.9.28	92.51	10.49	2.57	26.61	43.93	16.40	0.35	0.20	25.56
	77.10.29	94.11	10.50	2.61	21.33	40.93	24.63	0.66	0.21	34.69
	77.11.21	92.68	8.48	2.65	19.91	44.25	24.71	0.65	0.21	30.97

注：除胡萝卜素含量以样品每公斤鲜重所含的毫克数计算外，其余分析项目均以烘干重为基础。

表50-2　大米草中氨基酸的组分

氨基酸名称	不同月份的含量				
	五月（%）	六月（%）	七月（%）	八月（%）	九月（%）
天冬氨酸	0.89	0.80	0.54	0.61	0.81
苏氨酸	0.44	0.40	0.27	0.29	0.37
丝氨酸	0.46	0.38	0.26	0.34	0.39
谷氨酸	1.17	1.16	0.75	0.81	0.98

氨基酸名称	不同月份的含量				
	五月（%）	六月（%）	七月（%）	八月（%）	九月（%）
甘氨酸	0.52	0.47	0.30	0.41	0.47
丙氨酸	0.82	0.75	0.51	0.59	0.79
胱氨酸	0.10	0.10	0.09	0.10	0.09
缬氨酸	0.76	0.76	0.60	0.63	0.66
蛋氨酸	0.19	0.27	0.24	0.23	0.17
异亮氨酸	0.47	0.54	0.40	0.46	0.44
亮氨酸	1.00	0.92	0.67	0.76	0.82
酪氨酸	0.21	0.22	0.13	0.16	0.22
苯丙氨酸	0.62	0.60	0.42	0.47	0.57
赖氨酸	0.57	0.50	0.38	0.34	0.44
组氨酸	0.14	0.11	0.08	0.11	0.13
精氨酸	0.54	0.38	0.20	0.39	0.46
脯氨酸	0.38	0.35	0.27	0.24	0.29
色氨酸	—	0.13	—	—	—

徐年军（2005）报道了大米草生物活性物质的筛选，得到抗氧化活性组分5个、抗菌活性组分2个、抗肿瘤活性组分3个。李峰2009报道了大米草的化学成分为纤维素 + 半纤维素 58.46%、木质素 13.50%、灰分 11.78%。

王仪明（2010）研究指出，大米草的最佳刈割时期为每年的6月和9月，此时大米草的粗蛋白平均含量可达 9.26%、钙为 1.10%、磷为 0.11%、NDF 为 54.29%、ADF 为 34.14%、灰分为 7.93%、NaCl 含量为 1.54%。

徐年军（2010）研究表明，大米草单糖组成为鼠李糖、核糖、阿拉伯糖、木糖、甘露糖、葡萄糖、半乳糖，其质量分数分别是：4.13%，3.02%，11.94%，8.89%，6.82%，27.18%，38.00%。大米草多糖是一种可利用的食品资源，其主要成分半乳糖、葡萄糖都是营养价值很高的单糖，可深入研究开发其生物活性用作保健食品。

大米草根、茎、叶中游离脯氨酸量分别为 39 μg/g（干样）、337.5 μg/g（干样）、142 μg/g（干样）。茎、叶脯氨酸含量相差甚大，茎中的脯氨酸含量约为叶中脯氨酸含量的 2.4 倍（袁玉荪，1981）。

（3）胁迫生理研究进展。康浩（2009）研究指出，C_{NaCl} 等于 100mmol/L 时，大米草生长良好；C_{NaCl} 高于 100 mmol/L 时，大米草通过提高 SOD、POD 和 CAT 活性，增加游离脯氨酸和可溶性糖含量，以适应 NaCl 浓度变化；C_{NaCl} 达到 500 mmol/L 后，保护酶活性开始下降，而游离脯氨酸和可溶性糖含量却持续上升，叶片 MDA 含量亦持续上升，根部 MDA 却略有下降。

秦丽凤（2010）研究指出，保护酶（SOD、POD、CAT）活性在盐胁迫 40 天前逐渐上升且达显著差异。随着胁迫时间延长，MDA 含量与 CK 相比逐渐降低。随着盐分胁迫浓度的增加及盐胁迫时间延长，大米草叶片中游离脯氨酸、可溶性糖、可溶性蛋白质含量呈上升趋势。

（4）水位对大米草的影响。水位梯度对大米草的形态性状、克隆生长性状、生物量的积累与分配格局等部分指标均有显著影响；株高、克隆分株数、根状茎节数、根状茎总长、间隔子长度及生物量在 0 cm 至 1/3 株高水位梯度处理下均显著高于 –10 cm 和 1/2 株高水位处理，但与 –5 cm 处理无显著差异；–10 cm 水位处理的地上生物量分配和根状茎生物量分配显著低于其它处理。综合大米草衰退种群的形态特征、克隆生长特性、生物量积累及分配格局对水位处理的响应格局，认为大米草种群较适宜的水位梯度为表面积水至淹没株高的 1/3 处，而水位的变化可能是大米草种群自然衰退的原因之一（李红丽，2009）。

（5）种群生态学研究。赵磊（2007）比较了大米草初始单克隆与初始多克隆的差异。初始克隆分株数对间隔子长度影响较弱；初始多克隆的分支强度高于初始单克隆；初始三克隆和五克隆在总生物量、地上生物量、地下生物量和根状茎生物量积累上均显著高于初始单克隆，不同初始克隆分株数条件下根生物量差异不显著。初始多克隆倾向于将资源更多地分配给根状茎，而初始单克隆倾向于将更多的资源分配给根系。初始多克隆的克隆生殖能力较初始单克隆强。初始多克隆生长的大米草较初始单克隆生长的大米草更能占据优势生境，选择生境"觅养"的能力与克隆繁殖能力更强。

生态型的分化研究，从对温度逆境的反应来看，S.anglica L 和 S.anglica E 为耐低温生态型，S.anglica P 为耐高温生态型；从抗盐性来看，S.anglica L 和 S.anglica P 为抗盐生态型，S.anglica E 为弱抗盐生态型；从光合生产力来看，S.anglica P 为高光合生产力生态型，S.anglica L 和 S.anglica E 为低光合生产力生态型。综合来看，S.anglica P 为耐高温—抗盐—高光合生产力生态型，S.anglica L 为耐低温—抗盐—低光合生产力生态型，S.anglica E 为耐低温—弱抗盐—低光合生产力生态型（庄树宏，1987）。

（6）形态解剖学研究。周鸿彬（1982）研究了盐腺的结构，盐腺由两个细胞组成，大的基细胞和小的圆顶状的帽细胞。帽细胞位于基细胞颈状突起上面，两者都具有浓稠的细胞质、大的细胞核多数线粒体以及少数其他细胞器。基细胞肩部和底部与表皮细胞和叶肉细胞之间没有角质层隔开，而基细胞与表皮细胞和帽细胞邻接的壁上有明显的胞间联丝。

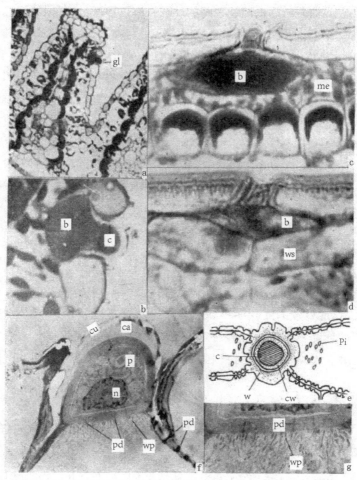

　　a 大米草叶片横切面，示近轴面盐腺（gl）的位置。×480 b 盐腺放大，帽细胞，基细胞。×2 400 c 叶片纵切面，示近轴面盐腺的基细胞与叶肉组织（me）相接。×750 d 叶片纵切面，示远轴面盐腺的基细胞与贮存组织（ws）相邻。×1 000 e 远轴面盐腺表面观（依 Slelding. A.D. 和 J.Winterbotham），w. 盐腺孔的外壁，cw. 帽细胞壁，pi. 基细胞与表皮细胞壁之间的纹孔。f 电镜下观察的帽细胞和基细胞的上部，注意厚的角质层（cu）覆盖帽细胞外表面和大的空腔（ca）。×3 000 wp. 壁突起，p. 前质体，n. 细胞核，pd. 胞间连丝。g 壁突起的放大。×5 000（引自周鸿彬 1982：大米草（Spartina anglica Hubbard）盐腺的形态结构）

图 50-2　大米草叶片及盐腺结构图

宋蓉君（1982）研究表明，茎杆的横切面在表皮下约三层细胞内有一圈大的、发育良好的气道维管束排列成三圈。表皮由长细胞和短细胞（检质细胞和硅质细胞）组成叶鞘的近轴面和远轴面显著不同。气孔发生于叶稍的近轴面和远轴面，盆腺仅发生于远轴面。远轴面长细胞的外壁，有许多圆的或伸长的纹孔。

王慧姬（1979）研究认为，叶片横切面具有发达的绿色组织的维管束鞘和一层幅封状排列的叶肉细胞围绕着维管束鞘。束鞘的叶绿体比较大、含淀粉较多，叶肉细胞的叶绿体较小、含少量淀粉粒或不含淀粉粒。束鞘细胞的叶绿体和叶肉细胞的叶绿体都含有许多基粒，叶片上下表皮都具有盐腺。在近轴面，叶表皮的角质层上产生许多小乳凸，而远轴面叶表皮的角质层很光滑，如图50-2所示。

（7）根际细菌的研究进展。在大米草生长过程中，根际细菌优势种随生长期而发生更替。在大米草生长前期，微球菌属、葡萄球菌属、棒杆菌属和假单胞菌属占优势。到了生长后期，芽孢杆菌属、假单孢菌属、不动细菌属和产碱杆菌属成为优势种。芽孢杆菌始终是大米草非根际土和对照土的优势菌。在大米草生长前期，根际芽孢杆菌的数量甚低，到了大米草生长后期，芽孢杆菌数量上升（郁文焕，1981）。

（8）营养盐与种群衰退。N、P 添加后使大米草种群株高均有不同程度的增加，肥效强弱依次为 N 肥、P 肥、N-P 肥，叶片数、主根数及总生物量均显著增加。除 N 肥外，其它处理的叶片面积和厚度与对照没有显著差异。3 种肥源的添加均显著提高了大米草自然衰退种群的光合速率，N 和 N-P 肥均以高浓度效果最显著，但 P 肥却以中浓度效果最强。添加肥料后 SOD、POD 等有增高（李红丽，2007）。

参考文献

[1] 康浩，潘文平，石贵玉 . NaCl 胁迫对大米草光合·蒸腾等生理特性的影响 [J]. 生物学杂志，2010, 27（1）：13–16.

[2] 石贵玉，康浩，梁士楚，等 . 大米草对 CO_2 浓度的光合和蒸腾响应 [J]. 广西科学，2009, 16（3）：322–325.

[3] 徐年军，严小军，徐继林，等 . 大米草中生物活性物质的筛选 [J]. 海洋科学，2005, 29（3）：18–24.

[4] 李峰，王宗礼，孙启忠 . 几种能源草中化学成分利用指数分析 [D]. 上海：2009 全国可再生能源——生物质能利用技术研讨会，2009.

[5] 王仪明，雷艳芳，张兴，等 . 大米草收获时期和饲料营养价值的研究 [J]. 畜牧与饲料科学，2010, 31（11–12）：11–13.

[6]　徐年军 , 何艳丽 , 武敏 , 等 . 大米草多糖的提取及其单糖组成的 GC-MS 分析 [J].
　　　海洋科学 , 2010, 34:9.

[7]　康浩 , 潘文平 , 石贵玉 . NaCl 浓度对大米草保护酶活性和渗透调节的影响 [J]. 广
　　　西师范大学学报（自然科学版）, 2009, 27（1）: 71-74.

[8]　李红丽 , 智颖飙 , 雷光春 , 等 . 不同水位梯度下克隆植物大米草的生长繁殖特性
　　　和生物量分配格局 [J]. 生态学报 , 2009, 29（7）: 3525-3531.

[9]　赵磊 , 智颖飙 , 李红丽 , 等 . 初始克隆分株数对大米草表型可塑性及生物量分配
　　　的影响 [J]. 植物生态学报 , 2007, 31（4）: 607-612.

[10]　庄树宏 , 仲崇信 . 大米草（S.anglica）生态型分化的研究 [J]. 生本学杂志 , 1987,
　　　6（6）: 1-9.

[11]　周鸿彬 , 蒋虎祥 , 窦润禄 . 大米草（S.anglica）盐腺的形态结构 [J]. 植物学报 ,
　　　1982, 24（2）: 115-119.

[12]　袁玉荪 , 王传怀 , 丁益 , 等 . 大米草（S.anglica）游离脯氨酸的气相色谱分析 [J].
　　　南京大学学报（自然科学版）, 1981,（5）: 167-184.

[13]　郁文焕 , 曹幼琴 . 大米草（S.anglica）根际细菌的初步研究 [J]. 南京大学学报（自
　　　然料学版）, 1981,（3）: 365-370.

[14]　李红丽 , 智颖飙 , 赵磊 , 等 . 大米草（Spartina anglica）自然衰退种群对 N、P 添
　　　加的生态响应 [J]. 生态学报 , 2007, 27（7）: 2725-2732.

[15]　张敏 , 厉仁安 , 陆宏 . 大米草对我国海涂生态环境的影响 [J]. 浙江林业科技 ,
　　　2003, 23（3）: 86-89.

[16]　吕芝香 . 贮藏方法对大米草(SPartina anglica)种子萌发的影响[J]. 南京大学学报 ,
　　　1984,（1）: 127-131.

[17]　秦丽凤 , 石贵玉 , 李佳枚 , 等 . 盐胁迫对大米草幼苗某些生理指标的影响 [J]. 广
　　　西植物 , 2010, 30（2）: 265-268.

[18]　宋蓉君 , 窦润禄 . 大米草生物学特性Ⅱ: 茎秆和叶鞘的解剖结构 [J]. 南京大学学
　　　报 , 1982,（1）: 111-116.

[19]　王慧姬 , 周鸿彬 , 宋蓉君 , 等 . 大米草生物学特性Ⅰ: 叶解剖结构的初步观察 [J].
　　　南京大学学报 , 1979,（3）: 45-51.

[20]　王珠娜 , 陈秋波 , 余雪标 . 盐生植物大米草在我国滩涂种植的利弊分析 [J]. 热带
　　　农业科学 , 2006, 26（2）: 43-69.

五十一、假俭草

（一）学名解释

假俭草 *Eremochloa ophiuroides*（Munro）Hack.，属名：Eremochloa，eremos，单独的 +chloe 嫩芽，嫩草。蜈蚣草属（禾本科）。种加词：ophiuroides，如蛇尾草的，蛇尾草状的。命名人：Hack.=Eduard Hackel（1850—1926）是一位奥地利植物学家。他的父亲是波希米亚海达（现在的 NovýBor）的兽医。Hackel 在维也纳的理工学院学习，并于 1869 年在 St.Pölten 的一所高中担任代课教师。他在 1871 年获得教学证书后成为自然历史的正教授，并一直担任这个职位直到 1900 年退休。他于 1871 年发表了他的第一份关于草的农业生物学论文，并很快成为草科（禾本科）的世界专家、农业生物学家。虽然他本人只进行了一次收集之旅——西班牙和葡萄牙，但被认为是主要从日本、台湾、新几内亚、巴西和阿根廷收集草本植物的专家。除了农业生态学系统学，Hackel 还为草科家族成员的形态学和组织学做出了贡献。Hackelochloa（属禾本科，球穗草属）以他的名字命名，并纪念他。

英文名称：Common Centipedegrass

学名考证：*Eremochloa ophiuroides*（Munro）Hack. in DC. Monogr. Phan. 6: 261. 1889; Merr. in Lingnan Sci. Journ. 5: 26. 1927; 广州植物志 841. 1956; 中国主要植物图说·禾本科 809. 图 760. 1959; 中国高等植物图鉴 5: 196. 图 7222. 1976; 海南植物志 4: 463. 图 1250. 1977; 江苏植物志，上册：247. 图 425. 1977; 台湾植物志 5: 645. 图 1463. 1977.—Isehaemum ophiuroides Munro in Proc. Amen. Acad. 4: 363. 1860.

Eduard Hackel 1889 年在刊物 *Monographiae phanerogamarum.* 上发表了该物种的组合种的名称：Eremochloa ophiuroides（Munro）Hack.，他认为该植物不应当为鸭嘴草属植物，而应为蜈蚣草属植物，所以重新组合名称为 Eremochloa ophiuroides（Munro）Hack. 美国植物学家和分类学家 Elmer Drew Merrill 1927 年

在刊物《岭南科技期刊》（*Lingnan Science Journal*）记载了该物种。广州植物志（1956）、《中国主要植物图说·禾本科》（1959）、《中国高等植物图鉴》（1976）、《海南植物志》（1977）、《江苏植物志》（1977）、《台湾植物志》（1977）也记载了该物种。

英国植物分类学家 Munro, William 在刊物《美国文理学院学报》（*Proceedings of the American Academy of Arts and Sciences*）发表的物种名称 Isehaemum ophiuroides Munro 为基本异名。

（二）分类历史

假俭草（*Eremochloa ophiuroides*）起源于中国南方和南亚地区，1916 年由植物学家 Frank Meyer 带入美国，随后由美国传入澳大利亚，生长在澳大利亚北海岸区，目前在世界较多地区均有分布。假俭草为禾本科假俭草属 C_4 结构的暖季型多年生草本植物，其耐性较强。我国是假俭草的原产地，野生假俭草资源相当丰富。目前，假俭草在美国已大量用于建植草坪。美国人俗称假俭草为蜈蚣草（Centipedegrass），假俭草引入美国后很快就在各州流行开来。美国草坪专家对假俭草的评价是管理省工，能满足一般的要求，适于瘠薄土地并能同其它杂草竞争；能抗麦长蝽和根鞭虫，混合草种常与纯叶草（Stenotaphrum secundatum）混植。缺点是质地比较粗，颜色达不到深绿色甚至有些偏黄，对低温敏感。较耐阴，由于根浅不太耐干旱，一旦浇水便很快可以恢复，耐瘠薄，每年 100m² 施 3 斤氮肥即可，十分耐践踏，受损害后恢复较快，机械修剪时要保留 5 cm。美国选出常出售的品种为"奥克草"（cv.'Oaklawn'），在奥克拉荷马州很流行。

（三）形态特征

假俭草形态特征如图 51-1 所示。

多年生草本，具强壮的匍匐茎。秆斜升，高约 20 cm。叶鞘压扁，多密集跨生于秆基，鞘口常有短毛；叶片条形，顶端钝，无毛，长 3～8 cm，宽 2～4 mm，顶生叶片退化。总状花序顶生，稍弓曲，压扁，长 4～6 cm，宽约 2 mm，总状花序轴节间具短柔毛。无柄小穗长圆形，覆瓦状排列于总状花序轴一侧，长约 3.5 mm，宽约 1.5 mm；第一颖硬纸质，无毛，5～7 脉，两侧下部有篦状短刺或几无刺，顶端具宽翅；第二颖舟形，厚膜质，3 脉；第一外稃膜质，近等长；第二小花两性，外稃顶端钝；花药长约 2 mm；柱头红棕色。有柄小穗退化或仅存小穗柄，披针形，长约 3 mm，与总状花序轴贴生。花果期夏秋季。

（四）分布

产于江苏、浙江、安徽、湖北、湖南、福建、台湾、广东、广西、贵州等省区，中南半岛也有分布，越南、老挝、柬埔寨也产。模式标本采自广东黄埔。

a 植株；b 匍匐茎；c 花序及花药

图 51-1 假俭草

（五）生境及习性

生于潮湿草地及河岸、路旁、山坡，特别是在黏土上；海拔 200～1 200 m。一般于 3 月中旬开始萌芽，4 月初返青，9 月中旬开始抽穗开花，10 月中旬种子开始成熟采收，11 月中旬进入枯黄期。种子结实性较好，籽粒饱满，但由于成熟期不一致，给收种带来一定的难度。假俭草繁殖方式是从母株基生叶腋向四周呈辐射状长出匍匐枝。在湿润的土壤上，每节均能生根长出新株，而形成的新株，又像母株一样向四周生长出新的匍匐枝，并迅速覆盖裸地。假俭草匍匐枝的生长速度相当快，但生长速度受生态条件的制约，冬季休眠，春夏秋季生长。由于假俭草茎枝的生长点均处于地表或地下，只有叶部挺立地上形成复被，故刈剪不易损伤生长点。据刈剪试验证明，每年刈割 4～6 次，不影响其生长发育。假俭草的匍匐茎能节节生长成株，当茎枝受损或折断后，不但生长不受影响，反而会增加繁殖速度（何平，2007）。在种植后第三年花序最多，种子产量最高，合适密度为 120～160 枝 /m²，合理施肥可成倍提高种子的产量。

（六）繁殖技术

（1）组织培养技术。浓硫酸灼烧 30 s+3.6%、次氯酸钠消毒 20 min，愈伤诱导效果最好，达到 52%。发现浓硫酸灼烧假俭草种子 30 s，可显著提高出愈率；试验证实消毒剂次氯酸钠比升汞有利于假俭草种子的愈伤诱导（刘明稀，2012）。采用幼嫩的茎段为外植体诱导愈伤组织。附加 2.0 mg/L 2,4-D+0.4 mg/L 6-BA 的 MS 培养基上，假俭草愈伤组织诱导率最高，达 64.6%；最佳分化培养基为 MS+0.08 mg/LNAA+0.8 mg/L6-BA+500 mg/L CH，假俭草愈伤组织分化率达 95.0%；1/2MS+NAA0.1 mg/L+IBA0.5 mg/L 诱导丛生芽的生根效果最佳（舒必超，2011）。假俭草的侧芽为外植体建立高效的再生体系，适宜于侧芽生长的培养基为 MS+BAP2.0 mg/L+NAA0.8 mg/L；在最佳诱导培养基 MS+2,4-D1.0 mg/L+BAP0.1 mg/L 上，侧芽愈伤诱导率达 93%。较强的光照能提高愈伤组织的诱导率；在最佳分化培养基 MS+KT2.0 mg/L 上，绿苗分化率为 12.6%；试管苗最佳生长培养基为 MS+BAP2.0 mg/L+NAA0.8 mg/L；在最佳生根培养基 MS+NAA0.6 mg/L 上，试管苗的生根率达 98%，植株移栽成活率为 94%（袁学军，2008）。吴雪净 2012 快速繁殖研究指出，假俭草的茎段为材料，以撒播茎段的方法进行茎段快速繁殖。以红壤土、50% 红壤土 +50% 有机质、粗沙、50% 粗沙 +50% 有机质四种基质对湖南假俭草茎段快繁进行研究。结果表明，以 50% 红壤土 +50% 有机质进行撒播的假俭草的生根时间最短，生长状况最优，成坪速度最快，为最佳基质。马生健 2004 研究的组织培养配方为：①诱导愈伤组织培养基：MS+6-BA0.1mg.L⁻¹（单位下同）+2,4-D4.5。②继代培养基：MS+6-BA0.1+2,4-D4.0+Vc5.0。③芽分化培养基：MS+6-BA2.0+NAA1.0+CoCl$_2$5.0+TDZ0.5。④生根培养基：1/2MS+NAA0.5+IAA0.5+MET0.5+ 活性炭 0.1。以上培养基均加 3% 蔗糖、0.3% 植物凝胶，pH 5.8～6.0。培养温度为（26±2）℃，诱导愈伤组织时不光照，分化、生根时光照 12 h.d-1，光照度 2 000 lx。

（2）扦插繁殖。游明鸿（2002）研究了 3 种生根剂对其扦插生根的影响，指出用萘乙酸（NAA）、生根粉（ABT）和吲哚丁酸（IBA）这3种生根剂对假俭草插穗进行处理后，初步确定质量分数为 100×10^{-6} 的 NAA、80×10^{-6} 的 ABT、$(40 \sim 60) \times 10^{-6}$ 的 IBA 都能用于假俭草扦插繁殖时的插穗处理，以提高生根数量。

（3）种子繁殖。结实率特别低，种子细小，并且干秕率很高，主要原因是其自交不亲和。在自然状态下，假俭草种子具有休眠特性。戴微然等 2004 研究发现，低温冷冻、擦破种皮、硝酸钾、氢氧化钠及硫酸对假俭草种子的发芽率、发芽指数及平均发芽天数产生了不同程度的影响，其中 10% 氢氧化钠处理 5 分钟，可使种子发芽率提高到 96%，平均发芽天数缩短 2.53 天，49% 硫酸处理 10 分钟同样极大地提高了种子发芽率、发芽指数，缩短了平均发芽天数。李威 2005 研究发现，假俭草种子用赤霉素（GA_3）溶液浸泡，随着赤霉素浓度的增加，种子发芽率也随之增加，发芽平均天数可减少 3 天。余玲等 1994 通过实验发现，假俭草种子的最佳萌发条件为在滤纸上 20/30℃ 或 20/35℃ 变温（16 小时低温，8 小时高温），并且高温时段需设光照。岑画梦 2015 研究了 Cd^{2+} 对种子萌发的影响，指出发芽势、发芽率、发芽指数、活力指数、根长以及幼苗长度均随 Cd^{2+} 浓度的升高而降低。

（七）应用价值

（1）草坪价值。该草植株低矮、叶形优美，作为一种质地粗糙的暖季型绿色禾草，生长强势，依靠其短而多叶的匍匐枝向外扩展，具有较强的侵占性，不易生长杂草，对贫瘠土壤的适应性较好，不易感染褐斑病和虫害，持久性非常好，作为世界三大暖季型草坪草之一，是一种理想的坪用草。与其它暖季型草坪草相比，假俭草的生长速度较慢，不需经常修剪，养护管理条件较为粗放，是一种非常理想的低水平养护管理的草种，特别适合用于公路养护、水土保持及一般的绿地建植，也被称作"懒人的草坪"（王丽华，2017）。假俭草是我国优良的野生草种资源，被称为"中国草坪草"。

（2）护坡保持水土价值。低矮匍匐，便于汛期查险除险；耐干旱贫瘠、繁殖能力强，有利于地表迅速覆盖，防止水土流失；生态优势明显，管理粗放，可降低堤防日常管理成本。

（3）药用价值。Eun Mi Lee（2010）研究指出，从假俭草中提取得到新型 C–糖苷黄酮、木犀草素 6–C–β–Dboivinopyranoside 的分离鉴定，以及 8 种已知化合物，这些结构在对其光谱数据的解释的基础上建立化合物。在这些分离物中，C–糖苷类黄酮 1–5 显示出有效的抑制作用胰脂肪酶，IC50 值范围为 18.5 ± 2.6 至 $50.5 \pm 3.9\,\mu m$。

Song, Yuno（2015）研究指出，阿尔茨海默病（AD）是一种神经退行性疾病，其特征在于 β-淀粉样蛋白（Aβ）的异常积聚。已经鉴定了多种 Aβ 聚集的物种，并且神经毒性似乎与非纤维状寡聚物的量相关。有效的 Aβ 寡聚体形成抑制剂或 Aβ 诱导的细胞毒性已成为治疗干预的有吸引力的手段。在本研究中，我们发现在 50μg/mL EA-CG 存在下，几种 Aβ 寡聚体形式如单体、二聚体、三聚体和高度聚集的寡聚体形式被显著抑制。EA-CG 还以剂量依赖性方式抑制 BACE1 酶活性。EA-CG 处理分别在 1 或 5μg/mL 的测试浓度下对对照产生约 50% 或 85% 的抑制。结果表明，CG 的抗阿尔茨海默氏症的作用是通过干预低聚 Aβ 形成和降低 BACE1 活性来抑制神经细胞死亡，CG 中的 Maysin 可能是预防 AD 的优秀治疗候选药物。

（八）研究进展

（1）光合作用研究进展。李羿桥（2013）研究了巨桉凋落物对假俭草光合特性的影响，指出其明显抑制假俭草的生长、生物量的积累以及光合色素的合成，且随凋落叶含量的增加抑制作用加大；处理组叶片的气孔导度及其对环境中光照和 CO_2 改变的适应能力与对照组相比显著降低。李沙分析了 6-BA 对其叶绿素含量的影响，指出经 6-BA 处理的假俭草与对照相比，可明显改善假俭草的生长，抑制其叶绿素的分解。代微然（2010）研究了干旱对其光合生理的影响，指出同一干旱水平下，在一定的光照范围内，净光合效率和气孔导度随着光强的增加而增大，随着干旱程度的加剧则发生显著降低。马博英（2006）研究了低温对其叶绿素荧光的影响，指出低温引起假俭草初始荧光 F_0 上升，PSⅡ最大光化学效率（F_v/F_m）、开放的 PSII 反应中心捕获激发能效率（F_v'/F_m'）、光化学猝灭系数（qP）、PSII 电子传递量子产率（$\Phi PSⅡ$）、光合电子传递速率（ETR）、非光化学猝灭系数（qN）下降，致使光合速率（Pn）急剧下降。同时，研究了模拟酸雨对其叶绿素荧光的影响，指出酸 6 小时胁迫引起假俭草 PSⅡ最大光化学效率（F_v/F_m）、PSⅡ潜在活性（F_v/F_0）、光化学猝灭系数（qP）、PSⅡ电子传递量子产率（$\Phi PSⅡ$）、光合电子传递速率（ETR）和非光化学猝灭系数（NPQ）下降，pH 2.5 处理比 pH 3.0 处理的下降幅度大；酸雨处理停止 24 小时后，F_v/F_m、F_v/F_0、qP、$\Phi PSⅡ$、ETR、NPQ 回升；酸雨处理停止 48 小时后，回升至接近对照。周兴元（2005）研究了盐胁迫对其光合特性的影响，指出随盐分胁迫程度的加大，假俭草 Pn、Gs 逐渐下降；Ci 的变化，盐分胁迫下假俭草与对照相比得到了明显的增加，假俭草净光合速率降低是由非气孔因素所致，认为净光合速率下降的内在原因可能是因光抑制和光氧化现象所引起；随土壤盐分胁迫的加强，Tr 均呈下降趋势，不同盐分胁迫下的蒸腾速率下降速度大小与气孔导度一致；假俭草 WUE 变化趋势随盐分胁迫不断下降。杨渺（2004）研究了遮阴对其叶绿素含量的影响，指出经过短期遮阴，植物叶绿素 a、b 的含量增加，叶绿素确的值降低。植物在适应长期的遮阴后，叶绿素确的值增加，而叶绿素 a、b 的含量则下降。

（2）抗寒性研究进展。假俭草具中等耐寒性，其耐寒性优于地毯草、钝叶草。假俭草能耐受 −13.3℃ 的低温而安全越冬。据研究，在夜温低、短光周期条件下，假俭草可获得最大耐寒性。Fry 等研究表明，淀粉和蔗糖的含量与假俭草的抗寒性相关。据测定，耐寒品种中所含蔗糖的浓度比非耐寒品种高 47%。可见，适应低温的假俭草比非抗寒品种含更多的蔗糖（任健，1998）。王鹏良（2014）做了假俭草抗寒性状与低温胁迫响应 EST 分子标记的关联分析，指出 CINAU114–900，CINAU115–1500 和 CINAU116–400 位点与抗寒指标 LT50 有显著关联，其表型变异的解释率分别为 5.10%，4.04% 和 4.59%；其 LT50 表型效应分别为 0.2518℃，−0.3121℃ 和 0.2449℃。CINAU114–900 和 CINAU116–400 位点提高假俭草对低温的敏感性，而 CINAU115–1500 位点可提高其抗寒性。陈光宙（2011）研究指出，在低温条件下，不同处理假俭草叶片的叶绿素、可溶性糖和脯氨酸含量均有不同程度提高，而其相对电导率均有不同程度下降；不同剂量 EDTA–Fe 处理，提高假俭草抗寒效果不同，其中以 10 mL/L EDTA–Fe 处理效果最好，可延长假俭草青绿期达 15 天。刘琳（2011）阐明了低温条件下 SOD、POD 的变化，随着月最低气温从 20℃ 以上降至约 7℃，13 份假俭草材料植株体内的 SOD 活性、POD 活性均随温度的降低而升高，而且 SOD 活性、POD 活性升高的幅度越来越大。王鹏良（2009）根据抗寒性对假俭草进行了分类，我国假俭草不同种源之间的抗寒性存在较大变异，它们的半致死温度的变异范围为 −2.55 ～ −8.01℃，极差为 5.46℃，平均半致死温度为 −4.89℃，变异系数为 18.01%；进一步对假俭草的半致死温度与地理因子（纬度，经度和海拔）进行了回归分析，结果发现假俭草的半致死温度与纬度、经度和海拔均无线性关系；根据假俭草的半致死温度进行系统聚类分析，可以将 110 份假俭草种源分为 3 个类群。袁学军（2007）研究指出，在低温条件下，硝酸钾处理的假俭草与对照相比，不仅降低了电导率、提高了叶绿素的含量、抑制了叶绿素的分解，而且提高了可溶性糖、脯胺酸的含量，从而提高了抗寒性。其中，效果最好的处理为 7.5 g/L，可延长假俭草草绿期 12 ～ 13 天。袁学军同年也做了 B9 对假俭草抗寒性和绿期的影响，B9 处理的假俭草与对照相比，可溶性糖、脯胺酸含量升高，电导率降低，喷施低浓度的 B9 可以提高假俭草叶绿素含量，降低叶绿素分解，从而提高其抗寒性。游明鸿（2005）研究指出，钾肥能明显提高假俭草的抗寒性。刘金平（2004）研究指出，秋季施氮肥也能提高假俭草的抗寒性能。李西（2004）探讨了不同土壤基质对假俭草抗寒性的影响指出，以河滩土为土壤基质种植的峨眉假俭草抗寒性最强。假俭草品种 Oklawn，Temessee 和 Hanndy 具有较强的耐寒性，而且红茎品系的耐寒性要比绿茎和黄茎品系的强。

（3）生长格局研究进展。李君（2005）研究表明，假俭草具有自相似的生长过程。不同的初始密度下，假俭草具有不同的分形维数和相应的生物量积累规律。生物量积累速率随着分形维数的增大而增大，分形维数同时反映了假俭草的分枝能力和对空间的占据能力。假俭草种群具有依据外界条件而调节生长格局的生态适应能力，假俭草在整个生长季的生物量积累速率呈钟型曲线。Hirata,Masahiko（2012）设置了土壤、肥料、边缘障碍等因素，研究其扩散能力，在实验中，没有一种处理成功地阻止匍匐茎假俭草蔓延。即使在干旱期间，草也会将匍匐茎散布在营养和水分较差的基质上，以及至少 5 cm 高的边缘。假俭草的这种能力有利于在播种或营养种植后快速建立草，还有利于在已建立的草地或草皮中形成的受损或裸露的斑块的快速自我恢复。

（4）遮阴影响。宋丽梅（2014）研究指出，尤其 50% 遮阴显著地提高了叶绿素 a 和叶绿素 b 含量，而叶片净光合速率及光饱和点降低，相比而言，丙二醛含量和叶绿素 a/b 比值没有发生显著变化。另外，随着遮阴强度的加大，超氧化物歧化酶活性不断降低，电解质外渗率不断增加，而脯氨酸的积累则显著减少，说明遮阴下植株的抗氧化能力降低。周兴元（2006）研究指出，遮阴处理后，假俭草叶片的过氧化物酶（POD）、超氧化物歧化酶（SOD）、抗坏血酸过氧化物酶（APX）等保护酶活性，苯丙氨酸解氨酶（PAL）活性以及丙二醛（MDA）含量随遮阴程度的加大逐渐下降，在活性氧产生速率较低的情况下，保护酶活性处于较低状态；可溶性蛋白质及可溶性糖含量随遮阴程度的增加逐渐下降；光合速率（Pn）、蒸腾速率（Tr）、气孔导度（Gs）、水分利用效率（WUE）均随遮阴程度的增加呈下降趋势；胞间隙 CO_2 浓度（Ci）随遮阴程度的增加逐渐上升。杨渺（2004）研究了遮阴对其形态的影响，在遮阴情况下，假俭草居群的叶片长度和宽度、节间长度、草层高度皆随遮阴梯度的增加而增加，茎的直径随遮阴梯度的增加而下降。生物量主要由地上部分组成，地上生物量与总生物量的比值都在 0.88以上。遮阴度越大，居群地上部分所占的比重也越大。李永进（2012）研究表明，与全光照相比，遮阴导致蛋白质含量显著降低。

（5）水分胁迫研究进展。代微然（2010）研究指出，干旱胁迫显著地降低了供试材料的最大荧光（F_m）、可变荧光（F_v）、PSII 最大光化学量子产量（F_v/F_m）和 PS II 潜在活性（F_v/F_0）及光合量子产额（Yield），而对基础荧光（F_0）、光化学猝灭系数（qP）和非光化学猝灭系数（qN）没有产生显著影响；与对照相比，在 Common 和 Yaan 品系中 PS Ⅱ 最大光化学量子产量分别下降了 15% 和 5%，说明干旱胁迫会伤害假俭草的光系统 Ⅱ。周海军（2007）研究指出，主要表现为匍匐主茎的伸长生长、扩展幅度、地上单枝干重、匍匐主茎分枝数以及叶片长度的减小。叶片含水量、叶绿素含量以及过氧化氢酶（CAT）显著降低，而其叶片超氧化物歧化酶（SOD）、过氧化物酶 POD 活性有所上升，丙二醛（MDA）含量上升幅度较大。吴志华（2003）研究指出，PEG 胁迫使幼苗 H_2O_2 积累，质膜电解质渗透率增加，GSH 含量升高；胁迫处理后幼苗中 GST 活性明显高于对照，在 4 天内，随着水分胁迫处理时间的延长，GST 活性逐渐升高。GST 活性与 H_2O_2 的含量相关，表明 GST 不但能清除 H_2O_2 引起的有害物质，还很可能受 H_2O_2 的调节。

（6）抗盐性研究进展。陈平（2006）研究认为，与对照品种相比，海滨野生假俭草植株叶片和根系中都维持低而稳定的 $[Na^+]/[K^+]$ 比值，盐胁迫下植株内的 Na^+、K^+ 质量分数显著高于对照。盐胁迫下植株叶片中的叶绿素质量分数也较高，同时具有质膜相对透性低、生物量高等特点，表现出较好的耐盐性能，具有较好的开发利用前景。高桂娟（2003）研究指出，随着处理时间的延长和盐浓度的增高，植株正常生长过程缩短，萎蔫速度和程度及死亡数量都增加，同时伴随着叶色由绿到黄，甚至褪色，叶质由软到硬的变化。叶片的相对电导率和游离脯氨酸含量逐渐上升，叶绿素总含量和叶片水势逐渐下降，过氧化氢酶活性先上升后下降。

（7）重金属胁迫研究进展。谢传俊（2008）研究指出，随着 Pb^{2+} 处理浓度的升高，假俭草叶片出现不同程度的伤害；叶片膜脂过氧化产物丙二醛（MDA）含量增加；超氧化物歧化酶（SOD）活性在假俭草中先升高后降低；假俭草过氧化物酶（POD）和过氧化氢酶（CAT）活性均呈现先升高后降低的趋势，游离脯氨酸（Pro）含量假俭草随铅胁迫浓度的增加先升高后降低，叶绿素含量呈现出先升高后降低的变化趋势。褚晓晴（2012）研究指出，1500 μmol/L 的铝胁迫下假俭草种源间的生长存在显著差异，其中相对根系干重、相对地上部分干重、相对全株干重的变异系数分别为 20.55%，15.62% 和 15.52%。阎君（2010）研究指出，耐性种源在酸铝土壤上可以保持较高的生长速率。酸铝胁迫引起假俭草体内超氧阴离子产生速率和丙二醛含量增加，敏感种源增加幅度较大，诱导 SOD、POD 活性的增加，耐性种源增加幅度较大，说明假俭草可以通过提高体内的 SOD、POD 酶活性来缓解铝毒害，耐铝假俭草的代谢酶活性对铝胁迫更为迅速。岑画梦（2015）研究指出，假俭草种子的发芽势、发芽率、发芽指数、活力指数、根长以及幼苗长度均随 Cd^{2+} 浓度的升高而降低；叶片叶绿素含量随 Cd^{2+} 浓度的升高略有降低；

叶片丙二醛（MDA）含量随 Cd^{2+} 浓度的升高呈先降后升趋势。假俭草各处理浓度的 CAT 活性均低于 CK。过氧化物酶（POD）活性随 Cd^{2+} 浓度的升高呈先升高后降低趋势。多酚氧化酶（PPO）活性均高于 CK。PPO 活性随 Cd^{2+} 浓度的升高都呈先升高后降低趋势。

（8）遗传多样性研究进展。赵琼玲（2011）研究认为，利用 ISSR 分子标记技术，对来自全国 13 个省（市、区）的 60 份假俭草种质进行了遗传多样性的分析表明，供试品种在 DNA 水平上存在着广泛的变异。遗传相似系数介于 0.569 1 ~ 0.910 6 之间，平均为 0.739 6；UPGMA 法将 60 份种质分成 2 个类群。宣继萍 2005 研究认为，中国假俭草居群间出现了显著的遗传变异，遗传变异占总变异的 30% 左右，大部分遗传变异存在于居群内部，占总变异的 70% 左右。基因多样性为 0.336，其中居群内为 0.176，占总变异的 52.4%，居群间为 0.16，占总变异的 47.6%，居群间遗传一致度为 0.945 ~ 1.000。白史且（2002）研究认为，过氧化物酶同工酶显示出 7 个酶位点，其电泳形成 2 个区域，Rf 值分别为 0.10,0.520 ~ 0.762，各材料间的遗传差异较为明显表现出较丰富的同工酶变异。聚类分析表明，15 个假俭草材料可聚为两大类，4 类个群。假俭草资源材料间的遗传距离为 0.135 ~ 0.994。

（9）种质资源变异研究进展。不同种源物候期变异范围大小依次为孕穗初期 > 盛花期 > 成熟期 > 枯萎期 > 返青期，青绿期的变异范围为 189 ~ 217 天，中国东部地区假俭草种质资源的返青期和孕穗初期随着纬度的增加而日趋提前，返青期、孕穗初期、盛花期、成熟期、枯萎期、青绿期间有一部分存在着显著或极显著的相关性。种源间过氧化物酶和酯酶同工酶酶谱在酶带数目、相对迁移率上均不尽相同，呈现出较丰富的多样性。假俭草种质资源 9 个外部性状均存在着明显的变异，变异系数由大到小依次是结实率（150%）> 节间长度（22.1%）> 草层高度（21.0%）> 叶片长度（17.3%）> 生殖枝高度（15.2%）> 花序长度（14.1%）> 单位花序小花数（12%）> 叶片宽度（11.8%）> 节间直径（11.5%）。中国东部地区假俭草种质资源外部性状间有一部分存在着显著或极显著的相关性。利用类平均法在欧氏距离 5.6 处可将 36 份有代表性的假俭草分为 3 大类型，即矮生型、高大型和普通型。中国东部地区假俭草种质资源的生殖枝高度与纬度呈显著的正相关，花序长度、单位花序小花数与经度存在显著和极显著的正相关。所有种源均为 $2n=18$，没有发现染色体倍性水平的变化。不同种源对应同源染色体间也未发现有明显的形态差异。

参考文献

[1] ISLAM M A, HIRATA M. Centipedegrass: Growth Behavior and Multipurpose Usages[J]. Grassl. Sci., 2005, 51（3）：183-190.

[2] 王丽华, 刘尉. 假俭草研究进展及展望 [J]. 现代园艺, 2017,（10）：10-13.

[3] 刘明稀, 郭振飞. 不同消毒方式对假俭草种子愈伤诱导的影响 [J]. 草地学报, 2012, 20（2）：383-388.

[4] 舒必超, 刘卫东, 赵坤, 等. 假俭草茎段愈伤组织的诱导及植株再生 [J]. 中南林业科技大学学报, 2011, 31（3）：169-196.

[5] 袁学军, 王志勇, 郭爱桂, 等. 假俭草侧芽愈伤诱导和植株再生 [J]. 草业学报, 2008, 17（6）：128-133.

[6] 吴雪净, 刘卫东, 李沙, 等. 湖南假俭草茎段快繁的最佳基质选择 [J]. 中南林业科技大学学报, 2012, 32（12）：195-199.

[7] 李羿桥, 李西, 胡庭兴. 巨桉凋落叶分解对假俭草生长及光合特性的影响 [J]. 草业学报, 2013, 22（3）：169-175.

[8] 李沙, 刘卫东, 冯斌义, 等. 硝酸钾和 6-BA 对假俭草叶绿素含量的影响 [J]. 中南林业科技大学学报, 2013, 33（4）：109-113.

[9] 代微然, 任健, 毕玉芬. 干旱对假俭草光响应曲线的影响 [J]. 草业学报, 2010, 19（3）：251-154.

[10] 马博英, 金松恒, 徐礼根, 等. 低温对三种暖季型草坪草叶绿素荧光特性的影响 [J]. 中国草地学报, 2006, 28（1）：58-62.

[11] 马博英, 徐礼根, 蒋德安. 模拟酸雨对假俭草叶绿素荧光特性的影响 [J]. 林业科学, 2006, 42（11）：8-11.

[12] 周兴元, 曹福亮. 土壤盐分胁迫对假俭草、结缕草光合作用的影响 [J]. 江西农业大学学报, 2005, 27（3）：408-412.

[13] 马生健, 曾富华, 蓝海婷, 等. 假俭草的组织培养与植株再生 [J]. 植物生理学通讯, 2004, 40（1）：62.

[14] 杨渺, 毛凯, 苟文龙, 等. 遮阴胁迫对叶绿素含量的影响 [J]. 四川草原, 2004,（3）：20-22.

[15] 游明鸿, 刘金平, 毛凯, 等. 3 种生根剂对假俭草插穗成活生根的作用 [J]. 草业科学, 2002, 19（7）：51-54.

[16] 戴微然，毕玉芬，任健.提高假俭草种子发芽率的研究[J].四川草原，2004，109（12）：27-29.

[17] 李威.播种前处理提高假俭草种子发芽率[J].青海草业，2005，14（2）：59-60.

[18] 余玲，王彦荣，孙建华.温度、光照和发芽床对假俭草种子萌发的影响[J].草业科学，1994，11（6）：52-55.

[19] 岑画梦，彭玲莉，杨雪，等.Cd^{2+}对狗牙根、假俭草种子萌发及幼苗生长的影响[J].草业学报，2015，24（5）：100-107.

[20] 任健，毛凯，范彦.假俭草的抗性[J].草业科学，1998，15（5）：62-65.

[21] 王鹏良，王海燕，刘建秀，等.假俭草抗寒性状与低温胁迫响应EST分子标记的关联分析[J].草地学报，2014，22（6）：1301-1307.

[22] 陈光宙，袁学军，李艳丽.EDTA-Fe对假俭草抗寒性和绿期的影响[J].草业科学，2011，28（1）：113-116.

[23] 刘琳，杨春华，白史且，等.冬季四川假俭草SOD和POD活性的生理响应[J].湖北农业科学，2011，50（15）：3102-3105.

[24] 王鹏良，陈启广，吕志鹏，等.假俭草种源抗寒性鉴定及其变异分析[J].草地学报，2009，17（5）：547-551.

[25] 袁学军，刘建秀，张婷婷，等.硝酸钾对假俭草抗寒性和草绿期的影响[J].草地学报，2007，15（4）：363-370.

[26] 袁学军，郭爱桂，刘建秀.B9对假俭草抗寒性和绿期的影响[J].草原与草坪，2007，（6）：33-36.

[27] 何平.优良天然草坪地被植物——假俭草[J].新西部，2007，（8）：223-224.

[28] 李西，毛凯，罗承德，等.同土壤基质对峨眉假俭草抗寒性的影响[J].草业学报，2004，13（2）：84-87.

[29] 李君，毛凯.不同密度条件下假俭草生长格局的分形研究[J].四川农业大学学报，2005，23（2）：214-217.

[30] 宋丽梅，李永进，代微然，等.不同遮阴程度对假俭草光合特性和抗氧化能力的影响[J].草坪与草原，2014，34（5）：76-84.

[31] 周兴元，曹福亮.遮阴对假俭草抗氧化酶系统及光合作用的影响[J].南京林业大学学报（自然科学版），2006，30（3）：31-36.

[32] 杨渺，毛凯，马金星.遮阴生境下假俭草的形态变化与能量分配研究[J].中国草地，2004，26（2）：44-48.

[33] 周海军. 干旱胁迫下钝叶草和假俭草生长、生理响应及其抗旱性综合鉴定 [D]. 南京：南京农业大学, 2007.

[34] 吴志华, 曾富华, 符同浩, 等. 聚乙二醇胁迫对假俭草谷胱甘肽转硫酶活性的影响 [J]. 湖南农业大学学报（自然科学版）, 2003, 29（3）：192-194.

[35] 陈平, 席嘉宾, 张建国, 等. 海滨型野生假俭草的盐胁迫效应研究 [J]. 中山大学学报（自然科学版）, 2006, 45（5）：85-92.

[36] 高桂娟. 野生假俭草耐盐性研究 [D]. 成都：四川农业大学, 2003.

[37] 谢传俊, 杨集辉, 周守标, 等. 铅递进胁迫对假俭草和结缕草生理特性的影响 [J]. 草业学报, 2008, 17（4）：65-70.

[38] 褚晓晴, 陈静波, 宗俊勤, 等. 中国假俭草种质资源耐铝性变异分析 [J]. 草业学报, 2012, 21（3）：99-105.

[39] 阎君, 于力, 陈静波, 等. 假俭草耐铝性和敏感种源在酸铝土上的生长差异及生理响应 [J]. 草业学报, 2010, 19（2）：39-46.

[40] 赵琼玲, 白昌军, 梁晓玲. 中国假俭草种质资源遗传多样性的 ISSR 分析 [J]. 热带作物学报, 2011, 32（1）：110-115.

[41] 宣继萍, 高鹤, 刘建秀. 中国假俭草居群遗传多样性研究Ⅲ RAPD 分析 [J]. 草业学报, 2005, 14（4）：47-52.

[42] 白史且. 假俭草过氧化物同工酶的遗传多样性研究 [J]. 四川大学学报（自然科学版）, 2002, 39（5）：952-956.

[43] 刘学诗, 刘建秀. 中国东部假俭草种质资源多样性初步研究Ⅰ [J] 中国农学通报, 2004, 20（5）：180.

[44] LEE E M, LEE S S, BYUNG YEOUP CHUNG B Y, et al. Pancreatic Lipase Inhibition by C-Glycosidic Flavones Isolated from Eremochloa Ophiuroides[J].Molecules, 2010, 15, 8251-8259.

[45] MASAHIKO HIRATA, SHINNOSUKE, et al. Ability of Centipedegrass （Eremochloa ophiuroides [Munro] Hack.） to Spread by Stolons: Effects of Soil, Fertilizer, Shade and Edging[J]. Grassland Science, 2012, 58（1）：28-36.

[46] SONG Y, KIM H D, LEE M K, et al. Protective Effect of Centipedegrass against A β Oligomerization and A β -Mediated Cell Death in PC12 Cells[J]. Pharmaceutical Biology, 2015, 53 （9）：1260-1266.

五十二、五节芒

（一）学名解释

Miscanthus floridulus（Lab.）Warb. ex Schum. et Laut. ，属名：Miscanthus，mischos，成对着生的有柄小穗、小花梗，叶柄。Anthos，花。荻属，芒属（禾本科）。种加词，floridulus，繁花的，多花的。命名人 1：Warb.=Otto Warburg（1859—1938），德国职业植物学家。华宝还是一位著名的工业农业专家，也是犹太复国主义组织（ZO）的积极成员。从 1911 年至 1921 年，他担任 ZO 的主席，寻求"为犹太人民在巴勒斯坦公开和合法保证的家园"。早年从事生物学研究，是著名的生物学教授，曾担任过德国殖民安置部顾问一职。在犹太复国主义运动组织中，主要关心犹太人安置问题，而不是如何开展政治活动。1908 年，积极参与设在雅法的建设巴勒斯坦办事处工作，协助成立了巴勒斯坦土地发展公司，后在特拉维夫建立农业研究所。1911 年，他当选为世界犹太复国主义组织第三任主席，主持该组织在柏林总部的一切工作。他不是一位开拓性的领导人，但能团结一班人马做好工作，并深受同仁的尊敬。第一次世界大战期间，他利用在德国的关系，设法减轻在土耳其统治下巴勒斯坦犹太人的痛苦。1920 年，他辞去世界犹太复国主义组织主席的职务，往返于柏林和巴勒斯坦，担任希伯来大学生物系主任和农业研究所所长。为了纪念他对犹太复兴事业的贡献，沿海平原上的瓦尔堡莫沙夫以他的名字命名建立的。他于 1879 年在汉堡 Johanneum 体育馆完成学业，并继续在波恩大学植物学领域接受教育，一个学期后他离开柏林大学，后来到斯特拉斯堡大学，于 1883 年获得博士学位。他继续在慕尼黑学习化学，并与威廉·普费弗一起学习蒂宾根的生理学。1885 年，他开始了为期 4 年的南亚和东南亚远征，于 1889 年在澳大利亚结束。1911 年，华宝被选为巴勒斯坦世界犹太复国主义大会的主席，他一直留在办公室直到 1920 年。1920 年后，国会移居英格兰。但华宝留在巴勒斯坦，成为特拉维夫农业实验站的创始主任，它后来成为"农业和自然历史研究所"。他的一个学生是 Naomi Feinbrun-Dothan。

他的著作（1913—1922）发表了三卷，名为 *Die Pflanzenwelt*。回到柏林后，他创立了 *Der Tropen Pflanzer*，这是一本专门研究热带农业的期刊，他编辑了 24 年。他意识到，作为一名犹太人，本身受到歧视，他不会被任命为正教授，所以他将注意力转移到应用植物学上，并在德国的殖民地建立了几家热带工业种植园公司。

华宝也是 El Arish 探险队的成员之一，由 Theodor Herzl 任命为 Leopold Kessler 领导的团队的农业成员。1931 年，他与植物学家亚历山大·艾格一起创立了以色列国家植物园。在他从耶路撒冷的位置退休后，华宝搬回柏林，于 1938 年初去世。

命名人 2：Karl Moritz Schumann（1851—1904）是德国植物学家。舒曼于 1880 年至 1894 年担任柏林达勒姆博物馆馆长。他还担任 1892 年 11 月 6 日成立的德国仙人掌协会（Deutsche Kakteen-Gesellschaft）的第一任主席。

命名人 3：Laut.=Carl Adolf Georg Lauterbach，劳特巴赫（1864—1937）是德国探险家和植物学家、农村经济学家。居住于布雷斯劳附近 Stabelwitz 的一个庄园，他曾进行过新几内亚探险。从 1899—1903 年（1905 年根据下面引用的德国传记）任德国新几内亚公司董事。

他在布雷斯劳大学和海德堡大学学习自然科学和农业，并于 1888 年在后者获得博士学位。在接下来的 12 年里，他参加了 3 次探险考察。在后来的两次探险中，他探索了位于岛内的俾斯麦山脉。在第三次任务（1899—1900）中，他被任命为 Neu-Guinea Compagnie 的主管，收集的一些标本由 Viktor Ferdinand Brotherus 和 Paul Christoph Hennings 进一步检查。在他位于布雷斯劳（布雷斯劳自 1928 年以来的一部分）外的 Stabelwitz 庄园，保留了令人印象深刻的植物苗圃和植物园。

他被称为 Lauterbachia（Monimiaceae 科）和 Lauterbachiella（Parmulariaceae 科）。Gertrudia 属（Flacourtiaceae 科）以劳特巴赫的妻子 Gertrud Fuchs-Henel（一位著名的植物插图画家）命名。1897 年，Anton Reichenow 以他的名字命名了黄胸铃铛（Chlamydera lauterbachi）。

学名考证：*Miscanthus floridulus*（Lab.）Warb. ex Schum. et Laut. Fl. Deutsch. Schutzg. Sudsee 166. 1901；Reed. in Journ. Arn. Arb. 29: 329. 1978；Hitchc. Man, Grass. U. S. 740. 1951；广州植物志 828. 1956；苏南种子植物手册 86. 1959；中国主要植物图说·禾本科 749. 1959；Back. et al. Fl. Java 3: 584. 1969；H. B. Gill. et al. Fl. Malaya 3: 217. f. 47. 1971；Hsu in Taiwan. 16: 328. 1971；台湾的禾草 739，图 265. 1975；海南植物志 4: 448. 1977；—Saccharum floridulum Labill. Sert. Austr. Caled. 13. pl. 18. 1824.—Miscanthus japonicus Anderss. Oefv. Svensk. Vet. Akad. Forh. Stockh. 11: 166. 1855；Hack. in DC. Monogr. Phan. 6:

107. 1889; Rendle in Journ. Linn. Soc. Bot. 36: 347. 1904; A. Camus in Lecomte, Fl. Gen. de L'Indo–Chin. 7: 235. 1922; Honda in Journ. Fac. Sci. Univ. Tokyo（Bot.）3: 380: 1930; Ohwi in Acta Phytotax. Geobot. 11: 148. 1943.

Warb. ex Schum. et Laut.1901 年在刊物 *Die Flora der deutschen Schutzgebiete in der Südsee* 上重新组合了五节芒的名称 Miscanthus floridulus（Lab.）Warb. ex Schum. et Laut. 其基本异名是由法国植物分类学家 Labillardière, Jacques Julien Houtton de1824 年在刊物 *Sert. Australian Caled.* 发表的物种 Saccharum floridulum Labill. 经 Warb. ex Schum. et Laut. 整理后发现应归属于 Miscanthus，所以重新组合。

美国植物分类学家 Clyde Franklin Reed 在《阿诺德树木园日报》（*Journal of the Arnold Arboretum*）也记载了该物种。

美国植物学家和农业生物学家 Albert Spear Hitchcock1951 年在杂志《美国禾草植物》（*Man, Grasses of U.S.*）记载了该物种。《广州植物志》（1956）、《苏南种子植物手册》（1959）、《中国主要植物图说·禾本科》（1959）也记载了该物种。

荷兰植物学家 Backer Cornelis Andries1969 年在刊物《爪哇植物志》（*Flora of java*）记载了该物种。H. B. Gill.1971 年在刊物 *Flora of Malaya* 也记载了该物种。徐丙生 1971 年在《台湾植物志》上记载了该物种。台湾的禾草（1975）、海南植物志（1977）也记载了该物种。

瑞典植物学家 Nils Johan Andersson1855 年在刊物 *Oefv. Svensk. Vet. Akad. Forh. Stockh.* 记载的物种名称 Miscanthus japonicus Anderss. 为异名。奥地利植物学家 Eduard Hackel 在 1889 年在刊物 *Monographiae phanerogamarum.* 所记载的名称 Miscanthus japonicus Anderss. 为异名。英国植物学家 Rendle, Alfred Barton 1904 年在刊物《林奈植物科学研究》（*The Journal of the Linnean Society of London .Botany*）所记载的 Miscanthus japonicus Anderss. 为异名。

法国植物学家 Aimée Antoinette Camus 在法国植物学家 Paul Henri Lecomte 所著著作 *Flore Générale de I'Indo-Chine* 中记载的 Miscanthus japonicus Anderss. 为异名。

日本科学家本田 1930 年在刊物《东京大学科学专项研究杂志》（*Journal of the Faculty of Science,Imperial university Tokyo*）所记载的 Miscanthus japonicus Anderss. 为异名。

日本植物学家大井次三郎 1943 年在刊物 *Acta Phytotaxonomica et Geobotanica* （*APG*）所记载的 Miscanthus japonicus Anderss. 为异名。

别名：芒杆（浙江）、立荻、大碟子草（江苏）、大茅草（贵州）

英文名称：Manyflower Silvergrass

（二）分类历史及其重要性

随着认识的深入，人们现在对芒属植物的兴趣愈发浓厚。因为这类植物具备发展为第二代非粮能源作物的巨大潜力，遗传适应性强、耐低温，植株高、高光效、年产生物量高，碳中和，即在生长期吸收和释放的 CO_2 是等量的，纤维素含量高、品质好，在收获期营养回流至根部，种植和管理成本相对较低，适应盐碱、山地、旱地等不宜种植粮食作物的边际土地。尤其是其中的芒、五节芒、荻、南荻，因分布广、生境多样而被视为核心芒属植物，是重要的新一代能源作物种质资源（卢玉飞，2012）。

（三）形态特征

五节芒形态特征如图 52-1 所示。

多年生草本，具发达根状茎。秆高大似竹，高 2 ～ 4 m，无毛，节下具白粉，叶鞘无毛，鞘节具微毛，长于或上部者稍短于其节何；叶舌长 1 ～ 2 mm，顶端具纤毛；叶片披针状线形，长 25 ～ 60 cm，宽 1.5 ～ 3 cm，扁平，基部渐窄或呈圆形，顶端长渐尖，中脉粗壮隆起，两面无毛，或上面基部有柔毛，边缘粗糙。圆锥花序大型，稠密，长 30 ～ 50 cm，主轴粗壮，延伸达花序的 2/3 以上，无毛；分枝较细弱，长 15 ～ 20cm，通常 10 多枚簇生于基部各节，具 2 ～ 3 回小枝，腋间生柔毛；总状花序轴的节间长 3 ～ 5 mm，无毛，小穗柄无毛，顶端稍膨大，短柄长 1 ～ 1.5 mm，长柄向外弯曲，长 2.5 ～ 3 mm；小穗卵状披针形，长 3 ～ 3.5 mm，黄色，基盘具较长于小穗的丝状柔毛；第一颖无毛，顶端渐尖或有 2 微齿，侧脉内折呈 2 脊，脊间中脉不明显，上部及边缘粗糙；第二颖等长于第一颖，顶端渐尖，具 3 脉，中脉呈脊，粗糙，边缘具短纤毛，第一外稃长圆状披针形，稍短于颖，顶端钝圆，边缘具纤毛；第二外稃卵状披针形，长约 2.5 mm，顶端尖或具 2 微齿，无毛或下部边缘具少数短纤毛，芒长 7 ～ 10 mm，微粗糙，伸直或下部稍扭曲；内稃微小；雄蕊 3 枚，花药长 1.2 ～ 1.5 mm，桔黄色；花柱极短，柱头紫黑色，自小穗中部之两侧伸出。染色体 2n=38（Price, 1957；Adati 1958；Chen et Hsu, 1962）。花果期 5—10 月。

（四）分布

产于江苏、浙江、福建、台湾、广东、海南、广西等省区，也分布自亚洲东南部太平洋诸岛屿至波利尼西亚。模式标本采自新喀里多尼亚。

a花序；b植株；c花序放大；d小穗；e叶鞘；f小穗及芒；g秆

图52-1　五节芒

（五）生境及习性

　　生于低海拔撂荒地与丘陵潮湿谷地和山坡或草地。五节芒的生育期比较长，在展叶期生长缓慢，拔节期逐步加速，日均增长为 2.12 cm，抽穗开花期日均增长达 2.52 cm，结实期生长速度开始下降，并逐步停止生长。在年生长周期中，春季和秋季为分蘖高峰，黑暗条件下更有利于种子萌发。五节芒茎秆呈椭圆状，每根茎秆约有 15 个节子，节下具白粉。实生苗生长缓慢，至第三年，虽生长速度加快，但基本上仍停留在营养生长阶段。第四年的株丛才能大量抽穗、开花并结实。

五节芒的分蘖力相当强，生长 3 年以后，其分蘖力更是急剧加强。生长五年的株丛，平均有茎枝 142 支，分蘖芽 80 个，依次为生长 3 年株丛的 5 倍和 3.8 倍。而生长 8 年的最大株丛，分枝数竟高达 673 支。在北亚热带冬季很少分蘖。3 年以上植株每年刈割 3 ～ 4 次有利于分蘖，如表 52-1 所示。

表52-1　五节芒5年间生长情况比较

株丛类型	叶层高（cm）	活茎枝数（支）	死枝数（支）	分蘖数（个）	根深（cm）	根茎长（cm）	备注
一年生株丛	49	9	5	5	39	1	
二年生株丛	83	13	3	6	—	15	"—"指无调查资料
三年生株丛	156	29	14	21		40	根茎长度是指20个
四年生株丛	180	84	23	49	85	73	样株中最长的根茎
五年生株丛	200	142	40	80	105	—	

注：引自萧运峰 1995。

（六）繁殖方法

（1）组织培养的研究。胡恒康（2009）研究表明，①基本培养基：MS。②增殖培养基：MS+6-BA 1.0 mg·L^{-1}（单位下同）+KT1.0+NAA0.05。③生根培养基：1/2MS+NAA 0.2。上述培养基均添加 3% 蔗糖、0.8% 琼脂，pH 5.7，培养温度为（25±2）℃，每天光照培养 16 h，光照强度 25 mmol·m^{-2}·s^{-1}。周玥玥（2012）研究认为，以幼穗为外植体，建立离体再生体系：幼穗的最佳愈伤诱导培养基为 MS+4.0 mg/L2,4-D+0.1 mg/L6-BA，最佳分化培养基为 MS+2.0 mg/L 6-BA，最佳生根培养基为 MS+1.0 mg/LIAA+0.1 mg/LIBA+1.0 mg/L CCC。

（2）分株繁殖法。将全蔸（也可半蔸）挖起来，用刀砍成 10 ～ 20 个繁殖块，剪掉 20 cm 以上的茎枝，切分成 3 ～ 4 枝为一丛，直接移栽大田；也可将根茎剪成 10 ～ 20 cm 的小段，每段应有 2 ～ 3 节，斜插或平卧埋植在苗床的土壤中，待苗生长 1 ～ 2 年后，再移栽大田（萧运峰，1995）。

（3）芽殖技术。所谓茎芽繁殖就是取这两种茎上有萌发能力的茎芽进行繁殖，用沙盘或营养袋培养，和对五节芒离体芽用不同浓度的吲哚乙酸（IBA）进行处理。

（4）种子繁殖。萧运峰（1995）研究认为，五节芒每穗可产颖果 28 500 粒。对 16 000 粒颖果检查，仅有 128 粒种子，结实率为 8%。成熟的种子发芽率达 98%。贮存 8 年，发芽率仍达 80.5%。在 15 ～ 20℃、20 ～ 25℃和 25 ～ 30℃的变温条件下，各用 1 000 粒颖果，置于培养皿中，在直射光下进行发芽试验。证明，20℃以下的种子不能发芽；25～30℃一组发芽情况最好。一般于播后 7 天发芽，21 天结束。五节芒种子的萌发需要高温、高湿和光照条件。

（七）应用价值

（1）茎杆作为食用菌栽培原料。聂国添研究认为，相对于常规棉籽壳培养料栽培，菌草配方栽培糙皮侧耳的菌盖咀嚼性、硬度和回复性较差，菌柄回复性、硬度、内聚性和咀嚼性较差，而且子实体的干制率和杀青率也较低。刘叶高（2006）研究认为，五节芒适宜栽培杏鲍菇等珍稀食用菌，五节芒营养丰富，除纤维低于杂木屑外，蛋白质、灰分、磷、钾、钙、镁含量均比杂木屑高，完全可作杏鲍菇等珍稀食用菌的培养基。陈安（2005）研究指出，五节芒可以代料栽培香菇，与纯木屑栽培的香菇相比，第一能缩短生产周期 25～30 天，转色出菇提早 3～5 天，出菇期缩短 15～20 天，且一、二潮菇集中，产量高，生产管理工费降低 18%～25%，生产周期生物学效率达 57%～59%。张绪璋（1996）研究指出，五节芒可以栽培灰树花。

（2）观赏价值。五节芒丛生，叶片枯黄而不脱落，季相变化丰富，观赏价值大。山石配置、花境、园路边缘配置、滨水配置、边坡配置等，种植形式：孤植、丛植、片植。适应能力强，可作为先锋物种在护坡成片栽植。围墙基础栽植、边坡配置、滨水配置、冶炼池配置、尾矿堆配置、道路边缘种植，种植形式：孤植、丛植、片植、带植（龙珍文，2015）。

（3）保持水土作用。谢金波（2014）研究指出，五节芒具有良好的保持水土作用，在增加地表覆盖、改善土壤理化性质、拦蓄径流泥沙、改良微地貌、防治水土流失、改善生态环境等方面具有明显优势，且分布广，种源多，种植成本低，是一种优良的水土保持草种。

（4）生物质燃料。五节芒不同生长期的干燥基挥发分含量、固定碳含量、发热量不同，且随着生长期延长呈先升后降趋势，生长 1 年时达到最高，最适宜作为生物质燃料（林兴生，2013）。

（5）饲用价值。五节芒干草样品含粗蛋白 5.83%、粗脂肪 1.58%、粗纤维 43.06%、无氮浸出物 43.74%、粗灰分 5.58%、钙 0.24% 和磷 0.13%。全年可刈割 4～5 次，亩产鲜草 1～1.5 万 kg。饲喂时，可将干稻草等粗饲料与五节芒青饲料掺合，以提高粗饲料的适口性。五节芒草可青饲也可青贮或晒制干草（萧运峰，1997）。

（6）造纸原料。赵佳美（2012）研究了其纤维特性，比较五节芒茎杆节间与节部的纤维形态，前者较后者纤维长度更长，宽度和细胞壁壁厚更小，节间为较好的非木质人造板的纤维原料，节部稍差。

（7）生产化工原料。Chunxia Ge（2018）研究认为，地衣芽孢杆菌突变体WX-02ΔbudC和WX-02ΔgldA可以用M.floridulus水解产物有效地产生光学纯的2,3-BD，并且这两种菌株是用于工业生产具有M.floridulus水解产物的2,3-BD的光学纯度的候选物。

（八）研究进展

（1）光合生理研究。Cd胁迫下五节芒两种群叶片净光合速率（Pn）、蒸腾速率（E）、气孔导度（Gs）、胞间二氧化碳浓度（Ci）、叶绿素含量（Chl）都有不同幅度的下降，叶绿体超微结构遭到破坏。Cd胁迫下五节芒两种群PS Ⅱ反应中心最大光化学效率（F_v/F_m）、PS Ⅱ潜在活性（F_v/F_o）、PS Ⅱ有效光化学效率F_v'/F_m'均有所下降（秦建桥，2010）。净光合速率日变化均呈"单峰型"，无光合"午休"现象（高瑞芳，2015），光饱和点1 000 μmol·m^{-2}·s^{-1}。最大净光合速率为20.4 μmol·m^{-2}·s^{-1}。表观量子效率（AQY）为0.089，主生长季的净光合速率（Pn）表现出明显的季节性变化，并与生长速率同步。水分利用率（WOE）最小值在6—7月，最大值在8—9月，表现出耐旱耐高温能力（覃静萍，2015）。

（2）重金属胁迫研究进展。秦建桥（2009）研究指出，五节芒矿区与非矿区两种群各部位的Cd主要富集在细胞壁和以液泡为主的可溶组分，在叶绿体、细胞核和线粒体中的分布较少；两种群根、茎、叶的亚细胞各组分Cd含量由高到低的次序均为：细胞壁组分（F1）、可溶组分（F4）、细胞核和叶绿体组分（F2）、线粒体组分（F3）。Cd在五节芒矿区种群根、茎、叶中的含量均显著高于非矿区种群。张崇邦（2009）研究认为，五节芒自然定居显著地提高了尾矿砂碳酸盐结合态和硫化物—有机物结合态重金属比例（$p<0.05$），降低了尾矿砂残渣态重金属的比例（$p<0.05$）。土壤微生物群落的纤维素分解作用、酚转化作用、固氮作用、氨化作用、硝化作用、有机磷转化作用、功能多样性、4类不同碳源（碳水化合（CH）、聚合物（PL）、胺类化合物（AM）和杂合物（ML））均随着五节芒自然定居显著提高。秦建桥2011研究指出，来源矿区与非矿区五节芒（Miscanthus floridulus）种群植株对土壤中不同浓度的Cd的生长反应不同，低浓度Cd处理，非矿区种群的地上部生物量即受到显著影响，而矿区种群受到的影响不显著。Cd处理浓度提高时，非矿区种群的地上部生物量为对照的30.17%～42.07%，矿区种群地上部生物量为对照的57.80%～67.04%。非矿区种群根部生物量随处理浓度的增加而降低，为对照的57.75%～64.08%，而矿区种群显著升高，为对照的

117.43% ～ 135.56%。五节芒矿区种群地上部和根部的 Cd 含量随着土壤 Cd 处理浓度的升高而迅速升高，其升高速度明显快于非矿区种群。五节芒矿区种群根部积累的 Cd 总量远大于非矿区种群，且随着土壤中 Cd 添加量的增加而显著增加。朱佳文（2011）研究认为，先锋植物的定居提高了其根际土壤有机质、全氮含量和土壤含水率，而 pH 值均有所降低；先锋植物均表现为对 Zn 具有较强的富集能力，而对 Pb、Cd 的富集能力很差；先锋植物的生长通过促进残留态 Pb、Zn、Cd 向弱结合态转化，改变了 Pb、Zn、Cd 的形态分布，影响土壤中 Pb、Zn、Cd 的生物有效性。

毛石花（2013）研究了 Pb、Zn 对五节芒生理影响指出，五节芒超氧化歧化酶 SOD、细胞膜脂过氧化酶 MDA 均随胁迫浓度的增强而呈上升趋势，而叶绿素含量、根系活力、多酚氧化酶 PPO 与胁迫浓度呈负相关；应对不同类型的重金属污染其根系活力大小相差不大，受浓度梯度的影响也比较小，根中的可溶性蛋白呈现先增加后降低的趋势，而叶片中的规律不明显，五节芒根中可溶性糖的含量随铅胁迫浓度的增强呈现明显的下降趋势，在 1 500 mg/kg 锌胁迫下，新陈代谢受到抑制，叶片中在污染浓度较低时（ZT1），可溶性糖的含量表现出比对照还高，说明一定的低浓度刺激有利于植物的新陈代谢。以上这些生理生化指标得出，五节芒的耐铅毒性高于 1 000 mg/kg，而耐锌临界值小于 1 500 mg/kg。晏洪铃（2015）研究也指出，叶部和根内 MDA 活性伴随着 Zn 胁迫强度的增大而升高，膜脂过氧化水平上升。

陈友静（2009）研究了五节芒定居对微生物的影响，随着五节芒在尾矿砂上的定居，除 pH 以外，尾矿砂的有机碳、总氮、总磷、NH_4-N、NO_3-N、速效磷的含量、团聚体稳定性和最大持水量均显著性提高，而土壤重金属总量与 DTPA 可提取量均显著性下降。随着五节芒定居，尾矿砂微生物群落总体结构发生了显著变化，其中革兰氏阳性细菌、革兰氏阴性细菌、真菌、放线菌、菌根菌、藻类脂肪酸含量以及微生物群落多样性均显著提高。

王江（2008）研究认为，五节芒根际土壤微生物基础呼吸和微生物量氮均显著高于根围土壤，除了 N 样地外，微生物量碳在根围与根际之间差异不显著，根际土壤有机碳、总氮和离子交换量低于根围土壤，根际重金属（Pb、Zn、Cu、Cd）总量与 DTPA 可提取量普遍低于根围土壤。

（3）核型研究进展。陈少风（2008）研究指出，染色体数目均为 38，核型为：$2n=38=24m+14sm$，无随体染色体出现，核型都属于 2B 类型。邓果特（2012）研究得出，湖北红安、江西修水、福建大田五节芒的核型公式都为 $2n=2x=38=30 m+8 sm$，浙江龙游和广西金秀五节芒的核型公式为 $2n=2x=38=28 m+10 sm$，中国的芒属植物是以二倍体为主，五节芒的基因组大小（2cDNA 含量）平均值为 5.31 ± 0.15 pg。陈少风等在首次报道了芒和五节芒的核型类型的基础上，进而发现两者核型在染色体长度比、平均臂比和不对称系数等方面有种间差异，结论认为芒的核型比五节芒的核型更原始。

（4）杂交研究进展。朱明东（2011）研究认为，五节芒和芒的材料分别聚成两个明显分开的分支，而疑似杂交种中均检测到两种 Adhl 基因单倍型的存在，其中一种单倍型在系统树中与芒聚为一类，另一单倍型则与五节芒聚为一类。采用基于形态学性状的聚类分析并不能有效地将杂交种区分开来，而采用 Adhl 基因序列聚类分析则成功将杂交种鉴定出来。

艾辛（2014）研究指出，五节芒与荻可以杂交，F1 植株花期持续时间长，个体之间花期具很高同步性。F1 植株结合了双亲的开花特性，呈现两个花高峰，一个在 6 月份与亲本荻重合，一个在 9 月份与亲本五节芒重合。杂种植株花粉育性低于双亲，但在贫瘠的土壤环境下，结实率又高于双亲。杂交种表现出一定的杂种优势，种间杂交种 F1 的花粉母细胞减数分裂基本正常，说明五节芒和荻有很近的亲缘关系，开花物候和生殖特性的研究数据表明杂交种进行进一步遗传改良不存在障碍。

黄家雍（1997）研究指出，河八王、五节芒、滇蔗茅与甘蔗栽培品种进行属间有性杂交，结果都获得了杂种实生苗，没有出现完全不可交配性。F1 无性系分蘖多，生长旺盛，耐旱性、抗病性、抗虫性和宿根性强；茎硬度大，空心或蒲心，汁少；主要性状如茎径，锤度介于双亲之间，而株高、节间长度则表现超亲现象。

胡达礼于（1977）年首次报道了水稻—五节芒·属间杂交获得成功。易豪雄（1981）研究指出，水稻—五节芒的杂交，是双受精相类似的有性结合过程。发生受精的频率达 64.3%，其杂种 F1 植株的性状所表现出的各种变异和细胞学观察指出种种异常现象，表明 F1 植株是真实的远缘杂种。然而，杂交当代的结实率只有 3.2% 左右，可见有不少的受精卵在发育成胚的过程中不断夭折，杂种 F1 植株的宏观形态虽类似水稻，但与母本水稻广选早以及杂种植株间的性状差异极显著，F1、F2 以育性分离严重，结实率普遍低于两亲，甚至出现全不育现象。五节芒稻与常规水稻或五节芒稻姊妹品系之间，在 1 ～ 2 对染色体中具有一定程度的遗传差异，表现在减数分裂过程中不能联合而成单价体，或先行或落后，在体细胞分裂中也常游离于众染色体之外。

（5）化学成分研究进展。熊礼燕（2011）通过运用各种色谱方法进行分离纯化，从五节芒的提取物中分离并运用光谱分析技术及化学方法鉴定了 25 个化合物。4- 十六碳烯酸乙酯，β - 谷甾醇，24-methylene-9,19-Cyclolanostan-3-one,

阿魏酸，4-十六碳烯酸，月桂酸甘油酯，9,19-Cyclolanostan-3-one, 邻苯二甲酸-双（2′-乙基辛基）酯，邻苯二甲酸-双（2′-乙基己基）酯，邻苯二甲酸-（2′-乙基庚基）酯，木栓酮，对羟基苯甲醛，木犀草素-7-O-β-D-葡萄糖苷，丁香脂素，齐墩果酸，胡萝卜苷，间苯三酚，（2S,3R）-2,3-dihydro-2-（4-hydroxy-3-methoxyphenyl）-3-（hydroxymethyl）-7-methoxy-5-Benzofuranpropanol，（2S,3S）-2,3-dihydro-2-（4-hydroxy-3-methoxyphenyl）-3-（hydroxymethyl）-7-methoxy-5-Benzofuranpropanol，对羟基苯乙醇，3,4,5-trimethoxyphenyl-β-D-Glucopyranoside，3,4-dimethoxyphenyl-β-D-Glucopyranoside，benzyl-β-D-Galactopyranoside，桉脂素，4-（2,3-（dihydro），3-（hydroxymethyl），5-（propanol），7-（methoxy））-2-methoxyphenyl-phenyl-β-D-Glucopyranoside。

（6）遗传多样性研究进展。薛德（2012）研究指出，比较53份五节芒遗传相似性系数在0.693 2～0.965 9之间，平均遗传多样性指数（H）为0.258 7，Shannon信息指数（I）为0.400 4。基于SSR分子标记的聚类分析表明，在相似性系数为0.79的水平上，供试材料可分为8个聚类组，供试材料之间的遗传相似性大与它们的地理分布之间并不存在明显的相关性。刁英（2010）利用SRAP和ISSR标记分析五节芒的遗传多样性，指出其遗传多样性水平较高，SRAP与ISSR标记均适用于五节芒的遗传多样性分析。金琳（2010）对五节芒遗传多样性的ISSR分析，其在物种水平的遗传多样性较高，居群水平上的遗传多样性相对较低；其居群间存在较大的遗传分化，居群间的遗传分化系数Gst-0.466 9，表明遗传变异主要表现在居群内。为多年生植物，分布范围广；生殖方式为有性生殖和营养繁殖，这些可能导致较高遗传多样性水平和较低居群遗传分化，UPGMA聚类分析和POPGEN结果把五节芒分成三支。邓果特（2013）研究可知，其基因组大小平均为2 596.59 Mb，即2CDNA含量为5.31 pg。常瑞娜（2012）以五节芒为材料克隆得到了木质素合成过程中的关键酶CCoAOMT、基因全长CDS序列和4CL基因的CDS半长序列，并对其CDS和氨基酸序列与其他物种进行了比对分析。

葛青霞2018进行遗传图谱的研究，在M. floridulus中共绘制了650个SSR标记，跨越19个连锁群和2 053.31 cM，平均间隔为3.25cm。对基因组长度的估计表明，亲本遗传图谱的基因组覆盖率为93.87%。

（7）表型多样性研究。肖亮（2013）对五节芒茎杆、叶片、花序相关的表型性状进行表型多样性分析，五节芒群体的表型性状在群体间和群体内都存在丰富的变异，各性状变异系数范围为2.80%～73.43%。邓念丹（2010）研究认为，地理因子与表型性状相关性分析表明五节芒茎杆有从东到西、从低海拔到高海拔逐渐变高变粗，叶片有从南到北逐渐变少变小，花序有从东到西长度变大的趋势。

（8）孢粉学研究。卢玉飞（2012）研究认为，五节芒花粉为单粒；部分花粉远极端比另一端稍粗大；具远极单孔和孔盖。萌发孔呈圆形或近圆形。孔盖呈圆形或近圆形，少量呈不规则形状，个别呈多块状，偶凸起；孔盖表面分布有数个细小点状颗粒。花粉大小属于中等花粉粒，形状近于球形。花粉表面属于疣状纹饰，其表面的疣状突起往往较芒的明显，轮廓线更为清晰，网沟更宽，表明五节芒演化地位较芒的高。

（9）水分胁迫胁迫研究。陈海生（2013）研究认为，涝渍逆境虽然造成沟渠湿地生长的五节芒叶片光合色素含量减少、蒸腾速率和净光合速率降低，但与在堤岸中生长的五节芒相比，下降幅度较小。说明生长于沟渠湿地上的五节芒具有较强的涝渍逆境适应性。潘伟彬（2009）研究认为，干旱对五节芒脯氨酸质量分数均有不同程度的增加；可溶性蛋白质量分数均表现出随干旱胁迫加强而降低的趋势；丙二醛（MDA）质量摩尔浓度表现出与质膜透性相似的变化趋势，即其质量分数和透性均随胁迫程度的加强而递增；超氧物歧化酶活性（SOD）活性和过氧化氢酶活性（CAT）活性在干旱胁迫下都表现出降的趋势，并且下降幅度随胁迫程度的加强而增大。郑本暖（2007）研究指出，五节芒在干旱胁迫下，气孔阻力增大，蒸腾速率逐步降低，当水势下降到临界值时，气孔关闭，气孔阻力急剧增大，蒸腾速率降至最低。

参考文献

[1] 胡恒康,江香梅,黄坚钦,等.五节芒的组织培养与快速繁殖[J].植物生理学通讯,2009,45（11）:1109.

[2] 周玥玥,陈智勇,黄丽芳,等.五节芒离体再生与多倍体诱导技术体系的建立[J].湖南农业大学学报（自然科学版）,2012,38（5）:487-491.

[3] 朱邦长,叶玛丽,张川黔.五节芒茎芽繁殖技术的研究[J].四川草原,1995,（1）:30-34.

[4] 萧运峰,王锐,高洁.五节芒生态—生物学特性的研究[J].四川草原,1995,（1）:25-29.

[5] 秦建桥,夏北成,赵鹏.五节芒不同种群对Cd污染胁迫的光合生理响应[J].生态学报,2010,30（2）:0288-0299.

[6] 高瑞芳,李春江,秦甜甜,等."热研4号"王草和五节芒光合特性的比较[J].华南农业大学学报,2015,36（2）:55-60.

[7] 覃静萍,易自力,肖亮,等.4种芒属植物光合特性研究[J].草地学报,2015,23（4）:752-757.

[8] 秦建桥,夏北成,赵鹏,等.镉在五节芒(Miscanthus floridulus)不同种群细胞中的分布及化学形态 [J].生态环境学报,2009,18(3):817-823.

[9] 张崇邦,王江,柯世省,等.五节芒定居对尾矿砂重金属形态、微生物群落功能及多样性的影响 [J].植物生态学报,2009,33(4):629-637.

[10] 秦建桥,夏北成,赵鹏,等.五节芒(Miscanthus floridulus)不同种群对镉积累与转运的差异研究 [J].农业环境科学学报,2011,30(1):21-28.

[11] 朱佳文,邹冬生,向言词,等.先锋植物对铅锌尾矿库重金属污染的修复作用 [J].水土保持学报,2011,25(6):207-215.

[12] 毛石花.五节芒对污染土壤中重金属铅锌的耐受性及富集特征研究 [D].长沙:湖南农业大学,2013.

[13] 晏洪铃,罗琳,李雅贞,等.锌污染对五节芒的膜脂过氧化水平及抗氧化能力的影响 [J].森林工程,2015:1.

[14] 陈友静,陈家元,杨静丹,等.五节芒定居对尾矿砂微生物群落结构的影响 [J].生态学杂志,2009,28(10):2002-2008.

[15] 王江,张崇邦,常杰,等.五节芒对重金属污染土壤微生物生物量和呼吸的影响 [J].应用生态学报,2008,19(8):1835-1840.

[16] 陈少风,何俊,周朴华,等.芒和五节芒的核型研究 [J].江西农业大学学报,2008,30(1):123-126.

[17] 邓果特.中国芒属植物染色体核型与倍性研究 [D].长沙:湖南农业大学,2012.

[18] 朱明东.芒与五节芒种间自然杂交研究 [D].长沙:湖南农业大学,2011.

[19] 艾辛,朱玉叶,蒋建雄,等.五节芒与荻人工杂交种 F1 群体开花物候与生殖特性研究 [J].草业学报,2014,23(3):118-126.

[20] 黄家雍,廖江雄,诸葛莹.甘蔗与河八王、五节芒、滇蔗茅属间交配性及杂种F1 无性系的形态学和同工酶分析 [J].西南农业学报,1997,10(3):92-98.

[21] 易豪雄,胡达礼,何欠元.五节芒稻遗传基础异质性的证实 [J].江西大学学报(自然科学版),1987,11(1):49-52.

[22] 熊礼燕.五节芒化学成分及其生物活性物质的研究 [D].上海:第二军医大学,2011.

[23] 薛德.五节芒 SSR 分子标记遗传多样性分析 [D].长沙:湖南农业大学,2012.

[24] 刁英,胡小虎,郑兴飞,等.利用 SRAP 和 ISSR 标记分析五节芒的遗传多样性 [J].武汉大学学报(理学版),2010,56(5):578-583.

[25] 金琳.五节芒遗传多样性的 ISSR[D].南昌：南昌大学,2010.

[26] 肖亮.五节芒种质资源的表型多样性分析[J].湖南农业大学学报（自然科学版）,
2013,39（2）:150-154.

[27] 邓念丹.中国五节芒表型多样性研究[D].长沙：湖南农业大学,2010.

[28] 卢玉飞,蒋建雄,艾辛,等.芒属部分类群花粉形态观察研究[J].草业学报,
2012,21（6）:151-158.

[29] 聂国添.五节芒栽培糙皮侧耳的子实体质构分析[J].食用菌学报,2016,23（1）:
31-36.

[30] 龙珍文,甘德欣,尹宏,等.芒属植物在城市绿地的应用[J].现代园艺,2015,（2）:
125-126.

[31] 谢金波,王敬贵.五节芒等植物水土保持效果试验研究[J].水土保持通报,
2014,34（1）:51-57.

[32] 陈海生,靳晓翠.水库集雨区沟渠湿地耐寒植物五节芒耐淹性研究[J].河南农
业科学,2013,42（6）:77-79.

[33] 林兴生,林占熺,林冬梅,等.菌草作为生物质燃料的初步研究[J].福建林学院
学报,2013,33（1）:82-86.

[34] 常瑞娜,汪杏芬,陈鸿鹏.五节芒 CCoAOMT 和 4CL 的克隆和表达分析[J].华北
农学报,2012,27（4）:29-35.

[35] 周婧,李巧云,肖亮,等.芒和五节芒在中国的潜在分布[J].植物生态学报,
2012,36（6）:504-510.

[36] 赵佳美,魏斯盘,胡勇庆,等.五节芒茎秆纤维形态的研究[J].南京林业大学学
报（自然科学版）,2012,36（3）:115-119.

[37] 潘伟彬,邓恢.4 种草本水土保持植物的耐旱生理特性[J].华侨大学学报（自然
科学版）,2009,30（3）:305-308.

[38] 郑本暖,叶功富,卢昌义.干旱胁迫对 4 种植物蒸腾特性的影响[J].亚热带植物
科学,2007,36（1）:36-38.

[39] 萧运峰,高洁,王锐.五节芒的生产性状及饲用价值的研究[J].四川草原,1997,
（1）:20-23.

[40] GAO Yabin, HUANG Huahua, CHEN Shouwen, et al. Production of Optically Pure
2, 3-butanediol from Miscanthus floridulus Hydrolysate Using Engineered Bacillus
licheniformis Strains[J]. World Journal of Microbiology and Biotechnology, 2018, 34
（5）: 66.

[41] GE Chunxia, AI Xin, Jia Shengfeng, et al. Interspecific Genetic Maps in Miscanthus floridulus and M. Sacchariflorus Accelerate Detection of QTLs Associated with Plant Height and Inflorescence[J]. Molecular Genetics and Genomics, 2018, 1–11.

五十二、五节芒

五十三、中华结缕草

（一）学名解释

中华结缕草 *Zoysia sinica* Hance，属名：Zoysia，人名：Karl von zois（奥）= Karl von Zois zu Laibach（1756—1799），Karl von Zois zu Laibach（1756—1799）是斯洛文尼亚业余植物学家和植物收藏家。Von Zois 被描述为"乡村绅士"。他今天最为人所知的是结缕草的属名。风铃草（Campanula zoysii）也以他的名字命名。著作：① *Flora of Australia: Poaceae: Centothecoideae Chloridoideae*；② *Zoysiagrass*；③ *Campanula zoysii: Daughter of the Slovene Mountains*。结缕草属，禾本科。种加词：sinica，中国的。命名人：Hance=Henry Fletcher Hance，亨利·弗莱彻·汉斯（1827—1886）是一位英国外交官，他利用业余时间研究中国植物。是吉森大学的博士，林奈学会会员，英国驻华领事。写有 200 多篇植物学著作，拥有 22 000 种的草本标本集。他出生于伦敦，第一次被任命是在 1844 年到香港，后来成为黄埔的副领事，广州的领事，最后成为厦门领事，于 1886 年在厦门去世。1873 年，汉斯出版了乔治·边沁 1861 年补充的 *Flora Hongkongensis*，他与福琼商业收集的旨趣不同，汉斯主要进行植物标本的采集。他是西方在华进行植物学收集最活跃的人物之一。汉斯于 1844 年来华，在香港居住了 12 年，其间因健康原因在 1851 年回英国一次。1856 年在广州领事馆工作过一段时间，然后又去香港住了三四年。1861 年他出任黄埔副领事，长达 25 年。1886 年，他调到厦门领事馆，不久在那里去世，与妻子一起被安葬在香港。汉斯在我国进行植物学采集的地域范围有限，地点主要在香港、广州、黄埔、南海、佛山、清远、白云山、鼎湖山、海南岛和福建的厦门，另外还有越南的西贡，他在上述地方采集到不少植物新种。虽然汉斯本人在华采集范围不太广，但是他在这方面很投入，曾说服很多在华的西方人帮助他收集植物标本。客观上形成了不小的采集网，覆盖的地域较广，涉及华中和华中南不少地方。收集到的植物标本数量和代表种类在当时都是空前的，汉斯在此基础上发表了许多文章。后来有人用他的名字作为四轮香属的属名。他是伦敦林奈学会会员并被选为法国巴黎自然科学院的院士。

汉斯在 1875 年发现、命名并描述了小花鸢尾（Iris speculatrix）。他是许多植物的分类学作者。1857 年，贝特霍尔德卡尔·基曼将大戟科某一属植物命名为 Hancea 属（大戟科）。乔治·边沁 1861 年的《香港植物志》收录其植物研究。

学名考证：*Zoysia sinica* Hance in Journ. Bot. 7: 168. 1869 et in Journ. Linn. Soc. Bot. 13: 134. 1873；Rendle in Journ. Linn. Soc. Bot. 36: 344. 1904；Ohwi in Acta Phytotax. et Geobot. 10: 269. 1914；Honda in Journ. Fac. Sci. Univ. Tokyo sect. lll. Bot. 3: 317. 1930；中国主要植物图说·禾本科 737. 图 685. 1959, p. p.; 江苏植物志（上册）: 232. 图 399. 1977；台湾植物志 5: 508. 1978—Osterdamia sinica（Hance）Kuntze, Rev. Gen. Pl. 2: 781. 1891—Osterdamia macrostachya（Franch. et Sav.）Handa in Bot. Mag. Tokyo 36: 114. 1922. p. p.—Zoysia sinica Hance var. macrantha（Nakai）Ohwi in Acta Phytotax. et Geobot. 10: 269. 1941.—Zoysia liukiuensis Honda in Bot. Mag. Tokyo 36: 114. 1922.

1869 年汉斯在刊物 *The Journal of Botany, British and Foreign* 发表了该物种，而且在 1873 年在刊物《林奈学会植物学杂志》（*The Journal of the linnean society Botany*）记载了该物种。英国植物学家 Alfred Barton Rendle 1904 年在《林奈学会植物学杂志》上也记载了该物种。大井次三郎 1914 年在刊物《植物分类·地理》*Acta Phytotaxonomica et geobotanica* 记载了该物种。本田 1930 年在刊物《东京大学帝国理工学院学报》（日本）（*Journal of the Faculty of science, Imperial university of Tokyo, Japan*）也记载了该物种。《中国主要植物图说·禾本科》（1959）的部分内容、《江苏植物志》（上册）（1977）、《台湾植物志》（1978）等也都记载了该物种。

德国植物学家 Otto Kuntze 1891 年将汉斯所发表的物种 Zoysia sinica Hance 重新组合到 Osterdamia 属中构成组合名：Osterdamia sinica（Hance）Kuntze. 发表在刊物 *Revised Genera Plantarum* 上，在此将该组合名定为异名。

Handa 是 1922 年在《东京植物学杂志》上组合的名称 Osterdamia macrostachya（Franch. et Sav.）Handa 为异名。

大井次三郎 1941 年所组合的变种名称 Zoysia sinica Hance var. macrantha（Nakai）Ohwi 为异名（*Acta Phytotaxonomica et geobotanica*）。

本田 1922 年在《东京植物学杂志》上搜索发表的名称 Zoysia liukiuensis Honda 为异名。

别名：盘根草、护坡草、狗皮草、虎皮草

英文名称：Chinese Lawngrass

（二）分类历史及文化

中华结缕草为国家第一批公布的国家保护植物，保护级别2级。也是国家重要的草坪草植物资源。由于生境狭窄，野生资源已经日趋减少，开展人工繁育，是保护资源重要手段之一。

（三）形态特征

中华结缕草形态特征如图53-1所示。

多年生，具横走根茎。秆直立，高13～30 cm，茎部常具宿存枯萎的叶鞘。叶鞘无毛，长于或上部者短于节间，鞘口具长柔毛；叶舌短而不明显；叶片淡绿或灰绿色，背面色较淡，长可达10 cm，宽1～3 mm，无毛，质地稍坚硬，扁平或边缘内卷。总状花序穗形，小穗排列稍疏，长2～4 cm，宽4～5 mm，伸出叶鞘外；小穗呈针形或卵状披针形，黄褐色或略带紫色，长4～5 mm，宽1～1.5 mm，具长约3 mm的小穗柄；颖光滑无毛，侧脉不明显，中脉近顶端与颖分离，延伸成小芒尖；外稃膜质，长约3 mm，具1个明显的中脉；雄蕊3枚，花药长约2 mm；花柱2，柱头帚状。颖果棕褐色，长椭圆形，长约3 mm。花果期5—10月。

a、b植株；c、d叶鞘；e草坪

图53-1 中华结缕草

（四）分布

产于辽宁、河北、山东、江苏、安徽、浙江、福建、广东、台湾；广泛分布于 19°03′～39°05′ 北纬，116°06′～122°03′ 东经，日本也有分布。模式标本采自福建（厦门）。本种叶片质硬，耐践踏，宜铺建球场草坪。

（五）生境及习性

生于海边沙滩、河岸、路旁的草丛中，山坡岩石缝中。是禾本科画眉草亚科结缕草属的多年生植物。植株低矮，茎叶密集发达，具有耐践踏、抗高温、耐干旱、耐贫瘠、抗病虫、抗盐碱等优点，建坪和管理费用低。中华结缕草主要分布在滨海地带，一般形成单优群落。生境土壤的 pH 值在 7.2～9.3 之间，为耐盐植物，可作为沿海城市建植草坪的主要植物。

（六）繁殖方法

（1）组织培养。韦善君（2004）研究了其组织培养，以中华结缕草（*Zoysia sinica* Hance）成熟种子为外植体在附加 25 mg/L 2, 4–D、0.25 mg/L 6–BA 和 1～2 mg/L V_{B1} 的改良 MS 培养基（MS_m）上愈伤组织的诱导率最高为 43.0%。愈伤组织的最佳继代培养基为 MS_m 附加 0.1 mg/L 6–BA 和 2.0 mg/L 2,4–D。在无生长调节物质的 MS 培养基（MS_0）上，外观呈白色到淡黄色，含有密实颗粒的愈伤组织再生率为 30%～60%。

韦善君（2004）研究中华结缕草成熟胚的离体培养再生植株，基本培养基为改良 MS（MSm）：MS 无机盐 + 核黄素（V_{B2}）1.0mg·L^{-1}（单位下同）+ 盐酸噻胺（V_{B1}）1.0+ 烟酸（Vpp）0.5+ 盐酸吡哆辛（V_{B6}）0.5+ 肌醇 100+ 酶水解酪蛋白（CH）300+ 蔗糖 30g·L^{-1}+琼脂 6.0g·L^{-1}。愈伤组织诱导培养基：MS_m+ 葡萄糖 20g·L^{-1}+2, 4–D2.5+6–BA0.25；愈伤组织继代培养基：MS_m+6–BA0.1+2,4–D1.6；MS_m+6–BA0.1+2,4–D2.0；MS_m+6–BA0.1+2,4–D2.4；MS_m+6–BA0.1+2,4–D2.8；MSm+6–BA0.1+2,4–D3.2；分化培养基：MS_m。愈伤组织诱导和继代培养均为黑暗条件，分化培养过程中光照度为 2000lx，光照时间为 12h·d^{-1}，培养温度（26±2）℃。

钱永强（2005）以成熟胚为外植体进行了组织培养研究，指出 2,4–D 是影响愈伤组织诱导的关键因素；MS 无机成分及有机成分含量对愈伤组织生长影响不显著；附加 CH500mg L^{-1} 利于愈伤组织生长；继代培养次数直接影响胚性愈伤组织的诱导及植株再生；不经继代培养转入分化培养基的愈伤组织植株再生率最高达 34.2%，随继代次数的增加，再生率明显下降，继代培养 3 次的愈伤组织再生率低于 10%。

杜敏华（2007）研究了植物生长调节剂、硝酸银和活性碳等对中华结缕草幼嫩茎尖愈伤组织的诱导、不定芽分化和生根培养的影响。结果表明：利于中华结缕草愈伤组织诱导的培养基为 MS+0.15 mg/LNAA+1.0 mg/L6-BA+27 g/L 蔗糖 +5.5 g/L 琼脂，诱导率为 56.8%；MS+0.5 mg/L2,4-D+1.0 mg/LCPPU+4.0 mg/LAgNO3+29 g/L 蔗糖 +6.5 g/L 琼脂作分化和增殖培养基效果最好，分化率为 68.42%，增殖率为 6.3；利于生根的培养基为 1/2MS+0.4 mg/LIBA+0.3 mg/LNAA+1.5 mg/L 活性碳 +25 g/L 蔗糖 +7.0 g/L 琼脂，生根率为 95.1%。

（2）种子繁殖。钱永强（2004）以 700 mL·L⁻¹ 乙醇浸泡 3min 后，在 300g·L⁻¹NaOH 溶液中处理 20 min，再用 200 mg·L⁻¹GA₃ 浸泡 10 min 效果最好，7 天发芽势达 89.9%，比对照高出 51.9%；16 天发芽率达 91.0%，比对照高出 51.8%，已接近中华结缕草种子的潜在发芽率，发芽历时比对照缩短 12 天。崔国文 1996 研究了提高种子发芽率的方法，在通常条件下中华结缕草种子不经处理，不发芽或很少发芽。种子表面有一层蜡被，阻碍着水分和氧气的通透，研究中用 0.5%NaOH 浸泡种子 26 h，去掉腊被以后，再利用化学试剂对种子进行不同时间、不同浸泡的处理，旨在探讨提高种子发芽率的有效途径。中华结缕草种子属于光敏种子，只有在光照条件下，经过一定处理后才能发芽。GA₃ 对中华结缕草种子的萌发有极大的促进作用。

（3）扦插繁殖。蔡捡（2015）研究了基质对中华结缕草扦插成活率及幼苗生长特性的影响，指出成熟紫色土利于幼苗分蘖形成，建渣土利于主茎生长和生物量向地上分配，石谷子土则利于生物量向地下分配。

（4）草坪种植。田富裕（2009）研究认为，5×5 cm 小块草皮间铺法成坪最快，植株生长结构合理，是首选营养建坪方式。

（七）研究进展

（1）胁迫生理研究进展。黄明（2006）研究了盐胁迫对其生理的影响，指出随着盐浓度的增加，其含水量、可溶性蛋白、可溶性糖、叶绿素含量和 CAT 活性均逐渐降低，少数浓度处理下中华结缕草的一些生理生化指标有所回升，但也均低于空白对照组；SOD 及 POD 活性有所升高。在相同浓度下，碱性盐的影响绝大多数比中性盐的影响要强，表明中华结缕草对中性盐的耐受力比碱性盐要强。

鲁松（2006）研究了盐胁迫下中华结缕草的叶片结构变化和盐腺的变化，指出中华结缕草在盐胁迫下叶片发生以下变化。气孔器面积和气孔器的长宽比与 NaCl 浓度变化呈负相关。盐胁迫下，中华结缕草是通过角质层厚度的增加，导管直径的减小和导管数目的增加相互协调来度过不良的环境的。但是，叶肉细胞的低环数比例升高，泡状细胞失水，所占叶横切面整体面积的比例减小，泡状细胞的数目增加，但是最大泡状细胞的体积减小。中华结缕草盐腺的发育过程是盐腺原始细胞起源于叶原基和茎尖、幼叶的原表皮。有的原表皮细胞突出生长，原生质变浓，细胞核变大，形成盐腺原始细胞。

胡化广（2017）指出，盐胁迫过程中，中华结缕草的 CAT 活性、脯氨酸含量和叶片相对电导率逐渐增加，相对生长率、坪用质量、SOD 活性、可溶性总糖含量呈现先增加后降低趋势，而叶片相对含水量逐渐下降。

（2）种质资源变异研究进展。随着纬度增加，中华结缕草的花序密度也增加；而随着经度的增加，结缕草的叶表面毛和花序密度都减少，中华结缕草的每穗小穗数增加，生殖枝变矮。

（3）关于物种鉴定：洪敏智等（2017）研究了 *Zoysia sinica* 与 *Z. japonica* 的物种鉴定问题，因为沿着海岸线生长的海滩线生长两物种在表型上难以区分。采用了基于 nrDNA 内部 DNA 条形码的快速鉴定系统转录间隔区（ITS）。

（4）王艳（2001）研究了群落特征及种内分异，指出中华结缕草为耐盐的优良草坪植物，其野生群落主要分布在沿海 2 ～ 40 m 的滨海阶地上。其生态幅较宽，土壤 pH 值在 7.2 ～ 9.2 之间。中华结缕草群落为单优群落，盖度多在 60% ～ 90%。中华结缕草种内存在十分丰富的变异，有性繁殖器官，叶长和匍匐茎扩展速度是研究中华结缕草种内分异的重要指标，草样间扩展速度差异最多者相差 4 倍。如果秋季色泽、果穗高度、叶背表皮毛方面出现了十分明显的变异，则有待进一步研究和进行新品种培育及开发利用。

（5）遗传多样性研究进展。李亚（2004）研究了中华结缕草遗传分化的 RAPD 分析，指出 AMOVA 分析表明，中华结缕草组间遗传分化不显著，遗传变异只占总变异的 4.84%，居群间遗传变异占总遗传变异的 24.71%，出现了显著的遗传分化。大部分变异存在于居群内部，占总变异的 70.44%。

雷江丽（2009）研究了农杆菌浸种法介导中华结缕草遗传转化体系，以中华结缕草（*Zoysia sinica* Hance）萌动种子为转化受体，利用新霉素磷酸转移酶基因（neomycin phosphotransferase Ⅱ，npt Ⅱ）作为筛选基因，对影响根癌农杆菌（Agrobacteriura tumefaciens）介导的遗传转化外部因素进行了实验。通过优化转化条件，建立了农杆菌浸种途径介导的中华结缕草遗传转化体系。

（6）光合生理研究进展。李雪芹（2006）研究指出，发现随着光强升高，相对于高羊茅和黑麦草，中华结缕草开放的 PS Ⅱ 反应中心捕获激发能效率（F'_v/F'_m）、PS Ⅱ 电子传递量子产率（ΦPS Ⅱ）、光化学猝灭（qP）下降较慢，而表观电子传递速率（ETR）上升较快。

武畅（2008）研究指出，光合速率日变化类型相似，均属于典型的"双峰型"——上午和下午各有一次高峰，中午有"午休"现象。光合速率季节变化呈"单峰型"变化趋势。中华结缕草的光饱和点和光补偿点分别为 1181.25 和 46.40mol·m²s⁻¹，CO_2 补偿点为 29.44μl·L⁻¹。遮荫改变了四种暖季型草坪草的净光合速率日变化规律。四种暖季型草坪草的净光合速率日变化规律呈明显的"单峰型"。叶片解剖结构都表现出典型的 C_4 "植物"的特征。

参考文献

[1] 韦善君，孙振元，钱永强，等.中华结缕草（Zoysia sinicaHance）组织培养和再生植株研究 [J].武汉植物学研究 2004, 22（5）: 455–458.

[2] 韦善君，孙振元，钱永强，等.中华结缕草成熟胚的离体培养再生植株 [J].植物生理学通讯, 2004, 40（4）: 470.

[3] 钱永强，孙振元，韦善君，等.中华结缕草成熟胚再生影响因素研究 [J].核农学报, 2005, 19（6）: 436–440.

[4] 杜敏华，梁子安，张乃群，等.中华结缕草茎尖的组织培养和快繁技术研究 [J].江西农业大学学报, 2007, 29（4）: 533–538.

[5] 钱永强，孙振元，李云，等.中华结缕草种子解除休眠方法研究 [J].林业科学研究, 2004, 17（1）: 54–59.

[6] 蔡捡，张小晶，李莹，等.基质对中华结缕草扦插成活率及幼苗生长特性的影响 [J].草业科学, 2015, 32（7）: 1041–1046.

[7] 田富裕，王建国，王根生，等.中华结缕草草坪营养栽培研究 [J].天津农业科学, 2009, 15（6）: 6565–67.

[8] 黄明，田志宏. NaCl 与 Na_2CO_3 对中华结缕草胁迫作用的比较 [J].湖北农业科学, 2006, 45（5）: 638–640.

[9] 鲁松.盐胁迫对中华结缕草的叶片结构及盐腺发育的影响 [D].济南：山东师范大学硕士学位论文, 2006.

[10] HONG M J, YANG D H, JEONG O C, et al. Molecular Identification of Zoysia japonica and Zoysia sinica（Zoysia Species）Based on ITS Sequence Analyses and CAPS[J]. Horticultural Science and Technology, 2017,（13）: 344–360.

[11] 崔国文，陈雅君，刘君，等.提高中华结缕草种子发芽率方法的研究 [J].东北农业大学学报, 1996, 27（3）: 266–270.

[12] 王艳，张绵，张学勇，等．大穗和中华结缕草的群落特征及种内分异研究 [J]. 植物研究，2001, 21（2）：278–284.

[13] 李亚，佟海英．中华结缕草遗传分化的 RAPD 分析 [J]. 广西植物，2004, 24（4）：345–349.

[14] 雷江丽，王丹，吴燕民，等．农杆菌浸种法介导中华结缕草遗传转化体系的建立 [J]. 农业生物技术学报，2009, 17（5）：865–871.

[15] 胡化广，张振铭，吴东德，等．复盐胁迫对结缕草（Zoysia Willd.）生理和生长的影响研究 [J]. 热带作物学报，2017, 38（7）：1224–1229.

[16] 李雪芹，徐礼根，金松恒，等．4 种草坪草叶绿素荧光特性的比较 [J]. 园艺学报，2006, 33（1）：164–167.

[17] 武畅．4 种暖季型草坪草光合特征的研究 [D]. 长沙：中南林业科技大学，2008.

五十四、大穗结缕草

（一）学名解释

Zoysia macrostachya Franch. et Sav. 属名：Zoysia，人名：Karl von zois（奥）= Karl von Zois zu Laibach（1756—1799），是斯洛文尼亚业余植物学家和植物收藏家。Von Zois 被描述为"乡村绅士"。他今天最为人所知的是结缕草的属名。种加词：macrostachya，长穗状花序，大穗状花序。命名人：Franch.=Adrien René Franchet，阿德里安·勒内·弗朗谢，法国植物学家（1834—1900），研究中国、日本的植物。19 世纪下半叶，研究中国植物的法国学者弗朗谢最为著名。他和同时期的马克西姆维奇、赫姆斯莱等人一样，堪称那个时期研究中国植物最杰出人物之一。弗朗谢在研究我国植物之前，曾对日本的植物做过不少研究。从 1878 年开始潜心于中国植物的研究。1881 年，他还着手整理巴黎自然博物馆的植物标本，同时进行相关的描述。他不断鼓励在华的传教士积极为该博物馆收集标本。著名的传教士谭卫道、赖神甫、法尔热、苏利埃等采集的标本主要是由他研究命名的。在此基础上，他还发表大量的论文和著作，共描述中国植物 5000 余种，命名中国产植物 1177 种，新属 20 余个。代表性的以他名字命名的属有 Sapotaceae 的 Franchetella 属；Rubiaceae 科的 Franchetia 属；Lardizabalaceae 科的 Sinofranchetia 属。以他名字命名的种有 Amanita franchetii，其中有相当一部分是赖神甫采自云南的植物。《谭卫道所采植物志》（*Plantae Davidianae*），此书分为两卷，第一卷的副标题是《蒙古和华北及华中的植物》，于 1884 年出版，记载了北京、河北和内蒙古等地的植物 1175 种，新种 84 个。书后附标本图 27 张，包括细唐松草、蒙古扁桃、黄刺玫、鹅耳枥和两种冷杉。第二卷的副标题是《藏东植物》，于 1888 年出版，记载川西穆平植物 402 种，其中 163 种为新种，书后附 17 张标本图，包括小木通、宝兴杜鹃、腺果杜鹃和珙桐的彩图（这是书中仅有的一张彩图）。谭卫道采集的植物涵盖面很广，对于西方了解认识中国的植物区系意义很大。弗朗谢曾试图系

统整理赖神甫从我国云南送回的 20 万份植物标本，但是终究力不从心，不得不放弃，转而描述其中的新种，即使这个任务他也未能完成，通过长期对我国西南植物的研究，弗朗谢认为我国西南的川西、藏东和滇北是杜鹃花、百合、报春、梨、悬钩子、葡萄、忍冬和槭属植物分布的中心。他的上述看法大体是正确的，也为后来的英国、美国和德国的植物学家继续这一地区的研究提供了启示和打下了基础。

第二命名人：Sav.=Paul Amedée Ludovic Savatier（1830—1891）是一位法国植物学家。萨瓦蒂尔于 1830 年出生于 Oléron 岛，并在罗什福尔海军医学院学习医学，随后他成为法国海军的高级医疗官员。1865 年，作为法国支援日本海军建设的一部分，他前往日本，并在那里度过了 10 年，总部设在横须贺。在他任职期间，主要致力于植物学，试图将 Linnean 模型传授给日本的植物学分类。他与许多其他植物学家和研究人员合作，包括日本植物学家伊藤圭佑和田中义雄，以及海军医疗官员弗雷德里克·迪克金斯（英国海军）。他和同事 AdrienRenéFranchet 联合出版著作 *Enumeratio Plantenum in Japonia Sponte Crescentium*，1875 年在巴黎出版（第 1 卷）和 1879 年（第 2 卷）。萨瓦蒂尔还翻译了日本植物学的现有文本，包括 Ono Ranzan 的作品。作为一名医务官，他还负责对法国水手和港口妓女进行性病研究。萨瓦蒂尔于 1876 年返回法国。此后不久，他被派往海军远征队前往太平洋。在这次航行中，他在南美洲和北美洲进行了短途旅行，并对大溪地的植物群进行了详细的植物研究。他发表了一篇关于他的航行的文章，该文章中有一部分是关于 La Magicienne 的船。

学名考证：Zoysia macrostachya Franch. et Sav. Enum. Pl. Jap. 2: 608. 1879；Hack. in Bull. Herb. Boiss. 7: 642. 1899；Honda in Journ. Fac. Sci. Univ. Tokyo sect. lll. Bot. 3: 316. 1930；Ohwi in Acta Phytotax. et Geobot. 10: 270. 1941；中国主要植物图说·禾本科 738. 1959, in obs.；华东禾本科植物志 225. 图 149. 1962；Ohwi, Fl. Jap.（in english）178. 1965：江苏植物志（上册）：233. 图 400. 1977—Osterdamia macrostachya（Franch. et Sav.）Honda in Bot. Mag. Tokyo 36: 114. 1932. p. p.—Isachaemum multicum auct. non L.: Hack. ex Mastum. in Bot. Mag. Tokyo 11: 142. 1897.

法国植物学家 Franchet, Adrien René 和 Savatier, Paul Amedée Ludovic 于 1879 年在著作 *Enumeratio Plantenum in Japonia Sponte Crescentium* 发表了该物种：Zoysia macrostachya Franch. et Sav.。奥地利植物学家 Eduard Hackel 于 1899 年在著作 *Bulletin de I'Herbier Boissier* 也沿用了此名称。日本植物学家 Honda 于 1930 年在刊物 *Journal of the Faculty of science Imperial university of Tokyo sect. lll. Bot.*

上沿用了此名称。大井次三郎 1941 年在刊物 *Acta Phytotaxonomica et Geobotanica* 沿用了此名称。《中国主要植物图说·禾本科》（1959）、《华东禾本科植物志》（1962）、《江苏植物志（上册）》（1977）等都沿用了此名称。大井次三郎 1965 年在《日本植物志英文版》也沿用了此名称。

日本分类学家 Honda1932 年在《东京植物学杂志》（*The Botanical Magazine,Tokyo*）上发表的 Osterdamia macrostachya(Franch. et Sav.)Honda 为异名。

奥地利植物学家 Eduard Hackel 和日本植物学家 Jinzō Matsumura1897 年在《东京植物学杂志》（*The Botanical Magazine,Tokyo*）中描述的物种 Isachaemum multicum L. 为错误鉴定。

（二）分类历史

大穗结缕草和中华结缕草（*Z.sinica* Hance）很相似，在小穗的大小和长度上常有过渡类型，但本种小穗一般较长且宽，小穗柄的顶端宽而倾斜，且具细柔毛，花序基部常为叶鞘所包藏，可以区别。结缕草属隶属禾本科，全世界只有 10 种，我国有其中 5 种，即结缕草、中华结缕草、大穗结缕草、沟叶结缕草和细叶结缕草，大都分布在我国东部，北起辽宁南至广西等地沿海的狭长区域（包括岛屿）内。小穗数、小穗长、小穗密度、小穗长宽比以及叶片宽度和叶片被毛发达情况是结缕草属形态分类的重要依据，其中叶片被毛发达情况可以作为区分结缕草和中华结缕草的简单依据；而生殖枝高度、穗长、叶长、花序柄长度和叶长宽比可作为研究结缕草属下种内分异的主要依据。通过聚类分析表明，大穗结缕草和长花结缕草亲缘关系较近（李亚，2002）。

李德颖（1994）对日本结缕草、中华结缕草和大穗结缕草三个种的种子和幼苗的形态进行了研究，发现三个种之间存在着明显不同，中华结缕草似介乎于日本结缕草和大穗结缕草之间。

（三）形态特征

大穗结缕草形态特征如图 54-1 所示。

多年生，具横走根茎；直立部分高 10 ～ 20 cm，具多节，基部节上常残存枯萎的叶鞘；节间短，每节具 1 至数个分枝。叶鞘无毛，下部者松弛而互相跨覆，上部者紧密裹茎；叶舌不明显，鞘口具长柔毛；叶片线状披针形，质地较硬，常内卷，长 1.5 ～ 4 cm，宽 1 ～ 4 mm。总状花序紧缩呈穗状，基部常包藏于叶鞘内，长 3 ～ 4 cm，宽 5 ～ 10 mm，穗轴具稜，小穗柄粗短，顶端扁宽而倾斜，具细柔毛；小穗黄褐色或略带紫褐色，长 6～8 mm，宽约 2 mm；第一颖退化，第二颖革质，长 6～8 mm，具不明显的 7 脉，中脉近顶端处与颖离生而成芒状小尖头；外稃膜质，具 1 脉，长约 4 mm；内稃退化；雄蕊 3 枚，花药长约 2.5 mm；花柱 2，柱头帚状。颖果卵状椭圆形，长约 2 mm。花果期 6—9 月。

（四）分布

产于山东、江苏、安徽、浙江、福建，韩国、日本也有分布。模式标本采自日本。浙江分布于岱山岛、岱山。

（五）生境及习性

大穗结缕草形态特征如图 54-1 所示。

本种植株强健，耐盐碱，生于山坡或平地的沙质土壤或海滨沙地上。沿海沙滩延伸到内陆的放牧或踩踏的地方。生于海滨潮上带，风成沙地，常形成小群落。大穗结缕草属盐生植物。分布于辽宁南部、山东、江苏、浙江等沿海地带，在滨海潮间带附近形成群落，海拔 0.5～2.0 m。土壤为潮滩盐土和滨海盐土。成土母质，由海滨冲积物组成，为沙土、沙壤土和黏土，由潮滩盐土脱离海潮直接影响后，逐渐演变而成。地下水含盐较高，表土有较高的积盐。常见白色盐霜和结皮呈斑块状分布。表层含盐量在 0.5%～1.0% 左右，其盐分主要由阴离子 HCO_3^-,Cl^-. SO_2 和阳离子 Ca^{2+},Mg^{2+},Na^+ 和 K^+ 组成。大穗结缕草的种子具有深度休眠性。

a 植株；b、c 花序；d 植株及颖片

图 54-1 大穗结缕草

（六）繁殖方法

（1）种子繁殖。在有性繁殖中，由种子生长的幼苗细弱，生长缓慢。在正常情况下，直播种子不易发芽，经人工处理后的种子，播后 15 ～ 20 天幼苗出土。大约在发芽 30 天内，幼苗细弱，生长缓慢，易受其他杂草抑制。待 5 片真叶长出以后，生长加快分蘖新芽，根状茎也同时延长生长。随着温度和雨量的增加，约在 80 ～ 90 天后，匍匐茎分蘖节形成疏丛型株丛，地面覆盖率达到 90% 以上。

石东里（2007）研究了大穗结缕草种子打破休眠的处理技术，在 5 种化学处理中，用浓度 20%NaOH 溶液处理大穗结缕草种子 25 分钟，再用清水清洗，对解除种子休眠效果最佳，10 天发芽势达 83.5%，比对照高出 58.2 个百分点，15 天发芽率达 85%，比对照高出 55.0 个百分点，已接近大穗结缕草种子的潜在发芽率，发芽历时比对照明显缩短。

大穗结缕草乃本地区草滩主要植被植物，形似獐茅，不易与之区分。又因其色黄，而名之为黄獐茅。耐盐力略次于獐茅，多着生于獐茅地上方。在含盐量较低地方，草层低矮厚密，匍匐茎较短，在含盐量较高地方，匍匐茎可长达 70 cm。主要分布于成陆较久、盐分较低、地势平坦、高燥的地段，占地宽广。据了解，海滩长盐蒿 6 ～ 7 年后先长獐茅，几年后即长大穗结缕草，然后生长白茅。

赵丽萍（2017）研究发现，种子萌发为非需光种子，种子萌发最适宜温度范围为 25 ～ 30℃；当 NaCl 浓度为 100 mmol·L^{-1} 时，大穗结缕草种子最终萌发率与对照无显著差异，但种子发芽势和活力指数与对照有明显差异。当浓度为 150 ～ 200 mmol·L^{-1} 时，显著抑制大穗结缕草种子的萌发。种子耐盐临界浓度和极限浓度分别为 144.12、244.12 mmol·L^{-1}；随着干旱胁迫程度的增加，萌发进程所用时间增长，最终萌发率也显著下降，50g·L^{-1} PEG 模拟干旱胁迫对种子萌发无显著影响，种子的耐旱临界浓度和极限浓度分别为 90.95、155.05g·L^{-1}。

（2）组织培养。马龙雪（2016）研究了大穗结缕草愈伤组织诱导及植株再生，指出在光强 1 500 ～ 2 000 lx，I6h 光照 /8h 黑暗，（23±2）℃培养条件下，大穗结缕草外植体，经 70% 酒精浸泡 45S,0.1%HgCl 浸泡 8min，污染率低，易于愈伤组织的诱导。以种子胚作为外植体最有利于愈伤组织的培养，愈伤组织诱导的最佳培养基是 MS+2,4-D（2.0mg·L^{-1}）+6-BA（0.2mg·L^{-1}）+TDZ（1.0mg·L^{-1}）。

（七）应用价值

（1）生态学价值。可用作保上、护堤、固沙或铺建草坪。是山地丘陵水土保持、公路护坡的先锋植物。更为重要的是，大穗结缕草原生海岸带，抗盐性特别强，属于典型的盐生植物。

（2）用作草坪草。大穗结缕草具地下茎、匍匐茎和地上茎，特别是地下 5 cm 上下的地下茎十分发达，盘根错节，形成了厚实的土草结块，同时叶片坚韧，富有弹性，非常耐践踏，是优良的草坪草资源，尤其是建植运动场草坪和城市开放型草坪的首选草种。

（3）饲用价值。大穗结缕草草层矮，但味甜，适口性好，为牛羊所喜食，夏秋冬均可供放牧利用，如表 54-1 所示。

表54-1　大穗结缕草营养价值

牧草名称	初水份	吸湿水	粗蛋白	粗脂肪	粗纤维	无N浸出物	粗灰分	Ca	P
大穗结缕草	40.5	13.70	6.64	1.99	32.75	53.21	4.92	—	0.012

注：引自梁祖择（1984）：江苏省滨海草场的类型与开发利用。

（八）研究进展

（1）胁迫生理研究进展。张振铭（2008）研究表明：大穗结缕草在 1.5NaCl 胁迫过程中，叶片形态、相对含水量、可溶性总糖及游离脯氨酸含量的变化对盐胁迫的响应，其结果发现，随着盐胁迫时间的延长，叶片受害程度先增加，后保持稳定，胁迫到 15 天时外观又略有恢复；叶片的相对含水量表现为先下降，后保持稳定，最后又缓慢上升的趋势；叶片可溶性总糖含量和脯氨酸含量表现为逐渐增加到一个峰值后又下降的趋势。POD 活性在盐胁迫初期缓慢增加，6 天后大幅度增加，12 天后缓慢增加（胡化广，2009）。胡华广（2010）研究指出，具有景观价值和致死临界盐浓度分别为 2.08% 和 2.66%。胡华广（2016）研究了其耐盐机理，随着盐胁迫浓度的增加，大穗结缕草和中华结缕草根和叶中 Na^+ 的含量逐渐升高，中华结缕草的 Na^+ 含量大于大穗结缕草；2 种结缕草根和叶中 K^+ 的含量呈现不同的变化趋势，根中 2 种结缕草 K^+ 含量先增加后降低，但大穗结缕草 K^+ 含量增加较大，叶中 2 种结缕草 K^+ 含量总体呈现增加的趋势。2 种结缕草根和叶片中 K^+/Na^+ 随盐浓度增加而逐渐降低，但叶片中 K^+/Na^+ 大于根中 K^+/Na^+，表明盐胁迫促进了 K^+ 向叶片运输。大穗结缕草的 $S_{K,Na}$ 逐渐降低，中华结缕草的 $S_{K,Na}$ 先降低后升高，说明 2 种结缕草对 K^+ 和 Na^+ 的选择性运输特点不同。

（2）形态解剖学研究。石东里（2009）研究表明，叶表皮高度角质化，大穗结缕草的盐腺结构简单，为双细胞盐腺，每个盐腺只有 2 个细胞：1 个基细胞和 1 个帽细胞，基细胞是收集细胞，帽细胞则是分泌细胞。大穗结缕草为 C4 植物，叶肉细胞环绕着维管束鞘，二者整体略呈"V"形。大穗结缕草的维管束十分发达。其中大维管束有 7 条，小维管束有 24 ～ 30 条。

（3）SR 反应体系的优化研究。郭海林（2008）研究发现，3 对引物（Xg-wm459-6A、Xgwm135-1A、Xgwm149-4B）均可以将大穗结缕草 Z010 与其他材料区分开来。因具有特异性条带或条带的缺失，可以很明显地将大穗结缕草 Z010 与其他材料区分开来，在抗寒性和青绿期两极端类型材料的研究中发现，引物 Xgwm 484-2D 和 Xgwm 44-7D 均在抗寒性弱的部分材料和青绿期长的部分材料中扩增出一条抗寒性强和青绿期短的材料中没有的特异带，且两对引物中具有特异带的材料具有较高的一致性，初步认为这两标记可能与结缕草属植物的抗寒性或青绿期相关。

（4）群落演替研究。植物群落的演变由盐蒿群落到大穗结缕草群落，再到白茅群落，相应的环境梯度变化是土壤有机质由少到多、Cl⁻ 含量由多到少、距海堤由远到近、地势由低到高。滨海盐土植物受地形微小起伏的影响较大，白茅常出现于地势比周围高的地段。在野外调查中发现，在直径仅 2m 的小凸地上，随着地面高度由低，高，低的变化，植物就呈现出由大穗结缕草——白茅、大穗结缕草的分布变化。如图 54-2 所示。

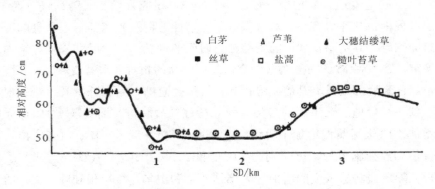

图 54-2　大穗结缕草在不同海拔高度的分布

（引自夏冰 1992：盐城珍禽自然保护区盐土植物的直接排序分析）

（5）群落微生物研究。赵艳云（2012）研究了微生物分布特征及其与植被分布的关系，指出大穗结缕草群落中，细菌所占的百分比较大；微生物含量随土层深度的增加呈逐渐下降的趋势，8 月微生物含量相比 6 月都有所增加，但不同菌群增幅不同，细菌、真菌和放线菌分别增加 0.45，6.16 和 3.67 倍。

参考文献

[1] 陈征海,等.《浙江植物志》拾遗 [J]. 浙江林学院学报,1995, 12（2）: 198–209.

[2] 李亚,凌萍萍,刘建秀. 中国结缕草属植物地上部分形态类型多样性 [J]. 植物资源与环境学报, 2002, 11（4）: 33–39.

[3] 王艳,张绵,张学勇,等. 大穗和中华结缕草的群落特征及种内分异研究 [J]. 植物研究, 2001, 21（2）: 278–284.

[4] 石东里,赵丽萍,姚志刚. 大穗结缕草种子打破休眠的处理技术研究 [J]. 安徽农业科学, 2007, 35（35）: 11384–11385.

[5] 马龙雪,赵丽萍. 大穗结缕草愈伤组织诱导及植株再生研究 [J]. 黑龙江农业科学 2016（9）: 15–18.

[6] 赵丽萍,姚志刚,谢文军,等. 盐生植物大穗结缕草种子萌发特性及其对盐旱胁迫的响应 [J]. 北方园艺, 2017,（19）: 98–103.

[7] 张振铭,胡化广. 大穗结缕草对盐胁迫的响应 [J]. 草业科学, 2008, 25（7）: 50–53.

[8] 李亚,耿蕾,刘建秀. 中国结缕草属植物抗盐性评价 [J]. 草地学报, 2004, 12（1）: 8–12.

[9] 胡华广,张振铭. 大穗结缕草对盐胁迫响应及临界盐浓度的研究 [J]. 北方园艺, 2010,（3）: 80–83.

[10] 胡化广,张振铭,孙同兴,等. 复盐胁迫下结缕草 K^+、Na^+ 吸收与运输的特点 [J]. 热带作物学报, 2016, 37（11）: 2145–2149.

[11] 石东里,申保忠,张衍鹏. 黄河三角洲大穗结缕草解剖结构的研究 [J]. 中国野生植物资源, 2009, 28（2）: 50–53.

[12] 郭海林,王志勇,薛丹丹,等. 结缕草属植物 SSR 反应体系的优化及其应用 [J]. 植物遗传资源学报 2008, 9（2）: 138–143.

[13] 梁祖择,王槐三,朱成元,等. 江苏省滨海草场的类型与开发利用 [J]. 南京农学院学报, 1984（4）: 93–99.

[14] 夏冰. 盐城珍禽自然保护区盐土植物的直接排序分析 [J]. 北京林业大学学报, 1992, 14（增2）: 25–28.

[15] 赵艳云,胡相明,刘京涛. 贝壳堤地区微生物分布特征及其与植被分布的关系 [J]. 水土保持通报, 2012（2）: 267–270.

五十五、山菅

（一）学名解释

山菅 *Dianella ensifolia*（L.）DC.，属名：Dianella，Diana，神话中的狩猎神（女神名），+-ella，小形字尾，山菅兰属，百合科。种加词：ensifolia，剑形叶的。命名人：DC.=de Candolle, Augustin Pyrmus（1778—1841）是瑞士植物学家。René Louiche Desfontaines launched 通过在植物标本馆推荐 de Candolle 的植物学事业。开创了 de Candolle 的植物学生涯。在几年之内，德坎多建立了一个新的属，他继续记录了数百个植物科，并创建了一个新的天然植物分类系统。虽然德坎多的主要研究领域是植物学，但他也在相关领域做出了贡献，如植物地理学、农学、古生物学、医学植物学和经济植物学。德坎多发起了"自然之战"（"Nature's war"）的思想，影响了达尔文和自然选择的原则。德坎多认识到，多种物种可能具有相似的特征，而这些特征并未出现在共同的进化祖先中，这后来被称为"类比"。在他与植物一起工作期间，德坎多注意到植物叶片在恒定光照下以近 24 小时的周期运动，这表明植物叶片存在内部生物钟。虽然许多科学家怀疑德坎多的研究结果，但一个多世纪后的实验证明了"内部生物钟"确实存在。

德坎多的后代继续他的植物分类工作。Alphonse de Candolle（A.DC）和 Casimir Pyrame de Candolle（C.DC）参与了由 Augustin Pyramus de Candolle 开始的植物目录 Prodromus Systematis Naturalis Regni Vegetabilis（原始系统植物）。

德坎多（Augustin Pyramus de Candolle）于 1778 年 2 月 4 日出生于瑞士日内瓦，其父为 Augustin de Candolle，妻子 Louise Eléonore Brière。他的家庭为法国普罗旺斯的一个古老家庭，在 16 世纪末搬迁到日内瓦以逃避宗教迫害。

7 岁时，德坎多患上了严重的脑积水，严重影响了他的童年。尽管如此，他却具有很强的学习能力，对文学尤其喜好，在学校除了快速习得古典和普通文学之外，还写出优秀诗歌。1794 年，他在开尔文学院开始他的科学研究，在 Jean

Pierre Étienne Vaucher 的指导下学习，后来他鼓励德坎多将植物科学作为他生活的主要追求。

德坎多在日内瓦学院度过了 4 年，根据父亲的意愿学习科学和法律。1798年，在日内瓦被并入法兰西共和国之后，他搬到了巴黎。他的植物学研究生涯正式在 René Louiche Desfontaines（法国植物学家）的帮助下开始，René Louiche Desfontaines 在 1798 年夏天推荐德坎多在 Charles Louis L'HéritierdeBrutelle 的植物标本室工作。这一做法提升了德坎多的声誉，也赢得了 Desfontaines 本人的宝贵指导。德坎多于 1799 年建立了他的第一个属 Senebiera。

德坎多的第一本书，《肉质植物历史》（4 卷，1799 年）（*Plantarum historia succulentarum*）和《黄芪类》（1802 年）（*Astragalogia*），引起了 Georges Cuvier（乔治·居维叶，世界著名古生物学家）和 Jean-Baptiste Lamarck（拉马克）的高度赞赏。得到乔治的批准，德坎多于 1802 年担任法兰西学院的副院长。拉马克委托他出版第三版的《法国植物》（1803—1815）（*Flore française*），写序言名为《植物学的基本原理》（*Principes élémentaires de botanique*），德坎多提出了一种自然的植物分类方法，而不是人工的植物分类方法。德坎多提出的方法的前提是，分类群不会沿着线性标度下降，它们是离散的，而不是连续的（自然分类原则）。

1804 年，德坎多出版了他的《植物的医学用途试验》（*Essai sur les propriétés médicales des plantes*），并获得了巴黎医学院的医学博士学位。两年后，他出版了《加利卡植物区系植物园概要》（*Synopsis plantarum in flora Gallica descriptarum*）。然后，德坎多在法国政府的要求下，在接下来的 6 个夏天对法国进行了植物和农业调查，该调查于 1813 年出版。1807 年，他被任命为蒙彼利埃大学医学系的植物学教授。后来在蒙彼利埃，德坎多发表了他的植物学研究——《植物学基础理论》（*Elementary Theory of Botany*,1813），引入了一个新的分类系统和分类学这个词。Candolle 于 1816 年搬回日内瓦，次年被日内瓦州政府邀请填补新成立的自然历史部主席。

在日内瓦，德坎多度过了余生，试图精心设计并完成他的植物界的自然分类系统。德坎多在他的《植物界》（*Regni vegetabillis*）系统中进行了初步工作，但在进行了两卷之后，他意识到自己无法如此大规模地完成这个项目。因此，他在 1824 年开始撰写《植物界自然史系统》（*Prodromus Systematis Naturalis Regni Vegetabilis*）。然而，他只能完成七卷，或者整体的三分之二。即便如此，他也描绘出 100 多种植物科的特征，有助于奠定一般植物学的经验基础。虽然德坎多的主要焦点是植物学，但在他的职业生涯中，他还涉足植物学其他领域，如植物地理学、农学、古生物学、医学植物学和经济植物学。1827 年，他当选为荷兰皇家学院的联合会员。

Augustin de Candolle 是德坎多王朝四代植物学家中的第一个。他的儿子 Alphonse de Candolle（A.DC）最终继承了他的植物学主席职位，并继续研究了《概论》（*Prodromus*）。德坎多的孙子 Casimir Pyrame de Candolle（C.DC）也通过对胡椒科（Piperaceae）植物系列进行详细、广泛的研究和表征，为整个研究《概论》（*Prodromus*）做出了贡献。德坎多的曾孙理 Émile Augustin de Candolle（Aug.DC）也是植物学家。德坎多在患病多年后，于 1841 年 9 月 9 日在日内瓦去世，2017 年，法文版《日内瓦植物园》记载了他一生的主要贡献。

为了纪念德坎多，Candollea（燕子狸藻亚属）和 Candolleodendron（巴西坎多豆属）植物以其名字命名，被人们所纪念。有几种植物，如 Eugenia candolleana（番樱桃）、Diospyros candolleana 和蘑菇 Psathyrella candolleana（白黄小脆柄菇）也是为了纪念他而命名的。*Candollea* 是关于系统植物学和语言学论文的科学期刊，以德坎多及其后代的名字命名，以纪念他们对植物学领域的贡献。德坎多是法国 - 墨西哥植物学家 Jean-Louis Berlandier 的导师。瑞士日内瓦植物园位于日内瓦湖畔，紧邻联合国日内瓦总部所在地万国宫，占地面积 28 公顷。植物园由德坎多于 1817 年创建，它的建立为散步在植物园的游客提供了一个清新、舒适的环境。日内瓦植物园有来自世界各地 249 个不同国家收集的约 14 000 种植物，园区由树木园、岩石园、保护植物区、温室、一个小型动物园等组成。广阔的植物园内有玫瑰、大丽花、药用植物、异国花草及易成活的药草等，而动物园区的异国鸟类和园中鲜花同样是种类繁多，令人眼花缭乱。

德坎多是第一个提出"自然战争"的理论，将植物写成"与他人战争"，不同物种相互争夺空间和资源。达尔文于 1826 年在爱丁堡大学研究了德坎多的"自然系统"，并于 1838 年在达尔文的生物进化理论开始时考虑了"物种的交战"，并补充说它更为强烈地传达托马斯·马尔萨斯的理论产生了达尔文后来称之为"自然选择的压力"。1839 年，德坎多访问了英国，达尔文邀请他共进晚餐，两位科学家有机会共同讨论这个想法。

德坎多也是最早认识到器官形态和生理特征之间差异的人之一。他认为，植物形态与器官的数量和它们相对于彼此的位置有关，而不是与它们的各种生理特性有关。因此，这使他成为第一个尝试将器官之间结构和数值关系的具体原因归因于植物对称性的主要和次要方面。为了解释不同植物部分对称性的修改，这可能会阻碍发现进化关系，德坎多引入了同源性的概念（同源器官）。

德坎多也为时间生物学领域做出了贡献。基于 Jean Jacques d'Ortous de Mairan 和 Henri Louis Duhamel du Mohceau 等科学家的早期植物昼夜叶片运动的研究，德坎多在 1832 年观察到，植物含羞草具有自由运行的叶片开放期和在恒定光线下关闭约 22 ～ 23 小时，明显少于地球明暗周期的大约 24 小时。由于时间短于 24 小时，他假设一个不同的时钟必须对节奏负责；缩短的时期没有被环境线索所牵制—协调，因此时钟似乎是内生的。尽管有这些发现，但许多科学家继续寻找"因子 X"，这是一种与地球自转相关的未知外生因素，在没有明暗时间表的情况下，驱动昼夜节律振荡，直到 20 世纪中叶。在 20 世纪 20 年代中期，欧文·邦宁重复了德坎多的研究结果得出了类似的结论，研究出显示南极和太空实验室中昼夜节律的持续存在，进一步证实了在没有环境线索的情况下存在振荡。

德坎多引入了分类学这一术语的第一个分类系统出现在他对法国植物的描述中，他的《法国植物志》（1805—1815），共有 5 卷涉及法国发现的植物物种。

它最初由 de Candolle 出版在 Théorieélémentairedela botanique,ou exposition des principes de la classification naturelle et de l'artdedécrireetd'etudierlesvégétaux（1813）。它是在非常广泛但未完成的 *Prodromus Systematis Naturalis Regni Vegetabilis*（*Prodromus*）（1824—1873）的版本中进一步开发和发表的，仅处理双子叶植物。缩写 Syst. 在德坎多的作品和随后的文献中提到了他的 Regni vegetabilis 系统性自然。

学名考证：*Dianella ensifolia*（L.）DC. in Red. Lit. t. l. 1808；中国高等植物图鉴 5: 430, 图 7689. 1976.—Dracaena ensifolia L., Mant. 63. 1767.—D. nemorosa Lam.,Encycl. 2: 276.1786.

德坎多在 1808 年在刊物《百合科》（*Redoute,P. J. Lee Liliacees*）重新组合了该物种，1767 年林奈在刊物 *Mantissa plantarum* 发表了该物种，不过认为是 Dracaena 属，经 DC. 考证，放在 Dianella 更合适，故重新组合。《中国高等植物图鉴》（1976）也记载了该植物。

不过拉马克 1786 年在刊物 *Encyclopedie methodiquo Botanique* 记载的物种，虽为此描述，但是由于时间晚于 1767 年，根据优先律原则，作为异名处理。

以下名称均为异名：① Dianella ensifolia f. albiflora Tang S.Liu & S. S. Ying。② D. ensifolia f. racemulifera（Schlitter）Tang S. Liu & S. S. Ying。③ D. nemorosa Lamarck；④ D. nemorosa f.racemulifera Schlitter.

别名：桔梗兰、山菅兰、山猫儿、交剪草、山兰花、金交剪、山交剪、老鼠怕及老鼠砒等

英文名称：Swordleaf Dianella

（二）形态特征

山菅形态特征如图 55-1 所示。

植株高可达 1～2 m；根状茎圆柱状，横走，粗 5～8 mm。叶狭条状披针形，长 30～80 cm，宽 1～2.5 cm，基部稍收狭成鞘状，套迭或抱茎，边缘和背面中脉具锯齿。顶端圆锥花序长 10～40 cm，分枝疏散；花常多朵生于侧枝上端；花梗长 7～20 mm，常稍弯曲，苞片小；花被片条状披针形，长 6～7 mm，绿白色、淡黄色至青紫色，5 脉；花药条形，比花丝略长或近等长，花丝上部膨大。浆果近球形，深蓝色，直径约 6 mm，具 5～6 颗种子。花果期 3—8 月。

园艺上分为两种：金边山菅兰，学名 Dianella ensifolia cv.Marginata；银边山菅兰，学名 Dianella ensifolia cv. White Variegated。是两个园艺品种。

a 植株；b 花；c 果实

图 55-1 山菅

（三）分布

产于云南（漾濞、泸水以南）、四川（重庆、南川一带）、贵州东南部（榕江）、广西、广东南部（包括海南岛）、江西南部（大瘦）、浙江沿海地区（乐清、杭州）、福建和台湾。也分布于亚洲热带地区至非洲的马达加斯加岛，舟山各个岛屿均有分布。

（四）生境及习性

喜半阴，或光线充足环境，喜高温多湿，越冬温度在 5℃以上，也不能耐旱，对土壤条件要求不严。生于海拔 1 700 m 以下的林下、山坡或草丛中。

（五）繁殖方法

分株繁殖，春天播种繁殖：用浓度为 10% 的双氧水对种子进行消毒，用 70℃的热水浸种 3～5 分钟，再用 30℃的温水浸种 3.5～4.5 小时；萌芽处理：在发芽皿中铺设 4～6 层滤纸，将各处理种子均匀铺放在滤纸上，每个培养皿中加水 10～15mL，再将发芽皿放入气候箱内进行种子萌发，气候箱内的温度为 25℃，光照变幅 8/16 小时，相对湿度为 95%；播种：选择砂质壤土，将萌芽的种子播种。先用热水烫种，再用温水浸种，使山菅兰种子的透性好，加速种子的吸水过程，外表皮也更柔软，发芽率高，可以达到 87%，而且萌芽的过程单独进行，也使种子在播种后成活率提高。

（六）应用价值

（1）美容医疗价值。山菅的提取物中被发现一种既强抗氧化又能减少皮肤的产品色素沉着。含有 1-（2,4- 二氢苯基）-3-（2,4-）二甲氧基 -3- 甲基苯基）丙烷（DP），被发现抑制自由基 1-1- 二苯基 -2- 苦基 - 肼基（DPPH），EC50 值为 78 lm。DP 也是发现抑制紫外（UV）C 诱导的脂质氧化，EC50 约为 30 lm。含有 DP 的配方产生褪色速率，增加含有氢醌 HQ 的药物治疗。

（2）药用价值。有毒植物，不能内服。一旦中毒可，灌服鲜鸭血或鲜羊血直至呕吐，将毒物吐出。根状茎磨干粉，调醋外敷，可治痈疮脓肿、癣、淋巴结炎等。性味甘、辛、性凉、有大毒，全草具有毒性，茎汁毒性尤强，误食可引致腹泻、食欲不振及精神萎靡等，严重时可致呼吸困难而死。家畜若误服可引致死亡。叶可治蛇伤；根状茎可治腹痛，磨成粉状外敷可治脓肿、癣、淋巴结炎等疾病。茎和叶捣汁，与米炒香或将汁液浸米晒干后可作为老鼠药。

（3）园林价值。可在林带下做地被。

（七）研究进展

（1）产负空气离子（NAI）。Renye Wu 2017 作为空气质量的重要指标，负空气离子（NAI）对人类的心理和生理状况有益。在自然条件下，植物产生少量的NAI，并且经常不能满足改善身体健康的要求。然而，通过脉冲电场（PEF）的刺激，植物产生 NAI 的能力显著增强。当应用 PEF 的最佳参数时，电压越高，植物产生的 NAI 越多。此外，随着光强度的增强，产生 NAI 的能力也大大提高。植物产生 NAI 的能力与叶片气孔特征之间存在密切关联。在 PEF 最佳参数的刺激下，气孔开口越大，气孔密度越大，植物产生的 NAI 越大。为了使植物有效地产生NAI，最好的方法是使用 PEF 的最佳参数，同时使叶子气孔在一定程度上开放（图55-2 和表 55-1）。

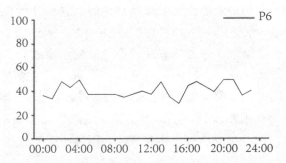

图 55-2　正常条件下每种植物物种的负空气离子浓度在 24 小时内的变化

表55-1　植物在自然条件下24小时产生的负空气离子浓度分析

Code	24 h minimum (ion·cm⁻³)	24 h maximum (ion·cm⁻³)	24 h mean (ion·cm⁻³)	Daytime mean (ion·cm⁻³)	Nighttime mean (ion·cm⁻³)	Max/ Min	Day mean/ mean	（Max– min）/ min	（Day mean– night mean）/ night mean	Day mean/ night mean
P6	30	49	40g	39	42	1.63	0.98	0.63	–0.07	0.93

Fig21-2. : The changes in negative air ions concentration over 24h for each of plant species under normal conditions.

（2）化学成分研究进展。Rivoarison Randrianasolo 2015 从 *Dianella ensifolia* Ledouté 的叶子中分离出来的新的二氢萘醌 2- 己基 -3-（2- 羟乙基）-2,3- 二氢萘醌 1-4, 命名为 armandinol, 还有两个已知的醌。

唐本琴（2017）对 *Dianella ensifolia* 根的植物化学研究导致分离出 11 种已知化合物，包括两种芳香族（1,2），两种色酮（3,4）和七种黄酮类化合物（5-11）。在光谱分析的基础上，阐明了这些化合物的结构，并与文献中报道的数据进行了比较。研究中发现所有分离的化合物在 D. ensifolia 物种中（1-11）首次报道，从 Dianella 属分离化合物 1-4 和 7-11。也有在百合科的任何物种中尚未报道的化合物 1,2,8 和 9。总结了分离的化合物的化学分类学意义。

唐本琴（2017）研究指出，从 *Dianella ensifolia* 的根中分离出来两种新的黄烷，分别命名为（2S）-2′,4′- 二羟基 -7- 甲氧基 -8- 甲基黄烷（1）和（2S）-2′- 羟基 -4′,7- 二甲氧基 -8- 甲基黄烷（2）。他们的结构通过广泛的光谱测量和与文献报道的数据进行比较来阐明。化合物 1 和 2 显示出针对癌细胞系 MDA-MB-231,B16-F10,HCT116 和 A549 的细胞毒性作用。

唐本琴（2017）从 *Dianella ensifolia* 的根中分离出一种新的环庚烷型三萜，称为 22- 羟基 - 环丁炔醇（1），以及两种已知的环庚烷型三萜。它们的结构基于光谱方法确定，包括 UV,IR,HR-ESI-MS,NMR 和 X 射线衍射。化合物 1 显示出对癌细胞系 B16-F10,A549 和 MDA-MB-231 的细胞毒性作用。

VITCHU LOJANAPIWATNA1982（1），2,4- 二羟基 -3,5,6- 三甲基苯甲酸甲酯（8），- 2,4- 二羟基 -3,6- 二甲基苯甲酸甲酯（7），2,4- 二羟甲基甲酯 -6- 甲基苯甲酸酯（甲基 orsellinate）（9），2,4- 二羟基 -6- 甲氧基 -3- 甲基苯乙酮（I4），5,7- 二羟基 -2,6,8- 三甲基色酮（11）和 5,7- 已经从 *Dianella ensifolia* Redoute 的根中分离出二羟基 -2,8- 二甲基色酮（异丁子香糖）（13）。

Rivoarison Randrianasolo（2015）新的二氢萘醌 2- 己基 -3-（2- 羟乙基）-2,3- 二氢萘醌 1-4，命名为 armandinol，是从 *Dianella ensifolia* Ledouté 的叶子中分离出来的，还有两个已知的醌。使用光谱方法阐明了新化合物的结构，主要是 1D 和 2D NMR。

（3）药材解剖特征。根横切面，表皮 1 列细胞，少数细胞外壁向外突起。外皮层 1 列细胞，多呈六角状圆形，外壁稍加厚；皮层较宽，外侧 2～3 列细胞为六角状圆形，内侧细胞为圆形，较大，具胞间隙，紧靠内皮层具 1～2 列石细胞组成的间断石细胞环。韧皮部束和木质部束约为 15～27 束，呈星状相间排列，后生木质部导管 2～3 个，径较大，薄壁细胞中可见石细胞散在；根茎横切面：木栓细胞呈不规则形，10 余列，排列不整齐；后生表皮 1 列细胞，黄色，木栓化，外壁稍增厚；皮层较宽，常观含棕黄色内含物细胞单个散在；内皮层细胞内壁及两侧壁增厚，不见凯氏点。中柱宽广，在外侧有多数周木维管束，束间有石细胞散在或成群分布，向内维管束较稀疏，有少量棕黄色细胞散在。

（4）淹水对山菅植物生理特性的影响。具体淹水对山菅的生理影响如表 55-2 所示（潘晓，2018）。

表55-2　淹水不同时间山菅生理指标的变化

种类 Species	对照 Control	淹水 7 天 Flooding 7 天	淹水 14 天 Flooding 14 天	淹水 21 天 Flooding 21 天	淹水 28 天 Flooding 28 天
山菅兰 Dianella ensifolia （电导率）	15.59 ± 0.33c	16.43 ± 0.28c	22.82 ± 1.01b	27.82 ± 2.30a	24.16 ± 1.51b
山菅兰 Dianella ensifolia （叶片含水量）	89.22 ± 3.75a	84.55 ± 4.43ab	81.07 ± 2.06bc	74.93 ± 4.82c	78.70 ± 2.32bc
山菅兰 Dianella ensifolia （叶绿素含量）	1.74 ± 0.15a	1.20 ± 0.09b	0.69 ± 0.06c	0.78 ± 0.07c	0.50 ± 0.08d
山菅兰 Dianella ensifolia （可溶性糖含量）	0.42 ± 0.03a	0.38 ± 0.02a	0.29 ± 0.02b	0.39 ± 0.03a	0.41 ± 0.03a
山菅兰 Dianella ensifolia （丙二醛含量）	17.92 ± 1.36d	18.35 ± 2.09d	23.42 ± 0.76c	34.55 ± 3.01a	28.90 ± 2.61b

表格说明（第一行：淹水胁迫对其叶片相对电导率的影响 %，耐劳系数 1.550；第二行：淹水胁迫对其叶片相对含水量的影响 %，耐劳系数 0.882；第三行：淹水胁迫对其叶绿素含量的影响 $mg \cdot g^{-1}$ 耐劳系数 0.287；第四行：淹水胁迫对其可溶性糖含量的影响 % 耐劳系数 0.976；第五行：淹水胁迫对其丙二醛含量的影响 $\mu mol \cdot g^{-1}$ 耐劳系数：1.613）（潘晓，2018）。

参考文献

[1] MAMMONE T, MUIZZUDDIN N, DECLERCA L, et al. Modification of Skin Discoloration by a Topical Treatment Containing an Extract of Dianella Ensifolia: A Potent Antioxidant. Original Contribution[J]. Wiley Periodicals, Inc. Journal of Cosmetic Dermatology）, 2010（9）: 89-95.

[2] RAKOTONDRAMANGA M F, RANDRIANASOLO R, RAHARINIRINA A, et al. A new Dihydronaphtaquinone from Dianella Ensifolia L. Redout[J]. Journal of Pharmacognosy and Phytochemistry, 2015, 3（6）: 140-144.

[3] WU Renye, ZHENG Jingui, SUN Yuanfen, et al. Research on Generation of Negative Air Ions by Plants and Stomatal Characteristics under Pulsed Electrical Field Stimulation[J]. Int. J. Agric. Biol., 2017（19）: 1235-1245.

[4] TANG Benqin, CHEN Zhenyang, SUN Jianbo, et al. Phytochemical and Chemotaxonomic Study on *Dianella ensifolia* （L.） DC[J]. Biochemical Systematics and Ecology, 2017 （72）: 12-14.

[5] TANG Benqin, HUANG Shusheng, LIANG Yeer, et al. Two New Flavans from the Roots of Dianella ensifolia （L.） DC[J]. Natural Product research, 2017, 31（13）: 1-5.

[6] TANG Benqin, Li Chuwen, SUN Jianbo, et al. A New Cycloartane-type Triterpenoid from the Roots of Dianella ensifolia（L.）DC. [J]. Natural Product Research, 2016, 31(8): 966-971.

[7] Rivoarison Randrianasolo et al. A new Dihydronaphtaquinone from Dianella ensifolia L[J]. Redout. Journal of Pharmacognosy and Phytochemistry 2015; 3（6）:140-144.

[8] 潘晓, 何国强, 吴耀珊, 等. 深圳 10 种乡土植物用于下沉式绿地的耐涝性筛选 [J]. 草业科学, 2018, 35（11）: 2622-2630.

五十六、龙爪茅

（一）学名解释

Dactyloctenium aegyptium（L.）Beauv.，属名：Dactyloctenium，daktylos，手指，足趾。Ktenilon，梳子。指小指状排列于茎尖。种加词：aegyptium，一种野生的。命名人：Beauv.=Palisot de Beauvois（1752—1820）是法国博物学家。1786—1779 年，帕里索特在贝宁、圣多明格和美国收集了昆虫，帕里索特发表了一篇重要的昆虫学论文 *Insectes Receuillis en Afrique et en Amerique*。他与 Frederick Valentine Melsheimer 一起，是第一批收集和描述美国昆虫的昆虫学家之一。他描述了大量的常见昆虫，并建议对昆虫进行序数分类。他描述了许多金龟科，并首次对它们进行了描述。该研究包括 39 种 Scarabaeus 物种，17 种 Copris 物种，7 种 Trox 物种，4 种 Cetonia 和 4 种 Trichius。他首先描述了熟悉的甲虫，如 Canthon viridis，Macrodactylus angustatus 和 Osmoderma scabra。许多标记自美国的标本来自非洲，反之亦然。他在美国为 Dynastes hercules（L.）等物种创建了类型的地方，远远超出了自然范围。帕利索特的探险活动主要由 Chase（1925）和 Merrill（1937）描述，提供摘要以解释他的材料的不确定起源。帕里索特接受过律师培训，在里尔的 Jean-Baptiste Lestiboudois 和巴黎的 Antoine Laurent de Jussieu 学习植物学研究生课程。他还对猫科动物的分类做了重要的早期工作，特别是对 Lycopodiaceae 和 Selaginellaceae 的研究。完成学业后，他于 1772 年被任命为巴黎 Parlement 的倡导者（parlements 不是立法机构。他们由十几名或更多的上诉法官组成，或全国约 1,100 名法官。他们是司法系统的最终上诉法院，特别是在税收方面拥有很大的权力，成员是被称为贵族的贵族，他们购买或继承了他们的办公室，并独立于国王），之后被任命为接收者（法官）。随后的时间里，他致力于研究自然历史，特别是植物学。

1786 年，帕里索特开始在今天被称为尼日利亚的尼日尔河口的 Oware 找到一个居住地。帕里索特将那里的标本与邻近的贝宁合并。他每隔一段时间就将材料送回法国，包括从非洲收集并送往欧洲的第一批苔草标本。然而，当英国人入侵殖民地时，他的大部分收藏品都被摧毁，并将他的剩余标本材料保存在尼日利亚。

1788年，帕利索特因黄热病而变得虚弱不堪，于是在1788年，他被安置在一艘开往海地的奴隶船上，至海地后，因他有法国人的身份，被恢复了收集标本的权利，并回到植物学研究岗位。在此，他被接纳进入殖民地议会和上级委员会，反对废除奴隶贸易，并在1790年写了一本小册子，他指责英国慈善家在支持这个项目时有过激的动机。在海地革命前夕，他还前往美国请求政府帮助减少海地奴隶的服役。1793年6月，他所在的岛上已有诸多服役的奴隶举行起义。奴隶的起义导致该镇被烧毁，他叔叔的家和帕里索特的标本藏品也被烧毁了。帕利索特被监禁，直至后来被驱逐出境。由于他在海地的头衔，帕利索特此后不愿意回到法国。

帕里索特登上了一艘开往美国的船只，在这次航行中被抢走了他剩下的标本收藏，无奈之下去了费城。他作为一名音乐家加入了马戏团以赚取一些钱，并偶然获得了画家查尔斯·威尔森皮尔的私人植物标本的收藏品。他后来加入了美国哲学学会，为其交易做出了贡献，并在法国部长皮埃尔·阿德特的赞助下恢复获得他的收藏标本权利，并取回了部分标本。

帕里索特在美国的旅行及标本收集范围从西部的俄亥俄河到南部的佐治亚州萨凡纳的广大地区。他得到几个有价值的发现，包括一种新的响尾蛇物种，在采集时，他甚至在克里克和切诺基印第安人中生活了几个月。他当选为美国哲学学会的成员，并向学会报告了部分观察结果。

帕利索特终于从巴黎得知他的公民身份已经恢复，并开始计划返回欧洲，特别是他的收藏品的运费得到资助。但在回国途中，遭遇到不幸的灾害，这些标本藏品于1798年在新斯科舍省的一艘沉船上丢失。帕利索特于同年返回法国。

他利用在所有灾难中幸存下来的材料以及他的草图，1805年至1821年出版了许多关于植物和昆虫的小册子。格里芬提供了每本小册子的出版日期，其中包括五本小册子。包括6个板块，每个板块描绘了文中描述的6种或9种昆虫，即使通过这些草图，而不是通过标本，帕里索特的物种描述也能容易被识别。

帕里索特发明了一种新的昆虫分类方法，并为四足动物提出了另一种方法。他观察了苔藓植物生殖器官的细节，虽然这些器官不被认可，被否定存在，但他通过新的观察证实了他的第一次研究（苔藓生殖器官）。

现在很少有帕里索特的标本保存下来。他的植物标本被送到日内瓦的Jardin Botanique。费城自然科学院的植物标本馆的标本签上有"Beauv."字样，但显示的是印度原产的植物，这是帕里索特从未到过的地方。因此，帕里索特的收藏，必须同时加入其他收集者的标本采集源，这可以解释他收集的一些昆虫的奇怪起源。

学名考证：*Dactyloctenium aegyptium*（L.）Beauv. Ess. Agrost. Expl. Pl. 15. 1812: Bor, Grass. Burm. Ceyl. Ind. Pakist. 489. 1960; 华东禾本科植物志 127. 图 75. 1962; 台湾的禾草 383. 图 87. 1975: 海南植物志 4: 384. 图 1192. 1977: 台湾植物志 5: 471. 1978.—Cynosurus aegyptius L. Sp. Pl. 72. 1753.—Eleusine aegyptia（L.）Desf. Fl. Atlant. 1: 85. 1798.—Eleusine pectinata Moench, Meth. Pl. Suppl. 68. 1802.—Chloris mucronata Michx. Fl. Bor. Amer. 1: 59. 1803.—Dactyloctenium aegyptiacum Willd. Enum. Pl. Hort. Berol. 1029. 1809; 中国主要植物图说·禾本科 458. 图 390. 1959; 中国高等植物图鉴 5: 140. 图 7109. 1976.—Dactyloctenium mucronatum Willd. l. c. 1029. 1809.—Dactyloctenium aegyptium（L.）Richt. Pl. Europaeae 1: 68. 1890; Hitchc. in Lingn. Sci. Journ. 7: 204. 1931; 广州植物志 792. 图 398. 1956.

帕里索特 1812 年，在杂志《农学探索植物论文集》（*Essays agrostology Exploration Plant*）上组合了该物种。林奈 1753 年在《植物种志》上发表了物种 Cynosurus aegyptius L. 当时是归属于洋狗尾草属。经 Palisot de Beauvois 审定，将其组合到 Dactyloctenium 属中: Dactyloctenium aegyptium（L.）Beauv. 爱尔兰植物学家 Norman Bor1960 在著作 *Grasses of Burma, Ceylon, India and Pakistan* 中也记载了该物种。《华东禾本科植物志》（1962）也记载了该物种。台湾的《禾草》（1975）也记载了该物种。《海南植物志》（1977）、《台湾植物志》（1978）也记载了该物种。

法国植物学家 René Louiche Desfontaines（1750—1833）1798 年在著作 *Flora Atlant* 发表的物种 Eleusine aegyptia（L.）Desf. 为异名。比林奈 1753 年发表物种 Cynosurus aegyptius L 晚，所以为异名。

德国植物学家 Conrad Moench（1744—1805）1802 年在刊物 *Meth. Pl. Suppl.* 发表物种 Eleusine pectinata Moench 为异名。此为同物异名，描述相同。

法国植物学家和探险家 André Michaux 1803 年在刊物 *Flora boreali-americana* 发表物种 Chloris mucronata Michx. 为异名。

德国植物学家 Carl Ludwig Willdenow 于 1809 年在刊物 *Enumeratio plantarum horti regii botanici beroliensis* 记载物种 Dactyloctenium aegyptiacum Willd. 为异名，《中国主要植物图说·禾本科》（1959）、《中国高等植物图鉴》（1976）都沿用了此异名。

德国植物学家 Carl Ludwig Willdenow1809 年在刊物 *Enumeratio plantarum horti regii botanici beroliensis* 所发表物种 Dactyloctenium mucronatum Willd. 为异名。

澳洲植物学家 Karl Richter 1890 年在著作 *Florae Europaeae* 所组合物种 Dactyloctenium aegyptium（L.）Richt. 为异名。美国植物学家 Albert Spear Hitchcock1931 年在刊物 *Lingnan Science Journal* 上也同样采用了该异名，《广州植物志》（1956）也同样采用了该异名。

（注：l.c.=loeo citato，典据已引证在前面，如 Willdenow1809 所发表物种 Dactyloctenium mucronatum 与 Dactyloctenium aegyptiacum 出在同一刊物上。）

英文名称：Durban crowfootgrass，crowfoot grass

别名：沙滩线草、海岸纽扣草、鸭草、德班爪哇、指梳草、四指草、竹目草、埃及指梳茅

（二）形态特征

龙爪茅形态特征如图 56-1 所示。

一年生草本。秆直立，高 15～60 cm，或基部横卧地面，于节处生根且分枝。叶鞘松弛，边缘被柔毛；叶舌膜质，长 1～2 mm，顶端具纤毛；叶片扁平，长 5～18 cm，宽 2～6 mm，顶端尖或渐尖，两面被疣基毛。穗状花序 2～7 个指状排列于秆顶，长 1～4 cm，宽 3～6 mm；小穗长 3～4 mm，含 3 小花；第一颖沿脊龙骨状凸起，上具短硬纤毛，第二颖顶端具短芒，芒长 1～2 mm；外稃中脉成脊，脊上被短硬毛，第一外稃长约 3 mm；有近等长的内稃，其顶端 2 裂，背部具 2 脊，背缘有翼，翼缘具细纤毛；鳞被 2，楔形，折叠，具 5 脉。囊果球状，长约 1 mm。染色体 2n=20（Gould, 1960）,36（Krishnaswamy, 1934）,40（Tateoka, 1965）,48（АВдуноВ, 1928）。花果期 5—10 月。

a、b 植株；c、d 花序

图 56-1 龙爪茅

（三）分布

产于华东、华南和中南等各省区，热带和温带地区。广东、福建、贵州、海南、四川、台湾、云南、浙江等省。美国和欧洲也有分布。广泛分布于巴基斯坦、阿富汗、以色列、黎巴嫩、土耳其、印度、尼泊尔、斯里兰卡、马来西亚、缅甸、菲律宾、中国、日本、新加坡、泰国、越南、巴布亚新几内亚、阿尔及利亚、摩洛哥、埃及、苏丹、突尼斯利比亚。

（四）生境及习性

多生于山坡或草地。不规则的杂草地方，特别是在沙质土壤上。这是一种广泛分布的一年生杂草。开花时间7—8月。该物种是本土物种，生长在热带、亚热带、从海平面到海拔2 000米的暖温带地区、休耕地和荒地上，作为常见的种植杂草可生长在相对干燥地区的牧场，它可以容忍相当程度的盐度（Bogdan，1977）。该物种是一年生草，是玉米、棉花、甘蔗和花生等作物中的杂草。

（五）繁殖方法

Bhagirath S Chauhan 2011研究指出，光刺激种子萌发，但它不是萌发的绝对要求。在25/15℃（92%）的交替日/夜温度下，在30/20℃（70%）或35/25℃（44%）的交替日/夜温度下，光/暗状态下的萌发更大。50%抑制最大发芽所需的渗透势为–0.23 MPa，尽管一些种子在–0.6 MPa下萌发。放置在土壤表面的种子出苗率最高（64%），随着土壤埋藏深度的增加，出苗率下降。埋藏深度为6 cm或更大时没有幼苗出现。通过以相当于4至6 Mg/ha⁻¹的速率向土壤表面添加稻渣来减少禾本科牧草的出苗。当在4叶阶段（99%）和6叶阶段（86%）阶段施用时，45g/ha⁻¹的Fenoxaprop-p-ethyl+ethoxysulfuron提供了优良的对象的控制。从这项研究中获得的信息可以有助于制定龙爪茅综合杂草管理策略。通过耕作，将土壤倒置以将杂草种子埋在其最大出苗深度以下，使用作物残留物作为覆盖物，并且早期施用有效的后除草剂可以作为管理龙爪茅的重要工具。

（六）应用价值

（1）药用。民间药用作收敛剂、苦味滋补剂、抗驱虫剂治疗胃肠炎，胆道尿道炎，聚脲（Khare，2007），发烧（Choudhury等，2010），小痘（Sanglakpam等，2012），心脏烧伤，免疫缺乏（Kipkore等，2014），尿路结石，痉挛性肾脏感染（Gupta等。它被认为是收敛、冷却、便秘和利尿。它传统上使用苦味补品，抗驱虫药，治疗肠胃、胆道和泌尿疾病，用于治疗咳嗽、聚脲、发烧、天花、心脏烧伤、免疫缺陷、尿结石、产妇痉挛、肾脏感染、胃癌溃疡和伤口愈合。植物汁用于治疗发烧，外用于伤口、溃疡痢疾和急性咯血。

Akram M. Kayed（2015）指出，在患有腹痛的产妇分娩后给予 Dactyloctenium aegyptium L. 颗粒，症状立即缓解。种子煎剂用作肾脏区域疼痛的缓解剂。草药部分外用于溃疡的治愈。整个植物用于治疗腰痛。对具有药用和抗菌特性的植物进行民族植物学研究和抗糖尿病。

（2）饲用价值。Dactyfoctenium aegyptium 是一种营养丰富的饲料，这个物种被认为是世界许多地方都有生长的营养饲料植物，很容易在生长的各个阶段被马、牛、羊和山羊吃掉。

（3）草坪绿化价值。龙爪茅（Dactyloctenium aegyptium）主要分布于东半球的温暖地区，具匍匐茎，常平卧成席状，可用作草皮生产，具有绿化应用价值（柯黄婷，2009）。

（4）食物。作为非洲的传统食物，营养丰富。作为一种小吃食品，在收获季节，收集足够的一两个人或更多的存储量并不困难。有盐粒大小，金色，生吃或煮熟均可。它有沙子的质地，是美味可食用的颗粒。它是一种多功能的谷物，可以煮、烤、碾磨等。可以生吃，也可与一些水和橄榄油混合，煮约 10 min 后熟食。生或熟都具有大致相同的味道。

（七）研究进展

（1）化学成分。植物化学研究产生草酸、谷氨酸天冬氨酸，来自地上产生胱氨酸酪氨酸，而根含有皂苷碳水化合物（Ghani,2003）。Pandya PR.2009 指出其粗蛋白质：7.25%；纤维：33.74%；无 N− 提取物：45.32%；乙醚提取物：1.23%；总灰分：12.46%。灰分在 HCl 中的溶解度：8.65%；钙：0.91%；P_2O_7：0.49%；MgO：0.70%；Na：0.074%；K_2O：3.75%。植物化学分析表明，该植物含有碳水化合物、蛋白质、氨基酸、萜类化合物、生物碱、皂苷、单宁、类黄酮、类固醇、固定油和酚类（Kumar V，2015；Nagarjuna，S2015；Naik，BS2016）。Dactyloctenium aegyptium 也含有雌蕊甙类、草酸草酸盐、谷氨酸和谷氨酸天冬氨酸，胱氨酸和酪氨酸。5− 羟基嘧啶 −2,4（3H,5H）− 二酮；6′Glycerylasysgangoside, 和 2 氨基，2 甲基，（5,6 di 羟甲基），1,4 二恶烷 P. 羟基 benzaldhyde,tricin,Phydroxy benzoic acid,vanillic 酸，β − 谷甾醇 −3−O− β −D− 葡萄糖苷，asysgangoside 腺嘌呤，分离得尿苷和蔗糖。

Akram M.Kayed 2015 发现 12 种化合物：5−hydroxypyrimidine−2,4（3H,5H）− dione[6],6′Glyceryl asysgangoside[8],and 2 amino,2 methyl,（5,6 di hydroxymethyl），1,4 dioxane [11]were isolated for the first time from nature in addition tonine known compounds, P.hydroxy benzaldhyde[1], tricin [2],P.hydroxy benzoic acid[3], vanillic acid [4], β –sitosterol–3–O–β –D–glucoside [5],asysgangoside[7]adenine[9],uridine[10] and sucrose[12]，其中三种为新化合物。化合物 [7] 首次从家族中分离出来。Dactyloctenium aegyptium L. 的正己烷、乙酸乙酯和正丁醇部分显示出抗病毒，抗微生物和细胞毒活性的显著活性。乙酸乙酯部分似乎是最活跃的部分。

（2）药学研究。据报道，对一些菌株致病菌（即变形杆菌、大肠杆菌、蜡状芽孢杆菌、伤寒沙门氏菌、肺炎克雷伯菌、铜绿假单胞菌金黄色葡萄球菌）酵母（即白色念珠菌）具有抗菌活性（Abdallah El–Ghazali，2013）。虽然传统医疗上被广泛使用，但是治疗胃肠道疾病，即先前在药理学上评估了便秘可能的模式作用。目前的研究药理学潜在的粗乙醇提取物的溶剂部分提供了机械基础，其叶黄素用于胃肠道疾病，解除痉挛及腹泻（Khalid，2015）。

Sreedhar Naik 2015 研究了对雄性大鼠生育能力的影响，首先接受生理盐水并作为对照。第二、第三和第四组动物是以 200，400 和 600 mg/kg 体重的剂量给予 D.aegyptium 提取物的乙醇提取物分别为期 30 天。结果：体重无明显增加且显著减少睾丸、附属性器官的重量，减少精子数量，增加运动和观察到异常。一些血清生化参数显示出显著的变化，并且如同血清激素水平显著下降。结论：精子数量减少，生殖器官重量，血清激素水平和雌性大鼠的植入次数显示 D. aegyptium 的抗生育活性，具有剂量依赖性。

对胃肠道疾病的治疗作用：评估了 D.aegyptium 及其组分的粗提物，以合理化其在胃肠疾病中的用途。在自发收缩的兔空肠制剂中，D.aegyptium 发挥浓度依赖性的痉挛作用（0.01 ～ 0.1 mg/mL），然后在较高剂量（0.3 ～ 3.0 mg/mL）下发生解痉作用。用阿托品预处理组织制剂导致抑制痉挛反应。此外，D.aegyptium（1.0 mg/mL）引起离体兔空肠制剂中 K^+（80 mM0 诱导的痉挛性收缩松弛，Ca^{++} 剂量反应曲线向右平移（0.1 ～ 0.3 mg/mL）。这些发现与维拉帕米（一种标准的 Ca^{++} 通道阻滞剂）相当。溶剂 – 溶剂分馏反映了各自的水性和二氯甲烷级分中的痉挛和解痉作用的分离。上述发现反映了 D.aegyptium 乙醇提取物中存在胆碱能以及 Ca^{++} 通道阻断活性，从而为其民间用于便秘和腹泻提供了科学依据（Janbaz，Khalid Hussain，2015）。

（3）细胞学与形态学研究：（12）S K SACHDEVA 1981 研究指出，龙爪茅的三个 D1，D2，D3 形态显示出不同的结果染色体数目，即 n=20，23，27。穗状花序的数量和小穗草的长度，基本上表现出相似之处，但在小穗结构、解剖学，特别是化学研究等方面，存在足够的不连续性的分类标识，如图 56-2、图 56-3、表 56-1 所示。

图 56-2　龙爪茅的 D_1, D_2, D_3 形态

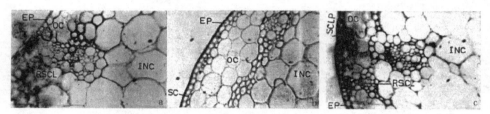

T.S. Stem. a D_1 form（n=20）；b D_2 form（n=23）；c D_3 form（n=27）X1500.（OC-Outer cortex；RSCL-Radial sclerenchyma layer, SC-Sclerenchyma cells, SCL-sclerenchyma layer, SCLP-Sclerenchyma patch, INC-Inner cortex.）OC- 外皮层；RSCL- 桡骨厚板层，SC- 厚板细胞，SCL- 厚板层，SCLP-Sclerenchyma 贴片，INC- 内皮层

图 56-3　三种类型 D_1, D_2, D_3 的解剖结构

表 56-1a　D. aegyptium 三种细胞型中游离氨基酸 μg/ g 鲜重的分析 Analysis of free amino acids μg/g of fresh weight in the three cytotypesof D. aegyptium）

Amino acid（μg/g）	D_1	D_2	D_3
Glitamic acid	2.8	1.8	4.4
Glycine and serine	1.9	2.0	8.8
		（glycine）	
Aspartic acid	4.6	2.4	5.2
Asparagine	0.40	0.80	0.68
α-Alanine	4.4	4.4	2.16
β-Alanine	0.8	2.6	—

Amino acid （μg/g）	D_1	D_2	D_3
Valine and methionine	0.8	1.0	2.4
Leucine and isoleucine	0.4	1.4	4.4
Threonine	—	2.2	4.4
Lysine + histidine	—	2.03.2	3.6
Arginine	—	0.5	4.0
–aminobutyric acid	—	1.8	—
Phenylalanine	—	—	15.6
Cystine + cysteine	—	—	5.6
Unidentified	—	—	0.01
UNidentified	—	—	3.4

表56-1b　D. aegyptium叶片中可溶性糖，蛋白质含量和aseorbie aeid的水平

Cytotype	Soluble sugars （mg/g of fr. wt.）			Protein content mg/g of fr. wt.	Conc. of ascorbic acid mg/100 g fr. wt.
	Sucrose	Glucose	Fructose		
D_1	5.60	0.800	8.400	1.70	20.10
D_2	0.400	4.00	1.60	4.00	3.37
D_3	—	4.00	7.20	2.60	13.40

（4）抑菌作用研究。Jebastella.J 2015 指出，dactyloctenium aegyptium 具有抗菌活性，对金黄色葡萄球菌，铜绿假单胞菌，大肠杆菌，肺炎克雷伯菌，普通变形杆菌具有明显抑制作用，图 56-5 为其抑菌圈图：Ali Esmail Al-Snafi2017 研究认为，具有抗标准的抗菌活性金黄色葡萄球菌，抗葡萄球菌的抗菌活性，大肠埃希氏菌，革兰氏阴性细菌大肠杆菌和铜绿假单胞菌和真菌菌株，熏蒸曲霉菌和白色念珠菌，对白色念珠菌的活性最高。对肝癌细胞（HepG-2），结肠癌细胞（HCT-116）和乳腺癌细胞（MCF-7）等具有抗增殖和细胞毒作用。所有的提取物表现出对人体的选择性生长抑制作用，肺癌（A549）和宫颈癌（HeLa）细胞相对于正常人肺 MRC-5 成纤维细胞 IC50 值在 202 ~ 845mg / mL 范围内。显然，HeLa 细胞对细胞更敏感提取物比 A549 细胞。而且，所有的提取物两种癌细胞系均诱导致

死率浓度接近 1 000 毫克 / 毫升，表明它们的浓度选择性细胞毒作用，如图 56-4 所示。

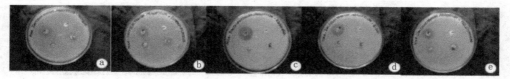

a Proteus vulgaris；b Staphylococcus aureus；c Klebsiella pneumoniae；d Escherichia aoli；e Pseudomonas aeruginosa

图 56-4　抑菌作用

（引自 Jebastella.J2015: Research Article Screening OF Antibacterial Activity in Medicinal Grass　Using Two Extract）

（5）生态学研究。该物种表现出形态变异，有三种生态型被认可。A 型是小型，B 型中间型，而 C 型大型。但是，每种形式都与不同的相关物种伴生生长，当然其中一些是所有形式的共同伴生种。这三种形式表现出来不同的发芽要求、生物干扰特征和水分胁迫压力。在土壤中随深度的增加发芽率降低。4 ～ 5 cm 深土壤几乎没有发芽。在黑暗中不发芽（10 ～ 25℃），C 型在连续的光照条件下，在玻璃温室内发芽。大多数发芽的结果实验表明，A 型发芽最少，其次是通过形式 B，而形式 C 具有最高的发芽。水分胁迫实验表明，在水分胁迫条件下，B 型表现最佳营养增长，但只有形式 C 型开花了（A,B,C 型见图 56-5、表 56-2）。

图 56-5　龙爪茅的三种生态型形态特征差异

表56-2　龙爪茅三种生态型的根、茎、叶、生长状况、茎尖及种子的差异比较

From A	From B	From C
1.Root system: 8–10 roots per tiller; Average rooting depth 10 cm.	Rooting at nodes of stolons; 10–15 roots at each node; average rotting depth 15cm	15 roots per tiller; rooting at node also; average rooting depth 25 cm
2.Cilms: 10–15 cm. high, occasionally 30 cm.	30–35 cm, occasionally 50 cm	45–50 cm. high, occasionally 60–80 cm; 1m according to Holm et al. (1977)
3.Growth pattern: Matforming tendency, diffused type	Stoloniferous type	Upright form in tufts with a little tendency to form stolons.
4.Leaf: Longest leaf is 20 cm	Longest leaf is 25 cm	Longest leaf is 35 cm
5.Spikes: Dark brown above and light green below, maroon coloration (Townrow, 1959); max. length 3 cm.	Slight brownish coloration but mostly dark green with short extended rachis; maximum length 4 cm.	Mostly green color Maximum length 6 cm.
6.Seed color: Reddish brown	Reddish brown	Greyish brown

Fig.1–SEM micrograph of Dactyloctenium aegyptium biomass (a) before treatment, (b) after treatment, (c) after adsorption of Cu (II). From Umra Khan2017.

（6）抗性生理。柯黄婷 2009 指出，其相对电导率（REC）、超氧化物歧化酶（SOD）活性和丙二醛（MDA）含量发生变化。结果显示，25 ～ 5℃温度处理，各材料基本不受伤害，REC,SOD 活性和 MDA 含量变化不明显。5 ～ 0℃条件下，各材料 REC 基本不变，但 SOD 活性下降，MDA 含量增加。0 ～ –16℃条件下，各材料随温度的降低，REC 迅速增加，SOD 活性迅速降低，而 MDA 含量升高。随海盐浓度的增加，除根的生长外，龙爪茅的生长和植株形态受到明显的抑制。海盐胁迫处理后，龙爪茅的比含量反应更迅速。海盐胁迫处理周后，龙爪茅和海滨雀稗的枝叶含水量均随海盐浓度的提高而下降，叶绿素含量先增加后降低，叶绿素确比变化不大。

（7）纳米复合材料的研制。Dactyloctenium aegyptium bio（DAB）是一种新型植物基材料，经过改良蒙脱石（MMT）黏土形成 DAB–MMT 纳米复合材料，作为吸附剂从水溶液中除去 Cu（II）离子。在各种有毒重金属中，铜含量严重对环境和人类健康造成威胁。铜是一种神经毒性重金属，与身体和精神疾病有关暴露引起呕血（呕血）的症状，低血压（低血压）、黑便（黑色"柏油"粪便）、昏迷、黄疸（皮肤发黄的色素沉着）和胃肠道苦恼。MMT 是一个广泛用作黏土矿物蒙脱

石组的成员纳米复合材料的合成增强，因为它符合环保的要求，随时可以大量供应，价格相对较低成本。在目前的交流中，Dactyloctenium 的合成通过化学方法制备生物质（DAB）-MMT 纳米复合材料已经报道了在水性介质中并描述了吸附这种经济型 DAB-MMT 纳米复合材料的潜力，能有效地去除有毒的铜离子。

参考文献

[1] JANBAZ K H, SAQIB F. Pharmacological Evaluation of Dacty/Octenium Aegyptium: Anindigenous Plant Used to Manage Gastrointestinal Ailments[J]. Bangladesh J Pharmacol 2015; 10: 295–302.

[2] KHAN A V. Ethnobotanical Studies on Plants with Medicinal and Anti–Bacterial Properties [M]. Aligarh Muslim University Aigarh, India. 2002.

[3] GHANI A. Medicinal Plant of Bangladesh with Chemical Constituents and Uses[M] .2nd ed Asiatic Society of Bangladesh, Dhaka, Ramna, 2003: 184.

[4] SREEDHAR N B DANGI N B, SAPKOTA H P, et al. Phytochemical Screening and Evaluation of Anti – Fertility Activity of Dactyloctenium aegyptium in Male Albino Rats[J]. Asian Pacific Journal of Reproduction, 2016; 5（1）: 49–54.

[5] JEBASTELLA J, REGINALD A M. Research Article Screening of Antibacterial Activity in Medicinal Grass （Dactyloctenium Aegyptium） Using Two Extract[J]. International Journal of Recent Scientific Research Research, 2015（7）: 5046–5048.

[6] SHARMA B M, CHIVINGE A O. Contributions to the Ecology of Dactyloctenium aegyptium （L.）P. Beauv. Journal of Range Management, 1982（35）: 3.

[7] PANDYA P A Study of the Weed Flora of Some Cultivated Fields of Bharuch District[M]. PhD Thesis, Saurashtra University, 2009.

[8] KUMAR V, BANU RF, BEGUM S, et al. Evaluation of Antimicrobial Activity of Ethanolic Extract of Dactyloctenium aegyptium[J]. IJPR, 2015, 5（12）: 338–343.

[9] NAGARJUNA S, MURTHY T E, SRINIVASA R A. Preliminary Phytochemical Investigation and Thinlayer Chromatography Profiling of Different Extractsand Fractions of Dactyloctenium Aegyptium[J]. IJAPR, 2015; 6（5）: 106–112.

[10] NAIK B S, DANGI N B, SAPKOTA P, et al.Phytochemical Screening and Evaluation of Antifertilityactivity of Dactyloctenium aegyptium in Male Albino Rats[J]. Asian Pacific Journal of Reproduction, 2016, 5（1）: 51–57.

476

[11] AL-SNAFI A E. The Pharmacological Potential of Dactyloctenium Aegyptium– a Review[J]. Iajps, 2017, 4（1）, 153-159.

[12] SACHDEVA S K, KALS R. Cytologie, Morphologie and Ehemotaxonomic Studies in Dactyloctenium aegyptium（L.）Beauv. Eomplex. Proc[J]. Indian Acad. Sci.（Plant Sci.）, 1981（3）: 217-225.

[13] KAYED A M, ELGHALY E M, EL-HELA A A, et al. New Epoxy Megastigmane glucoside from Dactyloctenium aegyptium L. P. Beauv Wild（Crowfootgrass）[J]. Journal of Scientific and Innovative Research, 2015 4（6）: 237-244

[14] 柯黄婷, 沈益新. 龙爪茅与海滨雀稗抗寒性比较[J]. 草原与草坪, 2009,（4）: 7-11.

[15] UMRAKHAN, RIFAQAT,ALIKHAN R. Dactyloctenium Aegyptium Biomass（DAB）-MMT <D CrossMark Nano-composite: Synthesis and its Application for the Bio-sorption of Cu（Ⅱ）Ions from Aqueous Solution[J]. Process Safety and Environmental Protection, 2017（3）: 409-419.

[16] CHAUHAN B S. Crowfootgrass（Dactyloctenium aegyptium）Germination and Response to Herbicides in the Philippines[J]. Ticle Weed Science, 2011（10）: 512-516.

[17] HUSSAIN J K, FATIMAS. Pharmacological Evaluation of Dactyloctenium Aegyptium: An Indigenous Plant Used to Manage Gastrointestinal Ailments[J]. Bangladesh Journal of Pharmacology, 2015, 10（2）: 295-302.

五十七、鸭嘴草

（一）学名解释

Ischaemum aristatum L. var. *glaucum*（Honda）T. Koyama ，属名：Ischaemum，iacho，止血。haima,血，指某些物种具有止血的功能。鸭嘴草属，禾本科。种加词：aristatum，有芒的。变种加词：glaucum，光滑的。命名人：T. Koyama= 小山鐵夫 Tetsuo Michael Koyama，日本植物分类学家。日本牧野植物园小山鐵夫（Tetsuo Koyama）园长。《台湾植物志》编辑委员会成员。

学名考证：*Ischaemum aristatum* var. *glaucum*（Honda）T. Koyama in Journ. Jap. Bot. 37（8）：239. 1962；中国高等植物图鉴 5: 191. 1976. in annot.；江苏植物志，上册：244. 图 420. 1977.—Ischaemum crassipes var. glaucum Honda in Journ. Fac. Sci. Univ. Tokyo sect. Ⅲ. Bot. 3: 355. 1930.—Ischaemum crassipes var. pilipes Zhao in Acta Bot. Yunn. 5（4）：343. 1983, syn. nov.—Ischaemum crassipes auct. non（Steud.）Thell.: 中国主要植物图说·禾本科 794. 图 741. 1959；台湾植物志 5: 668. 1978.

Tetsuo Michael Koyama 1962 年在刊物 *The Journal of Japanese botany* 上组合了物种 Ischaemum aristatum var. glaucum（Honda）T. Koyama, Honda1930 年在刊物 *Journal of the Faculty of Science,University of Tokyo* 发表了物种 Ischaemum crassipes var. glaucum Honda 为异名。《中国高等植物图鉴》（1976）在附注内记载了此物种。《江苏植物志》（1977）记载了该物种。

赵惠如 1983 年在刊物《云南植物研究》（*Acta Botanica Yunnanica*）发表新物种 Ischaemum crassipes var. pilipes Zhao 为异名。

《中国主要植物图说·禾本科》（1959）、《台湾植物志》（1978）所记载的名称 Ischaemum crassipes（Steud.）Thell. 为错误鉴定。并非奥地利植物学家 Albert Thellung 所发物种。

（注：Syn.=synonymia, 同物异名。Nov. 新的，意思为新同物异名。Var. 为变种之意。sect. Ⅲ. 为第三册；annot.=annotatione 在附注内）

（二）形态特征

鸭嘴草形态特征如图 57-1 所示。

多年生草本。秆直立或下部斜升，高 60～80 cm，直径约 2 mm，节上无毛或被髯毛。叶鞘疏生疣基毛；叶舌长 2～3 mm；叶片线状披针形，长可达 18 cm，宽 4～8 mm，先端渐尖，基部楔形，边缘粗糙，两面被疣基毛或变无毛。总状花序互相紧贴成圆柱形，长 4～6 cm；总状花序轴节间和小穗均呈三棱形，外侧棱上有白色纤毛，内侧无毛或略被毛。无柄小穗披针形，长 7～8 mm；第一颖先端钝或具 2 微齿，上部 5～7 脉，边缘内折，两侧具脊和翅，翅缘粗糙，下部无毛；第二颖等长于第一颖，舟形，先端渐尖，背部具脊，边缘有纤毛，下部无毛；第一小花雄性，稍短于颖；外稃纸质，先端尖，背面微粗糙，具不明显的 3 脉；内稃膜质，具 2 脊；第二小花两性，外稃长约 5 mm，自先端深 2 裂至中部；齿间伸出长约 10 mm 的芒；芒于中部以下膝曲，芒柱通常不伸出小穗之外；雄蕊 3；花柱分离。有柄小穗较无柄小穗短小，雄性或退化为中性，其第二小花外稃有时具短直芒。花果期夏秋季，如图 57-1 所示。

与原变种的区别：叶舌长 3～4 mm，总状花序轴节间和小穗柄的外棱上无纤毛；无柄小穗第一颖上部两侧无翅或仅有极窄的翅，先端渐狭而具 2 微齿；第二小花外稃先端 2 浅裂，齿间伸出短而直的芒或较裂齿短的小尖头；芒隐藏于小穗内或稍露出。花果期在夏秋季。

a 植株；b 花序；c 雄蕊

图 57-1 鸭嘴草

（三）研究进展

生态学研究：Zhe Wang（2012）研究指出，水淹对该植物种子萌发具有促进作用作用，在没有水淹的裸地上，绝没有种子发芽，即使多添加种子。可见水淹对种子发芽的促进作用。

参考文献

[1] Zhe Wang, Jun Nishiniro, Izumi Washitani. Regeneration of Native Vascular Plants Facilitated by Ischaemum Aristatum var. Glaucum Tussocks: an Experimental Demonstration[J]. Ecol Res, 2012（27）：239-244.

[2] 赵惠如. 中国鸭嘴草属的新禾草 [J]. 云南植物研究, 1983, 5（4）：343-354.

五十八、盐地鼠尾粟

（一）学名解释

Sporobolus virginicus（L.）Kunth, 属名：Sporobolus, 由两部分（Spora，孢子；bole，投、掷）组成。鼠尾粟属，禾本科。种加词：virginicus, 属于维吉尼亚（洪都拉斯的城镇，位于该国西南部，由伦皮拉省负责管辖，始建于 1889 年）的。命名人：Kunth=Carl Sigismund Kunth, 是德国植物学家。他是第一个研究和分类来自美洲大陆的植物的人之一。出生于莱比锡的 Kunth 于 1806 年在柏林成为商人。然而，在参加了柏林大学亚历山大·冯·洪堡的讲座之后，Kunth 开始对植物学感兴趣。Kunth 从 1813 年到 1819 年在巴黎担任洪堡的助手，在此期间，他将洪堡和 AiméBonpland 在美洲旅行期间收集的植物进行分类。当 Kunth 于 1820 年回到柏林时，他凭借优秀的植物学成就被聘为柏林大学植物学教授以及植物园副院长。1829 年，他当选为柏林科学院院士。1829 年，他乘船前往南美洲，在三年的时间里，他访问了智利、秘鲁、巴西、委内瑞拉、中美洲和西印度群岛。1850 年他去世后，普鲁士政府收购了他的植物收藏品，后来成为柏林皇家植物标本室的一部分。

学名考证：*Sporobolus virginicus*（L.）Kunth, Rev. Gram.1: 67.1829; Hook. f. Fl. Brit.Ind.7: 249.1896; Rendle in Journ. Linn. Soc. Bot. 36: 389.1904; 中国主要植物图说·禾本科 568. 图 499.1959; Bor,Grass.Burm.Ceyl.Ind.Pakist.634.1960; 中国高等植物图鉴 5: 858. 图 7123.1976; 台湾的禾草 445. 图 118.1975; 台湾植物志 5.504. 图 1412.1978.—Agrostis virginica L. Sp. Pl. ed. 1, 63. 1753.—Vilfa virginica（L.）Beauv. Ess Agrost.16: 182.1812.—Agrostis juncea Lam. Tab. Encycl. Meth. Bot.1: 161.1791.—Agrostis pungeus auct. non Schreb.: Muhl. Descr. Gram.72.1817.—Sporobolus littoralis（Lam.）Kunth, Rev. Gram. 1: 68,213.1829.

德国植物学家 Carl Sigismund Kunth 1829 年在著作 *Revision des graminees* 等

上发表了物种 Sporobolus virginicus（L.）Kunth，这个为组合名。1753 年，林奈在其《植物种志》中记载了 Agrostis virginica L.，Kunth 在研究的基础上认为，该物种应归于 Sporobolus 属，故加以重新组合。英国植物学家和探险家、地理植物学的创始人、达尔文最亲密的朋友 Joseph Dalton Hooker 1896 年在 *The Flora of British India* 中记载了该物种。植物分类学家 Rendle Alfred Barton 1904 年在杂志 *The Journal of the Linnean Society of London .Botany* 中记载了该物种。《中国主要植物图说・禾本科》（1959）记载了该物种。《中国高等植物图鉴》（1976）记载了该物种。《台湾的禾草》（1975）记载了该物种。《台湾植物志》（1978）记载了该物种。

　　植物学家 Norman Loftus Bor 1960 年在刊物 *Grasses of Burma, Ceylon, India and Pakistan* 上也沿用了此名称。

　　法国博物学家 Palisot de Beauvois 1812 年在刊物 *Palisot de Essai d'une nouvelle agrostographie* 上记载的物种名称 Vilfa virginica（L.）Beauv. 为异名（非此物种）。

　　法国博物学家 Jean-Baptiste Lamarck 1791 年在刊物 *Tableau Encyclopedique Et Methodique Botanique Premiere Livraison* 发表物种 Agrostis juncea Lam. 为异名。

　　美国植物学家 Henry Ludwig Muhlenberg 1817 年在刊物 *Descr Gramineae* 中记载 Agrostis pungeus Schreb. 为错误鉴定。

　　Carl Sigismund Kunth 在 1829 年的组合名 Sporobolus littoralis（Lam.）Kunth 为异名（发表于 *revision des graminees*）。

　　英文名称：Seashor Dropseed

　　别名：针子草、铁钉草

（二）研究历史

　　盐地鼠尾粟是一种分布于热带的世界性盐生 C_4 植物。盐地鼠尾粟具有经济开发价值，对稳定海岸线，维护堤岸，防风固沙具有重要意义另有牧草开发价值。在沿着美国东南沿海地区有两个遗传基因不同的生态型，被称为"沼泽"和"沙丘"型。沼泽形式，被希区柯克描述为模式类型标本（1971 年），生长于盐沼中，高 10 ～ 40 cm（盐田边缘和红树林边缘）。沙丘类型被希区柯克（Hitchcock，1971）列为一个健壮的形式。它在沙地上长到一米高（海滩和沿海沙丘），有更宽的叶子和比沼泽形式更厚的茎。（Hitchcock AS 1971）并以其具有一系列染色体数目分为不同变体：$2n=20,30,31,40,50$ 和 60（Smith-White AR（1988））。该物种被归属于鼠尾粟属，包括 88 种。盐地鼠尾粟不仅有种子繁殖，也通过根茎和匍匐茎的无性繁殖。由于它们高度耐盐水平而广泛引起了人们的注意，高达 1.5m NaCl

（Naidoo and Naidoo, 1998; Tada et al. , 2014）。与耐盐性协同的生理机制，包括从盐腺分泌过量的盐到叶子表面；积累兼容的溶质，如甘氨酸甜菜碱，脯氨酸和渗透调节的糖；控制 Na$^+$，Cl$^-$ 和调节 K$^+$ 流入 / 流出。通过 S. virginicusRAN 测序的结果揭示了其耐盐机制。进一步的遗传和分子分析可以揭示出耐盐基因对于盐度调控的分子机制。

（三）形态特征

盐地鼠尾形态特征如图 58-1 所示。

多年生。须根较粗壮，具木质、被鳞片的根茎（干时黄色）。秆细，质较硬，直立或基部倾斜，光滑无毛，高 15 ～ 60 cm，基部径 1 ～ 2 mm，上部多分枝，基部节上生根。叶鞘紧裹茎，光滑无毛，仅鞘口处疏生短毛，下部者长于节间，上部者短于节间；叶舌甚短，长约 0.2 mm，纤毛状；叶片质较硬，新叶和下部者扁平，老叶和上部者内卷呈针状，长 3 ～ 10 cm，宽 1 ～ 3 mm，顶生者变短小，背面光滑无毛，上面粗糙。圆锥花序紧缩穗状，狭窄成线形，长 3.5 ～ 10 cm，宽 4 ～ 10 mm，分枝直立且贴生，下部即分出小枝与小穗；小穗灰绿色或变草黄色，披针形，排列较密，长 2 ～ 3 mm，小穗柄稍粗糙，贴生；颖质薄，光滑无毛，先端尖，具 1 脉，第一颖长约 2.5 mm，第二颖长 2 ～ 2.5 mm；外稃宽披针形，稍短于第二颖，先端钝，具 1 明显中脉及 2 不明显的侧脉；内稃与外稃等长，具 2 脉；雄蕊 3，花药黄色，长 1 ～ 1.5 mm。染色体 2n=18（Avdulov）。花果期 6—9 月。

a、b 植株；c、d 花序

图 58-1　盐地鼠尾粟

（四）分布

产于广东、福建、浙江、台湾等省，分布于西半球的热带区域。模式标本采自美国弗吉尼亚州。

（五）生态习性

生于沿海的海滩盐地上、田野沙土中、河岸或石缝间。Robert I. Lonard, Frank W. Judd and Richard Stalter（2013）研究认为，它是初生沙丘、原始沙丘、河间凹陷、盐沼、咸淡水沼泽中的重要物种以及盐田的边缘，它通常是一个优势种。盐地鼠尾粟是一种盐溶性植物，能耐受 3 ～ 94‰的可溶盐。pH 值为 6 ～ 8.8。该物种对冰冻敏感（-2.5℃），无硬化能力。也被称为海滨落叶播种，幼苗对潮汐淹没很敏感，但是已建成的植物不受涝渍条件的影响。该物种对控制海滩侵蚀和海水侵蚀非常重要，用于稳定砂质基质。盐地鼠尾粟的林分为牲畜和野生动物提供食物。

（六）繁殖方法

盐地鼠尾粟不仅繁殖种子，也可以通过根状茎及匍匐茎进行无性繁殖。

（七）应用价值

①生态学价值。盐地鼠尾粟根茎木质而非常发达，蔓延迅速，是用作海边或沙滩的防沙固土植物。具有匍匐的根茎，能够固着泥土，起到防风固沙的作用，对于保护沿岸生态环境具有重要生态意义，是生态系统食物链中基础环节。②其茎叶可以作为牲畜饲料，适口性好，多用于放牧。③由于其根茎具有匍匐生长的特性，植物的覆盖性很好，而且具有耐践踏的特点，所以适于制作草坪。

（八）研究进展

（1）耐盐基因的研究。Yuichi Tadaa（2019）研究指出，盐地鼠尾粟是一种在全球范围内发现的盐生 C4 草，从热带到温暖的温带地区，基因型显示盐度耐受性高达 1.5M NaCl，甚至可耐受高于海水 3 倍的盐度。为了确定参与调节盐地鼠尾粟耐盐性的关键基因，我们产生 3 500 个独立的转基因拟南芥系，表达来自弗氏乳杆菌的随机 cDNA 并进行筛选。在含有 150 mM 的培养基中，与野生型相比，显示出增强耐盐性的 10 个品系氯化钠。在所选择的品系中，两个含有编码富含甘氨酸的 RNA 结合蛋白的 cDNA（SvGRP1 和 SvGRP2）。通过表达 SvGRP1 转录组学分析和 GO 富集分析，显示出其生物合成及代谢途径为，盐胁迫下拟南芥多元醇上调和硫代葡萄糖苷和吲哚下调的模式。SvGRP1 转化体的代谢组学分析表明 3-氨基丙酸，柠檬酸和异柠檬酸含量的增加与增强有关耐盐性。

Naoki Yamamoto（2015）指出，在正常和盐水条件下进行了光照对盐地鼠尾粟基因型的根和芽高通量 RNA 测序。1.3 亿短读数汇编成了 444 242 单基因。转录组与水稻和拟南芥的比较分析转录组揭示了 6 种草坪草特异性单基因编码转录因子。有趣的是，它们都显示出根特异性表达，其中 5 个编码 bZIP 型转录因子。盐地鼠尾粟的另一个显著的转录特征是盐胁迫下特定途径的激活。途径丰富分析表明氨基酸、丙酮酸和磷脂的转录激活代谢。上调几种单基因，以前显示对盐有反应，还观察到其他盐生植物的胁迫。基因本体富集分析揭示了单基因被指定为响应水分胁迫的蛋白质，如脱水蛋白和水通道蛋白以及阳离子，氨基酸和柠檬酸等转运蛋白和 H^+-ATPase 在盐度下的芽和根中均上调。草坪草细胞富集途径的对应分析，而不是水稻细胞显示两组单基因同样在草坪草中上调响应盐胁迫；包括在盐度下过度上调的其中一个群体单基因同系物对其他盐生植物的盐度响应基因。因此，现在研究确定了涉及盐地鼠尾粟耐盐性的候选基因。

Cattarin Theerawitaya（2018）研究指出，植物特异性 DREPP 蛋白结合 Ca^{2+} 并调节 N-豆蔻酰化信号和微管拟南芥中的聚合反应。然而，关于其他植物中 DREPP 蛋白的信息很少。在现在研究中，从盐生草（Sporobolus virginicus）中分离出 DREPP 基因，并检测该基因是否参与了碱性盐胁迫反应。通过 RACE 方法从盐地鼠尾粟克隆 SvDREPP1。分离的基因显示高与 C_4 草，小米和黍（Panicum hallii）以及水稻（OsDREPP1）的 DREPP 同源物同源。编码蛋白质含有 202 个氨基酸残基。它在大肠杆菌中表达，并研究其生化特性。它是观察到 SvDREPP1 不仅是 Ca^{2+} 结合蛋白，还与钙调蛋白和微管结合。SvDREPP1 在碱性盐胁迫下生长的植物中的 mRNA 表达在 48 小时之后，在叶组织中比对照上调 3.5 倍。而在 36 小时在根组织中增加 6.0 倍。数据表明 SvDREPP1 的重要性调节叶片组织中的碱盐胁迫响应。

（2）盐腺的研究。Y. Naidoo and G. Naidoo（2002）研究了其盐腺的结构，如图 58-2、图 58-3 所示。

（3）盐度对生理及形态的影响研究。K.C. Blits 和 J.L. Gallagher（1991）研究表明，从盐生草存在两种生态型：沙丘型和沼泽型，盐度诱导减少秆高度，节间长度和叶片大小导致沼泽和沙丘植物的小型化。

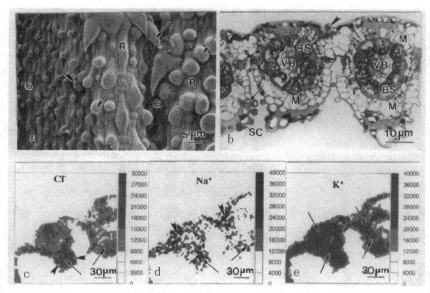

a 盐腺的扫描图像（箭头），R 为脊，G 为沟；b 叶横切显微图像，BS 为维管束鞘细胞，VB 为叶肉细胞。
c、d、e 分别为 Cl、Na、K 在叶肉细胞中的分布图像

图 58-2　盐地鼠尾粟盐腺

图 58-3　盐地鼠尾粟盐腺分泌的盐分积累

　　钠离子水平低（<1.0 mmol/g 干重）条件下，不论生态型如何，盐渍植物的各种器官，在所有盐胁迫下，钾离子含量增加，季铵化合物、脯氨酸也是如此。但是，两者之间存在重大差异，沼泽和沙丘植物的影响盐度对资源配置，开花物候和蛋白质组成提示外盐浓度在确定生态型分布方面发挥着作用。

　　L. A. Donovan 研究指出，在好氧处理中，盐度从 0 增加到 30 ppt 减少生物量和高度，以及每株植物的穗数。增加盐度使植物相形见绌而没有显著改变地下 / 地上比率。

　　BYK. B. Marcum（1992）指出，芽对 K 超过 Na 具有选择性，随着增加而保

持相当恒定的 K 浓度盐度，在高盐度下产生相对高的 K/Na 比。增加 NaCl 刺激了积累根中的 K，可能在高盐度下作为 K 的储库。Na 和 Cl 积累是严格控制，不超过渗透调节所需的水平，部分原因是叶盐的离子分泌腺体。在高达 450 mM NaCl，渗透性的盐度下刺激根生长芽的调节主要是由于 Na、Cl，并且溶解碳水化合物积累，虽然轻微在高盐度下，减少枝条多汁可能起到了次要作用。甜菜碱较少，尽管是葫芦巴碱，但在盐度增加的枝条组织中积累的丙烯和葫芦巴碱的程度浓度不足以起到显著渗透作用。

G. Naidoo，S.G. Mundree（1993）研究了涝渍和盐度对盐地鼠尾栗 Sporobolus virginicus（L.）Kunth 形态和生理响应的影响。使植物经受四种盐度水平（0、100、200 和 400 mol m–3 NaCl）盐胁迫及两种土壤淹没条件（排水和淹水）水胁迫，持续 42 天。0 浓度 molm–3 NaCl 处理并且淹水条件下可导致其多数不定根萌生，内部通气组织增加和植物高度增高，乙醇脱氢酶活性（ADH）以及地下生物量减少同时单株茎数也减少。在排水条件下，盐度从 0 增加到 400 mol m–3 NaCl，其叶和根脯氨酸浓度增加，光合作用降低，地上生物量，单株茎数和每茎节间数同时减少。当同时发生的涝渍和盐分诱导时，ADH 活性增加不定根表根增多，但明显降低了株高和地上生物量。随着浸水量增加，盐度从 0 增加到 100 mol m–3 NaCl，内部通气组织增加，但盐度进一步增加至 400 mol m–3 反而减少了通气组织空间。然而，涝渍和盐碱胁迫的共同作用对光合作用及叶与根中脯氨酸的浓度没有影响。

G. Naidoo 和 S. Naidoo（1993）研究认为，洪水显著降低了土壤氧化还原电位，诱导不定根发生，资源转移从地下部分到地上部分，但不影响总生物量积累，显著降低了地下 / 地上生物量比。虽然土壤涝渍 30 小时后显著增加了乙醇脱氢酶活性（ADH），显著增加了根茎中央空间，达到横截面 45% ～ 50%。茎区待消除了根部缺氧后，ADH 活动减少到相当于排水控制 42 天后的水平。此外，淹水植物显著提高了二氧化碳同化率，但其相对生长率（RGR）与排水控制前相似。

Hester L. Bell（2003）研究了盐刺激植物的生长，最佳生长发生在 100 ～ 150 mmol/L NaCl，不依赖于氮水平或伴随着氮的积累 Na 在叶子里。在 450 mmol/L NaCl 下生长的植物中的生物量积累和 RGR（细胞增殖率）大于在 5 mmol/L 下生长的植物中的生物量积累和 RGR。叶片中的 Na 和 K 比率低于根部，表明在 Na 和 K 转运中存在不平衡（如图 58-4 与表 58-1 所示）。

（4）分株克隆研究进展。Elena Balestri 和 Claudio Lardicci（2013）研究表明，水平根茎在三个不同的节间位置被切断，相对于顶点来说每一部分都处于独立干扰范围，并且顶端部分处于三个月的掩埋环境（环境与频率增加）。四个连续分株与完整根茎部分进行比较。

a 为 5 mmol/L；b 为 125 mmol/L；c 为 450 mmol/L 生长 4 周后的高度刻度在背景上

图 58-4　盐度对生长的影响

表58-1　盐地鼠尾粟细胞增殖及地上生物量与地下生物量及其比值

NaCl concentration	RGR	Aboveground biomass	Belowground biomass	Ratio
5	0.02 ± 0.01^A	0.39 ± 0.33^A	0.42 ± 0.19^A	1.35 ± 0.49^A
50	0.04 ± 0.02^{AB}	1.89 ± 1.93^A	1.60 ± 0.72^{AC}	0.92 ± 0.37^{AB}
100	0.07 ± 0.02^B	7.94 ± 6.51^B	6.39 ± 2.28^B	0.78 ± 0.08^B
150	0.07 ± 0.02^B	7.66 ± 6.40^B	6.26 ± 2.13^B	0.74 ± 0.25^B
300	0.06 ± 0.01^{AB}	3.48 ± 2.17^{AB}	3.25 ± 0.71^{ABC}	0.97 ± 0.08^{AB}
450	0.04 ± 0.01^{AB}	1.12 ± 0.48^A	0.99 ± 0.15^A	0.98 ± 0.39^{AB}
Statistic				
F	8.93	4.67	4.16	2.69
P	< 0.0001	0.004	0.007	0.04

　　顶端部分在第三个部分附近切断节间后没有存活，它们的移除不会增强它们各自基部的分枝。切断第六或第十二节间时不影响顶端部分的存活和根茎延伸，但抑制了分株生产和减少总生物量和特定芽生长。它们的去除增强了分枝和在基部生产分枝数量，并改变了原始的根茎生长轨迹。但是，基部分株数量的增加从未补偿顶端部分分株数的减少。经常性沙埋增加了生物量分配到根部组织。沙埋也刺激根茎延伸，但仅在完整的根茎，表明干扰与掩埋效应相互作用并抵消。这些结果表明干扰和掩埋相结合，降低了从盐生草的再生成功率和扩散能力。

　　（5）遗传多样性研究。Chisato Endo 2017 研究表明，简单序列重复（SSR）标记是信息量大，广泛用于遗传学研究和植物育种。从盐生草是一种盐生植物草坪草，显示出对盐度的高耐受性，高达 1.5M NaCl。在本研究中，我们在 48 512 转录组上开发了来自 RNA 测序数据的重叠群的 33 个随机选择的 148 411 个 SSR 标记，其中 23 个（69.7%）得到精准扩增，平均在盐地鼠尾粟中检测到每个标记 1.25 个等位基因。这些标记也通过比较了 19 个不同属的多态性、禾本科的物种、基因型，导致高转移率的百分比（40%）的顺序，从这些属、种、基因型扩增产物，揭示了高水平的序列相似性；但是，替换，删除和插入是不仅在 SSR 中检测到，而且存在于他们的侧翼序列。这是关于来自盐地鼠尾粟的标记开发 SSR 的第一项研究。这些 SSR 标记可用于绘制基因和盐地鼠尾粟的繁殖和用于比较跨越禾本科属 / 种、基因型的基因组学。

（6）生态系统研究。Vincent Raoult 2018 研究了其在生态系统中的能量贡献，指出河口渔业生产力依赖许多因素，包括食物网中食物来源的初级生产者和以植物为食的小型动物构成的初级生产者。在这项研究中，我们使用稳定同位素贝叶斯混合模型中的比率来估计初级生产者对河口渔业的贡献。C4 植物 Sporobolus virginicus 的贡献最大，支持了几乎所有场所和不同时间的消费者饮食（25% ～ 95%）。

（7）关于钾转运蛋白的研究，已经提出 II 类高亲和力钾转运蛋白（HKT）介导植物中的 Na^+–K^+ 共转运，以及在 K^+ 缺乏和盐水环境下的 Na^+ 和 K^+ 稳态。我们从盐生草皮草（Sporobolus virginicus）中鉴定了 II 类 HKT，分别称为 SvHKT2，1 和 SvHKT2，2（SvHKTs）。通过 NaCl 处理盐地鼠尾粟后，上调了 SvHKT2 及 2 的表达，而 K^+ 饥饿导致 SvHKT2；1 表达上调，并且通过 NaCl 处理 SvHKT2；1 表达下调。定位分析显示 SvHKT 主要靶向是质膜。SvHKT 补充了突变体酵母中的 K^+ 摄取缺陷，并且在非洲爪蟾卵母细胞中显示出向内和向外的 K^+ 和 Na^+ 转运活性。当在拟南芥中组成型表达时，SvHKTs 在 K^+– 缺乏条件下介导芽中的 K^+ 和 Na^+ 积累，并且转化体的木质部汁液中的 K^+ 浓度也高于野生型植物中的 K^+ 浓度。这些结果表明转运蛋白增强的 K^+ 和 Na^+ 从木质部薄壁细胞上传到木质部。总之，我们的数据证明 SvHKT 介导 X.laevis 卵母细胞中的向外和向内 K^+ 和 Na^+ 转运，并且可能在植物和酵母细胞中介导，这取决于离子条件。

（8）克隆生长的研究。Elena Balestri and Claudio Lardicci 2013 研究了物理扰动和沙埋增加对沿海沙丘系统中克隆生长和空间定殖的影响，如图 58-5 所示，在根状茎上不同位置的切割及沙埋对分株的影响。

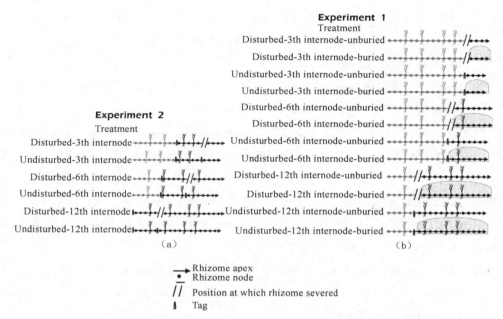

a 实验1: 在实验开始时，由根茎互连和节点组成的 Sporobolus virginicus 水平顶端根状茎段的图解表示。 在受干扰的处理中，用平行线表示根茎与亲本克隆人工断开的位置（来自顶端分生组织的第三，第六或第十二节间）。在对照（未受干扰）中，标记根状茎的点用弯曲箭头表示。 在该实验中考虑的顶端部分显示为黑色，而与亲本克隆连接的其余根茎部分显示为灰色。 在埋葬处理中，被沙子覆盖的根尖部分用阴影区域表示。

b 实验2: 在实验开始时，由根茎互连和节点组成的 Sporobolus virginicus 水平顶端根状茎段的图解表示。 在受干扰的处理中，用平行线表示根茎与亲本克隆人工断开的位置（来自顶端分生组织的第三，第六或第十二节间）。在对照（未受干扰）中，标记根状茎的点用弯曲箭头表示。 在受干扰的处理中，基部保持附着于亲本克隆，在该实验中考虑的是在平行线和弯曲箭头之间。 在对照（未受干扰）中，保持附着于亲本克隆的基部包含在两个连续的弯曲箭头之间。

图 58-5　物理扰动和沙埋增加对沿海沙丘系统中克隆生长和空间定殖的影响

参考文献

[1] TADAY , KAWANO R, KOMATSUBARA S, et al. Functional Screening of Salt Tolerance Genes from a Halophyte Sporobolus virginicus and Transcriptomic and Metabolomic Analysis of Salt Tolerant Plants Expressing Glycine-rich RNA-binding Protein[J]. Plant Science, 2019（278）: 54-63.

[2] NAIDOO Y, NAIDOO G. Elemental Distribution in Leaves of Sporobolus Virginicus Using Nuclear Microprobe[J]. Microsc. Microanal, 2002,8（suppl.2）.

[3] BLITS K C , GALLAGHER J L. Morphological and Physiological Responses to Increased Salinity in Marsh and Dune Ecotypes of Sporobolus virginicus （L.） Kunth[J]. Oecologia, 1991, 87:330-335.

[4] HITCHCOCK A S . Manual of the Grasses of the United States. [M]. New York: Dover Publications:1971, 418.

[5] BREEN C M, EVERSON C, ROGERS K. Ecological Studies on Sporoblus Virginicus（L） Kunth with Particular Reference to Salinity and Inundation[J]. Hydrobiologia vol,1977, 54（2）:135-140.

[6] BALESTRI E, LARDICCI C. The Impact of Physical Disturbance and Increased Sand Burial on Clonal Growth and Spatial Colonization of Sporobolus Virginicus in a Coastal Dune System[J]. August, 2013（8）:1-14.

[7] LONARD R, JUDD F W, STALTER R. The Biological Flora of Coastal Dunes and Wetlands:Sporobolus virginicus （C. Linnaeus） K. Kunth. Journal of Coastal Research, 2013,29（3）: 706-716.

[8] DONOVAN L A. Morphological Responses of a Marsh Grass,Sporobolus Virginicus （L.） Kunth[J]. To Saline and Anaerobic Stresses. Wetlands, 1985（5）:1-11.

[9] ENDO C, YAMAMOTO N, KOBAYASHI M, et al. Development of Simple Sequence Repeat Markersin the Halophytic Turf Grass Sporobolus virginicus and Transferable Genotyping Across Multiple Grass Genera Species Genotypes[J]. Euphytica, 2017, 213:56.

[10] SMITH-WHITE A R .Sporobolus Virginicus （L.） Kunth in Coastal Australia:the Reproductive Behaviour and the Distribution of Morphological Types and Chromosome Races[J].Aust J Bot .1988, 36:23-39.

[11] NAIDOO G, NAIDOO Y.Salt Tolerance in Sporobolus virginicus:the Importance of Ion Relations and Salt Secretion[J].Flora .1998, 193:337-344.

[12] NAIDOO Y, NAIDOO G. Sporobolus Virginicus Leaf Salt Glands:Morphology and ultrastructure.[J] S Afr J Bot, 1998（64）:198-204.

[13] TADA Y, KOMATSUBARA S, KURUSU T. Growth and Physiological Adaptation of Whole Plants and Cultured Cells from A Halophyte Turf Grass under Salt Stress[J]. AoB Plants, 2014,（6）:041.

[14] YAMAMOTO N, TAKANO T, TANAKA K, et al. Comprehensive analysis of transcriptome response to salinity stress in the halophytic turf grass Sporobolus

virginicus[J]. Frontiers in Plantence, 2015（6）: 1–14.

[15] MARCUM B B, MURDOCH C L. Salt Tolerance of the Coastal Salt Marsh Grass, Sporobolus virginicus（L.）kunth[J]. New Phytol. 1992. 120, 281–288.

[16] NAIDOO G, MUNDREE S G. Relationship between Morphological and Physiological Responses to Waterlogging and Salinity in Sporobolus virginicus（L.）Kunth[J]. Oecologia .1993, 93:360–366.

[17] NAIDOO G, NAIDOO S. Waterlogging Responses of Sporobolus virginicus（L.）Kunth[J]. Oecologia, 1992, 90: 445–450.

[18] RAOULT V, GASTON T F, Taylor M D. Habitat–fishery Linkages in Two Major South-eastern Australian estuaries Show That the C4 Saltmarsh Plant Sporobolus virginicus Is a Significant Contributor to Fisheries Productivity[J]. Hydrobiologia, 2018, 811:221–238.

[19] BELL H L, O'LEARY J W. Effects of salinity on growth and cationaccumulation of sporobolus virginicus（poaceae）[J]. American Journal of Botany, 2003,90（10）:1416–1424.

[20] THEERAWITAYA C, YAMADA–KATO N, PAL SINGH H, et al. Takabe Isolation, Expression, and Functional Analysis of Developmentally Regulated Plasma Membrane Polypeptide 1（DREPP1）in Sporobolus virginicus Grown under Alkali Salt Stress[J]. Protoplasma .2018, 255:1423–1432.

[21] TADA Y, ENDO C, KATSUHARA M, et al. High–Affinity K^+ Transporters from a Halophyte, Sporobolus virginicus, Mediate Both K^+ and Na^+ Transport in Transgenic Arabidopsis, X. laevis Oocytes and Yeast[J]. Plant and Cell Physiology, 2019, 60（1）:176–187.

五十八、盐地鼠尾粟

五十九、束尾草

（一）学名解释

Phacelurus latifolius（Steud.）Ohwi，属名：Phacelurus，phakelos，束，丛。Oura，尾巴。束尾草属，禾本科。种加词：latifolius，具有宽叶的。命名人 Ohwi=Ohwi, Jisaburo（见筛草）。异名命名人：Steud.=Ernst Gottlieb von Steudel，德国医生，草本植物学家，禾本科植物学家。Steudel 住在埃斯林根，与 Christian Ferdinand Friedrich Hochstetter 一起组织了 Unio Itineraria。

学名考证：Phacelurus latifolius（Steud.）Ohwi in Acta Phytotax. et Geobot. 4: 59. 1935; 中国主要植物图说·禾本科 798. 图 746. 1959; 中国高等植物图鉴 5: 193. 图 7215. 1976; 江苏植物志，上册：245. 图 422. 1977.—Rottboellia latifolia Steud. in Flora 29: 21. 1846, et Syn. Pl. Glum. 361. 1854; Forb. et Hemsl. in Journ. Linn. Soc. Bot. 36: 362. 1904.

Ohwi 1935 年在杂志 *Acta Phytotaxonomica et geobotanica* 上组合了学名：Phacelurus latifolius（Steud.）Ohwi，早在 1846 年由德国医生，草本植物学家，禾本科植物学家 Ernst Gottlieb von Steudel 在杂志《植物区系》上发表了物种 Rottboellia latifolia Steud. 由于当时归于 Rottboellia 属，经 Steudel 考证认定归属于 Phacelurus 属。《中国主要植物图说·禾本科》（1959）也沿用了此名。《中国高等植物图鉴》（1976）也记载了此名。《江苏植物志》（1977）也记载了此名。

Ernst Gottlieb von Steudel 1854 年在《禾本科植物简介》（*Synopsis Plantarum Glumacearu*）记载的 Rottboellia latifolia Steud. 为异名；美国植物学家 Francis Blackwell Forbes 和英国植物学家 William Botting Hemsley 1904 年在 *The Journal of the Linnean Society of London .Botany* 记载的 Rottboellia latifolia Steud. 为异名。

英文名称：Broadleaf Phacelurus

别名：鸟秋、芦秋、立秋（江苏），兰苇（中国高等植物图鉴）

（二）研究历史

《中国植物志》（中文版）将此物种划分为一原变种及三个变种：①狭叶束尾草 var. angustifolius（Debeaux）Keng；②单穗束尾草 var. monostachyus Keng；③毛叶束尾草 var. trichophyllus（S. L. Zhong）B. S. Sun et Z. H. Hu。《浙江植物志》也沿用了此分类方法，而且国内大多数地方志也都沿用此分类。但是 *Flora of China* 将三个变种全部与原变种合并。本书采用 *Flora of China* 的分类方法。

（三）形态特征

束尾草的形态特征如图 59-1 所示。

多年生草本。一根茎粗壮发达，直径约 4 mm，具纸质鳞片。秆直立，高 1～1.8 m，直径 3～5 mm，节上常有白粉。叶鞘无毛；叶舌厚膜质，长约 3 mm，两侧有纤毛；叶片线状披针形，质稍硬，长可达 40 cm，宽 1.5～3 cm，无毛。总状花序 4～10 枚，直径约 4 mm，指状排列于秆顶；总状花序轴节间及小穗柄均等长于或稍短于无柄小穗。无柄小穗披针形，长 8～10 mm，嵌生于总状花序轴节间与小穗柄之间；第一颖革质，背部扁或稍下凹，边缘内折，两脊上缘疏生细刺；第二颖舟形，脊上部亦有细刺，各小花之内外稃均为膜质，稍短于颖；第一小花雄性，雄蕊 3；第二小花两性。有柄小穗稍短于无柄小穗，两侧压扁。颖果披针形，长约 4 mm，无腹沟。花果期夏秋季。

a、b 花序；c 植株；d 茎秆

图 59-1　束尾草

（四）分布

产于河北、山东、江苏、浙江等沿海地区；日本、朝鲜也有分布。浙江省产于普陀等岛屿。

（五）生境及习性

多成片生长在河流、海滨潮湿岸滩。

（六）应用价值

本种根茎发达，且节上极易生根，在崇明岛及长兴岛一带属一种恶性杂草，秆叶可供盖草屋、做燃料。

（七）研究进展

（1）在潮汐区分布规律的研究。由于海水泛滥制度造成异质性潮汐沼泽环境，植被分区格局经常根据土壤环境。P.latifolius 被归类为盐生植物，而 P.australis 被列为耐盐物种。根据盐度范围，两个物种已显示出在潮汐沼泽中分区分布的模式。尽管在 P.latifolius 和 P.australis 的不同盐度范围内存在不同生态位，这些物种偶尔会交叉出现。土壤理化性质的定量分析对于理解环境潮汐沼泽中个别物种的范围非常重要。在一个根际潮汐沼泽的植被地区，共存的植被，以 P.latifolius 和 Suaeda japonica 为优势种的样方，P.australis 优势种的样方及 P.australis 和其他陆地植物为优势种的样方为主。在其优势种的样方中 P.latifolius 的密度（83.7 ± 5.5 m^{-2} 芽密度）高于 P. australis（79.3 ± 12.1 m^{-2} 芽密度），但这二者物种高度相似。P.latifolius 其主要影响环境因子土壤环境特征受到基于的潮汐的较高土壤电导率的影响（ECPL=$1530 \pm 152 \mu Scm^{-1}$; ECPA+PL=$689 \pm 578 \mu Scm^{-1}$; ECPA=$689 \pm 578 \mu Scm^{-1}$）和较低的 pH 的影响（pHPL=$5.96 \pm 0.16$; pHPA+PL=$6.28 \pm 0.31$; pHPA=$6.38 \pm 0.22$）。在冗余分析中，P. latifolius 为优势种样方和 P. australis 为优势种样方的环境因子特征被明显区分，而 P. latifolius 和 P. australis 共优势种的样方的环境因子特征类似于 P. australis 优势种样方。与低潮汐区的 P.australis 相比，P.latifolius 的竞争力相对较高，在上潮汐带与低潮汐区之间分布着 P. latifolius 和 P. australis 环境因子过渡区植物品种，如图 59-2 所示。

清水良宪（2002）对东京湾盘洲干潟后湿地的束尾草植物生长及土壤特性和地形进行调查，研究它们之间的关系。植物质量显示受土壤盐度和氧化还原电位的影响。这被认为是由芦苇和束尾草构成比及地上生物量之间差异受盐度和厌氧条件的抗性程度差异影响所解释的现象，也说明了束尾草对盐分及厌氧状态的差异状况的不同。此外，土壤的盐度和氧化还原电位随着地面的高度而变化，从而认为芦苇和束尾草的生长是由地面高度间接调节的。

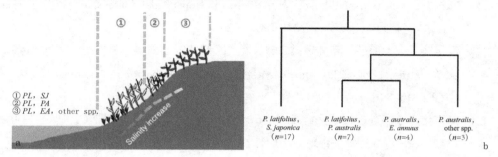

　　a SJ= Suaeda japonica；EA= Erigeron annuus；PL=P. latifolius；PA=P. australis 及基于物种组成的排序；b TWINSPAN，PA（P. australs）占主导地位，PL（P. latifolius）占优势，PA+PL（P. australis 和 P. latifolius）共同主导了样方

图 59-2　潮汐区分布规律

　　（2）生长地的土壤性质调查研究。①对于芦苇的生育地，在 4 种禾本科植物中间，由于生长于最低的水边，在大潮的满潮线时被海水所淹没。其生长的土质一般为非常柔软的黏土。②束尾草的生育地与芦苇的生育地相比生长于防御堤附近，即使大潮来临比芦苇的生育地被海水浸没的机会也少。土质大多是黏土质。芦苇的生育地一般为重黏土（HC）到疏浚黏土（LiC），而束尾草的生育地往往是淤泥质量较多的疏浚黏土（LiC）到微砂质黏土。这样，对于这些禾本科植物来说，显示出土壤性质往往限定了植物的分布。芦苇主要分布区可能黏土含量达到 30%～70%。这个物种对黏土具有较高的适应能力。芦苇与束尾草的生育地的土壤含水量分别为 40%～60%，37%～49%。芦苇生育地的含水量在调查的禾本科植物当中是最高的。可以认为芦苇的生育地的土壤是具有较强保水力的黏土质的原因。芦苇与束尾草的生育地的 pH 值范围分别为 5.50～6.09，4.91～5.56，属弱酸性土壤。芦苇生育地稍高一些。就全体来说，禾本科生育地之间 pH 差异很小。所以，pH 值并不是其分布的主要原因。芦苇与束尾草的 EC 值范围分别为 6.16～96.50，1.54～63.57 ms/cm。芦苇与束尾草生育地的 EC 值范围差异较大。而且它的上限非常高。

　　Ichiro Yokoyama，Keiichi Ohno 和 Yukira Mochida 等研究了日本中部盐沼中芦苇（Phragmites australis）和 Phacelurus latifolius 的环境因子对纬度分布影响。

参考文献

[1] NAM B E, HONG M G, PARK H J, et al. Soil Factors Determining the Distribution of Phragmites australis and Phacelurus latifolius in Upper Tidal Zone. Nam et al[J]. Journal of Ecology and Environment, 2018（42）: 25.

[2] 清水良憲, 桑原茜, 高橋輝昌, 等. 東京湾盤洲干潟におけるヨシとアイアシの生育に及ぼす諸要因の影響 [J]. The Japanese Society of Revegetation Technology, 2002, 28（1）: 313-316.

[3] 陣野信孝, 梅野美佐. 長崎県諌早市本明川水系におけるイネ科植物（ヨシ, ツルヨシ, アイアシ, オギ, ススキ）の生育地の土壌性質 [J]. 長崎大学教育学部自然科学研究報告, 1995（53）: 19-26.

[4] YOKOYAMA I, OHNO K, MOCHIDA Y. The Influence of Environmental Factors and Zonal Distribution of Phragmites australis and Phacelurus latifolius in Salt Marsh, Central Japan. Cancer Nanotechnology[J]. Cash Crop Halophytes: Recent Studies 2003: 143-149.

六十、甜根子草

（一）学名解释

Saccharum spontaneum Linn. ，属名：Saccharum，sakchar，sakchron，糖。甘蔗属，禾本科。种加词：spontaneum，天生的，自生的，野生的。命名人：Linn.

学名考证：Saccharum spontaneum Linn. Mant. Alt. 2: 183. 1771; Kunth, Enum. Pl. 1: 475. 1833; Steud. Syn. Glum. 1: 405. 1855; Hack. in DC. Monogr. Phan. 6: 113. 1889; Hook. f. Fl. Brit. Ind. 7: 118. 1897; Rendle in Journ. Linn. Soc. Bot. 36: 349. 1904; Hayata, Ic. Pl. Formos. 7: 77. 1918; Honda in Journ. Fac: Sci. Univ. Tokyo（Bot.）3: 395. 1930; 广州植物志 831. 1956; 中国主要植物图说·禾本科 762 图 705. 1959; Bor, Grass. Burma Ceyl. Ind. Pakist. 214. 1960; 西藏植物志 5: 316–317. 1987.—Imperata spontanea（Linn.）Beauv. Ess. Agrost. 7. 1812; Beauv. ex Roem. et Schult. Syst. 2: 289. 1817; Hsu in Hara, Fl. E. Himal. 374. 1966; 台湾的禾草 751, pl. 276. 1975; 海南植物志 4: 451, 图 1240–1977; 中国高等植物图鉴 5: 187, 图 793. 1977; 台湾植物志 5: 689. 1978.

林奈 1771 年在刊物 *Mantissa plantarum* 上发表了此物种。德国植物学家 Carl Sigismund Kunth（他被称为第一个研究并从美洲大陆归类的植物之一）1833 年在刊物 *Enumeratio plantarum* 中记载了该物种。德国医生和草地权威 Ernst Gottlieb von Steudel 在刊物 *Synopsis planterum glumacearum* 中也记载了该物种。奥地利植物学家 Eduard Hackel 1889 年在 DC. 著作 *Monographiae phanerogamarum* 中记载了该物种。英国植物学家和探险家 Joseph Dalton Hooker 1897 年在著作 *Flora of British India* 中也记载了该物种。英国植物学家 Alfred Barton Rendle（《有花植物分类学》作者）1904 年在著作 *Journal of Linnean Society Botany* 中记载了该物种。日本植物学家早田文藏 1918 年在刊物《台湾植物图谱》（*Icon Plants Formosana*）上记载了该物种。日本植物学家 Masaji Honda 1930 年在刊物 *Journal of the Faculty* of Science, University of Tokyo 上记载了该物种。《广州植物志》（1956）；《中国主要植物图说·禾本科》（1959）；《西藏植物志》（1987）也记载了该物种。爱尔兰植物学家 Norman Loftus Bor1960 年在刊物 Grasses of Burma, Cyylon, India and Pakistan 上也记载了该物种。

瑞士植物学家 Gustave Beauverd（专门研究蕨类植物，苔藓植物和种子植物）1812 年在刊物 Palisot de Essai d'une nouvelle agrostographie 中发表的物种 Imperata spontanea（Linn.）Beauv. 为异名。Palisot de Beauvois 与 Johann Jakob Roemer 和 Josef（Joseph）August Schultes 等学者 1917 年在刊物 Prodromus Systematis Naturalis Regni Vegetabilis 中也沿用了此名称。徐炳生 1966 年在刊物 The flora of eastern Himalaya 中也沿用了此异名。《台湾的禾草》（1975）；《海南植物志》（1977）；《中国高等植物图鉴》（1977）；《台湾植物志》（1978）也都沿用了此异名。

英文名称：Wild Sweetcane

别名：割手蜜、小巴茅

（二）研究历史

据史料记载，关于甘蔗属的多样性起源中心之说，主要有 3 种说法：一是印度东北部的阿萨姆邦至锡金，割手密和印度种原产于此，在这可以找到含有染色体数目最少的割手密（2n=40）；二是马来西亚和巴布亚新几内亚一带，热带种和大茎野生种原产于此；三是中国，中国种的原产地。公元前四世纪至公元前一世纪，很多古籍考究表明，中国的甘蔗制糖业已有一定规模。基于 Brandes（1958）的分类方法，甘蔗属可分为 6 个原始种：热带种（S.officinarum, 2n=80）、细茎野生种 / 割手密（S.spontaneum, 2n=54～112）、大茎野生种（S.robustum, 2n=60 或 80）、中国种（S.sinense, 2n=116～118）、印度种（S.barberi, 2n=82～124）和食穗种（S.edule, 2n=60, 70 或 80）。割手密与大茎野生种的染色体基数分别为 x=8 和 x=10，是甘蔗属的最原始种。由于染色体基数相同（x=10），高糖原始种热带种是从大茎野生种进化而来，另外 3 个原始种（中国种、印度种、食穗种）都为前面 3 个原始种或与其近缘种属的种间杂种。中国种和印度种是热带种和割手密的种间杂种，食穗种被认为很可能是热带种或者大茎野生种与一个近缘种属的杂交种，这一说法可以用来解释其败育现象，但还有待进一步的研究。随着 20 世纪 90 年代分子标记技术的兴起，甘蔗复杂庞大的基因组的遗传图谱构建和进化研究初见端倪，但关于甘蔗 6 个原始种的争议仍未停止。由于中国种、印度种和食穗种被认为是种间杂种，而且据考证，大茎野生种是热带种的原始种，所以有研究者倾向于将甘蔗属划分为 2 个原始种。大约 1 万年前，热带种（2n=80）在新几内亚被驯化，之后一段很长的历史中，一直是主栽品种，直至 19 世纪 80 年代，荷兰人 Sotwadel F. 和英国人 Harrison J.B. 与 Bovell J.R. 相继在爪哇和巴巴多斯发现了甘蔗实生苗，从此便掀开了甘蔗杂交育种的新篇章。随着荷兰甘蔗育种家 Jeswiet J. 的高贵化育种理论的产生和应用，世界上第一个甘蔗商业品种 POJ2878 被培育而成，使甘蔗生产进入了新的纪元。高贵化育种即以高糖多汁的热带种为轮回亲本，以抗逆性强、生活力旺盛的割手密野生种为供体亲本，进行杂交和回交。如今，世界上的甘蔗栽培品种中，90% 以上都含有 POJ2878 的血缘。驯化后的甘蔗热带种蔗汁含糖量可以高达 21%，与之相比，大茎野生种蔗汁含糖量小于 10%，而割手密小于 6%（方静平，2014）。

（三）形态特征

甜根子草的形态特征如图 60-1 所示。

多年生，具发达横走的长根状茎。秆高 1 ～ 2 m，直径 4 ～ 8 mm；中空，具多数节，节具短毛，节下常敷白色蜡粉，紧接花序以下部分被白色柔毛。叶鞘较长或稍短于其节间，鞘口具柔毛，有时鞘节或上部边缘具有柔毛，稀为整个叶鞘被疣基柔毛；叶舌膜质，长约 2 mm，褐色，顶端具纤毛；叶片线形，长 30 ～ 70 cm，宽 4 ～ 8 mm，基部多少狭窄，无毛，灰白色，边缘呈锯齿状粗糙。圆锥花序长 20 ～ 40 cm，稠密，主轴密生丝状柔毛；分枝细弱，下部分枝之基部多少裸露，直立或上升；总状花序轴节间长约 5 mm，顶端稍膨大，边缘与外侧面疏生长丝状柔毛，小穗柄长 2 ～ 3 mm；无柄小穗披针形，长 3.5 ～ 4 mm，基盘具长于小穗 3 ～ 4 倍的丝状毛；两颖近相等，无毛，下部厚纸质，上部膜质，渐尖；第一颖上部边缘具纤毛；第二颖中脉成脊，边缘具纤毛；第一外稃卵状披针形，等长于小穗，边缘具纤毛；第二外稃窄线形，长约 3 mm，宽约 0.2 mm；边缘具纤毛，第二内稃微小；鳞被倒卵形，长约 1 mm，顶端具纤毛；雄蕊 3 枚，花药长 1.8 ～ 2 mm；柱头紫黑色，长 1.5 ～ 2 mm，自小穗中部两侧伸出。有柄小穗与无柄者相似，有时较短或顶端渐尖。染色体 2n=40-128（Panje et Babu,1960）。花果期 7—8 月。

（四）分布

产于陕西、江苏、安徽、浙江、江西、湖南、湖北、福建、台湾、广东、海南、广西、贵州、四川、云南等热带亚热带至暖温带的广大区域；也分布于印度、缅甸、泰国、越南、马来西亚、印度尼西亚、澳大利亚东部至日本以及欧洲南部。

a 植株；b 花序；c 茎；d 叶片

图 60-1　甜根子草

（五）生境及习性

生于海拔 2 000 米以下的平原和山坡、河旁溪流岸边、砾石沙滩荒洲上，常连片形成单优势群落。植株具横走的长根状茎，能早萌生、快发芽，分蘖多、生长快，抗性强，耐旱、耐瘠。宿根性好，固土力强，能适应干旱沙地生长，是巩固河堤的保土植物。它的生态型包括一年生、带有根状茎的多年生。割手密的适应性强，分布范围广，在我国 18°15′ ～ 33°20′N，97° ～ 122°E，海拔 1 ～ 2 460 m 的广大地区都有分布，主要生长于江、河、湖、溪、涧、沟以及河滩沙砾、沼泽、田埂等多水地带，有较强的耐渍耐涝能力，极少数个体也生长于较干燥的荒坡地上，并出现叶片细窄、中肋发达的抗旱特征，常连片形成单优势群落。张革民将 94 分割手密材料划分为四大类群：第 1 类群蔗糖分较高，茎多，植株高，萌芽率高；第 2 类群综合表现一般；第 3 类群植株高、茎较粗，分蘖少；第 4 类群蔗糖分偏低，植株较矮，茎较小，萌芽率低而分蘖率较高。

（六）繁殖方法

（1）莫正国（2008）研究三种栽培方法：①扦插繁殖。以春秋季扦插为宜，把茎秆剪成30 cm左右长段（保证3节以上），插入苗床深约5 cm，可密植，经常保持土壤湿润，20～30天生根。②埋根繁殖。将根状茎切成10～15 cm长段，埋入土中2 cm深，经常保持土壤湿润，15～25天可萌生小苗。③分株繁殖。多在春秋季进行，将生长过密的株丛挖出，掰开根部，选择健壮株丛分别栽植。栽培管理较耐粗放管理，经常保持土壤湿润即可。埋根繁殖小苗出土后，每月可施肥1～2次。

（2）组织培养。吴凯朝（2017）研究表明，愈伤组织诱导培养基：MS+2,4-D3.0 mg/L+蔗糖30 g/L+琼脂7.0 g/L,pH6.0。愈伤组织继代培养基：MS+2,4-D1.0 mg/L+蔗糖30 g/L+琼脂7.0 g/L,pH6.0。愈伤组织分化培养基：MS+6-BA2.0 mg/L+NAA0.1 mg/L+蔗糖30 g/L+琼脂7.0 g/L,pH6.0。增殖壮苗培养基：MS+6-BA1.0 mg/L+NAA0.05 mg/L+蔗糖30 g/L+琼脂7.0 g/L,pH6.0。分化苗生根培养：将增殖壮苗培养获得的割手密小苗分成5～6株/丛，转接到生根培养基中进行生根培养。生根培养基：1/2MS+NAA4.0 mg/L+蔗糖30 g/L,pH6.0。邱崇力（1993）研究了幼叶的组织培养，培养基以MS附加2,4-DI-4 mg/L为佳，所接种的幼叶以4 cm以内为适宜的区段，不同材料在诱导愈伤组织和分化成苗方面都表现出明显的差异，说明云南的割手密在生理和遗传上存在着丰富的种内变异。

（七）应用价值

（1）饲料价值。刘建乐（2014）分析了割手密的营养价值，其主要用途在于牲畜的饲料，但是不同地区的割手密营养价值不同，表现在粗蛋白含量的高低与饲草营养价值成正比，脂肪是热能的主要原料，具有芳香性气味，与牧草的适口性有重要关系，粗灰分代表牧草中的矿物质含量，中性洗涤纤维和酸性洗涤纤维与饲料营养物质的消化率存在较强的相关关系，钙磷在家畜的骨骼发育与维护方面有着重要作用，营养价值最高的为广西，营养价值最低的为广东。

（2）遗传育种。吴凯朝（2017）研究认为，割手密是拓宽甘蔗抗逆育种遗传基础的重要资源。它不仅是最早被应用于甘蔗育种和最有价值的甘蔗属近缘野生种质，也是具有高含糖量且基因类型最丰富的甘蔗属近缘野生种质。主要目的是引入本地割手密适应性好、抗性好以及云南割手密的大茎、生势好的基因。割手密的低温贮藏性能较好，杂交成功率也是该种杂交组合较多的原因之一。我国海南甘蔗育种场，通过种属间杂交也获得一批割手密优良后代，在育种上起到了重要的作用。

（3）能源植物。其植株含糖量较高，是甘蔗的原始种，也是重要的能源植物。割手密植株高大，生物产量高，有较高的光合效率和干物质积累能力，因此具备能源作物的特征。在国外，印度 Anuj 和 Chandel 已将割手密作为能源植物用以生产乙醇，通过实验测得割手密含有（45.10±0.35）% 的纤维素和（22.75±0.28）% 的半纤维素，并认为割手密生长速度快，经济投入少，是生产乙醇的理想能源植物。

（4）保持水土。割手密宿根性好，固土力强，能适应干旱沙地生长，是巩固河堤的保土植物。

（八）研究进展

（1）核型研究。王水琦（1996）研究了福建割手密的核型指出，其体细胞染色体数目有 $2n=72$，80，84，92，96，102 七种类型，可以看出福建割手密的种内变异是很丰富的，其中 $2n=80$ 和 96 两种类型出现的频率最高，$2n=80$ 分布最广，适应性最强。

（2）胁迫生理研究进展。边芯（2018）研究了其抗旱生理，测定叶片的丙二醛（MDA）、超氧化物歧酶（SOD）、过氧化物酶（POD）和质膜透性等生理指标。在干旱胁迫下，参试材料叶片的脯氨酸、丙二醛、可溶性蛋白和可溶性糖含量、质膜透性、SOD 和 POD 活性均有不同程度的提高；利用综合抗旱能力 D 值大小进行聚类分析将参试材料分为 3 类，其中第 1 类为 D 值超过双亲的材料，有 9 个，占参试材料的 36%。云割 F211-208、云割 F211-182、云割 F211-52 等材料都表现出超亲的抗旱性，可在育种实践中优先利用。

参考文献

[1] 莫正国，冯义龙 . 优良的湿地生态恢复植物——甜根子草 [J]. 南方农业（园林花卉版），2008, 2（12）: 67.

[2] 吴凯朝，邓智年，魏源文，等 . 割手密 GX83-10 愈伤组织诱导与成苗技术 [J]. 中国糖料，2017, 39（2）: 9-10, 14.

[3] 王水琦，王子琳，郭陈福，等 . 福建割手密的染色体研究 [J]. 甘蔗糖业，1996（5）: 9-13.

[4] 邱崇力 . 割手密（Saccharum spontaneum L.）幼叶的组织培养 [J]. 云南农业大学学报，1993, 8（4）: 301-306.

[5] 刘建乐，白昌军，严琳玲，等 . 割手密种质资源的营养价值评价 [J]. 广东农业科学，2014（2）: 19-24.

[6] 吴凯朝, 邓智年, 魏源文, 等. 我国甘蔗属割手密种质资源收集与研究概况 [J]. 中国糖料, 2017, 39（5）: 45–50.

[7] 方静平, 阙友雄, 如凯. 甘蔗属起源及其与近缘属进化关系研究进展 [J]. 热带作物学报, 2014, 35（4）: 816–822.

[8] 张革民, 杨荣仲, 刘海斌, 等. 割手密主要数量性状的主成分分析及聚类分析 [J]. 西南农业学报, 2006, 19（6）: 1127–1131.

[9] 常丹, 鄢家俊, 白史且, 等. 割手密种质资源研究进展 [J]. 草业科学, 2011, 28（4）: 636–641.

[10] 边芯. 干旱胁迫对持绿型割手密叶片生理特性的影响及抗旱性评价 [J]. 西南农业学报, 2018, 31（10）: 2075–2080.

六十一、换锦花

（一）学名解释

Lycoris sprengeri Comes ex Baker，属名：Lycoris，神话中 Lycoris，海的女神名。石蒜属，石蒜科。种加词：Spreng=Kurt Polycarp Joachim Sprengel，是一位德国植物学家和医生，他发表了有影响力的多卷医学史 *Versuch einer pragmatischen Geschichte der Arzneikunde*。他对高等植物组织解剖学有卓著的贡献。他还对 Linnaean 和自然分类系统的细节进行了许多改进。

命名人：Comes=Orazio Comes，（1848—1917）是意大利植物学家。他从事 Portici 农业高等学院教学工作，由 Vincenzo de Cesati 推荐，他自 1877 年开始任教，担任植物学主席 Nicola Pedicino 的助手，并于 1880 年成功地将其取代。著作 *Funghi del napolitano*1878 年报道了他研究那不勒斯蘑菇的生理学和植物病理学以及豆类和烟草等农业植物的成果。从 1881 年开始，Comes 开始处理烟草种植以改善工业生产，从 1891 年开始，他强调该领域的研究和实验 1958 年，在皇宫举办的波蒂奇植物研究所博物馆以他的名字命名。

命名人：Baker=John Gilbert Baker，（1834—1920）是英国植物学家。他的儿子是植物学家埃德蒙·吉尔伯特·贝克（1864—1949）。他曾在 Ackworth 学校和 Bootham 的贵格会学校接受教育。之后，他于 1866—1899 年在基尤皇家植物园的图书馆和植物标本室工作，并于 1890—1899 年担任植物标本馆的管理员。他为许多植物群撰写手册，包括石蒜科、凤梨科、鸢尾科、百合科和蕨类植物。他出版的著作包括毛里求斯植物群和塞舌尔群岛（1877）以及艾瑞达科手册（1892）。John G. Baker 于 1878 年当选为皇家学会会员。他于 1907 年被授予皇家园艺学会的 Veitch 纪念奖章。著名著作 *Revision of the Genera and Species of Tulipeae". Botanical Journal of the Linnean Society. xiv* 是其作品。

学名考证：Lycoris sprengeri Comes ex Baker in Gard. Chron. ser. 3, 32: 469. 1902;

Traub et Moldenke, Amaryllidac.: Tribe Amaryll. 170. 1949.

英国植物学家 Orazio Comes 与 John Gilbert Baker 1902 年在著作 *The Gardonors'chronicle. London* 上发表了物种 Lycoris sprengeri Comes ex Baker，美国植物学家 Hamilton Paul Traub（他 专门研究石蒜科，还对豆类进行了园艺研究）与美国植物学家／分类学家 Harold Norman Moldenke（他的专长主要是研究马鞭草科）1949 年在著作 *Tribe Amaryllideae* 中也记载了该 物种。

英文名称：Lycoris sprengeri

别名：换锦石蒜

（二）形态特征

换锦花形态特征如图 61-1 所示。

a、b 花及花序；c 植株；d 鳞茎；e 花药；f 柱头；g 果实；h 子房横切

图 61-1　换锦花

六十一、换锦花

鳞茎卵形，直径约 3.5 cm。早春出叶，叶带状，长约 30 cm，宽约 1 cm，绿色，顶端钝。花茎高约 60 cm；总苞片 2 枚，长约 3.5 cm，宽约 1.2 cm；伞形花序有花 4～6 朵；花淡紫红色，花被裂片顶端常带蓝色，倒披针形，长约 4.5 cm，宽约 1 cm，边缘不皱缩；花被筒长 1～1.5 cm；雄蕊与花被近等长；花柱略伸出于花被外。蒴果具三棱，室背 0.3 开裂；种子近球形，直径约 0.5 cm，黑色。花期 8—9 月。

（三）分布

产于安徽、江苏、浙江、湖北；野生阴湿山坡或竹林中。模式标本采自湖北襄阳。

（四）生境及习性

戴智慧 2015 研究认为，换锦花果实为蒴果，种子大小差异较大，种子长度为 3.14～7.16 mm；宽度为 3.08～7.08 mm；厚度为 2.12～6.20 mm。种子多数为桔瓣形，约有 62%；少数为球形。鲜种子千粒重为 180.1 g，平均含水量为 64.86%，平均生活力为 83.33%。4℃湿沙、4℃和 –80℃冰箱中贮藏都可以保持种子的生活力。开花日均温 27.85℃，花期 9.15 天，花期花葶最大高度 35.95 cm，单株花数 4.54，花径 7.27 cm，开花高峰持续时间 1 天（王磊，2008）。3 种植物生长调节剂以 60mg/L 的 6-BA、150mg/L 的 GA_3 及 20 mg/L 的 NAA 的合理搭配不仅使换锦花花期推后，而且改善了花的品质，其中 6-BA 对开花性状的影响起主要作用；6-BA 极显著地影响换锦花内源 IAA 含量的增加（王磊，2008），如图 61-2 所示。

a 果实；b 桔瓣形种子；c 类球形种子；d 球形种子

图 61-2　换锦花果实及种子形态

（五）繁殖方法

（1）组织培养。姚丽娟（2010）研究认为，以换锦花的鳞茎为外植体，探讨其快速繁殖技术。结果表明，在细胞分裂素较高（6-BA 5 mg/L）时，诱导情况较低浓度的要好，在 MS+BA 5 mg/L+NAA 0.1 mg/L 上诱导率为 55.6%；当蔗糖浓度为 60 g/L 时，换锦花获得最高倍数的生长量，增重约为 2.73 倍。换锦花种子无菌播种表明其无菌萌发最佳的培养基为 MS+ 6–BA 1 mg/L+NAA 0.2 mg/L，以 MS+NAA 0.5 mg/L 做生根培养基为佳。

时剑（2011）采用组织培养技术以换锦花种胚和叶片为外植体，对其进行研究，结果显示，换锦花种胚的诱导率在各培养基上均较高，平均为 75.8%，适宜的愈伤组织诱导培养基为 MS+6–BA2 mg/L+2,4–D2 mg/L+ 蔗糖 60 g/L，适宜的丛芽诱导培养基为 MS+6–BA2 mg/L+2,4–D1 mg /L+ 蔗糖 30g/L；换锦花成熟叶段愈伤组织的平均诱导率为 13.5%，而幼嫩叶段的平均诱导率为 65.8%，两者差异极显著，适宜于幼嫩叶段诱导的培养基为 MS+6–BA20 mg/L+NAA1 mg/L+ 蔗糖 30 g/L，各生长调节剂配比的试验结果显示，NAA 较高时利于根的诱导，而 6–BA 较高时利于芽的诱导。

（2）扦插繁殖。王远（2011）研究了 IBA·NAA 对石蒜、换锦花鳞片扦插繁殖技术，不同浓度的 NAA 和 IBA 溶液对石蒜、换锦花的增殖系数、鳞茎均重和平均生根数有一定的影响，综合考虑，NAA 和 IBA 混合溶液以浓度 25～50 mg/L 较为理想；石蒜在扦插过程中能够获得较高的增殖系数，而小鳞茎的均重较低。石蒜（L.radiata）和换锦花（L.sprengeri）冬季扦插生产是可行的。

常乐（2011）研究了石蒜属植物鳞片扦插繁殖，指出通过对红花石蒜、忽地笑、换锦花等鳞茎进行切分扦插试验，认为 4 月是江南地区适宜的石蒜扦插繁殖季节，其鳞茎块的成活率和繁殖系数高；母鳞茎越大，则繁殖力越强。试验发现，四分鳞茎块的气培法是一种稳定、有效的扦插方式，可发生大量整齐而健壮的腋芽，为周年批量培育石蒜小鳞茎提供可能。生长延缓剂浸泡处理对鳞茎块的存活率、平均增殖率及再生小鳞茎平均单重无明显影响，但明显抑制了根的发生。

（3）分球繁殖。章丹峰（2013）研究认为，目前主要以自然分球法繁殖较多，所分的子球培育至开花球时间长约 3 年，故种球、切花常呈现供不应求。浙杭地区适宜的栽培时间是 5—11 月，忌在长叶以后的冬季或早春移栽。寒冷地区应在春天栽种。冬季日平均气温 8℃以上，最低气温 1℃，不影响石蒜生长。栽培环境种植深度不宜太深，以鳞茎顶刚埋入土面为好。要求排水良好的偏酸性沙质土或疏松的培养土，栽植时施适量的基肥，栽培后灌透水。营养生长期要经常灌水，保持土壤湿润，但不能积水，以防鳞茎腐烂。开花前 20 天至开花期必须要供给适量水分，以达到开花整齐一致，且延长花期。

鲍淳松研究表明，施肥处理对换锦花的平均叶长、叶数、株数、鲜茎生物量无显著性影响；少数母球在 9 月底已开始出土，11 月初株数达到一个小高峰后变缓，在 11 月底后又进入高速出土期，3 月份子球植株率最大达 71.9%，最大叶平均数约 10 片，叶数和植株数生长呈不对称的 "S" 形；叶伸长呈双峰形，秋季生长缓慢，呈线形，冬季有叶枯萎现象，早春生长呈 "S" 形，从 2 月中旬持续至 4 月中旬为主要伸长期，叶最长平均约 35 cm。

（4）有性繁殖。目前，石蒜属的人工有性繁殖报道也较少，徐炳声在研究换锦花和中国石蒜杂交时，授粉 20 朵花，获得 45 粒种子，当年砂藏越冬，翌年春季播种，10 天后发根，当年不出苗，在土中形成小鳞茎，第 2 年春季出苗，共成活 38 株苗，成苗率为 84.4%，播种后第 6 年开花。李云龙报道了石蒜类植物的有性繁殖方法：在北方地区，一般翌年种子在土中发育形成带胚根的小种球，第 3 年春季叶片出土；在长江流域地区，种子翌春萌发幼根并形成小鳞茎，第 2 年秋季实生苗幼叶萌发出土，播种苗需经 3 ～ 4 年或更长时间的培养后方能开花，有些种类实生苗栽培 5 ～ 6 年后才开花，还有些种类的种子很难萌芽，需经 6 ～ 12 年的栽培养护幼苗才能达到开花球大小。

刘志高（2011）研究表明，换锦花自然结实率为 8.27 粒 / 株，种子生活力为 81.3%，百粒重为 15.83 g，发芽率为 71.1%，种子的吸水曲线大体呈 "S" 形，吸水过程可分为快速吸水、缓慢吸水和平稳吸水 3 个阶段；不同温度对种子萌发影响较大，25℃适宜种子萌发；10，20 和 50 mg/L GA_3 对换锦花种子萌发具有促进作用。种子没有休眠现象，适宜条件下当年即可萌发。

（六）应用价值

（1）药用价值。清朝的《植物名实图考》记载换锦花鳞茎可入药，春夏秋季采收鳞茎，将其洗干净后鲜切片或晾干后切片。换锦花性温，口感辛辣，微毒。使用时，捣烂敷在患处或煎水熏洗可治疗皮肤疮疖痈肿、瘰疬。煎汤内服有解毒、祛痰的功效。

（2）园林价值。金雅琴（2003）研究认为，换锦花素有 "中国郁金香" 之称。换锦花因为花型高雅别致，花色丰富艳丽，造型优美怡人，且适应性强，被视为园林中一重要的观赏植物而受人青睐。切花栽培，换锦花因其有诸多优点而成为深具发展潜力的新兴切花资源，还可用作插花、束花。换锦花不仅可以用作鲜切花的良好材料，还可以用作盆栽观赏。换锦花对土壤要求不严，对环境的适应性强，恰好花期适逢秋季淡花季节，盆栽用于点缀教师节、中秋节、国庆节等大型节日，颇有利用价值。地被植物在公园绿地中，生长在阴湿的树荫下而开出鲜艳花朵的植物为数不多，而换锦花可植于草地边缘、林缘、稀疏林下或成片种植作为路边、花坛、花境等镶边材料，也可点缀岩石缝间组成岩生园景，因此是一种理想的耐荫观花地被植物。

（3）换锦花鳞茎为提取加兰他敏的原料。

（七）研究进展

（1）染色体研究。孙定成对分布于安徽江南和江淮两个地区野生居群的换锦花 Lycoris sprengeri 进行了细胞学研究，发现换锦花为一复合体，包括两个不同类型：①三倍体类型，分布于安徽马鞍山市采石的野生居群，其染色体数目和核型为 2n=33=9st+21t+3T，属 4A 核型，极其稳定，该种的三倍体类型为首次发现。②二倍体类型，分布于滁州市琅琊山的野生居群，发现有 2 个核型，核型 I，2n=22=8st+14t，属 4A 核型，约占观察细胞的 80%；核型 II，2n=22=1m+1sm+14st+6t，属 3B 核型，约占观察细胞的 20%，该染色体核型为首次报道。换锦花三倍体居群和二倍体居群的植物外部形态特征基本相同。本书还指出罗伯逊变化在石蒜属核型演化中起了关键作用。

孙叶根（1998）研究认为，换锦花 L.sprengeriComes.exBaker. 为 2n=22=2st+20t，属 4A 型。徐炳声（1981）用杭州植物园栽培材料，首次报道了换锦花的染色体数目和核型（2n=22=20t+2st），后来 Kurita（1987）、刘琰和徐炳声（1989）相继报道了该种的细胞学资料，均为二倍体，即 2n=22，与前者的观察基本一致。

邓传良（2004）对换锦花 C– 带进行了初步研究，研究表明其染色体 2n=22，带纹主要以着丝点带为主。还讨论了染色体 C– 带在研究石蒜属植物核型演化及多倍体起源中可能的作用。

（2）光合作用研究进展。全妙华（2017）研究了其荧光特性，换锦花荧光参数：F_o，69.0 ± 3.57c；F_m，841.8 ± 3.88f；F_v/F_m，0.749 ± 0.051b；F_v'/F_m'，0.461 ± 0.033d。$\Phi PSII$，0.213 ± 0.018d；ETR，72.576 ± 6.003d；qP，0.463 ± 0.023c；NPQ，2.58 ± 0.171a。字母表示处理间差异达到 5% 的显著性水平。

（3）花粉形态学研究。秦卫华（2004）研究认为，花粉粒为长球形，极面观为近椭圆形，赤道面观为舟形。大小为（极轴 × 赤道轴）69.77 mm × 41.60 μm。极轴 / 赤道轴（P/E）为 1.68。具单萌发沟，沟长几达两极。外壁表面具粗网状纹饰，网眼较大且形状不规则，大网眼间杂有小网眼，网眼直径大于网脊宽度，网脊较弯曲，大网眼底部着生小乳突。极面观近椭圆形，赤道面观舟形，（54.6-83.2）69.77 × 41.6（26.0-54.6），粗网状，网眼直径大于网脊宽度，大网眼间杂有很多小网眼，网眼底部着生乳突，网脊宽：0.61 ～ 0.76。

（4）形态学研究。喻永红（2003）研究了叶片形态学，换锦花气孔特征为保卫细胞壁上的纹饰呈块状和星状，纹饰呈星状及粗星状，气孔的长度：40 pm,气孔的宽度：气孔 <10 μm,角质膜上脊上的蜡质纹饰有的呈块状，蜡质纹特征为块状、星状混合。气孔类型皆为不规则型，没有副卫细胞。叶表皮细胞为长、短两种类型。

任佳佳研究了花芽分化，花芽分化过程可分为 I.花芽分化准备期，II.花原基产生期，III.花被片分化期，IV.雄蕊分化期，V.心皮分化期，Vl.雌蕊分化期，Vll.花芽分化后期等 7 个时期。从 2 月底至 4 月初为换锦花出叶期，养分的积累为花芽分化做准备；4 月上旬的盛叶期时花原基出现；4 月下旬外花被和内花被形成；5 月初左右雄蕊形成；5 月便开始进入心皮子房发育阶段，5 月底到 6 月上旬完成雌蕊分化，整个花芽分化基本完成。

（5）化学成分研究进展。李浩然（2012）研究了其化学成分，从中分离了 31 个化合物并鉴定了它们的结构。分离得到的化合物类型包括生物碱、木脂素、饱和脂肪烃及其衍生物、甾体等，包含 2 个脂肪族化合物，2 个甾体及其苷类，1 个木脂素，其余 26 个为生物碱，其中包括 1 个新生物碱。对 H_2O_2 损伤的 SH-SY5Y 细胞模型有良好的保护作用。H_2O_2 损伤的 SH-SY5Y 细胞模型显示出了一定程度的保护作用。对 $CoCl_2$ 损伤的 SH-SY5Y 细胞模型表现出了良好的保护作用。换锦花生物碱对神经母瘤细胞所受到的缺氧和氧化损伤有一定的保护作用，其结构可概括为 5 种石蒜科生物碱母核：石蒜碱型（Lycorine-type），高山网球花碱型（Montanine-type），加兰他敏型（Galathamine-type），高石蒜碱型（Homolycoris-type），水仙环素型（Narciclasine-type）。

Wen-Ming（2013）研究表明，两种新的生物碱 lycosprenine（1）和 2a-methoxy-6-O-methyllycorenine（2），从石蒜（Lycoris sprengeri）的球茎中分离出 22 种已知的生物碱（3-23b）。它们的结构是在光谱分析和比较的基础上阐明的光谱数据与已知化合物的光谱数据。选定的化合物对 H2O2-，CoCl2- 和 Aβ25-35 诱导的 SH-SY5Y 细胞损伤的神经保护活性。诱导 SH-SY5Y 细胞损伤，其中大部分表现出不同程度神经保护作用。

（6）遗传多样性研究。石艳（2018）研究表明，共检测到 9 918 个 SSR 位点，发生频率为 18.59%，分布距离为 3.729 kb；SSR 位点重复单元为 1 ～ 3 个碱基，其中，单碱基重复 > 三碱基重复 > 二碱基重复，分别占 SSR 总数的 61.08%、23.22% 和 14.23%，四碱基及以上重复单元相对较少。共设计出 9 302 对 SSR 引物，随机选取并合成 278 对引物进行 PCR 扩增，能够清晰扩增出的引物有 185 对（66.55%），在石蒜属的七个种中具有多态性的有 59 对（31.89%），其中 11 对（18.64%）能够在浙江和江苏种群的 30 份换锦花种质资源表现出丰富的多态性。

许振渊（2014）研究了换锦花 LsMYB4 基因的克隆与表达，采用 RT-PCR 方法和 RACE 技术相结合的方法，从花瓣中克隆了 MYB 基因的 cDNA 全长序列，命名为 LsMYB4。该序列全长 793 bp，包含 606 bp 完整开放阅读框，编码 201 个氨基酸，具有明显的 R2R3-MYB 结构域，与中国水仙 NtMYB 相似性达 96%。实时荧光定量 PCR 分析结果表明，LsMYB4 在换锦花不同组织和不同花期均有表达，其中在花瓣中的相对表达量比叶中多 9 ~ 10 倍，在盛花期的相对表达量比花苞期多 20 倍。不同花色无性系花瓣中表达量存在差异，花色较浅的无性系高于其他无性系，推测 LsMYB4 在调控换锦花花色形成的过程中起着负调控作用。

戴智慧（2016）研究表明，采用 ISSR 分子标记对 6 个野生居群的遗传多样性水平和遗传结构进行分析。表明 10 条 ISSR 引物共扩增出 74 个条带，其中多态性条带 67 个，多态性位点百分比（PPL）为 90.54%。宁波地区野生换锦花在物种水平上的遗传多样性较高，PPL 为 90.54%，Nei's 基因多样性（He）为 0.270 0，Shannon's 指数（Ho）为 0.414 4；但在居群水平上遗传多样性较低，PPL 平均值为 76.35%，He 平均值为 0.251 7，Ho 平均值为 0.380 0。基因分化系数（Gst）为 0.067 9，基因流（Nm）为 6.865 4。AMOVA 分子变异分析结果表明，在总的遗传变异中，有 95.85% 的变异发生在居群内，仅有 4.15% 的变异发生在居群间。UPGMA 聚类结果显示 6 个居群间的亲缘关系较近，其可分为两大类群，其中北仑、慈溪和象山 3 个居群组成一类；奉化、镇海和舟山 3 个居群组成一类。

（7）胁迫生理。汪仁（2014）研究表明，①换锦花幼苗叶片相对含水量（RWC）和叶绿素 a、b 含量随着干旱胁迫时间的延长而降低。②换锦花可溶性糖含量和脯氨酸含量均随着干旱时间的延长表现出持续增加的趋势。③换锦花幼苗叶片 TBARS 含量和相对电导率总体上呈增大趋势，并在干旱末期达到最大值；超氧化物歧化酶（SOD）、过氧化物酶（POD）和过氧化氢酶（CAT）活性均呈现出先上升后下降趋势。④换锦花幼苗叶片净光合速率（Pn）、胞内二氧化碳浓度（Ci）和蒸腾速率（Tr）随着干旱胁迫时间延长均有不同程度下降。

钟云鹏（2011）研究了盐胁迫换锦花植物叶片生理特性的影响，盐胁迫下植物叶片中脯氨酸和可溶性糖含量有所增加，叶片电导率和丙二醛（MDA）含量随 NaCl 浓度升高而升高；叶片叶绿素含量随 NaCl 浓度升高而降低；POD 活性虽有升有降但整体呈现下降趋势。

参考文献

[1] 姚丽娟,杨燕萍,徐晓薇,等.换锦花繁殖技术研究[J].北方园艺,2010（12）:83-85.

[2] 王远,刘春来,田郑鹏,等.IBA·NAA 对石蒜·换锦花鳞片扦插繁殖技术的研究[J].

安徽农业科学,2011,39（8）:4499-4501.

[3] 时剑,童再康,刘志高,等.换锦花种胚和叶片的组织培养研究[J].江西农业大学学报,2011,33（4）:0665-0669.

[4] 章丹峰,钱江波,吴晓佳,等.几种观赏性较好的石蒜属植物及繁殖栽培[J].中国园艺文摘,2013（3）:139-140.

[5] 徐炳声,林巾箴,俞志洲,等.换锦花和中国石蒜的种间杂交[J].园艺学报,1986,13（4）:284.

[6] 李云龙.石蒜属植物引种栽培及开发利用[J].中国花卉园艺,2007（22）:38-41.

[7] 孙长生,朱虹,彭志金.石蒜属植物的繁殖研究进展[J].现代中药研究与实践,2010,24（3）:74-76.

[8] 常乐,夏宜平,陈蔷压,等.石蒜属植物鳞片扦插繁殖研究[J].中国球根花卉研究进展,2011:151-158.

[9] 孙叶根,郑艳,张定成,等.安徽石蒜属4种植物核型研究[J].广西植物,1998（4）:50-54.

[10] 张定成,孙叶根,郑艳.三倍体换锦花在安徽发现[J].植物分类学报,1999,37（1）:35-39.

[11] 刘琰,徐炳声.石蒜属的核型研究[J].植物分类学报,1989,27（4）:257-264.

[12] 秦卫华.中国石蒜属植物系统学研究[D].芜湖:安徽师范大学,2004.

[13] 全妙华,贺安娜,彭红,等.石蒜属植物叶绿素荧光特性研究[J].怀化学院学报,2017,36（11）:5-10.

[14] 喻永红.中国石蒜属植物叶片微形态研究[D].芜湖:安徽师范大学,2003.

[15] 任佳佳,张露,李德荣,等.换锦花花芽分化形态观察[C].中国观赏园艺研究进展,2009.

[16] 戴智慧,俞雷民,陈越,等.换锦花种子的生物学特性和贮藏特性研究[J].中国野生植物资源,2015,34（5）:19-27.

[17] 李浩然.换锦花鳞茎化学成分及生物活性研究[D].武汉:华中科技大学,2014.

[18] 石艳,童再康,高燕会.换锦花EST-SSR标记开发及遗传多样性分析[J].核农学报,2018,32（6）:1089-1096.

[19] 许振渊,高燕会,周芬静,等.换锦花LsMYB4基因的克隆与表达分析[J].园艺学报,2014,41（11）:2281-2390.

[20] 邓传良,周坚.换锦花C-带的初步研究[J].生物学杂志,2004,21（2）:18-20.

[21] 汪仁, 徐晟, 蒋明敏, 等. 换锦花和中国石蒜对干旱胁迫的生理响应 [J]. 西北植物学报, 2014, 34（10）: 2041-2048.

[22] 刘志高. 三种石蒜属植物种子萌发特性研究 [J]. 北方园艺, 2011（17）: 90-93.

[23] 戴智慧, 龙骏, 俞雷民, 等. 宁波地区野生换锦花遗传多样性的 ISSR 分析 [J]. 核农学报, 2016, 30（10）: 1898-1905.

[24] 钟云鹏, 梁丽建, 何丽斯, 等. 盐胁迫对 2 种石蒜属植物叶片生理特性的影响 [J]. 江苏农业科学, 2011, 39（2）: 252-255.

[25] 金雅琴, 黄雪芳, 李冬林. 江苏石蒜的种质资源及园林用途 [J]. 南京农专学报, 2003, 19（3）: 17-21.

[26] WU Wenming, ZHU Yunyun, LI Haoran, et al. Two New Alkaloids from the Bulbs of Lycoris sprengeri[J]. Journal of Asian Natural Products Research, 2014（16）: 2, 192-199.

学名索引

Carex pierotii Miq.

Carex pumila Thunb.

Carex scabrifolia Steud.

Chenopodina glauca Moq.

Chenopodina maritima a. vulgaris Moq.

Chenopodium acuminatum Willd. subsp. *virgatum* (Thunb.) Kitam.

Chenopodium australe R. Br.

Chenopodium glaucum L.

Chenopodium salsum Linnaeus

Chenopodium vachelii Hook. et Arn.

Chenopodium virgatum Thunb.

Chloris mucronata Michx.

Chondrilla lanceolata (Houtt.) Poret

Cladium chinense Nees

Cladium jamaicense C. B. Clarkein

Cladium mariscus Benth.

Clematis florida b. *lanuginosa* Kuntze

Clematis lanuginosa Lindl.

Convolvulus brasiliensis Linn.

Convolvulus pes-caprae Linn.

Convolvulus soldanella Linn.

Crepidiastrum koshunense (Hayata) Nakai

Crepidiastrum lanceolatum (Houtt.) Nakai

Crepis integra (Thunb.) Miq.

Crepis koshunensis Hayata

Crepis lanceolata Sch.–Bip.

Cynosurus aegyptius L.

Cyperus radians Nees et Meyen ex Nees

Cyperus sinensis Debeaux

Cyrtomium falcatum (L. f.) Presl

Cyrtomium yiangshanense Ching et Y. C. Lang

Dactyloctenium aegyptiacum Willd.

Dactyloctenium aegyptium (L.) Richt.

Dactyloctenium aegyptium（L.）Beauv.

Dactyloctenium mucronatum Willd.

Dianella ensifolia（L.）DC.

Dolichos lineatus Thunb.

Dracaena ensifolia L.

Dracaena nemorosa Lam.

Eleusine aegyptia（L.）Desf.

Eleusine pectinata Moench

Eremochloa ophiuroides（Munro）Hack.

Farfugium japonicum var. *formosum*（Hayata）Kitam.

Farfugium grande Lindl.

Farfugium japonicum（L. f.）Kitam.

Farfugium kaempferi Benth.

Farfugium tussilagineum（Burm. f.）Kitam.

Fimbristylis decoras Nees et Meyen

Fimbristylis formosensis C. B. Clarke

Fimbristylis kankaoensis Hayata

Fimbristylis sericea（Poir.）R. Br.

Fimbristylis spathacea Roth

Fimbristylis subbispicata Nees et Meyen

*Fimbristylis wightian*a Nees

Glehnia littoralis Fr.

Glycine soja Sieb. et Zucc. var. *ovata* Skv.

Glycine formosana Hosokawa

Glycine soja Sieb.et Zucc.

Glycine ussuriensis Regel et Maack

Glycine ussuriensis Regl et Maack var. *brevifolia* Kom. et Alis.

Hedyotis biflora（Linn.）Lam.

Hedyotis racemosa Lam.

Heteropappus arenarius Kitam.

Heteropappus hispidus Less. ssp. *aranarius*（Kitam.）Kitam.

Hieracium integrum（Thunb.）O. Kuntze

Ipomoea biloba Forsk.

Ipomoea pes-caprae（Linn.）Sweet

Ischaemum aristatum L. var. *glaucum*（Honda）T. Koyama

Ischaemum crassipes var. *glaucum* Honda

Ischaemum crassipes var. *pilipes* Zhao

*Isehaemum ophiuroide*s Munro

Ixeris koshunensis（Hayata）Stebbins

Ixeris lanceolata（Houtt.）Stebbins

Ixeris repens（L.）A.Gray

Lactuca lanceolata（Houtt.）Makino

Lathyrus japonicus Willd.

Lathyrus maritimus Bigelow

Ligularia kaempferi Sieb. et Zucc.

Ligularia nokozanense Yamamoto

Ligularia tussilaginea（Burm.f.）Makino

Ligularia tussilaginea var. *formosana* Hayata

Limonium sinense（Girard）Kuntze

Lycoris sprengeri Comes ex Baker

Lysimachia japonica Thunb.

Lysimachia lineariloba Hook. et Arn.

Lysimachia mauritiana Lam.

Lysimachia nebeliana Gilg.

Mariscus chinensis（Nees）Fernald

Mariscus radians（Nees et Meyen）Tang et Wang

Messerschmidia sibirica L.

Messerschmidia sibirica var. *latifolia*（DC.）Hara

Miscanthus floridulus（Lab.）Warb. ex Schum. et Laut.

Miscanthus japonicus Anderss.

Oldenlandia biflora Linn.

Oldenlandia crassifolia DC.

Oldenlandia paniculata Linn.

Osterdamia macrostachya（Franch. et Sav.）Honda

Osterdamia sinica（Hance）Kuntze

Phacelurus latifolius（Steud.）Ohwi

Phanerophlebia falcata Cop.

Phellopterus littoralis Benth.

Pisum maritimum Linn.

Polypodium falcatum L. f.

Polystichum falcatum Diels

Prenanthes integra Thunb.

Prenanthes lanceolata Houtt.

Raphanus sativus L. var. *macropodus* Makino f.

Raphanus acanthiformis Morrel var. *raphanistroides*（Makino）Hara

Raphanus manopodus Levl. var. *spontaneus* Nakai

Raphanus raphanistroides Nakai

Raphanus sativus L. f. *raphanistroides* Makino

Raphanus sativus L. var. *raphanistroides*（Makino）Makino

Rhynchosia argyi Levl.

Rottboellia latifolia Steud.

Saccharum floridulum Labill.

Saccharum spontaneum Linn.

Salicornia europaea L.

Salicornia herbacea L.

Salsola dichracantha Kitag.

Salsola komarovii Iljin

Salsola ruthenica Iljin

Schoberia stanntonii Moq.

Schoberia glauca Bunge

Scirpus × *mariqueter* Tang et Wang

Scirpus sericeus Poir.

Sedum polytrichoides Hemsl.

Senecio japonicus Less.

Senecio kaermpferi DC.

Senecio tussilagineus（Burm. f.）O. Ktze.

Spartina alterniflora Loiseleur

Spartina anglica Hubb.

Spergularia marina（L.）Griseb.

Spergularia salina J. et C. Presl

Sporobolus littoralis（Lam.）Kunth

Sporobolus virginicus（L.）Kunth

Statice fortunei Lindl.

Statice sinensis Girard

Suaeda asparagoides Makino

Suaeda australis（R.Br.）Moq.

Suaeda glauca（Bunge）Bunge

Suaeda maritima a. vulgaris Moq.

Suaeda prostrata Pall.

Suaeda salsa（L.）Pall.

Suaeda ussuriensis Iljin

Tetragonia tetragonioides（Pall.）Kuntze

Tournefortia arguzia Roem. et Schul. var. *latifolia* DC.

Tournefortia sibirica L.

Tournefortia sibirica L. var. *grandiflora* H. Winkl

Tripolium vulgare Nees

Tussilago japonica L. f.

Verbesirca prostrata Hook. et Arn.

Vilfa virginica（L.）Beauv.

Wedelia prostrata（Hook. et Arn.）Hemsl.

Wollastonia prostrata Hook. et Arn.

Youngia lanceolata（Houtt.）DC.

Zornia cantoniensis Mohlenbr.

Zornia gibbosa Spanog.

Zornia gibbosa Spanog. var. *cantoniensis*（Mohlenbr.）Ohashi

Zoysia liukiuensis Honda

Zoysia macrostachya Franch. et Sav.

Zoysia sinica Hance

Zoysia sinica Hance var. *macrantha*（Nakai）Ohwi

索引

命名人索引

Baker=John Gilbert Baker（英国）

Beauv.=Palisot de Beauvois（法国）

Bunge= Alexander Georg von Bunge（俄罗斯）

Comes=Orazio Comes（意大利）

DC.=de Candolle, Augustin Pyrmus（瑞士）

Fr. Schmidt = Schmidt, Friedrich（Karl）（Fedor Bogdanovich）（俄国）

Franch.=Adrien René Franchet（法国）

Hack.=Eduard Hackel（奥地利）

Hance=Henry Fletcher Hance（英国）

Hemsl.=William Botting Hemsley（英国）

Hemsl.=William Botting Hemsley（英国）

Hubb.=Charles Edward Hubbard CBE（英国）

Iljin=Modest Mikhaïlovich Iljin（俄罗斯）

J. et C. Presl,C. Presl=Carl Borivoj Presl（布拉格）

Kitam.= Kitamura, Siro（日本）

Kitam.=Siro Kitamura（日本）

komarovii=Vladimir Leontyevich Komarov, Владимир Леонтьевич Комаров
（俄罗斯）

Kunth=Carl Sigismund Kunth（德国）

Kuntze=Carl Ernst Otto Kuntze（德国）

Kuntze=Carl Ernst Otto Kuntze（美国）

L. f.=Carl Linnaeus the Younger, Carl von Linné、Carolus Linnaeus the Younger、
Linnaeus filius（瑞典）

L.=Carl von Linné（瑞典）

Lam.=Jean-Baptiste Lamarck（法国）

Lam.=Lamarck, Jean Baptiste Antoine Pierre de Monnet de（法国）

Laut.=Carl Adolf Georg Lauterbach（德国）

Lindl.=John Lindley FRS（英国）

Loiseleur=Loiseleur-Deslongchamps, Jean Louis August（e）,Jean-Louis-Auguste Loiseleur-Deslongchamps（法国）

Makino=Tomitaro Makino（日本）

Maxim.=Carl Johann Maximovich,Carl Johann Maximovich（俄罗斯）

Meyen=Franz Julius Ferdinand Meyen（普鲁士）

Mich.=Michaux André（法国）

Miq.=Miquel, Friedrich Anton Wilhelm（荷兰）

Moq.=Alfred Moquin-Tandon（法国）

Nakai=Nakai, Takenoshin（Takenosin）（日本）

Nees.=Christian Gottfried Daniel Nees von Esenbeck（德国）

Ohwi=Ohwi, Jisaburo（日本）

Pall.=Peter Simon Pallas（俄罗斯）

R. Br.=Robert Brown（苏格兰）

Roth=Albrecht Wilhelm Roth（德国）

Schott=Heinrich Wilhelm Schott（奥地利）

Schum.=Karl Moritz Schumann（德国）

Sieb.=Philipp Franz. von Siebold（德国）

Spanog.=Johan Baptist Spanoghe（荷兰）

Spreng=Kurt Polycarp Joachim Sprengel（德国）

Steud.=Steudel, Ernst Gottlieb von（德国）

Sweet=Robert Sweet（英国）

T. Koyama= 小山鐵夫 Tetsuo Michael KOYAMA（日本）

Thunb.= Carl Peter Thunberg（瑞典）

Warb.=Otto Warburg（德国）

Willd.=Carl Ludwig Willdenow（德国）

Zucc.=Joseph Gerhard Zuccarini（德国）

文献引证中植物学文献缩写与原文对照

Abh. Akad. Wiss. Muenchen—Abhandelungen der mathematisch–physikalischen Classe der Königlich Bayerischen Akademie der Wissenschaften

Act. Hort. Gothob.—Acta Horti Gothoburgensis

Act. Hort. Petrop.—Acta Horti Peteopolitani（《圣彼得堡园艺学报》）

Act. Inst. Bot. Ac. Sc.—Acta Instituti Botanici Academiae Scientiarum URPSS

Act. Phytotax. Geobot.—Acta Phytotaxonomica et Geobotanica（《植物分类地理学会》）

Act. Phytotax. Sin.—Acta Phytotaxonomica Sinica（《植物分类学报》）

Act. port. Petrop.—Acta Portuguesa Petrophysics（《葡萄牙港口学报》）

Act. Soc. Linn. Bordeaux—Acta de la Société Linnéenne de Bordeaux

Act. Soc. Linn. Lond.—Actis Societatis Linnaeanae Lond

Act.Phytotax.Geobot. —Acta Phytotaxonomica et Geobotanica

Acta Bot. Yunn.—Acta Botanica Yunnanica（《云南植物研究》）

Acta Hort. Gothob. —Acta Horti Gothoburgensis

Acta Hort. Petrop.—Acta Horti Petropolitani

Acta Phytotax. et Geobot.—Acta Phytotaxonomica et geobotanica（《植物分类·地理》）

Acto Phytotax. Sinica Addit.—Acta Phytotaxonomica Sinica（ Addition 增刊 ）（《植物分类学报》）

Amer. Fern Journ.—American Fern Journal（《美国蕨类杂志》）

An Illustr.Fl.Jap.,Enlarged—An Illustrated Flora of Japan

Ann. Mus. Bot. Lugd. –Botav.—Annales Musei botanici lugduno–batavi

Ann. Mus. Bot. Lugdbatav.—Annales Musei Botanici Lugduno–batavi

Ann. Sci. Nat.—Annales des Sciences Naturelles

Ann. Sci. Nat.—Annales des sciences naturelles.Botanique végétale

Baileya（plant）（蓓蕾草）

Blumea（艾纳香）

Bot. Beech. Voy.—The botany of Captain Beechey's voyage

Bot. Jahrb.—Botanische Jahrbucher fur Systematik,Pflanzengeschichte und Pflanzengeographie（Botanische Jahrbücher für Systematik,Pflanzengeschichte und Pflanzengeographie）

Bot. Mag. Tokyo —The Botanical Magazine,Tokyo（《东京植物学杂志》）

Bot. Reg.—Edward's Botanical Register

Bot. Beech. Voy.—The botany of Captain Beechey's voyage

Brittonia（《纽约植物园稿件》）

Bull Acad.Pètersb.—Bulletin deb I'Academie Imperiale des Sciences de Saint Pètersbourg St. Petersburg

Bull. Ac. Sci. St. Petersb.—Bulletin de l'Academie Imperiale des Sciences de Saint-Petersbourg（《圣彼得堡科学学会杂志》）

Bull. Acad. Geogr. Bot.—Bulletin De L Academie Polonaise Desences Serie Desences Biologiques, Geol.–Geogr.

Bull. Acad. Sci. St. Petersb.—Bulletin de I'Académie des Sciences de I'Union des Républiques Sovietiques Socialistes.Leningiad.

Bull. Herb. Boiss. —Bulletin de I'Herbier Boissier（《伊比尔 - 博西耶公报》）

Bull. Nat. Sci. Mus. —Bulletin of the National science museum.Te national science museum

Bull. Shanghai Sci. Inst.— （《上海科学研究》）

Bull. Soc. Nat. Cherb. —Bulletin de La Societe Des Naturalistes de Cherb（《斯德哥尔摩自然科学研究》）

Bull. Soc. Bot. France—Bulletin de la Société Botanique de France

Bulletin of Botanical Research—Bull. Bot. Res.（《木本植物研究》）

Caric. Far East. Reg. Asia—The Flora of caric Far Eastern Regional Asia

Caric. URSS Subgen, Vignea Sp.—Carex URSS Subgen, Vignea Speces（《苏联远东地区苔草亚属植物志》）

Cat. Sem. Hort. Bot. Imp. Univ. Tokyo—Catalysis Seminar Horticultural Botany Univ. Imp. Tokyo

Catal. Sem. et Spor.—Catalysis Seminar et Spor.

Chenop. Enum.—Chenopodium Monographys Enumeration

Chenop. Monogr. Enum.—Chenopodearum Monographica Enumeratio.

Chenop. Monogr. Enum.—Chenopodium Monographys Enumeration

Chin. Bot. Soc.—Bulletin of Chinese Botanical Society (《中国植物学会公报》)

Col. Ill. Jap. Pterid.—Coloured illustrations of Japanese Pteridoplita (《日本蕨类植物彩色图鉴》)

Colour. Ill. Herb. Pl. Jap.—Coloured Illustrations of Bryophytes of Japan

Comm. Goett.—Commentationes Societatis Regiae Scientiarum Gottingensis Recentiores

Curtis's Bot. Mag. —Curtis's Botanical Magazine containing coloured figures with descriptions on the botany history and culture of choice plants.New series.

Cyper.Japon.—Cyperaceae of Japonicarum (《日本莎草科植物》)

Monogr. Phan.—Monographiae phanerogamarum.

DC. Prodr.—Prodromus systematis naturalis regni vegetabilis (《自然生殖系统》)

Descr. Gram.—Descr Gramineaeram. (《禾本科植物》)

Encycl. —Encyclopedie methodiquo Botanique

Encycl. Meth.—Encyclopédie méthodique. Botanique.

Encycl. Suppl.—Encyclopedia Supplement (《百科全书补充》)

Encycl.—Encyclopedie methodiquo Botanique

Engl. Bot. Jahrb. —Botanische Jahrbücher für Systematik,Pflanzengeschichte und Pflanzengeographie

Engl. Pflanzenr. —Engler,A.,Das Pflanzenreicn

Engl. u Prantl, Pflanzenfam.—Die naturlichen pflanzenfamiloon

Engl., Pflanzenr. Heft —Pflanzenreicn Heft

Enum. Flow. Pl. Nepal—An Enumeration of the Flowering Plants of Nepal (《尼泊尔开花植物志》)

Enum. Philip. Fl. Pl.—Enumeration of Philippine Flowering Plants (《菲律宾开花植物志》)

Enum. Pl. Formas.—enumeratio plantarum Formas

Enum. Pl. Hort. Berol.—Enumeratio plantarum horti regii botanici beroliensis

Enum. Pl. Jap. —enumeratio plantarum japan

Enum. Pl. Jap.—Enumeratio Plantenum in Japonia Sponte Crescentium

Enum. Pl. Japon. —Enumeratio Plantarum Japonicarum (《日本植物志》)

Enum. Pl.—Emumeratio plantarum

Enum. Sperm.Jap.—Enumeratio Spermatophytarum Japonicarum（《日本种子植物集览》）

Ess Agrost.—Palisot de Essai d'une nouvelle agrostographie

Ess. Agrost. Expl. Pl.—Essays agrostology Exploration Plant（《农学探索植物论文集》）

Ess. Agrost. —Palisot de Essai d'une nouvelle agrostographie

Fil. Jap.—Filicum Japan

Fil. Sin.—Filicum Sinicum（《中国蕨类植物名录》）

Fl. Aegypt. –Arab.—Flora aegyptiaco-arabica

Fl. Alt.—（《阿尔泰山植物志》）

Fl. Atlant.—Flora Atlant

Fl. Bor. Amer.—Flora boreali-americana

Fl. Bor.–Amer—Flora boreali Americana（《美国植物区系》）

Fl. Boston.—Florula bostoniensi

Fl. Brit.Ind.—The Flora of British India

Fl. Cechica —Flora Cechica

Fl. Deutsch. Schutzg.Sudsee—Die Flora der deutschen Schutzgebiete in der Südsee

Fl. E. Himal. —The flora of eastern Himalaya

Fl. Europ.—Flora Europaea（《欧洲植物志》）

Fl. Gall.—Flora Gallica, seu Enumeratio plantarum in Gallia sponte nascentium

Fl. Gen. de L'Indo–Chin.—Flore Générale de I'Indo–Chine

Fl. Gen. Indo–Chine—Act. Soc. Linn. Bordeaux

Fl. Hongk.—Flora Hongkongensis（《香港植物志》）

Fl. Ill. N. Chine—Flora Illstration of North Chine

Fl. Ind. Bat. —The Flora of British India

Fl. Ind.—The Flora of india（《印度植物志》）

Fl. Jap. —Flora Japonica（《日本植物》）

Fl. Jap. Suppl.—Flora of Japan Suppl.（《日本植物志补遗》）

Fl. Java—Flora of java（《爪哇植物志》）

Fl. Kor.—Flora of Korea（《朝鲜植物志》）

Fl. Malaya—Flora of Malaya

Fl. Males.—Flora Malesiana

Fl. Malesiana—Flora Malesiana

Fl. Mansh.—Flora Manchuriae（《满洲植物志》）

Fl. South Austr.—Flora of South Australia（《南澳大利亚植物志》）

Fl. Taiwan—Flora of Taiwan（《台湾植物志》）

Fl. USSR —Flora of URSS（《苏联植物志》）

Flow. Gard.—Flower garden

Gard. Chron.—The Gardonors′chronicle.London

Gen. et Sp. Aster—Genera et species Asterearum

Gen. Fil. —Genera Filicum

Gen. Pl.—Genera Plantarum

Grass.Burm.Ceyl.Ind.Pakist.—Grasses of Burma, Ceylon, India and Pakistan（《缅甸、锡兰、印度和巴基斯坦的草》）

Grass.—Grasses

Hara, Fl. E. Himal.—The flora of eastern Himalaya

Hort. Suburb. Londin. —Hortus suburbanus Londinensis

Icon. Fl. Ital.—Icones flora italia（《意大利植物志》）

Icon. Pl. Formos.—Icones Plantarum Formosanarum（《台湾植物图谱》）

Ill. Pl.—Illustrated Plantarum

Illustr. Carex —Illustrations of Carex（《苔草图志》）

Ind. Fil.—Index Filicum（《蕨类属志索引》）

Ind. Pl. Jap.—Index Plants Japan

Journ Jap. Bot.—Journal of Japanese Botany

Journ. Arn. Arb.—Journal of the Arnold Arboretum（《美国阿诺德树木园杂志》）

Journ. Arn.Arb. Suppl.—Journal of the Arnold Arboretum,Supplement（《阿诺德树木园日报·副刊》）

Journ. Bot. 58. Suppl.—Journal of the Botaanical Institute

Journ. Bot. URSS —Journal of the Botanical, URSS（《苏联植物学研究杂志》）

Journ. Bot. Brit. For.—Journal of Botany British and Foreign

Journ. Bot.—The Journal of Botany, British and Foreign

Journ. Coll. Sci. Univ. Tokyo—Journal of the College of Science ,Imperialn University of Tokou（《帝国大学理工学院学报》）

Journ. Fac. Sci. Univ. Tokyo Sect.—Journal of the Faculty of Science,University of Tokyo（《东京大学理学院学报》）

Journ. Fac. Sci. Univ. Tokyo—Journal of the Faculty of science Imperial university of Tokyo（《东京大学科学专项研究杂志》）

Journ. Jap. Bot.—The Journal of Japanese botany

Journ. Linn. Soc. Bot.—The Botany of Captain Beechey′s voyage. Henry George Bohn.

Journ. Linn. Soc. Bot. —The Journal of the Linnean Society of London .Botany

Journ. Soc. Trop. Agr.—Journal of the Society of Tropical Agrieulture

Journ. Shanghai Sci. Inst. sea.—The Journal of the Shanghai Science Institute.

Kew Bull. Add.—Kew Bulletin

Kew Bull.—Kew Bulletin（《基辅公报，基尤公报》）

Key Pl. Far. East Reg. USSR—Key to Plants of the Far Eastern Region of the USSR

Lecomte, Fl. Gen. Indo-Chine—Flore générale de L′Indo-Chine

Lecte. Fl. Gen. Indo-Chine —Flore Générale de I′Indo -China

Ledeb. Fl. Alt.—Ledebour,C.F.von Icones

Lineam. Fl. Manch.—lineamenta florae manshuricae（《满洲植物考》）

Lingnan. Sci. Journ.—Lingnan Science Journal（《岭南科技期刊》）

Linnaea.—Linnaea.Ein Journal für die Botanikode,Beiträge zur Pflanzenkunde.

List Pl. Formos.—List of plants of Formosa

Man, Grass. U. S.—Grasses of U.S.（《美国禾草植物》）

Mant Pl.—Mantissa Plantarum

Mant. Alt.—Mantissa plantarum

Mel. Acad. Sci. St. Petersb.—Memoires de l′Academie Imperiale des Sciences de Saint-Petersbourg

Melet.—Meletemata botanica（with Stephan Ladislaus Endlicher）（《希腊文：植物学研究》）

Mel. Biol. Acad. Sci. St. Petersb.—Mélanges botaniques tires du Bulletin de I′Académie imperial des sciences de St.Pétersbourg

Mem. Amer. Acad. Arts—Memoirs of the American academy of arts and sciences（New series）

Mem. Coll. Sci. Kyoto Univ.—Memoirs of the College of science,Kyoto imperial university.Series B.

Mem. Fac. Sci. Kyoto Univ. Ser. Biol.—Memoirs of the Faculty of Science ,Kyoto University

Mem. Real Acad. Cienc. Art. Barcelona—Memoires Academie De Chirurgie

Mem. Sav. Etrang. Acad. Sci. St. Petersb.—Mémires présentés à l'Académie imperial des sciences de Saint-Petersbourg par divers savans et dans les assemblées

Mem. Soc. Sci. Nat. Cherb. —Memoirs of the National Academy of Sciences（《瑟堡自然科学社会杂志》）

Meth. Pl. Suppl.—Methods Plants Supplement（《植物学实验方法补充》）

Morn.Coll.Sci.Kyoto Univ.—Memoirs of the College of Science,Kyoto Imperial University（《京都帝国理工学院回忆录》）

Mus. Heude Notes Bot. Chin.—Museo Heude Notes Botany China

Nat: Hist.—Natural History of North China

N. Fl. Jap. Pterid. —New Flora of Japan Pteridophyta（《日本蕨类植物新区系》）

NeW Illustr.FI Jap.—New Illustrated Flora of Japan

Nom. Pl. Japon.—Nomen Plants Japon（《新日本植物》）

Not. Roy. Bot. Gard. Edinb. —Notes of the Royal Botanical Garden, Edinburgh

Nov. Act. Nat. Cur. Suppl.—Nova Acta Naturalist Cur. Suppl.

Nov. Act. Nat. Cur.—Nova Acta Naturalist Current

Nov. Act. Reg. Soc. Sci. Upsal.—Nova acta Regiae Societatis scientiarum Upsaliensis

Nov. Sp. Pl.—Novae plantarum species praesertim Indiae orientalis

Nuov.Giorn.Bot.Ital.—Nuovo Giornale Botanico Italiano（《新意大利植物学杂志》）

Oefv. Svensk. Vet. Akad. Forh. Stockh.

Oesterr. Bot. Zeitschr.—Oesterreichische Botanische Zeitschrift. Wien und Leipzig

Pall. Illustr.—Illustrationes plantarum imperfecte vel nondum cognitarum

Pflanzenr.—Des Pflanzenreith

Philip. Journ. Sci. l. Suppl.—Philippine journal of science

picil. Fl. Rumel.—Flora Rumelin

Pl. Asiae Centr.—Plantae Asiae Centralis（《中亚植物》）

Pl. David. —Plantae Davidianae

Pl. Europaeae—Florae Europaeae

Prim. Fl. Amur.—Primitiae Florae Amurensis（《阿穆尔原生植被》）

Proc. Amen. Acad.—Proceedings of the American Academy of Arts and Sciences（《美国文理学院学报》）

Prodr. Fl. Nov. Holl.—Prodromus florae Novae Hollandiae et Insulae van Diemen.

Prodr.—Prodromus systematis naturalis regni vegetabilis（《自然生殖系统》）

Quart. Journ. Taiwan Mus.—Quarterly Journal of the Taiwan Museum (《台湾博物馆季刊》)

Red. Lit. t. l.—Redoute,P. J. Lee Liliacees (《百合科》)

Regel, Tent. Fl. Ussur.—Tentamen florae Ussuriensis (Tentamen florae Ussuriensis oder Versuch einer Flora des Ussuri – Gebietes)

Rehd. Cult. Trees & Shrubs—Manual of Cultivated Trees and Shrubs，Bibliography of Cultivated Trees and Shrubs

Rep. First Sci. Exped. Manch.—Report First Sciences Expedition Manchuria (《满洲里第一次科学考察报告》)

Repert. Sp. Nov. —Repertorium Specierum Novarum Rwegni Vegetabilis

Rev. Gen. Pl.—Revised Genera Plantarum ［《植物园》的修订版 (Kuntze)］

Rev. Gram.—revision des graminees

Rhodora (《杜鹃杂志》)

Schott, Melet.—Meletemata botanica(with Stephan Ladislaus Endlicher)，1832

Schrad. Journ. Bot. —Schrad. Journal Botanica (《施拉德植物学报》)

Sci. Rep. Yokosuke City Meus. —Science Report yokosuke City Meus.

Short Fl. Formosa—Short Flora Formosa

Soy Bean–Wild & Cult. East As. (Eastern Asia)

Sp. Pl. Suppl.—Species plantarum supplementum

Sp. Pl.—Linnaei species plantarum (《林奈植物园》)

Sperm. Jap.—Enumeratio Spermatophytarum Japonicarum (《日本种子植物集览》)

Steud. Synops—Synopsis generum Compositarum

Suppl.Icon.Pl. Formosa—Supplementa Iconum Plantarum Formosanarum

Syn. Comp. —Synopsis generum Compositarum

Syn. ed. 1—Synopsis of the Flora of the Mongolian Peopte's Republic

Syn. Glum.—Synopsis planterum glumacearum

Syn. Pl. Glum. —Synopsis Plantarum Glumacearum (《禾本科植物简介》)

Synops, Cyper. —synopsis Cyperaceae

Syst. Verz. Ind. Jap.—systematisch verzerrter index japan

Tab. Encycl. Meth. Bot.—Tableau Encyclopedique Et Methodique Botanique Premiere Livraison

Tabl. Encycl.—Tableau Encyclopedique Et Methodique Botanique Premiere Livraison

Taiwan.—Flora of Taiwan (《台湾植物志》)

Tent. Pterid.—Tentamen pteridographiae

Tent. Fl. Ussur.—Tentamen florae Ussuriensis（Tentamen florae Ussuriensis oder Versuch einer Flora des Ussuri – Gebietes）

The Flora of British India—Fl. Brit. Ind.

Tokyo Bot. Mag.—The Botanical Magazine,Tokyo (《东京植物学杂志》)

Tribe Amaryll.—Tribe Amaryllideae

Umbelliferae of Japan—（《日本的伞形科植物》）

Umbell. Of World—（《世界伞形科植物》）

Verh. Bot. Ver. Brand.—Verhandlungen des Botanischen Vereins für die Provinz Brandenburg (《勃兰登堡植物园》)

Wight, Contrib. —Contributions to Indian botany

Груб в , Консп. Фл. МНР —(《苏联刊物》)

Сорн. Раст. СССР.—(《苏联植物志》)

Опред. Раст. Монг.—(《苏联刊物》)